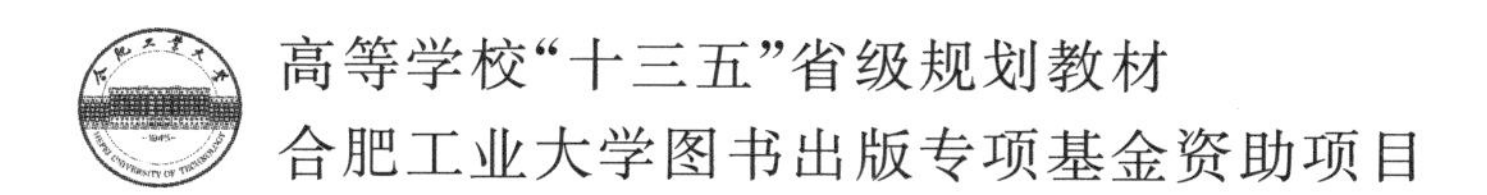
高等学校“十三五”省级规划教材
合肥工业大学图书出版专项基金资助项目

液压与气压传动

主　编　曾亿山
副主编　汪世益　邓海顺　刘常海

合肥工业大学出版社

内容介绍

本书为安徽省高等学校“十三五”省级规划教材(见安徽省教育厅皖教秘高〔2018〕43号文件)和合肥工业大学图书出版专项基金资助项目。

本书共十六章,分液压传动和气压传动两部分。液压传动部分主要讲述了液压传动基础知识、流体力学的基本理论、液压元件、液压伺服和电液比例控制技术、液压基本回路、典型液压传动系统及液压传动系统设计。气压传动部分主要讲述了气压传动基础知识、气源装置、气动元件、气动基本回路、工业自动化生产实例以及气动程序控制系统的设计方法。

本书可供高等工科院校机械设计制造及其自动化、机械工程及其自动化、机械电子工程(机电一体化)、车辆工程、材料成型及控制工程、模具设计与制造、轻工机械等机械工程类专业的学生使用,还可供从事流体传动与控制技术的工程技术人员参考。

为满足广大教师制作挂图或电子课件的需要,本教材配备了全部图表的电子文本及多媒体课件,部分演示动画可以扫描二维码观看,需要者请与作者联系(ysz33@126.com)。

图书在版编目(CIP)数据

液压与气压传动/曾亿山主编.—合肥:合肥工业大学出版社,2021.12
ISBN 978-7-5650-5145-6

Ⅰ.①液… Ⅱ.①曾… Ⅲ.①液压传动—高等学校—教材②气压传动—高等学校—教材 Ⅳ.①TH137②TH138

中国版本图书馆CIP数据核字(2021)第263853号

液压与气压传动

曾亿山 主编　　策　划 汤礼广　　责任编辑 马成勋

出　版	合肥工业大学出版社	版　次	2021年12月第1版
地　址	合肥市屯溪路193号	印　次	2021年12月第1次印刷
邮　编	230009	开　本	787毫米×1092毫米 1/16
电　话	理工图书出版中心:0551-62903200	印　张	25.5
	营销与储运管理中心:0551-62903198	字　数	594千字
网　址	www.hfutpress.com.cn	印　刷	安徽联众印刷有限公司
E-mail	hfutpress@163.com	发　行	全国新华书店

ISBN 978-7-5650-5145-6　　定价:65.00元

前　言

本书为高等学校机械工程类及近机械类专业液压与气压传动技术课程编写的教材。在全面介绍元件的基础上，将其与基本回路有机地结合起来，对基本回路、典型系统进行了综合分析，并讲授了液压、气动系统的一般设计方法。全书注重拓宽专业口径和加强专业基础。

本书把液压传动技术和气压传动技术的内容有机结合起来，从传动原理、元器件特性到系统设计与控制，均由浅入深地加以叙述。本书内容全面，取材新颖，图文并茂，不仅便于教学，而且还便于学生自己研修，培养学生的学习能力，尤其适合当前课堂学时少的学习要求。

本书在编写过程中，力求贯彻理论与实践相结合的原则，紧密结合液压与气动技术的最新成果，在讲清基本概念与原理的同时，突出应用，旨在培养学生的工程应用和设计能力。教材中还附有相当数量的习题，以便于学生复习与思考，且所附习题避免了偏少偏难以及与理论教学联系不紧密的现象，以帮助学生加深对课堂所学内容的理解。

全书共十六章，分液压传动和气压传动两部分。两部分既相互联系，又相对独立，教师可根据需要选用。

在教材中所使用的有关图形符号，均采用现行国家标准，并在书后附有国家标准的液压和气动图形符号，以便学生学习时查阅。

本书由合肥工业大学、安徽理工大学、安徽工业大学、安徽农业大学及合肥学院联合编写，由曾亿山担任主编并负责全书的统稿工作。

在参编的老师中，汪世益、刘常海编写第 3、4 章，王传礼、邓海顺编写第 5 章，夏永胜、刘常海编写第 6、7 章，张红编写第 9 章，曾亿山编写第 1、2、8、10、11、12、13、14 章，刘微编写第 15 章，陈启复编写第16章。曾亿山、刘常海对全书内容及电子动画进行了统稿。

因本书为安徽省高等学校“十三五”省级规划教材并获合肥工业大学图书出版专项基金资助，为了尽量将其编得完善，因此本书不仅吸收了最新科研成果，而且在编写前编者还曾广泛征求了有关院校使用其他同类教材的意见，注意吸收同类教材的优点；同时，本书在编写过程中，还得到了上智大学（日本）池尾·茂教授、安徽理工大学许贤良教授、FESTO（中国）有限公司王雄耀教授、无锡气动技术研究所陈启复教授、合肥长源液压件有限公司徐其俊高级工程师、合肥工业大学程诗圣教授和滕金岭教授、SMC（中国）有限公司有关工程师等人的大力支持；另外，研究生黄河、刘旺、丁伟杰、吕安庆、高千、赵晨、虢锐参加了本书的文字和图表的整理工作。在此，对所有给予本书以直接或简接帮助的人表示衷心感谢。

由于我们编写水平有限，书中难免有不足之处，敬请同行和广大读者不吝指正。

曾亿山

2021年12月于斛兵塘畔

目　录

第 1 章　绪论 …… (1)
1.1　液压传动发展概况 …… (1)
1.2　液压传动的基本原理及组成 …… (2)
1.3　液压传动的优缺点 …… (6)
1.4　液压传动的应用 …… (8)
思考与练习 …… (8)
第 2 章　液压流体力学基础知识 …… (9)
2.1　液体的主要物理性质 …… (9)
2.2　液压工作介质——液压油 …… (13)
2.3　静止液体的基本性质 …… (23)
2.4　流动液体的基本性质 …… (27)
2.5　液体在管路中的压力损失 …… (37)
2.6　孔口和缝隙流动 …… (39)
2.7　液压冲击及其对液压系统的影响 …… (46)
2.8　气穴现象及其对液压系统的影响 …… (50)
思考与练习 …… (52)
第 3 章　液压泵 …… (54)
3.1　概述 …… (54)
3.2　齿轮泵 …… (58)
3.3　叶片泵 …… (64)
3.4　柱塞泵 …… (75)
3.5　各类液压泵的性能比较及应用 …… (86)
3.6　液压泵的气穴 …… (88)
3.7　液压泵的噪声 …… (88)
思考与练习 …… (89)
第 4 章　液压传动执行元件 …… (90)
4.1　缸的分类和特点 …… (90)
4.2　其他形式的常用缸 …… (96)

4.3　缸的结构 …… (97)
4.4　缸的设计计算 …… (102)
4.5　缸缓冲装置的设计计算 …… (105)
4.6　液压马达 …… (106)
思考与练习 …… (113)

第5章　辅助元件 …… (115)

5.1　油管及管接头 …… (115)
5.2　油箱 …… (119)
5.3　冷却器和加热装置 …… (121)
5.4　滤油器 …… (123)
5.5　蓄能器 …… (129)
5.6　密封装置 …… (134)
思考与练习 …… (135)

第6章　液压控制阀 …… (137)

6.1　概述 …… (137)
6.2　方向控制阀 …… (138)
6.3　压力控制阀 …… (151)
6.4　流量控制阀 …… (163)
6.5　叠加阀和插装阀 …… (170)
思考与练习 …… (177)

第7章　液压伺服和电液比例控制技术 …… (179)

7.1　液压伺服控制 …… (179)
7.2　电液比例控制阀 …… (188)
7.3　计算机电液控制技术简介 …… (195)
思考与练习 …… (197)

第8章　液压基本回路 …… (198)

8.1　压力控制回路 …… (198)
8.2　速度控制回路 …… (207)
8.3　方向控制回路 …… (232)
思考与练习 …… (235)

第9章　典型液压系统分析 …… (238)

9.1　组合机床动力滑台液压系统 …… (238)
9.2　液压机液压系统 …… (242)
9.3　注塑机液压系统 …… (247)

9.4　数控车床液压系统 …… (251)
思考与练习 …… (253)
第10章　液压系统的设计与计算 …… (254)
10.1　液压系统设计的步骤 …… (254)
10.2　明确设计要求、进行工况分析 …… (254)
10.3　拟定液压系统原理图 …… (260)
10.4　液压元件的计算和选择 …… (261)
10.5　液压系统的性能验算 …… (263)
10.6　绘制工作图和编制技术文件 …… (266)
10.7　液压系统设计计算举例 …… (267)
思考与练习 …… (275)
第11章　气动技术基础 …… (276)
11.1　气压传动技术的发展与应用简介 …… (276)
11.2　气压传动的工作原理、组成及其特点 …… (278)
11.3　空气的组成及其状态方程 …… (280)
11.4　空气在管道内的流动 …… (283)
11.5　气罐的充放气 …… (288)
思考与练习 …… (291)
第12章　气动系统的能源装置及辅件 …… (292)
12.1　气源装置 …… (292)
12.2　气动系统的辅件 …… (295)
思考与练习 …… (301)
第13章　执行元件 …… (302)
13.1　气缸 …… (302)
13.2　气动马达 …… (312)
思考与练习 …… (315)
第14章　气动控制元件 …… (316)
14.1　概述 …… (316)
14.2　方向控制阀 …… (316)
14.3　压力控制阀 …… (323)
14.4　流量控制阀 …… (328)
14.5　气动比例控制阀 …… (330)
思考与练习 …… (332)

第 15 章　气动基本回路 …… (333)
15.1　压力控制回路 …… (333)
15.2　换向回路 …… (336)
15.3　位置(角度)控制回路 …… (339)
15.4　速度控制回路 …… (341)
15.5　同步控制回路 …… (346)
15.6　安全保护回路 …… (348)
思考与练习 …… (349)
第 16 章　气动程序系统及其设计 …… (350)
16.1　气动程序控制回路设计 …… (350)
16.2　气动系统的设计 …… (368)
思考与练习 …… (383)
附录 1　常用液压图形符号(摘自 GB/T786.1－1993) …… (384)
附录 2　常用气动图形符号 …… (391)
参考文献 …… (397)

第1章　绪　论

1.1　液压传动发展概况

自英国1795年制造第一台水压机起，液压传动技术已有二三百年的历史。20世纪30年代前后一些国家生产了液压元件，开始应用于铣床、磨床和拉床上。第二次世界大战期间，由于军事工业迫切需要精度高、反应快的自动控制系统，因而出现了液压伺服系统。第二次世界大战结束后，液压技术很快转入民用工业，在机床、汽车、船舶、轻纺、农业机械、工程机械、冶金等行业都得到了较大的发展。20世纪60年代后，随着原子能科学、空间技术、电子技术、计算机技术的发展，不断对液压技术提出新的要求，使液压技术的应用和发展进入了一个崭新的历史阶段。因此，液压传动真正的发展也只是近四五十年的事。

随着科学技术的进步和生产力的发展，液压技术正向高压、高速、大流量、大功率、高效率、低噪声、经久耐用、高度集成化和小型化、轻型化方向发展。同时，新型液压元件和液压系统的计算机辅助设计(CAD)、计算机辅助测试(CAT)、计算机直接控制(CDC)、机电一体化技术、可靠性技术、绿色设计与制造技术等方面也是当前液压传动及控制技术发展和研究的方向。

我国的液压工业始于20世纪50年代初期，虽然起步较晚，但发展很快。最初将液压技术应用于机床和锻压设备上，后来又用于拖拉机和工程机械。现在，随着从国外引进一些液压元件生产技术，加上自行设计，已形成了系列产品，并在各种机械设备上得到了广泛的使用，初步形成了具有一定独立开发设计能力，能生产一批技术先进、质量较好的液压元件和系统，产品门类比较齐全，具有一定技术水平和相当规模的液压工业体系。

一切机械都有其相应的传动机构并借助于它达到对动力的传递和控制的目的。传动的方式分为：

(1) 机械传动 —— 通过齿轮、齿条，蜗轮、蜗杆等机件直接把动力传送到执行机构的传递方式。

(2) 电气传动 —— 利用电力设备，通过调节电参数来传递或控制动力的传动方式。

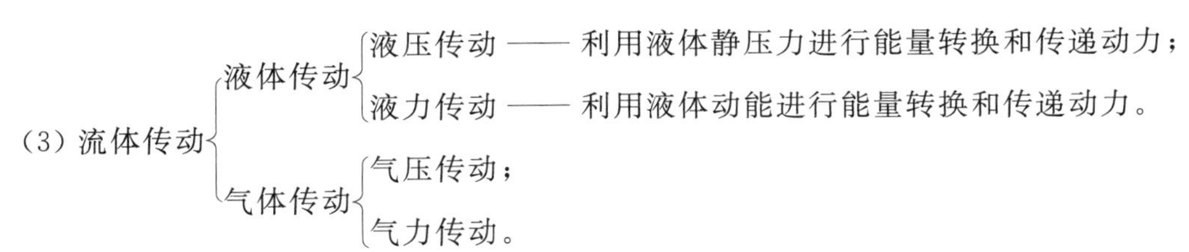

1.2　液压传动的基本原理及组成

液压传动是以液体(油、合成液体、水)作为工作介质,利用液体的压力能来进行能量传递的传动方式,它与机械传动、电气传动等相比,具有许多优点,因此,液压传动被广泛应用。

1.2.1　液压传动的基本原理

液压传动的基本原理,可由下述例子来说明。

图 1-1 是油压千斤顶工作原理图。小油缸 2、大油缸 12,以及它们之间的连接通道,构成一个密闭的容器,且充有一定量的油液。

工作时,将杠杆手柄 1 提起,小活塞 3 也将随之上升,此时,小活塞下端油腔容积增大,形成局部真空,于是,单向阀 4 打开,储油箱 8 中的油液在大气压力的作用下经吸油管 5 吸入密封容积,同时,单向阀 7 关闭。将手柄 1 下压,小活塞 3 也将随之下移,密封容积减小,油液压力升高,单向阀 4 关闭,压力油通过单向阀 7 排入大活塞 11 的下腔,推动大活塞将重物举起。如此反复提压小活塞,就可使重物不断上升,达到举起重物的目的。停止操纵手柄时,阀 7 可阻止缸 12 的油液倒流,以防止重物自动下降,若将截止阀 9 打开,在重物重力作用下,大活塞缸 12 的油液排回储油箱 8,重物下降。

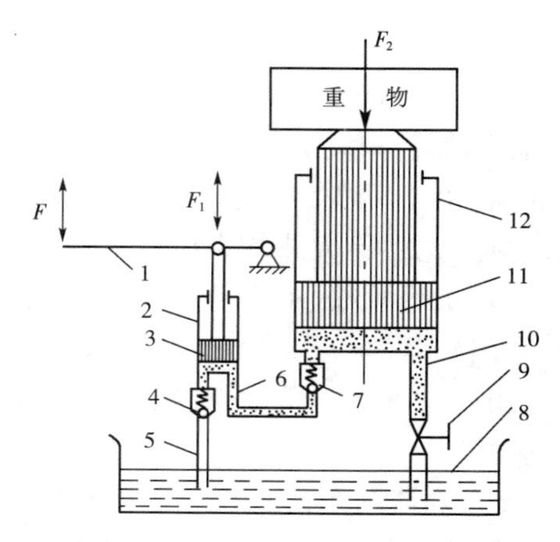

图 1-1　油压千斤顶工作原理图

1—杠杆手柄;2—小油缸;3—小活塞;4、7—单向阀;5—吸油管;6、10—管道;8—油箱;9—截止阀;11—大活塞;12—大油缸

由液压千斤顶的工作原理可知:液压缸 2 和单向阀 4、7 一起完成吸油与排油,将杠杆的机械能转换为油液的压力能输出,称为(手动)液压泵。大液压缸 12 将油液的压力能转换为机械能输出,抬起重物,称为液压缸。在这里大、小液压缸,阀,管路,油箱等组成了简单的液压传动系统,实现了力和运动的传递。

液压千斤顶是一种简单的液压传动装置。下面分析一种驱动工作台的液压传动系统。

图 1-2 为一简化的驱动机床工作台液压传动系统工作原理图,它由油箱、滤油器、液压泵、溢流阀、开停阀、节流阀、换向阀、液压缸以及连接这些元件的油管、管接头等组成。该系统的工作原理是:液压泵由电动机带动旋转后,从油箱中吸油,油液经滤油器进入液压泵的吸油腔,当它从液压泵中输出进入压力油路后,在图 1-2a 所示状态下,通过开停阀 10、节流阀 7,经换向阀 5 进入液压缸左腔,推动活塞向右运动。液压缸右腔的油液经管道、阀 5 和管道 6 流回油箱。改变阀 5 的阀芯位置,使之处于左端时,如图 1-2b 所示,液压缸活塞将反向运动。

改变流量控制阀 7 的开口,可以改变进入液压缸的流量,从而控制液压缸活塞的运动速度。液压泵排出的多余油液经阀 13 和管道 16 流回油箱。液压缸的工作压力取决于负载。液压泵的最大工作压力由溢流阀 13 调定,其调定值应为液压缸的最大工作压力及系统中油液经阀和管道的压力损失之总和。因此，系统的工作压力不会超过溢流阀的调定值，溢流阀对系统还起着过载保护作用。将开停手柄转换成图1-2c所示的状态时，压力管中的油液将经开停阀和回油管8排回油箱，这时工作台就停止运动。

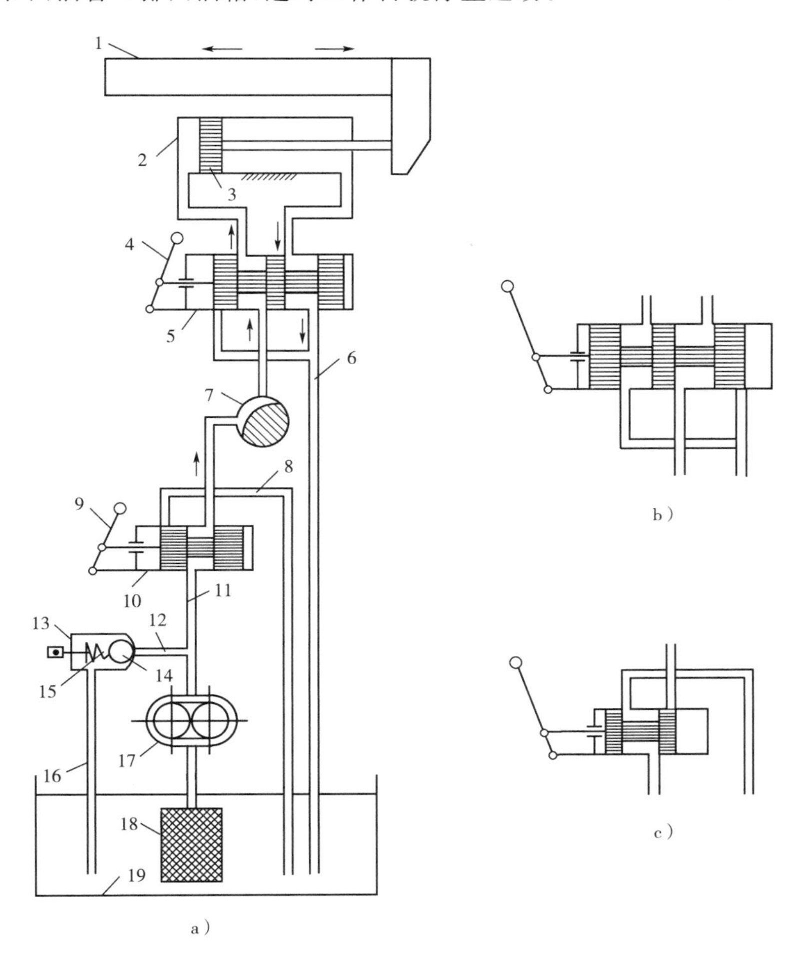

图1-2 驱动机床工作台液压传动系统工作原理图

1—工作台；2—液压缸；3—活塞；4—换向手柄；5—换向阀；6、8、16—回油管；7—节流阀；9—开停手柄；10—开停阀；11—压力管；12—压力支管；13—溢流阀；14—钢球；15—弹簧；17—液压泵；18—滤油器；19—油箱

在这种能量转换和传递过程中，遵循如下基本原理。

1. Pascal 原理

根据帕斯卡(Pascal)静压传递原理"施加于密封容器内平衡液体中的某一点的压力等值地传递到全部液体的各点"，在图1-1的液压千斤顶中，不计管路和阀口损失，动力缸和提升缸两腔的液体压力 p 相等。因此有

$$\frac{F_1}{A_1}=p_1=p=p_2=\frac{F_2}{A_2} \tag{1.2-1}$$

或者

$$F_2 = p_2 A_2 = F_1 \frac{A_2}{A_1} \tag{1.2-2}$$

式中：A_1、A_2 —— 活塞3、11的面积；

F_1、F_2 —— 活塞3、11上的作用力；

p —— 液体的静压力。

在A_1、A_2一定时，负载F_2越大，系统中的压力p也越高，所需的作用力F也越大，即系统压力与外负载密切相关。这是液压传动工作原理的第一个特征：液压传动中工作压力取决于外负载。

2. 液体连续性原理

如果不考虑液体的可压缩性以及泄漏和构件的变形，则图1－1中小柱塞3下行挤压出的液体的体积等于推动大柱塞11上升的液体体积，即

$$A_1 \mathrm{d}s_1 = A_2 \mathrm{d}s_2 = \mathrm{d}V \tag{1.2-3}$$

或者

$$A_1 \frac{\mathrm{d}s_1}{\mathrm{d}t} = A_2 \frac{\mathrm{d}s_2}{\mathrm{d}t} = \frac{\mathrm{d}V}{\mathrm{d}t} \tag{1.2-4}$$

$$A_1 u_1 = A_2 u_2 = q \Rightarrow u_2 = \frac{q}{A_2} = \frac{A_1}{A_2} u_1 \tag{1.2-5}$$

式中：u_1、u_2 —— 分别为小柱塞和大柱塞的运动速度；$u_1 = \mathrm{d}s_1/\mathrm{d}t$，$\mathrm{d}s_1$为小柱塞的位移；$u_2 = \mathrm{d}s_2/\mathrm{d}t$，$\mathrm{d}s_2$为大柱塞位移。

q —— 管路中或大小柱塞腔的流量。指的是单位时间内通过过流断面的体积，即体积流量，简称流量。本书中无特别说明的流量即是指体积流量。$q = \mathrm{d}V/\mathrm{d}t$，$\mathrm{d}V$为小柱塞腔输出或大柱塞腔输入的液体的体积，$\mathrm{d}t$为时间。

上式表明，在流量一定的情况下，大柱塞的运动速度与面积成反比，在柱塞面积一定的条件下，与流量成正比。液压传动是靠密闭工作容积变化相等的原则实现运动（速度和位移）传递的。只要连续改变（手动）泵的流量，便可连续地改变提升缸活塞速度。这是液压传动工作原理的第二个特征：活塞的运动速度只取决于输入流量的大小，而与外负载无关。

3. 能量守恒定律

在图1－1的液压千斤顶工作过程中，如果不计摩擦损失等因素，小活塞做功

$$W_1 = F_1 \mathrm{d}s_1 = A_1 p \mathrm{d}s_1 = p \mathrm{d}V \tag{1.2-6}$$

大活塞做功

$$W_2 = F_2 \mathrm{d}s_2 = A_2 p \mathrm{d}s_2 = p \mathrm{d}V \tag{1.2-7}$$

由上可知，$W_1 = W_2$，即液压传动符合能量守恒定律。如果以功率形式表示，则有

$$P = \frac{\mathrm{d}W}{\mathrm{d}t} = F \frac{\mathrm{d}s}{\mathrm{d}t} = Fu = Apu = pq = p \frac{\mathrm{d}V}{\mathrm{d}t} \tag{1.2-8}$$

从上面的讨论还可以看出，与外负载力相对应的流体参数是流体压力，与运动速度相

对应的流体参数是流体流量。因此,压力和流量是液压传动中两个最基本的参数。

通过分析以上两个实例的工作过程可以看出,液压传动是在密闭的容器内,利用有压力的油液作为工作介质来转换能量或传递动力的。这种能量间的相互转换是通过容积的变化实现的,故又称为容积式液压传动。除容积式液压传动外,还有一种动力式液压传动,即液力传动,它是利用运动液体的动能来传递能量的,如离心式水泵和液力联轴器等。本书只讨论容积式液压传动。

1.2.2　液压传动系统的组成

从油压千斤顶和驱动机床工作台液压传动系统的工作原理可知,一个能完成能量传递和能量转换的液压系统,由下列几部分组成。

1. 动力元件

其职能是将输入的机械能转换为油液的压力能。它是液压系统的动力元件,即液压泵。图 1-1 中的小活塞就是起泵的作用。

2. 执行元件

其职能是将油液的压力能转换为机械能。执行元件有油缸和油马达。油缸能带动负载作往复运动或小于 360° 的摆动,马达能带动负载作旋转运动。图 1-1 中的大活塞缸及图 1-2 中的油缸 2 即为执行元件。

3. 控制元件

在液压系统中各种阀用来控制和调节各部分液体的压力、流量和方向,以满足机器的工作要求,完成一定的工作循环。图 1-1 中的单向阀和截止阀以及图 1-2 中的开停阀、节流阀、换向阀和溢流阀等就是。

4. 辅助元件

它们有储油用的油箱,过滤油液中杂质的滤油器、油管及管接头、密封件、冷却器和蓄能器等。

5. 工作介质

即传动液体,通常采用液压油,用于实现动力和运动(能量)的传递。

液压系统元件图见图 1-3。

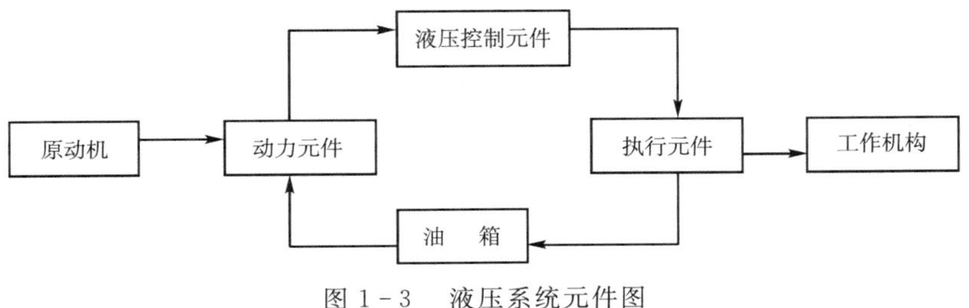

图 1-3　液压系统元件图

为了设计、分析、维护液压传动系统,就需要有液压传动系统图,在这个图上显示了各液压元件的作用和它们之间的相互连接关系。

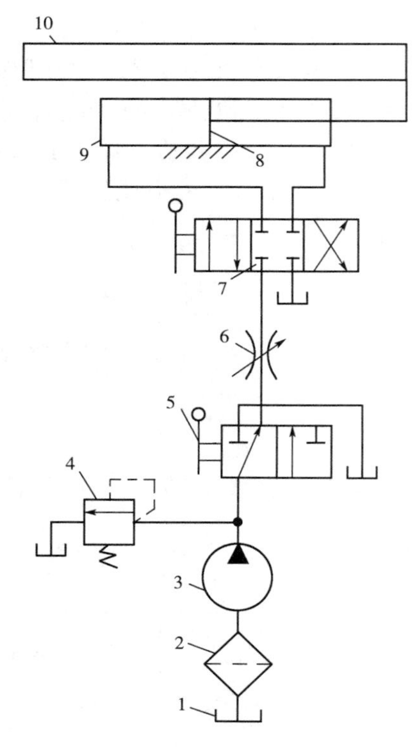

图 1-4　机床工作台液压系统的图形符号

1—油箱；2—滤油器；3—液压泵；4—溢流阀；5—开停阀；6—节流阀；7—换向阀；8—活塞；9—液压缸；10—工作台

液压系统图有两种，一种是结构原理图，如图 1-2 所示。这种图近似实物的剖面图，直观性较强，容易懂，但图形复杂，绘制不方便，特别当系统元件较多时，更不易看清楚，而且也表达不清各元件的职能作用。另一种是延用液压元件的职能符号表示的液压系统图。这些符号只表示元件的职能和连接系统的通路，不表示元件的实际结构、安装部位等，因此绘制此图时比较方便，尤其对复杂的液压系统优点就更为突出，如图 1-4 所示就是对应图 1-2 的液压系统图。

我国已制定了液压系统图图形符号国家标准(GB/T 786.1-1993)。本书将常用的液压组件的职能符号列于附录中。

1.3　液压传动的优缺点

1.3.1　液压传动的优点

液压传动之所以在各种机械上被广泛采用，是因为它与电气及机械传动相比较有以下优点：

(1) 在相同输出功率的情况下，液压传动装置的重量轻、结构紧凑、惯性小。例如，相同功率液压马达的体积为电动机的 12% ～ 13%。液压泵和液压马达单位功率的重量指标，目前是发电机和电动机的 1/10，液压泵和液压马达可小至0.0025N/W(牛 / 瓦)，发电机和电动机则约为0.03N/W。所以，液压传动装置工作平稳，反应速度快，冲击小，能快启动、制动和频繁换向。

(2) 能方便地在很大范围内实现无级调速。

(3) 操纵方便，易于控制。通过控制阀，可方便地改变油液的压力大小、流动方向及流量大小，以控制执行机构输出力大小、运动方向及其速度。控制调速比较简单，操作比较方便、省力，易于实现工业自动化，特别是电、液联合应用时，易于实现复杂的自动工作循环。

(4) 液压传动工作安全性好，易于实现过载保护，系统发生的热量容易散发。电气传动中很大的铁磁线圈发热，如何散热是其大问题；而液压传动通过系统中的冷却与热交换装置很容易使系统温度稳定；同时因采用油液为工作介质，相对运动表面间能自行润滑，故使用寿命较长。

(5) 富裕的刚性。电气传动的输出力受磁场影响，力的刚性不富裕；而液压传动中力的刚度取决于油的压缩性，由于油的压缩性很小，在 30MPa 的压力以下时可以忽略，所以液压系统的输出力刚性好。

(6) 负载保压容易。电气传动系统保持负载在一定的位置一定的压力较难，而液压系统则较容易。

(7) 很容易实现直线运动。电气传动要实现直线运动常要添加机械装置,将旋转运动转为直线运动;而液压传动通过油缸实现直线运动。

(8) 液压元件易于实现系列化、标准化和通用化,便于设计、制造、维修和推广使用。

1.3.2 液压传动的缺点

(1) 动力损失较大。液压传动中动力是经介质压力油在系统里进行传递的。如图 1-5 所示,根据广义伯努利方程

$$\frac{p_1}{\rho}+\frac{v_1^2}{2}+gz_1=\frac{p_2}{\rho}+\frac{v_2^2}{2}+gz_2+e_l \tag{1.3-1}$$

式中:p 为压力;v 为流速;z 为距基准面的高度;g 为重力加速度;ρ 为流体密度;脚标 1、2 为对应流管断面 ① 、② 的值;p/ρ、$v^2/2$、gz 分别为单位质量流体的压力能、动能、势能;e_l 为单位质量流体从截面 ① 流到截面 ② 过程中所损失的能量。

正由于液压传动存在着机械摩擦损失、液体的压力损失和泄漏损失,而且还有两次能量形式的转换,所以效率较低,故不宜作远距离传动。

(2) 介质动力油对污染很敏感。系统压力越高,控制阀的开口越小,动力油中的污染对其损伤越大。如,16MPa 控制阀的阀口开度 40 ～ 60μm,32 MPa 控制阀的阀口开度 10 ～ 5μm。

(3) 介质动力油性质敏感。油的黏度受温度的影响较大。一般温度升高黏度下降,引起泄漏量、管路摩擦损失、系统流量等发生变化,从而影响系统性能,所以液压传动不宜在很高或很低的温度条件下工作。

油中混入空气会使油压装置刚度降低,使系统的特性受影响。

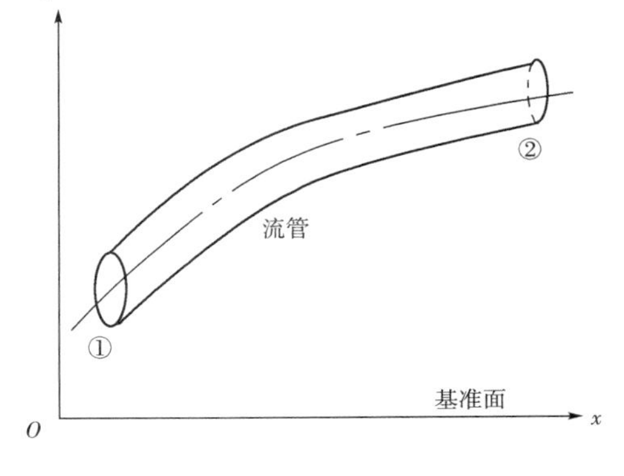

图 1-5 流体流管示意图

(4) 污染环境。液压装置泄漏的油会造成其周围环境的污染。泄漏的油变成雾状,遇到高温物体,易引起火灾,甚至有爆炸的危险。

(5) 有系统破裂的危险性。正如前面所述,一般液压系统用于高压。一旦机械的强度设计出现错误,则其破裂的危险将会发生。特别是当油中混入空气后,其弹性增加,破裂时机器碎片会飞向四周,或高压油从裂缝中喷射出伤害人或物。实验表明高压油能切割数毫米的钢板。

(6) 由于油液的可压缩性和泄漏等因素的影响,液压传动不能保证严格的传动比。

(7) 为了减少泄漏,以及满足某些性能上的要求,液压元件的制造精度要求较高,致使其价格较高。

(8) 使用和维修技术要求较高,出现故障时不易找出原因。

液压传动虽然还存在一些缺点,但随着生产技术的进步,有些缺点正在不断地得到克服,因此液压传动仍有着广阔的发展前景。

1.4 液压传动的应用

由于液压传动及控制技术具有独特的优点，从民用到国防，从一般传动系统到精度很高的控制系统，都得到了广泛的应用，近30年尤其如此。

(1) 航空机械　航空机械着陆、行走机构的收放、发动机自动调速装置等就是用的液压传动，比如B707的行走机构消耗的功率是150kw，B757其消耗的功率为370kw。重量轻、操作安全性好、反应灵敏。

(2) 土木、建设机械　土木、建设机械是液压传动应用最广的领域，约占液压机械中的1/3～1/4，构造简单，在恶劣环境下能保持良好的工作状态。如打桩机、液压千斤顶、平地机、挖掘机、装载机、推土机、压路机、铲运机等。

(3) 车辆工程　如自卸式汽车，平板车，高空作业车，汽车中的转向器、减震器，港口龙门吊，叉车，装卸机械，汽车吊车等。

(4) 锻压机械　锻压机械是液压传动应用领域中的典型，在油压力作用下进行金属加工、粉末成型、加热成型等。

(5) 冶金机械　熔融金属电炉自动控制系统、轧钢机的控制系统、平炉装料装置、转炉和高炉控制系统，带材跑偏及恒张力装置等都采用了液压技术。

(6) 船舶工业　在船舶工业中，液压技术的应用也很普遍，如液压挖泥船、水翼船、气垫船和船舶辅助装置等。

(7) 轻纺工业　在轻纺化工和食品行业，如纺织机、印刷机、塑料注射机、食品包装机和瓶装机等也采用了液压技术。

(8) 机床工业　机床工业是应用液压技术最早的行业，目前机床传动系统有85%都采用了液压传动及控制技术，如磨床、刨床、铣床、插床、车床、剪床、组合机床和压力机等。

(9) 军事工业　除飞机外，坦克的稳定系统、火炮随动系统、雷达无线扫描系统、军舰炮塔瞄准系统、消摇和稳定装置、导弹和火箭的发射控制系统等。

(10) 矿山机械　在矿山工程机械中，普遍采用了液压技术，如采矿机械、掘进机、转载机、支护机械、履带推土机、自行铲运机等。

(11) 农业机械　在拖拉机、联合收割机、农具悬挂系统等中普遍采用液压传动技术。

近几年来，在太阳能跟踪系统、海浪模拟装置、船舶驾驶模拟系统、地震模拟装置、宇航环境模拟系统、核电站防震系统等高技术领域也采用了液压技术。

总之，一切工程领域，凡是有机械设备的场合，均可采用液压技术。在大功率和自动控制的场合，尤其需要采用液压技术，液压技术的应用前景光明。

思考与练习

1-1　什么是液压传动？其基本工作原理是什么？

1-2　液压传动由哪几部分组成？各部分的功能是什么？

1-3　举例说明液压传动中的能量转换关系。

1-4　简述液压传动的特点，并举例说明其应用。

第 2 章　液压流体力学基础知识

流体力学是研究流体平衡与运动规律的一门学科。流体包括液体及气体两大部分。它们的共同特点是质点间的凝聚力很小，没有一定的形状，易流动，因而可以通过管道系统作为传递能量的工作介质；其不同点在于气体可压缩，而液体几乎不可压缩。流体力学的基础知识是研究液压传动技术的理论基础。液压传动是以油液为介质来传递能量和进行能量转换的，为了更好地掌握和理解液压传动原理、液压元件的结构性能，正确地分析、设计和使用液压传动系统，必须首先学习与之有关的流体力学基础知识。

2.1　液体的主要物理性质

2.1.1　密度

单位体积流体所具有的质量，叫做流体的密度，用 ρ 表示，它表示流体密集的程度。

对于非均质流体，取包围空间某点的体积 ΔV，设其所含流体的质量为 Δm，则比值 $\frac{\Delta m}{\Delta V}$ 为 ΔV 中的平均密度。若令 $\Delta V \to 0$，即当 ΔV 向该点收缩趋近于零时为该点的密度，即

$$\rho = \lim_{\Delta V \to 0} \frac{\Delta m}{\Delta V} \tag{2.1-1}$$

对于空间各处质量分布均匀的均质流体，其密度为

$$\rho = \frac{\Delta m}{\Delta V} \tag{2.1-2}$$

式中：ρ—— 流体的密度，kg/m^3；

$m, \Delta m$—— 流体的质量，kg；

ΔV—— 流体的体积，m^3。

实验证明，液体的密度与压力、温度有关，但在通常状态下液体是处于大气压力之下，并且温度的变化范围不大，所以，液体的密度可以看成是不变的。

2.1.2　压缩性

在温度不变的情况下，流体的体积随压强的增大而变小的性质称为压缩性。流体压缩性的大小可用压缩系数 β_p 表示。处于压缩状态下的流体产生一种向外膨胀的力，这种力可以被看成是一种弹性力。流体弹性力的大小用体积弹性系数或体积弹性模数表示，体积弹性模数是体积压缩系数的倒数，用 $E = \frac{1}{\beta_p}$ 来度量。它表示温度不变流体增加 1 个单位压力

时，流体体积的相对缩小量（见图 2 - 1），即

$$\beta_p = \lim_{\Delta V \to 0}\left(-\frac{\Delta V}{V\Delta p}\right) = -\frac{1}{V}\frac{dV}{dp} \tag{2.1-3}$$

$$E = \frac{1}{\beta_p} = \lim_{\Delta V \to 0}\left(-\frac{V\Delta p}{\Delta V}\right) = -V\frac{dp}{dV} = \rho\frac{dp}{d\rho} \tag{2.1-4}$$

式中：ΔV—— 流体在压强增大 Δp 时的体积减少量，$\Delta V = V_1 - V_2$，V_1、V_2 分别表示压强为 p_1、p_2 时流体的体积；

Δp—— 压强增量，$\Delta p = p_2 - p_1$，p_1、p_2 分别表示流体体积为 V_1、V_2 时的压力。

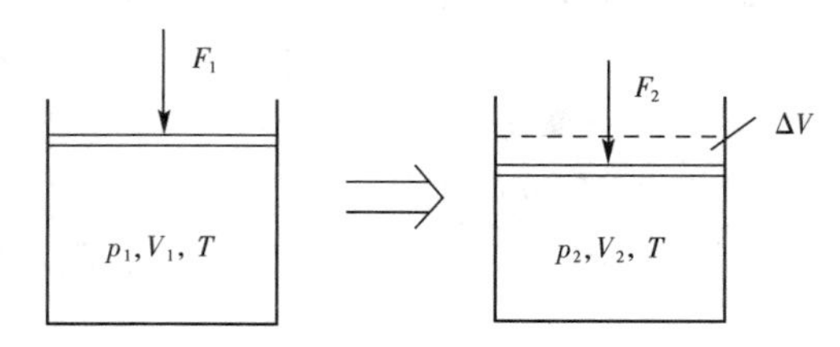

图 2 - 1　流体压缩性

液体的体积压缩系数是非常小的。例如：

对于水，$p = 1 \sim 50\text{MPa}$，温度在 0 ～ 20℃ 范围内时，$\beta_p = (4.75 \sim 5.25) \times 10^{-10}\text{Pa}^{-1}$；

对于油，$p < 15\text{MPa}$，温度在 20℃ 范围内时，$\beta_p = (5 \sim 7) \times 10^{-10}\text{Pa}^{-1}$。

因此，在实际工程中，经常把液体当作不可压缩的。这种假定可使许多分析计算简化，但在一些特殊情况下，如研究液体的振动、冲击，即瞬态情况下的液压系统时，则要考虑液体的压缩性。例如，在液压机工作过程中，由于油液有压缩性，在加压行程时，工作缸内的油液被压缩，吸收了能量，工作压力越高，吸收的能量就越多，当液压机卸荷时，这部分能量将很快释放，产生液压冲击，造成管路的剧烈振动和噪音。因此，在设计液压机液压系统时，应注意对回程时的卸压过程进行合理控制。值得注意的是：在考虑液压系统中液压油的可压缩性时，只有全面考虑液压油本身的可压缩性、混合在油中空气的压缩性以及贮存压力油的封闭容器（包括管道）的容积变化等因素，才能真正清楚其实际情况。

在通常情况下，水的 E 值可取 $2 \times 10^9\text{N/m}^2$，常用矿物油的 E 值取 $(1.4 \sim 2) \times 10^9\text{N/m}^2$。

2.1.3　黏性

液体受外力作用而流动时，液体内部产生摩擦力或切应力而阻止发生剪切变形的性质，叫做液体的黏性。液体流动时才会呈现黏性，静止不动的液体不呈现黏性。黏性的大小可用黏度来表示，黏度是液体最重要的特性之一，是流动液体最基本的物理性质，是液压油的一项主要指标，它直接影响系统的正常工作、效率和灵敏性。在机械系统中所用的油液主要是根据黏度来选择的。

黏度的表示方法有三种：动力黏度、运动黏度和相对黏度。

1. 动力黏度

图 2 - 2 为平行平板实验的示意图。在平行平板间充满流体，力 F 作用于上平板使之产生匀速运动（速度为 u_0），下板固定不动，由于液体与固体壁的附着力及其分子间的内聚力

作用，使液体内部各处的速度大小不等，附着在上平板上的薄层流体质点以速度 u_0 随板运动，附着于下板的薄层流体质点的速度为零。我们可以把液体在平板间的流动看成是许多无限薄的液体层的运动，运动较快与较慢的各层之间产生相对滑动，因此，在各层间产生摩擦力。

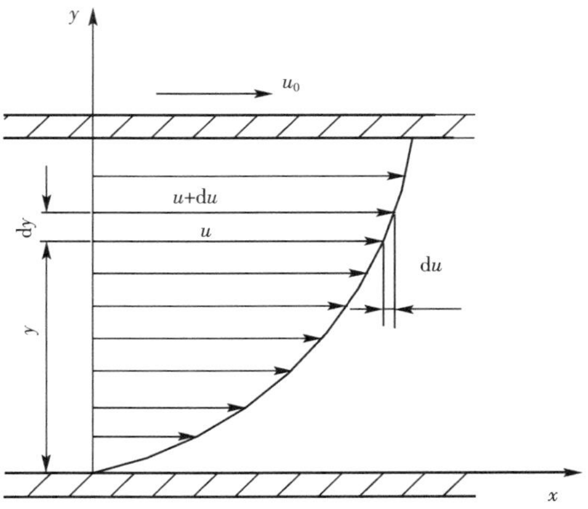

流体内摩擦力大小 F，与 u_0 和平板面积 A 成正比，与平板到固定壁面距离 y 成反比，即 $F \propto A\dfrac{du}{dy}$。若乘以比例系数 μ，则有

图 2-2　平行平板实验

$$F = \pm \mu A \frac{du}{dy} \qquad (2.1-5)$$

$$\tau = \frac{F}{A} = \pm \mu \frac{du}{dy} \qquad (2.1-6)$$

式中：F—— 内摩擦力，N；

τ—— 单位面积上的内摩擦力或切应力，N/m^2；

A—— 流体层的接触面积，m^2；

μ—— 与流体性质有关的比例系数，称为动力黏性系数，或称动力黏度；

$\dfrac{du}{dy}$—— 速度梯度，即速度在垂直于该速度方向上的变化率，s^{-1}。

式中“±”是为了保证内摩擦力 F 永远为正值。如果$\dfrac{du}{dy}$为正值时，取“+”；如果$\dfrac{du}{dy}$为负值时，取“−”；如果$\dfrac{du}{dy}$为零时，就是液体处于静止状态，内摩擦力为零。

式(2.1-5)、(2.1-6)是1687年牛顿(Newton)提出的著名的一维黏性定律，称为牛顿内摩擦定律或黏性定律。

动力黏度的物理意义是当速度梯度等于1时，接触液体层间单位面积上的内摩擦力。

μ 值由实验测定，其国际单位为 Pa·s($N \cdot s/m^2$)，物理单位为泊(P 或 $dn \cdot s/cm^2$)。它们的换算关系为：$1N \cdot s/m^2 = 10dn \cdot s/cm^2 = 10P$。

2. 运动黏度

在工程实际中常常用到流体的动力黏度与其密度的比值，以 ν 表示，称为运动黏性系数或运动黏度。

$$\nu = \frac{\mu}{\rho} \qquad (2.1-7)$$

式中 ν 的单位为 m^2/s。鉴于我国目前在机械油牌号上仍用非法定单位，故给出法定单位和非法定单位的换算关系：$1cSt = 1mm^2/s = 10^{-6}m^2/s$。cSt 称为厘斯。

机械油或液压油的牌号多用运动黏性系数表示。一种机械油的牌号数就是以这种油在50℃时以cSt为单位的运动黏度的平均值标注的，号数越大，黏性就越大。例如30号机械油，就是指这种油在 50℃ 时的运动黏性系数平均值为 $30 \times 10^{-6}\ m^2/s$。

运动黏度没有什么特殊的物理意义，只是因为在液压系统的计算中，动力黏度与密度的比值经常出现，所以才采用 ν 来代替 $\frac{\mu}{\rho}$。

3. 相对黏度（条件黏度）

相对黏度又称条件黏度，是使用特定的黏度计在规定条件下直接测定的黏度。各国采用相对黏度单位有所不同，有的用国际赛氏秒 SSU 或商用雷氏秒″R 表示，我国采用恩氏黏度，它是以液体的黏度相对于水的黏度来表示的。将 $200cm^3$ 被试液体在某温度下从恩氏黏度计流完的时间 t_1 与相同体积蒸馏水在 20℃ 时从同一黏度计流完所需的时间 t_2 的比值叫该液体的恩氏黏度，常用 °E 表示。

$$°E_t = \frac{t_1}{t_2} \tag{2.1-8}$$

工业上一般以 20℃、50℃ 和 100℃ 作为测定恩氏黏度的标准温度，并相应地以符号 $°E_{20}$、$°E_{50}$ 和 $°E_{100}$ 来表示。然后利用恩氏黏度计的经验公式（式 2.1－9）求出液体在 t℃ 时的运动黏度 ν，即

$$\nu = \left(7.31°E_t - \frac{6.31}{°E_t}\right) \times 10^{-6}\ m^2/s = 7.31°E_t - \frac{6.31}{°E_t}\ mm^2/s \tag{2.1-9}$$

4. 黏度和温度的关系

液压系统中使用的油液对温度的变化很敏感，当温度升高时，油的黏度则显著降低。例如，常用的 20 号机械油，在温度 20℃ 时黏度约为 100cSt（13°E ～ 14 °E），而当温度升高到 60℃ 时，黏度就降为 12 ～ 16cSt（2°E ～ 2.5°E），油液黏度的变化将直接影响到液压系统的性能和泄漏量，所以黏度随温度的变化越小越好。

不同种类的液压油，它的黏度随温度变化的规律也不同。我国常用黏温图表示油液黏度随温度变化的关系。对于一般常用的液压油，当运动黏度不超过 $76 mm^2/s$，温度在 30℃ ～ 150℃ 范围内时，可用下述近似公式计算其温度为 t℃ 的运动黏度

$$\nu_t = \nu_{50}(50/t)^n \tag{2.1-10}$$

式中：ν_t 为温度在 t℃ 时油的运动黏度；ν_{50} 为温度为 50℃ 时油的运动黏度；n 为黏温指数，黏温指数 n 随油的黏度而变化，其值可参考表 2－1。

表 2－1　黏温指数 n 随黏度变化的数值

ν_{50} (mm^2/s)	2.5	6.5	9.5	12	21	30	38	45	52	60	68	76
n	1.39	1.59	1.72	1.79	1.99	2.13	2.24	2.32	2.42	2.49	2.52	2.56

我国常用黏温图表示油液黏度随温度变化的关系。部分国产油的黏温图见图 2－3 所示。

油的黏温性能也可以用黏度指数来衡量。黏度指数表示这种油的黏度随温度变化的

程度同标准油的黏度随温度变化程度的比值。黏度指数高，表示黏温曲线平缓，说明油的黏度随温度变化的程度小，也就是黏温性能好。液压传动中通常要求黏温指数在 90 以上，目前精制液压油及有添加剂的液压油，黏度指数一般大于 100。

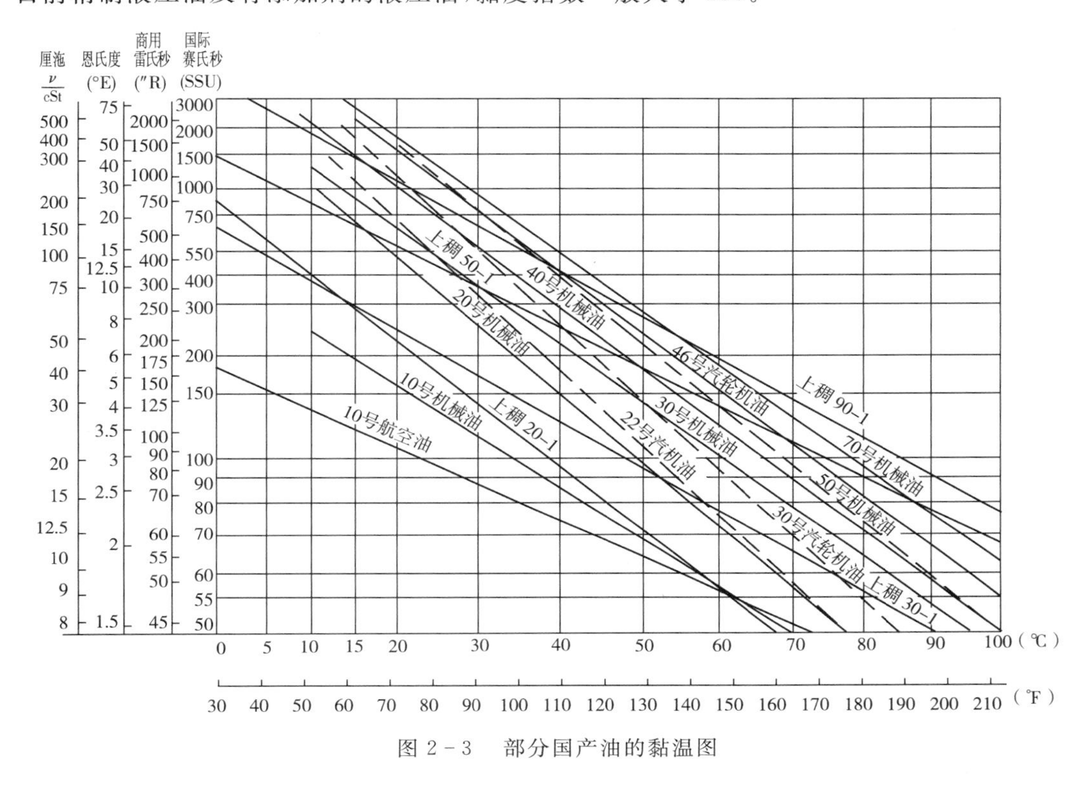

图 2-3　部分国产油的黏温图

5. 黏度与压力的关系

在一般情况下，压力对黏度的影响比较小，在工程中当压力低于 5MPa 时，黏度值的变化很小，可以不考虑。当液体所受的压力加大时，分子之间的距离缩小，内聚力增大，其黏度也随之增大。因此，在压力很高以及压力变化很大的情况下，黏度值的变化就不能忽视。在工程实际应用中，当液体压力低于 50MPa 的情况下，其黏度为

$$\nu_p = \nu_0(1 + \alpha p) \tag{2.1-11}$$

式中：ν_p—— 压力在 p(Pa) 时的运动黏度；

ν_0—— 绝对压力为 1 个大气压时的运动黏度；

p—— 压力(Pa)；

α—— 决定于油的黏度及油温的系数，一般取 $\alpha = (2 \sim 4) \times 10^{-9}$，1/Pa。

2.2　液压工作介质 —— 液压油

液压油是液压系统的工作介质，是液压系统不可缺少的组成部分，其主要作用是完成能量的转换和传递，此外，还有散热、润滑、防止锈腐、减少磨损和摩擦、沉淀和分离不可溶污物等作用。

2.2.1　液压油类型

液压系统早期的工作介质主要是水，目前主要是矿物石油基液压油，少量地方应用纯水和其他难燃(抗燃)液压油。工作介质是液压系统的血液，对液压系统的性能、寿命和可靠性有着重要影响，不同功能的液压系统对工作介质的要求不同，这是选择工作介质的主要依据。液压油常有如下型式：

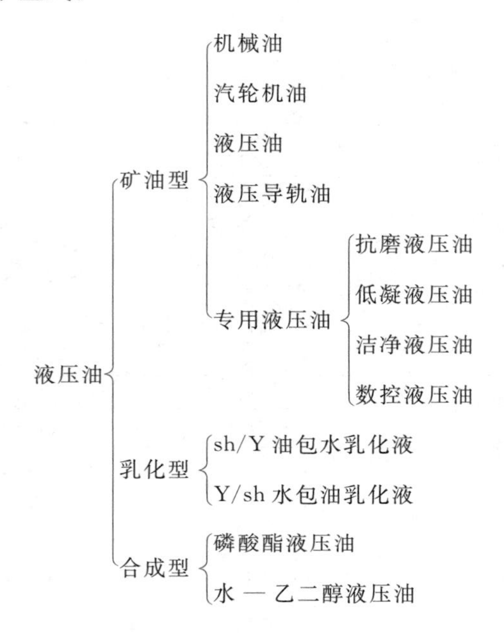

1. *矿物(石)油基型液压油*

一般常将矿油型液压油称为液压油，而将乳化型液压油称为乳化液。

液压油是以石油的精炼物为基础，加入各种添加剂调制而成的。在 ISO 分类中，产品符号为 HH、HM、HL、HR、HG、HV 型油液为矿物石油型液压油。该类产品品种多，成本较低，性能好，需要量大，使用范围广，为液压系统的主导工作介质(占总量的 85% 左右)。现简介如下。

(1)HH 液压油　它是不含任何添加剂的精炼矿物油，是一种基础性或母液压油。其他各种液压油都是在此基础上加入不同添加剂调制而成的。它虽列入液压油的分类中，因其稳定性差，易起泡等，不宜作为传动介质使用。

(2)HL 液压油　它是普通液压油，又称机械油。其中 H 表示液压系统用的工作介质，L 表示润滑剂和有关产品，有 HL10，15，22，32，45，100 等规格。数字序号为油的牌号，即表示该种产品在 40℃ 时以 mm^2/s 为单位的平均运动黏度。可用于低压液压系统和机床主轴箱、齿轮箱润滑。

(3)HR 液压油　HR 液压油又称高黏度指数液压油，或数控液压油。有 HR15，32，46 等三个品种。它是在 HL 液压油基础上，添加黏度指数添加剂而成的。其黏温特性好，黏度指数高，适用于数控机床中的液压系统或装有伺服阀的液压系统。

(4)HM 液压油(抗磨液压油)　该产品有 HM15，22，32，46，68，100，150 等七个品种，

是在HL的基础上添加油性和极压抗磨剂、金属钝化剂等制成的。广泛用于各类低、中、高压液压系统及中等负荷的机械润滑部位。

(5)HG液压油　该产品有HG32,68两种规格。它是在HM液压油的基础上添加抗黏滑剂而成的,适用于导轨和液压系统共用一种油的机床,具有良好的润滑性和防止低速爬行特性,称为导轨液压油。

(6)HV液压油　HV液压油即低温液压油,又称低凝工程稠化液压油。有HV15,22,32,46,68,100等六个品种。它是在HM液压油的基础上添加了降凝剂,改善了低温性能。其适用于−20℃～−40℃的寒冷环境下的高、中、低压液压系统,常被工作条件恶劣的户外工程机械类液压系统所采用。

(7)HS液压油　HS液压油是低温液压油,有HS10,22,32,46等六个品种。它的低温黏度比HV液压油更小,主要用于严寒地区。

(8)专用液压油　专用液压油包括航空液压油、炮用液压油、舰用液压油等。

航空液压油为优质液压油,具有良好的黏温性、低温性和氧化稳定性。在常温下黏度偏低,且价格昂贵,主要用于飞机液压系统。地面高压、高品质液压系统也可选用本产品。

炮用液压油是添加了增黏、防锈、抗氧化剂而制作的低黏度、低凝点液压油,用于高射炮和坦克稳定性液压系统。

舰用液压油为精制液压油,含有增黏、抗氧、防锈、抗磨、抗泡沫等多种添加剂,适用于各种舰船液压系统。

2.难燃液压油

难燃液压油可分为三种:高水基液压油、合成液压油和纯水。

(1)高水基液压油

近些年来,世界许多工业国家日益重视高水基液压油的研究和试制工作。所谓高水基液压油是指含水量特别高(常达90%以上),其余部分为油及添加剂。美国在这方面的研究占有领先地位。

HFAE(高水基乳化液)通常称水包油乳化液,有HFAE7,10,15,22,32等五种品种。它由95%的水和5%的矿物油(或其他型油类)及多种添加剂的浓缩液混合而成,形成以水为连续相、油为分散相的水包油型液压油,呈乳白色。煤矿液压支架系统(高压)广泛使用这种液压油。

HFAS(高水基合成液)不含油,由95%的水和5%的含有多种水溶性添加剂的浓缩液混合而成,透明,抗磨性优于HFAE,适用于低压系统。

HFAM(高水基微孔乳化液)是由95%的水和5%的含有高级润滑油与多种添加剂(含油性和极压添加剂)的浓缩液混合而成,半透明。它与HFAE的主要区别是这种油以非常微小的粒子(2μm)形成分散在水中。它兼有HFAE和HFAS的优点,适用于中低液压系统。

HFBC油包水乳化液是由40%的水和60%的精制矿物油和多种添加剂混合而成,油为连续相,水为分散相,呈乳白色。性能接近液压油,价格低,乳化稳定性差。在冶金轧钢的中低液压系统中应用较多,本产品有HFB22,32,46,68,100等五个品种。

配制高水基液压油要求使用软水,这时只需把浓缩液徐徐加入水中,搅拌即可。由于高水基液压油的主要成分是水,所以它保持了水的特性,诸如不燃烧,黏度变化小,比热大,导热性能好，液压系统的温升一般要比使用石油系液压油低 8℃ ～ 14℃。此外还具有来源方便，价格便宜（仅为液压油的 10% 左右）且只需运输和库存高水基液压油的纯浓缩液，大大节省了运费和仓库面积，废液处理容易，不污染环境等优点。

（2）合成液压油

HFCC 水 — 乙二醇液压油，其中水占 35% ～ 55%，乙二醇占 20% ～ 40%，增黏剂约占 10% ～ 15%，其余为添加剂；具有良好的抗燃性，主要用于防火液压系统，可在 － 20℃ ～ 65℃ 环境中使用，黏度指数 VI＝140 ～ 170，稳定性好，使用寿命长；武汉钢铁公司进口液压设备中大量使用。本产品有 HFC15，22，32，46，68，100 等六个品种。

HFD（无水合成液）应用较多的是磷酸酯合成液 HFDR，本产品有 HFDR15，22，32，46，68 等五个品种，工作温度为 － 20℃ ～ 65℃。它以无水磷酸酯为基础，加各种添加剂制成。抗燃性好，价格昂贵（为液压油的 5 ～ 8 倍），对环境污染严重，有刺激性气味和轻微毒性，与普通橡胶密封件和涂料不相容，适用于需要防燃的高温高压系统。

（3）纯水

水是液压传动最早使用的介质，后因其缺陷被液压油取代。目前液压工作介质中，油液仍占主体地位。随着人们对环境安全和可持续发展的重视及绿色概念的流行，人们发现作为液压技术弃儿的水有环保、安全和价格低廉等优点，重新被重视，这就产生了纯水液压技术。这是近 20 年的事情。何谓纯水尚无统一结论，一般认为是自然状态的水或被物理加工过的自然状态的水，但不含任何化学添加剂应是确定的。国外已研制出压力为 14MPa ～ 16MPa 的液压系统并投入工业生产，纯水液压元件还形成一定规模的商品市场。纯水原来固有的缺点并没有消失，人们寄希望于材料科学和新工艺、新的设计理念。纯水液压技术的发展，尚有许多困难，但应引起足够重视。

2.2.2　液压油的几项质量指标

1. 酸值

中和 1 克石油产品所需氢化钾的毫克数称为酸值（毫克 KOH/ 克）。这是因为矿物油型液压油中常含有少量的环烷酸，它对金属有腐蚀作用。液压油的酸值越低，表明液压油的质量越高。

2. 闪点和燃点

随着液压传动技术的迅速发展，系统的工作压力和工作温度会不断提高，如高压工程机械，同时高压油液物理状态的本身就增加了潜在的压燃危险，而且有的液压系统可能要与明火或其他热源接触，这对液压用油提出了防火性能的要求，甚至用难燃液体。油液防火性能指标是闪点和燃点。

闪点是加热时挥发的液体与空气的混合物在接触明火时，突然闪火的温度。闪点与液体挥发的关系极为密切，闪点高的油液其挥发性小，闪点低的油液其挥发性大。达到闪点温度后继续加热至油液能自行连续燃烧的温度叫做该液压油的燃点。燃点高的油液难以着火燃烧。

3. 流动点、凝固点（凝点）

油液保持其良好流动性的最低温度叫做油液的流动点；油液完全失去其流动性最高温

度叫做油液的凝固点。流动点和凝点对低温操作或冬季室外工作时有很重要的意义。

4. 抗乳化度

当蒸汽在试验条件下通入试油，即形成乳化液状态，从乳化液状态中油与水完全分离出来的时间，以分钟计，即为该油的抗乳化程度。

5. 比热和导热系数

表示油液传热性能的指标是油液的比热和导热系数。

油液的比热是指单位质量的油液温度升高1℃时所需要的热量。

油液的导热系数是指油液内部存在温差时，单位时间内单位长度上热量从高温点向低温点传播，温度降低1℃时，通过单位面积的热量。液压传动中用油的传热性能要好，以便将液压系统工作时产生的热量及时输送出去，使系统的温升不超过允许值。

2.2.3　对液压油使用性能的要求

液压油的物理、化学性能对液压系统能否正常工作有很大影响，即使一个设计优良的液压系统，如果液压油选用不当或性能低劣，也会使其传动效率低，甚至不能正常工作。

1. 液压油使用性能

(1) 稳定性

① 热稳定性：油液抵抗其受热时发生化学变化的能力叫做热稳定性。当温度升高时，热稳定性差的油液容易使油分子裂化或聚合，产生树脂状沥青、焦油等物质。考虑到这种化学反应的速度随着温度的增高而加快，故一般把液压油的工作温度限制在65℃以下。

② 抗乳化性和水解稳定性：这是指油液抵抗其遇水分解变质的能力。阻止油液与水混合形成乳化液的能力称抗乳化性。水解稳定性是指油液抵抗与水起化学反应的能力。

几乎所有矿物基油液都具有不同程度的吸水性，以致达到饱和状态。当含水量超过饱和状态时，过量的水则以水珠状态悬浮在油液中，或以自由状态沉积在油液底部。自由状态的水在系统中经过激烈搅动(如通过阀口等)往往形成乳化液(微小水珠分散在作为连续相的油液中)，很难从油液中分离出来。

水是油液中非常有害的物质。为清除油液中的水分，应在油液中加入适量破乳剂，使水不易与油液形成乳化液，而是处于游离状态，以便分离出来。破乳剂是一种表面活性剂(石油磺酸盐是一种典型的破乳剂)，对矿物石油基油液很有意义。油液还应具有良好的水解稳定性 — 抵抗与水起化学反应的能力。水解变质后的油液会降低黏度，增加腐蚀性。

③ 氧化稳定性(化学稳定性)：油液抵抗其与空气中的氧或其他含氧物质发生化学反应的能力叫做氧化稳定性。如果油液的该性能差，则抵抗与含氧物质的化学反应能力就低，如，与空气或其他氧化剂接触，就会氧化而生成酸质，使油液质量变坏并腐蚀金属零件的表面，降低元件的寿命；溶解橡胶密封元件，破坏密封效果；与油漆、塑料件等反应产生悬浮物，阻塞元件及系统中的管道，影响液压系统的正常工作。

(2) 防锈性和润滑性

防锈性是指油液对金属遭受油中水分锈蚀的保护能力，润滑性是指油液在金属表面上形成牢固油膜的能力。

(3) 相容性

相容性是指油液抵抗与系统中各种常用材料(如密封件、软管、涂料等)起化学反应的能力;不起反应或少起反应的叫做相容性好,反之则差。相容性差的油液会使橡胶密封件等溶解,使液压系统密封失效,溶解后的胶状生成物又会使油液受污染。

2. 对液压油的要求

液压系统的压力、流量和温度等参数经常在很大范围内变化,为保证其稳定工作状态,要求所用液压油能够适应这些变化,并能长期保持稳定的性能。使用的液压油应满足下列要求:

(1) 具有适当的黏度和良好的黏温性能。

(2) 具有良好的润滑性能和足够的弹性模量,使系统中的各摩擦表面获得足够的润滑而不致磨损;比重小,介电性好。

(3) 热膨胀系数低、比热高、导热系数高、闪点和燃点高、动点和凝固点低。一般液压传动用油的闪点为 130℃ ～ 150℃。

(4) 具有良好的化学稳定性,能抗氧化、抗水解,在贮存和使用过程中不变质,使用寿命长;相容性好。

(5) 抗泡沫性、抗乳化性良好,腐蚀性小,防锈性好;不得含有蒸气、空气及容易汽化和产生气体的杂质,否则易起气泡。因为气泡是可压缩的,而且在其突然被压缩时会放出大量的热,造成局部过热,使周围油迅速氧化变质,气泡还是产生剧烈振动和噪声的主要原因之一。

(6) 质地纯净,无毒性。不含有溶性酸和碱等,以免腐蚀机件和管道,破坏密封装置。

3. 液压油的选择

上述这些对液压油的要求,有的互相矛盾,要同时满足所有的要求比较困难,但黏度是选择液压油最重要的考虑因素。黏度的高低影响到运动部件的润滑、泵的吸油状况、缝隙的泄漏、流动压力损失及系统的发热和温升等。

液压传动一般采用矿物油,因植物油和动物油中含有酸性和碱性杂质,腐蚀性大,化学稳定性差。

在选择液压油时,除了按照泵、阀等元件出厂规定中的要求进行选择外,一般可作如下考虑。

(1) 在使用温度、压力较低或运动速度较高时,应选用黏度较低的液压油,以减少管路内压力损失;在使用温度、压力较高或运转速度较低时应选用黏度较高的液压油,以减少漏损。如当工作压力小于7MPa时,多选用20 ～ 40 号油;当压力为7MPa ～ 20MPa时,就可选用 60 号油。

(2) 油泵是对液压油的黏度和黏温性能最敏感的元件之一,并且对润滑条件的要求也特别高,因此油泵的类型往往成了选择液压油的主要依据之一。

(3) 经济性的综合评价。要综合考虑液压油成本、使用寿命、维护及安全周期等情况,有较好的经济综合指标。

液压油的选择可参看表 2 - 2 和表 2 - 3。

表 2-2 根据环境及工况条件选择液压油实例

工况 / 环境	压力：小于 7MPa 温度：50℃ 以下	压力：7～14MPa 温度：50℃ 以下	压力：7～14MPa 温度：50℃～80℃ 以下	压力：14MPa 以上 温度：80℃～100℃
室内，固定液压设备	HL	HL 或 HM	HM	HM
露天，寒冷或严寒区	HR 或 HV	HV 或 HS	HV 或 HS	HV 或 HS
高温或明火附近，井下	HFAS 或 HFAM	HFB、HFC 或 HFAM	HFDR	HFDR

表 2-3 厂家推荐的液压泵、马达的适用黏度范围

厂家	元件	推荐黏度 /($mm^2 \cdot s^{-1}$)		
		黏度上限	黏度下限	正常工作范围
Vickers	直轴式柱塞泵、马达	220	13	13～54
	齿轮式、叶片式、弯轴式泵、马达	860	13	13～54
	低速大扭矩叶片马达	110	13	13～54
	普通阀	500	13	13～54
	比例阀	500	13	13～54
	伺服阀	220	13	13～54
Rexroth	柱塞泵、马达	1000	10	16～36
	齿轮泵	1000	10	10～300
Bosch	各类元件	800～200	10	12～100
Denison	轴向柱塞泵	160	10	30
	叶片泵	110	10	30

2.2.4 液压油的污染及控制

液压油品质的优劣将直接影响到液压系统、液压元件的工作状态。据统计，液压系统的故障有 70%(伺服阀中因液压油污染而造成的事故占 80%) 以上是由于液压油不符合技术要求引起的。因此应按照上述基本要求正确选用液压油，再加上合理的使用和维护，才能有效地提高液压设备的工作性能、效率、经济性、可靠性和使用寿命。否则，不注意使用，液压油受到污染以后，其中的尘粒和铁粉等杂质会磨坏泵、阀、油缸和油马达等元件，甚至堵塞系统中元件的小孔、缝隙，造成动作不灵等事故，并且会引起液压油本身的物理和化学性能的改变，造成金属的腐蚀。因此，世界各国对液压油的正确选用和防污染问题都很重视。

1. 液压油受污染的主要原因

(1) 在液压系统管道和各种元件的加工、装配、储藏、运输的过程中，有铁屑、毛刺、型砂、涂料、磨料、焊渣、锈片、灰尘等污垢在系统开始使用之前已“潜伏”在系统中。

(2) 在使用过程中，许多污垢通过往复伸缩的活塞杆、新加进液压系统中的油液、在油箱中流通的空气、溅落和凝结的水滴和流回油箱的漏油等“侵入”系统。

(3) 在维修过程中，操作不细心，使灰尘、棉绒等进入系统。

(4) 系统内部自行产生污染，即工作过程中各种泵、阀正常磨损产生的金属粉末，密封件磨损或损坏而产生的橡胶质颗粒，滤油器和软管产生的脱落物，液压油因油温升高氧化变质而生成胶状物，油液中的水分和电化学反应也会使金属腐蚀而产生杂质等，从而使油液受到污染。

2. 污染的测定

液压油的污染程度用污染度来标明。所谓油液的污染度是指单位体积油液中固体颗粒污染物的含量。含量可用重量或颗粒数表示，因而相应的污染度测定方法有称重法和颗粒计数法两种。

(1) 称重法

把 100mL 的油液样品进行真空过滤并烘干后，在精密天平上称出颗粒的重量，然后依标准定出污染等级。这种方法只能表示油液中颗粒污染物的总量，不能反映颗粒尺寸的大小及其分布情况。该方法设备简单，操作方便，重复精度高，适用于液压油液日常性的质量管理场合。

(2) 颗粒计数法

颗粒计数法是测定液压油液样品单位容积中不同尺寸范围内颗粒污染物的颗粒数，借以查明其区间颗粒浓度(指单位容积油液中含有某给定尺寸范围的颗粒数) 或累计颗粒含量 (指单位容积油液中含有大于某给定尺寸的颗粒数)。目前，用得较普遍的有显微镜法和自动颗粒计数法。

显微镜法也是将 100mL 油液样品进行真空过滤，并把得到的颗粒进行溶剂处理后，放在显微镜下，找出其尺寸大小及数量，然后依标准确定油液的污染度。这种方法能够直接看到颗粒的种类、大小及数量，从而可推测污染的原因，但操作时间长，劳动强度大，精度低，并且要求操作技术熟练。

自动颗粒计数法是利用光源照射油液样品时，油液中颗粒在光电传感器上投影所发出的脉冲信号来测定油液的污染度。由于信号的强弱和多少分别与颗粒的大小和数量有关，将测得的信号与标准颗粒产生的信号相比较，就可以算出油液样品中颗粒的大小与数量。这种方法能自动计数，测定快捷、精确，可以及时从高压管道中抽样测定，因此得到了广泛的应用，但是此法不能直接观察到污染颗粒本身，且设备较贵。

3. 污染度的等级

为了描述和评定液压油液污染的程度，以便对它进行控制，有必要规定出液压油液的污染度等级。下面介绍目前仍被采用的美国 NASl638 油液污染度等(如表 2-4 所示) 和我国制定的污染度等级国家标准 GB/T14039—1993《液压系统工作介质固体颗粒污染等级代号》(如表 2-5 所示)。

美国NASl638污染度等级是以颗粒含量为基础，按100mL油液中在给定的5个颗粒尺寸区间内的最大允许颗粒数划分为14个等级，最清洁的为00级，污染最高的为12级。

表2-4　美国NAS1638污染度等级分级标准(100mL工作介质中颗粒数)

尺寸范围/μm	污染等级													
	00	0	1	2	3	4	5	6	7	8	9	10	11	12
	100mL工作介质中所含颗粒的数目													
5～15	125	250	500	1000	2000	4000	8000	16000	32000	64000	128000	256000	512000	1024000
15～25	22	44	89	178	356	712	1425	2850	5700	11400	22800	45600	91200	182400
25～50	4	8	16	32	63	126	253	506	1012	2025	4050	8100	16200	32400
50～100	1	2	3	6	11	22	45	90	180	360	720	1440	2800	5760
>100	0	0	1	1	2	4	8	16	32	64	128	256	512	1024

表2-5　颗粒数与其标号的对应关系(GB/T 14039—1993)

1mL中颗粒数		标　号	1mL中颗粒数		标　号
>	≤		>	≤	
80000	160000	24	10	20	11
40000	80000	23	5	10	10
20000	40000	22	2.5	5	9
10000	20000	21	1.3	2.5	8
5000	10000	20	0.64	1.3	7
2500	5000	19	0.32	0.64	6
1300	2500	18	0.16	0.32	5
640	1300	17	0.08	0.16	4
320	640	16	0.04	0.08	3
160	320	15	0.02	0.04	2
80	160	14	0.01	0.04	1
40	80	13	0.005	0.001	0
20	40	12	0.0025	0.005	0.9

我国制定的液压油液颗粒污染度等级标准GB/T14039—1993《液压系统工作介质固体颗粒污染等级代号》等效采用ISO4406—1987。它采用斜线隔开的两个代号表示油液的污染度：前面的代号表示1mL油液中大于5μm颗粒数的等级，后面的代号表示1mL油液中大于15μm颗粒数的等级。等级代号的含义如表2-5所示。例如，等级代号为19/16的液压油液，表示它在每毫升内大于5μm的颗粒数在2500～5000之间，大于15μm的颗粒数在320～640之间。这种双代号标志说明实质性的工程问题是很科学的，因为5μm左右的颗粒对堵塞元件缝隙的危害最大，而大于15μm的颗粒对元件的磨损作用最为显著，用它们来反映油液的污染度最为恰当，因而这种标准得到了普遍的采用。表2-6是典型液压系统的清洁度等级。

表 2-6　典型液压系统污染等级

GB/T14039(ISO 4406)	12/9	13/10	14/11	15/12	16/13	17/14	18/15	19/16	20/17	21/18	22/19
RAS1638 系统类型	4	5	6	7	8	9	10	11	12		
污染极敏感的系统	—	—	—	—	—						
伺服系统		—	—	—	—	—					
高压系统			—	—	—	—	—				
中压系统					—	—	—	—	—		
低压系统						—	—	—	—	—	
低敏感系统							—	—	—	—	—
数控机床液压系统		—	—	—	—	—					
机床液压系统					—	—	—	—	—		
一般机器液压系统						—	—	—	—	—	
行走机械液压系统				—	—	—	—	—			
重型设备液压系统					—	—	—	—	—		
重型和行走设备传动系统						—	—	—	—	—	
冶金轧钢设备液压系统				—	—	—	—	—			

值得注意的是，现行的双标号标准还有一个不足，它没有报告小于 5μm 左右的颗粒计数，这些非常细小的淤泥尺寸颗粒的聚集也能导致故障。为弥补这一点，已有厂商将污染等级代号用大于 2μm、5μm、15μm 的颗粒数三个标号表示。这种表示方法更为科学，ISO 也正在考虑将该标准扩充为三个标号标志。

4. 控制液压油性能的注意事项

(1) 限制液压系统工作温度过高。油温过高会加速油液的氧化变质，油液温度一般以 30℃ ～ 45℃ 时最为理想，液压系统的温升不宜超过 50℃，油液温度不宜超过 70℃。这就要求首先液压元件质量好，减少节流，避免在高压下大量排油，提高系统的传动效率，减少发热等；其次是改善散热条件，如增大油箱容积，降低油的循环速度，必要时加装冷却器。

(2) 防止油液被污染。要保证系统清洁、无油泥、无水分、无锈、无金属切屑等杂质。系统内选用的材料应考虑与所用油相配性；凡与油相接触能起催化剂作用的锌、铅、铜等金属材料应避免采用；油箱内应涂耐油防锈漆，以免普通油漆溶于油中产生沉淀；所用密封材料的耐油性要好。

(3) 定期检查与更换液压油。为了液压系统能正常工作，应根据工作条件对液压油作定期检查，当其性能大大降低了，就应考虑更换新油液。一般出现下列情况就应换油：① 油的黏度变化超过 20%；② 油的酸值大于 1；③ 对液压管路、元件等机件发生腐蚀；④ 油内杂质甚多，油色呈暗黑且发出恶臭等现象时。

(4) 防止空气混入油液进入液压系统，加强液压系统各连接处的密封(尤其是泵的吸入侧)。空气和水分混入油液会引起油液的乳化和产生气泡，也会加速油液的劣化变质，并能引起振动和噪音。回油管应插入油面以下；泵吸入口应远离回油管；从回油到泵重新吸入，中间必须有充分时间使油中所含多余空气逸出；油缸和管路顶部设放气阀等。

(5) 油箱应密闭，以防止外界各种杂质掉入。油箱通气口应设空气过滤器。新油注入必须经过过滤，外漏的油不允许直接流回油箱。由于氧化、腐蚀和机械磨损等生成的磨屑、氧化皮、密封碎皮等应尽快从系统中排除，可装设各种滤油器。油箱底部应倾斜并装有排油阀，以便排除油箱内的污物和积水。

2.3　静止液体的基本性质

2.3.1　液体静压力及其特性

1. 液体静压力

液体静止是指液体内部质点间没有相对运动，至于盛装液体的容器，不论它是静止的或运动的，都没有关系。在外力的作用下，静止液体内部将产生压力，这种压力称为液体静压力。它是指液体处于静止状态下，单位面积上所受的力。在液压传动中的所谓压力，都是指液体静压力。液体中的静压力，是由液体自重和液体表面受外力作用而产生的。图 2-4 为一密闭容器，在活塞上加一外力 F，则液体将产生静压力，其平均值为

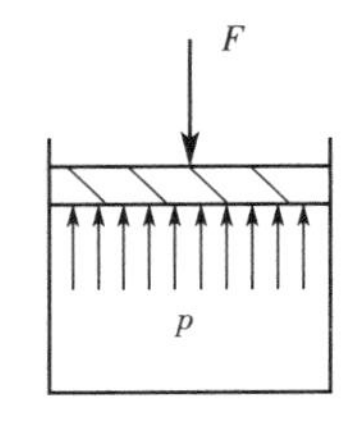

图 2-4　静止液体的压力

$$\bar{p}=\frac{F}{A} \tag{2.3-1}$$

式中：p—— 压力，Pa(N/m^2)；

A—— 承压面积，m^2；

F—— 作用在活塞的外力，N。

设作用在 M 点周围微小面积 ΔA 上的合力为 ΔF，根据压强的定义，其平均压强为当面积 ΔA 无限缩小到点 M 时，则得

$$p=\lim_{\Delta A\to 0}\frac{F}{A} \tag{2.3-2}$$

式中：p 为静止液体中的应力，称静止液体中的压力，简称液体静压力。它是外部液体作用在液体内部 M 点上而产生的压力，液体静压力物理意义是作用在单位面积上的力。

液体本身是有重量的，深处的液体就受到上面液体重力及其表面上压力 p_0 的作用产生压力，如图 2-5 所示，在深度 h 处面积为 ΔA 的小平面上，所受的液体重力即为以 ΔA 为底面积 h 为高的一小液柱的重量 G。

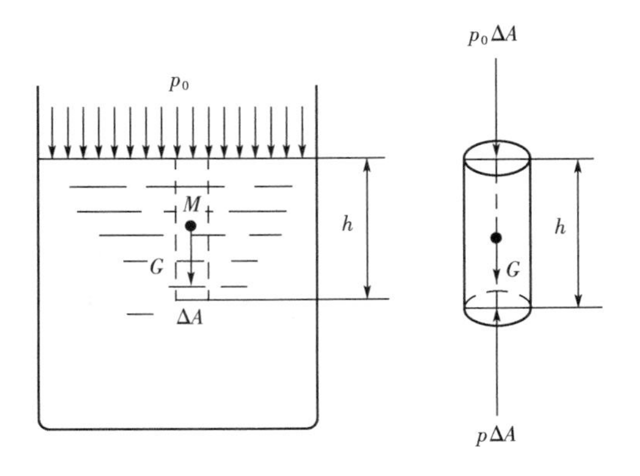

图 2-5 重量作用下的静止液体

$$p\Delta A=p_0\Delta A+\rho gh\Delta A,\quad \text{即}\quad p=p_0+\rho gh \tag{2.3-3}$$

式中：G—— 小液柱重量，N；

ΔA—— 小液柱底面积，m^2；

h—— 小液柱高，m；

ρ—— 液体密度，kg/m^3。

液柱作用在小面积 ΔA 上的压力为 ρgh。由上式可知：

(1) 液体内任一点的静压力等于自由面压力 p_0 加液柱的重量。液体自重产生的压力随深度而变化，深度越深压力越大，大小是 ρg 与该点离液面深度 h 的乘积. 当液面上只受大气压力 p_a 作用时，点 M 处静压力为

$$p=p_a+\rho gh \tag{2.3-4}$$

(2) 静止液体内的压力随液体深度呈直线规律分布。

(3) 离液面深度相同处各点的压力都相等。压力相等的所有点组成的面叫做等压面。在重力作用下静止液体中的等压面是个水平面。

2. 液体静压力的特性

(1) 液体静压力垂直作用在承压面，并沿承压面的内法线方向。

(2) 静止液体中，任何一点所受到的各个方向上的压力都相等，如若不等，液体将要产生运动，将不是静止的液体。

(3) 静压力的传递：在密闭的平衡液体中，任意一点的压力如有变化，这个压力的变化将等值地传给液体中所有各点，这就是帕斯卡定律，即静压力的传递原理。

如图 2-6 所示，将两个容器用管子连通起来，称为连通器，根据上述原理，连通器各点压力是相等的，即大活塞 1 的端面处的压力与小活塞 2 的端面处的压力应相等，可用下式表示。

$$p=\frac{F_1}{A_1}=\frac{F_2}{A_2} \tag{2.3-5}$$

$$\frac{F_1}{F_2}=\frac{A_1}{A_2}$$

这说明每个活塞上的总作用力与活塞的面积成正比。

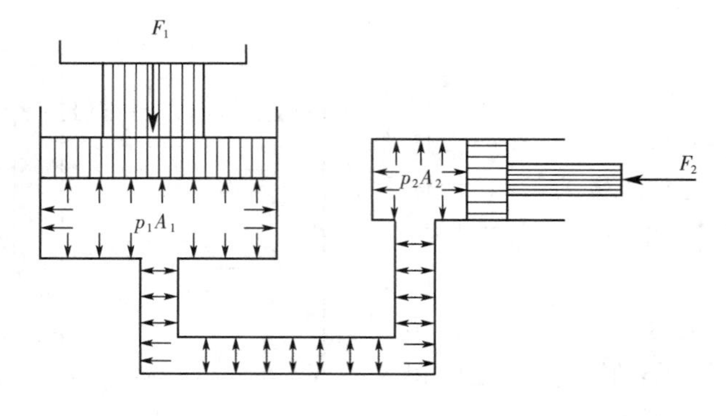

图 2-6　静压力的传递

2.3.2　压力的表示法

液体压力有绝对压力、表压力和真空度三种。

1. 绝对压力

绝对压力的数值是以绝对真空为基准算起的，都是正值，所谓绝对真空，是指在密闭的容器内没有任何物质，压强等于零。

2. 相对压力

相对压力又称表压力或计示压力，表压力值是以大气压为基准算起的正值，它表示液体压力超过大气压的数值。

绝大多数压力表在大气压作用下，指针在零位，在液压传动中所说的压力，就是指的表压力。

各种压力的关系如图 2-7 所示。

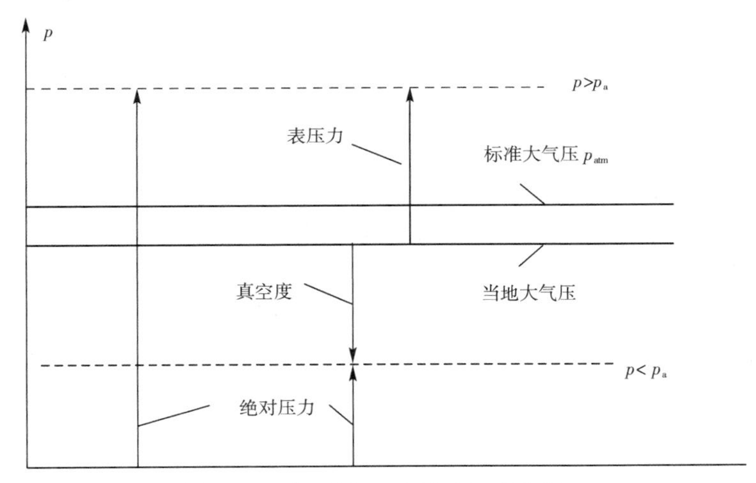

图 2-7　绝对压力、表压力与真空度

即
$$绝对压力 = 大气压力 + 表压力$$
或
$$表压力 = 绝对压力 - 大气压力$$

3. 真空度

如果液体的绝对压力小于大气压力，则具有真空度，又称负压。真空度并不是绝对压力，而是绝对压力小于大气压力的数值，它的关系是：

$$绝对压力 = 大气压力 - 真空度$$
或
$$真空度 = 大气压力 - 绝对压力$$

例如真空度为 0.07MPa，绝对压力为 0.03MPa。

压力的单位很多，国际标准化组织（ISO）及我国法定计量单位规定的标准单位是帕斯卡（Pa），$1Pa = 1N/m^2$。此外，下面是一些过去常用的压强计量单位及其与标准单位的转换关系：

(1) 毫米汞柱　$1mmHg = 133.322Pa$

(2) 米水柱　$1mH_2O = 9806.65Pa$

(3) 标准大气压　$1atm = 101325Pa$

(4) 工程大气压　$1at = 1kgf/cm^2 = 98066.5Pa$

(5) 巴　$1bar = 10^5 Pa$

工程大气压可以简称为大气压。

2.3.3　油液静压力作用在固体壁面上的力

静止液体和固体壁面相接触时，固体壁面上各点在某一方向上所受静压作用力的总和，便是液体在该方向上作用于固体壁面上的力。

1. 压力油液对平面的作用力

由于液体压力总是垂直于承压面，所以它对平面的作用力等于液体压力与承压面积的乘积，即

$$F = pA \tag{2.3-6}$$

2. 压力油液对曲面的作用力

如果压力油液作用在曲面上，例如管壁、油缸壁、阀芯等，由于这些表面为曲面，液体的压力又总是沿着承压面的内法线方向作用，因此作用在曲面上各点的压力相互间不平行，压力油作用在曲面上的力在不同的方向上也不相同。当计算压力油作用在曲面上的力时，必须首先明确要计算的是哪一个方向上的力。曲面上液压作用力在某一方向上的分力等于压力和曲面在该方向的垂直面内投影面积的乘积。如果用一般数学表达式来表示这一关系，则为

$$F_n = pA_n \tag{2.3-7}$$

式中：F_n—— 压力油作用在曲面沿 n 方向上的力，N；

p—— 油液压力，Pa；

A_n—— 承压面沿 n 方向的投影面积，m^2。

如图 2-8，为一油缸受力简图，缸内充满压力为 p 的油液，则沿 x 方向油缸右半壁所受的液压力为

$$F_x = \int_{-\frac{\pi}{2}}^{\frac{\pi}{2}} dF_x = \int_{-\frac{\pi}{2}}^{\frac{\pi}{2}} plr\cos\theta d\theta = 2lrp \tag{2.3-8}$$

由上式可看出压力油沿 x 方向上的作用力 F_x 等于压力 p 与($2lr$)的乘积，而正好是油缸右半壁沿 x 方向的投影面积。同理，$F_y = 2lrp$。

液体作用在圆管壁面上的总压力 F 有将圆管分裂的趋势，而管壁材料产生拉力 T 与之相抗衡，即

$$T = l\delta[\sigma] \tag{2.3-9}$$

式中：δ—— 管壁厚度；

$[\sigma]$—— 材料的许用应力。

根据式(2.3－8)和式(2.3－9)可推导管壁厚度 δ 的计算公式。

由于

$$F_y = 2T,\quad 2lrp = 2l\delta[\sigma]$$

则得

$$\delta = \frac{pr}{[\sigma]} \tag{2.3-10}$$

在设计液压系统时，可应用式(2.3－8)来选择合适规格的管子。

应用式(2.3－10)还可求得安全阀钢球所受的液体作用力。如图 2－9 所示的溢流阀结构原理图。钢球在弹簧力的作用下，压在阀座上，阀座下面与压力油相通，已知油液压力为 p，钢球直径 d_0，阀座孔直径为 d，则作用在钢球上的作用力为 $F = \frac{\pi}{4}d^2 p$。

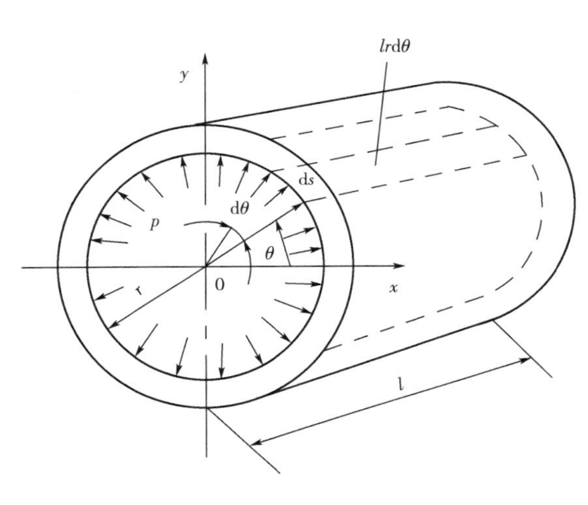

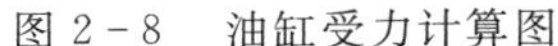
图 2－8　油缸受力计算图

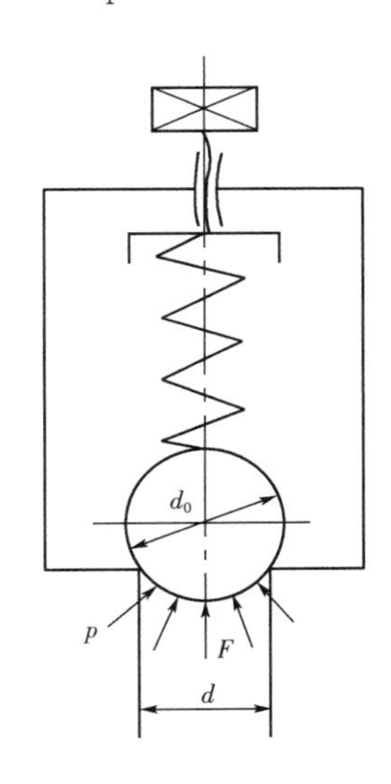

图 2－9　溢流阀的结构原理图

2.4　流动液体的基本性质

本节主要讨论液体流动时的运动规律、能量转换和流动液体对固体壁面的作用力等问题，具体要介绍三个基本方程 —— 连续方程、能量方程和动量方程。

由于重力、惯性力、黏性摩擦力等的影响，流动液体内部各处质点的运动状态是各不相同的。这些质点在不同时间、不同空间处的运动变化对液体的能量损耗有所影响，但对液压技术来说使人感兴趣的只是整个液体在空间某特定点处或特定区域内的平均运动情况。

此外，流动液体的状态还与液体的温度、黏度、流道等参数有关。为简化条件便于分析，一般假定在等温、恒黏度等的条件下来讨论液体的流动情况。

2.4.1　基本概念

在推导液体流动的三个基本方程之前，必须弄清有关液体流动时的一些基本概念。这些基本概念主要有：

1. 理想液体

研究液体流动时必须考虑黏性的影响，但这样做会使问题很复杂，所以一般的研究方法是开始分析时假设液体没有黏性，然后再考虑黏性的影响，并通过实验验证的办法对理想结论进行修正。这种既无黏性又不可压缩的假想液体称为理想液体。

2. 稳定流动与非稳定流动、一维流动

液体是由连续分布着的质点组成的。在液体流动时，任一个质点在某一瞬间占据着一定的空间点(x,y,z)，其运动参数（如速度、压力和密度等）都是空间坐标及时间的连续函数。每一空间点上液体的全部（或部分）运动参数不随时间(t)而变化的流动称作稳定流动（恒定流动、定常流动或非时变流动）；反之，只要运动参数中有一个随时间变化，液体就是在作非稳定流动（非恒定流动、非定常流动或时变流动）。研究液压系统静态性能时，可以认为液体作稳定流动；但在研究其动态性能时，则必须按非稳定流动来考虑。

除时间 t 外，如果流场中的流动参数依赖于空间的一个坐标（可以是曲线坐标），称为一维流动。

3. 均匀流动与非均匀流动

如果流场中的各运动参数的分布与空间无关，则称为均匀流动或均匀场。均匀流动各物理量分布具有空间不变性。如果任何一个运动参数分布不具有空间不变性，则称为非均匀流动或非均匀场。

4. 迹线、流线、流管、流束和总流

迹线是流体质点运动轨迹线。

流线是流场中假想的这样一条曲线：某一时刻，位于该曲线上的所有流体质点的运动方向都与这条曲线相切。流线是某一瞬时液流中一条条标志其各处质点运动状态的曲线，在流线上各点处的瞬时液流方向与该点的切线方向重合（见图 2－10）。对于非稳定流动来说，由于液流通过空间点的速度随时间而变化，因而流线形状也随时间而变化；而对于稳定流动来说，流线形状则不随时间而变化。

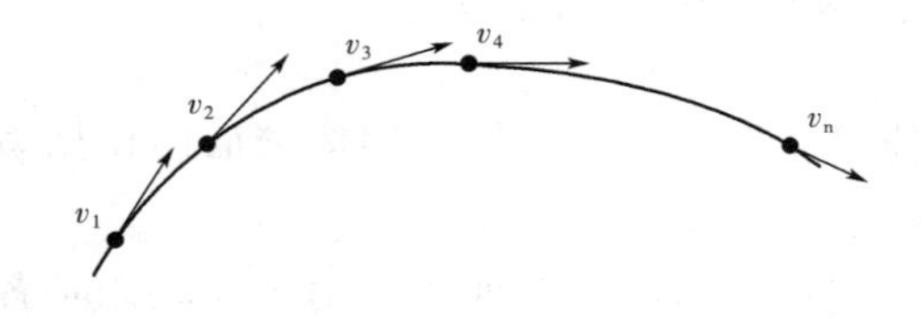

图 2－10 流线

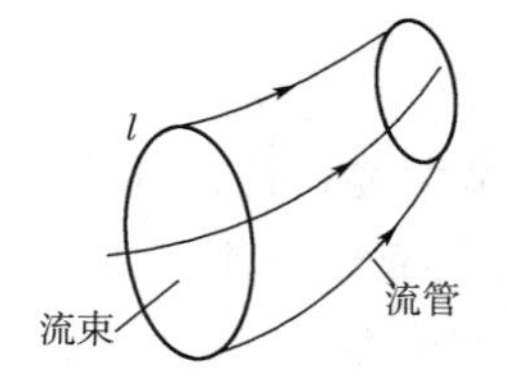

图 2－11 流管与流束

在流场中任意取出一个有流线从中通过的封闭曲线，如图 2－11 中的 l，l 上的所有流线围成一个封闭管状曲面，称为流管。流管内所包含的所有流体称为流束。当流管的横断面积无穷小时，所包含的流束称为元流，最小的元流就退化为一条流线。如果封闭曲线取在管道内壁周线上，则流束就是管道内部的全部流体，这种情况称为总流。

5. 过流断面、流量和平均速度

流管内与流线处处垂直的截面称为过流截面（或过流断面）。过流截面可以是平面或曲面,如图 2－12 所示。

单位时间内流过某过流截面的流体体积称为体积流量,也简称为流量。如果流过的流体按质量计量,则称为质量流量。

流体在流场中流动,一般情况下空间各点的速度都不相同,而且速度分布规律函数 $\vec{u}=\vec{u}(x, y, z)$ 有时难以确定,即使在简单的等径管道中(见图 2－12),由于黏性、摩擦、质点碰撞混杂等原因,速度分布规律也是不容易确定的。在工程实际中,一般没有必要弄清楚精确的速度分布。为简化计算,可以用平均速度代替各点的瞬时速度。如图 2－13 所示,若通流截面的面积为 A,流量为 q,则定义平均速度为

$$v=\frac{q}{A} \tag{2.4-1}$$

式中 q 值可以通过测量获得。

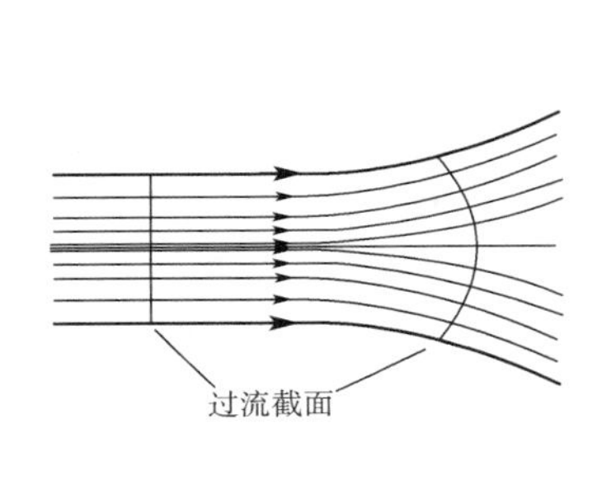

图 2－12 过流断面

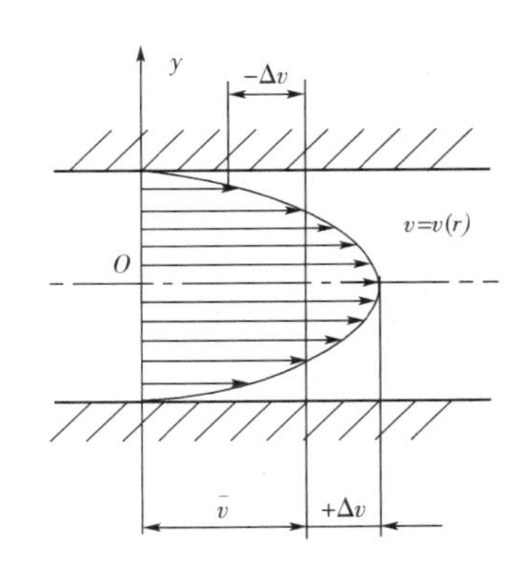

图 2－13 平均速度

2.4.2　层流和湍流

实际流体由于流动时有黏性产生,各点速度不完全一样,那么液体在管中流动时,其流动状态如何？人们通过大量的实验观察,发现液体在管中流动,存在两种完全不同的流动状态,一为层流状态,一为湍流状态。最早发现并系统研究流态的是 19 世纪末雷诺,他通过实验观察了水在圆管内的流动情况。所谓层流状态是指油液在流动时,液体质点互不干扰,液体的流动呈线性或层状,且像是一层层不同流速的油在流动,各层的质点平行于管子轴线方向而不杂乱。高黏性液体(如液压油、石油、沥青等)及水在极缓慢的流动时均属层流状态。所谓湍流状态,是指油液在流动时,液体质点的运动杂乱无章,除了平行于管道轴线的运动外,还存在着剧烈的横向运动。

层流和湍流是两种不同性质的流态。层流时,液体流速较低,质点受黏性制约,不能随意运动,黏性力起主导作用;湍流时,液体流速较高,黏性的制约作用减弱,惯性力起主导作用。

在层流状态下流动时,液体的能量主要消耗在摩擦损失上,它直接转化成热能,一部分被液体带走,一部分传给管壁。相反,湍流状态下,液体的能量主要消耗在动能损失上,这部分损失使液体搅动混和,产生旋涡、尾流,造成气穴,撞击管壳,引起振动,形成液体噪

声。这种噪声虽然会受到种种抑制而衰减，并在最后化作热能消散掉，但在其辐射传递过程中，还会激起其他型式的噪声。

图 2-14 是流态实验装置，利用水管 4 保持水箱 1 的水面高度不变，水箱中的水经玻璃管 5 流入水池 2，然后打开盛有红颜色水的水杯 3 的节流阀，使红色水也经玻璃管流入水池 2 中。

实验时将阀门 6 慢慢打开少许，使管中水流速度十分缓慢，同时打开水杯 3 的阀门，使红颜色水不断地流入玻璃管 5 中，此时红颜色水便形成极为鲜明的红色线条，连续向前流动，红色线条与周围液体没有任何掺混现象，液流的这种运动状态就是层流运动，如图2-15a。

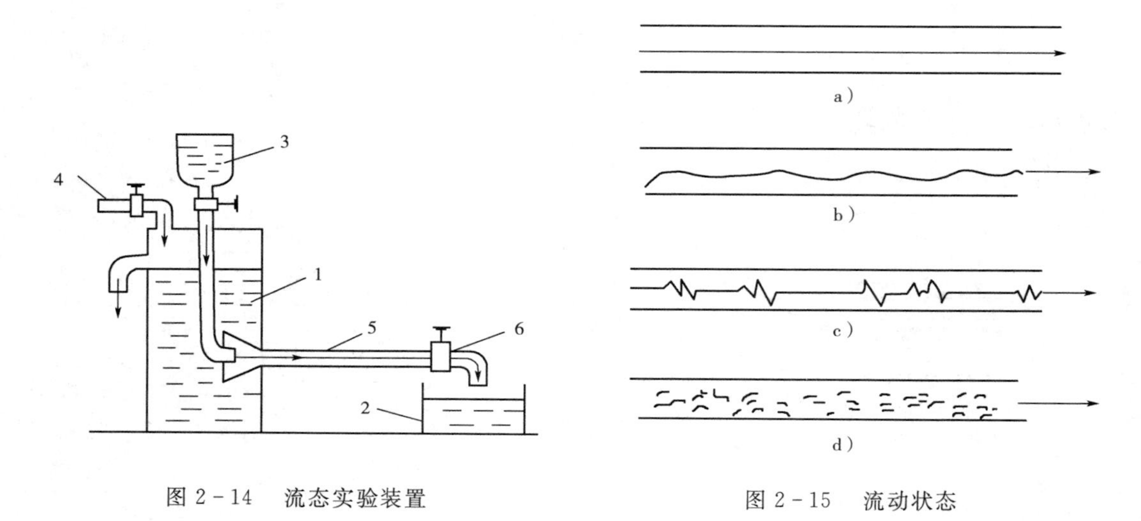

图 2-14　流态实验装置　　图 2-15　流动状态

如图 2-14，将节流阀 6 开大些，使玻璃管中的流速逐渐增加，红色线条逐渐变为不清晰，好像与外部液体有掺混现象，若继续增大管中的流速，则红色线条便突然地与管 5 中的液体掺混而成为湍流状态。图 2-15b 中红色线开始弯曲折断，表明层流开始破坏；图 2-15c 中红色线上下波动，并出现断裂，表现液体流动已趋于湍流；图 2-15d 中红色线消失，表明液体流动是湍流。可见，液体在管道中流速较低时，液体做层流运动；当流速较高时，液体则做湍流运动。

如果实验从相反方向进行即开始时将节流阀 6 全部打开，然后逐渐关闭，则液体先由湍流逐渐转变为层流。需要指出的是：由层流状态转变为湍流状态时的流速要比由湍流状态转变为层流状态时的流速大得多。而我们把由层流状态转变为湍流状态时的流速叫做上临界流速，用 v_e' 表示。把由湍流状态转变为层流状态的流速叫做下临界流速，用 v_e 表示。下临界流速 v_e 总小于上临界流速 v_e'。

经过多次实验发现液体的流动状态不仅决定于流速，还与液体的黏性、密度和管子直径有关，因此不能单以流速来作为判别层流与湍流的标准。判别层流和湍流的标准是临界雷诺数。由不同的管径对不同的液体进行试验，结果发现液体的流态决定于管径 d、流速 v 及液体的黏度。此值叫做雷诺数，用无因次量 Re 表示，即

$$Re=\frac{\rho v d}{\mu}=\frac{vd}{\nu} \tag{2.4-2}$$

式中：ρ—— 流体密度，kg/m^3；

v—— 管内平均流速，m/s；

μ—— 动力黏度，$Pa \cdot s$；

$\nu = \frac{\mu}{\rho}$—— 运动黏度，m^2/s；

d—— 圆管直径，对于非圆管为水力直径，m。

圆管雷诺实验及其他大量的实验表明，与下临界流速对应的雷诺数几乎不变，约为 $Re_c = 2320$（称为下临界雷诺数），而与上临界流速对应的雷诺数随实验条件不同在 2320 ～ 13800 的范围内变化。对于工程实际来说可取下临界雷诺数为判据，即 $Re \leqslant Re_c$ 时为层流，$Re > Re_c$ 时为湍流。常见的液流管道的临界雷诺数由实验求得，可查相关手册。

2.4.3　液流的连续性原理

当理想液体在管中做稳定流动时，液体是连续的。根据物质守恒定律，液体既不增多也不减少，单位时间内流过管道每个截面的液体质量一定是相等的，这就是流动液体的连续性原理。

如图 2-16，当流体在流管 l（工程实际中的管道可以视为流管）内流动，流体只能从过流断面 A_1 流入，A_2 流出。在断面上取微元 $dA_1 - dA_2$，则微元内流动就是一维流动，在稳定流动中，其极限情形是流体沿流线流动。若将整个流管都视为一维流动，则

$$\rho_1 u_1 dA_1 dt = \rho_2 u_2 dA_2 dt$$

即

$$\rho_1 u_1 dA_1 = \rho_2 u_2 dA_2 \qquad (2.4-3)$$

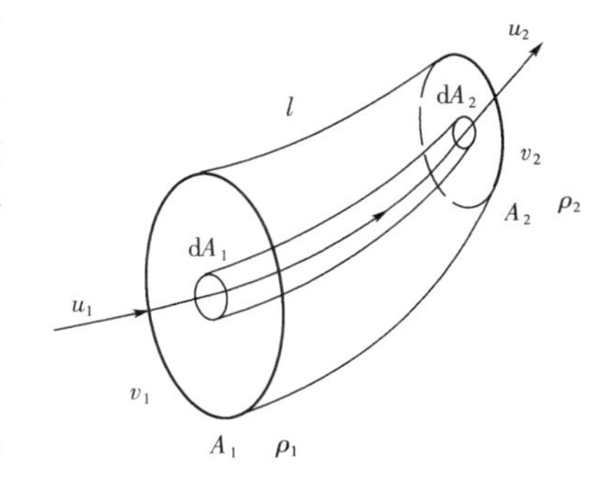

图 2-16　连续性方程推导简图

对整个流管，显然是微小流束的集合，由上式积分得

$$\int_{A_1} \rho_1 u_1 dA_1 = \int_{A_2} \rho_2 u_2 dA_2 \qquad (2.4-4)$$

$$\rho_1 v_1 A_1 = \rho_2 v_2 A_2 \qquad (2.4-5)$$

对既是稳定流动又不可压缩的流动，$\rho_1 = \rho_2 = C$，故式(2.4-5)可以更简单地表示为

$$v_1 A_1 = v_2 A_2 = q \qquad (2.4-6)$$

在工程实际中，被直接使用的公式多是式(2.4-6)。上式称为液体流动的连续性方程式，表明液体在管道中的流速与其截面积的大小成反比。即管子细的地方流速大，管子粗的地方流速小。对于分支管路，则各输入管道流量之和等于各输出管道流量之和。

2.4.4　流动液体的能量方程 —— 伯努利方程

假定流动液体为理想液体，只在重力场中流动的受力情形。

如图 2-17 所示，油液的流动为理想液体的稳定微元流动，在 1—1 和 2—2 截面的压力、

截面积、流速和标高分别为 p_1、p_2、$\mathrm{d}A_1$、$\mathrm{d}A_2$、u_1、u_2 和 z_1、z_2。由连续方程可知，流量沿流程不变，如单位时间流过的质量 $\mathrm{d}m=\rho\mathrm{d}q$，那么单位时间流过两个截面的油液压力能为 $p_1\mathrm{d}q_1$、$p_2\mathrm{d}q_2$，动能为$\frac{1}{2}\rho_1\mathrm{d}q_1u_1^2$、$\frac{1}{2}\rho_2\mathrm{d}q_2u_2^2$，位能为 $\rho_1g\mathrm{d}q_1z_1$、$\rho_2g\mathrm{d}q_2z_2$，按能量守恒定律可得出

$$p_1\mathrm{d}q_1+\frac{1}{2}\rho_1\mathrm{d}q_1u_1^2+\rho_1g\mathrm{d}q_1z_1=p_2\mathrm{d}q_2+\frac{1}{2}\rho_2\mathrm{d}q_2u_2^2+\rho_2g\mathrm{d}q_2z_2$$

考虑到

$$\rho_1=\rho_2,\mathrm{d}q_1=\mathrm{d}q_2$$

则得

$$z_1+\frac{p_1}{\rho g}+\frac{u_1^2}{2g}=z_2+\frac{p_2}{\rho g}+\frac{u_2^2}{2g} \tag{2.4-7}$$

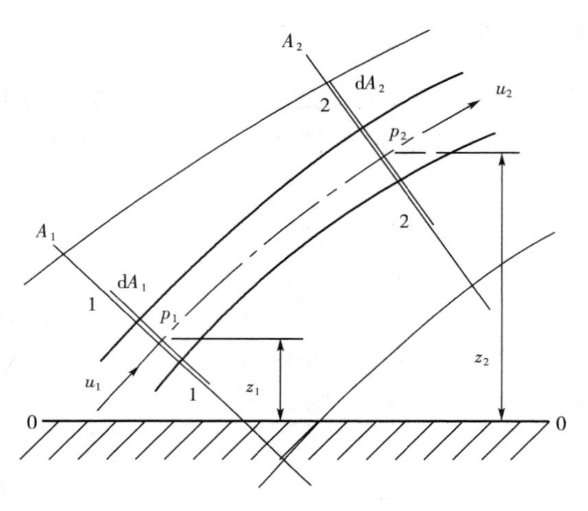

图 2-17　重量场中液流能量守恒原理

式(2.4-7)是理想液体微元流在稳定流动时的能量方程，也称为理想液体微元流伯努利方程。

对于理想液体总流，则可通过对微元流伯努利方程的积分求得。

$$\int_{A_1}\left(z_1+\frac{p_1}{\rho g}+\frac{u_1^2}{2g}\right)u_1\mathrm{d}A=\int_{A_2}\left(z_2+\frac{p_2}{\rho g}+\frac{u_2^2}{2g}\right)u_2\mathrm{d}A \tag{2.4-8}$$

它表示在密闭导管内的同一时间，稳定流动的理想油液在任意截面上所具有的压力能、动能和位能的总和是恒定的。为使式(2.4-8)便于实用，首先将图 2-17 中截面 A_1 和 A_2 处的流动限于平行流动(或缓变流动)，可以证得通流截面上各点处的压力符合液体静力学的压力分布规律，即 $z_1+\frac{p_1}{\rho g}=z_2+\frac{p_2}{\rho g}=C$。然后，用平均流速 v 代替流束截面 A_1 和 A_2 处各点不等的流速 u，且令单位时间内截面 A 处液流的实际动能和按平均流速计算出的动能之比为动能修正系数 α，即

$$\alpha=\frac{\frac{1}{2}\int_A u^2\rho u\mathrm{d}A}{\frac{1}{2}\rho Avv^2}=\frac{\int_A u^3\mathrm{d}A}{v^3A} \tag{2.4-9}$$

上面是对理想液体进行分析的，但实际液体例如液压油是有黏性的，运动时就会产生摩擦力，因而要消耗一部分能量，如果这部分消耗的能量用 h_w 表示，则实际液体的能量方程式可写成

$$z_1+\frac{p_1}{\rho g}+\frac{\alpha_1 v_1^2}{2g}=z_2+\frac{p_2}{\rho g}+\frac{\alpha_2 v_2^2}{2g}+h_w \tag{2.4-10}$$

能量方程是液压传动中很重要的一个公式，它是进行各种液力计算、管路计算的基础，经常需要用它来解决各种实际问题。在应用时必须注意 z 和 p 是指截面的同一点上的两个参数，至于截面 A_1 和 A_2 上的点倒不一定都要取在同一条流线上。一般为了方便起见，把这两个点都取在两截面的轴心处。管中层流时取 $\alpha=2$，湍流时取 $\alpha=1.06\approx1$。

【例题 2-1】 计算如图 2-18 所示薄壁小孔的流量。

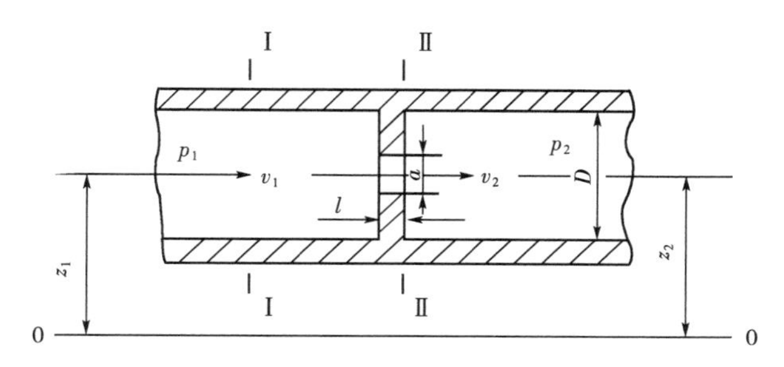

图 2-18　薄壁小孔的流量计算简图

【解】 选取截面 I—I 及 II—II，并确定基准线 0—0。根据能量方程式

$$z_1+\frac{p_1}{\rho g}+\frac{\alpha_1 v_1^2}{2g}=z_2+\frac{p_2}{\rho g}+\frac{\alpha_2 v_2^2}{2g}+h_w$$

因为 $z_1=z_2$，同时考虑 $\alpha_1=\alpha_2$，$v_2\gg v_1$，$h_w=0$

故　v_1 可略去不计。

所以　$\frac{p_1}{\rho}=\frac{p_2}{\rho}+\frac{v_2^2}{2}$，流经小孔的流速 v_2 为

$$v_2=\sqrt{\frac{2}{\rho}(p_1-p_2)}=\sqrt{\frac{2}{\rho}\Delta p}$$

式中：Δp—— 压力变化值，$\Delta p=p_1-p_2$

因此，小孔流量

$$q=v_2A=A\sqrt{\frac{2}{\rho}\Delta p}$$

式中：A—— 小孔的截面积；

ρ—— 油液密度，$\rho=900\mathrm{kg/m^3}$。

【例题 2-2】 计算如图 2-19 所示安全阀流量。

【解】 液压系统中的安全阀的原理简单地说是这样：当油液压力超过安全阀的弹簧调

定值时，安全阀开启，压力越大开启截面越大，通过流量也应越大，它们之间的数量关系怎样呢？下面分析之。

选取截面 1－1 及 2－2。根据伯努利方程，且取 $\alpha_1=\alpha_2$，$h_w=0$，则有

$$z_1+\frac{p_1}{\rho g}+\frac{v_1^2}{2g}=z_2+\frac{p_2}{\rho g}+\frac{v_2^2}{2g}$$

同时可近似认为 $z_1=z_2$，$v_1\ll v_2$，故有

$$v_2=\sqrt{\frac{2}{\rho}(p_1-p_2)}$$

若以 A 表示截面2—2的面积，则通过2—2截面的流量 q 为

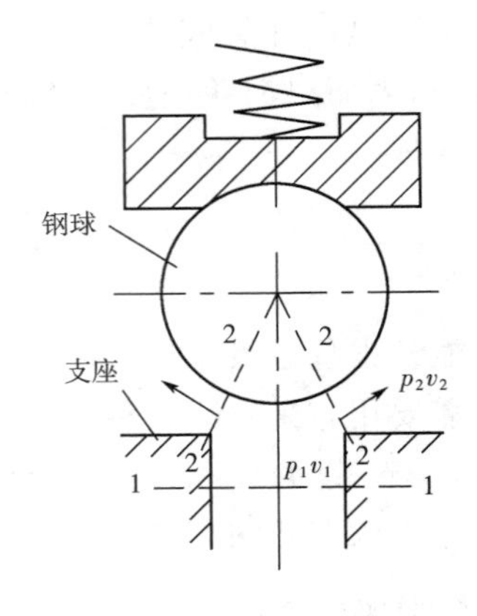

图 2－19　安全阀结构示意图

$$q=Av_2=0.047A\sqrt{p_1-p_2}$$

由于局部压力损失及截面收缩，实际流量比上式要小。所以要乘一修正系数 C_q，则

$$q=0.047C_qA\sqrt{p_1-p_2}$$

式中：C_q—— 流量系数，根据实验 $C_q=0.62\sim0.75$。

【例 2－3】 计算液压泵吸油腔的真空度或液压泵允许的最大吸油高度。

【解】 如图 2－20 所示，设液压泵的吸油口比油箱液面高 h，取油箱液面 1—1 和液压泵进口处截面 2—2 列伯努利方程，并取截面 1—1 为基准平面，则有

$$\frac{p_1}{\rho g}+\frac{\alpha_1v_1^2}{2g}=h+\frac{p_2}{\rho g}+\frac{\alpha_2v_2^2}{2g}+h_w$$

式中：p_1—— 油箱液面压力，由于一般油箱液面与大气接触，故 $p_1=p_a$；

v_1—— 油箱液面流速，v_2 为液压泵的吸油口速度，一般取吸油管流速；由于 $v_1\ll v_2$，故可以将 v_1 忽略不计；

p_2—— 吸油口的绝对压力；

h_w—— 损失。

这样，上式可简化为

$$\frac{p_a}{\rho g}=h+\frac{p_2}{\rho g}+\frac{\alpha_2v_2^2}{2g}+h_w$$

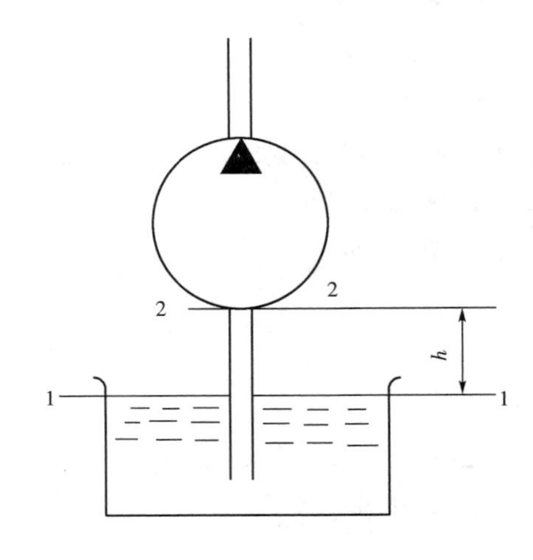

图 2－20　泵从油箱吸油示意图

即

$$\frac{p_a}{\rho g}-\frac{p_2}{\rho g}=h+\frac{\alpha_2v_2^2}{2g}+h_w$$

泵吸油腔的真空度为

$$p_a - p_2 = \rho g h + \frac{\alpha_2 \rho v_2^2}{2} + \rho g h_w = \rho g h + \frac{\alpha_2 \rho v_2^2}{2} + \Delta p$$

由上式可知:液压泵吸油口的真空度由三部分组成:① 把油液提升到一定高度所需的压力 $\rho g h$;② 产生一定的流速所需的压力$\frac{\alpha_2 \rho v_2^2}{2}$;③ 吸油管内压力损失 Δp。

液压泵吸油口真空度不能太大,即泵吸油口处的绝对压力不能太低,否则就会产生气穴现象,导致液压泵噪声过大,因而在实际使用中 h 一般应小于 500mm,有时为使吸油条件得以改善,采用浸入式或倒灌式安装,就是使液压泵的吸油高度小于零。

2.4.5　流动液体的动量方程

在液压传动中经常遇到弯曲流道、液流腔体的受力分析,对于液体作用在固体壁面上的力,用动量定理求解比较方便,完全不要考虑液体的压缩性和黏性的影响,也无需考虑其流动过程。动量定律指出:作用在物体上的力的大小等于物体在力作用方向上的动量的变化率,即

$$\boldsymbol{F} = \frac{\mathrm{d}\boldsymbol{I}}{\mathrm{d}t} = \frac{\mathrm{d}(m\boldsymbol{v})}{\mathrm{d}t} \tag{2.4-11}$$

在图 2-21 中,某时刻 t,取流场中的控制体如虚线所示。设控制体的体积为 V,控制体内的质点系速度为 $\boldsymbol{u}(x,y,z,t)$,简记为 $\boldsymbol{u}$,密度为 $\rho(x,y,z,t)$,简记为 ρ,则控制体 V 内 t 时刻的动量记为

$$\boldsymbol{E}_t = \left[\iiint_V \rho\,\boldsymbol{u}\,\mathrm{d}V\right]_t \tag{2.4-12}$$

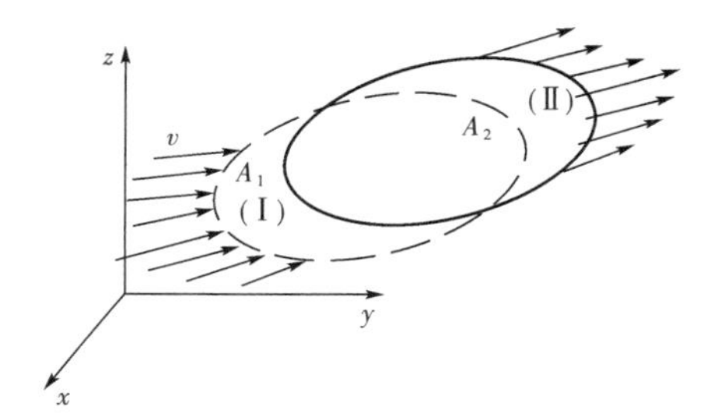

图 2-21　控制体法求动量定理

经过 Δt 时间后,控制体 V 内的原质点系的质点运动到图中实线位置,即原质点系的一部分仍留在控制体 V 内,而另一部分质点 II 穿过边界 A_2,到了控制体 V 外。与此同时,也有一部分新的质点穿过 A_1,进入控制体 V 内。设 Δt 时间段内,流出的动量为 $\boldsymbol{E}_{\text{out}} = \Delta t \iint_{A_2} \rho \boldsymbol{u}(\boldsymbol{u}\mathrm{d}A)$,流入的动量 $\boldsymbol{E}_{\text{in}} = \Delta t \iint_{A_1} \rho\,\boldsymbol{u}(\boldsymbol{u}\mathrm{d}A)$,在 $t+\Delta t$ 时刻,控制体 V 内质点系的动量为 $\boldsymbol{E}'_{t+\Delta t} = \left[\iiint_V \rho\,\boldsymbol{u}\,\mathrm{d}V\right]_{t+\Delta t}$,控制体 V 内原质点系的动量为 $\boldsymbol{E}_{t+\Delta t}$,其值为

$$\begin{aligned}\boldsymbol{E}_{t+\Delta t} &= \boldsymbol{E}'_{t+\Delta t} - \boldsymbol{E}_{\text{in}} + \boldsymbol{E}_{\text{out}} = \left[\iiint_V \rho\,\boldsymbol{u}\,\mathrm{d}V\right]_{t+\Delta t} - \Delta t \iint_{A_1} \rho \boldsymbol{u}(\boldsymbol{u} \cdot \mathrm{d}A) + \Delta t \iint_{A_2} \rho \boldsymbol{u}(\boldsymbol{u} \cdot \mathrm{d}A) \\ &= \left[\iiint_V \rho\,\boldsymbol{u}\,\mathrm{d}V\right]_{t+\Delta t} + \Delta t \oiint_A \rho\,\boldsymbol{u}(\boldsymbol{u} \cdot \mathrm{d}A)\end{aligned}$$

上式中用到 $A = A_1 + A_2$。可以求出原质点系的动量变化为

$$\Delta \boldsymbol{E} = \boldsymbol{E}_{t+\Delta t} - \boldsymbol{E}_t = \left[\iiint_V \rho\,\boldsymbol{u}\,\mathrm{d}V\right]_{t+\Delta t} + \Delta t \oiint_A \rho\,\boldsymbol{u}(\boldsymbol{u} \cdot \mathrm{d}A) - \left[\iiint_V \rho\,\boldsymbol{u}\,\mathrm{d}V\right]_t \tag{2.4-13}$$

代入(2.4－11)

$$\sum \boldsymbol{F} = \frac{\mathrm{d}(\sum m\boldsymbol{u})}{\mathrm{d}t} = \lim_{\Delta t \to 0} \frac{1}{\Delta t}\left\{\left[\iiint_V \rho \boldsymbol{u} \mathrm{d}V\right]_{t+\Delta t} - \left[\iiint_V \rho \boldsymbol{u} \mathrm{d}V\right]_t + \Delta t \oiint_A \rho \boldsymbol{u}(\boldsymbol{u} \cdot \mathrm{d}A)\right\}$$

即

$$\sum \boldsymbol{F} = \frac{\partial}{\partial t}\iiint_V \rho \boldsymbol{u} \mathrm{d}V + \oiint_A \rho \boldsymbol{u}(\boldsymbol{u} \cdot \mathrm{d}A) \tag{2.4－14}$$

这就是动量方程式。

下面对式(2.4－14)作出说明。

(1) $\sum \boldsymbol{F}$ 是作用在控制体质点系上的所有外力的矢量和，它既包括控制体外部流体及固体对控制体内流体的作用力，也包括控制体内流体的重力或惯性力。这些力中有些可能是已知量，有些则是未知量。

(2) $\frac{\partial}{\partial t}\iiint_V \rho \boldsymbol{u} \mathrm{d}V$ 表示的是控制体内流体动量对时间的变化率，即单位时间内控制体内流体动量的增量。当控制体固定而且是定常流动时，这一项必然为零。

(3) $\oiint_A \rho \boldsymbol{u}(\boldsymbol{u} \cdot \mathrm{d}A)$ 是单位时间内通过所有控制表面的动量代数和。因为从控制体流出的动量为正，流入控制体的动量为负，所以这一项也可以说是单位时间内控制体流出动量与流入动量之差，即单位时间内净流出控制体的流体动量。

对于定常不可压缩的一元流动，如图 2－22，在流管内取流线 s 方向为坐标正向，取虚线内所示部分为控制体，则控制体表面只有截面 A_1 和 A_2 两个面有动量流进、流出。若这两个面上的平均流速为 v_1 和 v_2，可以将式(2.4－14)简化为

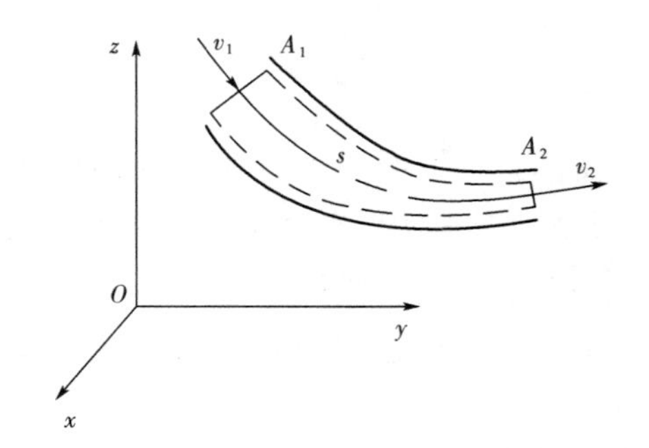

图 2－22　一元流动的动量方程

$$\begin{aligned}\sum \boldsymbol{F}_s &= \oiint_A \rho \boldsymbol{u}(\boldsymbol{u} \cdot \mathrm{d}A) \\ &= \int_{A_2} \rho \boldsymbol{u}_2 \boldsymbol{u}_2 \cdot \mathrm{d}A - \int_{A_1} \rho \boldsymbol{u}_1 \boldsymbol{u}_1 \cdot \mathrm{d}A \\ &= \beta \rho q_v(\boldsymbol{v}_2 - \boldsymbol{v}_1)\end{aligned} \tag{2.4－15}$$

写成分量式

$$\left.\begin{aligned}\sum F_x &= \beta \rho q_v(v_{2x} - v_{1x}) \approx \rho q_v(v_{2x} - v_{1x}) \\ \sum F_y &= \beta \rho q_v(v_{2y} - v_{1y}) \approx \rho q_v(v_{2y} - v_{1y}) \\ \sum F_z &= \beta \rho q_v(v_{2z} - v_{1z}) \approx \rho q_v(v_{2z} - v_{1z})\end{aligned}\right\} \tag{2.4－16}$$

式中，动量修正系数在管中层流时取 $\beta=\frac{4}{3}$，湍流时取 $\beta=1.02\approx1$。

为方便使用，必须对上式说明如下。

(1) 与式(2.4 - 14) 相同，左端 $\sum F$ 是流体外接触壁作用在控制体上的所有外力的合力，如果要求外接触壁受到流体的作用力 $\sum F'$，可以利用作用力与反作用力的关系求出，即

$$\sum F' = -\sum F$$

(2) 关于力和速度的方向问题。当它们的方向与坐标方向一致时，取正；否则取负。式中的负号是固有的，与速度方向无关。

2.5　液体在管路中的压力损失

液体在管路中流动，液体与管壁之间，以及液体分子之间必然要产生摩擦，因而要损耗一定能量。这个能量损失可分为两种：一种是在管径不变的直管中的压力损失，称为沿程损失；另一种是由于管子截面形状突然改变、管道弯曲或其他形式的液流阻力而引起的压力损失，称谓局部压力损失。

2.5.1　沿程阻力及其损失

沿程损失均匀地分布在整个均匀流段上，与管段长度成正比，并用符号 h_f 表示。根据长期工程实践的经验总结，沿程阻力损失的计算公式为

$$h_f=\lambda\frac{l}{d}\frac{v^2}{2g} \tag{2.5-1}$$

式中：l—— 管长；

d—— 管径；

v—— 断面平均流速；

λ—— 沿程阻力系数。

沿程阻力系数 λ 除与管路内壁、粗糙程度有关外，还与油液流动状态有关，故沿程阻力系数可用雷诺数来表示。

液压油在金属圆管中作层流时，$\lambda=\frac{75}{Re}$，在橡胶管中取 $\lambda=\frac{80}{Re}$。

而对于湍流流动现象，则由于其复杂性，完全用理论方法加以研究至今未获得令人满意的成果，故仍用实验的方法加以研究，再辅以理论解释，因而湍流状态下液体流动的压力损失仍用式(2.5-1)来计算，式中的 λ 值不仅与雷诺数 Re 有关，而且与管壁表面粗糙度 Δ 有关，具体 λ 值见表 2 - 7。

表 2-7　圆管湍流时的 λ 值

雷诺数 Re		λ 值计算公式
$Re < 22\left(\frac{d}{\Delta}\right)^{\frac{8}{7}}$	$3000 < Re < 10^5$	$\lambda = 0.3164/Re^{0.25}$
	$10^5 \leqslant Re \leqslant 10^8$	$\lambda = 0.308/(0.842 - \lg Re)^2$
$22\left(\frac{d}{\Delta}\right)^{\frac{8}{7}} < Re < 597\left(\frac{d}{\Delta}\right)^{\frac{9}{8}}$		$\lambda = \left[1.14 - 2\lg\left(\frac{\Delta}{d} + \frac{21.25}{Re^{0.9}}\right)\right]^{-2}$
$Re > 597\left(\frac{d}{\Delta}\right)^{\frac{9}{8}}$		$\lambda = 0.11\left(\frac{\Delta}{d}\right)^{0.25}$

注：钢管 $\Delta = 0.004\text{mm}$，铜管 $\Delta = 0.0015 \sim 0.01\text{mm}$，橡胶软管 $\Delta = 0.03\text{mm}$。

2.5.2　局部阻力及其损失

因流体流过局部装置（如阀门、接头、弯管等）时内部冲击以及流体内质点流速大小和方向发生急剧变化引起的碰撞形成的阻力。由局部阻力造成的水头损失称为局部损失。用符号 h_j 表示。同样根据经验总结，局部阻力损失的计算公式为

$$h_j = \zeta \frac{v^2}{2g} \tag{2.5-2}$$

式中：ζ—— 局部阻力系数，阻力系数一般由实验确定，也可查阅有关液压传动设计手册；

v—— 液体的平均流速，一般情况下均指局部阻力后部的流速。

流体在整个流动过程中的总能量损失等于该流程中所有沿程损失与所有局部损失之和，即

$$h_w = \sum h_f + \sum h_j \tag{2.5-3}$$

沿程损失和局部损失都是使液体的压力受到损失，这个损失的压力与液动机中采用的高压相比较，似乎很小，但是必须加以足够注意。因为这个损失的压力能在克服阻力的过程中，转换成为热能，这是通常引起系统发热的原因之一。

从式(2.5-1)和(2.5-2)中可以看出，沿程损失和局部损失都是与流速的平方成正比，所以在液压系统的设计中，通常就采用限制流速的办法，以控制液体流动过程中的压力损失。液体流速的选用数值如表 2-8。

表 2-8　液压系统液体流速选用表

管路类型	流速(m/s)
高压管路	3 ～ 6
低压管路	⩽ 3
排油管路	⩽ 3
吸油管路	1 ～ 2
控制管路	2 ～ 3
阀口管路	5 ～ 9

2.6　孔口和缝隙流动

在液压系统中，总是存在油液经过小孔口或缝隙的流动(小孔直径一般在1mm以下，缝隙宽度一般在0.1mm以内)。例如，液体经过两个相对运动零件间的密封间隙的流动，间隙的一侧为高压油，另一侧为低压油或大气，高压油就要从缝隙中流向低压区一侧，形成泄漏。泄漏要影响容积效率和工作环境。液压系统中一般均采用各种形式的孔口来实现节流。由前述内容可知，液体流经孔口时要产生局部压力损失，使系统发热，油液黏度下降，系统的泄漏增加，这些都是不利的一方面，应尽量减少。另一方面，在液压传动及控制中要人为地制造这种节流装置来实现对流量和压力的控制。油液流经节流阀的节流缝隙或节流小孔，对液压元件或液压系统的性能，如灵敏性、平稳性、自动调节的准确性等起着重要作用。因此，研究油液在缝隙和小孔中流动时压力和流量变化规律，对于液压传动的分析和计算具有重要意义。

2.6.1　油液在小孔中的流动

按照小孔的直径与长度的相对大小，小孔分为薄壁小孔和细长小孔两种极端情况，它们的流量特性不一样。

1. 薄壁小孔的流量计算

当小孔的通流长度 l 与孔径 d 之比 $l/d<0.5$ 时，称为薄壁小孔。如图2-23所示，液体流经薄壁小孔时，因 $D\gg d$，通流截面1—1的流速较低，流过小孔时液体质点突然加速，在惯性力作用下，流过小孔后的液流形成一个收缩截面2—2，对圆形小孔，此收缩截面离孔口的距离约为 $d/2$，然后再扩散，这一过程，造成能量损失，并使油液发热。收缩截面面积 A_e 和孔口截面积 A_0 的比值称为收缩系数 C_c，雷诺数、孔口及其边缘形状、孔口离管道侧壁的距离等因素决定着收缩系数。这种薄壁孔口出流，水流与孔壁仅在一条周线上接触，壁厚对出流无影响。

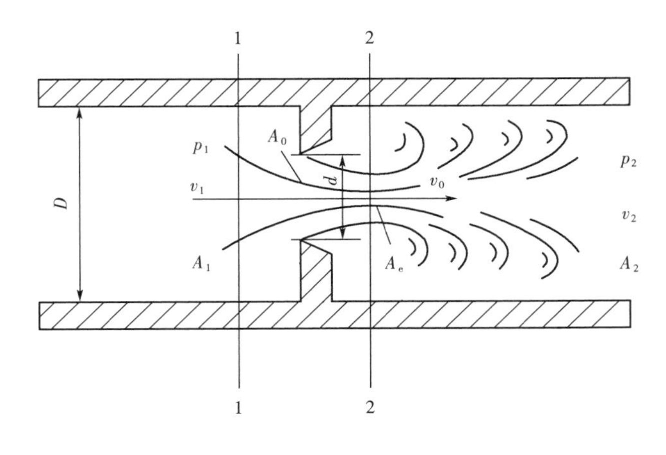

图2-23　液体在薄壁小孔中流动

取截面1—1和收缩截面2—2列伯努利方程，且取动能修正系数$\alpha=1$，其他参数如图所示，则

$$\frac{p_1}{\rho g}+\frac{v_1^2}{2g}=\frac{p_2}{\rho g}+\frac{v_2^2}{2g}+\zeta\frac{v_2^2}{2g}$$

由于$D\gg d$，$v_1\ll v_2\Rightarrow v_1^2\ll v_2^2$，故可取$v_1\approx 0$，从而上式为

$$v_2=\frac{1}{\sqrt{1+\zeta}}\sqrt{\frac{2}{\rho}(p_1-p_2)}=C_v\sqrt{\frac{2}{\rho}\Delta p} \tag{2.6-1}$$

式中：$C_v=\dfrac{1}{\sqrt{1+\zeta}}$称为速度系数。

经过孔口出流的流量为

$$q=v_2A_e=C_vA_e\sqrt{\frac{2}{\rho}\Delta p}=C_vC_cA_0\sqrt{\frac{2}{\rho}\Delta p}=C_qA_0\sqrt{\frac{2}{\rho}\Delta p} \tag{2.6-2}$$

式中：$C_q=C_cC_v$称为孔口的流量系数。

一般由实验确定C_q和C_c，通常$D/d>7$的液流为完全收缩，液流在小孔处呈湍流状态，雷诺数较大，薄壁小孔的收缩系数$C_c=0.61\sim0.63$，速度系数$C_v=0.97\sim0.98$，这时$C_q=0.61\sim0.62$；当不完全收缩时，$C_q=0.7\sim0.8$。

2. 细长小孔的流量计算

一般称$l/d>4$时的情况为细长小孔。如图2-24所示，这样的小孔实质上是一段直管。油液流经细长小孔时，一般称层流状态，细长小孔的流量可写成

$$q=\frac{\pi}{128l\mu}d^4\Delta p \tag{2.6-3}$$

从上式看出，细长小孔的流量与小孔前后压力差成正比，与油液黏度成反比，所以小孔流量受油液黏度影响较大。由于油液黏度对温度变化很敏感，当油温升高时，油液黏度降低，流经小孔的流量增加，因此细长小孔的流量受油温的影响较大，这是其特点。

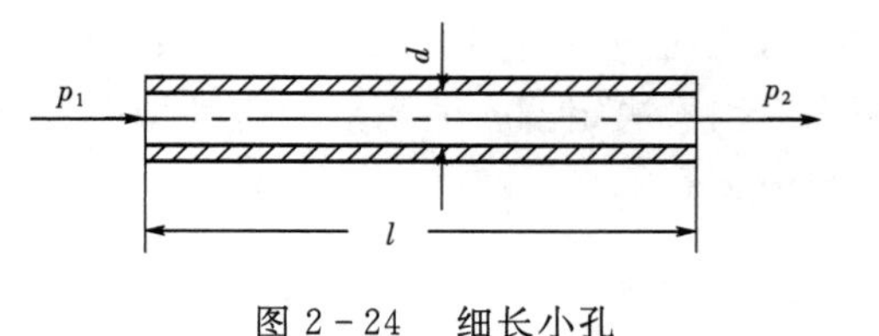

图2-24　细长小孔

为方便分析不同孔口的流量及其特性问题，将式(2.6-2)和式(2.6-3)统一用下式表示，即

$$q=KA\Delta p^m \tag{2.6-4}$$

式中：A——孔口截面面积；

Δp——孔口前后的压力差；

m——由孔口形状决定的指数，$0.5\leqslant m\leqslant 1$，当孔口为薄壁小孔时，$m=0.5$，当孔口为细长孔时，$m=1$；

K——孔口的形状系数，当孔口为薄壁孔时，$K=C_q\sqrt{2/\rho}$；当孔口为细长孔时，$K=d^2/(32l\mu)$。

2.6.2　油液在缝隙中的流动

在液压元件中常见的缝隙有两种：一个是由两平面形成的平面缝隙，一个是由两个内、外圆柱表面形成的环形缝隙。由于流体的黏性作用使油液在缝隙中的流动都是层流。从形成流动的原因上看，油液在缝隙中的流动可分为两类：一是缝隙两端压差造成的，称为压差流动；另一种是缝隙壁之间相对运动而产生的流动，称为剪切流动。此外，还有两种流动同时存在的缝隙流动。

1. 平行平板中的缝隙流动

如图 2-25 所示，设平板长为 l、宽为 b，间隙 $h \ll l$ 及 $h \ll b$。假设质量力可忽略，黏度 μ 为常数。

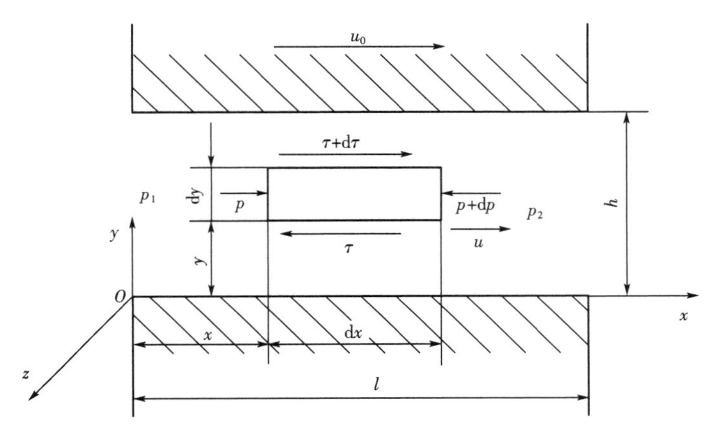

图 2-25　平行平板缝隙间的流动

写出图 2-25 所示的微六面体的力平衡方程

$$p\mathrm{d}y\mathrm{d}z-(p+\mathrm{d}p)\mathrm{d}y\mathrm{d}z-\tau\mathrm{d}x\mathrm{d}z+(\tau+\mathrm{d}\tau)\mathrm{d}x\mathrm{d}z=0$$

整理后得

$$\frac{\mathrm{d}p}{\mathrm{d}x}=\frac{\mathrm{d}\tau}{\mathrm{d}y} \tag{2.6-5}$$

引入 $\tau=\mu\dfrac{\mathrm{d}u}{\mathrm{d}y}$，得方程

$$\frac{\mathrm{d}p}{\mathrm{d}x}=\mu\frac{\mathrm{d}u^2}{\mathrm{d}y^2}\Rightarrow\frac{\mathrm{d}u^2}{\mathrm{d}y^2}=\frac{1}{\mu}\frac{\mathrm{d}p}{\mathrm{d}x} \tag{2.6-6}$$

将上式对 y 积分两次，可得速度沿 y 的分布：

$$u(y)=\frac{1}{2\mu}y^2\frac{\mathrm{d}p}{\mathrm{d}x}+C_1y+C_2 \tag{2.6-7}$$

式中：C_1、C_2 为积分常数。

(1) 固定平行平板中的缝隙流动(压差流动)

因两平板固定不动,故当 $y=0$ 及 $y=h$ 时,$u(0)=u(h)=0$,代入上式,得

$$C_2=0 \text{ 及 } C_1=-\frac{1}{2\mu}\frac{\mathrm{d}p}{\mathrm{d}x}h$$

所以

$$u(y)=\frac{1}{2\mu}\frac{\mathrm{d}p}{\mathrm{d}x}y(y-h) \tag{2.6-8}$$

流经平板的质量流量为

$$q_m=b\rho\int_0^h u(y)\mathrm{d}y=b\frac{\rho}{2\mu}\frac{\mathrm{d}p}{\mathrm{d}x}\int_0^h y(y-h)\mathrm{d}y \tag{2.6-9}$$

若流体密度 $\rho=C$,则

$$q_m=\frac{b\rho h^3}{12\mu}\frac{\mathrm{d}p}{\mathrm{d}x} \tag{2.6-10}$$

如果将上面的这些流量理解为液压元件缝隙中的泄漏量,就可以看到,通过缝隙的流量与缝隙值的三次方成正比,这说明元件内缝隙的大小对其泄漏量的影响是很大的。

对于均匀流动,$\frac{\mathrm{d}p}{\mathrm{d}x}=\frac{p_2-p_1}{l}=\frac{\Delta p}{l}$

从而得到体积流量

$$q=\frac{bh^3}{12\mu}\frac{\Delta p}{l} \tag{2.6-11}$$

(2) 具有相对移动平行平板中的缝隙流动

这类缝隙流动可分为纯剪切流动和压差、剪切流动同时出现的两种情形。只要分析了前者,后者可用纯剪切流动与压差流动直接叠加而得。

① 纯剪切流动

如图 2-25 所示,设缝隙上板以 u_0 匀速运动,下板固定,两端无压差,即

$$\Delta p=0 \Rightarrow \frac{\mathrm{d}p}{\mathrm{d}x}=0$$

在式(2.6-7)中:

当 $y=0$ 时,$u(0)=0$;

当 $y=h$ 时,$u(h)=0$;

可得积分常数:$C_1=\frac{u_0}{h}$,$C_2=0$。

这样,速度的线性分布规律:$u(y)=\frac{u_0}{h}y$。

假设 ρ 沿 y 方向不变,而沿 x 方向上无压力变化,也无温度变化,故密度 ρ 沿 x 方向也不变。因而其流量为

$$q=\int_0^h u(y)b\mathrm{d}y=\int_0^h \frac{u_0}{h}yb\mathrm{d}y=\frac{bhu_0}{2} \tag{2.6-12}$$

如果运动平面的运动方向与液流方向相反时取负号。

② 压差、剪切流动同时出现

当压差流动与剪切流动同时存在时，其总流量应等于压差流量与剪切流量之和。

由式(2.6-11)和(2.6-12)相加，得

$$q=\frac{bh^3\Delta p}{12l\mu}\pm\frac{bhu_0}{2} \tag{2.6-13}$$

其功率为

$$N=\Delta pq=\Delta p\left(\frac{bh^3\Delta p}{12l\mu}\pm\frac{bhu_0}{2}\right) \tag{2.6-14}$$

如果运动平面的运动方向与液流方向一致时取正号，相反时取负号。

结论：缝隙 h 越小，泄漏功率损失也越小。但是，h 的减小会使液压元件中的摩擦功率损失增大，因而缝隙 h 有一个使这两种功率损失之和达到最小的最佳值，并不是越小越好。

2. 同心环形缝隙流动

液压元件中液压缸缸体与活塞之间的间隙，阀体与滑阀阀芯之间的间隙中的流动均属这种情况。

(1) 同心环形缝隙在压差作用下的流动

图 2-26a 所示为两个固定同心圆柱面形成的环形缝隙流动。当 $\delta \ll d$ 时，比如液压元件内的配合间隙，可以将环形缝隙间的流动近似地看作是平行平板缝隙间的流动，只要用 πd 代替式(2.6-11)的缝隙宽度 b，就可得到油液流经环形缝隙的流量计算公式，即

$$q=\frac{\pi d\delta^3}{12\mu}\frac{\Delta p}{l} \tag{2.6-15}$$

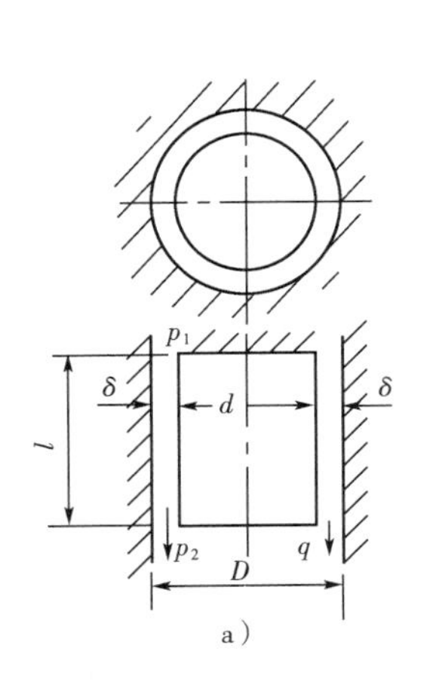

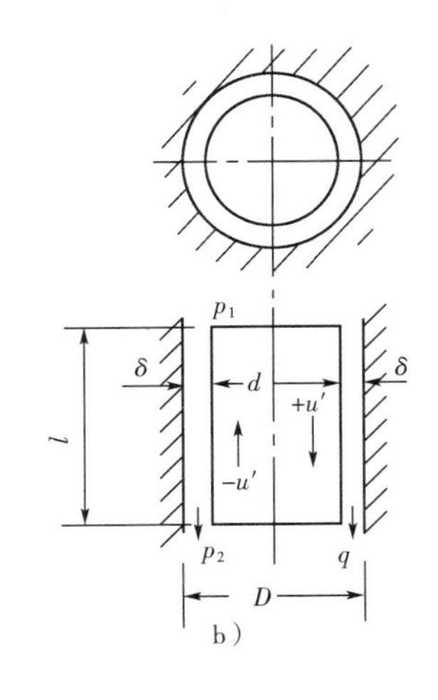

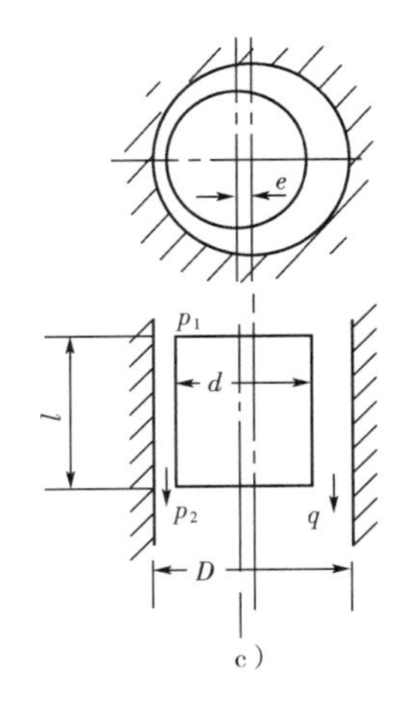

图 2-26　环形缝隙间的流动

(2) 同心环形缝隙在压差、剪切流同时作用下的流动

图 2-26b 所示，一个圆柱面作相对运动，相对运动速度 u'，类似上述思路，其流量公式为

$$q=\frac{\pi d\delta^{3}\Delta p}{12l\mu}\pm\frac{\pi d\delta u'}{2} \tag{2.6-16}$$

式中正负号的取法同前。

(3) 偏心环形缝隙作用下的流动

当两个圆柱表面不同心时，便形成如图 2-26c 所示的偏心环状缝隙。

油液流经偏心环状缝隙的流量不能直接用公式(2.6-15)或(2.6-16)计算，应考虑偏心量的影响。其计算公式为

$$q=\frac{\pi d\delta_{0}^{3}}{12\mu}\frac{\Delta p}{l}(1+1.5\varepsilon^{2}) \tag{2.6-17}$$

$$q=\frac{\pi d\delta_{0}^{3}\Delta p}{12l\mu}(1+1.5\varepsilon^{2})\pm\frac{\pi d\delta_{0}}{2}u' \tag{2.6-18}$$

式中：ε—— 相对偏心率($\varepsilon=\frac{e}{\delta}$)；

e—— 两圆柱的偏心量；

δ_0—— 大小圆半径之差，$\delta=\frac{D-d}{2}$；

由上式可以看到，当 $\varepsilon=0$ 时，它就是同心环形缝隙的流量公式。当 $\varepsilon=1$ 时，即在最大偏心情况下，理论上其流量为同心环形缝隙流量的 2.5 倍，在实用中可估约 2 倍。在液压元件中，为了减小流经缝隙的泄漏，应使其配合件尽量处于同心的状态。

3. 平行圆板间缝隙径向流动

由于缝隙很小，流动仍为层流。但与平行平板不同的是其沿径向发散的放射状流动，如图 2-27 所示，即使其中之一转动，在径向上也不会出现剪切流动。液压传动中柱塞泵及柱塞马达中滑履与斜盘之间、喷嘴——挡板阀的喷嘴与挡板间、止推静力轴承等都存在这种流动。

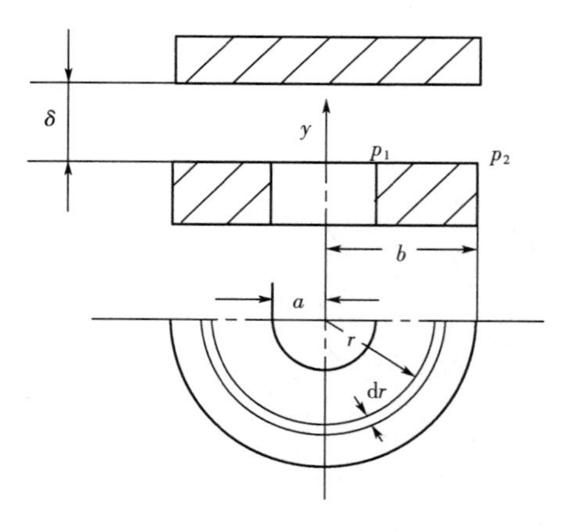

图 2-27 放射状缝隙流动

在半径 r 处取宽度为 $\mathrm{d}r$ 的液层，将液层展开，可近似看作平行平板间的缝隙流动，在 r 处的流速为 u_r，因此有 r 处的速度为

$$u_r=-\frac{1}{2\mu}(\delta-y)y\frac{\mathrm{d}p}{\mathrm{d}r}$$

流量为

$$q=\int_0^{\delta}u_r2\pi r\mathrm{d}r=\int_0^{\delta}-\frac{1}{2\mu}(\delta-y)y\frac{\mathrm{d}p}{\mathrm{d}r}2\pi r\mathrm{d}r=-\frac{r\pi}{\mu}\frac{\mathrm{d}p}{\mathrm{d}r}\int_0^{\delta}(\delta-y)y\mathrm{d}y=-\frac{r\pi\delta^{3}}{6\mu}\frac{\mathrm{d}p}{\mathrm{d}r}$$

$$\Rightarrow \mathrm{d}p=-\frac{6\mu q}{r\pi\delta^{3}}\mathrm{d}r$$

积分得

$$p=-\frac{6\mu q}{\pi\delta^{3}}\ln r+C$$

由边界条件：$r=a$ 时，$p=p_1$；$r=b$ 时，$p=p_2$，得

$$C=\frac{6\mu q}{\pi\delta^{3}}\ln a+p_1=\frac{6\mu q}{\pi\delta^{3}}\ln b+p_2$$

所以

$$p=\frac{6\mu q}{\pi\delta^{3}}\ln\frac{a}{r}+p_1=\frac{6\mu q}{\pi\delta^{3}}\ln\frac{b}{r}+p_2 \tag{2.6-19}$$

$$\Delta p=p_1-p_2=\frac{6\mu q}{\pi\delta^{3}}\ln\frac{b}{a}$$

流量为

$$q=\frac{\pi\delta^{3}\Delta p}{6\mu\ln\dfrac{b}{a}} \tag{2.6-20}$$

4. 圆锥状环形缝隙流动

如图 2-28a 所示为锥阀结构示意图，如阀座的长度较长而阀心移动量很小，使在锥阀缝隙中的液流呈现层流时，就可设想将它展开变成扇形的环形平面缝隙液流，相当于平行圆盘缝隙的一部分，如图 2-28b 所示，考虑到展开成扇形的中心角为

$$\theta=\frac{2\pi r_1}{\dfrac{r_1}{\sin\alpha}}=2\pi\sin\alpha$$

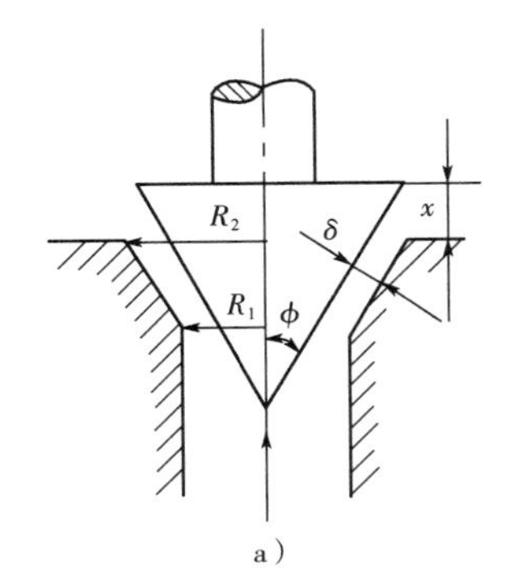

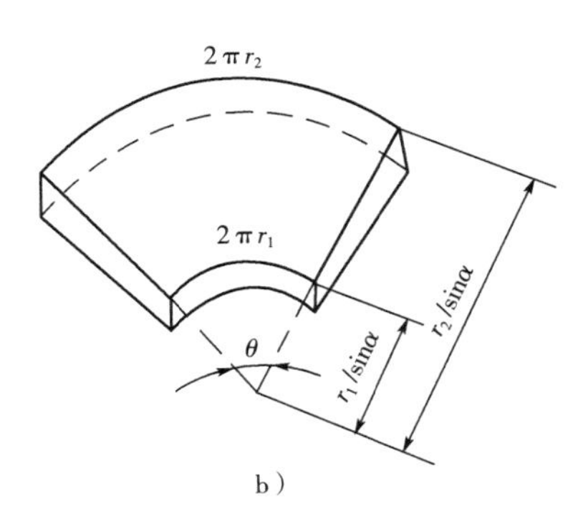

图 2-28　圆锥状环形缝隙间的流动

代替式(2.6-20)中的 2π 得流经锥阀缝隙的流量为

$$q=\frac{\pi\sin\alpha\,\delta^{3}\Delta p}{6\mu\ln\dfrac{b}{a}} \tag{2.6-21}$$

2.7 液压冲击及其对液压系统的影响

所谓"液压冲击"(在流体力学中称为水锤现象或称水击)是指液压系统中的流动油液突然变速或换向时,造成压力在某一瞬间突然急剧升高,产生一个油压的峰值,并形成压力传播于充满油液管路的现象。例如,当油缸或油马达迅速停止(或换向阀迅速换向)时,管道中液体流动的速度(或方向)将急剧地改变,由于流动液体或运动部件的惯性,致使液体压力突然急剧上升,引起液压冲击。液压冲击时所出现的最大压力(即冲击压力)往往比正常情况下的压力大好几倍,可能造成油管破裂。同时液压冲击中出现的压力波动,会引起液压系统的振动与噪音,使连接螺钉松动,甚至会破坏管道、液压元件的密封装置,出现严重的泄漏等。特别是在高压、大流量的液压系统中,液压冲击所造成的破坏性影响更为严重。图 2-29 为突然关闭油缸出油口时,在电子示波器上显示的压力波动情况。可见,油缸正常运动时,压力约为 4.5MPa,当突然关闭油缸出油口时,压力瞬时增加至 12MPa,增加近三倍。因此,我们要搞清液压冲击现象的物理过程,从而预防液压冲击。

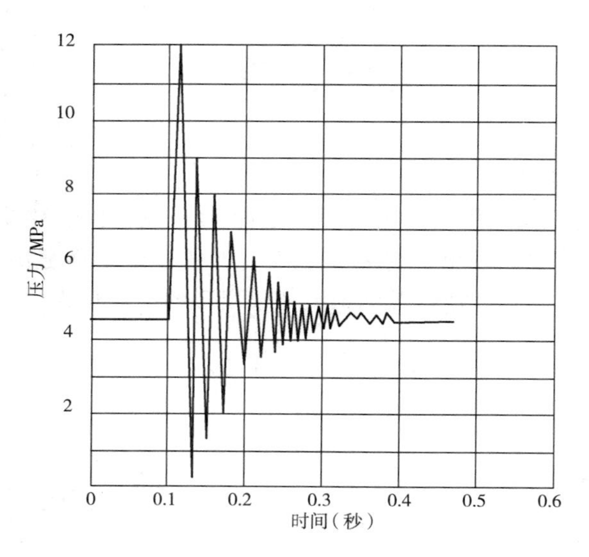

图 2-29 突然关闭油缸出口时引起的压力波动曲线

2.7.1 液压冲击现象的物理过程

如图 2-30 是一液压管道 AB,在入口处装有蓄能器 E,出口处装有闸门 K,当闸门开启时,管道 L 中的液体自左向右流动,正常流动时各点流速均为 u_0,即 $u_A = u_B = u_0$;忽略水头损失,管内各点压强也相等,即 $p_A = p_B = p_0$。下面将分四个阶段分析液压冲击的发生过程。

1. 从阀门向蓄能器全线静止和增压的过程

当阀门 K 突然关闭时,$t=0^+$,靠近 A 点的薄层流速立即降为零,压力升高 Δp;这一过程依次以一定的速度 c 从 A 向 B 传播,当 $t=\dfrac{L}{c}=T$ 时,B 点的状态就为 $t=0^+$ 时 A 点的状态。

因而在 $0^{+} \leqslant t \leqslant T$ 时间段，是全线由 A 到 B 依次停止流动和增压的过程。这一过程在 $t=T$ 时完成。

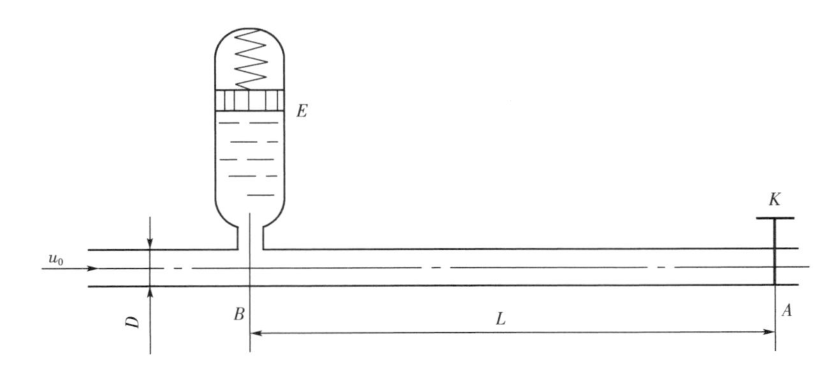

图 2-30　液压管道中的液压冲击

2. 从蓄能器向阀门全线减压过程

当 $t=T$ 时，B 点的速度 $u_B=0$，$p_B=p_0+\Delta p$。由于 p_B 高于蓄能器 E 的压力 p_0，故当 $t=T^{+}$ 时，B 处的油液将反向流动，管道 L 中紧邻着蓄能器的一层液体将会以某一速度倒流入蓄能器。此时，紧邻着蓄能器的一层液体便结束了受压状态，冲击压力 p 也消失了，恢复到正常压力，管壁也恢复到原状。接着，其后的各层液体也依次逐一达到这种状态。这样，管中就有一正常压力波以速度 c 自蓄能器向闸门方向传播。这一速度为 $u_B=-u_0$（流体以 u_0 冲入蓄能器），同时压力由 $p_0+\Delta p$ 恢复到 p_0，当 $t=2T$ 时，A 点处的压力由 $p_0+\Delta p$ 恢复到 p_0，A 点流速 $u_A=-u_0$。在 $t=2T$ 瞬间，液流以 $-u_0$ 反向流动，各点压力与 $t=0$ 时相等。

3. 从阀门向蓄能器全线流速由 $-u_0$ 到零的降压过程

当 $t=2T^{+}$ 瞬间，紧邻闸门的液体簿层具有惯性，仍然企图以 $-u_0$ 冲向蓄能器，致使紧邻闸门前的簿层液体开始被拉松，造成该处压力突然降低很多（这一过程就像受压弹簧在取消外力后，将会伸张得比原长更长，从受压状态变为受拉状态），使 A 处形成真空趋势，$p_A=p_0-\Delta p$。此后，紧接着的各层依次被拉松，形成了低压波以速度 $-u_0$ 向蓄能器方向传播。但压力下降而抑制了液体的反向流动，故 $t=2T^{+}$ 瞬间 $u_A=0$，这一过程依次向 B 点传播，当 $T=3T$ 时完成这一过程。在 $t=3T$ 瞬间，管路 AB 中液体速度归零，各点压力均下降 Δp，B 点压力降为 $p_B=p_0-\Delta p$。

4. 从蓄能器向阀门全线流速恢复和压力恢复过程

在 $t=3T^{+}$ 时，蓄能器内的液体压力高于 B 点压力，以速度 u_0 流过 B 点，使 B 点附近液体压力升高为 p_0，这一过程依次从 B 向 A 推进，即任意点的速度由零变为 u_0 瞬间，压力升高 Δp；当 $t=4T$ 时，A 点的速度为 u_0，压力 $p_0-\Delta p$ 升为 p_0，如同 $t=0$ 时状态。

在理想的条件下，它将一直周而复始地重复这四个阶段传播下去。实际中压力波的传播过程中，必然有能量损失，液压冲击压强不断衰弱。如图 2-31a、b 所示分别为理想和实际情况下阀门 A 点的压力变化规律。

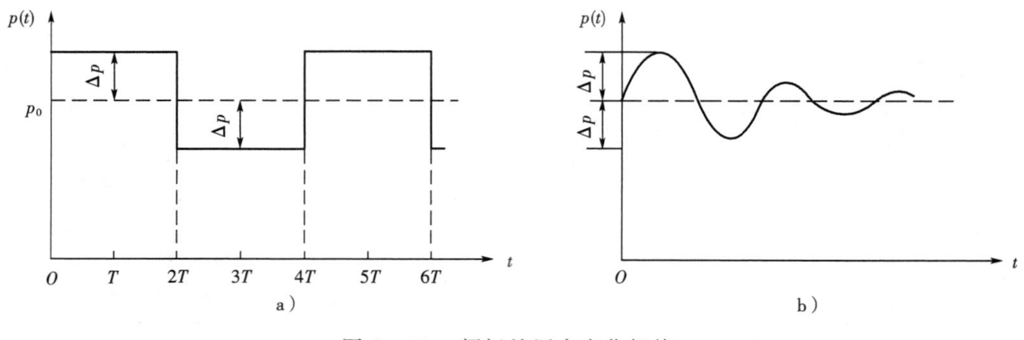

图 2-31　阀门处压力变化规律

2.7.2　液压冲击压强计算公式

如图2-32所示，在阀门突然关闭时，假定在dt时间内，油波传播了dx，则油波的传播速度 $c=\frac{dx}{dt}$。且1—1面上的压力增量dp传递到2—2面上，在管道的dx段液体在dt瞬间内压力变为($p+$dp)，则液体受压缩，密度ρ增加到$\rho+$dρ；同时管道为弹性体，其面积A变为$A+$dA。

根据动量定理，列1—1面和2—2面之间的动量方程，得

$$[(p+dp)(A+dA)-pA]dt=(\rho A\,dx)u_0 \tag{2.7-1}$$

代入 $c=\frac{dx}{dt}$，并略去高阶无穷小项，化简得

$$dp=\rho c u_0 \tag{2.7-2}$$

上式就为液压冲击压强的计算公式。

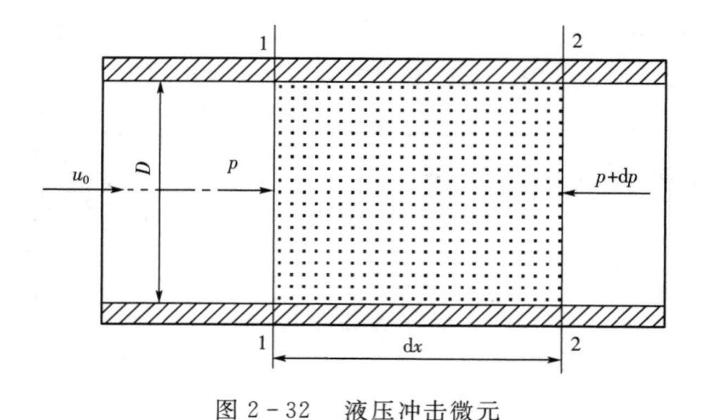

图 2-32　液压冲击微元

2.7.3　液压冲击压强波传播速度

上一小节中已经分析了液压冲击压强，同样，如图2-32所示，取dx微元柱体，阀门突然关闭，假定在dt时间内，质量增加量dm为

$$\mathrm{d}m=(\rho+\mathrm{d}\rho)(A+\mathrm{d}A)\mathrm{d}x-\rho A\mathrm{d}x \tag{2.7-3}$$

根据流量连续定理，$\mathrm{d}x$ 段内的质量增加量等于管内流体以速度 u_0 在 $\mathrm{d}t$ 时间内流过未变形管道断面 A 的液面的质量 $\rho u_0 A\mathrm{d}t$，则有

$$(\rho+\mathrm{d}\rho)(A+\mathrm{d}A)\mathrm{d}x-\rho A\mathrm{d}x=\rho u_0 A\mathrm{d}t \tag{2.7-4}$$

代入 $c=\frac{\mathrm{d}x}{\mathrm{d}t}$，并在左边展开后略去高阶无穷小项，化简得

$$u_0=c\left(\frac{\mathrm{d}\rho}{\rho}+\frac{\mathrm{d}A}{A}\right) \tag{2.7-5}$$

根据流体可压缩性公式 $\mathrm{d}V=-V\frac{\mathrm{d}p}{\beta_e}$，可得出

$$\frac{\mathrm{d}\rho}{\rho}=-\frac{\mathrm{d}V}{V}=\frac{\mathrm{d}p}{\beta_e} \tag{2.7-6}$$

式中：ρ，$\mathrm{d}\rho$—— 流体密度及其增量；

$\mathrm{d}p$—— 压力增量；

β_e—— 油的体积弹性模数。

V，$\mathrm{d}V$—— 控制域内的流体体积及增量。

由数学知识知 $A=\frac{\pi}{4}D^2$，$\mathrm{d}A=\frac{\pi}{2}D\mathrm{d}D$，则有

$$\frac{\mathrm{d}A}{A}=2\frac{\mathrm{d}D}{D} \tag{2.7-7}$$

由材料力学知，管壁弹性模数 E 与管件径向变形关系为

$$E=\frac{\mathrm{d}\sigma}{\mathrm{d}D/D} \tag{2.7-8}$$

式中：σ—— 管壁内应力，$\mathrm{d}\sigma=\frac{\mathrm{d}pD}{2\delta}$；

E—— 管件的弹性模数。

由上述分析可得出

$$\frac{\mathrm{d}A}{A}=\frac{D\mathrm{d}p}{\delta E} \tag{2.7-9}$$

将式(2.7－6)和式(2.7－9)代入式(2.7－5)

$$u_0=c\left(\frac{1}{\beta_e}+\frac{D}{\delta E}\right)\mathrm{d}p \tag{2.7-10}$$

或者

$$\mathrm{d}p=\frac{u_0\beta_e}{c\left(1+\frac{D\beta_e}{\delta E}\right)} \tag{2.7-11}$$

将上式和式(2.7-2)联立并化简,得

$$c=\sqrt{\frac{\beta_e}{\rho}}\bigg/\sqrt{1+\frac{D\beta_e}{\delta E}} \tag{2.7-12}$$

c 即压力波的传播速度。对于刚性管壁 $E\to\infty$,则有

$$c=\sqrt{\frac{\beta_e}{\rho}} \tag{2.7-13}$$

式(2.7-13)即压力波(声波)传播速度,称茹柯夫斯基(俄)公式。

2.7.4　液压冲击的减弱

液压冲击现象形成的压力冲击对管路是十分有害的。由于影响液压冲击因素很多,故上述的计算是近似的,往往是用实验的方法来确定液压冲击的压力峰值。在不能完全消除液压冲击现象的情况下,必须设法减弱液压冲击的影响。一般是在设计时采取一些减轻或防止液压冲击的措施而不作具体的计算。防止液压冲击的办法很多,常见的有下列几种:

(1) 缓慢关闭阀(延长关闭时间 T_s),适当减慢管道的换向速度,对于电液换向阀,可控制先导阀的流量来减缓滑阀的换向速度;在选择换向阀时,可考虑选用带阻尼器的换向阀。

(2) 减慢换向滑阀关闭前的液体流速。为此可在阀芯的端边上开口(或开 V 形槽等),也可作成 $5°$ 左右的锥度等。这些措施一般在设计液压元件时已考虑进去了。

(3) 设置蓄能器。将蓄能器安装在引起液压冲击的地方附近,以消除冲击。在管路中可以安装安全阀,限制最大冲击压力,从而保护管路安全。

(4) 适当加大管道通径,尽量缩短管道的长度可显著减小 Δp 或采用橡胶管吸收液压冲击的能量。

油缸在高速运动中突然停止或反向时,由于运动部件的惯性,将会引起液压冲击。对于这种情况一般可不作计算。在设计时可采取适当的防止液压冲击的措施,如在油缸入口及出口处安装适当的限制液体压力升高的溢流阀(其调整压力可超过液压系统额定工作压力的 5% ~ 15%);也可在油缸行程终点附近采用行程减速阀或节流阀,使之慢慢停止或反向,防止液压冲击。

2.8　气穴现象及其对液压系统的影响

在流动的液体中,因某点处的压力降低而产生气泡,使系统中原来连续的油液变成不连续的状态,从而使液压装置产生噪声和振动,使金属表面受到腐蚀的现象称为气穴现象。为了说清这种现象的机理,必须先介绍一下液压油液的空气分离压和饱和蒸气压。

2.8.1　空气分离压和饱和蒸气压

液压油液中总是含有一定量的空气。液压油液中所含空气体积的百分数称为它的含气量。在常温和常压下,矿物油可溶解容积比为 6% ~ 12% 的空气。油液能溶解空气的量与绝对压力成正比。在常压下正常溶解于油液中的空气,当压力低于大气压时,就成为过饱和状态而形成气泡。这种在一定的温度下,当压力降低到某一值时,过饱和的空气将从

油液中分离出来形成气泡，这一压力值称为该温度下的空气分离压。液压油的体积弹性模量将随着其中气泡的增多而减小。如果油液的压力进一步减小，当液压油在某温度下的压力低于某一数值时，油液本身迅速汽化，产生大量蒸气气泡，这时的压力称为液压油在该温度下的饱和蒸气压。通常液压油的饱和蒸气压比空气分离压小得多，因此，为使液压系统正常工作，液压油的压力最低不得低于其所在温度下的空气分离压。

2.8.2　气蚀现象

在系统中的管路或元件的通道中，如果有一段特别狭窄的地方，如图2-33所示，当油液通过时，流速会上升很高，导致压力降得很低，这时就容易出现气穴现象。比如在油泵的吸油管道中，如果吸油管直径较小，或吸油面过低，或吸油阻力较大，导致吸油管路中真空度过大，或者油泵转速过高，导致油液不能充满油泵的吸油腔，也会产生气穴现象。

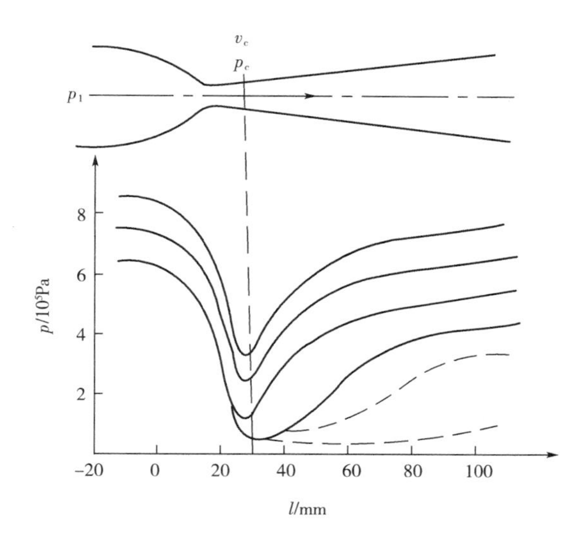

图2-33　节流口处的气穴现象

如果液压系统出现气穴现象，气泡将随着油液流动到压力较高的区域，气泡在周围压力油的冲击下将迅速溃灭，凝成液体或使空气重新又溶解到油液中。由于这一过程是在一瞬间发生的，所以引起局部液压冲击。在气泡凝结的地方，压力和温度会急剧升高，并引起激烈的噪音和油管的振动。同时，在气泡凝聚地方的附近，管壁和液压元件的表面，因长期受到液压冲击和高温作用，以及游离出的空气中的氧气氧化作用，使管壁或零件金属表面腐蚀剥落，或粗糙，或出现海绵状的小洞穴。节流口下游部位常可发现这种腐蚀的痕迹，这种现象称为气蚀。在油泵中出现气穴现象时，除产生振动、噪音外，还因气泡占据了一定的空间，破坏油液的连续性，影响油泵的流量，增加了油泵的压力和流量的脉动，使油泵零件受到冲击载荷的作用，降低油泵的工作寿命。

2.8.3　减小气穴现象的措施

气穴现象对液压系统的工作性能影响极大，应尽量采取措施防止气穴现象的发生。为防止气穴现象的产生，就要防止液压系统中的压力过度降低，具体措施有：

(1) 减小流经节流小孔前后的压力差，一般希望小孔前后的压力比 $p_1/p_2 < 3.5$。

(2) 除正确设计液压系统的结构参数外，还要特别注意吸油管应有足够的管径，使吸油管中液流速度不致太高，尽量避免急剧转弯或存在局部狭窄处，接头应有良好密封性，滤油器要及时清洗或更换滤芯以防堵塞，对高压泵宜设置辅助泵，向液压泵的吸油口供应足够的低压油，吸油面不宜过低。

(3) 应尽量避免管路中出现狭窄段和急转弯处，以保证这些地方不出现过低的压力。

(4) 提高零件的抗气蚀能力 —— 增加零件的机械强度和减小表面粗糙度，或采用抗腐蚀性强的材料等。

思考与练习

2-1　什么是油液的黏度和黏性、动力黏度、运动黏度、相对黏度？法定黏度单位呢？

2-2　简述牛顿的内摩擦定律中动力黏度的物理意义。

2-3　黏温特性、黏度指数的大小有何意义？

2-4　油液的可压缩性、压缩系数和体积弹性模量表示什么？

2-5　空气混入和压力变化对油液的黏度和体积弹性模数 β_e 有何影响？

2-6　液压系统对液压油有何要求？基本选择原则有哪些？为改善油液特性，常用哪些化学添加剂？

2-7　保持液压系统的油液清洁是十分重要的。污染物来源是什么？如何保持油液的清洁？

2-8　滑动轴承如图所示，轴承和转轴间隙 $\delta = 1\text{mm}$，轴转速 $n = 180\text{r/min}$，轴径 $d = 15\text{cm}$，轴承宽 $b = 25\text{mm}$，油液动力黏度 $\mu = 2.5 \times 10^{-2}\text{Pa}\cdot\text{s}$。试确定轴承表面摩擦力、轴承扭矩和消耗的功率。

2-9　直径 $\phi 200\text{mm}$ 的圆盘如图所示，与固定端面间隙 $\delta = 0.02\text{mm}$，其间充满油液，油液运动黏度 $\nu = 34.5\text{mm}^2/\text{s}$，密度 $\rho = 870\text{kg/m}^3$。当圆盘以 $n = 1200\text{r/min}$ 旋转时，求所需扭矩和功率。

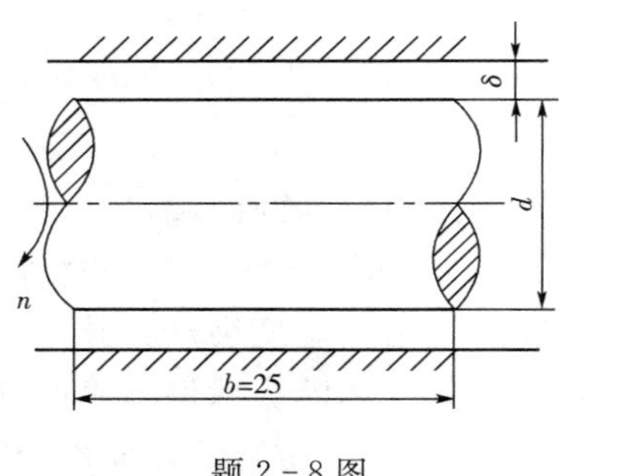

题 2-8 图

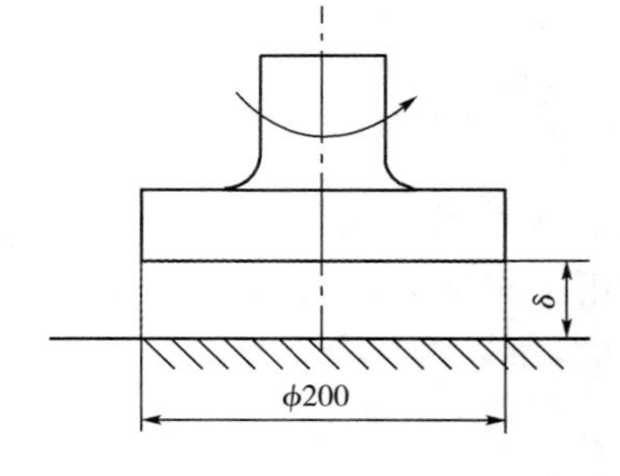

题 2-9 图

2-10　在半径 $R_0 = 10\text{cm}$，轴径 $r_0 = 9.8\text{cm}$，宽 $b = 15\text{cm}$ 的滑动轴承中，当轴径以 1500r/min 的转速转动时，所需扭矩为 $T = 38\text{N}\cdot\text{m}$，试确定油液动力黏度(参考题 2-8 图)。

2-11　密闭容器内，当压力 $p_0 = 0.5\text{MPa}$ 时，油液体积 $V_0 = 2\text{L}$，当压力升高到 $p_1 = 5\text{MPa}$ 时，计算体积压缩量(提示：在半径 r 处取 $\text{d}r$ 圆环，$\text{d}F = \mu u \text{d}A/\delta$，$\text{d}T = r\text{d}F$，$\Delta V = 0.12\text{L}$)。

2-12　如图所示，有一直径为 d、质量为 m 的活塞浸在液体中，并在力 F 的作用下处于静止状态。若液体的密度为 ρ，活塞浸入的深度为 h，试确定液体在测压管内的上升高度。

2-13　如图所示用一倾斜管道输送油液，已知 $h = 15\text{m}$，$p_1 = 0.45\text{MPa}$，$p_2 = 0.25\text{MPa}$，$d = 10\text{mm}$，$L = 20\text{m}$，$\rho = 900\text{kg/m}^3$，运动黏度 $\nu = 45 \times 10^{-6}\text{m}^2/\text{s}$，求流量 q。

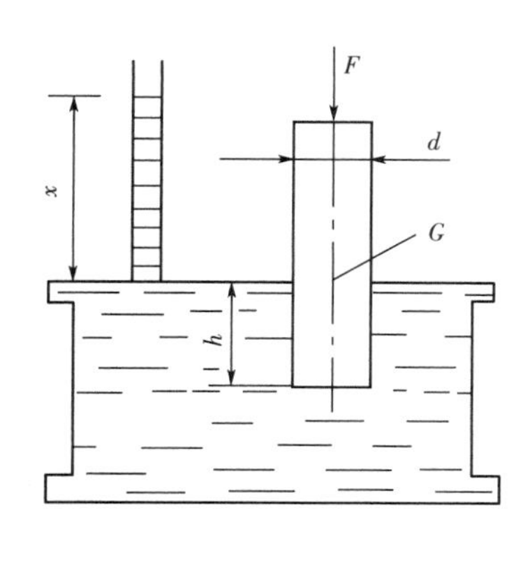

题 2 - 12 图

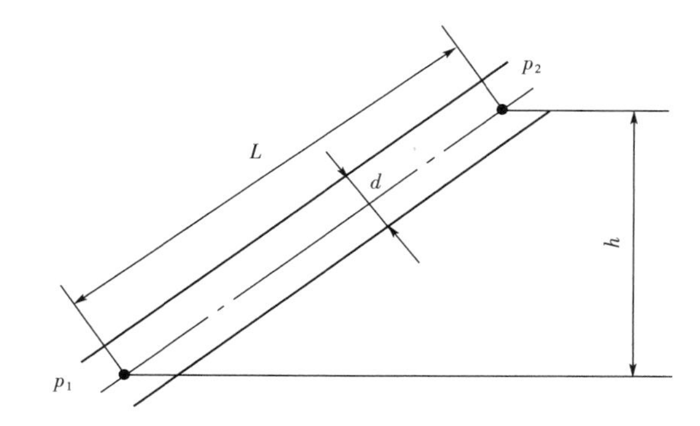

题 2 - 13 图

2 - 14　有一阀门，测得入口压力 $p_1 = 0.25\text{MPa}$，出口压力 $p_2 = 0.06\text{MPa}$，当通过阀门的流量 $q = 132\text{L/min}$ 时，求阀门的开口面积。

2 - 15　如图所示，已知某液压系统输出流量为 25L/min，吸油管直径为 25mm，油液密度为 900kg/m^3，运动黏度为 $20\text{mm}^2/\text{s}$，液压泵吸油口距油箱液面的高度 $H = 0.4\text{m}$，若仅考虑吸油管中的沿程损失，试求液压泵入口处的真空度。

2 - 16　如图所示的圆柱滑阀，已知阀心直径 $d = 2\text{cm}$，进口压力 $p_1 = 9.8\text{MPa}$，出口压力 $p_2 = 0.9\text{MPa}$，油液密度 $\rho = 900\text{kg/m}^3$，流量系数 $C_q = 0.65$，阀口开度 $x = 0.2\text{cm}$，求通过阀口的流量。

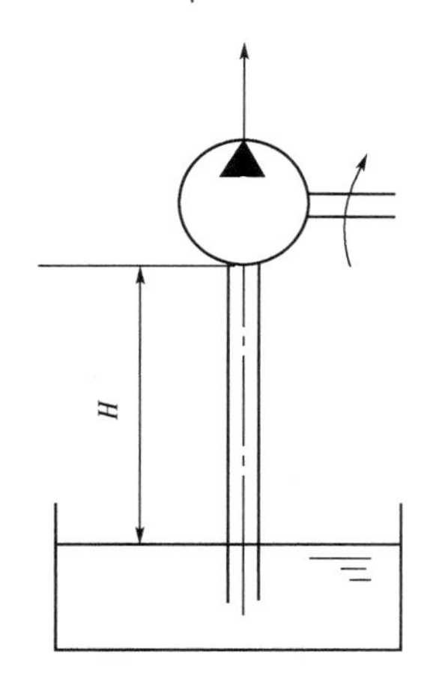

题 2 - 15 图

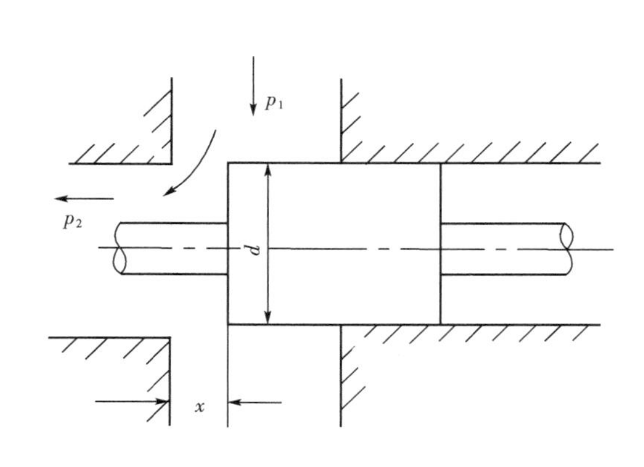

题 2 - 16 图

第 3 章　液压泵

3.1　概　述

液压泵是液压传动系统中的动力装置，是能量转换元件。它们由原动机（电动机或柴油机等）驱动，把输入的机械能转换成为油液的压力能再输出到系统中去，为执行元件提供动力，是液压传动系统的核心元件，其性能好坏将直接影响到系统能否正常工作。

3.1.1　液压泵的工作原理

液压泵是靠密封容腔容积的变化来工作的。图 3－1a 所示为液压泵的工作原理图。当偏心轮 1 由原动机带动旋转时，柱塞 2 便在偏心轮和弹簧 4 的作用下在泵体 3 内往复运动。泵体内孔与柱塞外圆之间有良好的配合精度，使柱塞在泵体孔内作往复运动时基本没有油液泄漏。柱塞右移时，缸体中密封工作腔 a 的容积变大，产生真空，油箱中的油液便在大气压力作用下通过吸油阀 5 吸入泵内，实现吸油；柱塞左移时，缸体中密封工作腔 a 的容积变小，油液受挤压，通过压油阀 6 输出到系统中去，实现压油。如果偏心轮不断地旋转，液压泵就会不断地完成吸油和压油动作，因此就会连续不断地向液压系统供油。

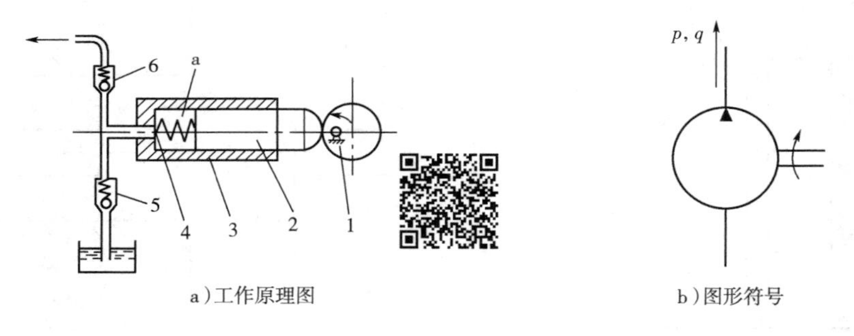

a）工作原理图　　b）图形符号

图 3－1　容积式液压泵工作原理图

从上述液压泵的工作原理可以看出，其基本的工作条件是：

（1）它必须构成密封容积，并且这个密封容积在不断地变化中能完成吸油和压油过程。凡是利用密封容积变化来工作的泵都称为容积式泵，液压传动中所用的泵是容积式泵。

（2）在密封容积增大的吸油过程中，油箱必须与大气相通（或保持一定的压力），这样，液压泵在大气压力的作用下将油液吸入泵内，这是液压泵的吸油条件。在密封容积减小的压油过程中，液压泵的压力决定于油液排出时所遇到的阻力，即液压泵的压力由外负载来决定，这是形成压力的条件。

（3）吸、压油腔要互相分开并且有良好的密封性。如图 3－1a，如果没有吸油阀 5，密封容积增大时可以吸油，但减少时又会将吸上的油压回油箱；若没有压油阀 6，压出去的油在吸油时又会倒流回来。吸油阀和压油阀是配油装置，其作用是将吸、压油腔分开，保证吸油时，油腔与油箱相通而切断压油通道；压油时，油腔与压油管道相通而与油箱切断。各种泵的配油装置形式各有所异，它们是泵工作必不可少的部分。

容积式液压泵的种类很多。按照结构形式的不同，液压泵可分为齿轮式、叶片式、柱塞式和螺杆式等类型；按照在单位时间内所输出油液体积能否调节，液压泵又可分为定量式和变量式两类。液压泵的图形符号如图 3-1b 所示。

3.1.2 液压泵的性能参数

液压泵性能参数主要是指液压泵的压力、流量和排量、功率和效率等。

1. 压力

液压泵的压力参数主要是工作压力和额定压力。

(1) 工作压力　它是指液压泵在实际工作时输出油液的压力值，即泵出油口处压力值，也称为系统压力。此压力取决于系统中阻止液体流动的阻力。阻力(负载)增大，工作压力升高；反之则工作压力降低。随着泵工作压力的提高，它的泄漏量增大，效率降低。

(2) 额定压力　它是指在保证液压泵的容积效率、使用寿命和额定转速的前提下，泵连续长期运转时允许使用的压力最大限定值。它是泵在正常工作的条件下，按实验标准规定能连续运转的最高压力。当泵的工作压力超过额定压力时，就会过载。

除此之外还有最高允许压力，它是指泵在短时间内所允许超载使用的极限压力，它受泵本身密封性能和零件强度等因素的限制；吸入压力，它是指泵的吸入口处压力。

由于液压传动的用途不同，液压系统所需要的压力也不同，为了便于液压元件的设计、生产和使用，将压力分为几个等级，列于表 3-1 中。值得注意的是随着科学技术的不断发展和人们对液压传动系统要求的不断提高，压力分级也在不断地变化，压力分级的原则也不是一成不变的。

表 3-1　压力分级

压力分级	低压	中压	中高压	高压	超高压
压力 /MPa	$\leqslant 2.5$	$>2.5\sim 8$	$>8\sim 16$	$>16\sim 32$	>32

2. 流量和排量

流量是指单位时间内泵输出油液的体积，其单位为 m^3/s。

(1) 排量 V　由泵密封容腔几何尺寸变化计算而得到的泵每转排出油液的体积。在工程上，可以用在无泄漏的情况下泵每转所排出的油液体积来表示，常用的单位为 mL/r。

(2) 理论流量 q_t　由泵密封容腔几何尺寸变化计算而得到的泵在单位时间内排出液体的体积，等于排量 V 和转速 n 的乘积，测试中常以零压下的流量表示，即

$$q_t = Vn \tag{3.1-1}$$

(3) 实际流量 q　它是泵工作时的输出流量，这时的流量必须考虑到泵的泄漏。它等于泵理论流量减去因泄漏损失的流量 Δq，即

$$q = q_t - \Delta q \tag{3.1-2}$$

通常 Δq 称为泵容积损失，它随着泵工作压力的升高而增大。

(4) 额定流量 q_n　泵在额定转速和额定压力下输出的流量。由于泵存在泄漏，所以泵实际流量 q 和额定流量 q_n 都小于理论流量 q_t。

(5) 瞬时流量 q_{in}　泵在每一瞬时的流量，一般指泵瞬时理论（几何）流量。

3. 功率

液压泵的输入能量为机械能，其表现为转矩 T 和转速 ω；液压泵的输出能量为液压能，表现为压力 p 和流量 q。

(1) 理论功率 P_t　用泵的理论流量 q_t(m^3/s) 与泵进出口压差 Δp(Pa) 的乘积来表示，即

$$P_t = \Delta p q_t \tag{3.1-3}$$

由于泵的进口压力很小，近似为零，所以在很多情况下，泵进出口压差可用其出口压力来代替。

(2) 输入功率 P_i　是实际驱动泵轴所需要的机械功率，即

$$P_i = \omega T = 2\pi n T \tag{3.1-4}$$

(3) 输出功率 P_o　是用泵实际输出流量 q 与泵进出口压差 Δp 的乘积来表示，即

$$P_o = \Delta p q \tag{3.1-5}$$

当忽略能量转换及输送过程中的损失时，液压泵的输出功率应该等于输入功率，即泵的理论功率为

$$P_t = \Delta p q_t = \Delta p V n = \omega T_t = 2\pi n T_t \tag{3.1-6}$$

式中：ω—— 液压泵的转动角速度；

T_t—— 液压泵的理论转矩。

4. 效率

实际上，液压泵在工作中是有能量损失的，因泄漏而产生的损失是容积损失，因摩擦而产生的损失是机械损失。

(1) 容积效率 η_{pv}　是液压泵实际流量与理论流量之比，即

$$\eta_{pv} = \frac{q}{q_t} = \frac{q_t - \Delta q}{q_t} = 1 - \frac{\Delta q}{q_t} = 1 - \frac{\Delta q}{Vn} \tag{3.1-7}$$

由于泵内零件之间间隙很小，泄漏油液的流态可以看作是层流，所以泄漏量 Δq 和泵工作压力 p 成正比关系，即

$$\Delta q = k_1 p \tag{3.1-8}$$

式中：k_1—— 泵的泄漏系数。

故又有

$$\eta_{pv} = 1 - \frac{k_1 p}{Vn} \tag{3.1-9}$$

(2) 机械效率 η_{pm}　液体在泵内流动时，液体黏性会引起转矩损失，此外泵内零件相对运动时，机械摩擦也会引起转矩损失。机械效率 η_{pm} 是泵所需要的理论转矩 T_t 与实际转矩 T 之比，即

$$\eta_{pm}=\frac{T_t}{T}=\frac{\omega T_t}{2\pi nT}=\frac{\omega V\Delta p}{2\pi nT}=\frac{p_t\Delta p}{P_i}=\frac{P_t}{P_i} \tag{3.1-10}$$

(3) 总效率 η_p　泵的总效率是泵输出功率 P_o 与输入功率 P_i 之比。即

$$\eta_p=\frac{P_o}{P_i}=\frac{q\Delta p}{P_i}=\frac{q\Delta p\eta_{pm}}{q_t\Delta p}=\eta_{pv}\eta_{pm} \tag{3.1-11}$$

液压泵的总效率 η_p，在数值上等于容积效率和机械效率的乘积。液压泵的总效率、容积效率和机械效率可以通过实验测得。

液压泵的容积效率 η_{pv}、机械效率 η_{pm}、总效率 η_p、理论流量 q_t、实际流量 q 和实际输入功率 P_i 与工作压力 p 的关系曲线如图3-2所示。它是液压泵在特定的介质、转速和油温等条件下通过实验得出的。由图 3-2 可知，液压泵在零压时的流量即为 q_t。由于泵的泄漏量随压力升高而增大，所以泵的容积效率 η_{pv} 及实际流量 q 随泵的工作压力升高而降低，压力为零时的容积效率 $\eta_{pv}=100\%$，这时的实际流量 q 等于理论流量 q_t。总效率 η_p 开始随压力 p 的增大很快上升，接近液压泵的额定压力时总效率 η_p 最大，达到最大值后，又逐步降低。由容积效率和总效率这两条曲线的变化可以看出机械效率的变化情况。泵在低压时，机械摩擦损失在总损失中所占的比重较大，其机械效率 η_{pm} 很低。随着工作压力的提高，机械效率很快上升。在达到某一值后，机械效率大致保持不变，从而表现出总效率曲线几乎和容积效率曲线平行下降的变化规律。

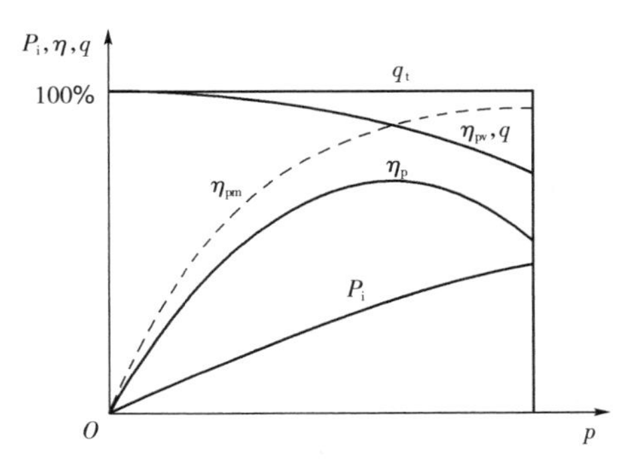

图 3-2　液压泵的性能曲线

【例 3-1】　某液压泵的输出压力 $p=10$ MPa，泵转速 $n=1450$ r/min，排量 $V=46.2$ mL/r，容积效率 $\eta_{pv}=0.95$，总效率 $\eta_p=0.9$。试求液压泵的输出功率和驱动泵的电动机功率。

【解】　(1) 求液压泵的输出功率

液压泵输出的实际流量为

$$q=q_t\eta_{pv}=Vn\eta_{pv}=46.2\times10^{-3}\times1450\times0.95=63.641\text{L/min}$$

则液压泵的输出功率为

$$P_o=pq=\frac{10\times10^6\times63.641\times10^{-3}}{60}=10.6\text{kW}$$

(2) 求电动机的功率

电动机功率即泵的输入功率为：

$$P_i=\frac{P_o}{\eta_p}=\frac{10.6}{0.9}=11.8\text{kW}$$

3.2 齿轮泵

齿轮泵是一种常用的液压泵。它的主要特点是结构简单，制造方便，价格低廉，体积小，重量轻，自吸性能好，对油液污染不敏感和工作可靠等。其主要缺点是流量和压力脉动大，噪声大，排量不可调节(是定量泵)，它被广泛地应用于各种低压系统中。但随着齿轮泵在结构上的不断改进完善，它也被用于采矿、冶金、建筑、航空、航海、农林等机械的中、高压液压系统中。

齿轮泵按齿形曲线的不同可分为渐开线齿形和非渐开线齿形两种；按齿轮啮合形式的不同可分为外啮合和内啮合两种。外啮合齿轮泵应用较广，本节着重介绍它的工作原理、结构特点和性能。

3.2.1 齿轮泵的工作原理

图 3-3 为外啮合渐开线齿轮泵的结构简图。外啮合渐开线齿轮泵主要由一对几何参数完全相同的主、从动齿轮 4 和 8，传动轴 6，泵体 3，前、后泵盖 5 和 1 等主要零件组成。图 3-4 为其工作原理图。一对互相啮合的齿轮，由于齿轮两端面与泵盖的间隙以及齿轮的齿顶与泵体内表面的间隙很小，因此将齿轮泵的壳体内部分隔成左、右两个密封容积。当齿轮按图示方向旋转时，右侧的轮齿逐渐脱离啮合，露出齿间，其密封容积逐渐增大，形成局部真空，油箱中的油液在大气压力的作用下经泵的吸油口进入这个密封容积——吸油腔。随着齿轮的转动，每个齿轮的齿间把油液从右侧带到左侧密封容积中，轮齿在左侧进入啮合时，使左侧密封容积逐渐减小，把齿间油液挤出，油液从压油口输出，左侧的密封容积是压油腔。这就是齿轮泵的吸油和压油过程。当齿轮泵不断地旋转时，齿轮泵的吸、压油口不断地吸油和压油。由于在齿轮啮合过程中，啮合点沿啮合线移动，把左、右两密封容积分开，起到配油作用，因此在齿轮泵中没有单独的配油装置。

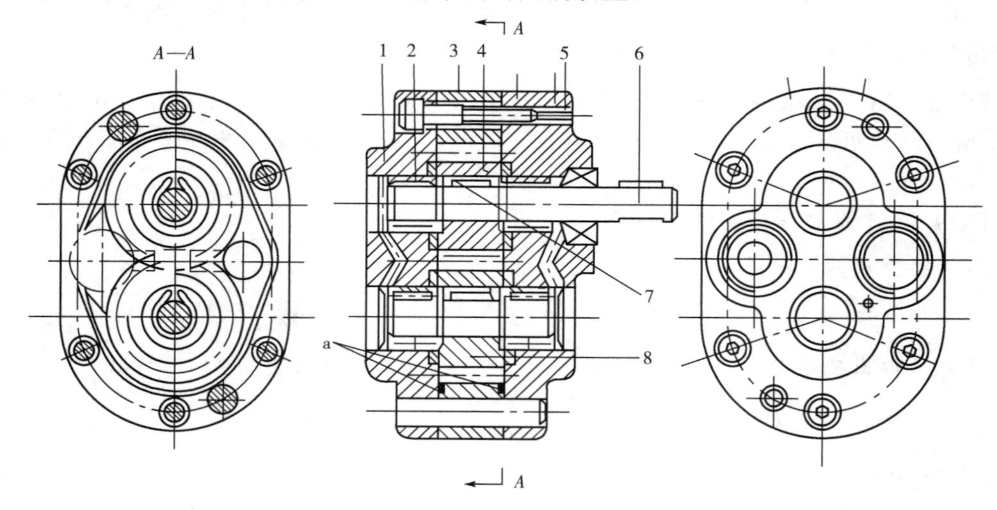

图 3-3　CB-B 型齿轮泵结构图

1—后泵盖；2—滚针轴承；3—泵体；4—主动齿轮；5—前泵盖；6—传动轴；7—键；8—从动齿轮

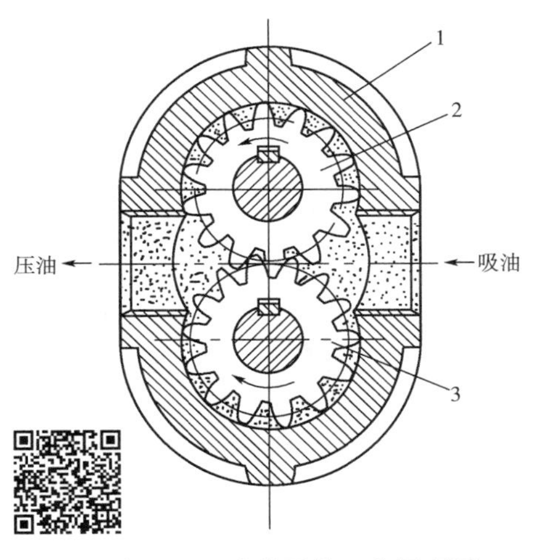

图 3-4　齿轮泵的工作原理图

1—壳体；2—主动齿轮；3—从动齿轮

3.2.2　齿轮泵的排量和流量

1. 排量

排量 V 是齿轮每转一周泵所排出的液体体积，近似等于两个齿轮的齿间容积之和。设齿间槽的容积等于轮齿体积，则齿轮泵的排量为

$$V=\pi DhB=2\pi zm^2B \tag{3.2-1}$$

式中：D—— 齿轮节圆直径；

h—— 齿轮齿高；

B—— 齿轮齿宽；

z—— 齿轮齿数；

m—— 齿轮模数。

由于齿间容积比轮齿的体积稍大，并且齿数越少其差值越大，考虑到这一因素，将 2π 用 6.66 来替代比较符合实际情况，因此，齿轮泵实际排量为

$$V=6.66zm^2B \tag{3.2-2}$$

2. 流量

齿轮泵实际流量 q 为

$$q=Vn\eta_{pv}=6.66zm^2Bn\eta_{pv} \tag{3.2-3}$$

式中：n—— 齿轮泵的转速；

η_{pv}—— 齿轮泵的容积效率。

式(3.2-3)中的 q 是齿轮泵的平均流量。根据齿轮啮合原理可知，齿轮在啮合过程中由于啮合点位置不断变化，吸、压油腔在每一瞬时的容积变化率是不均匀的，所以齿轮泵的瞬时流量是脉动的。设 $(q_{max})_{sh}$ 和 $(q_{min})_{sh}$ 分别表示齿轮泵的最大和最小瞬时流量，则其流量的脉动率 δ_q 为

$$\delta_q=\frac{(q_{max})_{sh}-(q_{min})_{sh}}{q}\times 100\% \tag{3.2-4}$$

通过研究可知，齿轮泵的齿数越少，δ_q 就越大。表 3-2 给出了不同齿轮齿数时齿轮泵的流量脉动率。在相同情况下，内啮合齿轮泵的流量脉动率要小得多。

表 3-2　不同齿数齿轮泵流量脉动率

z	6	8	10	12	14	16	20
δ_q(%)	34.7	26.3	21.2	17.8	15.3	13.4	10.7

【例 3-2】 如图 3-5 所示齿轮泵：(1) 试确定该泵有几个吸油口和压油口。(2) 若三个齿轮的结构参数相同，齿顶圆直径 $D_a = 48$ mm，齿宽 $B = 25$mm，齿数 $z = 14$，$n = 1450$ r/min，容积效率 $\eta_{pv} = 0.9$，试求该泵的理论流量和实际流量。

【解】 (1) 根据齿轮泵的工作原理可以确定该泵有两个吸油口、两个压油口。根据各啮合齿轮的旋转方向可以知道，齿轮 1 和齿轮 2 的上部是吸油口，下部是压油口；齿轮 2 和齿轮 3 的下部是吸油口，上部是压油口。

(2) 计算流量

理论流量　$q_t = 2Vn = 2\pi DhBn = 4\pi z m^2 Bn$

其中模数　$m = \dfrac{D_a}{z+2} = \dfrac{48}{16} = 3$ mm

则所得到的理论流量为

$$q_t = 2 \times 6.66 z m^2 Bn = 10.140 \times 10^{-4}\ \text{m}^3/\text{s}$$

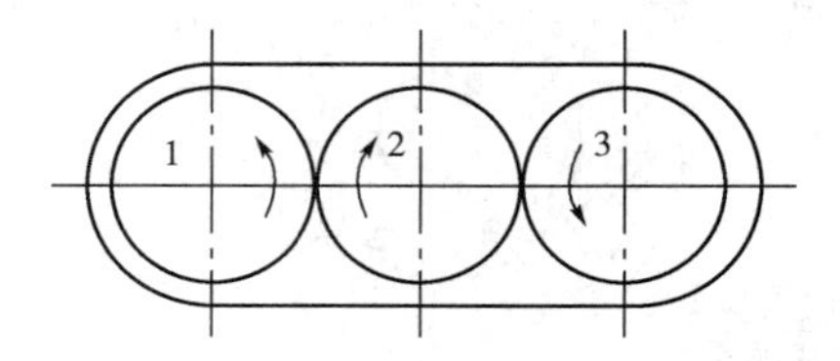

图 3-5　例 3-2 图

实际流量　$q = q_t \eta_{pv} = 10.140 \times 10^{-4} \times 0.9 = 9.126 \times 10^{-4}\ \text{m}^3/\text{s}$

3.2.3　齿轮泵的结构特点

1. 泄漏

液压泵中组成密封工作容积的零件作相对运动，其间隙产生的泄漏影响液压泵的性能。外啮合齿轮泵压油腔的压力油主要通过三条途径泄漏到低压腔中去。

(1) 泵体内表面和齿顶径向间隙的泄漏。由于齿轮转动方向与泄漏方向相反，压油腔到吸油腔通道较长，所以其泄漏量相对较小，约占总泄漏量的 10% ～ 15% 左右。

(2) 齿面啮合处间隙的泄漏。由于齿形误差会造成沿齿宽方向接触不好而产生间隙，使压油腔与吸油腔之间造成泄漏，这部分泄漏量很少。

(3) 齿轮端面间隙的泄漏。齿轮端面与前后盖之间的端面间隙较大，此端面间隙封油长度又短，所以泄漏量最大，可占总泄漏量的 70% ～ 75%。

从上述可知，齿轮泵由于泄漏量较大，其额定工作压力不高，要想提高齿轮泵的额定压力并保证较高的容积效率，首先要减少沿端面间隙的泄漏问题。

2. 液压径向不平衡力

在齿轮泵中，由于在压油腔和吸油腔之间存在着压差，又因泵体内表面与齿轮齿顶之间存在着径向间隙，可以认为压油腔压力逐渐分级下降到吸油腔压力，如图 3-6 所示。这些液体压力的合力就是作用在轴上的径向不平衡力 F，其大小为

$$F = K \Delta p B D_a \tag{3.2-5}$$

式中：K—— 系数，对于主动轮，$K = 0.75$；对从动轮，$K = 0.85$；

Δp—— 泵进出口压力差；

D_a—— 齿顶圆直径。

作用在泵轴上的径向力，能使轴弯曲，从而引起齿顶与泵壳体相接触，从而降低了轴承的寿命，这种危害会随着齿轮泵压力的提高而加剧，所以应采取措施尽量减小径向不平衡力，其方法如下：

(1) 缩小压油口的直径，使压力油仅作用在一个齿到两个齿的范围内，这样压力油作用于齿轮上的面积减小，因而径向不平衡力也就相应地减小。

(2) 增大泵体内表面与齿轮齿顶圆的间隙，使齿轮在径向不平衡力作用下，齿顶也不能和泵体相接触。

(3) 开压力平衡槽，如图 3-7 所示，开两个压力平衡槽 1 和 2 分别与低、高压油腔相通，这样吸油腔与压油腔相对应的径向力得到平衡，使作用在轴承上的径向力大大地减小。但此种方法会使泵的内泄漏增加，容积效率降低，所以目前很少使用此种方法。

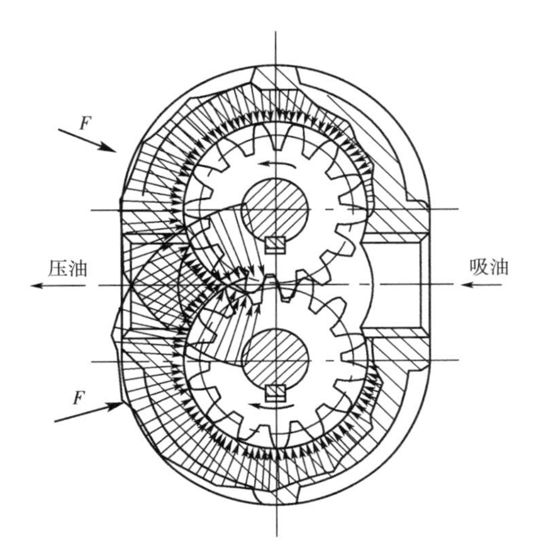

图 3-6　齿轮泵的径向不平衡力

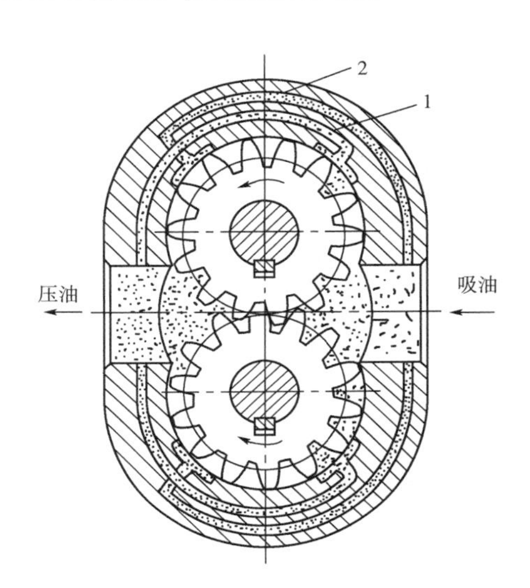

图 3-7　齿轮泵的压力平衡槽

1、2—压力平衡槽

3. 困油现象

为了使齿轮平稳地啮合运转，吸、压油腔应严格地密封以及连续均匀地供油，根据齿轮的啮合原理，必须使齿轮的重合度 ε 大于 1（一般取 $\varepsilon = 1.05 \sim 1.3$），即在齿轮泵工作时有两对轮齿同时啮合，因此，就有一部分油液困在两对轮齿所形成的封闭容腔之内，如图 3-8 所示。

这个封闭容积先随齿轮转动逐渐减小（由图 3-8a 到图 3-8b），以后又逐渐增大（由图 3-8b 到图 3-8c）。封闭容积的减少会使被困油液受挤压而产生高压，并从缝隙中流出，导致油液发热，轴承等机件也受到附加的不平衡负载作用；封闭容积的增大又会造成局部真空，使溶于油液中的气体分离出来，产生气穴，这就是齿轮泵的困油现象。其封闭容积的变化如图 3-9 所示。困油现象使齿轮泵产生强烈的噪声并引起振动和气蚀，降低泵的容积效率，影响工作平稳性，缩短使用寿命。

消除困油的方法通常是在两端盖板上开一对矩形卸荷槽（如图 3-8d 中的虚线所示）。开卸荷槽的原则是：当封闭容积减小时，使卸荷槽与压油腔相通以便将封闭容积的油液排到压油腔；当封闭容积增大时，使卸荷槽与吸油腔相通，使吸油腔的油补入避免产生真空，这样使困油现象得以消除。在开卸荷槽时，必须保证齿轮泵吸、压油腔任何时候不能通过卸荷槽直接相通，否则将使齿轮泵的容积效率降低；若卸荷槽间距过大则困油现象不能彻

底消除,所以当两齿轮为无变位的标准啮合时,两卸荷槽之间距离应为

$$a = p_b \cos\alpha = \pi m \cos^2\alpha \tag{3.2-6}$$

式中:α—— 齿轮压力角;

p_b—— 标准齿轮的基节。

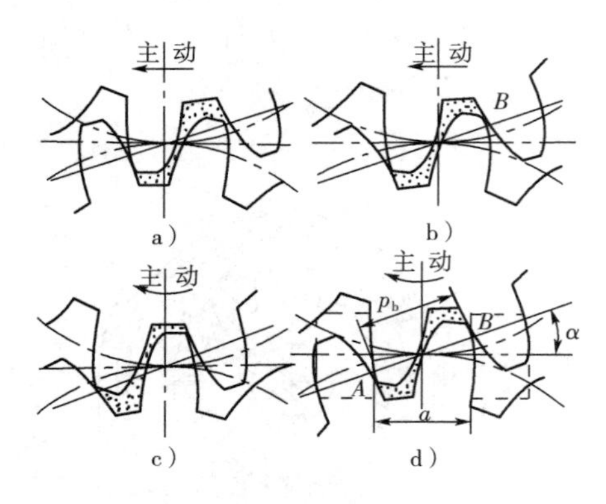

图 3-8　齿轮泵困油现象原理图

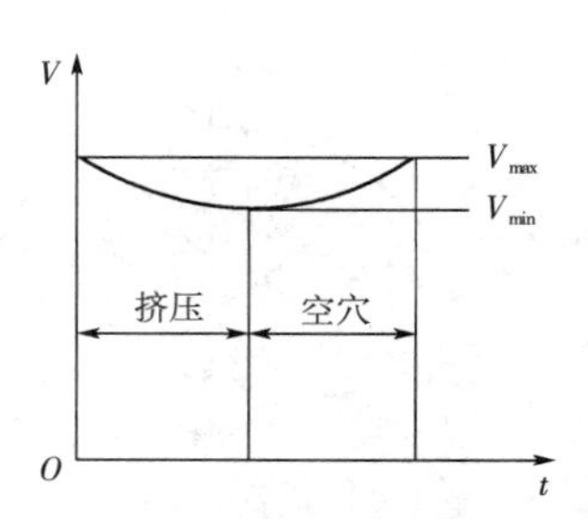

图 3-9　齿轮泵困油密封容积变化曲线

3.2.4　提高外啮合齿轮泵压力的措施

要提高齿轮泵的压力,必须减小端面泄漏。要减少端面泄漏,即使把间隙做得很小,随着时间的推移,由于端面磨损而增大的间隙不能补偿,容积效率又很快地下降,压力仍不能提高。目前提高齿轮泵压力的方法是用齿轮端面间隙自动补偿装置,即采用浮动轴套或弹性侧板两种自动补偿端面间隙装置,其工作原理是把泵内压油腔的压力油引到轴套外侧或侧板上,产生液压力,使轴套内侧或侧板紧压在齿轮的端面上,压力愈高,压得越紧,从而自动地补偿由于端面磨损而产生的间隙。

图 3-10 是采用浮动轴套的中高压齿轮泵的一种典型结构。图中的轴套 1 和 2 是浮动安装的,轴套左侧的空腔均与泵的压油腔相通。当泵工作时,轴套受左侧压力油的作用而向右移动,将齿轮两侧面压紧,从而自动补偿了端面间隙,齿轮泵的额定压力可提高到10 ~16 MPa,其容积效率不低于 0.9。

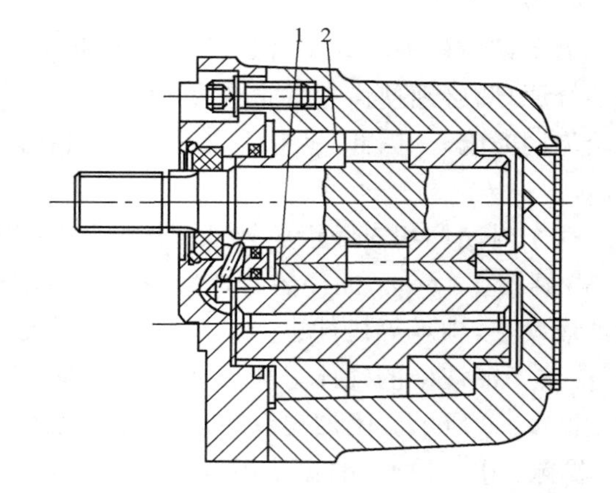

图 3-10　采用浮动轴套的中高压齿轮泵结构图

1、2 — 轴套

3.2.5　内啮合齿轮泵

内啮合齿轮泵有渐开线齿形和摆线齿形两种类型。

图 3-11 所示为内啮合渐开线齿轮泵工作原理图。相互啮合的小齿轮 1 和内齿轮 2 与测板围成的密封容积被月牙板 3 和齿轮的啮合线分隔成两部分,即形成吸油腔和压油腔。当传动轴带动小齿轮按图示方向旋转时,

内齿轮同向旋转，图中上半部轮齿脱开啮合，密封容积逐渐增大，是吸油腔；下半部轮齿进入啮合，使其密封容积逐渐减小，是压油腔。

内啮合渐开线齿轮泵与外啮合齿轮泵相比较，其流量脉动小，仅是外啮合齿轮泵流量脉动率的1/10 ～ 1/20。此外，其结构紧凑，重量轻，噪声小和效率高，还可以做到无困油现象等一系列优点。它的不足之处是齿形复杂，需专门的高精度加工设备，但随着科技水平的发展，内啮合齿轮泵将会有更广阔的应用前景。

图3-12为内啮合摆线齿轮泵工作原理图。在内啮合摆线齿轮泵中，外转子1和内转子2只差一个齿，没有中间月牙板，内、外转子的轴心线有一偏心 e，内转子为主动轮，内、外转子与两侧配油板间形成密封容积，内、外转子的啮合线又将密封容积分为吸油腔和压油腔。当内转子按图示方向转动时，左侧密封容积逐渐变大是吸油腔；右侧密封容积逐渐变小是压油腔。

内啮合摆线齿轮泵的优点是结构紧凑，零件少，工作容积大，转速高，运动平稳，噪声低。由于齿数较少(一般为4 ～ 7个)，其流量脉动比较大，啮合处间隙泄漏大，所以此泵工作压力一般为2.5 ～ 7 MPa，通常作为润滑、补油等辅助泵使用。

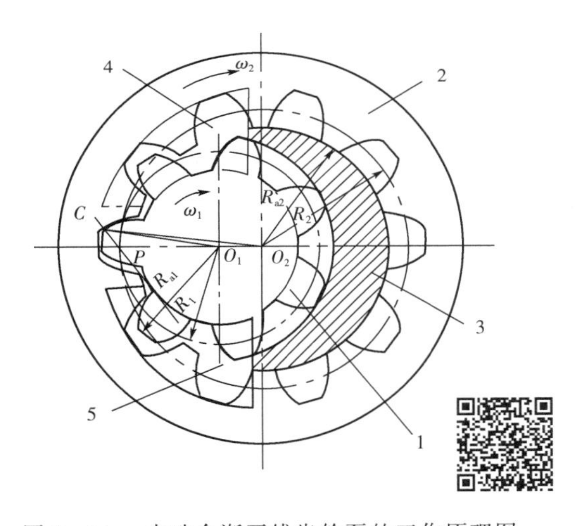

图3-11　内啮合渐开线齿轮泵的工作原理图

1—小齿轮(主动齿轮)；2—内齿轮(从动齿轮)；

3—月牙板；4—吸油腔；5—压油腔

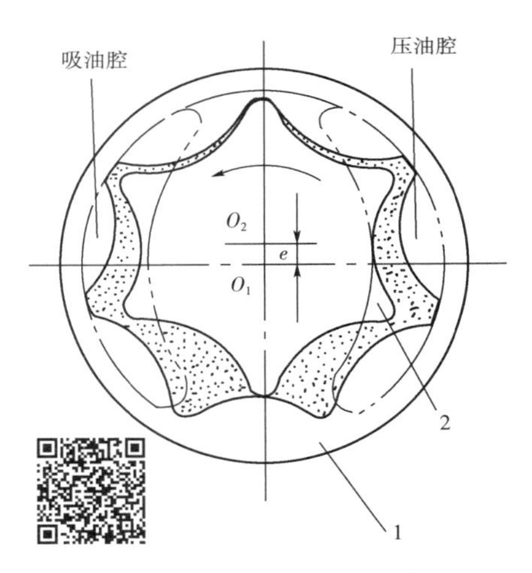

图3-12　内啮合摆线齿轮工作原理图

1—外转子；2—内转子

3.2.6　螺杆泵

螺杆泵实质上是一种外啮合摆线齿轮泵，按其螺杆根数有单螺杆泵、双螺杆泵、三螺杆泵、四螺杆泵和五螺杆泵等；按螺杆的横截面分有摆线齿形、摆线—渐开线齿形和圆形齿形三种不同形式的螺杆泵。

图3-13为三螺杆泵的结构简图。在三螺杆泵壳体2内平行地安装着三根互为啮合的双头螺杆，主动螺杆为中间凸螺杆3，上、下两根凹螺杆4和5为从动螺杆。三根螺杆的外圆与壳体对应弧面保持着良好的配合，螺杆的啮合线将主动螺杆和从动螺杆的螺旋槽分割成多个相互隔离的、互不相通的密封工作腔。当传动轴(与凸螺杆为一整体)如图示方向旋转

时，这些密封工作腔随着螺杆的转动一个接一个地在左端形成，并不断地从左向右移动，在右端消失。主动螺杆每转一周，每个密封工作腔便移动一个导程。密封工作腔在左端形成时逐渐增大，将油液吸入来完成吸油工作，最右面的工作腔逐渐减小直至消失，因而将油液压出完成压油工作。螺杆直径愈大，螺旋槽愈深，螺杆泵的排量愈大；螺杆愈长，吸、压油口之间的密封层次越多，密封就越好，螺杆泵的额定压力就愈高。

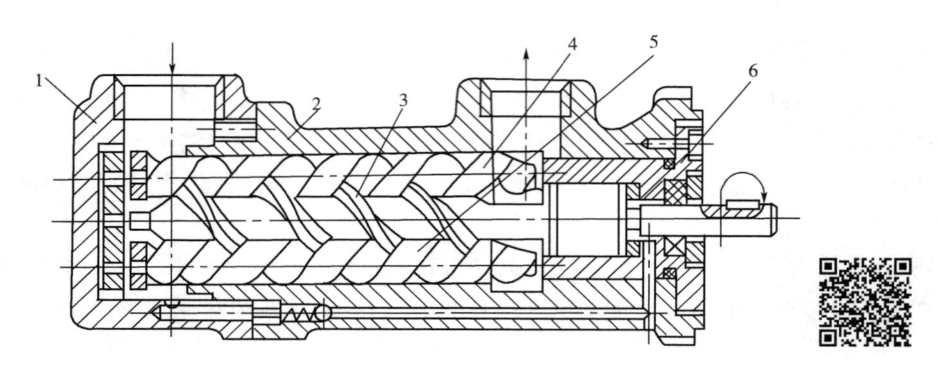

图 3-13　螺杆结构简图

1—后盖；2—壳体；3—主动螺杆(凸螺杆)；4、5—从动螺杆(凹螺杆)；6—前盖

螺杆泵与其他容积式液压泵相比，具有结构紧凑，体积小，重量轻，自吸能力强，运转平稳，流量无脉动，噪声小，对油液污染不敏感，工作寿命长等优点。目前常用在精密机床上和用来输送黏度大或含有颗粒物质的液体。螺杆泵的缺点是其加工工艺复杂，加工精度高，所以应用受到限制。

3.3　叶片泵

叶片泵具有结构紧凑、流量均匀、噪声小、运转平稳等优点，因而被广泛地应用于中、低压液压系统中。但它也存在着结构复杂、吸油能力差、对油液污染比较敏感等缺点。

叶片泵按其结构来分有单作用式和双作用式两大类。单作用式主要作变量泵；双作用式作定量泵，双作用式泵的径向力平衡，流量均匀，寿命长，有其独特的优点。

3.3.1　双作用叶片泵

1. 双作用叶片泵的工作原理

图 3-14 为双作用叶片泵的结构简图。

该泵主要有前、后泵体 8 和 6，在泵体中装有配流盘 2 和 7，用长定位销将配流盘和定子定位，固定在泵体上，以保证配流盘上吸、压油窗口位置与定子内表面曲线相对应。转子 4 上均匀地开有叶片槽(图中为 12 条，在实际使用中具体数目由叶片泵的性能决定)，叶片 12 可以在槽内沿径向方向滑动。配流盘 7 上开有与压油腔相通的环槽，将压力油引入叶片底部。传动轴 3 支承在滚针轴承 1 和滚动轴承 9 上，传动轴通过花键带动转子在配流盘之间转动。泵的左侧为吸油口，右侧(靠近伸出轴一端) 为压油口。

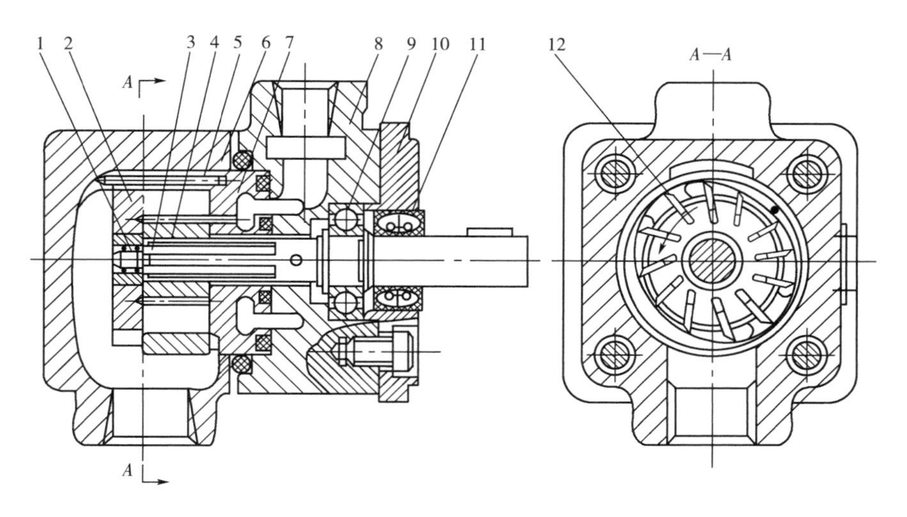

图 3-14　双作用叶片泵结构简图

1、9—滚针(动)轴承;2、7—配流盘;3—传动轴;4—转子;
5—定子;6、8—泵体;10—盖板;11—密封圈;12—叶片

图 3-15 为双作用叶片泵工作原理图。转子 3 和定子 2 是同心的,定子内表面是由两段大半径为 R 的圆弧面,两段小半径为 r 的圆弧面以及连接四段圆弧面的四段过渡曲面构成。当转子沿图示方向转动时,叶片在离心力和通过配流盘小孔进入叶片底部压力油的作用下,使叶片伸出并紧贴在定子的内表面上,在每相邻两叶片之间形成密封容积。当相邻两叶片从定子小半径 r 的圆弧面经过渡曲面向定子大半径 R 的圆弧面滑动时,叶片向外伸,使两叶片之间的密封容积变大形成真空,油箱中的油液从配流盘吸油窗口 a 进入并充满密封容积,这是叶片泵的吸油过程;当转子继续转动,两叶片从定子大半径 R 的圆弧面经过渡曲面向定子小半径 r 的圆弧面滑动时,叶片受定子内壁面的作用缩回转子槽内,使两叶片之间的密封容积变小,油液受到挤压,并从配流盘的压油窗口 b 压出,进入液压系统中,这是叶片泵的压油过程。

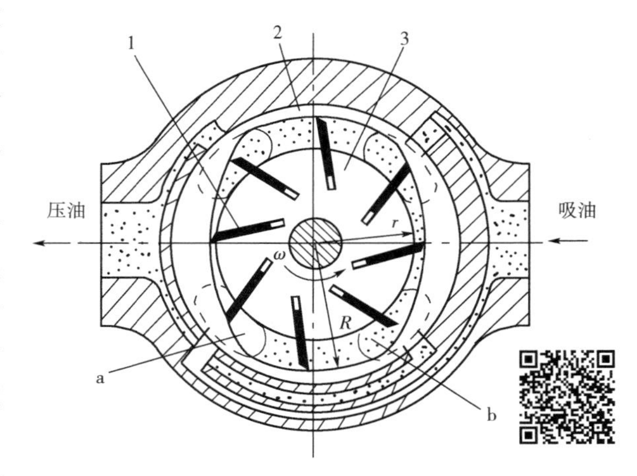

图 3-15　双作用式叶片泵工作原理图

1—叶片;2—定子;3—转子

叶片泵的转子每转一周,两相邻叶片之间的密封容积吸油和压油两次,因此这种泵被称作双作用式叶片泵。又因吸、压油口对称分布,转子和轴承所受的径向液压力基本相平衡,使泵轴及轴承的寿命长,所以该泵又称为卸荷式叶片泵。这种泵的流量均匀,噪声低。但是这种泵的流量不可调,一般只能做成定量泵。

2. 双作用叶片泵的排量和流量

如图 3－16 所示，当不考虑叶片厚度时，双作用叶片泵排量 V_o 等于两叶片间最大容积 V_1 与最小容积 V_2 之差和叶片数 Z 乘积后再乘以 2，即

$$V_o = 2\pi B(R^2 - r^2) \qquad (3.3-1)$$

式中：B—— 叶片的宽度；

R、r—— 定子的大半径和小半径。

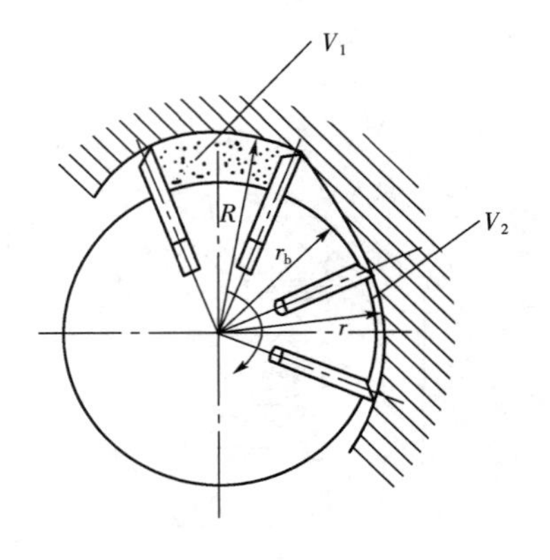

图 3－16　双作用叶片泵流量计算图

实际上叶片有一定厚度，叶片所占的空间不起吸油和压油的作用，因此转子每转因叶片所占体积而造成的排量损失为 V'，即

$$V' = \frac{2b(R-r)}{\cos\theta}BZ \qquad (3.3-2)$$

式中：b—— 叶片厚度；

θ—— 叶片倾角；

Z—— 叶片数。

双作用叶片泵的实际排量 V 为

$$V = V_o - V' = 2B\left[\pi(R^2 - r^2) - \frac{R-r}{\cos\theta}bZ\right] \qquad (3.3-3)$$

双作用叶片泵的流量 q 为

$$q = 2B\left[\pi(R^2 - r^2) - \frac{R-r}{\cos\theta}bZ\right]n\eta_{pv} \qquad (3.3-4)$$

式中：n—— 叶片泵的转速；

η_{pv}—— 叶片泵的容积效率。

如果不考虑叶片的厚度，则理论上双作用叶片泵无流量脉动。实际上，由于制造工艺误差，两大圆弧和小圆弧有不圆度，也不可能完全同心，该泵的瞬时流量仍将有少量的流量脉动，但其脉动率除螺杆泵外是各类泵中最小的。通过理论分析还可知，叶片数为 4 的倍数时流量脉动率最小，所以双作用叶片泵的叶片数一般取 12 或 16。

此外，从双作用叶片泵的排量及流量公式可以看出，这种泵的排量和流量与定子的宽度和定子长短半径之差成比例，在一定范围内改变这两个尺寸，可在保持外形尺寸不变的前提下改变排量和流量，形成不同规格的泵，便于产品的系列化生产。

3. 双作用叶片泵的结构特点

(1) 定子工作表面曲线

定子工作表面曲线如图 3－17 所示。它是由两段大半径为 R 的圆弧 b_1b_2 和两段小半径为 r 的圆弧 a_1a_2，以及圆弧间的四段过渡曲线 b_1a_2 和 a_1b_2 组成。理想的过渡曲线应保证叶片在转子槽中滑动时径向速度和加速度变化均匀，并且应使叶片在过渡曲线和圆弧交接点处的加速度突变较小，叶片顶部与定子内表面不产生脱空（叶片顶部短时间与定子内表面不接触），从而保证叶片对定子表面的冲击尽可能地小，对定子的磨损小，瞬时流量脉动小。

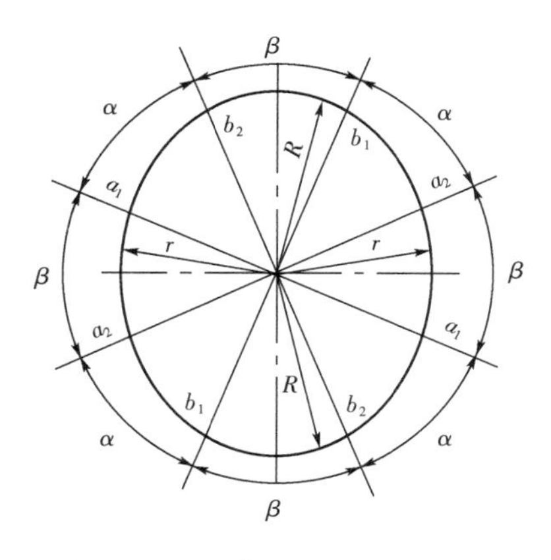

图 3-17　双作用叶片泵定子曲线

目前定子的过渡曲线有阿基米德螺线、等加速—等减速曲线等。

当采用阿基米德螺线时，由于叶片滑过过渡曲面的径向速度为常量，径向加速度为零，因此泵的瞬时流量脉动很小，但在过渡曲线与圆弧面连接处速度发生突然变化，从理论上认为加速度趋于无穷大，因此会造成叶片对定子的很大冲击——硬性冲击，使在连接处产生严重磨损和噪声，故近些年来很少采用。

双作用叶片泵的定子过渡曲线采用等加速—等减速曲线时，如图 3-18 所示。曲线的极坐标方程为

$$\rho = r + \frac{2(R-r)}{\alpha^2}\theta^2 \quad (0 < \theta < \alpha/2)$$

$$\rho = 2r - R + \frac{4(R-r)}{\alpha}\left(\theta - \frac{\theta^2}{2\alpha}\right) \quad (\alpha/2 < \theta < \alpha) \tag{3.3-5}$$

式中：ρ——过渡曲线的极半径；

R、r——圆弧部分的大半径和小半径；

θ——极径的坐标极角；

α——过渡曲线的中心角。

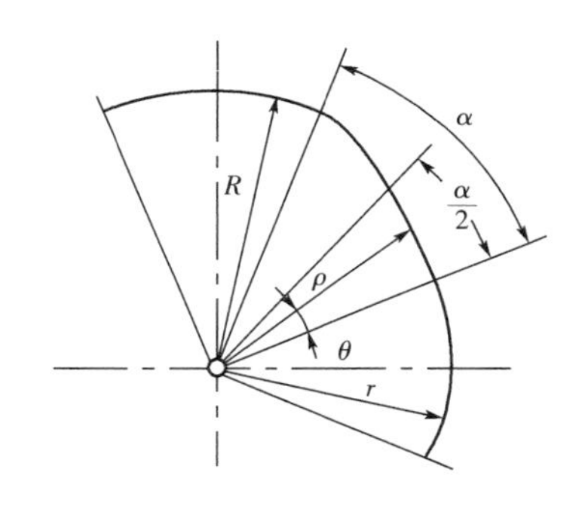

图 3-18　定子的过渡曲线

由式(3.3-5)得出叶片的径向速度$\frac{d\rho}{dt}$和径向加速度$\frac{d^2\rho}{dt^2}$，如图 3-19 所示。从图中可以看出，当$0<\theta<\alpha/2$时，叶片的径向运动为等加速；当$\alpha/2<\theta<\alpha$时，叶片的径向运动为等减速。在$\theta=0$，$\theta=\alpha/2$，$\theta=\alpha$处，叶片运动的加速度仍有突变，但突变值远比阿基米德螺线的小，所产生的是柔性冲击。柔性冲击所引起的惯性力和造成定子的磨损比硬性冲击小得多。所以我国设计的 YB 型双作用叶片泵定子过渡曲线采用等加速—等减速曲线。目前在国外有些叶片泵的定子采用高次曲线，它能充分满足叶片泵对定子曲线径向速度、加速度和加速度变化率特性的要求，为高性能、低噪声、高寿命的叶片泵广泛采用。

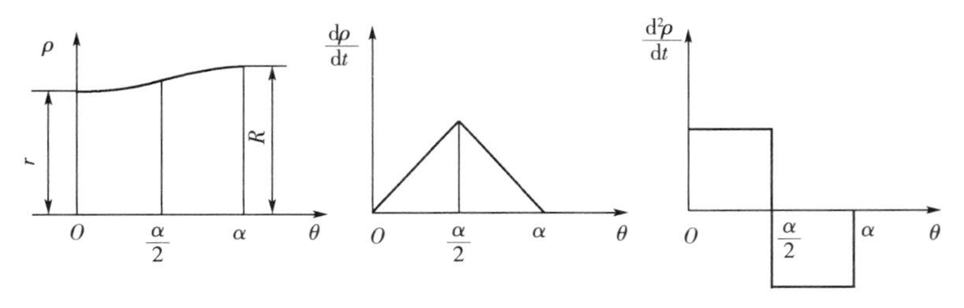

图 3-19　采用等加速—等减速过渡曲线时，叶片的径向运动特征

(2) 配流盘

配流盘的作用是给泵进行配油。为了保证配流盘的吸、压油窗口在工作中能隔开，就必须使配流盘上封油区夹角 ε（即吸油窗口和压油窗口之间的夹角）大于或等于两个相邻叶片间的夹角，如图 3－20 所示，即

$$\varepsilon \geqslant \frac{2\pi}{Z} \tag{3.3-6}$$

式中：Z—— 叶片数。

若夹角 ε 小于 $2\pi/z$，就会使吸油和压油窗口相通，使泵的容积效率降低。此外定子圆弧部分的夹角 β 应当等于或大于配流盘上封油区夹角 ε，以免产生困油和气穴现象。

此外，当两相邻叶片之间的油液从定子封油区（即定子圆弧部分）突然转入压油窗口时，其油压力迅速达到泵的输出压力，油液瞬间被压缩，使压油腔中的油液倒流进来，泵的瞬时流量减少，引起流量脉动和噪声。为了避免产生这种现象，在配流盘上叶片从封油区进入压油窗口一边开卸荷三角槽，如图 3－20 所示，这样使相邻叶片间的密封容积逐渐地进入压油窗口，压力逐渐上升，从而消除困油现象和由于压力突变而引起的瞬时流量脉动和噪声。卸荷三角槽的尺寸通常由实验来确定。

图 3－21 是 YB 型双作用叶片泵配流盘的结构简图。图中的小孔 b 为配流盘定位孔；图中 B—B 剖面表示压油窗口一部分油通过 a 与配流盘端面环形槽相连，而环形槽又与叶片泵转子上叶片槽底部相对，使压力油通至叶片槽底部，以便增大叶片对定子表面的压紧力来防止漏油，这样提高了泵的容积效率。

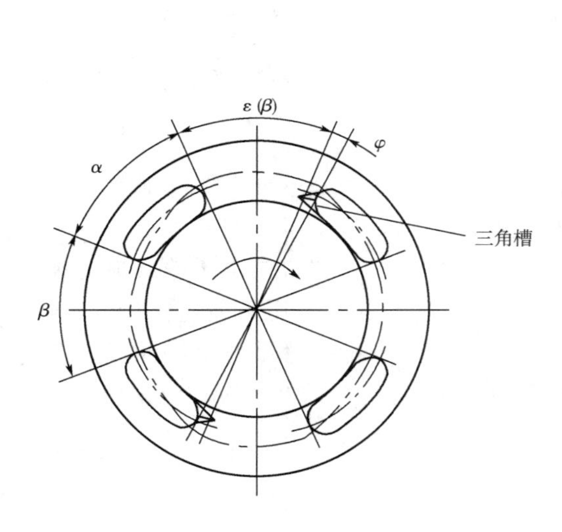

图 3－20　定子曲线圆弧部分夹角和配流盘封油区夹角关系

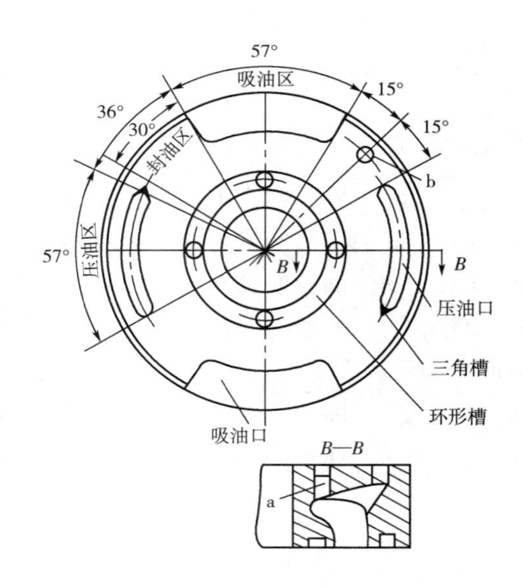

图 3－21　YB 型叶片泵的右配流盘

(3) 叶片倾角

叶片在转子中放置时应当有利于叶片在转子槽中的滑动，并且叶片对定子及转子槽的磨损要小。叶片在工作过程中，受到离心力和叶片底部压力油的作用，使叶片紧密地与定

子接触。设当叶片转至压油区时，定子内表面给叶片顶部反作用力为 F_N，其方向沿定子内表面曲线的法线方向，该力可分解为两个力，即与叶片垂直的力 F_T 和沿叶片槽方向的力 F，如图 3－22 所示。其中 F_T 力的作用使叶片与转子槽侧壁产生很大的摩擦力，并且容易使叶片折断。F_T 力的大小取决于压力角 β（即作用力 F_N 方向与叶片运动方向的夹角）的大小，压力角越大则 F_T 力越大。当转子槽按旋转方向倾斜 α 角时，可使原径向排置叶片的压力角 β 减少为 β'，这样就可以减少与叶片垂直的力 F_T，使叶片在转子槽中移动灵活，减少磨损。由于不同转角处的定子曲线的法线方向不同，由理论和实践得出，一般叶片倾角 α 为 10° ～ 14°。

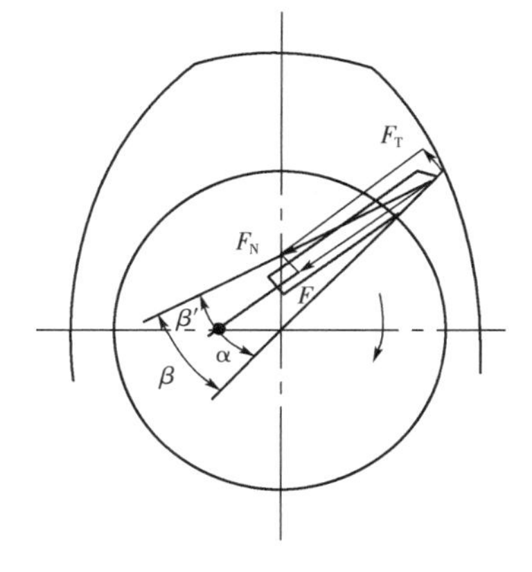

图 3－22　叶片的倾角

4. 高压双作用叶片泵的结构特点

提高双作用叶片泵压力，需要采取以下措施：

（1）端面间隙自动补偿

这种方法是将配流盘的一侧与压油腔连通，使配流盘在液压油推力作用下压向定子端面。泵的工作压力越高，配流盘就会自动压紧定子，同时配流盘产生适量的弹性变形，使转子与配流盘间隙进行自动补偿，从而提高双作用叶片泵输出压力。该方法与提高齿轮泵压力方法中的齿轮端面间隙自动补偿相类似。

（2）减少叶片对定子作用力

前已阐述，为保证叶片顶部与定子内表面紧密接触，所有叶片底部都与压油腔相通。当叶片在吸油腔时，叶片底部作用着压油腔的压力，而顶部却作用着吸油腔的压力，这一压力差使叶片以很大的力压向定子内表面，在叶片和定子之间产生强烈的摩擦和磨损，使泵的寿命降低。所以对高压双作用叶片泵来说，这个问题尤为突出，因此高压双作用叶片泵必须在结构上采取相应的措施，常用的措施有：

① 减少作用在叶片底部的油压力。将泵压油腔的油通过阻尼孔或内装式小减压阀接通到处于吸油腔的叶片底部，这样使叶片经过吸油腔时，叶片压向定子内表面的作用力不至于过大。

② 减少叶片底部受压力油作用的面积。可以用减少叶片厚度的办法来减少压力油对叶片底部的作用力。但受目前材料工艺条件的限制，叶片不能做得太薄. 一般厚度为 1.8 ～ 2.5mm。

③ 采取双叶片结构，如图 3-23 所示。在转子 2 的槽中装有两个叶片 1，它们之间可以相对自由滑动，在叶片顶端和两侧面倒角之间构成 V 形通道，使叶片底部的压力油经过通道进入叶片顶部，使叶片底部和顶部的压力相等。适当选择叶片顶部棱边的宽度，即可保证叶片顶部有一定的作用力压向定子 3，同时又不至于产生过大的作用力而引起定子的过度磨损。

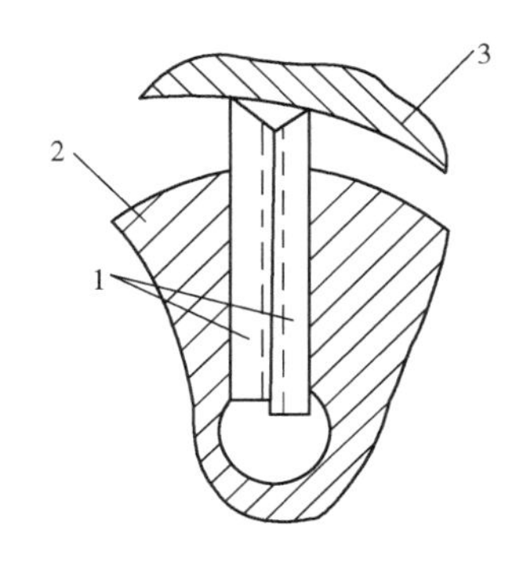

图 3－23　双叶片式工作原理图
1 — 叶片；2 — 转子；3 — 定子

④ 采用复合叶片结构，如图 3-24 所示。叶片由母叶片 1 和子叶片 4 组成，母叶片和子叶片能相对滑动，母叶片底部 L 腔经转子 2 上虚线所示油孔始终与所在油腔相通，子叶片和母叶片之间的小腔 C 通过配流盘的环槽使 K 槽总是接通压力油。当叶片在吸油区工作时，母叶片底部 L 腔不受高压油作用，推动母叶片压向定子的作用力仅为 C 腔的高压油作用而压向定子，这就相当于减少叶片底部承受压力油作用面积，使该作用力较小，保证叶片与定子接触良好。这种方法用于额定压力达 21 MPa 的高压叶片泵上。

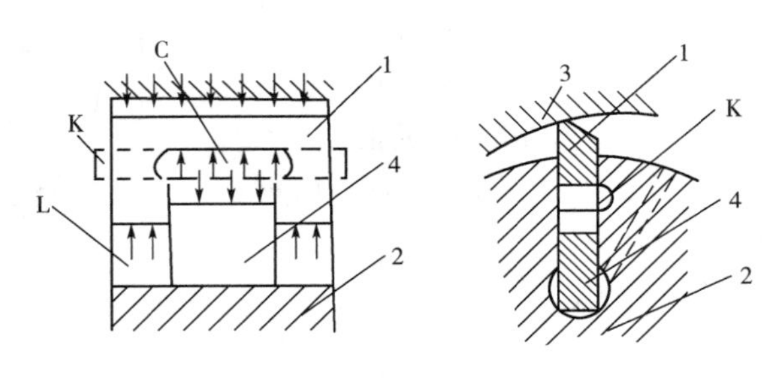

图 3-24　复合叶片式工作原理图

1—母叶片；2—转子；3—定子；4—子叶片

3.3.2　单作用叶片泵

1. 单作用叶片泵的工作原理

图3-25为单作用叶片泵工作原理图。单作用叶片泵也是由转子 1、定子 2、叶片 3 和配流盘（图中未画出）等零件组成。与双作用叶片泵明显不同之处是，定子的内表面是圆形的，转子与定子之间有一偏心量 e，配流盘只开一个吸油窗口和一个压油窗口，叶片装在转子槽内可灵活地往复滑动。当转子转动时，由于离心力作用，叶片顶部将始终压在定子内圆表面上。这样，定子、转子、两相邻叶片和两侧配油盘间就形成密封容积。当转子按图示方向旋转时，图中右边两相邻叶片由于外伸，密封容积逐渐加大，产生真空，油箱中油液由吸油口经配流盘上吸油窗口（图中虚线弧形槽）进入密封容积空间，这是吸油过程。图中左边相邻叶片被定子内表面压入转子槽内，使密封容积逐渐变小，油液经配流盘压油窗口被压出进入到系统中去，这是压油过程。在吸油区与压油区之间各有一段封油区将它们相互隔开，以保证泵在转子每转一周的过程中，每个密封容积完成吸油和压油各一次，所以称为单作用式叶片泵。由于转子上受有不平衡液压作用力，故又称为非卸荷式叶片泵。

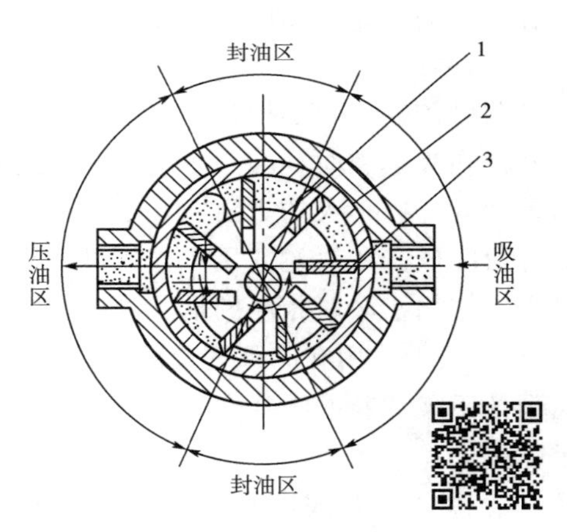

图 3-25　单作用叶片泵工作原理图

1—转子；2—定子；3—叶片

从上述工作原理中看出，当改变定子与转子偏心量的方向时，可以改变泵的吸、压油口，即原来的吸油口变成压油口，原来的压油口变成吸油口。

单作用叶片泵配流盘上叶片底部的通油槽，通常做成高压腔和低压腔，即高压腔通压力油，低压腔通吸油口。当叶片处于吸油腔时，叶片底部和配流盘低压腔相通也参加吸油；当叶片处于压油腔区时，叶片底部和配流盘高压腔相通向外压油。叶片底部的吸油和压油作用，正好补偿了工作容积中叶片所占的体积，所以叶片体积对泵的瞬时流量无影响。为使叶片能顺利地向外运动并始终紧贴定子，必须使叶片所受的惯性力与叶片的离心力等的合力尽量与转子中叶片槽的方向一致，以免侧向分力使叶片与定子间产生摩擦力影响叶片的伸出，为此转子中叶片槽应向后倾斜一定的角度 θ_i（一般后倾20°～30°）。图3-26为单作用叶片泵的配流盘和转子结构简图。

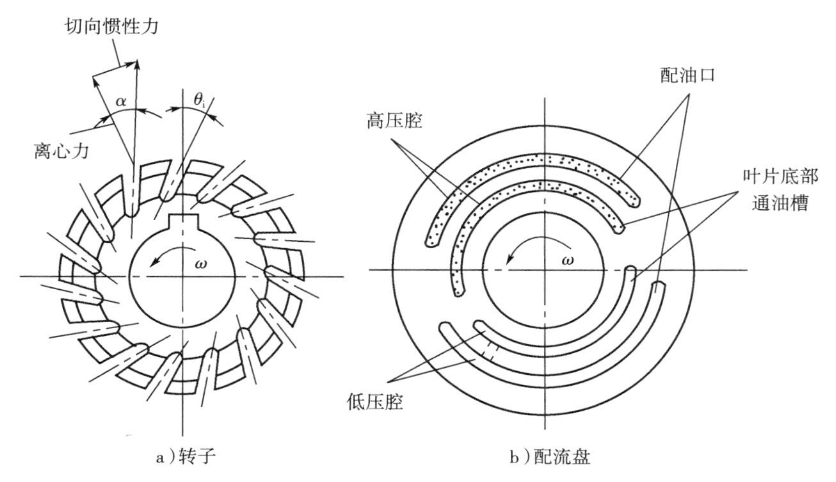

图3-26　变量叶片泵的转子和配流盘

2. 单作用叶片泵的排量和流量

图3-27为单作用叶片泵排量和流量计算原理简图。设定子直径为 D，转子直径为 d，宽度为 B，两叶片间夹角为 β，叶片数为 Z，定子与转子的偏心量为 e。当单作用叶片泵的转子每转一转时，每两相邻叶片间的密封容积变化量为 V_1-V_2。若近似把 AB 和 CD 看作是中心 O_1 的圆弧，则有

$$V_1=\pi\left[\left(\frac{D}{2}+e\right)^2-\left(\frac{d}{2}\right)^2\right]\frac{\beta}{2\pi}B$$

$$V_2=\pi\left[\left(\frac{D}{2}-e\right)^2-\left(\frac{d}{2}\right)^2\right]\frac{\beta}{2\pi}B$$

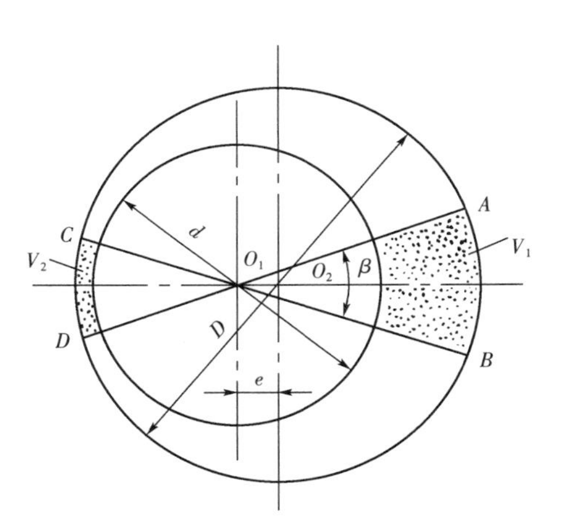

图3-27　单作用叶片泵的排量计算图

因叶片数为 Z，所以在一转中有 Z 个密封容积变化量，即排量 $V=(V_1-V_2)Z$，将上两式代入，并加以整理，其排量近似表达式为

$$V=2\pi DBe \tag{3.3-7}$$

泵的实际流量 q 为

$$q=Vn\eta_{pv}=2\pi DBen\eta_{pv} \tag{3.3-8}$$

式中：n—— 转子的转速；

η_{pv}—— 泵的容积效率。

从式(3.3－7)和(3.3－8)看出，改变单作用叶片泵转子和定子的偏心量 e，便可改变泵的排量 V 和流量 q。根据理论分析，当叶片数为奇数时，单作用叶片泵瞬时流量脉动小，所以限压式变量叶片泵的叶片数通常为 15 片左右。

3. 单作用变量叶片泵

单作用变量叶片泵按改变偏心方式的不同，有手动和自动调节变量泵两种。自动调节变量泵根据其压力 — 流量特性的不同，又可分恒压式变量叶片泵、稳流量式变量叶片泵和限压式变量叶片泵等多种型式。目前使用较多的是限压式变量叶片泵。

(1) 限压式变量叶片泵的工作原理和特性

限压式变量叶片泵是利用负载的变化来实现自动变量的，根据控制方式有内反馈和外反馈两种，下面分别说明它们的工作原理和特性。

① 外反馈限压式变量叶片泵

图 3－28 为外反馈限压式变量叶片泵工作原理图。转子的中心 O_1 是固定的，定子可以左右移动，在弹簧 3 的作用下，定子被推向左端，使定子中心 O_2 与转子中心 O_1 有一初始偏心量 e_o，e_o 的大小可用调节螺钉 1 调节，它决定了泵在螺钉本次调节时的最大流量 q_{max}。该泵配流盘上的吸油窗口和压油窗口对泵的中心线是对称的。如图所示，泵工作时，油泵出口压力 p 经泵内通道作用在小柱塞面积 A 上，这样柱塞上的作用力 $F=pA$ 与弹簧的作用力方向相反。当 $pA=K_s x_0$（K_s 为弹簧刚度，x_0 为偏心量是 e_0 时弹簧的预压缩量）时，柱塞上所受的液压力与弹簧初始力相平衡，此时的压力 p 称为泵的限定压力，用 p_b 表示，则

$$p_b A = K_s x_0 \qquad (3.3-9)$$

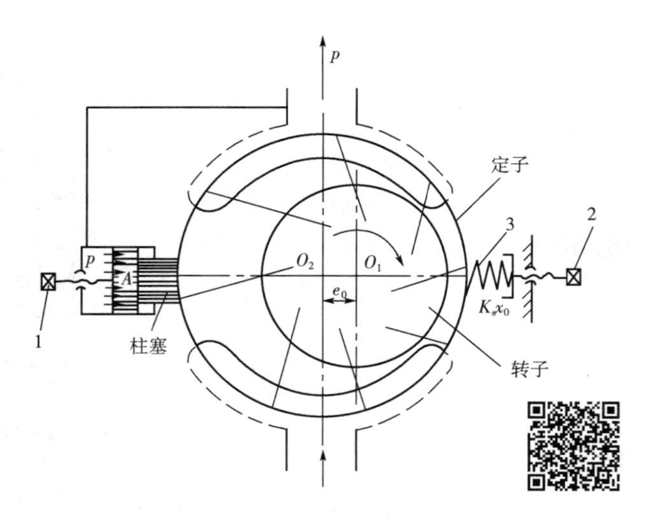

图 3－28　外反馈限压式变量叶片泵工作原理图

1 — 偏心调节螺钉；2 — 预紧力调节螺钉；3 — 限压弹簧

当系统压力 $p < p_b$ 时，则

$$pA < K_s x_0 \qquad (3.3-10)$$

这表明定子不动，最大偏心距 e_0 保持不变，泵也保持最大流量 q_{max}

当系统压力 $p > p_b$ 时，则

$$pA > K_s x_0 \tag{3.3-11}$$

这表明压力油的作用力大于弹簧 3 的作用力，使定子向右移动，弹簧被压缩，偏心距 e 减小，泵的流量也随之减少。

当偏心量变化时弹簧增加的压缩量为 x，则偏心量 e 为

$$e = e_0 - x \tag{3.3-12}$$

此时定子受力平衡方程为

$$pA = K_s(x_0 + x) \tag{3.3-13}$$

将式(3.3-9)代入式(3.3-13)化简再代入式(3.3-12)，得

$$e = e_0 - \frac{A(p - p_b)}{K} \quad (当\ p > p_b\ 时) \tag{3.3-14}$$

式(3.3-14)表明当液压系统压力 p 超过泵的限定压力 p_b 时，偏心量 e 和泵的工作压力 p 之间的关系，即工作压力 p 越高，偏心量 e 越小，泵的流量也就越小。

这种变量泵是由出油口引出的压力油作用在柱塞上来控制变量的，故称为外反馈限压式变量叶片泵。图 3-29 为 YBX 型外反馈限压式变量叶片泵的结构简图。

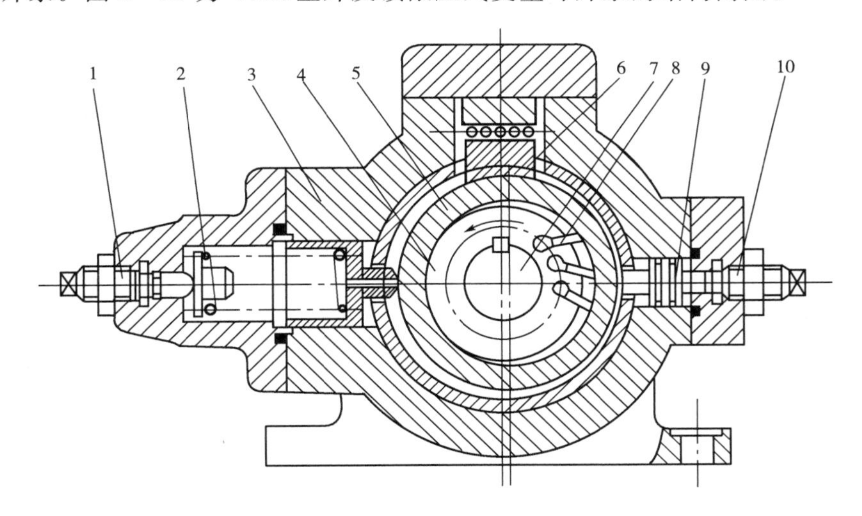

图 3-29 YBX 型外反馈限压式变量叶片泵

1—预紧力调节螺钉；2—限压弹簧；3—泵体；4—转子；5—定子；6—滑块；7—泵轴；8—叶片；9—反馈柱塞；10—最大偏心调节螺钉

② 内反馈限压式变量叶片泵

内反馈限压式变量叶片泵的工作原理与外反馈限压式变量叶片泵相似。图 3-30 所示为内反馈限压式变量叶片泵的工作原理图。

从图中看出，由于内反馈限压式变量叶片泵配流盘的吸、压油窗口相对泵中心线 y 是不

对称的，存在着偏角 θ，因此泵在工作时，压油区的压力油作用于定子的力 F 也偏一个 θ 角，这样 F 在 x 轴方向的分力为 $F\sin\theta$，当分力 $F\sin\theta$ 超过限压弹簧限定作用力时，则定子向右移动，减少定子与转子偏心量 e，因而使泵的输出流量减小。

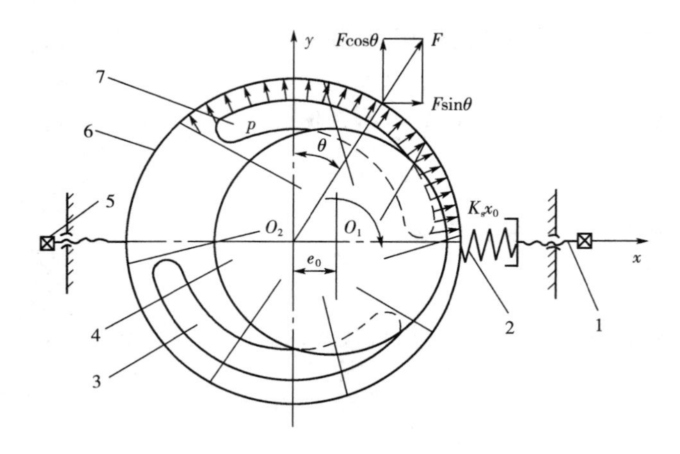

图 3－30　内反馈限压式变量叶片泵工作原理图

1－偏心调节螺钉；2－限压弹簧；3－吸油口；4－转子；
5－预紧力调节螺钉；6－定子；7－压油口

这种变量泵是依靠压油腔压力直接作用在定子上来控制变量的，故称为内反馈限压式变量叶片泵。

(2) 限压式变量叶片泵的压力 — 流量特性

对于限压式变量叶片泵，当泵压力 $p < p_b$ 时，有 $pA < K_s x_0$。其中 x_0 为 $e=e_0$ 时的弹簧初始压缩量，这时的流量为

$$q = k_q e_0 - k_1 p \tag{3.3-15}$$

式中：k_q—— 泵的流量系数。

当泵压力 $p > p_b$ 时，即 $pA > K_s x_0$，定子移动了 x 距离，由 $pA = K_s(x_0 + x)$ 得

$$x = \frac{pA}{K_s} - x_0$$

偏心量为

$$e = e_0 - x = e_0 + x_0 - \frac{pA}{K_s}$$

将偏心量 e 代入式(3.3－15)，这时的流量为

$$q = k_q(e_0 + x_0) - \frac{pAk_q}{K_s} - k_1 p$$

由此得

$$q = k_q(e_0 + x_0) - \frac{Ak_q}{K_s}\left(1 + \frac{K_s}{Ak_q}k_1\right)p \tag{3.3-16}$$

图3-31为限压式变量叶片泵流量—压力特性曲线。该曲线表示了泵工作时流量与压力变化关系。当泵的工作压力小于 p_b 时，其流量 q 变化按斜线 AB 变化，在该阶段变量泵相当一个定量泵，图中 B 点为曲线的拐点，其对应的压力就是限定压力 p_b。它表示泵在原始偏心量 e_0 时可达到的最大工作压力。当泵的工作压力 p 超过 p_b 时，偏心量 e 减小，输出流量随压力的增高而急剧减少，流量按 BC 段曲线变化，C 点所对应压力 p_c 为截止压力（又称为最大压力）。当更换不同刚度的限压弹簧时，可改变曲线 BC 段的斜率，弹簧刚度 K_s 值越小（越“软”），BC 段越陡，p_c 值越小；反之，弹簧刚度 K_s 值越大（越“硬”），曲线 BC 段越平缓，p_c 值亦越大。

限压式变量叶片泵的流量—压力特性曲线表明了它的静态特性。调节螺钉1（见图3-28）可以改变泵的最大流量，使特性曲线 AB 段上下平移；调节螺钉2可改变限定压力 p_b 的大小，使特性曲线 BC 段左右平移。

（3）限压式变量叶片泵的应用

由于限压式变量叶片泵具有上述特点，因此它常用于执行机构需要快慢速的液压系统。例如用于组合机床动力滑台的进给系统，用来实现快进、工进、快退等工作循环；也可用于定位、夹紧系统。当执行机构快进或快退时，需要大流量和较小的工作压力，这样，可利用限压式变量叶片泵流量—压力特性曲线（见图3-31）中 AB 段；在工作进给时，需要较小流量和较大的工作压力，这样可利用 BC 段。在定位夹紧系统中，定位、夹紧部件移动时需要低压大流量，即可用 AB 段；当定位、夹紧时，仅需要维持较大的压力和补偿泄漏量的流量，则可以利用特性曲线 C 点的特性。

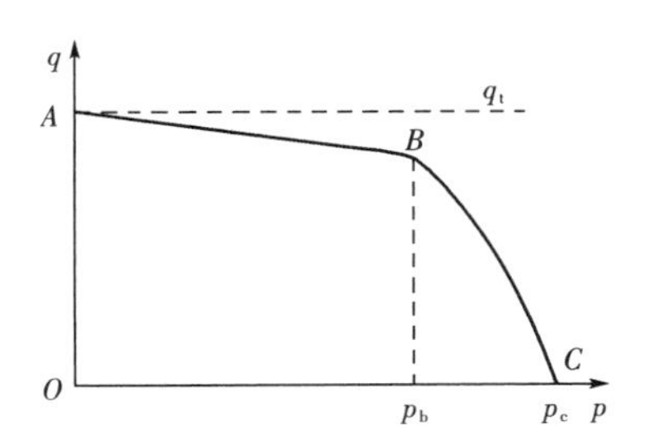

图3-31　限压式变量叶片泵特性曲线

从上述液压系统中可以看出，限压式变量叶片泵功率利用合理，可减少功率损耗，减少油液发热，并且可以简化油路系统。但由于限压式变量叶片泵结构比较复杂，泄漏比较大，所以使执行机构运动速度不够平稳。

3.4　柱塞泵

柱塞泵是依靠柱塞在缸体中往复运动，使密封工作容积发生变化来实现吸油和压油的。与齿轮泵和叶片泵相比它有以下特点：

（1）工作压力高　由于密封容积是由缸体中的柱塞孔和柱塞构成，其配合表面质量和尺寸精度容易达到要求，密封性好，结构紧凑，容积效率高。此外，柱塞泵的主要零件在工作中处于受压状态，使零件材料的机械性能得到充分地利用，所以零件强度高。基于上述两点，这类泵工作压力一般为20～40 MPa，最高可达1000 MPa。

（2）易于变量　只要改变柱塞行程便可改变液压泵的流量，并且易于实现单向或双向变量。

（3）流量范围大　只要改变柱塞直径或数量，便可得到不同的流量。

但柱塞泵还存在着对油污染敏感，滤油精度要求高，结构复杂，加工精度高，价格较昂贵等缺点。

从以上的特点可以看出，柱塞泵具有额定压力高，结构紧凑，效率高及流量调节方便等优点。所以柱塞泵常用于高压、大流量和流量需要调节的场合，如液压机、工程机械、龙门刨床、拉床、船舶等设备的液压系统。

柱塞泵按其柱塞排列方向不同，可分为径向柱塞泵和轴向柱塞泵两大类。

3.4.1 径向柱塞泵

1. 径向柱塞泵的工作原理

图3-32为径向柱塞泵工作原理图。在转子（缸体）2上径向均匀排列着柱塞孔，孔中装有柱塞1，柱塞可在柱塞孔中自由滑动。衬套3固定在转子孔内并随转子一起旋转。配流轴5固定不动，配流轴的中心与定子中心有偏心 e，定子能左右移动。转子顺时针方向转动时，柱塞在离心力（或在低压油）的作用下压紧在定子4的内壁上，当柱塞转到上半周，柱塞向外伸出，径向孔内的密封工作容积不断增大，产生局部真空，将油箱中的油液经配流轴上的a孔进入b腔；当柱塞转到下半周，柱塞被定子的表面向里推入，密封工作容积不断减小，将c腔的油从配流轴上的d孔向外压出。转子每转一转，柱塞在每个径向孔内吸、压油各一次。改变定子与转子偏心量 e 的大小，就可以改变泵的排量；改变偏心量 e 的方向，使偏心量 e 从正值变为负值时，泵的吸、压油方向发生变化。因此径向柱塞泵可以做成单向或双向变量泵。

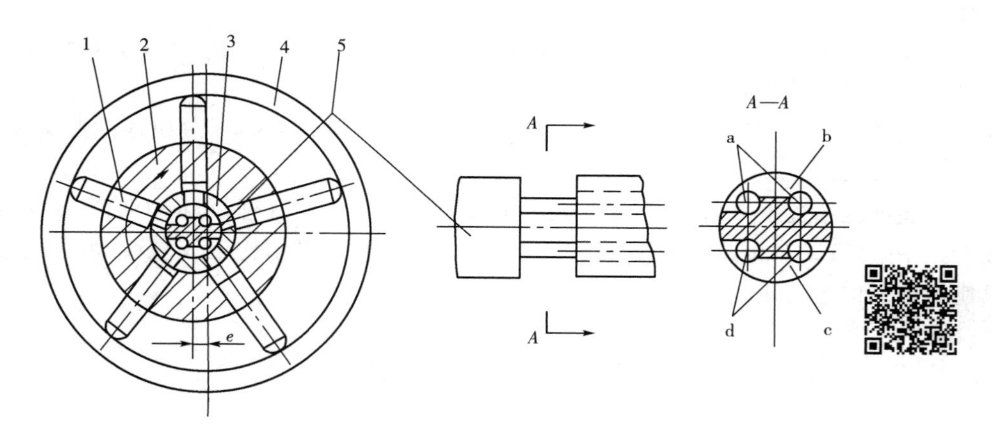

图3-32 径向柱塞泵工作原理图

1—柱塞；2—转子；3—衬套；4—定子；5—配流轴

由于径向柱塞泵的径向尺寸大，柱塞布置不如后面介绍的轴向布置紧凑，结构复杂，自吸能力差，配流轴受径向不平衡液压力的作用，配流轴必须做得直径较粗，以免变形过大，同时在配流轴与衬套之间磨损后的间隙不能自动补偿，泄漏较大，这些原因限制了径向柱塞泵的转速和额定压力的进一步提高。

2. 径向柱塞泵排量和流量

当径向柱塞泵的转子和定子间的偏心量为 e 时，柱塞在缸体内孔的行程为 $2e$，若柱塞数为 Z，柱塞直径为 d，则泵的排量为

$$V=\frac{\pi}{4}d^2\cdot 2eZ \tag{3.4-1}$$

若泵的转速为 n，容积效率为 η_{pv}，则泵的实际流量为

$$q=\frac{\pi}{4}d^2\cdot 2eZn\eta_{pv} \tag{3.4-2}$$

由于柱塞在缸体中径向移动速度是变化的，而各个柱塞在同一瞬时径向移动速度也不一样，所以径向柱塞泵的瞬时流量是脉动的，由于奇数柱塞要比偶数柱塞的瞬时流量脉动小得多，所以径向柱塞泵采用奇数柱塞。

3. 阀配流径向柱塞泵的工作原理

径向柱塞泵按其配油方式不同可分为轴配流和阀配流两种。图 3－32 所示是轴配流式径向柱塞泵，图 3－33 所示是阀配流式径向柱塞泵。

在图 3－33 阀配流径向柱塞泵的工作原理图中，柱塞 2 在弹簧 3 的作用下始终压紧在和主轴做成一体偏心轮 1 上的滚动轴承 6 的外环上，主轴转一周，柱塞完成一个往复行程。根据容积式泵的特点，柱塞向下运动时，通过吸油阀 5 吸油；柱塞向上运动时，通过压油阀 4 压油。

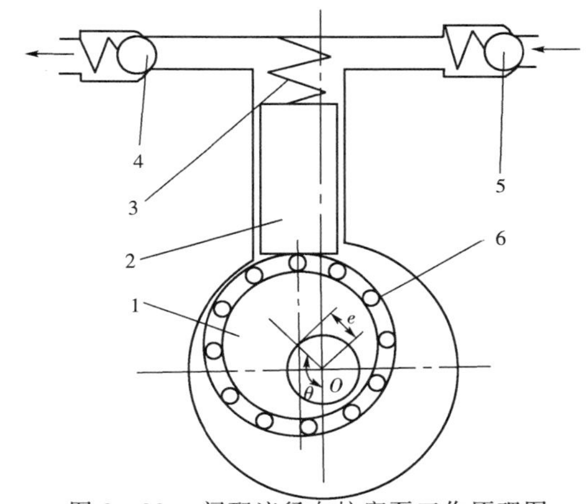

图 3－33　阀配流径向柱塞泵工作原理图
1－偏心轮；2－柱塞；3－弹簧；4－压油阀；5－吸油阀；6－滚动轴承

在该泵的吸、压油过程中，当柱塞从吸油过程转换到压油过程时，柱塞在开始往上运动的瞬间，吸油阀尚未关闭，压油阀还未打开，这样，柱塞将油压到吸油腔。同理，当柱塞从压油过程转换到吸油过程时，在柱塞开始往下运动的瞬间，压油阀尚未关闭，吸油阀还未打开，这样柱塞将从压油腔吸油。因此，泵的吸、压油对柱塞的运动有一定的滞后，即阀式配油泵的滞后现象使泵的实际排量比理论计算值要低。泵的转速愈高此滞后现象愈严重，所以此类泵的额定转速一般不高。

3.4.2　轴向柱塞泵

轴向柱塞泵除了柱塞轴向排列外，当缸体轴线和传动轴轴线重合时，称为斜盘式轴向柱塞泵；当缸体轴线和传动轴轴线成一个夹角 γ 时，称为斜轴式轴向柱塞泵。斜盘式轴向柱塞泵根据传动轴是否贯穿斜盘又分为通轴式和非通轴式轴向柱塞泵两种。

轴向柱塞泵具有结构紧凑，功率密度大，重量轻，工作压力高，容易实现变量等优点。

1. 轴向柱塞泵的工作原理

图 3－34 为斜盘式轴向柱塞泵工作原理图。斜盘式轴向柱塞泵由传动轴 1、斜盘 2、柱塞 3、缸体 4 和配流盘 5 等主要零件组成。传动轴带动缸体旋转，斜盘和配流盘是固定不动的。柱塞均布于缸体内，并且柱塞头部靠机械装置或在低压油作用下紧压在斜盘上。斜盘

的法线和缸体轴线交角为斜盘倾角 γ。当传动轴按图示方向旋转时，柱塞一方面随缸体转动，另一方面还在机械装置或低压油的作用下，在缸体内作往复运动，柱塞在其自下而上的半圆周内旋转时逐渐向外伸出，使缸体内孔和柱塞形成的密封工作容积不断增加，产生局部真空，从而将油液经配流盘的吸油口 a 吸入；柱塞在其自上而下的半圆周内旋转时又逐渐压入缸体内，使密封容积不断减小，将油液从配流盘窗口 b 向外压出。缸体每转一周，每个柱塞往复运动一次，完成吸、压油一次。如果改变斜角 γ 的大小，就能改变柱塞行程长度，也就改变了泵的排量；如果改变斜盘倾角 γ 的方向，就能改变吸、压油的方向，此时就成为双向变量轴向柱塞泵。

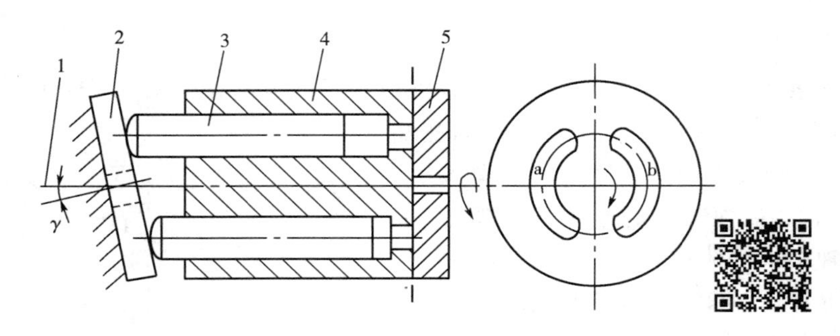

图 3－34　斜盘式轴向柱塞泵工作原理图

1－传动轴；2－斜盘；3－柱塞；4－缸体；5－配流盘

图 3－35 为斜轴式轴向柱塞泵工作原理图。斜轴式轴向柱塞泵当传动轴 1 在电动机的带动下转动时，连杆 2 推动柱塞 4 在缸体 3 中作往复运动，同时连杆的侧面带动柱塞连同缸体一同旋转。利用固定不动的平面配流盘 5 的吸入、压出窗口进行吸油、压油。若改变缸体的倾斜角度 γ，就可改变泵的排量；若改变缸体的倾斜方向，就可成为双向变量轴向柱塞泵。

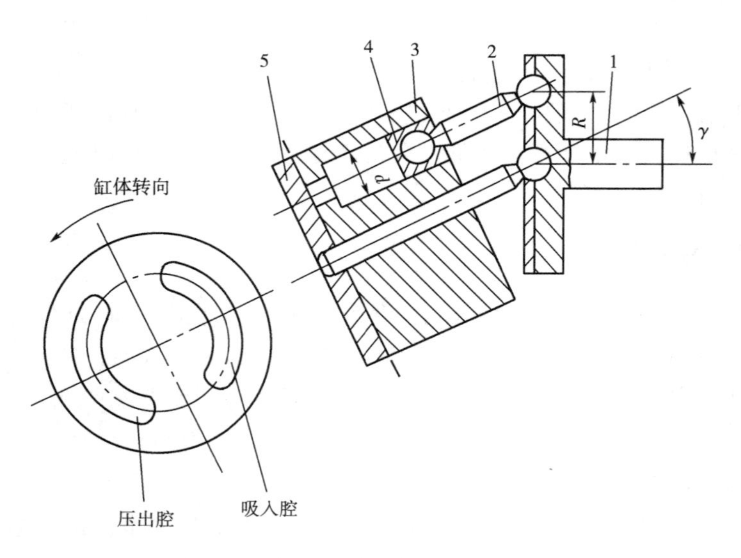

图 3－35　斜轴式轴向柱塞泵工作原理图

1－传动轴；2－连杆；3－缸体；4－柱塞；5－平面配流盘

2. 轴向柱塞泵的排量和流量

图3-36为轴向柱塞泵的柱塞运动规律示意图。根据此图可求出轴向柱塞泵的排量和流量。设柱塞直径为d，柱塞数为Z，柱塞中心分布圆直径为D，斜盘倾角为γ，则柱塞行程h为

$$h = D\tan\gamma \tag{3.4-3}$$

缸体转一转时，泵的排量V为

$$V = \frac{\pi}{4}d^2 Zh = \frac{\pi}{4}d^2 ZD\tan\gamma \tag{3.4-4}$$

泵的实际输出流量q为

$$q = n\eta_{pv}\frac{\pi}{4}d^2 ZD\tan\gamma \tag{3.4-5}$$

式中：n—— 泵的转速；

η_{pv}—— 泵的容积效率。

下面分析该泵的瞬时流量。图3-36所示，当缸体转过ωt角度时，柱塞由a转至b，则柱塞位移量s为

$$s = a'b' = Oa' - Ob' = \frac{D}{2}\tan\gamma - \frac{D}{2}\cos\omega t\tan\gamma = \frac{D}{2}(1-\cos\omega t)\tan\gamma$$

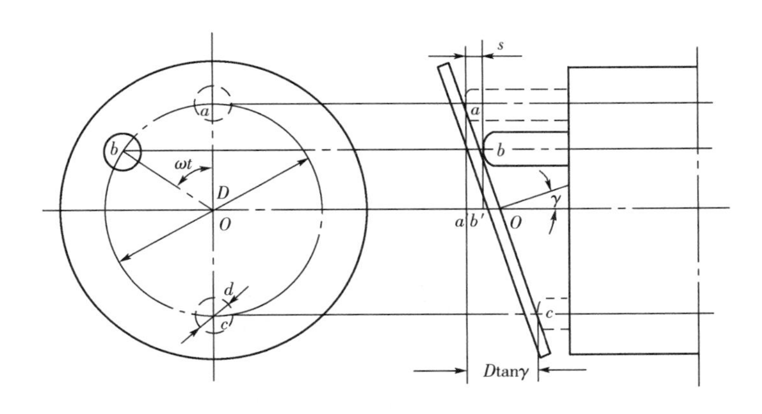

图3-36　轴向柱塞泵柱塞运动规律示意图

将上式对时间变量t求导数，得柱塞的瞬时移动速度u为

$$u = \frac{ds}{dt} = \frac{D}{2}\omega\tan\gamma\sin\omega t \tag{3.4-6}$$

故单个柱塞的瞬时流量q'为

$$q' = \frac{\pi d^2}{4}u = \frac{\pi d^2}{4}\,\frac{D}{2}\omega\tan\gamma\sin\omega t \tag{3.4-7}$$

由上式可知，单个柱塞的瞬时流量是按正弦规律变化的。整个泵的瞬时流量是处在压油区的几个柱塞瞬时流量的总和，因而也是脉动的，其流量的脉动率δ_q（同齿轮泵流量脉动

率概念相同）经推导其结果为

$$\delta_q = \frac{\pi}{2Z}\tan\frac{\pi}{4Z} \quad（当 Z 为奇数时） \tag{3.4-8}$$

$$\delta_q = \frac{\pi}{2Z}\tan\frac{\pi}{2Z} \quad（当 Z 为偶数时） \tag{3.4-9}$$

δ_q 与 Z 的关系如表 3-3 所示。从表中看出柱塞数较多并为奇数时，流量脉动率 δ_q 较小。这就是柱塞泵的柱塞一般采用奇数的原因。从结构和工艺考虑，多数采用 $Z=7$ 或 $Z=9$。

表 3-3　流量脉动率与柱塞数 Z 的关系

Z	5	6	7	8	9	10	11	12
δ_q(%)	4.98	14	2.53	7.8	1.53	4.98	1.02	3.45

3. 轴向柱塞泵的结构

(1) 斜盘式轴向柱塞泵

① 非通轴式轴向柱塞泵

CY14—1 轴向柱塞泵主体部分　CY14—1 型轴向柱塞泵是非通轴式柱塞泵，它由主体和变量两部分组成。相同流量的泵，其主体结构相同，配以不同的变量机构便派生出许多种类型，其额定工作压力多为 32 MPa。

图 3-37 为 SCY14—1 型手动变量轴向柱塞泵的结构简图，图中的中部和右半部为主体

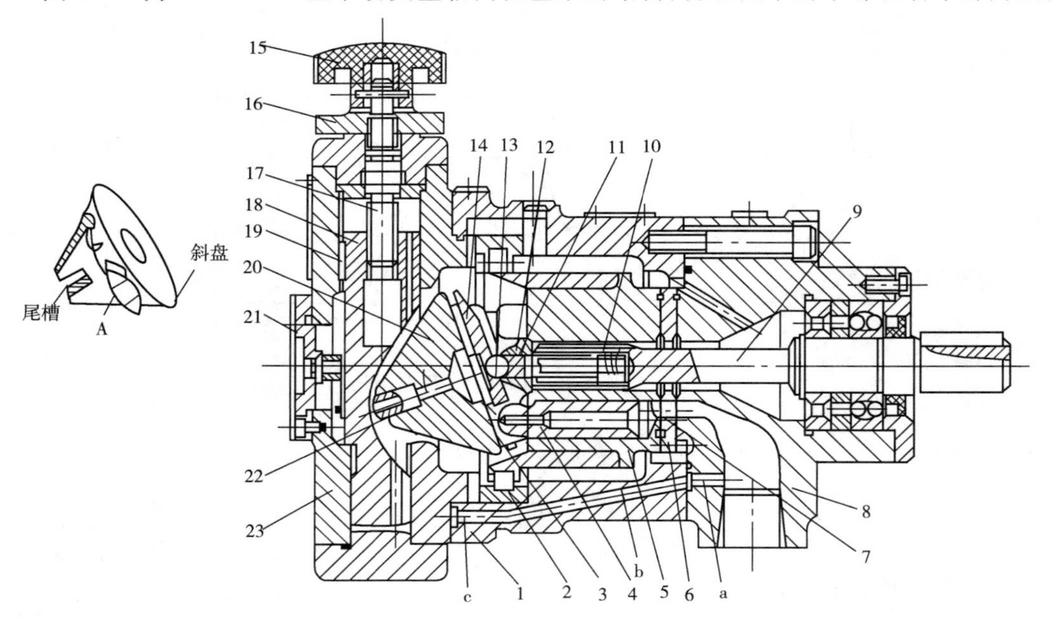

图 3-37　SCY14—1 型手动变量轴向柱塞泵结构简图

1—中间泵体；2—圆柱滚子轴承；3—滑靴；4—柱塞；5—缸体；6—销；7—配流盘；8—前泵体；9—传动轴；10—定心弹簧；11—内套；12—外套；13—钢球；14—回程盘；15—手轮；16—螺母；17—螺杆；18—变量活塞；19—键；20—斜盘；21—刻度盘；22—销轴；23—变量壳体

部分(零件1～14)。中间泵体1和前泵体8组成泵体,传动轴9通过花键带动缸体5旋转,使轴向均匀分布在缸体上的七个柱塞4绕传动轴的轴线旋转。每个柱塞的头部都装有滑靴3,滑靴与柱塞是球铰连接,可以任意转动(图3-38)。定心弹簧10的作用力通过内套11、钢球13和回程盘14将滑靴压靠在斜盘20的斜面上。当缸体转动时,该作用力使柱塞完成回程吸油动作。柱塞压油行程则是由斜盘斜面通过滑靴推动的。圆柱滚子轴承2用以承受缸体的径向力,缸体的轴向力由配流盘7来承受,配流盘上开有吸油、压油窗口,分别与前泵体上吸、压油口相通,前泵体上的吸、压油口分布在前泵体的左右两侧。通过上述结构的介绍,不难得出该泵的吸、压油过程与前面介绍的斜盘式轴向柱塞泵相同。

CY14—1型变量泵主体部分的主要结构和零件有以下特点:

ⓐ滑靴和斜盘　在斜盘式轴向柱塞泵中,若柱塞以球形头部直接接触斜盘滑动也能工作,但泵在工作中由于柱塞头部与斜盘平面相接触,理论上为点接触,因而接触应力大,柱塞及斜盘极易磨损,故只适用于低压。在柱塞泵的柱塞上装有滑靴,使二者之间为球面接触,而滑靴与斜盘之间又以平面接触,从而改善了柱塞工作受力状况。另外,为了减小滑靴与斜盘的滑动摩擦,利用流体力学中平面缝隙流动原理,采用静压支承结构。

图3-38所示为滑靴静压支承原理图,在柱塞中心有直径为d_0的轴向阻尼孔,将柱塞压油时产生的压力油中的一小部分通过阻尼孔引入到滑靴端面的油室h,使h处及其周围圆环密封带上压力升高,从而产生一个垂直于滑靴端面的液压反推力F_N,其大小与滑靴端面尺寸R_1和R_2有关,其方向与柱塞压油时产生的柱塞对滑靴端面产生的压紧力F相反。通常取压紧系数$M=F_N/F=1.05\sim1.10$。这样,液压反推力F_N不仅抵消了压紧力F,而且使滑靴与斜盘之间形成油膜,将金属隔开,使相对滑动面变为液体摩擦。这有利于泵在高压下工作。

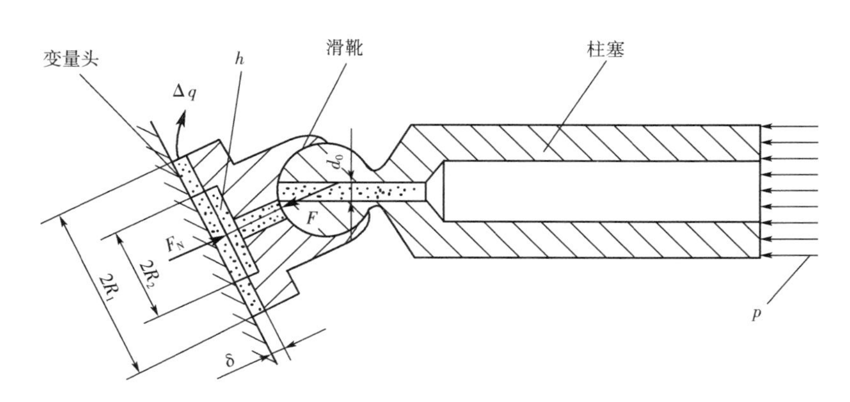

图3-38　滑靴静压支承原理图

ⓑ 柱塞和缸体　如图3-38所示,斜盘面通过滑靴作用给柱塞的液压反推力F_N,可沿柱塞的轴向和半径方向分解成轴向力$F_{Nx}=F_N\cos\gamma$和径向力$F_{Ny}=F_N\sin\gamma$(γ为斜盘倾角)。轴向力F_{Nx}是柱塞压油的作用力。而径向力F_{Ny}则通过柱塞传给缸体,它将使缸体产生颠覆力矩,造成缸体的倾斜,这将使缸体和配流盘之间出现楔形间隙,密封表面局部接触,从而导致了缸体与配流盘之间的表面烧伤及柱塞和缸体之间的磨损,影响了泵的正常工作。所以在图3-37中合理地布置了圆柱滚子轴承2,使径向力F_{Ny}的合力作用线在圆柱

滚子轴承滚子的长度范围之内，从而避免了径向力 F_{Ny} 所产生的不良后果。另外，为了减少径向力 F_{Ny}，斜盘的倾角一般不大于 20°。

CY14—1 型变量机构　在变量轴向柱塞泵中均设有专门的变量机构，用来改变斜盘倾角 γ 的大小以调节泵的流量。轴向柱塞泵变量机构的结构形式是多种多样的：

ⓐ手动变量机构　SCY14—1 型轴向柱塞泵是手动变量泵。如图 3-37 左半部所示，变量时，先松开螺母 16，然后转动手轮 15，螺杆 17 便随之转动，因导向键 19 作用，螺杆 17 的转动会使变量活塞 18 及其活塞上的销轴 22 上下移动。斜盘 20 的左右两侧用耳轴支持在变量壳体 23 的两块铜瓦上（图中未画出），通过销轴带动斜盘绕其耳轴中心转动，从而改变斜盘倾角 γ。γ 的变化范围为 0° ～ 20° 左右。流量调定后旋动螺母将螺杆锁紧，以防止松动。手动变量机构简单，但手动操纵力较大，通常只能在停机或泵压较低的情况下才能实现变量。

ⓑ压力补偿变量机构　YCY14—1 型轴向柱塞泵是压力补偿变量泵。其主体部分同 SCY14—1 型轴向柱塞泵，只是变量部分是压力补偿变量机构，此机构使泵的流量随出口压力升高而自动减少，压力和流量的关系近似地按双曲线变化，它使泵的功率基本保持不变。故这种机构也称作恒功率变量机构。

图 3-39 为压力补偿变量结构。油泵工作时，泵出口压力油的一部分经泵体上的孔道 a、b、c 通到变量机构（参见图 3-37），并顶开单向阀 9 进入变量壳体 7 的下油腔 d，再沿孔道 e 通到伺服阀阀心的下端环形面积处（见图 3-40）。当泵的出口油压力不太高（即 $p < 3 \sim 7$MPa）时，伺服阀阀心环形面积上的液压作用力小于外弹簧 3 对阀心的作用力，则伺服阀阀心处在最下方位置（见图 3-40a）。此时通道 f 的出口被打开，使 d 腔与 g 腔相通，油压相等。由于变量活塞 8 的两端端面积不等，即上端大，下端小，因此变量活塞在推力差的作用下被压到最下方的位置，斜盘的倾角 γ 最大，泵的输出流量也最大。

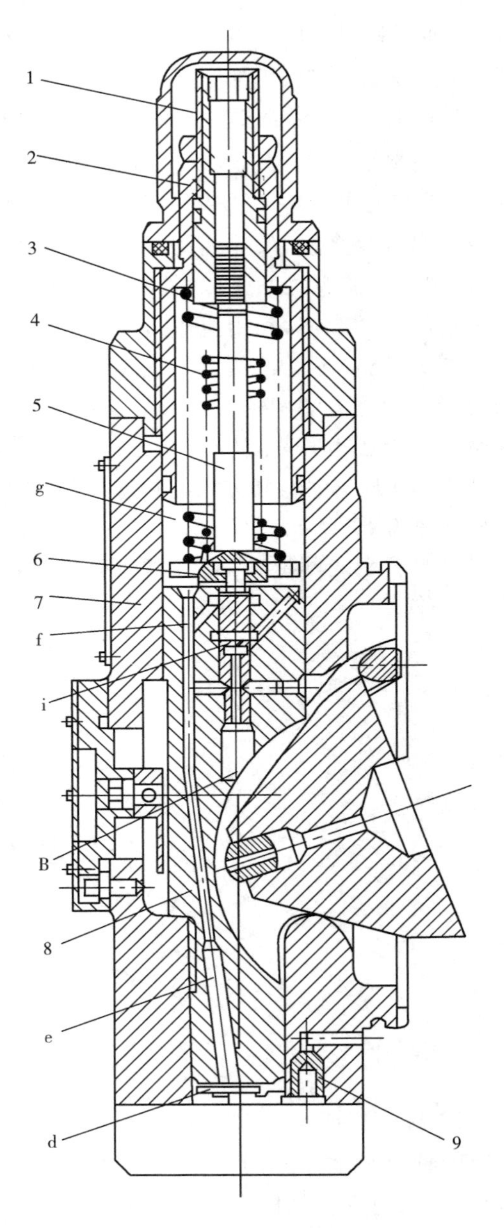

图 3-39　压力补偿变量机构

1、2—调节套；3—外弹簧；4—内弹簧；5—心轴；6—阀心；7—变量壳体；8—变量活塞；9—单向阀

当泵的出口压力升高（即 $p > 3 \sim 7$MPa）时，阀心环形面积处的液压作用力超过外弹簧 3 对阀心的预紧力时，使阀心上移，通道 f 的出

口被封闭，而通道 i 的出口被打开(见图 3-40b)，g 腔的油液经过通道 i、阀心上的小孔(图中虚线所示)与泵的内腔相通，油压下降(因泵的内腔经泵的泄油口与油箱相通)，变量活塞便在 d 腔油压的作用下向上移动，斜盘的倾角 γ 减小，泵的流量下降。随着变量活塞的上升，孔道 i 被封闭，此时通道 f 仍被封闭(见图 3-40c)，g 腔被封死，d 腔内油压对变量活塞的作用力被 g 腔内油液的反作用力平衡，使得变量活塞停止上移，斜盘便在这种新的位置下工作。泵的出口压力越大，阀心就能上升到更大的高度，变量活塞也上升得越高，斜盘的倾角 γ 变得越小，泵输出的流量也就越小。当出口油压下降时，阀心在弹簧力的作用下下移，孔道 f 被打开，g 腔油压与 d 腔相通，又恢复到图3-40a 的位置，在压力差作用下，变量活塞下降，流量又重新加大。

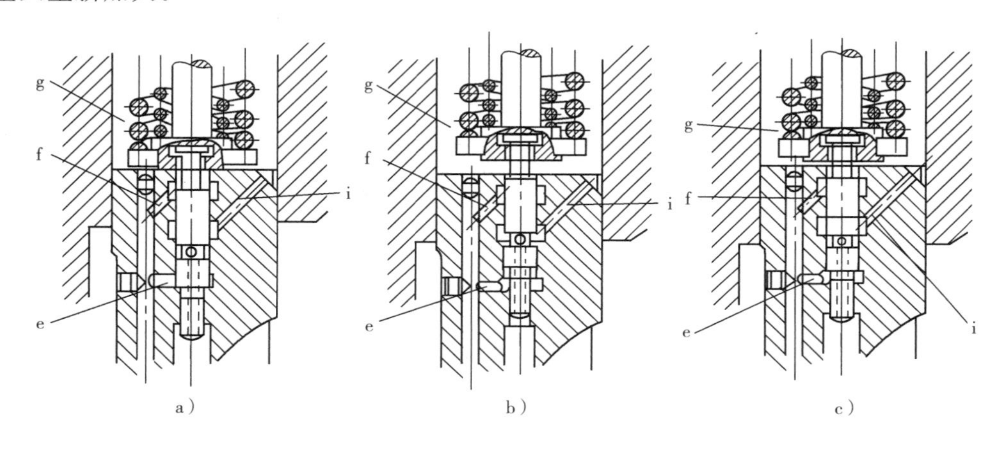

图 3-40 阀心和变量活塞的位置变化图

泵开始变量的压力由外弹簧的预紧力来决定，当调节套 2(见图 3-39) 调在最上位置时，外弹簧的预紧力较小，泵的出口压力大于 3MPa 时才开始变量；当调节套 2 调在最下位置时，外弹簧的预紧力增大，泵的出口压力达到 7MPa 时才开始变量。

图 3-41 为压力补偿变量泵的调节特性曲线，它表示了流量 — 压力变化的关系。图中 A 点和 G 点表示调节套 2 调在最上方和最下方位置时的开始变量压力。阴影部分为泵的调节特性范围。AB 的斜率由外弹簧 3 的刚度决定。FE 的斜率由外弹簧 3 和内弹簧 4 的合成刚度决定，ED 的长度是由调节套 1 的位置决定。若调节套 2 是调在最上方和最下方之间某一位置，则泵的流量与压力变化关系在图3-41 所示阴影范围内，且为三条直线组成的折线，例如 $G'F'E'D'$ 线。G' 点表示开始变量压力，当泵的出口压力低于 G' 对应的压力 p' 时，泵输出额定流量的 100%；当油压超过压力 p' 时，变量机构中只有外弹簧端面碰到调节套 2 端面逐渐被压缩，流量随压力升高沿斜线 $G'F'$ 减小，$G'F'$ 的斜率仅由外弹簧的刚度来决定，$G'F'$ 与 AB 平行；当油压继续升高超过 F' 点所对应的压力 p'' 时，变量机构中内、外弹簧 3 和 4 端面同时被调节套端面逐渐压缩，相当弹簧刚度增加，流量随压力升高沿斜线 $F'E'$ 减少，$F'E'$ 的斜率由内、外弹簧的组合刚度来决定，$F'E'$ 与 FE 平行；E' 点表示心轴 5 的轴肩已碰到调节套 1 的端面，变量活塞已不能上升，此时不论油压如何升高，流量已不能再减少，保持在额定流量的 $\delta\%$ 内，所以 $E'D'$ 为水平线，表示流量已不随压力改变。

从图中看出，折线 $G'F'E'D'$ 与点画线表示的双曲线十分近似。泵的压力与流量的乘积近似等于常数，即泵的输出功率近似为恒定，所以这种泵又称为恒功率变量泵。这种泵可以使液压执行机构在空行程需用较低压力时获得最大流量，使空行程速度加快；而在工作行程时，由于压力升高，泵的输出流量减少，使工作行程速度减慢，这正符合许多机器设备动作要求，例如液压机、工程机械等，这样能够充分发挥设备的能力，使功率利用合理。

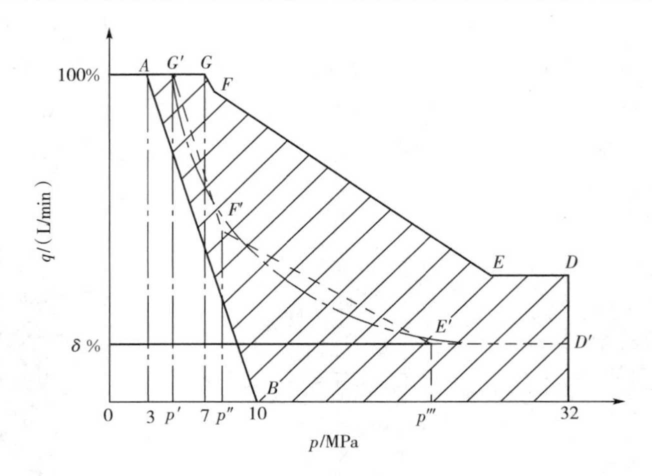

图 3-41　压力补偿变量特性曲线

CY14—1 系列轴向柱塞泵除上述手动变量和压力补偿变量型式外，还有恒流量变量、恒压变量、手动伺服变量、电液比例变量等多种变量型式，在此不一一列举。

② 通轴式轴向柱塞泵

图 3-42 为通轴式轴向柱塞泵结构简图。

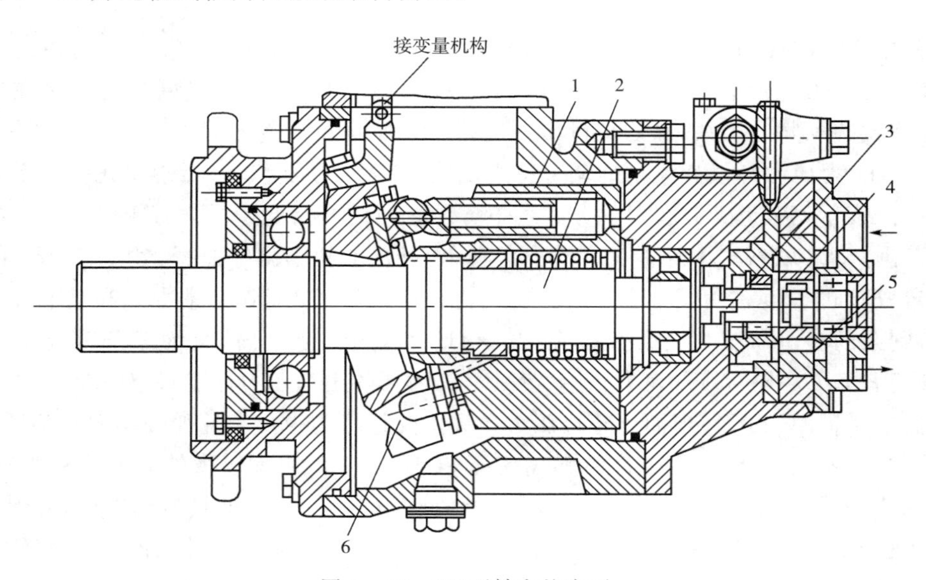

图 3-42　TZ 型轴向柱塞泵

1—缸体；2—传动轴；3—联轴器；4、5—辅助泵内外转子；6—斜盘

与非通轴式轴向柱塞泵(图 3-37) 相比其主要不同点在于：

通轴泵的传动轴采用两端支承，斜盘对滑靴的反力通过柱塞作用在缸体上，并通过鼓形花键传给传动轴，因而取消了缸体外缘的大圆柱滚子轴承。另外，缸体可以绕传动轴上的鼓形花键作微小的摆动，以维持与配流端面的密封性能，使缸体具有一定的自动调位性能。

通轴泵无单独的配流盘，而是通过缸体和后泵盖端面直接配油。缸体中孔内的弹簧(图中未画出)将缸体压向右侧配流端面，以保证启动时密封。

通轴泵的传动轴右端可以外伸，通过联轴器来驱动装在泵后盖上的辅助泵(通常为内啮合齿轮泵、摆线泵)，供闭式系统补油用，因而可以简化油路系统和管路连接，有利于系统的集成化。

变量机构的活塞与传动轴平行布置，并作用于斜盘外缘，既缩小了泵的径向尺寸，又可以减少变量机构的操纵力。

由于通轴泵具有以上特点，自20世纪80年代开始在国内外广泛地应用于起重运输机械、冶金机械、船舶、化工机械等领域，尤其是行走机械领域。因行走机械的特点是用发动机驱动泵，旋转速度和加速度变换范围大，而对传动轴和缸体通常采用花键联接的通轴泵来说，对加速度引起的振动具有相当好的刚性，因此几乎不存在问题。

(2) 斜轴式轴向柱塞泵

图3-43所示为A2F型斜轴式轴向柱塞泵结构简图。该泵为定量泵，既可作泵又可作马达用。它主要由主轴1、轴承组2、连杆柱塞副3、缸体4、配流盘6和后盖7等组成。由于缸体相对于主轴有一倾角，故称斜轴泵。主轴支承在三个轴承上，靠右侧的轴承2是既能承受较大的轴向力、也能承受一定的径向力的成对角接触球轴承，左侧的轴承为深沟球轴承，主要承受径向力。七个连杆的大球头和主轴端部圆周为球窝铰接，小端球头和柱塞球窝铰接。七个连杆柱塞副插入柱塞孔内。中心轴9一端球头和主轴中心孔铰接，另一端球头插入球面配流盘中心孔，这样能够支承缸体，并且能保证缸体很好的绕着中心轴回转。套在中心轴上的碟形弹簧8的一端作用在中心轴的台阶上，另一端将缸体压在配流盘上，因而保证缸体在旋转时有良好的密封性和自位性。

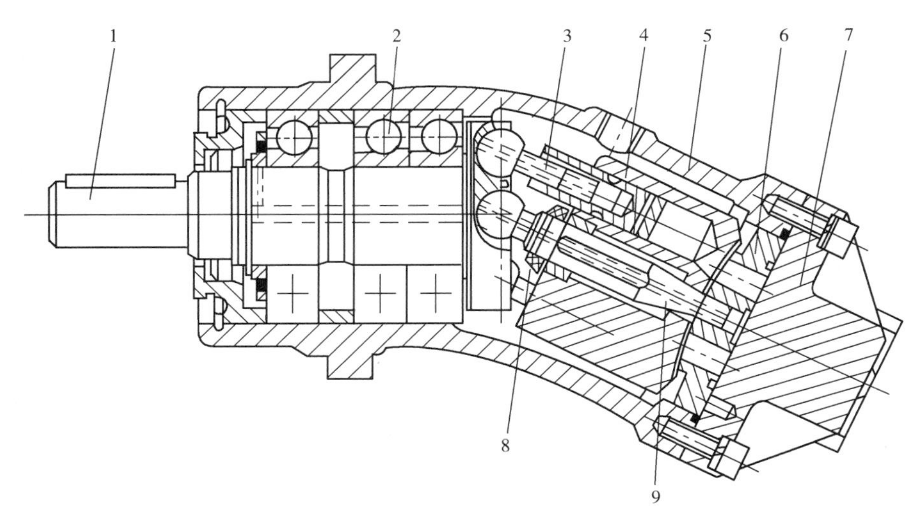

图3-43　A2F型斜轴式泵/马达

1—主轴；2—轴承组；3—连杆柱塞副；4—缸体；5—壳体；6—配流盘；7—后盖；8—碟形弹簧；9—中心轴

当主轴旋转时，连杆与柱塞内壁接触，通过柱塞带动缸体旋转，同时连杆带动柱塞在缸体柱塞孔内作往复运动，使柱塞底部的密封容积发生周期性的增大和缩小的变化，通过配流盘的吸、压窗口完成吸油和压油过程，其排量和流量公式与斜盘式轴向柱塞泵完全相同，只不过是用缸体轴线与主轴之间夹角来代替公式中的斜盘倾角。

斜轴式轴向柱塞泵与斜盘式轴向柱塞泵相比，斜轴式轴向柱塞泵因柱塞通过连杆拨动缸体，柱塞所受的液压径向力很小，柱塞受力状态比斜盘式轴向柱塞泵好，故结构强度较高，耐冲击性能好，变量范围较大，主轴与缸体的轴线夹角最大可为 40°，所以斜轴式轴向柱塞泵更适合大排量场合。但是斜轴式轴向柱塞泵体积较大，重量大，结构复杂，变量的调节靠摆动缸体来改变 γ 角达到，运动部分的惯量大，动态响应慢。斜轴式轴向柱塞泵适用于工作环境比较恶劣的矿山、冶金机械液压系统。

3.5　各类液压泵的性能比较及应用

在国民经济的各个领域中，液压泵的应用范围很广，但可以归纳为两大类：一类统称为固定设备用液压装置，如各类机床、液压机、注塑机、轧钢机等；另一类统称为移动设备用液压装置，如起重机、汽车、飞机等。这两类液压装置对液压泵的选用有较大的差异，它们的区别见表 3－4。

表 3－4　两类不同液压装置的主要区别

固定设备	用移动设备用
原动机多为电动机，驱动转速较稳定，且多为 1450r/min 左右	原动机多为内燃机，驱动转速变化范围较大，一般为 500 ～ 4000r/min 左右
多采用中压范围，由 7 ～ 21MPa，个别可达 25MPa	多采用中、高压范围，由 14 ～ 35MPa，个别可达 40MPa
环境温度较稳定，液压装置工作温度约 50 ～ 70℃	环境温度变化大，液压装置工作温度约 － 20 ～ 110℃
工作环境较清洁	工作环境较脏、尘埃多
因在室内工作，要求噪声低，应不超过 80db	因在室外工作，噪声可较大，允许达 90db
空间布置尺寸较宽裕，利于维修、保养	空间布置尺寸紧凑，不利于维修、保养

在了解固定设备和移动设备这两种液压装置不同的基础上，来选用前述各类液压泵。在选用各种液压泵时最主要是应满足使用要求，其次要考虑的是价格、维修保养是否方便等因素。比较前述各类液压泵的性能，有利于在实际工作中的选用。按目前统计资料，将它们主要性能及应用场合列于表 3－5 中。

表 3-5　各类液压泵的性能及应用

类型 性能参数	齿轮泵			叶片泵		螺杆泵	柱塞泵			
	内啮合		外啮合	单作用	双作用		轴向		径向	
	渐开线式	摆线式					斜盘式	斜轴式	轴配流	阀配流
压力范围 MPa (低压型) (中、高压型)	2.5 ≤30	1.6 16	2.5 ≤30	6.3	6.3 ≤32	2.5 10	≤40	≤40	35	≤70
排量范围 mL/r	0.3～300	2.5～150	0.3～650	1～320	0.5～480	1～9200	0.2～560	0.2～3600	16～2500	<4200
转速范围 r/min	300～4000	1000～4500	3000～7000	500～2000	500～4000	1000～18000	600～6000	700～4000	≤1800	
容积效率 %	≤96	80～90	70～95	58～92	80～94	70～95	88～93	80～90	90～95	
总效率 %	≤90	65～80	63～87	54～81	65～82	70～85	81～88	81～83	83～86	
流量脉动	小	小	小	中等	小	很小	中等	中等		
功率重量比 kW/kg	大	中	中	小	中	小	大	中～大	小	大
噪声	小		大	较大	小	很小	大			
对油液污染敏感性	不敏感			敏感	敏感	不敏感	敏感			
流量调节	不能			能	不能		能			
自吸能力	好			中		好	差			
价格	较低	低	最低	中	中低	高				
应用范围	机床、农业机械、工程机械、航空、船舶、一般机械等			机床、注塑机、工程机械、液压机、飞机等		精密机床及机械、食品化工、石油、纺织机械等	工程机械、运输机械、锻压机械、船舶和飞机、机床和液压机等			

3.6　液压泵的气穴

液压泵在吸油过程中，吸油腔中的绝对压力会低于大气压力(10^5Pa)。如果液压泵离油面很高，吸油口处的过滤器和管道阻力过大，油液的黏度过大，则液压泵吸油腔中的压力就容易低于油液的空气分离压，此时，溶解在油液中的气体会从油液中分离出来，产生大量气泡，气泡随着液压泵的运行进入高压区内，因受压缩，体积突然变小，气泡被击破，由此产生幅值很大的冲击力，这就是气穴现象。产生局部高温和噪音，使泵的零件腐蚀损坏。

为了避免产生气穴现象，应尽量降低吸入高度，采用内径较大的吸油管并尽量少用弯管，吸油管端采用容量较大的滤油器，以减小管道阻力，也可将液压泵浸在油中以利于吸油，或采用油箱高置(放在泵的上面)的方式，必要时还可添加辅助泵，将一定压力的油液输到液压泵的吸入口，也可采用加压油箱(将油箱封闭，并向油箱内通入低压的压缩空气)。

此外，油液掺混空气进入液压泵也是另一种常见的现象。当液压系统的排油使油箱中混入一些空气泡、吸油管接头处和泵传动轴密封处不严或吸油管插入油箱面太浅等，液压泵吸入的油液中会含有很多空气泡。这些气泡进入高压区同样会产生气穴现象。因此，要合理设计油箱和管路，保证密封处可靠，以减小气穴现象产生的危害。

3.7　液压泵的噪声

在液压系统的噪声中，液压泵的噪声占很大的比重，减小液压泵的噪声是液压系统降噪处理中的重要组成部分。

液压泵的噪声大小和液压泵的种类、结构、大小、转速以及工作压力等因素有关，产生噪声的原因大概有以下方面：

(1) 泵的流量和压力脉动，造成泵构件的振动。

(2) 液压泵在工作过程中，当吸油容积突然和压油腔接通，或高压容积突然和吸油腔相通时，会产生流量和压力的突变而产生噪声。

(3) 气穴现象。

(4) 泵内流道具有突然扩大或收缩、急拐弯、通道面积过小等而导致油液紊流、漩涡而产生噪声。

(5) 管道、支架、联轴节等机械部分产生的噪声。

了解液压泵产生噪声的原因后，应采取相应的措施来降低泵的噪声：

(1) 因吸收泵的流量和压力脉动，在泵的出口处安装蓄能器或消声器。

(2) 消除泵内液压的急剧变化，如在配油盘吸、压油窗口开三角形阻尼槽。

(3) 装在油箱上的电机和泵应使用橡胶垫减振，电机轴和泵轴间的同轴度要好。

(4) 压油管的某一段采用橡胶软管，对泵和管路的连接进行隔振。

(5) 防止气穴现象和油中掺混空气现象的发生。

思考与练习

3-1　容积式液压泵的工作原理是什么？

3-2　液压泵装于液压系统中之后，它的工作压力是否就是液压泵铭牌上的压力？为什么？

3-3　液压泵在工作过程中会产生哪些能量损失？产生损失的原因是什么？

3-4　外啮合齿轮泵为什么有较大的流量脉动？流量脉动大会产生什么危害？

3-5　什么是齿轮泵的困油现象？产生困油现象有何危害？如何消除困油现象？其他类型的液压泵是否有困油现象？

3-6　齿轮泵压力的提高主要受哪些因素的影响？可以采取哪些措施来提高齿轮泵的压力？

3-7　渐开线内啮合齿轮泵与渐开线外啮合齿轮泵相比有哪些特点？

3-8　螺杆泵与其他泵相比，它的特点是什么？

3-9　双作用叶片泵和单作用叶片泵各自的优缺点是什么？

3-10　限压式变量叶片泵的拐点压力和最大流量如何调节？调节时，泵的流量—压力特性曲线如何变化？

3-11　从理论上讲为什么柱塞泵比齿轮泵、叶片泵的额定压力高？

3-12　与斜盘式轴向柱塞泵相比，斜轴式轴向柱塞泵有哪些特点？

3-13　与斜盘式非通轴型轴向柱塞泵相比，斜盘式通轴型轴向柱塞泵有哪些特点？

3-14　YCY14—1柱塞泵的变量原理是什么？

3-15　在实际中应如何选用液压泵？

3-16　某一液压泵额定压力 $p = 2.5$MPa，机械效率 $\eta_{pm} = 0.9$，由实际测得：(1) 当泵的转速 $n = 1450$ r/min，泵的出口压力为零时，其流量 $q_1 = 106$L/min。当泵出口压力为2.5MPa时，其流量 $q_2 = 100.7$L/min。试求泵在额定压力时的容积效率。(2) 当泵的转速 $n = 500$r/min，压力为额定压力时，泵的流量为多少？容积效率又为多少？(3) 以上两种情况时，泵的驱动功率分别为多少？

3-17　已知齿轮泵的齿轮模数 $m = 3$mm，齿数 $z = 15$，齿宽 $B = 25$ mm，转速 $n = 1450$ r/min，在额定压力下输出流量 $q = 25$ L/min，求该泵的容积效率 η_{pv}。

3-18　如图所示，某组合机床动力滑台采用双联叶片泵YB-40/6。快速进给时两泵同时供油，工作压力为 1×10^6 Pa；工作进给时，大流量泵卸荷，其卸荷压力为 3×10^5 Pa，此时系统由小流量泵供油，其供油压力为 4.5×10^6 Pa。若泵的总效率为 $\eta_p = 0.8$，求该双联泵所需电动机功率。

3-19　某液压系统采用限压式变量叶片泵，该泵的流量—压力特性曲线 ABC 如图所示。已知泵的总效率为0.7。如系统在工作进给时，泵的压力和流量分别为 4.5×10^6 Pa和2.5L/min，在快速移动时，泵的压力和流量为 2.0×10^6 Pa和20 L/min，试问泵的特性曲线应调成何种形状？泵所需的最大驱动功率为多少？

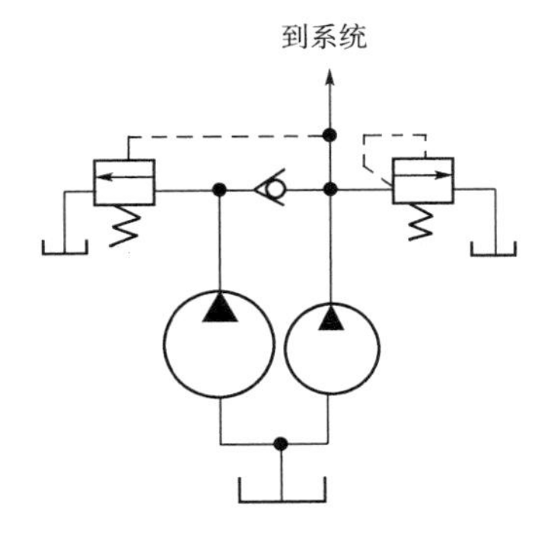

题3-18图

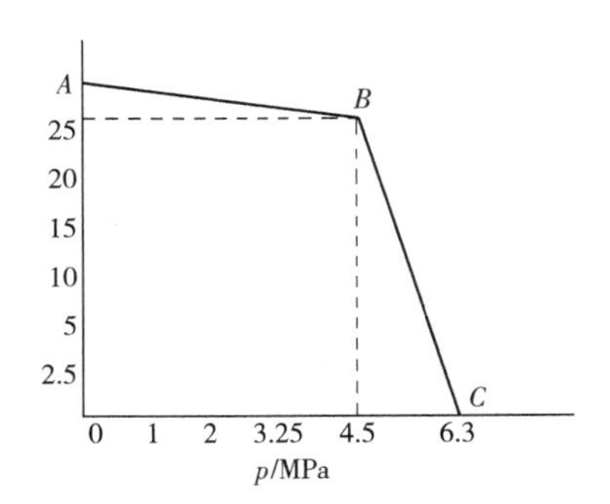

题3-19图

第 4 章　液压传动执行元件

液压传动执行元件有各种缸和马达，它们是将液体的压力能转换成机械能并将其输出的装置。缸主要是输出直线运动和力，但有的是输出往复摆动运动和扭矩，马达则是输出连续旋转运动和扭矩。

用液体作为工作介质的缸和马达称为液压缸和液压马达。液体的工作压力高，因此液压缸和液压马达常用于需要获得大的输出力和扭矩的场合。

4.1　缸的分类和特点

缸的结构简单，工作可靠，与杠杆、连杆、齿轮齿条、棘轮棘爪、凸轮等机构配合使用还能实现多种机械运动或与其它传动形式组合满足各种要求，因此在液压传动系统中得到了广泛的应用。缸有多种形式，按其结构特点不同可分为活塞式、柱塞式和摆动式三大类；按作用方式不同又可分为单作用和双作用两种。单作用缸只能使活塞（或柱塞）作单方向运动，即液体只是通向缸的一腔，而反方向运动则必须依靠外力（如弹簧力或自重等）来实现；双作用缸在两个方向上的运动都由液体的推动来实现。

4.1.1　活塞缸

活塞缸是液压传动中最常用的执行元件。活塞式缸可分为双出杆和单出杆两种结构形式。其固定方式有缸筒固定和活塞杆固定两种。

1. 双出杆活塞缸

图 4-1 所示为双出杆活塞缸的工作原理图。在活塞的两侧都有杆伸出，当两活塞杆直径相同、液体的压力和流量不变时，活塞（或缸体）在两个方向上的运动速度 v 和推力 F 都相等，即

$$v=\frac{q}{A}\eta_{cv}=\frac{4q\eta_{cv}}{\pi(D^2-d^2)} \tag{4.1-1}$$

$$F=A(p_1-p_2)\eta_{cm}=\frac{\pi}{4}(D^2-d^2)(p_1-p_2)\eta_{cm} \tag{4.1-2}$$

式中：q—— 缸的输入流量；

A—— 活塞有效作用面积；

η_{cv}—— 缸的容积效率；

D—— 活塞直径（即缸筒内径）；

d—— 活塞杆直径；

p_1—— 缸的进口压力；

p_2—— 缸的出口压力；

η_{cm}—— 缸的机械效率。

这种缸常用于要求往返运动速度相同的场合，如外圆磨床工作台往复运动液压缸等。

图4-1a所示为缸体固定结构，缸的左腔进液体，推动活塞向右移动，右腔的液体排出；反之，活塞反向移动。其运动范围约等于活塞有效行程的三倍，一般用于中小型设备。图4-1b所示为活塞杆固定结构，缸的左腔进液体，推动缸体向左移动，右腔的液体排出；反之，缸体反向移动。其运动范围约等于缸体有效行程的两倍，常用于大中型设备中。

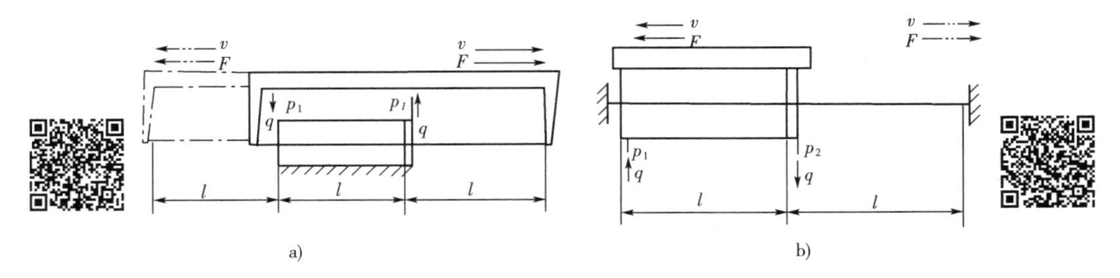

图4-1　双出杆活塞液压缸

2. 单出杆活塞缸

图4-2所示为双作用单出杆活塞缸。其一端伸出活塞杆，两腔有效面积不等，当向缸两腔分别供液体且压力和流量都不变时，活塞在两个方向上的运动速度和推力都不相等。如图4-2a，在无杆腔输入液体时，活塞的运动速度 v_1 和推力 F_1 分别为

$$v_1 = \frac{q}{A}\eta_{cv} = \frac{4q}{\pi D^2}\eta_{cv} \tag{4.1-3}$$

$$\begin{aligned} F_1 &= (p_1 A_1 - p_2 A_2)\eta_{cm} = \left[\frac{\pi}{4}D^2 p_1 - \frac{\pi}{4}(D^2 - d^2)p_2\right]\eta_{cm} \\ &= \left[\frac{\pi}{4}D^2(p_1 - p_2) + \frac{\pi}{4}d^2 p_2\right]\eta_{cm} \end{aligned} \tag{4.1-4}$$

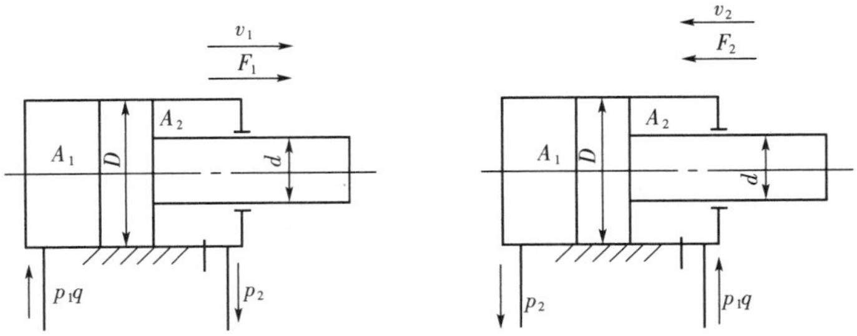

图4-2　单杆活塞缸

如图4-2b，在有杆腔输入液体时，活塞运动速度 v_2 和推力 F_2 分别为

$$v_2=\frac{q}{A_2}\eta_{cv}=\frac{4q\eta_{cv}}{\pi(D^2-d^2)} \tag{4.1-5}$$

$$F_2=(p_1A_2-p_2A_1)\eta_{cm}=\left[\frac{\pi}{4}(D^2-d^2)p_1-\frac{\pi}{4}D^2p_2\right]\eta_{cm}$$

$$=\left[\frac{\pi}{4}D^2(p_1-p_2)-\frac{\pi}{4}d^2p_1\right]\eta_{cm} \tag{4.1-6}$$

式中：q—— 缸的输入流量；

A_2—— 有杆腔活塞的有效作用面积；

η_{cv}—— 缸的容积效率；

D—— 活塞直径（即缸筒直径）；

d—— 活塞杆直径；

p_1—— 缸的进口压力；

p_2—— 缸的出口压力；

A_1—— 无杆腔活塞的有效作用面积；

η_{cm}—— 缸的机械效率。

比较上述各式，由于 $A_1>A_2$，所以 $v_1<v_2$，$F_1>F_2$

由式(4.1-3)和(4.1-5)得缸往复运动时的速度比为

$$\varphi=\frac{v_2}{v_1}=\frac{D^2}{D^2-d^2} \tag{4.1-7}$$

当单出杆活塞缸两腔同时通入相同压力的液体时，如图4-3所示，由于无杆腔受力面积大于有杆腔受力面积，使得活塞向右的作用力大于向左的作用力，因此活塞杆作伸出运动，并将有杆腔的液体挤出，流进无杆腔，加快了活塞杆的伸出速度，缸的这种连接方式称为差动连接。

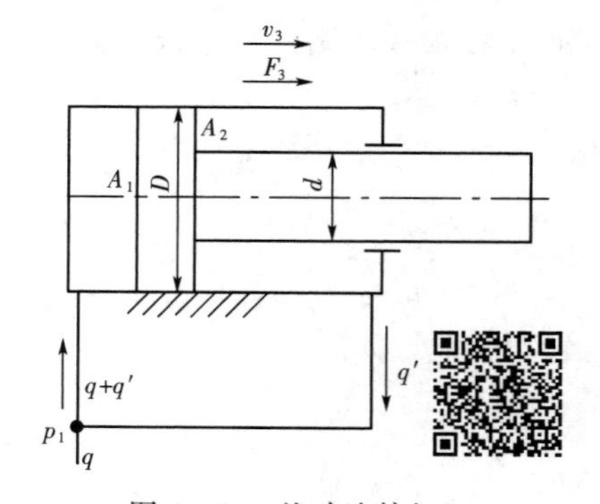

图4-3　差动连接缸

当差动连接时，有杆腔排出流量 q' 并进入无杆腔，则有

$$v_3A_1=q+v_3A_2$$

在考虑了缸的容积效率 η_{cv} 后，活塞杆的伸出速度 v_3 为

$$v_3=\frac{q\eta_{cv}}{A_1-A_2}=\frac{4q}{\pi d^2}\eta_{cv} \tag{4.1-8}$$

欲使差动连接缸的往复运动速度相等，即 $v_3=v_2$，由式(4.1-5)和式(4.1-8)得 $D=\sqrt{2}d$。

差动连接在忽略两腔连通回路压力损失的情况下，$p_2\approx p_1$，并考虑到机械效率 η_{cm} 时，活塞的推力 F_3 为

$$F_3=(p_1A_1-p_2A_2)\eta_{cm}=\left[\frac{\pi}{4}D^2p_1-\frac{\pi}{4}(D^2-d^2)p_1\right]\eta_{cm}=\frac{\pi}{4}d^2p_1\eta_{cm} \tag{4.1-9}$$

由式(4.1-8)和(4.1-9)知，差动连接时的实际有效作用面积是活塞杆的横截面积。与非差动连接时无杆腔进液体工况相比，在液体压力和流量不变的条件下，活塞杆伸出速度较大而推力较小。在实际应用中，液压传动系统常通过控制阀来改变单出杆活塞缸的回路连接，使它有不同的工作方式，从而获得快进(差动连接)— 工进(无杆腔进液体)— 快退(有杆腔进液体)的工作循环。差动连接是在不增加泵流量的条件下，实现快速运动的有效方法，它的应用常见于组合机床和各类专机中。

单出杆活塞缸往复运动范围是有效行程的两倍，结构紧凑，应用广泛。

3. 活塞缸的安装形式和选用

活塞缸的安装形式见图 4-4。其中，图 4-4a 为耳座式。工作时耳座要承受力矩，缸的输出力越大，耳座承受的力矩也越大。图 4-4b 为前法兰式。其安装螺钉承受较大的拉力(无杆腔液体对活塞的作用力)。还有后法兰式(图中未给出)，其安装螺钉承受的拉力较小(仅为有杆腔液体对活塞环形面积的作用力)。图 4-4c 为尾部耳环式，缸可绕耳环摆动，活塞杆的挠曲度大。图 4-4d 为头部轴销式，缸可绕轴销摆动，活塞杆的挠曲小。

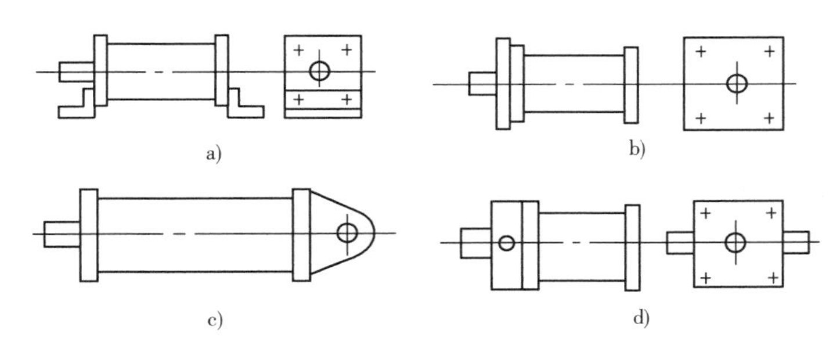

图 4-4　活塞缸的安装形式

4.1.2　柱塞缸

活塞缸的内腔因有活塞及密封件频繁往复运动，要求其内孔形状和尺寸精度很高，并且要求表面光滑。这种要求对于大型的或超长行程的液压缸有时不易实现，在这种情况下可以采用柱塞缸。如图 4-5*a* 所示，柱塞缸由缸筒、柱塞、导套、密封圈和压盖等零件组成，柱塞和缸筒内壁不接触，因此缸筒内孔不需精加工，工艺性好，成本低。

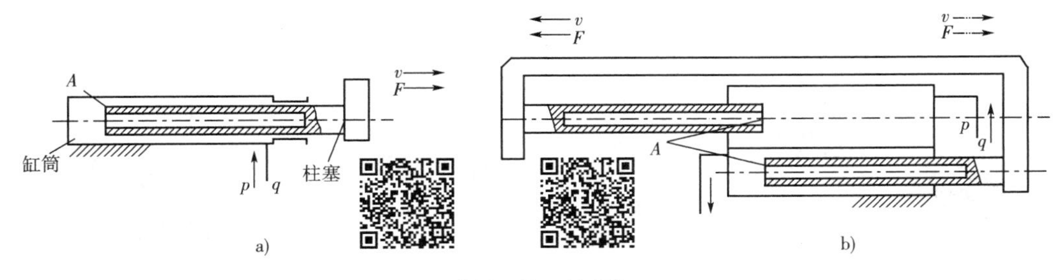

图 4-5　柱塞缸

柱塞缸只能制成单作用缸。在大行程设备中，为了得到双向运动，柱塞缸常如图 4-5b 所示成对使用。柱塞端面是受压面，其面积大小决定了柱塞缸的输出速度和推力。为保证柱塞缸有足够的推力和稳定性，一般柱塞较粗，重量较大，水平安装时易产生单边磨损，故柱塞缸宜于垂直安装使用。水平安装使用时，为减轻重量，有时制成空心柱塞。为防止柱塞自重下垂，通常要设置柱塞支承套和托架。

柱塞油缸的结构之一见图 4-6。柱塞 2 只与导向套 3 配合，故缸筒内壁只需粗加工，甚至在缸筒采用无缝钢管时可不加工，所以结构简单，制造容易，成本低廉，常用于长行程机床，如龙门刨床、导轨磨床、大型拉床等。水压机的缸筒以及液压电梯的长油缸常采用这种结构。

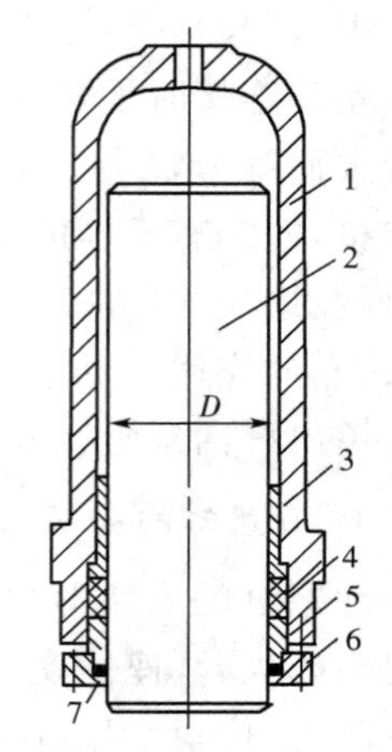

图 4-6　柱塞油缸结构
1—缸体；2—柱塞；3—导向套；4—密封装置；5—压套；6—压环；7—防尘圈

柱塞缸的输出力 F 和运动速度 v 的计算公式如下

$$F=\frac{\pi}{4}D^2p\eta_{cm} \tag{4.1-10}$$

$$v=\frac{q}{\frac{\pi}{4}D^2}\eta_{cv} \tag{4.1-11}$$

式中：D—— 柱塞的直径

p—— 液体的工作压力；

q—— 柱塞缸的输入流量。

柱塞缸的回程，可以是用缸径较小的柱塞缸使主缸回程，或是垂直安放靠柱塞等活动部分的自重回程。

4.1.3　摆动缸

摆动缸输出转矩并实现往复摆动运动，它有单叶片和双叶片两种型式。其结构形式如图 4-7 所示。图 4-7*a* 为单叶片式摆动缸，它由定子块 1、缸体 2、摆动轴 3、叶片 4、左右支承盘和左右盖板等主要零件组成，定子块固定在缸体上，叶片和摆动轴连接在一起。其工作原理为：当工作介质从 *A* 口进入缸内，叶片被推动并带动轴作逆时针方向回转，叶片另一侧的工作介质从 *B* 口排出；反之，工作介质从 *B* 口进入，叶片及轴作顺时针方向回转，*A* 口排出工作介质。

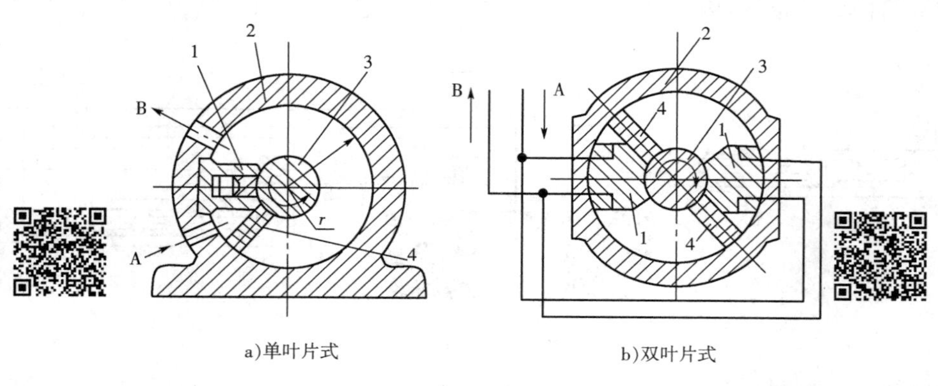

图 4-7　摆动缸
1—定子块；2—缸体；3—摆动轴；4—叶片

当考虑到容积效率 η_{cv} 和机械效率 η_{cm} 时，叶片式摆动缸的摆动轴输出转矩 T 和角速度 ω 分别为

$$T=\frac{Zb}{8}(D^2-d^2)(p_1-p_2)\eta_{cm} \tag{4.1-12}$$

$$\omega=\frac{8q\eta_{cv}}{Zb(D^2-d^2)} \tag{4.1-13}$$

式中：Z—— 叶片数；

b—— 叶片宽度，m；

D—— 缸体内孔直径，m；

d—— 叶片安装轴直径，m；

p_1—— 缸的进口压力，N/m^2；

p_2—— 缸的背压力，N/m^2；

q—— 缸的输入流量，m^3/s。

从图 4－7 中可看出，单叶片式摆动缸的最大回转角小于 360°，一般不超过 280°；双叶片式摆动缸则小于 180°，一般不超过 150°。当输入工作介质的压力和流量不变时，双叶片式摆动缸摆动轴输出转矩是单叶片式摆动缸的两倍，而摆动角速度则是单叶片式摆动缸的一半。

摆动缸结构紧凑，输出转矩大，但密封困难，一般只用在低中压系统中作往复摆动、转位或间歇运动的地方。

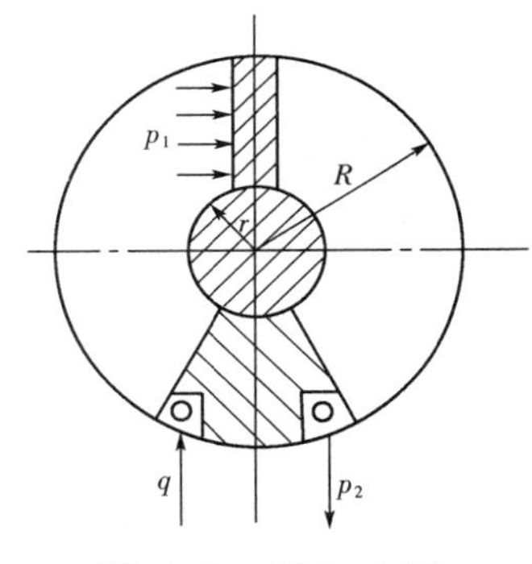

图 4－8　例 4－1 图

【例 4－1】　如图 4－8 所示单叶片式摆动缸，供油压力 $p_1=10MPa$，流量 $q=25L/min$，回油压力 $p_2=0.5MPa$，$R=100mm$，$r=40mm$，若输出轴的角速度 $\omega=0.7rad/s$，在不考虑摆动缸的容积效率和机械效率时，求摆动缸的叶片宽度和输出转矩。

【解】　(1) 摆动油缸叶片宽度 b

根据式(4.1－13)经变化后可得

$$b=\frac{8q}{Z\omega(D^2-d^2)}=\frac{8\times25\times10^{-3}}{[(2\times0.1)^2-(2\times0.04)^2]\times0.7\times60\times1}=0.142m$$

(2) 摆动油缸输出转矩

根据式(4.1－12)得

$$T=\frac{Zb}{8}(D^2-d^2)(p_1-p_2)$$

$$=\frac{1\times0.142}{8}\times(0.2^2-0.08^2)\times(10-0.5)\times10^6=5666N\cdot m$$

4.2　其他形式的常用缸

为了满足特定的需要，可由上述缸的三种基本形式和机械传动机构或其它传动形式组合成特种缸来满足各种要求，下面分别介绍。

4.2.1　增压缸

增压缸又称增压器。它能将输入的低压转变为高压供液压传动系统中的高压支路使用。它有两个直径分别为 D_1 和 D_2 的压力缸筒和固定在同一根活塞杆上的两个活塞或直径不等的两个相连柱塞等构成，其工作原理如图 4－9 所示。设缸的入口压力为 p_1，出口压力为 p_2，若不计摩擦力，根据力平衡关系，可有如下等式

$$A_1 p_1 = A_2 p_2$$

整理得

$$p_2 = \frac{A_1}{A_2} p_1 = k p_1 \tag{4.2-1}$$

式中：k—— 增压比，$k = A_1/A_2$（或 $k = D_1^2/D_2^2$）。

由式(4.2－1)可知，当 $D_1 = 2D_2$ 时，$p_2 = 4p_1$，即增压至原来的 4 倍。

增压缸常用以获得高压或超高压，以代替昂贵的高压或超高压泵。推动增压缸大活塞的工作介质通常是用压力较低的液压油或压缩空气等。图 4－10 所示是一种增压缸的结构图。

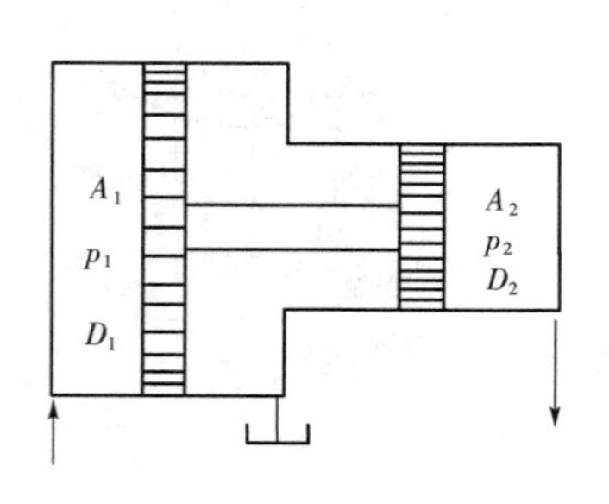

图 4－9　增压缸工作原理图

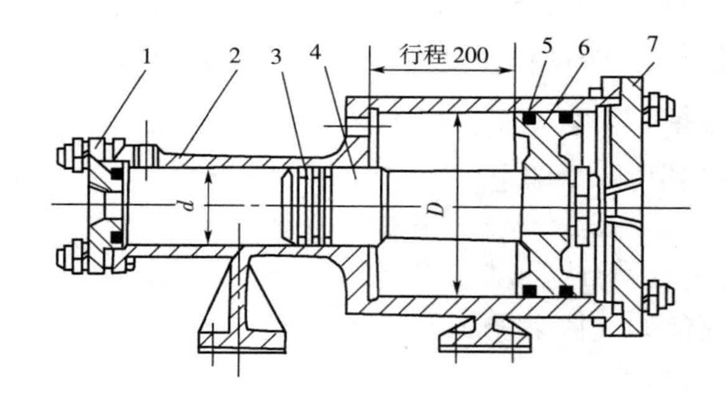

图 4－10　增压缸结构图

1－前盖；2－缸体；3－活塞环；4－小活塞；5－O 形密封圈；6－大活塞；7－后盖

4.2.2　多级缸

多级缸又称伸缩套筒式缸，它由两级或多级活塞缸套装而成，其特点是活塞杆的伸出行程长度比缸体的长度大，占用空间较小，结构紧凑。图 4－11 所示为一种多级液压缸的结构简图。前一级缸的活塞是后一级缸的缸套，活塞伸出的顺序是从大到小，相应的推力也是从大到小，而伸出的速度则是由慢变快。空载缩回的顺序一般是从小活塞到大活塞。多级缸的级数可大于两级，它适用于工程机械和其它行走机械，常用于起重机伸缩臂液压缸，翻斗汽车、拖拉机翻斗挂车和清洁车自卸系统举升液压缸，液压电梯以及其它装置。

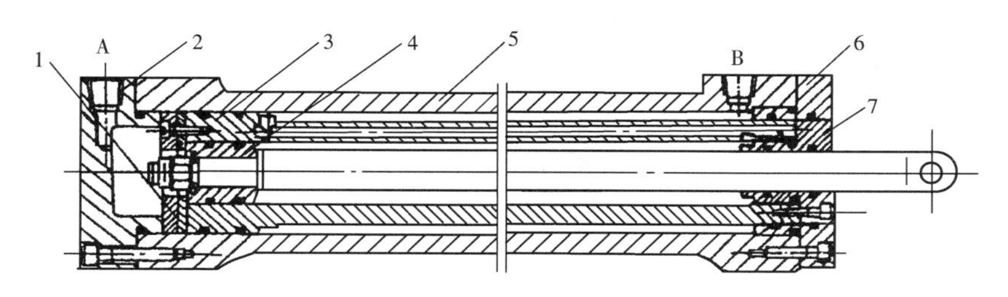

图 4－11　多级液压缸

1—压板；2、6—端盖；3—套筒活塞；4—活塞；5—缸体；7—套筒活塞端盖

4.2.3　齿条活塞缸

齿条活塞缸是活塞缸与齿轮齿条机构联合组成的能量转换和输出装置，如图 4－12 所示，齿条活塞缸由带有齿条杆的双活塞缸和齿轮齿条机构组成。它将活塞的往复直线运动经齿轮齿条机构转换为齿轮轴的往复回转运动，多用于自动线、组合机床等转位或分度机构中。

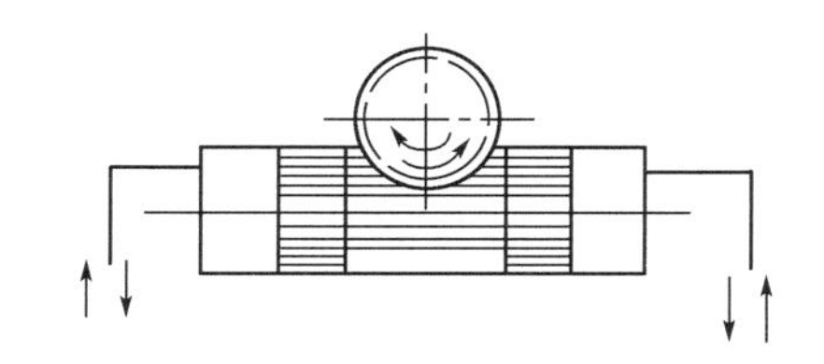

图 4－12　齿条活塞缸

齿条活塞缸工作时，齿轮轴输出的扭矩 T 和回转角速度 ω 按下列公式计算

$$T=p\,\frac{\pi D^2 D_f}{8} \tag{4.2-2}$$

$$\omega=\frac{8q}{\pi D^2 D_f} \tag{4.2-3}$$

式中：p—— 缸的工作压力；

D—— 缸的直径；

D_f—— 齿轮的分度圆直径；

q—— 缸的输入流量。

4.3　缸的结构

在液压传动系统中，活塞缸比较常用且相对复杂，活塞缸一般由后端盖、缸筒、活塞、活塞杆和前端盖等主要部分组成。为防止工作介质向缸外或由高压腔向低压腔泄漏，在缸筒与端盖、活塞与活塞杆、活塞与缸筒、活塞杆与前端盖之间均设有密封装置。在前端盖外侧还装有防尘装置。为防止活塞快速运动到行程终端时撞击缸盖，缸的端部还可设置缓冲装置。

一般来说，缸由缸体组件（缸筒、端盖等）、活塞组件（活塞、活塞杆等）、密封件和连接件等基本部分组成。此外根据需要缸还设有缓冲装置和排气装置。在进行缸的设计时，根据工作压力、运动速度、工作条件、加工工艺及装拆检修等方面综合考虑缸的各部分结构。

4.3.1　缸体组件

缸体组件通常由缸筒、缸底、缸盖、导向环和支承环等组成。缸体组件与活塞组件构成密封的容腔,承受压力。因此缸体组件要有足够的强度、较高的表面精度和可靠的密封性。

常见的缸体组件连接形式如图 4－13 所示。

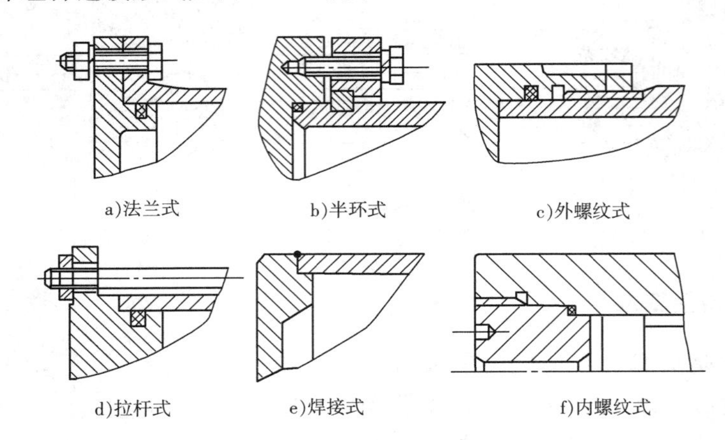

图 4－13　缸体组件连接形式

① 法兰式连接:这种连接结构简单,加工方便,连接可靠,但要求缸筒端部有直径足够大的凸缘,用以安装螺栓或旋入螺钉。缸筒端部一般用铸造、墩粗或焊接方式制成粗大的缸筒凸缘。它是一种常用的连接形式。

② 半环式连接:这种连接分为外半环连接和内半环连接两种形式。半环连接工艺性好,连接可靠,结构紧凑,重量轻,但零件较多,加工也较复杂,并且安装槽削弱了缸筒强度。半环连接也是一种应用十分普遍的连接形式,常用于无缝钢管缸筒与端盖的连接。

③ 螺纹式连接:这种连接有外螺纹连接和内螺纹连接两种方式,其特点是体积小、重量轻、结构紧凑,但缸筒端部结构较复杂,组装时拧动端盖时有可能把 O 形圈拧扭,而且一旦锈住,缸盖很难卸下。它一般用于要求外形尺寸小、重量轻的场合。

④ 拉杆式连接:这种连接结构简单,工艺性好,通用性强,易于拆装,但端盖的体积和重量较大,拉杆受力后会拉伸变长,影响密封效果,只适用于长度不大的中低压缸。

⑤ 焊接式连接:这种连接强度高,制造简单,但焊接时易引起缸筒变形。

缸筒是液压缸的主体,其内孔一般采用镗削、铰孔、滚压或珩磨等精密加工工艺制造,要求表面粗糙度 R_a 值为 $0.1 \sim 0.4\mu m$,以使活塞及其密封件、支承件能顺利滑动和保证密封效果,减少磨损。缸筒要承受很大的压力,因此应具有足够的强度和刚度。

端盖装在缸筒两端,与缸筒形成封闭油腔,同样承受很大的压力,因此它们及其连接部件都应有足够的强度。设计时既要考虑强度,又要选择工艺性较好的结构形式。

导向套对活塞杆或柱塞起导向和支承作用,有些缸不设导向套,直接用端盖孔导向,这种结构简单,但磨损后必须更换端盖。缸筒、端盖和导向套的材料选择和技术要求可参考有关手册。

4.3.2　活塞组件

活塞组件由活塞、活塞杆和连接件组成,活塞通常制成与杆分离的形式,目的是易于加工和选材,但也有制成一体的。根据缸的工作压力、安装方式和工作条件的不同,活塞组件有多种结构形式。

1. 活塞组件的连接形式

活塞与活塞杆的连接形式如图 4－14 所示。除此之外还有整体式结构、焊接式结构和锥销式结构等。

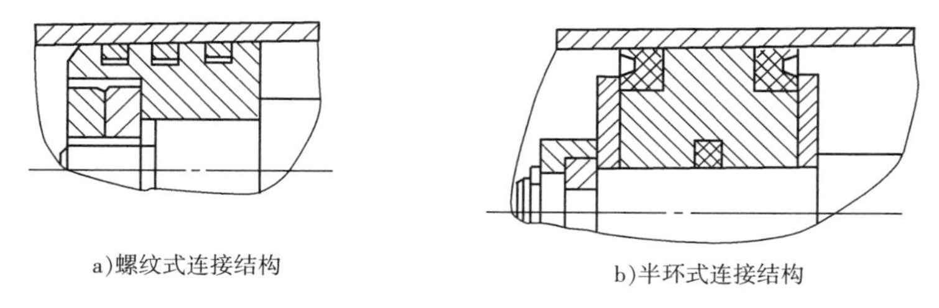

图 4－14　活塞与活塞杆连接形式

整体式连接和焊接式连接结构简单、轴向尺寸紧凑，但损坏后需整体更换。锥销式连接加工容易，装配简单，但承载能力小，且需有必要的防脱落措施。螺纹式连接见图 4－14a，其结构简单，装拆方便，但一般需有螺母防松装置。半环式连接见图 4－14b，其强度高，但结构复杂，装拆不便。一般采用螺纹式连接；在轻载情况下可采用锥销连接；高压和振动较大时多用半环连接；活塞与活塞杆直径比值 D/d 较小、行程较短或尺寸不大的液压缸，其活塞与活塞杆可采用整体式或焊接式连接。

2. 活塞和活塞杆

活塞受压力作用在缸筒内作往复运动，因此，活塞必须具有一定的强度和良好的耐磨性。活塞一般用铸铁或钢制造。活塞的结构通常分为整体式和组合式两类。

活塞杆是连接活塞和工作部件的传力零件，它必须有足够的强度和刚度。活塞杆无论是实心还是空心的，通常都用钢制造。活塞在导向套内往复运动，其外圆表面应当耐磨并具有防锈性能，故活塞杆外圆表面有时需镀铬。活塞和活塞杆的技术要求可参考有关手册。

3. 活塞的密封形式

活塞结构因所用的密封方法而异，如图 4－15 所示。

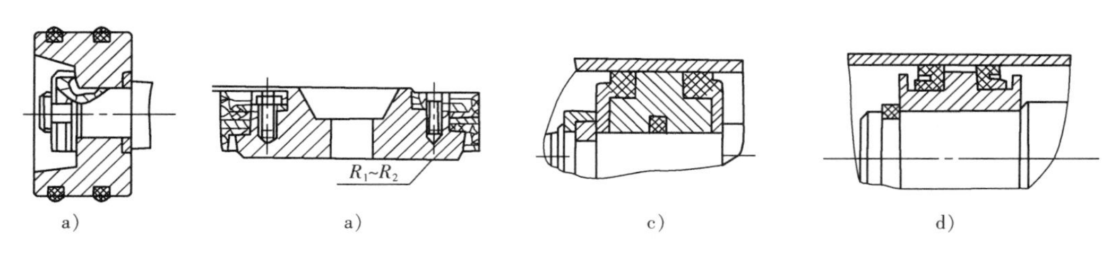

图 4－15　活塞的结构与密封

(1)O 形密封圈密封　如图 4－15a 所示。其优点是结构简单，密封可靠，摩擦阻力小。但要求缸孔内壁十分光滑，O 形密封圈磨损后无法补偿，多用于气缸。

(2)L 形皮碗密封　如图 4－15b 所示。其优点是密封可靠，皮碗使用寿命长。但皮碗需压环，摩擦力较 O 形密封圈大。

(3)Y 形密封圈密封　如图 4－15c 所示。其密封性能、弹性和强度都比较好。唇部富有弹性，能自封，磨损后能自行补偿。在压力变化较大、滑动速度较高的工况下工作时，要用支承环以固定密封圈。液压缸和气缸都常用。

(4) 小 Y 形密封圈密封　如图 4－15d 所示。除具有 Y 形密封圈的特点外，因其两唇不等高，选择短唇朝被密封的间隙安装，唇尖不可能被挤入间隙，故无需支承环，结构更简单，而且这种密封圈的截面长宽比大于 2，在活塞运动时不会翻滚，使用更可靠。

4. 活塞杆伸出端端盖结构

液压缸常用的活塞杆伸出端端盖结构如图 4－16 所示，包括密封圈 1、导向套 2、压环 3、防尘圈 4 和防尘圈压环 5 等。图 4－16a 结构用于缸径与活塞杆直径相差较小的场合；图 4－16b 结构用于缸径与活塞杆直径相差较大的场合。

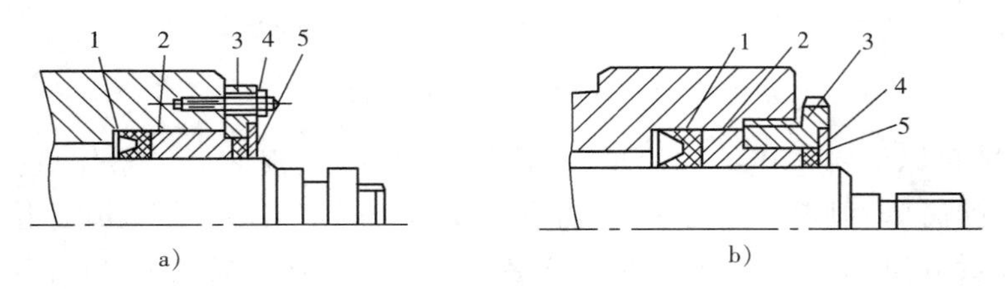

图 4－16　油缸活塞杆伸出端结构

1—密封圈；2—导向套；3—压环；4—防尘圈；5—防尘圈压环

活塞杆头部的连接形式如图 4－17 所示。图 4－17a 为内螺纹连接，图 4－17b 为外螺纹连接，这两种连接方式通用性强，图 4－17c 和图 4－17d 分别为双耳环和单耳环连接。

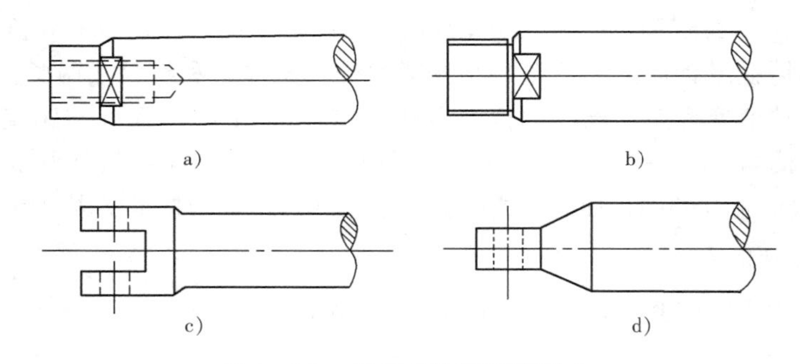

图 4－17　活塞杆头部连接形式

4.3.3　缓冲装置

当缸拖动负载的质量较大、速度较高时，一般应在缸中设缓冲装置，必要时还需在液压传动系统中设缓冲回路，以免在行程终端发生过大的机械碰撞，致使缸损坏。

缓冲的原理是使活塞或缸筒在其走向行程终端时，在出口腔内产生足够的缓冲压力，即增大工作介质出口阻力，从而降低缸的运动速度，避免活塞与缸盖相撞。液压缸中常用的缓冲装置如图 4－18 所示。

1. 圆柱形环隙式缓冲装置

如图 4－18a 所示，当缓冲柱塞进入缸盖上的内孔时，缸盖和活塞间形成缓冲油腔 B，被密封油液只能从环形间隙 δ 排出，产生缓冲压力，从而实现减速缓冲。这种缓冲装置在缓冲过程中，由于其节流面积不变，故缓冲开始时产生的缓冲制动力很大，但很快就降低了，其缓冲效果较差。但这种装置结构简单，便于设计和降低制造成本，所以在一般系列化的成品液压缸中多采用这种缓冲装置。

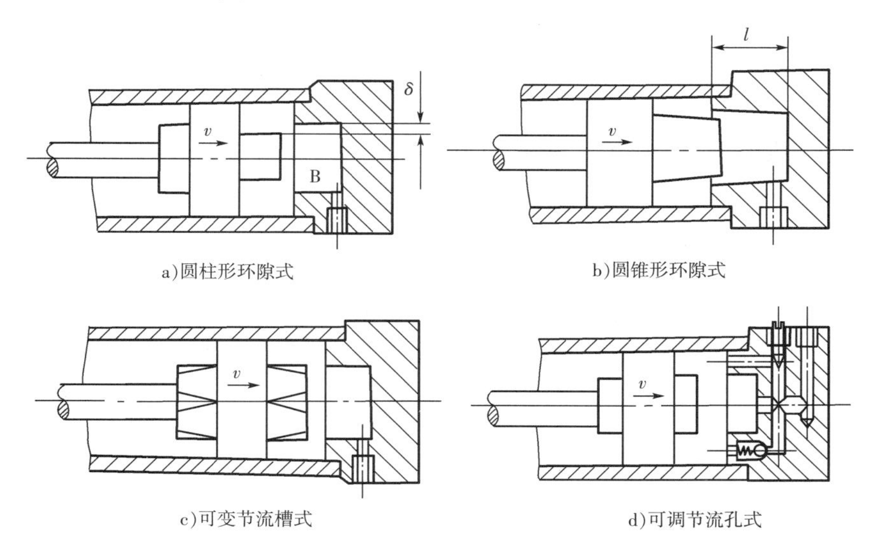

a)圆柱形环隙式　b)圆锥形环隙式

c)可变节流槽式　d)可调节流孔式

图 4-18　液压缸的缓冲装置

2. 圆锥形环隙式缓冲装置

如图 4-18b 所示，由于缓冲柱塞为圆锥形，所以缓冲环形间隙 δ 随位移量 l 而改变，即节流面积随缓冲行程的增大而缩小，使机械能的吸收较均匀，其缓冲效果较好。

3. 可变节流槽式缓冲装置

如图 4-18c 所示，理想缓冲装置应在全部工作过程中保持缓冲压力恒定不变，因此，可在缓冲柱塞上开由浅到深的三角节流沟槽，节流面积随着缓冲行程的增大而逐渐减小，缓冲压力变化平缓，但需要专门设计。

4. 可调节流孔式缓冲装置

如图 4-18d 所示，在缓冲过程中，缓冲腔油液经小孔节流排出，调节节流孔的大小，可控制缓冲腔内缓冲压力的大小，以适应液压缸不同的负载和速度工况对缓冲的要求，同时当活塞反向运动时，高压油从单向阀进入液压缸内，活塞也不会因推力不足而产生启动缓慢或困难等现象。

4.3.4　排气装置

液压传动系统中往往会混入空气，使系统工作不稳定，产生振动、爬行或前冲等现象，严重时会使系统不能正常工作，因此设计液压缸时必须考虑空气的排除。

对于要求不高的液压缸，往往不设计专门的排气装置，而是将油口布置在缸筒端的最高处，这样也能使空气随油液排往油箱，再从油箱逸出。对于速度稳定性要求较高的液压缸和大型液压缸，常在液压缸的最高处设置专门的排气装置，如排气塞、排气阀等。图 4-19 所示为排气塞，当松开排气塞螺钉后，在低

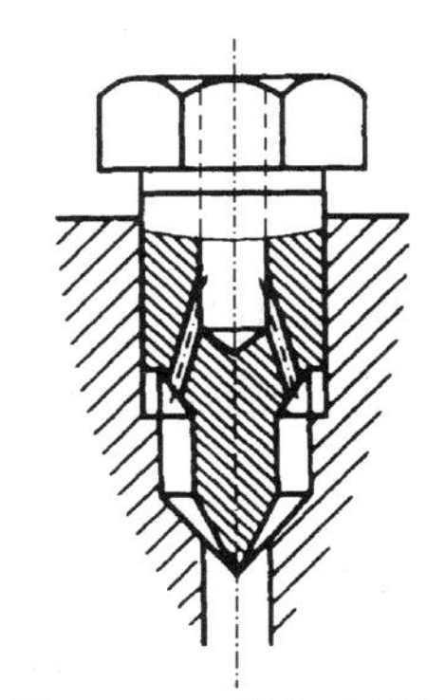

图 4-19　排气塞结构

压情况下，液压缸往复运动几次，带有气泡的油液就会排出，空气排完后拧紧螺钉，液压缸便可正常工作。

4.4　缸的设计计算

一般来说缸是标准件，但有时也需要自行设计，结构设计可参考前一节，本节主要介绍缸主要尺寸的计算及强度、刚度的验算方法。

4.4.1　缸主要尺寸的计算

对于活塞缸，缸的直径是指缸的内径。缸内径 D 和活塞杆直径 d 可根据最大总负载和选取的工作压力来确定。对单杆缸，无杆腔进液体时，不考虑机械效率，由式(4.1－4)可得

$$D=\sqrt{\frac{4F_1}{\pi(p_1-p_2)}-\frac{d^2p_2}{p_1-p_2}} \tag{4.4-1}$$

有杆腔进液体时，不考虑机械效率，由式(4.1－6)得

$$D=\sqrt{\frac{4F_2}{\pi(p_1-p_2)}+\frac{d^2p_1}{p_1-p_2}} \tag{4.4-2}$$

式中：p_2——背压。

若选取背压 $p_2=0$，则上面两式便可简化，即无杆腔进液体时

$$D=\sqrt{\frac{4F_1}{\pi p_1}} \tag{4.4-3}$$

有杆腔进液体时

$$D=\sqrt{\frac{4F_2}{\pi p_1}+d^2} \tag{4.4-4}$$

若综合考虑排液腔对活塞产生的背压，活塞和活塞杆处密封及导套产生的摩擦力，以及运动件质量产生的惯性力等影响，一般取机械效率 $\eta_{cm}=0.8\sim0.9$。

式(4.4－4)中的杆径 d 可根据工作压力或设备类型选取，见表4－1。当液压缸的往复速度比有一定要求时，由式(4.1－7)得杆径 d 为

$$d=D\sqrt{\frac{\varphi-1}{\varphi}} \tag{4.4-5}$$

缸的速度比 φ 过大会使无杆腔产生过大的背压，速度比 φ 过小则活塞杆太细，稳定性不好。推荐液压缸的速度比 φ 如表4－2所示。

表4－1　液压缸工作压力与活塞杆直径

液压缸工作压力 p/MPa	<5	$5\sim7$	>7
推荐活塞杆直径 d	$(0.5\sim0.55)D$	$(0.6\sim0.7)D$	$0.7D$

表 4-2　液压缸往复速度比推荐值

工作压力 p/MPa	≤10	12.5～20	>20
往复速度比 φ	1.33	1.46,2	2

计算所得的液压缸内径 D 和活塞杆直径 d 应圆整为标准系列(可查液压设计手册)。

液压缸的缸筒长度由活塞最大行程、活塞长度、活塞杆导向套长度、活塞杆密封长度和特殊要求的其它长度确定。其中活塞长度 $B=(0.6\sim1.0)D$；导向套长度 $A=(0.6\sim1.5)d$。为减少加工难度，一般液压缸缸筒长度不应大于内径的 20～30 倍。

缸的进出油口直径 d_0 可用下式求得

$$d_0=\sqrt{\frac{4q}{\pi v}} \tag{4.4-6}$$

式中：q—— 液压缸配管内的流量；

v—— 液压缸配管内液体的平均流速(一般取 $v=4\sim5\text{m/s}$)。

计算得出的 d_0 数值需按液压的相关标准进行圆整。

4.4.2　缸的强度计算与校核

1. 缸筒壁厚 δ 的计算

缸筒是液压缸最重要的零件，它承受液体作用的压力，其壁厚需进行计算。活塞杆受轴向压缩负载时，为避免发生纵向弯曲，还要进行压杆稳定性验算。

中、高压缸一般用无缝钢管作缸筒，大多属薄壁筒，即 $D/\delta>10$ 时，其最薄处的壁厚用材料力学薄壁圆筒公式计算壁厚，即

$$\delta\geqslant\frac{pD}{2[\sigma]} \tag{4.4-7}$$

式中：δ—— 薄壁筒壁厚；

p—— 筒内油压；

$[\sigma]$—— 缸筒材料的许用应力，$[\sigma]=\frac{\sigma_b}{n}$，$\sigma_b$ 为材料的抗拉强度，n 为安全系数，当 $D/\delta\geqslant10$ 时一般取 $n=5$。

当 $D/\delta<10$ 时，称为厚壁筒，高压缸的缸筒大都属于此类，其安装支承方式通常有台肩支承和缸底支承两种。厚壁筒壁厚的计算如表 4-3 所示。

表 4-3　厚壁筒壁厚的计算

缸筒材料及支承方式		计算公式
塑性材料，按材料力学第四强度理论计算	台肩支承	$D_1=D\sqrt{\frac{[\sigma]}{[\sigma]-\sqrt{3}p}}$
	缸底支承	$D_1=D\sqrt{\frac{[\sigma]^2+p\sqrt{4[\sigma]^2-3p^2}}{[\sigma]^2-3p^2}}$

（续表）

缸筒材料及支承方式		计算公式
脆性材料，按材料力学第二强度理论计算	台肩支承	$D_1 = D\sqrt{\dfrac{[\sigma]+0.4p}{[\sigma]-0.3p}}$
	缸底支承	$D_= D\sqrt{\dfrac{[\sigma]+0.7p}{[\sigma]-1.3p}}$
		$\delta = \dfrac{D_1 - D}{2}$
符号说明		D_1—— 缸的外径； D—— 缸的内径； $[\sigma]$—— 缸筒材料的许用应力； p—— 缸内流体介质的工作压力； δ—— 缸筒壁厚

2. 活塞杆的稳定计算

活塞杆受轴向压力作用时，有可能产生弯曲。当轴向力达到临界值 F_k 时，会出现压杆不稳定现象。临界值 F_k 的大小与活塞杆长度、直径及缸的安装方式等因素有关。当活塞的长度 $l > 10d$ 时，要进行活塞杆的纵向稳定性计算，其计算按材料力学有关公式进行。

使缸保持稳定的条件为

$$F \leqslant \frac{F_{cr}}{n_{cr}} \tag{4.4-8}$$

式中：F—— 缸承受的轴向力；

F_{cr}—— 活塞杆不产生弯曲变形的临界力；

n_{cr}—— 稳定性安全系数，一般取 $n_{cr} = 2 \sim 6$。

F_{cr} 可根据细长比 l/k 的范围按下述有关公式计算。

（1）当 $\dfrac{l}{k} > m\sqrt{i}$ 时

$$F_{cr} \leqslant \frac{i\pi^2 EJ}{l^2} \tag{4.4-9}$$

（2）当 $\dfrac{l}{k} < m\sqrt{i}$，且 $m\sqrt{i} = 20 \sim 120$ 时

$$F_{cr} = \frac{fA}{1 + \dfrac{al}{ik}} \tag{4.4-10}$$

式中：l —— 安装长度，其值与安装形式有关，见表 4-4；

k—— 活塞杆最小截面的惯性半径，$k = \sqrt{\dfrac{l}{A}}$；

m—— 柔性系数，钢取 $m = 85$ ；

i—— 由缸支承方式决定的末端系数，其值见表 4－4；

E—— 活塞杆材料的弹性模量，钢取 $E=2.06\times10^{11}$ Pa；

J—— 活塞杆最小截面的惯性矩；

f—— 由材料强度决定的实验值，对钢 $f=4.9\times10^{8}$ Pa；

A—— 活塞杆最小截面的截面积；

a—— 实验常数，钢取 $a=1/5000$。

(3) 当细长比 $\frac{l}{k}<20$ 时，活塞杆具有足够的稳定性，不必校核。

表 4－4　缸的安装长度

安装形式	两端球铰	一端固定，一端球铰	两端固定	一端固定，一端自由
l				
i	1	2	4	1/4

4.5　缸缓冲装置的设计计算

图 4－20 所示为液压缸常用的缓冲装置结构图。缓冲过程开始于图示的缓冲柱塞前端刚进入孔 C 的一瞬间，在整个缓冲行程 l_1 中，缓冲室要吸收的能量包括：活塞连同负载等运动部件在刚进入缓冲过程一瞬间的动能 E_k；整个缓冲过程压力腔压力液体所作的功 E_p；整个缓冲过程消耗在摩擦上的功 E_f。它们分别为

$$E_k=\frac{1}{2}mv^2 \qquad (4.5-1)$$

$$E_p=p_2A_2l_1 \qquad (4.5-2)$$

$$E_f=-F_fl_1 \qquad (4.5-3)$$

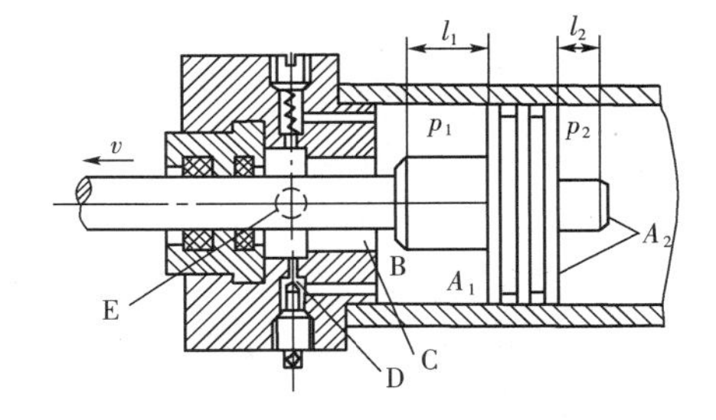

图 4－20　液压缸缓冲结构

式中：m—— 活塞等运动部件的质量；

v—— 活塞运动速度；

p_2—— 缸的进口压力；

A_2—— 活塞的有效作用面积。

以上三项能量之和都被缓冲室吸收为液压能，则活塞与缸盖无撞击。整个缓冲过程的

平均缓冲压力可表示为

$$p_c = \frac{E_p + E_k + E_f}{A_1 l_1} \quad (4.5-4)$$

由于调节缓冲的节流阀开度调好之后其作用相当于一个固定阻尼，所以缓冲开始时缓冲腔中产生的压力最高，在缓冲过程中压力逐步降低。假定压力的降低是线性递减，则最大缓冲压力，即冲击压力为

$$p_{max} = p_c + \frac{E_k}{A_1 l_1} \quad (4.5-6)$$

计算所得的 p_{max} 用以校核缸的强度。

(1) 当油缸的额定工作压力 $p_n \leqslant 1.6 \times 10^7 \text{Pa}$，而 $p_{max} > 1.5 p_n$ 时；

(2) 当油缸的额定工作压力 $p_n > 1.6 \times 10^7 \text{Pa}$，而 $p_{max} > 1.25 p_n$ 时；

这表明液压缸的冲击过大，必须采取必要的改进措施，可供选择的方法有：① 允许的话，可减小缸的额定工作压力；② 加大缓冲行程；③ 在缓冲柱塞上开轴向三角槽，或采用锥角 $\theta = 5° \sim 15°$ 的锥面缓冲柱塞，以缓和最大缓冲压力；④ 在油路上安装行程减速阀，使在进入缓冲之前先减速降低动能，从而减小最大冲击压力。

4.6 液压马达

4.6.1 液压马达的分类、特点及应用

液压马达和液压泵在结构上基本相同，也是靠密封容积的变化来工作的。马达和泵在工作原理上是互逆的。当向泵输入液体时，其轴输出转速和转矩即成为马达。但由于两者的任务和要求有所不同，故在实际结构上只有少数泵能做马达使用。

液压马达可分为高速液压马达和低速大转矩液压马达两大类。高速液压马达的转子转动惯量小，反应迅速，动作快，但输出的转矩相对较小。这类液压马达主要有齿轮式、叶片式和柱塞式等几种主要形式。相对于这几种型式的泵，除阀式配流外，从原理上讲，都可作液压马达使用。但实际上作为泵，其结构要考虑高压侧的压力平衡、间隙密封的自动补偿、降噪和吸收液压冲击等措施，以及在吸入侧尽可能扩大流道以减小流动阻力等，因此，泵的吸排液两侧的结构多数是不对称的，只能单方向旋转。但作为液压马达，通常要求正反方向旋转，其结构要求对称，所以，一般情况下齿轮式和叶片式泵不宜作液压马达使用。有些柱塞泵，例如 *SCY*14－1 轴向柱塞泵，其结构基本对称，按使用说明，将配油盘适当旋转安装后则可作液压马达使用。

高速液压马达低速运转时，其容积效率太低，不经济。如果一定要使用高速液压马达获得可调的低速，需经减速器减速。

低速大转矩液压马达可以在转速很低，甚至接近零的情况下工作，其转矩很大，常用作船舶锚机，以及工程、矿山机械行走机构的驱动装置。

4.6.2 液压马达的主要性能参数

如图 4－21 所示，当压力油输入液压马达时，处于压力腔（进油腔）的柱塞 3 被顶出，压在

斜盘 1 上。设斜盘作用在柱塞上的反力为 F_N，F_N 可分解为两个分力：轴向分力 F 和垂直于轴向的分力 F_T。其中 F 和作用在柱塞后端的液压力相平衡，F_T 使缸体 2 产生转矩。当液压马达的进、出油口互换时，马达将反向转动。当改变马达斜盘倾角时，马达的排量便随之改变，从而可以调节输出转速或转矩。

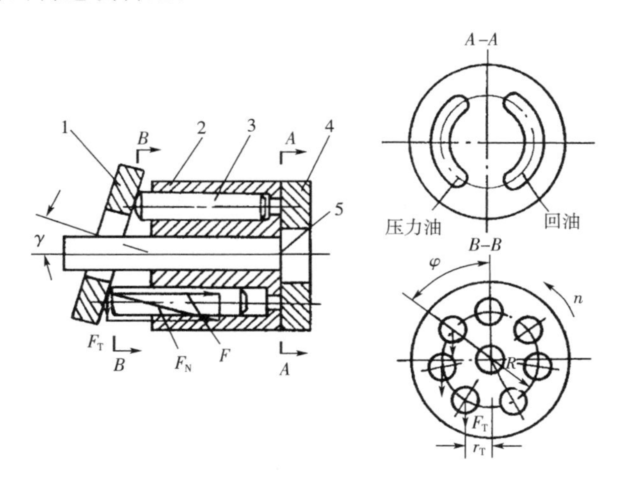

图 4-21　轴向柱塞式液压马达工作原理

1—斜盘；2—缸体；3—柱塞；4—配油盘；5—传动轴

1. 工作压力和额定压力

马达入口工作介质的实际压力称为马达的工作压力。马达入口压力和出口压力的差值称为马达的工作压差。在马达出口直接通油箱的情况下，为便于分析问题，通常近似认为马达的工作压力就等于工作压差。

马达在正常工作条件下，按实验标准规定连续运转的最高压力称为马达的额定压力。与泵相同，马达的额定压力亦受泄漏和强度的制约，超过此值时就会过载。

2. 流量和排量

马达入口处的流量称为马达的实际流量。马达密封腔容积变化所需要的流量称为马达的理论流量。实际流量和理论流量之差即为马达的泄漏量。

马达轴每转一周，由其密封容腔几何尺寸变化计算而得到的液体体积称为马达的排量。

3. 转速和容积效率

马达的理论输出转速 n_t 等于输入马达的流量 q 与排量 V 的比值，即

$$n_t = \frac{q}{V} \tag{4.6-1}$$

因马达实际工作时存在泄漏，在计算实际转速 n 时，应考虑马达的容积效率 η_{mv}。当液压马达的泄漏量为 q_1 时，则马达的实际流量为 $q = q_t + q_1$。则马达的容积效率为

$$\eta_{mv} = \frac{q_t}{q} = \frac{q - q_1}{q} = 1 - \frac{q_1}{q}$$

马达的实际输出转速为

$$n=\frac{q}{V}\eta_{mv} \tag{4.6-2}$$

4. 转矩和机械效率

设马达的出口压力为零，入口压力即工作压力为 p，排量为 V，则马达的理论输出转矩 T_t 的表达形式为

$$T_t=\frac{pV}{2\pi} \tag{4.6-3}$$

因马达实际上存有着机械摩擦，故在计算实际输出转矩时应考虑机械效率 η_{mm}。当液压马达的转矩损失为 T_1 时，则马达的实际转矩为 $T=T_t-T_1$。则液压马达的机械效率为

$$\eta_{mm}=\frac{T}{T_t}=\frac{T_t-T_1}{T_t}=1-\frac{T_1}{T_t}$$

马达的实际输出转矩为

$$T=T_t\eta_{mm}=\frac{pV}{2\pi}\eta_{mm} \tag{4.6-4}$$

5. 功率和总效率

马达的输入功率 P_i 为

$$P_i=pq \tag{4.6-5}$$

马达的输出功率 P_0 为

$$P_0=2\pi nT \tag{4.6-6}$$

马达的总效率 η 为

$$\eta=\frac{P_o}{P_i}=\frac{2\pi nT}{pq}=\frac{2\pi nT}{p\dfrac{Vn}{\eta_{mv}}}=\frac{T}{\dfrac{pV}{2\pi}}\eta_{mv}=\eta_{mm}\eta_{mv} \tag{4.6-7}$$

由上式可见，液压马达的总效率等于机械效率与容积效率的乘积，这一点与液压泵相同。图 4-22 是液压马达的特性曲线。

从式(4.6-2)、(4.6-4)可以看出，对于定量液压马达，V 为定值，在 q 和 p 不变的情况下，输出转速 n 和转矩 T 皆不可变；对于变量液压马达，V 的大小可以调节，因而它的输出转速 n 和转矩 T 是可以改变的，在 q 和 p 不变的情况下，若使 V 增大，则 n 减小，T 增大。

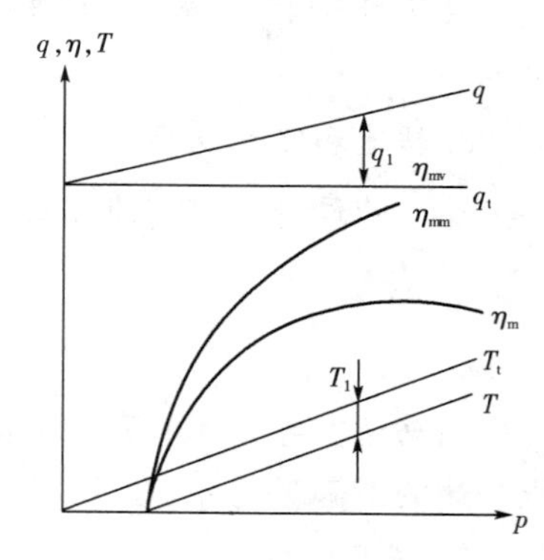

图 4-22　液压马达的特性曲线

【例 4-2】　某齿轮液压马达的排量 $V=10\text{mL/r}$，供油压力 $p=10\text{MPa}$，供油流量 $q=4\times10^{-4}\text{m}^3/\text{s}$，容积效率 $\eta_{mv}=0.87$，机械效率 $\eta_{mm}=0.87$，试求马达的实际转速、理论转矩和实际输出功率。

【解】 (1) 马达的实际转速

$$n=\frac{q}{V}\eta_{mv}=\frac{4\times10^{-4}}{10\times10^{-6}}\times0.87=34.8\text{r/s}$$

(2) 理论转矩

$$T_t=\frac{pV}{2\pi}=\frac{10\times10^{6}\times10\times10^{-6}}{2\pi}=16\text{N}\cdot\text{m}$$

(3) 实际输出功率

$$P_0=pq\eta_{mv}\eta_{mm}=10\times10^{6}\times4\times10^{-4}\times0.87\times0.87=3028\text{W}=3.0\text{kW}$$

4.6.3　高速液压马达

一般来说，额定转速高于500r/min的马达属于高速马达，额定转速低于500r/min的马达属于低速马达。

高速液压马达的基本型式有齿轮式、叶片式和轴向柱塞式等，它们的主要特点是转速高，转动惯量小，便于启动、制动、调速和换向。通常高速马达的输出转矩不大。

如图 4-21 所示，当压力油输入液压马达后，所产生的轴向分力 F 为

$$F=\frac{\pi}{4}d^2p$$

所产生的垂直于轴向的分力 F_T 使缸体 2 产生转矩，其值为

$$F_T=F\tan\gamma=\frac{\pi}{4}d^2p\tan\gamma$$

由此可知，一个柱塞产生的瞬时转矩为

$$T_{in}=F_Tr_T=F_TR\sin\varphi=\frac{\pi}{4}d^2Rp\tan\gamma\sin\varphi \tag{4.6-8}$$

式中：r_T—— 柱塞距铅垂中心线的距离；

R—— 柱塞在缸体中的分布圆半径；

d—— 柱塞直径；

p—— 马达的工作压力；

γ—— 斜盘倾角；

φ—— 柱塞的瞬时方位角。

马达的输出转矩等于处在马达压力腔半周内各柱塞瞬时转矩的总和。由于柱塞的瞬时方位角是变量，其值按正弦规律变化，所以液压马达输出的转矩是脉动的。

马达的平均转矩可按式(4.6-4)计算。当马达的进、出口互换时，马达将反向转动。当改变斜盘倾角时，马达的排量便随之改变，从而可以调节输出转速或转矩。

1. 齿轮式液压马达

齿轮式液压马达有低压、中压和高压等种类，也有单独的或双联式的结构形式，其结构与齿轮泵类似。齿轮式液压马达适用于负载转矩不大、速度平稳性要求不高、噪声限制不大的场合，例如钻床、风扇传动等。

2. 叶片式液压马达

叶片式液压马达的转速最高可达 2 000r/min，最低一般不低于 100r/min。其最大弱点是机械特性较软，即负载增加时，转速将迅速降低，故宜用于低转矩、高转速的场合。优点是运转均匀脉动小，常用于磨床回转工作台的驱动、外圆和内圆磨床的工件驱动、以及木材加工机床的主运动和进给运动等。

3. 轴向柱塞式液压马达

图 4-23 所示为点接触斜盘轴向柱塞式液压马达的结构。如图所示，在缸体 7 与斜盘 2 之间装置一个鼓轮 4，鼓轮中有推杆 10，柱塞 9 将其右端面上所承受的液压力通过推杆传递到斜盘的表面，而斜盘表面产生的反作用力的径向分力又通过推杆迫使鼓轮借助键带动输出轴 1 一同旋转，同时又通过拨销 6 带动缸体 7 一起旋转。

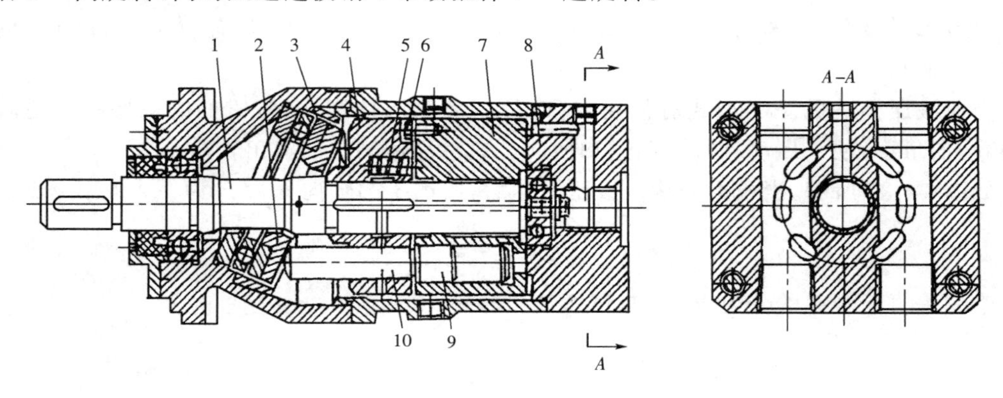

图 4-23　轴向柱塞式液压马达

1—输出轴；2—斜盘；3—止推轴承；4—鼓轮；5—预紧弹簧；
6—拨销；7—缸体；8—配油盘；9—柱塞；10—推杆

马达的这种结构，使缸体和柱塞只受轴向力的作用，而斜盘的反作用力对推杆产生的颠覆力矩便传不到缸体和柱塞上，使缸体对配油盘保持良好接触，以及保证柱塞在柱塞孔中灵活运动。此外缸体与输出轴之间仅有一小段面积接触，使得缸体有适度的自位性，从而保证缸体在柱塞孔底部的液压作用和弹簧 5 的作用下紧贴配油盘 8 的工作表面，并在磨损后能够自动补偿。所以这种马达的容积效率和机械效率都比较高。图示马达的转速范围为 20 ～ 2400r/min。

这种马达的斜盘倾角是固定的，马达的排量不能调节，故属于定量液压马达。用 SCY14-1 泵作液压马达用时，其斜盘倾角可调，排量可变，故是变量液压马达。柱塞式液压马达常用于起重机、铰车、铲车、内燃机车和数控机床等。

4.6.4　低速大转矩液压马达

低速液压马达的输出转矩通常都较大(可达数千至数万牛·米)，所以又称为低速大转矩液压马达。低速大转矩液压马达的主要特点是转矩大，低速稳定性好(一般可在 10r/min 以下平稳运转，有的可低到 0.5r/min 以下)，因此可以直接与工作机构连接(如直接驱动车轮或绞车轴)，不需要减速装置，使传动结构大为简化。低速大转矩液压马达广泛用于工程、运输、建筑和船舶等机械(如行走机械、卷扬机、搅拌机)上。

低速大转矩液压马达的基本结构是径向柱塞式,通常分为两种类型,即单作用曲轴型和多作用内曲线型。

1. 单作用曲轴连杆径向柱塞式液压马达

图 4-24 所示为单作用偏心曲轴连杆径向柱塞式液压马达。在这种液压马达中,五个(也有七个的)油缸按径向在圆周上均匀分布,形成星形壳体。每个油缸中装有柱塞 1,柱塞的中心球窝中装有连杆 2 小端的球头,连杆大端的凹形圆柱面紧贴在输出轴 4 上,轴的一端通过十字联轴器 5 同配流转阀 6 连接。压力液体经进出口 a 或 b 和配流转阀 6 进入油缸内,并作用到柱塞上,其作用力通过柱塞和连杆作用在输出轴的偏心圆柱面上。这些作用力都通过偏心圆柱面的中心 O_2,因此对输出轴的中心 O_1 产生转矩,使输出轴回转和输出转矩。排出的液体经配流转阀从进出口 b 或 a 排出。改变压力液体进出口的进出方向,即可改变马达的旋转方向。

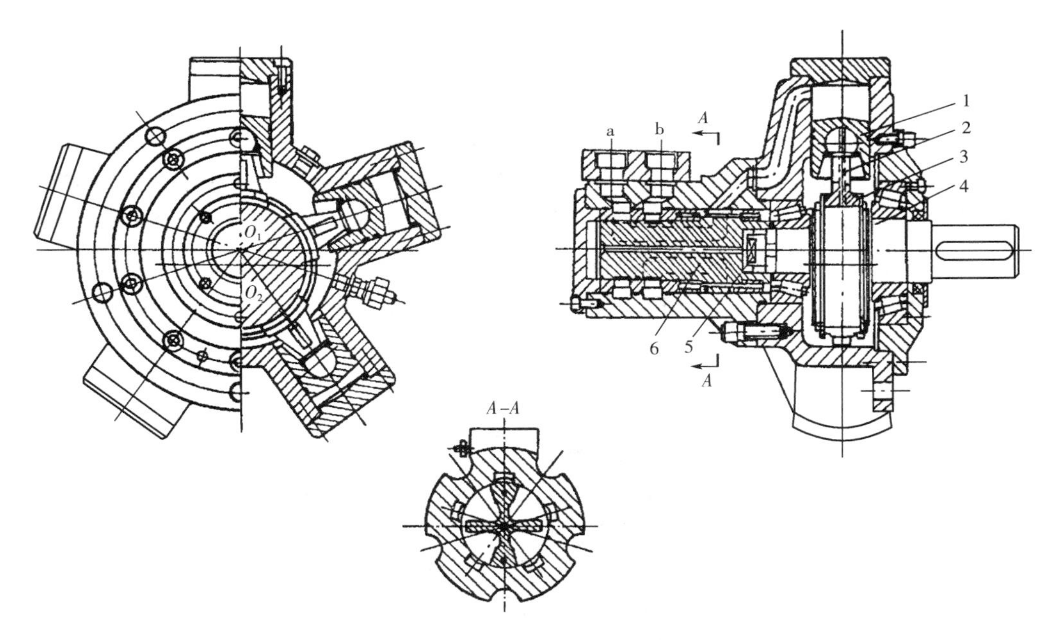

图 4-24　单作用径向柱塞式液压马达

1 — 柱塞;2 — 连杆;3 — 曲轴;4 — 输出轴;5 — 联轴器;6 — 配流转阀

配流转阀的形状见图 4-25,马达进排油口经阀套上的相应径向孔通到配流转阀上的环形槽 a 或 b,环槽 a 在转阀中与轴向孔 c 和 d 相通,环槽 b 则与 e 和 f 相通。这四个轴向孔一直通到剖面 C—C 所示的配流窗口处。在剖面 C—C 中可看出水平左右两侧的封油区将配流窗口分隔出上下两腔,分别为进液腔或排液腔。

这种马达问世较早,其优点是结构简单,工作可靠,品种规格多,价格低廉。其缺点是体积重量较大,转矩脉动大。以往的产品低速稳定性较差,但近年来对其主要摩擦副采用静压支承或静压平衡结构,其性能有所提高,其低速稳定转速可达 3r/min。几十年来这种马达不仅未被后起的其他种类马达淘汰,反而保持着持续发展的势态。

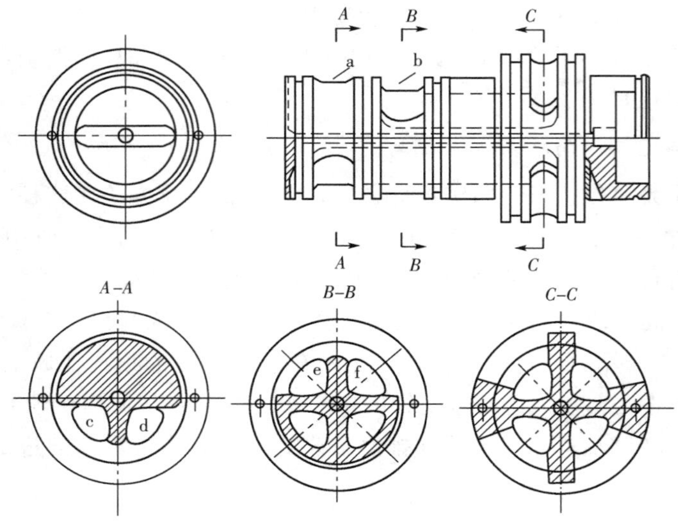

图 4-25　配流转阀结构图

2. 多作用内曲线径向柱塞式液压马达

图 4-26 所示为一多作用内曲线径向柱塞式液压马达的结构。图中的配流轴 1 是固定的,其上有进油口和排油口,当压力液体从进油口进入,经配流窗口通到缸体 2 的柱塞孔中,并作用于柱塞 3 的端部,柱塞受液压力作用向外伸出,迫使柱塞顶部的横梁 4 两端处的滚轮 5 压向定子 6 的内壁。定子内壁由多段内曲面构成,滚轮每经过一段曲面,柱塞往复伸缩一次,故称多作用式。定子在滚子接触处的反作用力的分力对缸体产生转动力矩,使缸体转动。缸体又将此力矩和旋转运动传给主轴 7 将其输出。

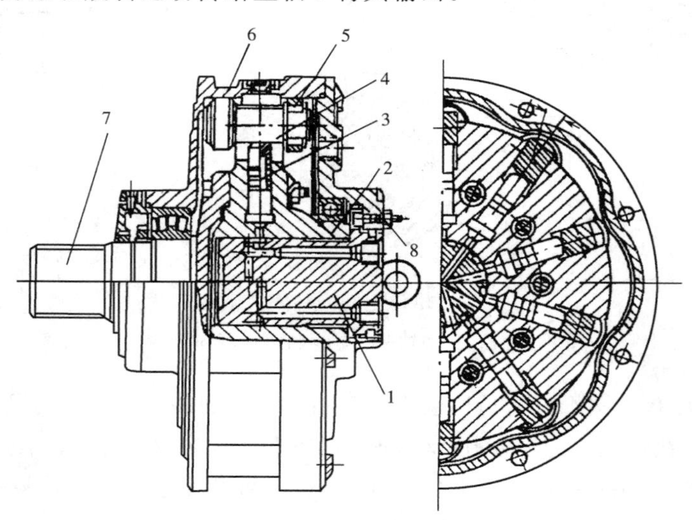

图 4-26　多作用内曲线径向柱塞式液压马达结构图

1—配流轴;2—缸体;3—柱塞;4—横梁;5—滚轮;
6—定子;7—主轴;8—微调螺钉

这种马达的转速范围为 0 ～ 100r/min。适用于负载转矩很大,转速低,平稳性要求高的场合。例如,挖掘机、拖拉机、起重机、采煤机牵引部件等。

思考与练习

4-1　从能量的观点来看，液压泵和液压马达有什么区别和联系？从结构上来看，液压泵和液压马达又有什么区别和联系？

4-2　在供油流量 q 不变的情况下，要使单杆活塞式液压缸的活塞杆伸出速度和回程速度相等，油路应该怎样连接，而且活塞杆的直径 d 与活塞直径 D 之间有何关系？

4-3　叶片式和齿条式摆动缸都是获得往复回转运动的液压缸，试比较它们的特点。

4-4　已知单杆液压缸缸筒直径 $D=100\text{mm}$，活塞杆直径 $d=50\text{mm}$，工作压力 $p_1=2\text{MPa}$，流量 $q=10\text{L/min}$，回油背压力 $p_2=0.5\text{MPa}$，试求活塞往复运动时的推力和运动速度。

4-5　已知单杆液压缸缸筒直径 $D=50\text{mm}$，活塞杆直径 $d=35\text{mm}$，泵供油流量 $q=10\text{L/min}$。试求：

(1) 液压缸差动连接时的运动速度；

(2) 若缸在差动阶段所能克服的外负载 $F=1000\text{N}$，缸内油液压力有多大(不计管内压力损失)？

4-6　一柱塞缸柱塞固定，缸筒运动，压力油从空心柱塞中通入，压力为 p，流量为 q，缸筒直径为 D，柱塞外径为 d，内孔直径为 d_0，试求柱塞缸所产生的推力和运动速度。

4-7　在如图所示的液压系统中，液压泵的铭牌参数为 $q=18\text{L/min}$，$p=6.3\text{MPa}$，设活塞直径 $D=90\text{mm}$，活塞杆直径 $d=60\text{mm}$，在不计压力损失且 $F=28000\text{N}$ 时，试求在各图示情况下压力表的指示压力。

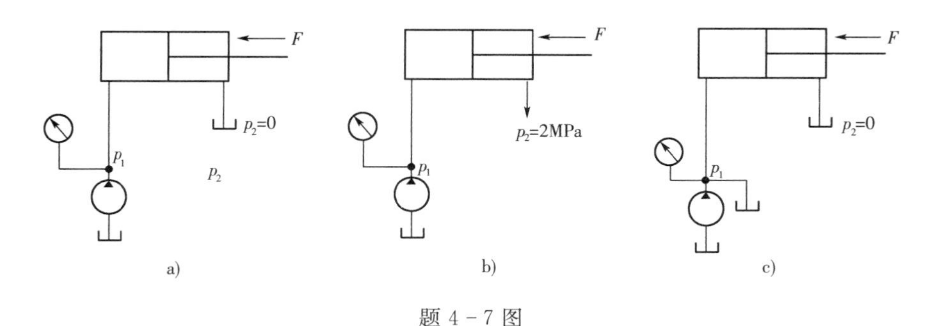

题 4-7 图

4-8　如图所示的串联油缸，A_1 和 A_2 为有效工作面积，F_1 和 F_2 是两活塞杆的外负载，在不计损失的情况下，试求 p_1、p_2 和 v_1、v_2。

4-9　如图所示的并联油缸中，$A_1=A_2$，$F_1>F_2$，当油缸 2 的活塞运动时，试求 v_1、v_2 和液压泵的出口压力 p。

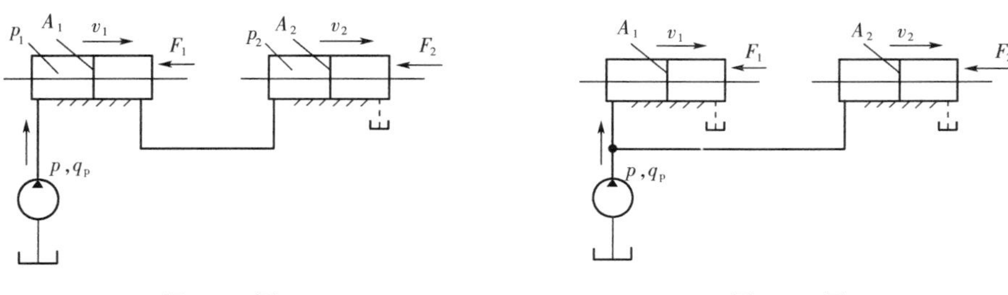

题 4-8 图　　　　图 4-9 图

4-10　设计一单杆活塞液压缸，要求快进时为差动连接，快进和快退（有杆腔进油）时的速度均为6m/min。工进时（无杆腔进油，非差动连接）可驱动的负载 $F=25000\text{N}$，回油背压力为0.25MPa，采用额定压力为6.3MPa、额定流量为25L/min的液压泵。试确定：

(1) 缸筒内径和活塞杆直径；

(2) 缸筒壁厚（缸筒材料选用无缝钢管）。

4-11　一个双叶片式摆动液压缸的内径 $D=200\text{mm}$，叶片宽度 $B=100\text{mm}$，叶片轴的直径 $d=40\text{mm}$，系统供油压力 $p=16\text{MPa}$，流量 $q=63\text{L/min}$，工作时的排油背压不计，求该缸的输出转矩 T 和回转角速度 ω。

第 5 章　辅助元件

液压系统中除了液压泵、液压马达、液压缸和控制阀等基本元件外，还有许多辅助装置，如油管和管接头、油箱、冷却器和加热装置、滤油器、蓄能器和密封装置等。这些元件或装置，从液压传动的工作原理来看是起辅助作用，但从保证完成液压系统传递力和运动的任务来看，它们却是非常重要的。它们对液压元件和系统的正常工作、工作效率、使用寿命等影响极大。因此，在设计、制造和使用液压设备时，对辅助装置必须予以足够的重视。

5.1　油管及管接头

在液压系统中油管和管接头的作用是连接各液压元件，以保证工作介质的循环流动，并传递能量。因此要求管道在输油过程中压力损失小，无泄漏，且有足够的强度，装配维修方便等。

为保证管道的压力损失较小，油管和管接头必须有足够的通流面积，使油液在管道中的流动速度不致过大，且要求长度尽量短，管壁光滑，尽可能避免通流断面的突变及管道方向急剧变化。

5.1.1　油管

1. 油管的材质和类型

在液压系统中，油管的种类有无缝钢管、有缝钢管、耐油橡胶软管、紫铜管、尼龙管、塑料管等。油管材料是依据液压系统各部位的压力、工作要求和各部件间的位置关系等选择的。各种材料的油管特性及适用范围如下：

(1) 无缝钢管

装配时不易弯曲，但装配后能长久地保持原形，所以在中、高压系统中得到广泛应用。无缝钢管有冷拔和热轧两种。冷拔管的外径尺寸精确，质地均匀，强度高。一般多选用 10 号、15 号冷拔无缝钢管。前者适用于小于 8MPa 的系统，后者适用于压力大于 8MPa 的系统。吸油管和回油管等低压管路，允许采用有缝钢管，其最高工作压力不大于 10^5Pa。

(2) 橡胶软管

可用于有相对运动的部件间的连接，能吸收液压系统的冲击和振动，装配方便。但软管制造困难，寿命短，成本高，固定连接时一般不采用。橡胶软管分为高压软管和低压软管两种，高压软管用夹有钢丝的耐油橡胶制成。钢丝有缠绕和交叉编织两种，一般有 2 ～ 3 层。钢丝层数越多，管径越小，耐压力越高，最高使用压力可达 35 ～ 40MPa。低压软管是由夹有帆布的耐油橡胶制成，适用于工作压力小于 1.5MPa 的场合。

(3) 紫铜管

容易弯曲成所需的形状，安装方便，且管壁光滑，摩擦阻力小。但耐压力低，抗振能力弱，只适于中、低压油路(一般不大于 6.3MPa)。由于铜和油接触能加速油的氧化，且铜材较缺，故应尽量不用或少用铜管，通常只限于用做仪表和控制装置的小直径油管。

(4) 耐油塑料管

价格便宜，装配方便，但耐压力低，使用压力一般不大于 0.5MPa。可用于某些回油管和泄漏油管。

(5) 尼龙管

国内已试制生产，可用于中、低压油路，有的使用压力可达 8MPa。

2. 油管内径的确定

油管的内径 d 可根据通过的流量和允许流速来确定，即

$$d = 2\sqrt{\frac{q}{\pi v}} \tag{5.1-1}$$

式中：q—— 通过油管的流量，m^3/s；

v—— 油管中的允许流速，m/s。对吸油管可取为(0.6 ～ 1.5)m/s，流量大时，可取较大值，对压力油管可取为(3 ～ 6)m/s，当系统压力较高、流量较大和管道较短时可取较大值，反之取较小值；对回油管可取为(1.5 ～ 2.5)m/s；对短管道及局部收缩处可取为(5 ～ 8)m/s。

3. 管壁厚度的确定

为保证油管的强度，钢管的壁厚 δ 可按下式计算

$$\delta = \frac{pd}{2[\sigma]} \tag{5.1-2}$$

式中：p—— 油管内油液的工作压力，Pa；

d—— 油管内径，m；

$[\sigma]$—— 许用应力，Pa。

对于钢管

$$[\sigma] = \frac{\sigma_b}{n} \tag{5.1-3}$$

式中：σ_b—— 抗拉强度，MPa

n—— 安全系数。当 $p < 7$MPa 时，取 $n = 8$；当 $p < 17.5$MPa 时，取 $n = 6$；当 $p > 17.5$MPa 时，取 $n = 4$。

对于铜管可取 $[\sigma] \leqslant 25$MPa。

在算出油管的尺寸后，应按标准选取相应的油管。选用油管可参照表 5-1。

对于高压胶管，在计算出油管内径 d 和已知工作压力后，即可按标准选用。高压钢丝编织胶管的公称内径、外径和工作压力，见表 5-2，胶管试验压力为工作压力的 1.25 倍。厂家是按安全系数 $n = 3$ 确定工作压力的。安全系数 n 等于爆破压力与工作压力之比。选用钢丝编织胶管时，应根据不同工况取不同的安全系数，如更换方便，不常使用之处的试验台

上，可取 $n=2.5$；使用频繁，经常弯扭者，可取 $n=5$。按实际情况，推荐取 $n=3\sim5$ 比较合适。使用中须注意，液压系统的工作压力不得超过胶管的工作压力。若系统中存在冲击压力，则最高冲击压力不得超过胶管的工作压力。

表5-1　钢管公称通径、外径、壁厚、连接螺纹及推荐流量

公称通径 d		钢管外径(mm)	管接头连接螺纹(mm)	管子壁厚(mm) 公称压力(MPa)					推荐管路通过流量(L/min)
mm	in			≤2.5	≤8	≤16	≤25	≤32	
3		6		1	1	1	1	1.4	0.63
4		8		1	1	1	1.4	1.4	2.5
5;6	1/8	10	M10×1	1	1	1	1.6	1.6	6.3
8	1/4	14	M14×1.5	1	1	1.6	2	2	25
10;12	3/8	18	M18×1.5	1	1.6	1.6	2	2.5	40
15	1/2	22	M22×1.5	1.6	1.6	2	2.5	3	63
20	3/4	28	M27×2	1.6	2	2.5	3.5	4	100
25	1	34	M33×2	2	2	3	4.5	5	160
32	$1\frac{1}{4}$	42	M42×2	2	2.5	4	5	6	250
40	$1\frac{1}{2}$	50	M48×2	2.5	3	4.5	5.5	7	400
50	2	63	M60×2	3	3.5	5	6.5	8.5	630
65	$2\frac{1}{2}$	75		3.5	4	6	8	10	1000
80	3	90		4	5	7	10	12	1250
100	4	120		5	6	8.5			2500

注：压力管道推荐用10号、15号冷拔无缝钢管(YB231—64)，在 $p=8\sim32$MPa时，选用15号钢，对卡套式管接头用管，采用高级精度冷拔钢管；焊接式接头用管，采用普通级精度的钢管。管路的公称通径系指管道的名义内径。

表5-2　钢丝编织胶管(HG4-406-66)

公称内径(mm)	外　径(mm)			工作压力(MPa)		
	一层钢丝	二层钢丝	三层钢丝	一层钢丝	二层钢丝	三层钢丝
6	17	19		18	28	
8	19	21		17	25	
10	21	24	25	15	23	28
13	24	27	28	14	22	25
16	27	30	31	11	17	21
19	30	33	34	10	15	18

（续表）

公称内径（mm）	外　径（mm）			工作压力（MPa）		
	一层钢丝	二层钢丝	三层钢丝	一层钢丝	二层钢丝	三层钢丝
22	33	36	37	8	13	16
25	37	40	41	6	11	14
32	44	47	48		9	11
38		53	54		8	10
45		60	61		8	9
51		66	67		6	8

注：胶管爆破压力为工作压力的三倍。

5.1.2　管接头

管接头是油管与油管、油管与液压件之间的可拆装连接件。它应满足拆装方便、连接牢固、密封可靠、外形尺寸小、通流能力大、压力损失小及工艺性好等要求。

管接头的种类很多，其规格品种可查阅有关技术手册。液压系统中油管与管接头的常见连接方式见表 5－3。管路旋入用的连接螺纹采用国家标准米制锥螺纹（ZM）和普通细牙螺纹（M）。前者靠自身锥体旋紧并采用聚四氟乙烯密封，广泛应用于中、低压液压系统。后者密封性能好，常用于高压系统，但要采用组合垫圈或 O 型密封圈进行端面密封，有时也可采用紫铜垫。

表 5－3　管接头的类型和特点

类　型	结果图	特　点
扩口式管接头		利用管子端部扩口进行密封，不需要其他密封件。适用于薄壁管件和压力较低的场合
焊接式管接头		把接头与钢管焊接在一起，端口用 O 形密封圈密封。对管子尺寸精度要求不高。工作压力可达 31.5MPa
卡套式管接头		利用卡套的变形卡住管子并进行密封。轴向尺寸控制不严格，易于安装。工作压力可达到 31.5MPa，但对于管子外径及卡套制作精度要求高
球形管接头		利用球面进行密封，不需要其他密封件，但对球面和锥面加工精度有一定要求

（续表）

类　型	结果图	特　点
扣压式管接头（软管）		管接头由接头外套和接头芯组成，软管装好后再用模具扣压，使软管得到一定的压缩量。此种结构具有较好的抗拔脱和密封性能
（软管）可拆装式管接头		在外套和接头芯上做成六角形，便于经常拆装软管。适用于维修和小批量生产。这种结构拆装比较费力，只用于小管径连接
伸缩式管接头		接头由内管和外管组成，内管可在外管内自由滑动，并用密封圈密封。内管外径必须进行精密加工。适用于连接两元件有相对直线运动的管道
快速管接头		管子拆开后可自行密封，管道内的油液不会流失，因此适用于经常拆卸的场合

液压系统的泄漏多出现在管接头上，为此对管材的选用、接头形式的确定（包括接头设计、垫圈、密封、箍套、防漏涂料的选用等）、管路系统的设计（包括弯管设计、管道支撑点和支持形式的选择）及管道安装（包括正确的运输、储存、清洗、组装等）都要谨慎从事。

国外对管道材质、接头形式和连接方法的研究不惜投入。最近出现的一种用特殊镍钛合金制造的管接头，它可使低温下受力后发生的形变在升温时消除，即把管接头放入液态氮中用芯棒扩大其内径，然后取出迅速套在管端上，可使之在常温下得到牢固紧密的结合。这种“热缩”式连接方式正在航空和其他的一些加工行业中得到应用。可保证(40～55)MPa不发生泄漏，这是十分值得注意的研究方向。

5.2　油　　箱

5.2.1　油箱功用和要求

油箱的用途主要是存储油液，此外，还起到散热、逸出混在油中空气、沉淀油液中污物等作用，有时还兼作液压元件安装台，所以油箱的容量和结构应满足以下要求：

(1) 具有足够的容量，以满足液压系统对油量的要求，同时当系统工作时，油面应保持一定的高度，当系统停止工作或检修时，应容得下返回的油液。

(2) 能分离出油中的空气和杂质，并能散发出液压系统工作过程中产生的热量，使油温不超过容许值。

(3) 油箱上部应适当地透气，以保证油泵正常吸油。

(4) 便于油箱中元件和附件的安装和更换。

(5) 便于装油和排油。

其中,油箱的散热是决定油箱容量结构的主要因素。

油箱中的热量,是经过油与油、油与金属,金属与空气的接触而传导到低温的大气中去的。在散热过程中,油与油之间的导热性最差,是散热的主要矛盾。单纯依靠增大油箱容积提高散热效果是不显著的。为了加快散热速度,应使油箱中的油液不断流动,使热油与箱壁充分接触。

5.2.2　油箱的分类和结构

按油箱内液面是否与大气相通可分为开式油箱和闭式油箱(充气式),按是否与电泵电机组合为一体可分为整体式(电机和液压泵多在油箱上部)和分离式。

开式油箱为常见油箱,结构图如图 5-1 示意。它一般为钢板焊接而成,形式可依总体布置决定,根据使用要求,油箱结构设计时应注意以下几点:

(1) 吸油管和回油管距离应尽量远,吸油侧和回油侧要用隔板隔开,以增大油箱内油液循环的距离,这样有利于油的冷却和放出油液中的气泡,并使杂质沉淀在回油管一侧。隔板的高度约为最低油面高度的 2/3。

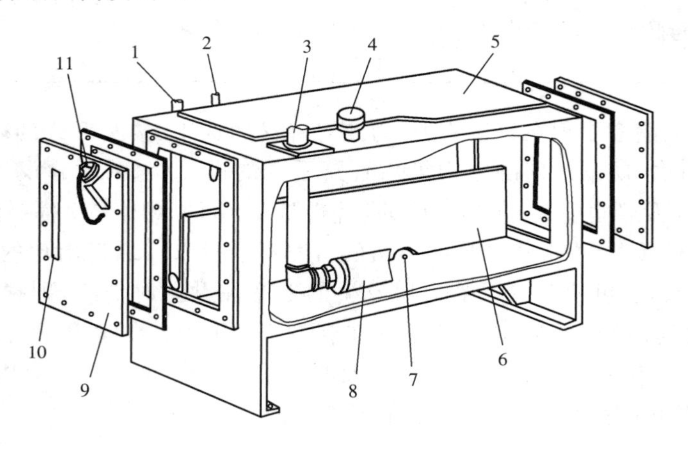

图 5-1　开式油箱的结构

1—回油管;2—排泄管;3—吸油管;4—空气滤清器;5—安装台

6—隔板;7—放油孔;8—过滤器;9—清除用侧板;10—油位计;11—注油口

吸油管离油箱底部的距离应不小于管径的两倍,距箱边应不小于管径的三倍以便回油、吸油畅通,吸油管口要设立网式滤油器,通油能力为油泵流量的两倍以上。回油管口必须浸入最低油面之下,以避免回油将空气带入油中。回油管距油箱的底面也不应小于管径的两倍,管端切成 45° 角,以增大排油口面积。安装时排油口应面向箱壁,提高散热能力。

(2) 油箱应有盖,注油口上应有滤油网。密封的油箱应有通气孔,以使在通常情况下油箱内的压力均保持为大气压。

(3) 油箱应便于维修、清洗。为了便于放油,油箱的底面应有适当斜度,并应设置放油塞或放油阀。在油箱侧壁易见处设置油位指示器,必要时还应设有温度计。

(4) 油箱内壁需用耐油涂料涂漆,用以防锈和防凝水。

5.2.3　油箱容积计算

油箱的容积是根据液压系统的散热要求确定的，在不设冷却器的液压系统中，当油箱的尺寸比（长：宽：高）为 1：(1～2)：(1～3) 时，油箱的有效容积可按下式近似计算

$$V = 8 \times 10^{-3} \sqrt{\left(\frac{H}{T_{max} - T_0}\right)^3} \tag{5.2-1}$$

式中：H—— 单位时间系统的总发热量，W/h；

T_{max}—— 系统达到热平衡时的油温，℃；

T_0—— 环境温度，℃。

油箱的有效容积与油箱的散热面积之间的关系，可近似用下式表示

$$A = 0.065 \sqrt[3]{V^2} \tag{5.2-2}$$

式中：A—— 油箱散热面积，m^2；

V—— 油箱有效容积，L。

上式仅适用于油箱中的油面高度为油箱高度的 0.8 倍的场合。油箱的设计容积应为计算容积的 1.2 倍。

另外油箱的容积 V 也通常采用经验估算法，根据系统的工作压力和泵的流量 q_p(L/min) 选择 V，具体如下：

当系统较简单，压力数低，泵的流量较大时

$$V = (2 \sim 3) q_p \tag{5.2-3}$$

当系统较复杂、压力数较高（中压），泵的流量数较小时

$$V = (4 \sim 6) q_p \tag{5.2-4}$$

在高压系统中

$$V = (5 \sim 7) q_p \tag{5.2-5}$$

5.3　冷却器和加热装置

当利用油箱散热不足以使油温保持在允许范围之内时，就应在系统中设置冷却器。冷却可用水冷，也可以采用风冷，其结构形式有多种。对冷却器性能的主要要求是：

(1) 要有足够的散热面积，以保持油温在允许范围之内。

(2) 油通过时压力损失要小。

(3) 在系统负荷变化时，容易控制油液保持恒定温度。

(4) 有足够的强度。

按冷却介质不同，冷却器可分为水冷、风冷和冷媒式，常见冷却器的种类与应用特点见表 5-4。

表 5－4　常见冷却器的种类与应用特点

种类		结构简图	特点	冷却效果
水冷式	蛇行管式	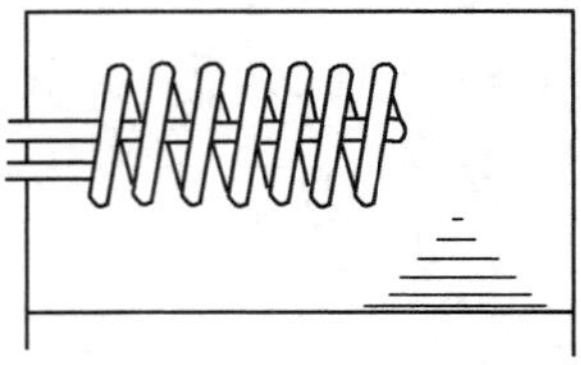	结构简单，直接装在油箱中，冷却水流经管内时，带走油液中的热量	散热面积小，油的运动速度很低，散热效果很差
	多管式：固定管板式，浮头式，U型管式，双重管式，卧式，立式	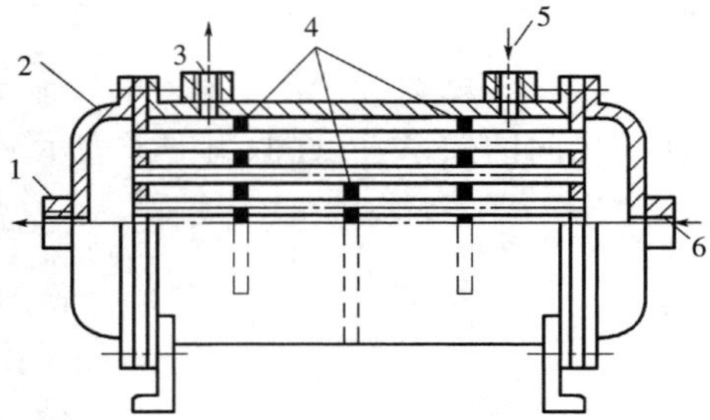 1 2 3 4 5 6	水从管内流过，油从筒体内管间流过，中间折板使油流折流，并采用双程或四程流动，强化冷却效果	散热效果好，传热系数均为(350～580)W/(m² · ℃)
	波纹板式	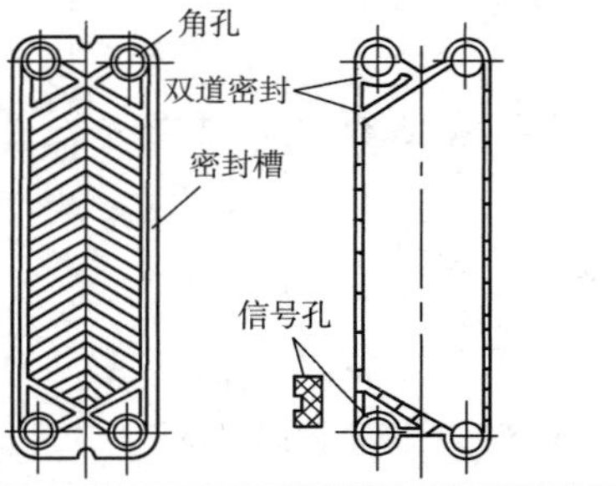 角孔 双道密封 密封槽 信号孔	利用板面人字波纹结构交错排列形成的接触点，使液流在流速不高的情况下形成紊流，提高散热效果	散热效果好，传热系数可达(230～815)W/(m² · ℃)
风冷式	板翅式（二次表面换热器）	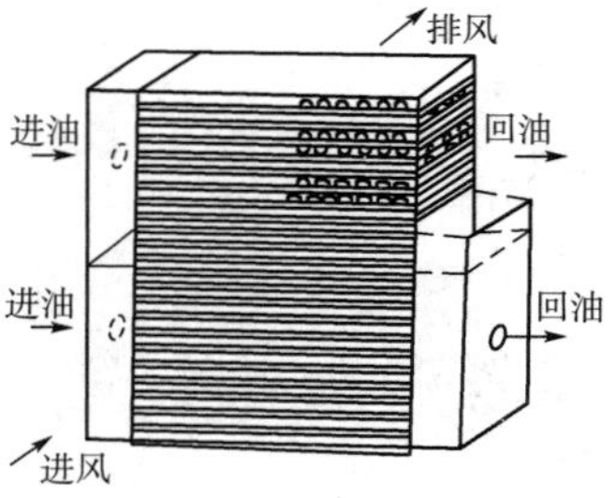 排风 进油 回油 进油 回油 进风	结构简单紧凑，散热面积大，除了风冷却器外，还可以做成油－油和水－油热交换器，耐压 P ＝ (0.8 ～ 2)MPa，耐高温 $t<250$℃	散热效率高，适应性好。 强制对流空气传热系数 $K=(35\sim350)$ W/(m² · ℃) 油传热系数为 $K=(115\sim175)$ W/(m² · ℃)
	翅片管式（圆管、椭圆管）	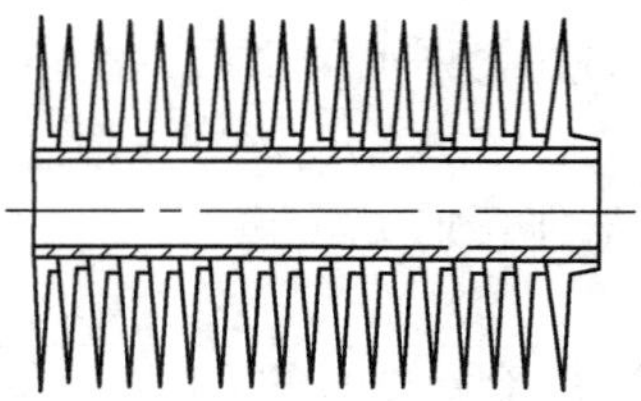	圆管（或椭圆）管外嵌入翅片，散热面积可达光管的 8～10 倍，椭圆管因涡流区小，空气流动性好，提高了散热系数	用作油介质时，翅片管式的传热系数较光管高 220%；光管的传热系数 K[W/(m² · ℃)]：黄铜 81，紫铜 384，铝 100，钢 46

（续表）

种类		结构简图	特点	冷却效果
冷媒式	分体式空气冷却器	汽化器 冷凝器 油入口 油出口 压缩机	利用冷媒介质，如氟利昂，在压缩机中做绝热压缩，散热器中放热，蒸发器中吸热的原理，把液压油的热带走	冷却效果好，可以冷却到所需要的温度

冷却器一般应安装在回油管路或低压管路中，图5-2为冷却器在液压系统中各种安装位置及说明。

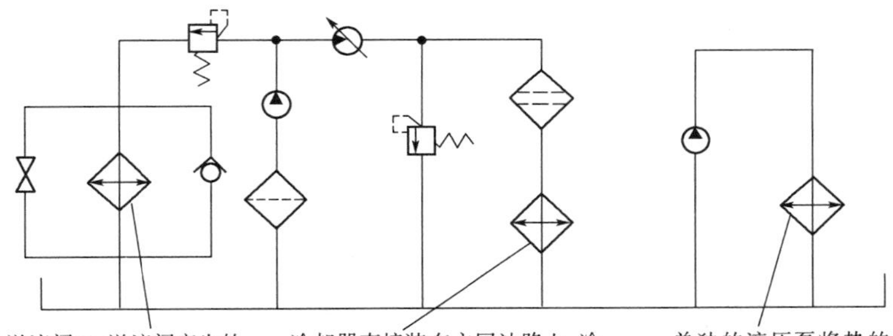

冷却器装在主溢流阀口，溢流阀产生的热油直接获得冷却，同时也不受系统冲击压力的影响，单向阀起保护作用，截止阀可在启动时使液压油液直接回油箱

冷却器直接装在主回油路上，冷却速度快，但系统回路有冲击压力时，要求冷却器能承受较高的压力

单独的液压泵将热的工作介质通入冷却器，冷却器不受液压冲击的影响

图5-2 冷却器在液压系统中的各种安装位置

对于需要油温保持稳定的液压试验台或某些液压设备，为了在开始工作时油温能较快的达到所要求的温度，可以采用油用加热器。使用时可将常用的电加热器直接装在油箱中。

5.4 滤油器

液压系统使用的油液中会含有各种杂质。这些杂质可能引起运动零件表面划伤，加速零件的磨损，使寿命降低，同时杂质还会堵塞节流口和阻尼孔等缝隙，引起滑阀卡死等，造成工作部件的运动不稳定、动作失调等故障。严重的会使液压系统无法工作。因此保持油液的清洁，对油液进行过滤是十分重要的。

5.4.1 功用和要求

1. 滤油器功用

液压系统的油液不可避免地混入各种杂质。其来源大致如下：初始就残留在液压系统中的杂质，如铁屑、焊渣、铸砂、油漆皮及清洗时残留的棉纱屑等；外界进入液压系统的杂质，如从加油口、防尘圈等处进入的灰尘，油液在运输过程中，从空气和运输设备中混入的杂质等；工作过程中产生的杂质，如密封材料受液压作用形成的碎片，运动副磨损产生的金属粉尘，油液在高温下经化学作用产生的酸类、胶状物、沥青质、炭渣等以及密封材料、橡胶软管、容器内壁涂料等在油液中融解形成的固体杂质等。

液压系统中，不允许液压油中含有超过限度的固体颗粒和不溶性污染物。因为这些杂质可使运动零件表面划伤，造成内部泄漏增大，从而效率降低，发热增加；这些杂质还可以使阀芯卡死，使节流小孔和缝隙堵死，润滑表面破坏，引起液压系统故障。据统计，液压系统的故障 70% 是由于油液的污染直接或间接造成的。保持油液的清洁度是保障液压系统正常工作的同义语。

除油箱可以沉淀析出一部分大颗粒固体杂质外，清除油液中杂质的最有效办法就是采用滤油器。

2. 对滤油器的要求

滤油器的种类很多，对它们的基本要求是：对于一般的液压系统，在选择滤油器时，应考虑使油中杂质的颗粒尺寸小于液压件缝隙尺寸，对于液压伺服系统，则应选择过滤精度很高的滤油器。

(1) 有足够的过滤精度，即能阻挡一定大小的杂质。

(2) 通油性能好。即当油液通过时，在产生一定压降的情况下，单位过滤面积通过的油量要大，一般安装在油泵吸入口的滤网，其过滤能力应为油泵容量的 2 倍以上。

(3) 过滤材料应有一定的机械强度，不致因受油的压力而损坏。

(4) 在一定的温度下，应有良好的抗腐蚀性和足够的寿命。

(5) 清洗维修方便，容易更换过滤材料。

此外，对油的过滤精度的要求与系统的压力有关。表 5-5 列出了油的过滤精度与压力的关系，可供参考。

表 5-5 油的过滤精度与压力的关系

系统类别	非伺服系统			伺服系动
压力 p(Mpa)	<7	>7	35	21
颗粒大小(mm)	$\leqslant 0.025 \sim 0.05$	<0.025	<0.01	<0.05

5.4.2 滤油器的类型

滤油器的种类通常是按滤油器的结构形式分类的。常见滤油器结构简图和特点见表5-6。

另一种分类方式是按过滤机理分类。有表面型、深度型和吸附型三种。简要说明如下：

(1) 表面型滤油器　其过滤作用是由几何面实现的。滤除的杂质被截在滤芯元件靠油液上游的一面。滤芯材料有均匀的标定小孔，可滤去比小孔尺寸大的杂质。网式滤油器和线隙式滤油器属于表面型滤油器。

(2) 深度型滤油器　该种滤芯材料为多孔可透性材料，内部有曲折迂回的通道。大于表面孔径的颗粒被截在滤芯表面；较小的杂质颗粒进入滤芯内部通道时，一部分沉淀在通道的凸凹不平处，其余的到达下游。深度型滤油器的过滤作用具有更大的随机性。纸芯或烧结式及各种纤维制品等属于这种类型。

(3) 吸附型滤油器　主要是磁性滤油器。上游含有杂质颗粒的油液经过磁性滤芯时，磁性杂质颗粒被吸附在滤芯表面上，流出下游油液变成较清洁的油液。

表 5-6　常见的滤油器及结构图和特点

名称	结构简图	特点及说明
网式滤油器	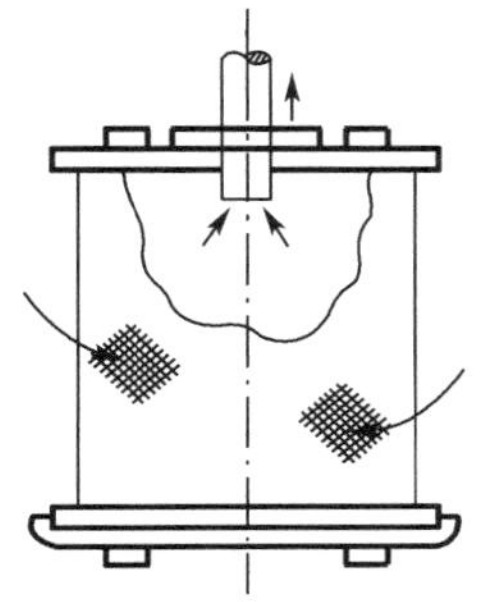	(1) 过滤精度与铜丝网层数及网孔大小有关。常安装在泵的吸油管上； (2) 压力损失不超过 0.04×10^5 Pa； (3) 结构简单，通流能力大，清洗方便，但过滤精度低
线隙式滤油器	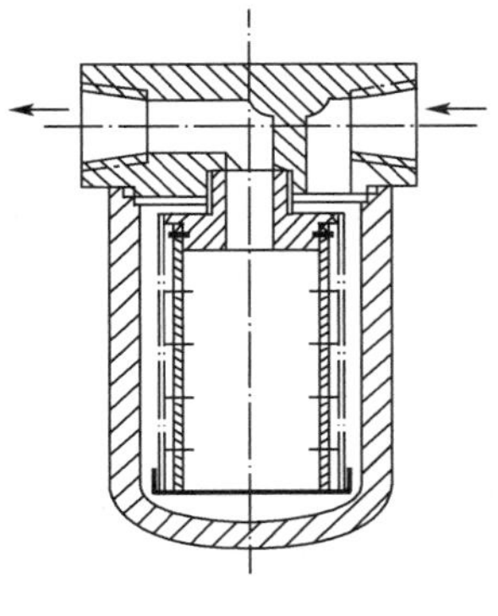	(1) 滤芯由绕在芯架上的一层金属线组成，依靠线间微小间隙来挡住油液中杂质的通过； (2) 压力损失约为 $(0.3\sim0.6)\times10^5$ Pa； (3) 结构简单，通流能力大，过滤精度高，但滤芯材料强度低，不易清洗； (4) 用于低压管道中，当在液压泵吸油管上时，它的流量规格应选的比泵大
纸芯式滤油器	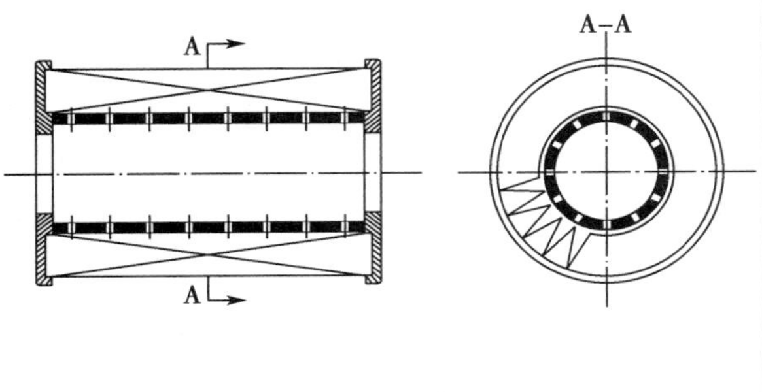 A A A-A	(1) 结构与线隙式相同，但滤芯与平纹或波纹的酚醛树脂或木浆微孔滤纸制成的纸芯。为了增大过滤面积，纸芯常制成折叠式； (2) 压力损失约为 $(0.1\sim0.4)\times10^5$ Pa； (3) 过滤精度高，但堵塞后无法清洗，必须更换纸芯； (4) 通常用于精过滤

（续表）

名称	结构简图	特点及说明
烧结式滤油器		(1) 滤芯由金属粉末烧结而成，利用金属颗粒间的微孔来挡住油中杂质通过。改变金属粉末的颗粒大小，就可以制成不同过滤精度的滤芯； (2) 压力损失约为 (0.2 ～ 2) $\times 10^5$ Pa； (3) 过滤精度高，滤芯能承受高压，但金属颗粒易脱落，堵塞后不易清洗； (4) 适用于精过滤
磁性滤油器		(1) 滤芯由永久磁铁制成，能吸住油液中的铁屑、铁粉或带磁性的材料； (2) 常与其他形式滤芯合成起来制成复合式滤油器

5.4.3　滤油器的主要性能指标

滤油器的主要性能指标或主要性能参数有：过滤精度、压降特性、纳垢容量、工作压力等。

1. 过滤精度

滤油器对不同尺寸的污染颗粒的滤除能力是用过滤精度评价的。目前国内尚无统一标准，常见评价指标为绝对过滤精度、过滤比和过滤效率。

能通过滤芯的最大坚硬球形颗粒尺寸称为该滤油器的绝对过滤精度。它反映了过滤材料中最大通孔尺寸，以 μm 表示。

过滤比 β 是指滤油器上游单位液体体积中大于某给定尺寸的颗粒数与下游单位液体体积中大于同一尺寸的颗粒数之比。对于某一尺寸 x 的颗粒来说其过滤比 β 的表达式为

$$\beta_x = \frac{N_u}{N_d} \tag{5.4-1}$$

式中：N_u—— 上游单位体积油液中尺寸(直径) 大于 x 的颗粒数；

N_d—— 下游单位体积油液中尺寸(直径) 大于 x 的颗粒数。

上式中 β_x 的值越大，过滤精度越高。当过滤比 $\beta_x = 75$ 时，x 即被认为是绝对过滤精度；当过滤比 $\beta_x = 2$ 时，则称 x 为平均过滤精度。β_x 确切反映了滤油器对不同尺寸的颗粒的过滤能力，它被国际标准化组织 ISO 采纳作为评定滤油器过滤精度的性能指标。目前用尺寸为 10μm 的颗粒过滤比 β_{10} 作为评定滤油器过滤精度的标准。

过滤效率 φ_x 是上下游颗粒数之差($N_u - N_d$) 与上游颗粒数 N_u 的比值，即

$$\varphi_x = \frac{N_u - N_d}{N_u} = 1 - \frac{1}{\beta_x} \tag{5.4-2}$$

2. 压降特性

回路中的滤油器对于油液的流动产生一定的阻力，或者说油液流经滤油器必然产生压力降。压降特性即滤油器两端压力降 Δp 与通过它的流量 q、液体的粘度 μ、滤芯尺寸等因素的关系。一般来说，在滤芯尺寸和流量一定的情况下，滤芯的过滤精度愈高，则压力降愈大；在流量一定的情况下，滤芯的有效面积愈大，则压力降愈小；油液的粘度愈大，则压力降愈大。另外随着工作时间的延长，滤芯逐渐被污垢堵塞，会使压降变大，达到一定时间后，压降就会急剧增大，以至使滤芯损坏，这时要及时更换滤芯。

滤芯所允许的最大压力降以不使滤芯元件发生结构性破坏为原则。常见滤油器的允许压力降可参看表5－6。

3. 纳垢容量和过滤能力

纳垢容量是指滤油器压力降达到规定的最大允许值时可以滤除并容纳的污物总质量(以 g 计)。该项可由多次实验确定。滤油器的纳垢愈大，其使用寿命愈长，所以它是反映滤油器寿命的重要指标。一般来说，滤芯尺寸愈大，即过滤面积愈大，纳垢容量就愈大，寿命愈长。

过滤能力是指在一定压力差下，允许通过的最大流量。滤油器在液压系统中的位置不同，对过滤能力的要求也不同。在泵的吸液口，过滤能力应为泵额定流量的两倍以上；在一般压力管路和回液管路中，其过滤能力只要达到管路中最大流量即可。

滤油器的过滤能力 q 可用下式计算

$$q=\frac{KA\Delta p}{\mu} \tag{5.4-3}$$

式中：Δp—— 滤油器允许压力降，Pa；

A—— 滤油器有效过滤面积，即滤芯上工作液体的过流断面面积，m^2；

μ—— 油液动力粘度，Pa·s；

K—— 滤芯通油能力系数，m。

K 的大小决定于滤芯的结构与材料。常用的 K 值为：网式滤芯，$K=0.17$m；纸质滤芯，$K=0.06$m；烧结滤芯，$K=0.104D/\delta$m，其中 D 为烧结颗粒平均直径(m)，δ 为滤芯直径(m)，D、δ 可从有关手册中查出。

5.4.4　滤油器的选用和安装位置

滤油器按其过滤精度不同可分为：粗滤油器、普通滤油器、精密滤油器和特精滤油器四种，它们可分别过滤大于100μm、(10～100)μm、(5～10)μm 和(1～5)μm 大小的杂质颗粒。

选择滤油器时应满足预定要求：

(1) 过滤精度满足预定要求(可参看表5－5)。

(2) 在较长时间内保持足够强度；

(3) 滤芯有足够的强度；

(4) 滤芯抗腐蚀性能好；

(5) 滤芯更换与清洗方便。

因此滤油器应根据液压系统的技术要求，按过滤精度，通流能力、工作压力、油液粘度、工作温度等条件选择其型号。

滤油器在液压系统中安装位置一般有五种，可参看图 5-3，具体情况如下：

(1) 安装在液压泵吸油口

① 要求滤油器有较大的通流能力和较小的阻力(阻力不大于 0.01 ～ 0.02MPa)，为此一般采用过滤精度较低的网式滤油器，其通油能力至少是泵流量的两倍；

② 主要用来保护液压泵，但液压泵产生的磨损生成物仍将进入系统；

③ 必须通过液压泵的全部流量。

(2) 安装在液压泵出油口

① 可以保护除液压泵以外的其他液压元件；

② 滤油器应能承受油路上的工作压力和冲击压力；

③ 过滤阻力不应超过 0.35MPa，以减小因过滤所引起的压力损失和滤芯所受的液压力；

④ 为了防止滤油器堵塞时引起液压泵过载或使滤芯损坏起见，压力油路上宜并联一旁通阀或串连一堵塞指示装置；

⑤ 必须通过液压泵的全部流量。

(3) 安装在主溢流阀溢流口

① 系统工作时只需通过液压泵全部流量的 20% ～ 30%，因此可以采用较小规格的滤油器；

② 不会在主油路中造成压降，滤油器也不必承受系统的工作压力。

(4) 安装在执行元件的回油路

① 可以滤掉液压元件磨损后生成的金属屑和橡胶颗粒，保护液压系统；

② 允许采用滤芯强度和刚度较低的滤油器，允许滤油器有较大的压降；

③ 与滤油器并联的单向阀起旁通阀的作用，防止油液低温启动时，高粘度油通过滤芯或滤芯堵塞等引起的系统压力升高；

④ 必须通过液压泵的全部流量。

(5) 独立过滤回路

① 独立于主系统之外，可以不间断的清除系统中的杂质；

② 对大型机械的液压系统特别适用。

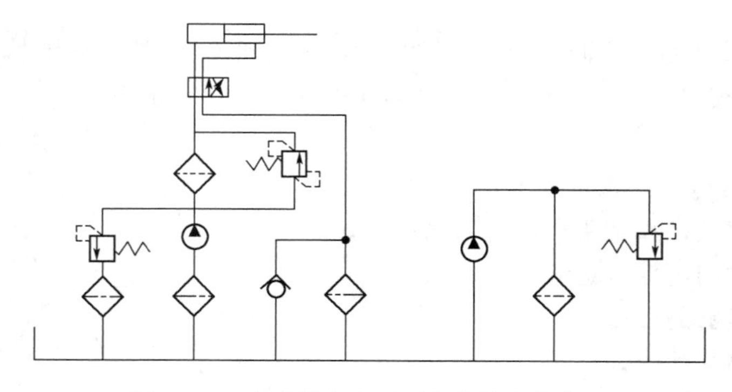

图 5-3　滤油器在液压系统中的安装位置

5.5　蓄能器

5.5.1　蓄能器的作用及应用

蓄能器又称蓄压器，贮能器，是一种能把压力油的液压能贮存在耐压容器里，待需要时又将其释放出来的一种装置。它在液压系统中起到调节能量、均衡压力、减少设备容积、降低功率消耗及减少系统发热等作用。蓄能器的主要用途是：

1. 做辅助液压源

在间歇工作的液压系统中，或者虽不是间歇工作，但在一个工作循环周期内，各阶段所需要的流量差别很大，便可选择一定容量的蓄能器。作为辅助液压源，在短时间内供应大量油液，满足系统最大流量 q_{max} 要求，而不必按最大流量 q_{max} 选择液压泵。可以选择一个小流量的液压泵，减少传动功率，使整个液压系统尺寸小、重量轻、效率高、降低系统成本和运行费用。

2. 作应急液压源

某些液压系统要求在液压泵发生故障或停电而供液突然中断时，仍需有一定压力的液体，使执行元件继续完成必要的动作。例如为了安全起见，某液压系统的活塞杆必须缩回到液压缸，这种场合需要有适量容量的蓄能器作应急液压源。此外，静压轴承供液系统，某些低速大扭矩马达的牵引系统，也需要采用蓄能器作应急液压源，以保障系统更安全可靠地工作。

3. 补充系统泄漏、保持系统恒压

某些液压系统的执行元件在工作中要求在一定压力下保持长时间不动，如机床的夹持液压缸和轧制塑料制品的压力机系统等，采用蓄能器完成这项工作，则是经济有效的方法。

4. 减小液压冲击和压力脉动

由于换向阀突然换向，液压泵突然停车，执行元件运动突然停止，甚至对执行元件人为的突然制动，都会使管路内液体的流动发生突然变化，而产生压力冲击。虽然系统中设有安全阀，但它响应较慢，因而避免不了压力增高，其值可能达到正常值的几倍。这种压力冲击往往引起系统中的仪表、元件和密封装置发生故障、损坏甚至管道破裂，此外还会使系统产生强烈振动。在这种场合下，需在控制阀或液压缸冲击源之前安装适当的蓄能器，以吸收或缓和这种液压冲击。

此外，液压系统中采用齿轮泵或柱塞数较少的柱塞泵时，系统的流量脉动和压力脉动较大，这时可在液压泵的出口安装适当的蓄能器，使压力脉动降到最小程度，以满足系统对较小流量和压力脉动的要求

5.5.2　蓄能器的种类和特点

蓄能器按结构可分为重力式、弹簧式和充气式三种，它们分别地把液压能转变为重物、弹簧和气体的势能而贮存起来，在需要时势能又转变成液压能重新释放出来。常见蓄能器

的种类和特点可参考表 5 - 7。

表 5 - 7　蓄能器的种类和特点

名称		结构简图	特点和说明
重力式		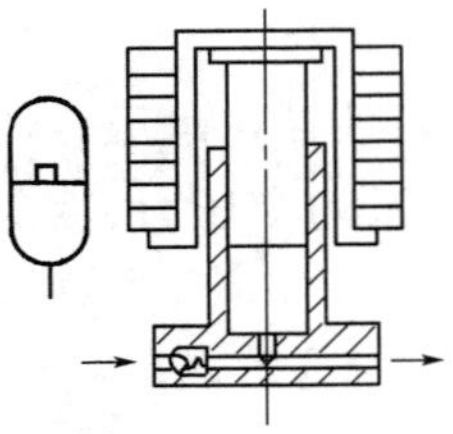	(1) 利用重锤的垂直位置变化来储存、释放压力能； (2) 结构简单，压力稳定，但体积庞大，笨重，运动件惯性大，反映不灵敏，密封处易漏油； (3) 只供蓄能使用，常用于大型设备的液压系统
弹簧式		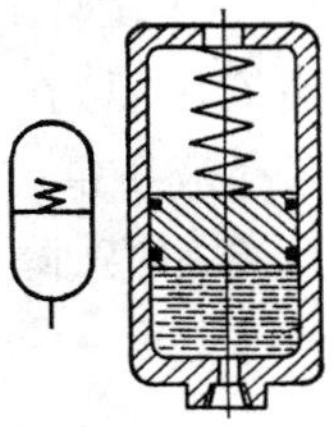	(1) 利用弹簧的压缩和伸长来储存、释放压力能； (2) 结构简单，反应灵敏，但容量小； (3) 供小容量、低压回路缓冲之用，不适用于高压或高频的场合，$p \leqslant (1.0 \sim 1.2) \times 10^6$ Pa
充气式	气瓶式	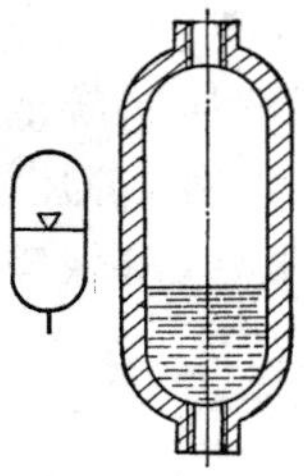	(1) 利用气体的压缩和膨胀来储存、释放压力能；气体和油液在蓄能器中直接接触； (2) 容量大，惯性小，反应灵敏，轮廓尺寸小，但气体容易混入油内，影响系统工作平稳性； (3) 只适用于大流量的中、低压回路
	活塞式	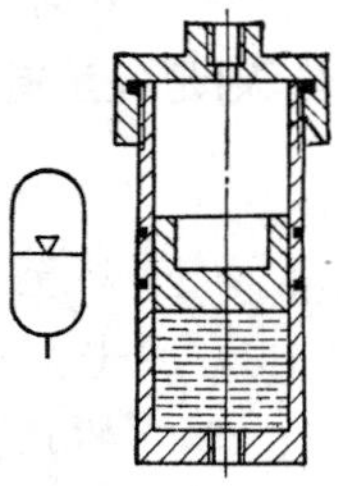	(1) 利用气体的压缩和膨胀来储存、释放压力能；气体和油液在蓄能器中由活塞隔开； (2) 结构简单，工作可靠，安装容易，维护方便，但活塞惯性大，活塞和缸壁间有摩擦，反应不够灵敏，密封要求较高； (3) 用来储存能量，供中、高压系统吸收压力脉动之用
	皮囊式	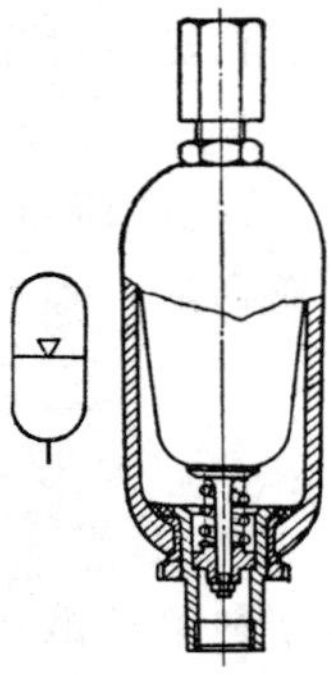	(1) 利用气体的压缩和膨胀来储存、释放压力能；气体和油液在蓄能器中由皮囊隔开； (2) 带弹簧的菌状进油阀使油液能进入蓄能器但防止皮囊自油口被挤出。充气阀只能在工作前充气时打开，蓄能器工作时则关闭； (3) 结构尺寸小，重量轻，安装方便，维护容易，皮囊惯性小，反应灵敏；但皮囊和壳体制造都较困难； (4) 折合型皮囊容量较大，可用来储存能量；波纹型皮囊适用于吸收冲击

5.5.3　蓄能器主要参数选择和计算

液压系统所用的蓄能器要根据使用情况及系统的有关参数进行容量计算，以选用或设计出合理的蓄能器。有关气体加载的皮囊式蓄能器计算方法比较成熟，以下介绍这种情况下的计算要点。

1. 做辅助液压源时蓄能器容量 V_o 计算

(1) 液压系统的平均流量 q_m

液压系统所需的平均流量 q_m 是根据系统的流量 — 时间循环图(参看图 5-4) 计算的

$$q_m = \sum_{i=1}^{n} q_i \Delta t_i / T \tag{5.5-1}$$

式中：q_i—— 第 i 时间段所需要的流量；

Δt_i—— 第 i 时间段持续的时间；

T—— 一个循环周期的总时间，$T = \sum_{i=1}^{n} \Delta t_i$；

n—— 一个循环发热阶段数。

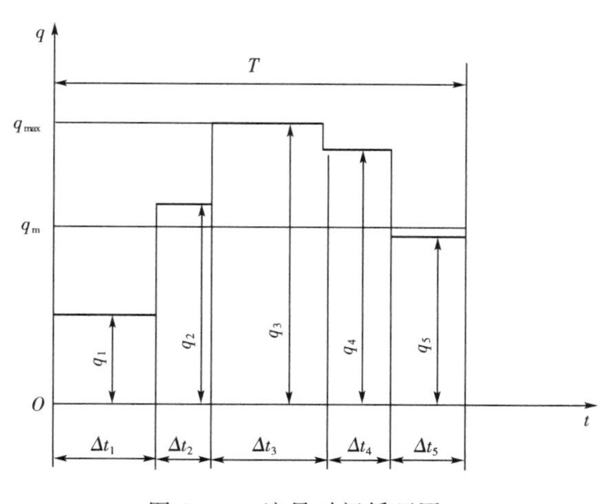

图 5-4　流量时间循环图

式(5.5-1) 计算出 q_m 是液压系统的平均流量或液压泵的供液量。实际液压泵的额定供液量 q_r 由产品的规格决定，选择的 q_r 应大于 q_m。一般有如下关系

$$q_r = (1.1 \sim 1.25) q_m \tag{5.5-2}$$

(2) 蓄能器有效工作容积的 V_m 的计算

这里 V_m 是蓄能器所储存或释放的油液的最大容积。在一个工作循环过程中，当所需流量大于泵的流量的时候，蓄能器释放能量；当所需流量小于泵的流量的时候，蓄能器储存能量。

$$\Delta V_i = (q_m - q_i) \Delta t_i \tag{5.5-3}$$

ΔV_i 负值时表示释放压力油，当 ΔV_i 正值时则储存压力油。蓄能器的工作容量 V_m 至

少应等于 ΔV_i 中的最大值(绝对值)。如果一个工作循环过程中,蓄能器储存和释放压力油是交替进行的,一般满足上述要求即可。

(3) 蓄能器总容积 V_0 计算

气囊式蓄能器充气 ⇒ 储存油液 ⇒ 释放油液。过程如图 5-5 所示。

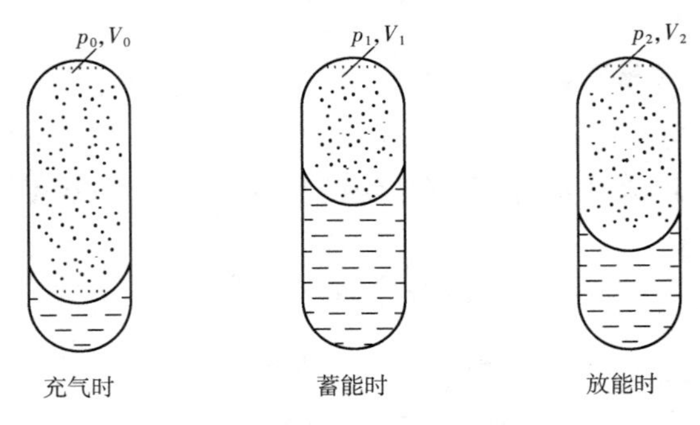

图 5-5　皮囊式蓄能器储存和释放能量的工作过程

使用前蓄能器充气压力为 p_0,充气体积为 V_0;在工作状态下,系统压力油充入蓄能器,使蓄能器中气体受压,体积减小为 $V_1(V_{\min})$,压力增大为 $p_1(p_{\max})$;当系统压力降低时,蓄能器释放能量,气体体积增大为 V_2,压力降为 p_2。因此蓄能器的工作容积 V_m 为

$$V_m = V_2 - V_1 \tag{5.5-4}$$

皮囊式蓄能器工作过程中遵守波义耳定律,即

$$p_0 V_0^n = p_1 V_1^n = p_2 V_2^n = \text{const} \tag{5.5-5}$$

式中:n——指数。对于等温过程 $n=1$,对于绝热过程 $n=1.4$,由式(5.5-5)可求 V_1 和 V_2 为

$$\begin{cases} V_1 = \left(\dfrac{p_0}{p_1}\right)^{\frac{1}{n}} V_0 \\ V_2 = \left(\dfrac{p_0}{p_1}\right)^{\frac{1}{n}} V_0 \end{cases} \tag{5.5-6}$$

将式(5.5-6)带入式(5.5-4),则有

$$V_m = V_0 p_0^{\frac{1}{n}} \left[\left(\frac{1}{p_2}\right)^{\frac{1}{n}} - \left(\frac{1}{p_1}\right)^{\frac{1}{n}}\right] \tag{5.5-7}$$

则蓄能器的总容积 V_0 为

$$V_0 = \frac{V_m}{p_0^{\frac{1}{n}} \left[\left(\dfrac{1}{p_2}\right)^{\frac{1}{n}} - \left(\dfrac{1}{p_1}\right)^{\frac{1}{n}}\right]} \tag{5.5-8}$$

2. 吸收液压冲击用的蓄能器总容量 V_0 计算

蓄能器用于吸收液压冲击时,蓄能器容积 V_0 可近似为充气压力 p_0,系统允许的最高工作压力 p_1 和瞬时吸收的液体动能 $\dfrac{1}{2}mu^2$ 来确定。该动能由蓄能器吸收后转变为气体的压

力能，即蓄能器由状态(p_0，V_0)变成(p_1，V_1)。这一过程可视为绝热过程。根据热力学第一定律，则气体的压缩能为

$$\int_{V_0}^{V_1} p\mathrm{d}V = \int_{V_0}^{V_1} \frac{p_0 V_0^{1.4}}{V^{1.4}}\mathrm{d}V = -\frac{p_0 V_0}{0.4}\left[\left(\frac{p_1}{p_0}\right)^{0.286} - 1\right] \tag{5.5-9}$$

式中负号表示气体压缩功。

由于液体的动能和气体的压缩功相等，则有

$$\frac{1}{2}mu^2 = \frac{p_0 V_0}{0.4}\left[\left(\frac{p_1}{p_0}\right)^{0.286} - 1\right] \tag{5.5-10}$$

则蓄能器的容积 V_0 为

$$V_0 = \frac{0.2mv^2}{p_0\left[\left(\frac{p_1}{p_0}\right)^{0.286} - 1\right]} \tag{5.5-11}$$

式中：p_0—— 蓄能器初始充气压力，Pa；

p_1—— 系统的最高压力，Pa；

m—— 阀前液体质量，$m = \rho AL$；ρ 为液体的密度，$\mathrm{kg/m^3}$；A 为管道截面积，$\mathrm{m^2}$；L 为管长，m)；

u—— 管中液体的流速，m/s。

由上式计算的 V_0 值通常偏小，故选择 V_0 时应适当增大。

3. 充气压力 p_0 的选择原则

蓄能器用途不同，p_0 的选择原则也不同。作为辅助液压源、应急液压源和补充系统泄漏、保持压力恒定之用时，p_0 的选择原则是相同的。目前国际上通常的做法是根据蓄能器质量为最小的原则选择 p_0，一般可取

$$p_0 = (0.65 \sim 0.75)p_{\max} \tag{5.5-12}$$

式中：$p_{\max}$—— 系统的最大工作压力。

当蓄能器用作吸收液压冲击之用时，其充气压力 p_0 一般都等于蓄能器安装位置处的最低工作压力。对于蓄能器用于吸收泵的流量和压力脉动时，这一原则仍然适用。

5.5.4　蓄能器的安装和使用

蓄能器在液压回路中的安装位置随其功能而不同：吸收液压冲击或压力脉动时宜放在冲击源或脉动源附近，补油保压时宜尽可能接近有关的执行元件处。

使用蓄能器需注意以下几点：

(1) 充气式蓄能器应使用惰性气体(一般为氮气)，允许工作压力视蓄能器结构形式而定，例如，皮囊式为 3.5 ～ 32MPa。

(2) 不同的蓄能器各有其适用的工作范围，例如，皮囊式蓄能器的皮囊强度不高，不能承受很大的压力波动，且只能在 －20℃ ～ 70℃ 的范围内工作。

(3) 皮囊式蓄能器原则上应垂直安装(油口向下)，只有在空间位置受限制时才允许倾斜或水平安装。

(4) 装在管路上的蓄能器须用支板或支架固定。

(5) 蓄能器与管路之间应安装截止阀,供充气检修时使用。蓄能器与液压泵之间应安装单向阀,防止液压泵停车时蓄能器内储存的压力油液倒流。

5.6　密封装置

5.6.1　密封装置的功能与要求

油液泄漏在液压系统中常见,密封是防止油液泄漏的最有效和最主要的方法。密封效果的优劣,对液压机械的工作好坏有直接影响。密封不良会使内漏超过允许值,从而降低系统的容积效率。

为使液压系统理想地工作,密封装置应满足如下要求:

(1) 在一定的压力、温度范围内具有良好的密封性能;

(2) 密封装置和运动件之间的摩擦力要小,摩擦系数要稳定;

(3) 抗腐蚀能力强,不易老化,工作寿命长,耐磨性好,磨损后在一定程度上能自动补偿;

(4) 结构简单,使用、维护方便,价格低廉。

5.6.2　种类和特点

液压系统中使用的密封装置种类很多,最常用的是密封圈。根据被密封部分的运动特性可分为固定密封和动密封。所谓固定密封,是指用于固定件之间的密封;所谓动密封,是指有相对运动的零件之间的密封。密封圈既可用于固定密封,也可用于运动密封。工程机械液压元件及系统的常见密封装置和特点如表 5-8 所示。

表 5-8　常见的密封装置和特点

名称及结构简图	特点和说明
O型密封圈	(1) 一般用耐油橡胶制成,它的外侧、内侧和端部都能起密封作用; (2) 结构简单,制造容易,密封性能好,摩擦力小,安装方便,所要求的沟槽尺寸亦小; (3) 广泛应用在工程机械液压系统中的固定件和运动件的密封上
Y型密封圈	(1) 用耐油橡胶制成,工作时受液压力作用,两唇张开,分别贴紧在轴和孔壁上;密封能力随压力的升高而增大,并能自动补偿磨损; (2) 摩擦力较小,在往复运动速度较高的密封表面处亦能应用

（续表）

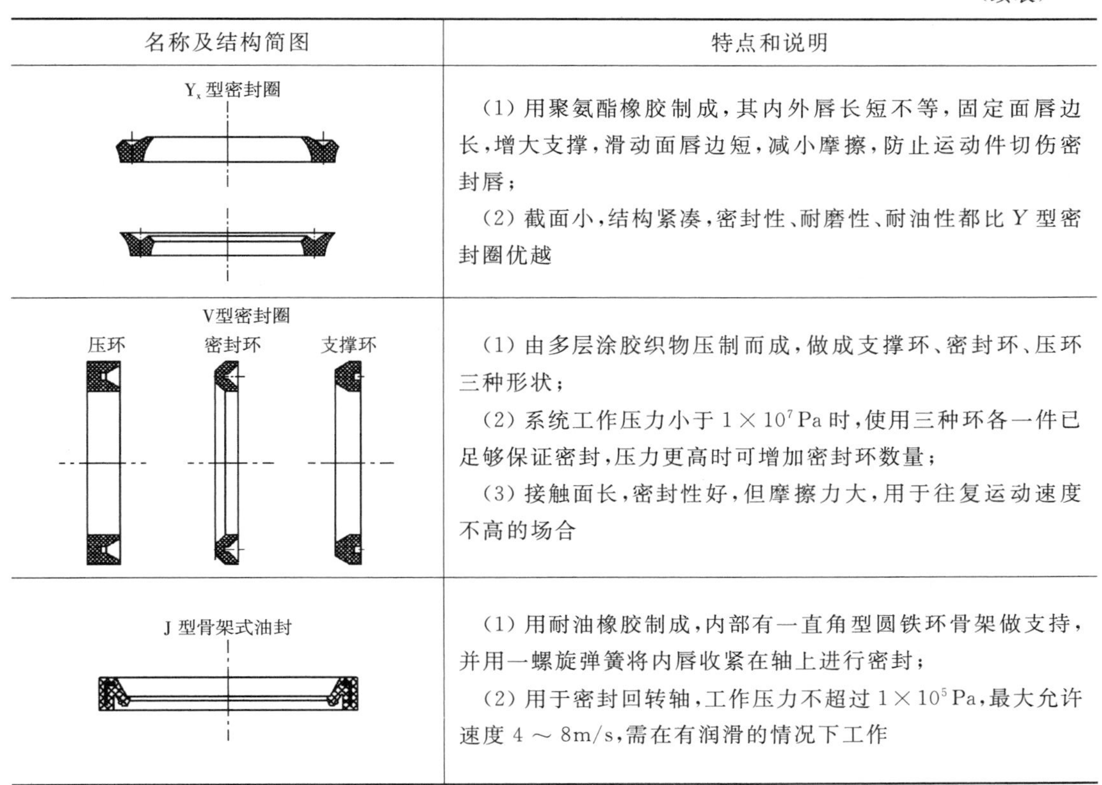

名称及结构简图	特点和说明
Y_x 型密封圈	（1）用聚氨酯橡胶制成，其内外唇长短不等，固定面唇边长，增大支撑，滑动面唇边短，减小摩擦，防止运动件切伤密封唇； （2）截面小，结构紧凑，密封性、耐磨性、耐油性都比 Y 型密封圈优越
V型密封圈 压环　密封环　支撑环	（1）由多层涂胶织物压制而成，做成支撑环、密封环、压环三种形状； （2）系统工作压力小于 1×10^7 Pa 时，使用三种环各一件已足够保证密封，压力更高时可增加密封环数量； （3）接触面长，密封性好，但摩擦力大，用于往复运动速度不高的场合
J 型骨架式油封	（1）用耐油橡胶制成，内部有一直角型圆铁环骨架做支持，并用一螺旋弹簧将内唇收紧在轴上进行密封； （2）用于密封回转轴，工作压力不超过 1×10^5 Pa，最大允许速度 $4\sim8$m/s，需在有润滑的情况下工作

思考与练习

5-1　解释如下概念，并各举一例说明。

动密封　固定密封　间隙密封

5-2　对密封的一般要求是什么？比较各种密封装置的密封原理和结构特点，它们各用于什么场合比较合理？

5-3　滤油器有何作用？对它的一般要求是什么？

5-4　滤油器有几种类型？它们的滤油效果有何差别？

5-5　滤油器的精度等级是如何划分的？应当如何恰当地选择滤油器？

5-6　试举例说明滤油器三种可能的安装位置。不同位置上的滤油器的精度等级应如何选择？在液压泵的吸油口处为何常安装粗滤油器？

5-7　简述蓄能器的作用，举例说明其应用情况。

5-8　蓄能器的种类有哪些？何种蓄能器应用比较广泛？

5-9　蓄能器的充气压力和总容积 V 应当如何选择？

5-10　油箱的主要作用是什么？设计或选择油箱时应考虑哪些问题？

5-11　管道和管接头有几种？它们的使用范围有何不同？

5-12　在何种情况下要设置或使用加热器、冷却器？

5-13 在一个由最高工作压力为20MPa降到最低工作压力为10MPa的液压系统中，假设蓄能器充气压为9MPa，供给5L的液体，问需要多大容量的蓄能器？

5-14 一气囊式蓄能器容量为$V_0=1\text{L}$，若系统的最高工作压力$p_2=6\text{MPa}$，最低工作压力$p_1=3.5\text{MPa}$，试求蓄能器能输出油液的体积？

5-15 有一液压回路，换向阀前管道长20m，内径35mm，通过油流量为200L/min，工作压力5MPa，若要求瞬时关闭换向阀时，冲击压力不许超过正常工作压力的5%，试确定蓄能器的容量（油液密度为900kg/m^3）。

5-16 如图所示，液压机的压制力为500kN，液压缸行程为10cm，速度为4cm/s，每分钟完成2个动作循环。液压泵的工作压力为14MPa，效率为0.9，如改用工作压力范围为10～14MPa的蓄能器对液压缸供油，充气压力为9MPa，试计算采用与不采用蓄能器时液压泵所需功率及蓄能器的容积。

5-17 如图所示有一使用蓄能器的液压系统，泵的流量为400mL/s，系统的最大工作压力（表压力）为7MPa，执行元件做间歇运动，在运动时0.1s内用油量为0.8L，若执行元件间歇运动的最短时间为30s，系统允许的压力降为1MPa，试确定系统中所用蓄能器的容量。

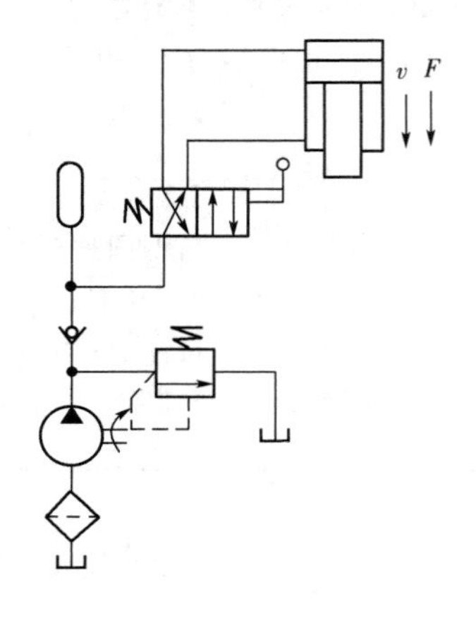

题5-16图

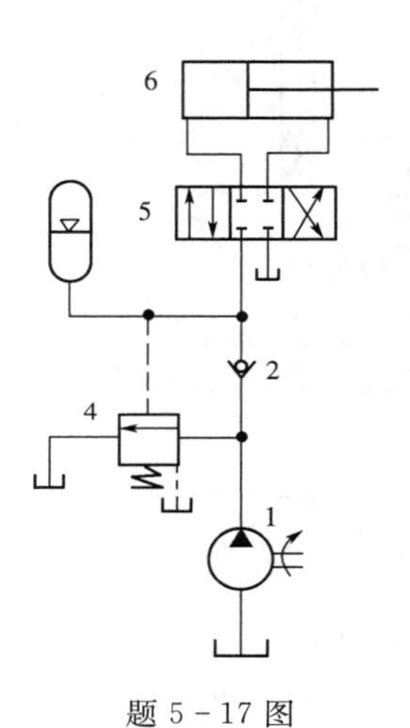

题5-17图

第 6 章　液压控制阀

6.1　概　述

6.1.1　阀的功能

液压控制阀与液压泵、液压执行元件等共同组成一个完整的液压系统，以完成特定的工作任务。液压控制阀可以控制液压系统中液流的流动方向、压力高低和流量大小，使液压系统按照预期的动作运行。可以说，没有控制阀（元件）的液压系统是没有任何用处的，所以液压控制阀是液压系统的必要组成部分，它们性能的好坏很大程度上决定了整个液压系统性能的优越程度。本章主要学习液压系统中常见一些控制阀的工作原理与结构形式。

液压控制阀种类繁多，形状各异，但它们之间也存在着一定的共同之处：

(1) 在结构上，都由阀体、阀芯（座阀或滑阀）和操纵部件三个主要部分组成。

(2) 在工作原理上，都是利用阀的开口（简称阀口）的变化（大小或通断）来控制液流的，如压力、流量和方向，因此阀口的通流性能直接决定了阀的性能。阀口通过的流量、承受的压差和开口面积之间的关系符合小孔流量公式 $q=CA\Delta p^{m}$。

6.1.2　阀的分类

液压控制阀的分类可以按照阀的用途、阀芯的操纵方式、阀与外部的连接方式、阀的结构进行分类，具体见表 6－1。

表 6－1　液压控制阀的分类

分类方法	类　型	详细分类
按用途	方向控制阀	单向阀、液控单向阀、换向阀、比例换向阀等
	压力控制阀	溢流阀、减压阀、顺序阀、压力继电器、比例压力控制阀等
	流量控制阀	普通节流阀、调速阀、比例流量控制阀等
按操纵方式	手动阀	手把及手轮、踏板、杠杆
	机动阀	挡块、弹簧、液压、气动
	电动阀	电磁铁控制、电 — 液联合控制
按连接方式	管式	螺纹式连接、法兰式连接
	板式及叠加式	单层板连接式、多层板连接式、集成块连接、叠加阀、多路阀
	插装式	螺纹式插装、法兰式插装
按结构形式	滑阀	圆柱滑阀、旋转阀、平板滑阀
	座阀	锥阀、球阀、喷嘴挡板阀

6.1.3　阀的基本性能要求

液压系统中所使用的各类控制阀，应达到以下的基本性能要求：

(1) 动作灵敏，使用可靠，工作时冲击小，振动小，噪音小，具有一定的使用寿命。

(2) 油液通过阀时所产生的压力损失尽量小。

(3) 具有良好的密封性能，内、外泄漏少。

(4) 结构简单、紧凑，安装、调整、维护方便。

(5) 液压控制阀也应实行系列化、标准化和通用化，目前的液压阀正在向高压化、小型化、集成化的方向发展。

6.2　方向控制阀

方向控制阀在油路的主要作用是用来通断或改变油液流动的方向。常见的类型见表 6-2 所示。

表 6-2　方向控制阀的分类

<table>
<tr><td rowspan="12">方向控制阀</td><td rowspan="2">单向阀</td><td colspan="2">普通单向阀</td></tr>
<tr><td colspan="2">液控单向阀</td></tr>
<tr><td rowspan="9">换向阀</td><td>按通路分</td><td>一通、二通、三通、四通、五通</td></tr>
<tr><td>按工作位置分</td><td>二位、三位、多位</td></tr>
<tr><td rowspan="5">按操纵方式分</td><td>电磁换向阀</td></tr>
<tr><td>液控换向阀</td></tr>
<tr><td>手动换向阀</td></tr>
<tr><td>机动换向阀</td></tr>
<tr><td>电液换向阀</td></tr>
<tr><td rowspan="2">按运动方式分</td><td>滑阀</td></tr>
<tr><td>转阀</td></tr>
<tr><td>多路换向阀</td><td colspan="2">多为手动</td></tr>
</table>

6.2.1　单向阀

单向阀的主要作用是用来限制液流的流动方向，使其只能作单向流动。普通单向阀的工作原理是利用座阀（锥阀或球阀）的单向通流特性实现的。图 6-1a 是一种管式普通单向阀的结构，图 6-1b 是单向阀的图形符号。

如图所示，阀芯 2 的锥面在弹簧 3 的作用下，与阀体内的圆柱面（称为阀座）紧密接触，形成密封，阀芯锥面与阀座之间的开口称为阀口。压力油从进油口 P_1 进入单向阀左腔内时，作用在阀芯 2 上的液压力克服弹簧 3 的弹簧力，使阀芯右移，阀口打开，液流经阀口经阀芯的径向孔 a、阀芯轴向孔 b 和通流孔 c，到达出油口 P_2。液流从 P_1 到 P_2 的流向称为正向，反之，称为反向。可见，单向阀是允许正向通流的。当反向通流时，压力油从 P_2 进入单向阀内，作用在压力阀芯上的液压力使阀口关闭，阀口的密封作用使液流不能通过，所以单向阀不允许反向通流。

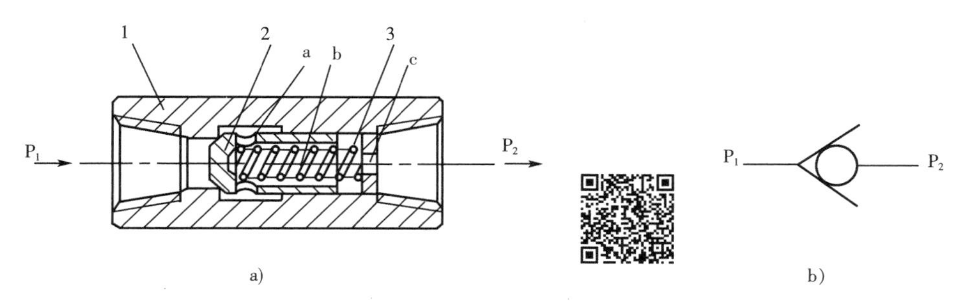

图 6-1　管式普通单向阀

1—阀体；2—阀芯；3—弹簧

单向阀在油路中主要用来限制液流流向的，这时要求它正向阻力小，压降损失小，动作灵敏可靠，反向泄漏小，因此，选用的弹簧刚度较小，只要能克服摩擦阻力、惯性力和液动力即可，以获得最小的正向阻力。一般单向阀的开启压力在 0.03 ~ 0.05MPa 之间，额定流量时的压降约在 0.1 ~ 0.3MPa。单向阀还有另外一个用途，即作背压阀用，这时选用的弹簧刚度应该较大，以获得一定的正向阻力。

液控单向阀是在上述普通单向阀的基础上，增加一个液控口，以适应回路需要。液控口通压力油时，单向阀正、反向直通，这时不起限制液流流向的作用。图 6-2a 和 b 分别是一板式液控单向阀的结构简图和液控单向阀的图形符号。如图 6-2a 所示，当控制口 K 不通压力油时，液控单向阀与普通单向阀一样，只能正向通流，反向截止。而当控制口 K 通入压力油时，活塞 1 被推向右边，克服弹簧弹力，P_1、P_2 口液压力等阻力，通过顶杆 2 推动阀芯右移，阀口打开，P_1、P_2 口直通，这时液流可以从 P_2 口自由通过阀口流向 P_1，所以此时液控单向阀反向导通。泄漏口 L 的作用是将活塞右腔的泄漏油液流入油箱，图示的是外泻式，有独立的泄漏口。液控单向阀也可以是内泻式的，它将泄漏油引入 P_1 口而不需要另外的泄漏口。关于控制口 K 所需的压力，图示是一种简式液控单向阀的结构，K 口最小需要的控制压力为工作压力（P_1 或 P_2 口上）的 30% ~ 50%，方可正常工作。因此，在高压系统中，为了降低 K 口的控制压力，常使用一种带卸荷阀芯的液控单向阀，使控制压力降至主油路压力的 4.5% 左右，这种结构称为复式液控单向阀。

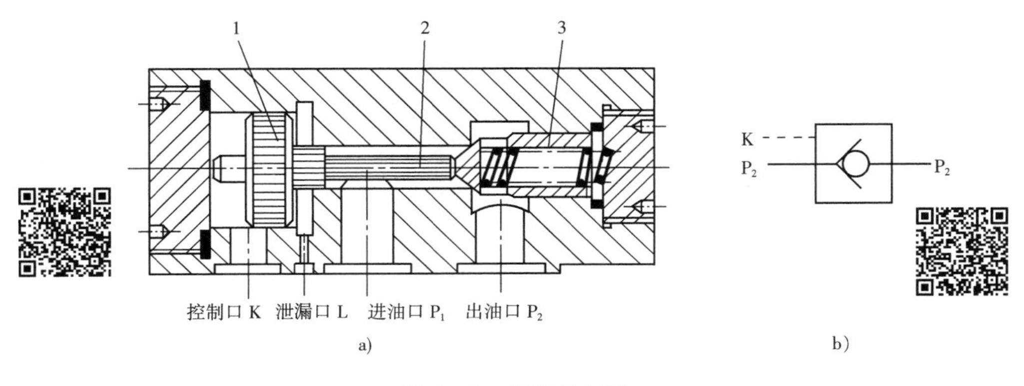

图 6-2　液控单向阀

1—活塞；2—顶杆；3—阀芯

液控单向阀的应用也很常见，例如，使用液控单向阀的液压缸锁紧回路。

6.2.2　换向阀

1. 换向阀的工作原理

换向阀在油路中的作用是改变液流的流向或关断、接通油路液流，达到改变液压系统工作状态的目的。其基本的工作原理是利用阀芯和阀体的相对位置的变换，来改变油路状态。

图 6－3a 是换向阀的工作原理图，b 是结构图。出口 A、B 接液压缸，P 口接压力油，T_1、T_2 都是回油口，一般接入油箱。阀芯可以左右移动，图示位置是阀芯处于中间位置(简称为“中位”)的情形，这时阀芯的 3 个大直径部分分别将 P、T_1、T_2 三个口封闭，阀的 5 个口互不相通，液压缸活塞锁定，不能移动。当从左边推动阀芯使其向右移动一定距离后，P 口打开与 A 口相通，同时 T_2 口也打开与 B 口相通，液压缸左腔进油，右腔通过 T_2 口回油箱，液压缸活塞向右运动，这种状态称为“左位”；反之，当从右边推动阀芯使其向左移动一定距离后，P 口、B 口相通，A 口、T_1 口相通，液压缸活塞向右运动，这种状态称为“右位”。由此可见，使换向阀处于不同的位置，就可以控制执行元件的运动状态。

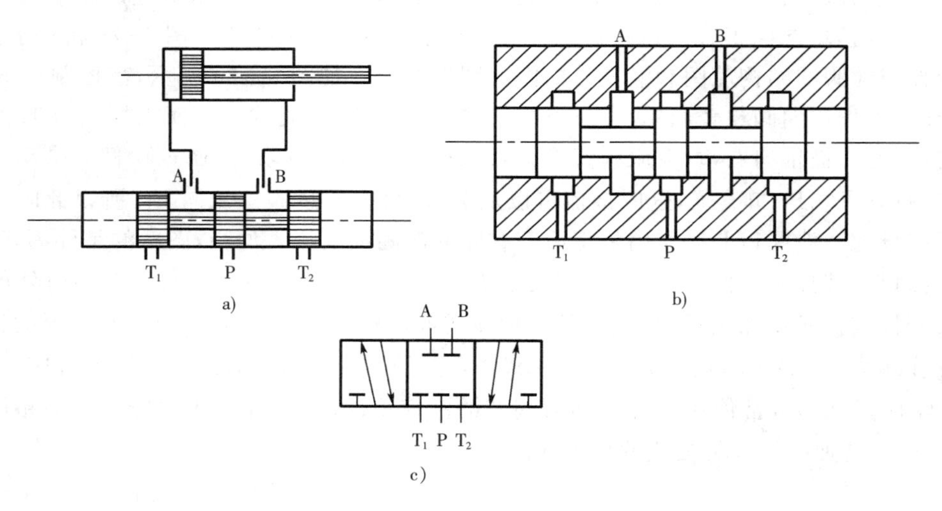

图 6－3　换向阀的工作原理与图形符号

图 6－3c 是对应图 6－3a、b 换向阀的图形符号，从左至右的三个方框分别代表换向阀的左位、中位和右位三个工作位置。方框内的引线表示通路状态，其中“⊥”或“⊤”表示阀口关闭，箭头连线表示所连接的口相通，但要注意：箭头的方向并不表示液流只能按该方向流通。实际上换向阀的阀口不限制液流方向，可进亦可出。图形符号中，外引线在常态(不通电)位置画出，图 6－3c 中的常态位置是中位，故中位有五条外引线，表示阀的五个油口。因该阀有三个工作位置，五个油口，称为“三位五通换向阀”。

除了“三位五通换向阀”外，常见的还有二位二通、二位三通、二位四通、三位四通、三位五通，表 6－3 列出了这些换向阀的结构简图和用途说明。

表 6－3　滑阀式换向阀结构与图形符号

名　称	结构简图	图形符号	用途说明
二位二通阀	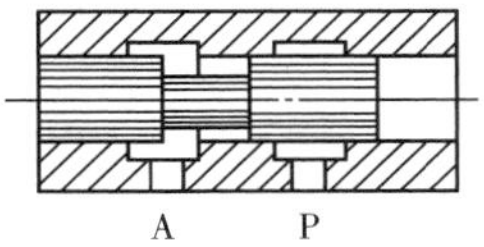 A　P	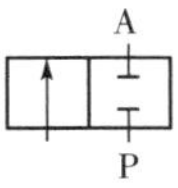 A P	接通与切断油路，相当于一个油路开关。
二位三通阀	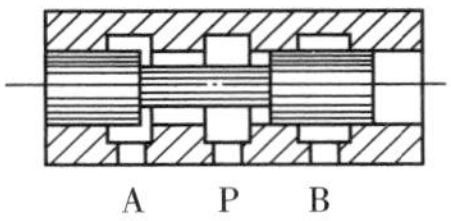 A　P　B	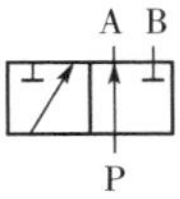 A B P	改变液流流向，从一条油路转换到另一条油路。
二位四通阀	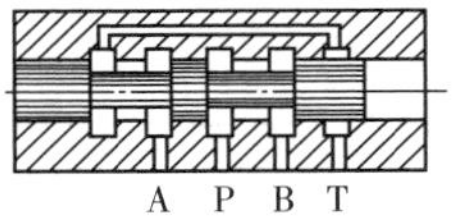 A　P　B　T	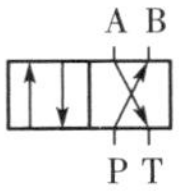 A B P T	进油和回油不变的情况下，切换两出油口的流向。
三位四通阀	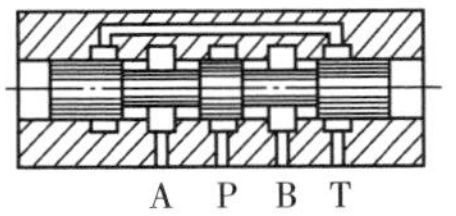 A　P　B　T	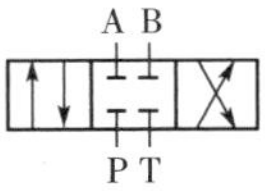 A B P T	左、右位与二位四通阀作用相同。中位时关断所有通油口。
二位五通阀	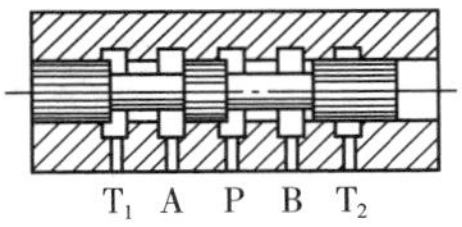 T_1　A　P　B　T_2	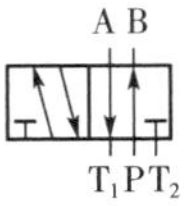 A B T_1PT_2	切换两出油口的流向，有二种回油方式。
三位五通阀	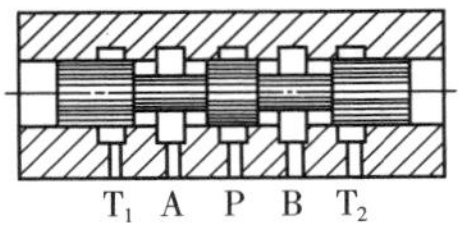 T_1　A　P　B　T_2	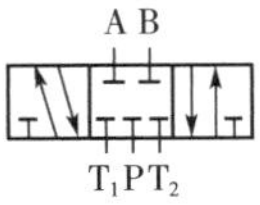 A B T_1PT_2	左、右位与二位五通阀作用相同。中位时关断所有通油口。

换向阀阀芯的移动需要施加外力来操纵，常见的操纵方式列于表 6－4。这些操纵方式与表 6－3 中不同位数、通路的换向阀组合，并根据连接方式不同，形成各类换向阀，如二位二通机动管式换向阀、二位四通电磁板式换向阀等。

表 6-4　换向阀操纵方式图形符号

名称	图形符号	名称	图形符号
手柄式		液压式	
机动滚轮式		弹簧	
机动顶杆式		液压先导控制	
电磁式		电磁—液压先导控制	

转阀的阀芯作旋转运动，如图 6-4 所示，扳动手柄 1，阀芯 3 在阀体内作转动。图 6-4a、b、c 分别是阀芯在左、中、右三个位置的情形，对应图 6-4d 图形符号，读者可以自行分析其连通情况。这种转阀使用手动操纵，多见于需要手动控制的场合，如机床的对刀调整等。

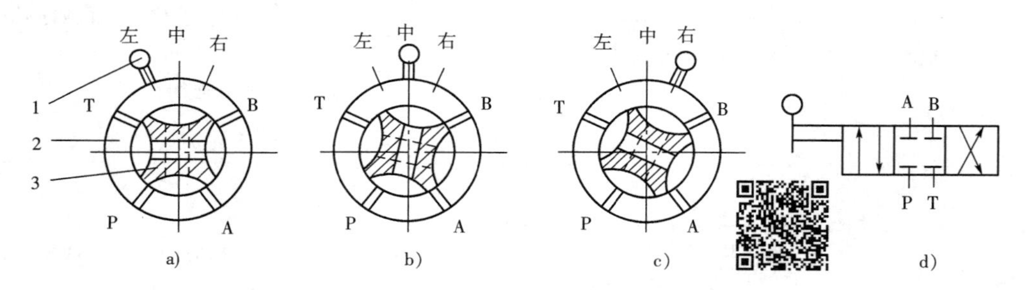

图 6-4　转阀的工作原理与图形符号

1—手柄；2—阀体；3—阀芯

2. 换向阀的结构

在液压系统中，滑阀式的换向阀应用最为广泛，它的类型也很繁多。下面介绍几种典型的滑阀式换向阀结构。

(1) 手动换向阀

图 6-5 所示为一种三位四通手动换向阀。通过手柄推动阀芯在阀体内滑动，可以得到换向阀的三个工作位置。图 6-5a 是利用弹簧钢球定位，即使松开手柄，阀芯仍能保持所在的工作位置，它适用于需保持工作状态较长的情况，如机床、液压机、船舶等。图 6-5b 是利用弹簧自动复位的，松开手柄后，阀芯立即回到中位而不能保持所在的工作位置，它适用于操作频繁、持续工作状态较短的情况，如工程机械等。

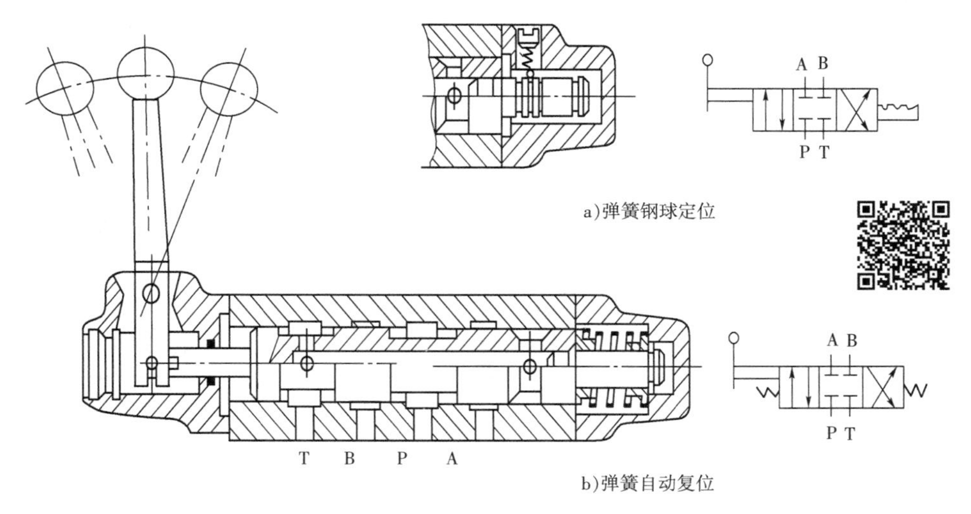

图6-5　三位四通手动换向阀结构

(2) 机动换向阀

机动换向阀常常利用机床工作台上的挡铁或凸轮来压下阀上的滚轮(或顶杆),从而推动阀芯的移动换位。因为工作台是在固定的行程距离将它压下的,故机动换向阀又称行程阀。机动阀通常是二位的,类型有二位二通(作开关阀用)、二位三通、二位四通和二位五通几种。对二位二通,又分常闭和常开两种。图6-6a是常闭的滚轮式二位二通机动换向阀。图示位置为常态,P、A口不通。当滚轮1被压下时,通过顶杆2推动阀芯3向右移动,换向阀左位工作,P、A口接通。滚轮松开后,弹簧自动使阀芯复位。图6-6b是对应的图形符号。

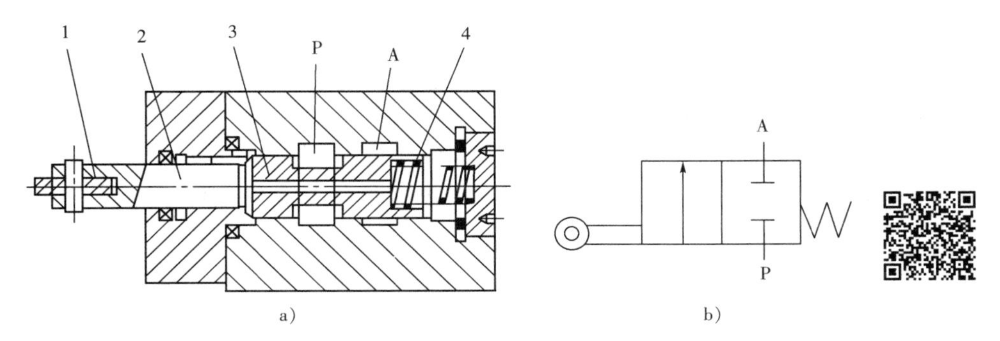

图6-6　二位二通机动换向阀结构

1—滚轮;2—顶杆;3—阀芯;4—弹簧

(3) 电磁换向阀

电磁换向阀是应用最为广泛的一种换向阀。它通过电磁衔铁的吸合推动阀芯移动,从而达到转换换向阀工作位置的目的。通过电磁换向阀,使液压系统直接接受电信号的控制,方便地实现液压系统的自动化运行。

图6-7a所示是二位四通电磁换向阀的结构,在不通电的情况下(常态),阀芯被左右两边的复位弹簧保持在中位,P、T、A、B四个口均不相通。当右边的电磁线圈4通电时,衔铁6被吸合向左移动,通过推杆3推动阀芯左移,换向阀切换至右位工作状态,即P、B口相通,A、T口相通。同理,左边的电磁铁通电时,换向阀切换至左位工作状态,即P、A口相通,B、

T 口相通。图示这种电磁换向阀可以在两个电磁铁都断电时，按下故障检查按钮 8，通过压杆 7 直接推动阀芯移动换位，维修、检查非常方便。

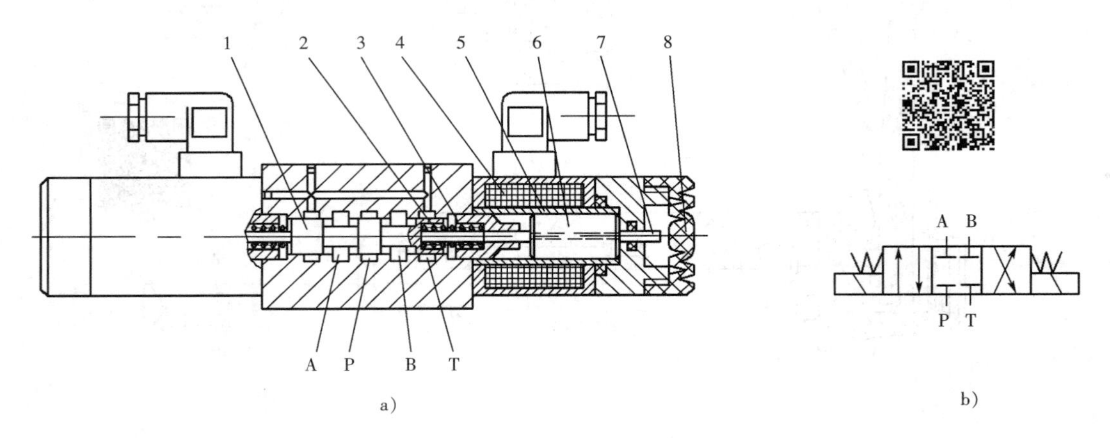

图 6-7　二位二通机动换向阀结构

1—阀芯；2—弹簧；3—推杆；4—线圈；5—导套；6—衔铁；7—压杆；8—检查按钮

根据电磁铁使用的电源不同，电磁换向阀可以分为交流和直流两类。直流式的又有干式和湿式之分。衔铁工作腔不允许浸油的称为干式，衔铁在油液中移动的称为湿式。图 6-7a 是一种湿式电磁换向阀，油液可以通过阀体上的油孔（图中未画出）和推杆与推杆导套之间的间隙进入衔铁工作腔，导套 5 将线圈 4 与油液隔开，保证线圈不浸油。导套 5 必须用软磁性材料制造，衔铁 6 则使用导磁性好的材料。

直流湿式电磁换向阀具有良好的工作性能。它动作可靠，切换频率一般可达 120 次／分钟，且冲击小、寿命长，因而得到普遍的应用。

（4）液动换向阀

上述电磁换向阀虽然有诸多优点，但其电磁铁的推力较小，通过较大流量时，滑阀上的液动力和摩擦力加大，阀芯工作的可靠性大大下降。另外，在要求换向时间可以调节的场合，电磁换向阀一般也不适合。如果改用液压力来推动阀芯的运动，则可以解决这些问题，这种阀称为液动换向阀。

图 6-8a 为液动换向阀的结构原理图。当控制油路的压力油从 K_1 口进入滑阀的左腔，滑阀的右腔通过 K_2 通油箱时，液压力克服弹簧力等阻力，推动阀芯右移，P 与 A 相通，B 与 T 相通，换向阀处于左位状态，反之，K_2 口通入压力油时，换向阀处于右位状态，P 与 B 相通，A 与 T 相通。当 K_1、K_2 都不通入压力油时，阀芯在两端的弹簧力作用下，处于中位，四个油口均不相通。这种靠弹簧力使阀芯处于中位的称为弹簧对中型。它的结构简单，轴向尺寸较短，应用广泛。其缺点是：因弹簧力较大才能可靠对中，因此通入控制口的控制压力较高。另一种液压对中型的液动换向阀则与此相反，它的阀芯两端的弹簧很弱，靠两端加液压力来对中，但结构较复杂，应用不及前者广。

（5）电液动换向阀

电液动换向阀由主阀和先导控制阀组成。主阀是液动换向阀，允许通过较大流量的液流。使主阀阀芯移动的控制液流则由一个较小的电磁换向阀提供，电磁阀起先导控制作用。这样，电液动阀就具有这两种阀的优点。

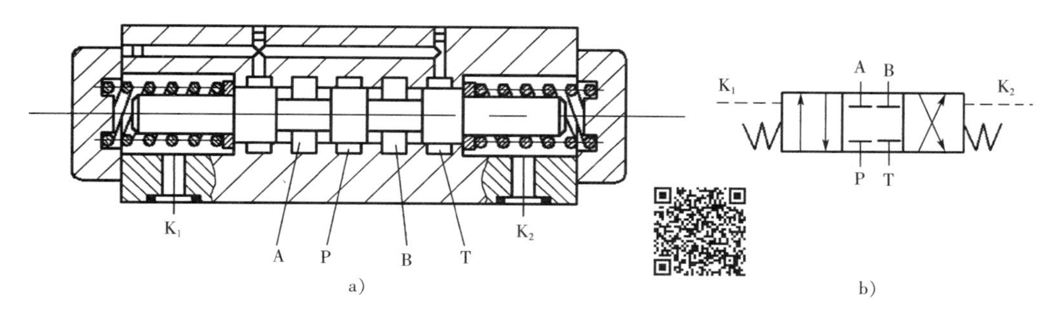

图 6－8　液动换向阀结构(弹簧对中型)

图 6－9a 是三位四通电液动换向阀结构原理图。当先导电磁阀左边电磁铁通电时,三位四通电磁阀处于左位工作状态。来自主阀 P 口(或外接控制口)的压力油进入电磁阀的 P 腔(图中未标出)后,又经左邻的 A 口流入主阀左边的单向阀,通过该单向阀进入主阀阀芯的左端容腔,从而推动主阀芯向右移动,主阀处于左位状态,P、A 相通,B、T 相通。主阀阀芯的右端容腔的油液通过右边的节流阀,进入电磁阀再流回油箱。因此调节节流阀就可以控制主阀的电磁阀换向速度,这在某些应用场合是必须的。反之,如果右边的电磁铁通电,使电磁阀处于右位,则主阀也随之切换至右位,P、B 相通,A、T 相通。当两个电磁阀均断电时,主阀芯在复位弹簧的作用下,回到中位,P、T、A、B 四个口均互不相通。

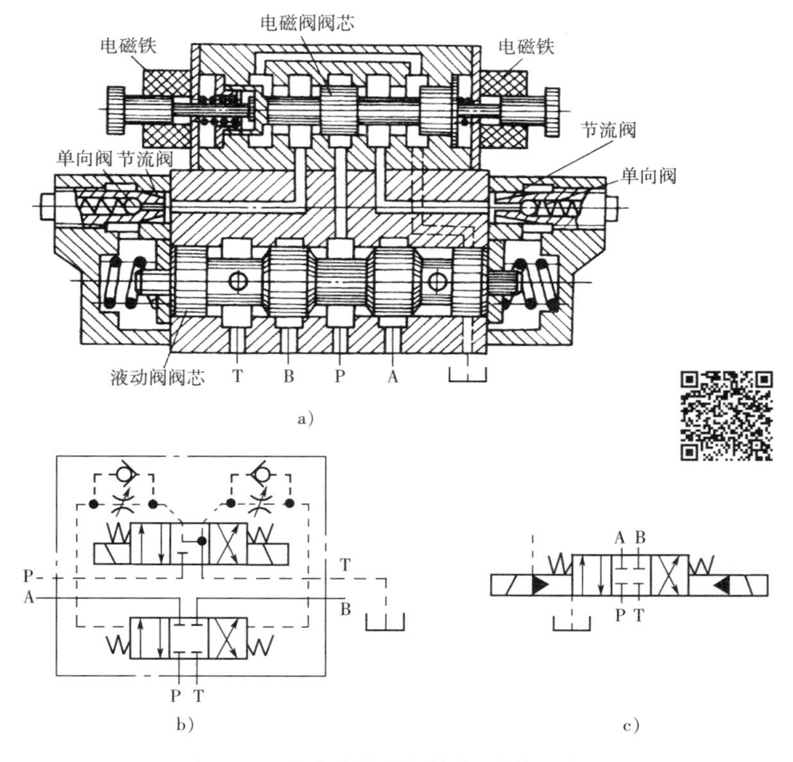

图 6－9　电液动换向阀结构(弹簧对中型)

使用电液动换向阀时要注意以下两点:

① 当主阀为弹簧对中型时,先导电磁阀的中位机能必须是“Y”型的,即中位时电磁阀

的油口 A、B、T 互通，以保证主阀滑阀的左、右腔都通回油箱。

② 电磁阀的控制压力油可以取自主阀的 P 口（内控式），也可以另外设置控制口（外控式）。采用内控而主油路又需要卸荷时，主阀 P 口必须保持一个约 0.4MPa 的启动压力。

3. 换向阀的性能与特点

(1) 滑阀的中位机能

三位四通（或五通）换向阀处于中位工作状态时，各油口的连通情况称为换向阀的“中位机能”。不同的中位机能分别用字母代号表示，根据具体的使用要求，应选用合适的中位机能。表 6-5 所列为三位换向阀中位机能的代号、图形与应用说明。

表 6-5 三位换向阀的中位机能

机能型号	滑阀状态	中位图形符号		特点
		四通	五通	
O	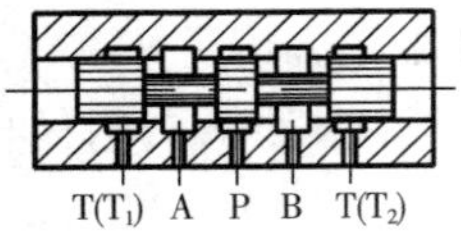 T(T₁) A P B T(T₂)	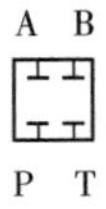 A B P T	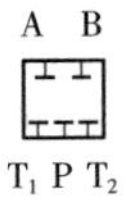 A B T₁ P T₂	各油口封闭，系统不卸荷，缸锁定
H	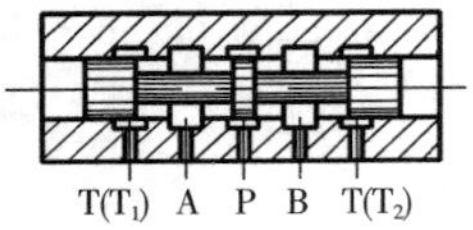 T(T₁) A P B T(T₂)	 A B P T	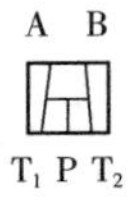 A B T₁ P T₂	各油口互通，系统卸荷，缸浮动
Y	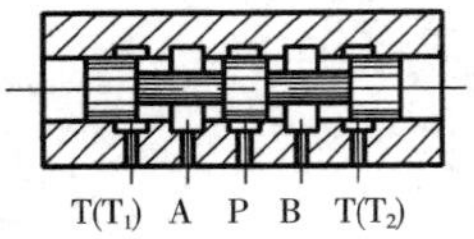 T(T₁) A P B T(T₂)	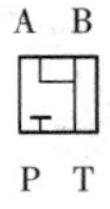 A B P T	 A B T₁ P T₂	系统不卸荷，缸浮动
J	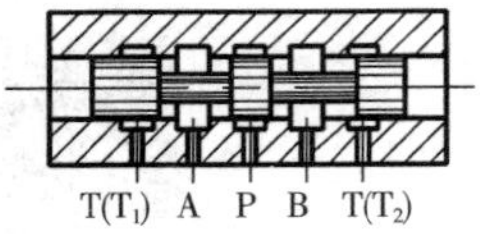 T(T₁) A P B T(T₂)	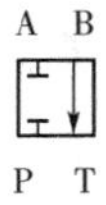 A B P T	 A B T₁ P T₂	系统不卸荷，缸一腔封闭，另一腔与回油连通
C	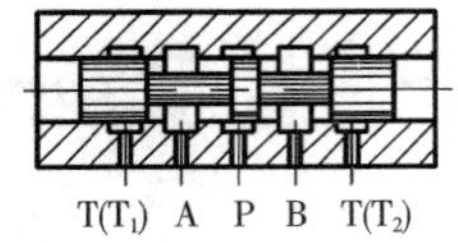 T(T₁) A P B T(T₂)	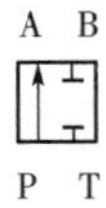 A B P T	 A B T₁ P T₂	缸一腔与压力油连通，另一腔封闭，回油口也封闭
P	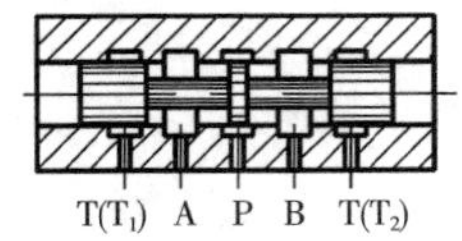 T(T₁) A P B T(T₂)	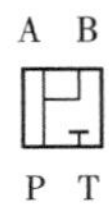 A B P T	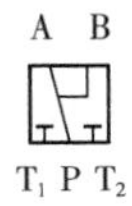 A B T₁ P T₂	缸两腔都与压力油连通，回油口封闭

（续表）

机能型号	滑阀状态	中位图形符号		特　点
		四通	五通	
K	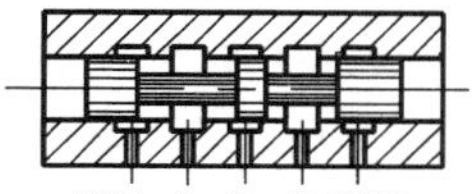 T(T_1) A P B T(T_2)	A B / P T	A B  / T_1 P T_2	缸一腔与压力油连通，另一腔封闭。回油口封闭，系统可卸荷
X	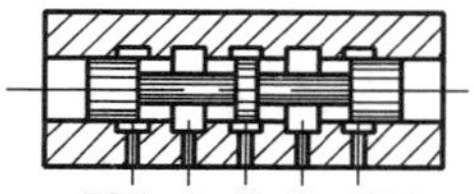 T(T_1) A P B T(T_2)	A B / P T	A B / T_1 P T_2	压力油与各油口半开启连通，系统保持一定的压力
M	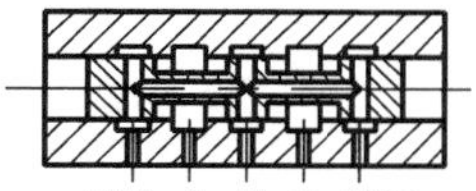 T(T_1) A P B T(T_2)	A B / P T	A B / T_1 P T_2	系统卸荷，缸两腔封闭、锁定
U	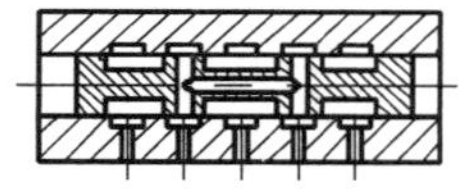 T(T_1) A P B T(T_2)	A B / P T	A B  / T_1 P T_2	系统不卸荷，缸两腔连通、浮动
N	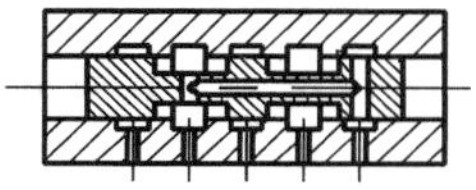 T(T_1) A P B T(T_2)	A B / P T	A B / T_1 P T_2	系统不卸荷，缸一腔与回油连通，另一腔封闭

在选择中位机能的类型时，通常考虑以下因素：

① 系统保压　这时要求 P 口封闭，泵保持输出压力，不影响油路上的其他缸工作，如 O、Y、J、U 等型均满足该要求；X 型可以使泵不完全卸荷，系统保持一定的压力供控制系统使用。

② 系统卸荷　P 口与 T 口畅通，泵输出压力为 0。满足该要求的中位机能有：H、K、M 等型。

③ 液压缸的状态　换向阀在中位时，缸有两种状态：浮动和锁定。当 A、B 口相通时，缸可随意移动，称为“浮动”。H、Y、P、U 型均满足此要求；而 O、K、M 等使缸“锁定”在停止的位置，不能移动。

④ 换向平稳性与精度　当液压缸两口都堵塞时，换向过程中易产生液压冲击，但换向精度高；A、B 口都通 T 口时，换向过程中，因惯性运动部件不易制动，所以换向精度低，但液压冲击小。

⑤ 启动平稳性　阀在中位时，如缸的某一腔通油箱，则启动时该腔内无足够的油液起缓冲作用，启动不平稳。

(2) 滑阀的液动力

液流通过阀口时，产生的液动力作用在阀芯上，使换向阀的性能受到很大的影响。因此，有必要对液动力作一分析。液动力可以分为两种：稳态液动力和瞬态液动力。

① 稳态液动力

稳态液动力是阀芯移动完毕后，液流流过阀口时，因动量发生改变而作用在阀芯上的力。图 6-10 所示为液流流过阀口的两种情况，利用动量方程分析可知，这两种情况下，阀芯所受到的轴向液动力 F_{bs} 的方向都是有使阀芯关闭的趋势，其大小与流量成正比。因此，在高压大流量情况下，这个力将会很大，使阀口不能稳定地打开。通常解决这个问题的方法是采取一些补偿、消除液动力的措施。

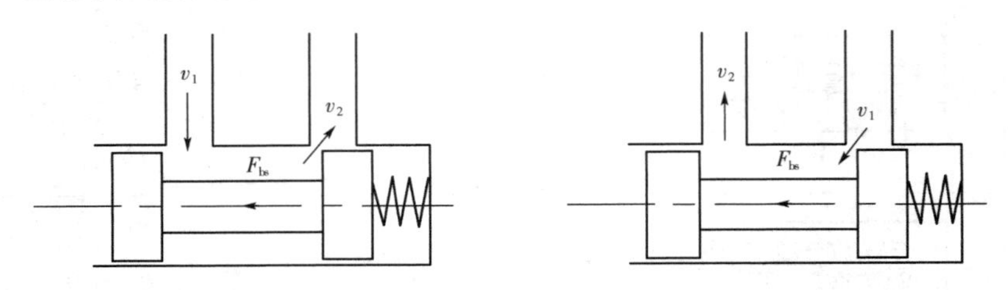

图 6-10　滑阀的稳态液动力

但是，稳态液动力也有有利的一面，它相当于一个与操纵力相反的回复力，使滑阀的工作趋于稳定。

② 瞬态液动力

瞬态液动力是滑阀移动过程中（即开口大小变化时）阀腔内的液流由于加速或减速而作用在阀芯上的力。其大小只与阀芯的移动速度有关，即与阀口的变化率有关。瞬态液动力与稳态液动力相比，数值较小，但其对阀芯运动的稳定性有影响。根据液流方向和阀芯运动方向，有四种组合。图 6-11a、b 其中的两种情形。

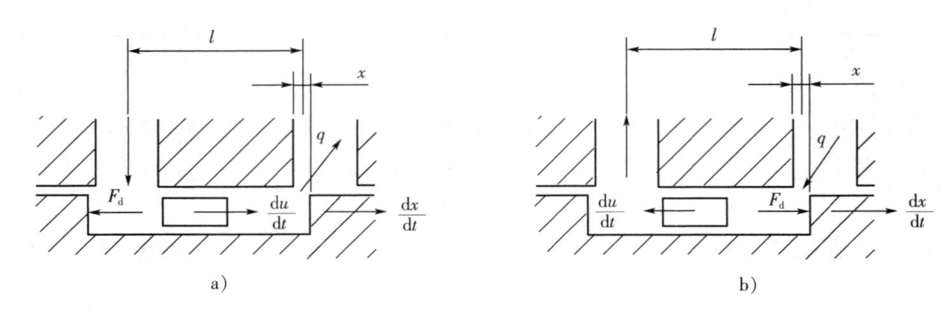

图 6-11　滑阀的稳态液动力

如图 6-11a 所示，当阀芯右移时，阀口流量 q 增加，长度为 l 的一段阀腔内的液流产生一个向右的加速度 $\frac{du}{dt}$，此加速度对阀芯产生一个瞬时液动力 F_d，它与阀芯运动方向相反，起阻碍阀芯移动的作用，l 称为滑阀的“正阻尼长度”。而当阀芯左移欲关闭阀口时，阀腔内的液流减速，瞬时液动力 F_d 的方向则向右，也起阻碍阀芯移动的作用。同理可以分析图 6-11b 情形，此时瞬时液动力 F_d 起帮助阀芯移动的作用，l 称为滑阀的“负阻尼长度”。

由上分析可知，瞬时液动力起的作用应视液流从阀口流入还是流出而定。流出的起正阻尼作用，流入的起负阻尼作用。前者虽有使阀芯运动稳定的趋势，但增大了阀芯运动的阻力，后者则是滑阀不稳定的因素之一。

(3) 卡紧力

滑阀的阀芯和阀孔之间的配合间隙很小(μm 级),当间隙中有油液时,移动阀芯所需的力并不大(只需克服黏性摩擦力)。可是实际情况并非如此,特别在中、高压系统中,当阀芯停下来一段时间后(一般约 5min 以后),这个阻力可以大到几百牛顿,使阀芯重新移动十分费力,这就是所谓的液压卡紧现象。

发生液压卡紧现象有很多原因。有的是液压中的杂物(液压污染)卡进间隙中;有的是由于配合间隙过小,油温升高造成阀芯膨胀而卡死;但主要原因是来自滑阀副的形状误差和同心度变化所引起的径向不平衡液压力,下面分析这种原因的几种常见现象。如图 6-12 所示,p_1 为高压端压力,p_2 为低压端压力。图 6-12a 的阀芯有锥度,且小头朝向低压端,这种情况称为倒锥。设阀芯相对阀孔有一偏心距 e,如果阀芯不带锥度,那么在间隙中沿 x 向的分布应为一直线,如图中的 p_1—p_2 双点画线。现在阀芯带锥度,高压端的间隙小,因此,压力沿 x 先急剧下降后变缓,分布曲线下凹,如图中的曲线 a 和 b,又因阀芯下部间隙较大,其压力分布曲线 b 的凹度较上部的曲线 a 小。这样阀芯就受到一个向上的不平衡液压力(图中的阴影部分),结果使偏心加大,直至将阀芯压到靠紧阀体。因此阀芯移动的摩擦力大大增加,阀芯移动困难。图 6-12b 的情形是阀芯锥度的小端朝向高压端 p_1,称为顺锥。虽然这时仍然有偏心,同样存在着向下的不平衡力,但此力使偏心减小,反过来又使不平衡力降低,因此,阀芯有保持在中心的趋势,即顺锥有自动定心的作用,阀芯移动阻力较小。图 6-12c 所示为阀芯和阀孔的中心线不平行时的情形,这时不平衡力最大。

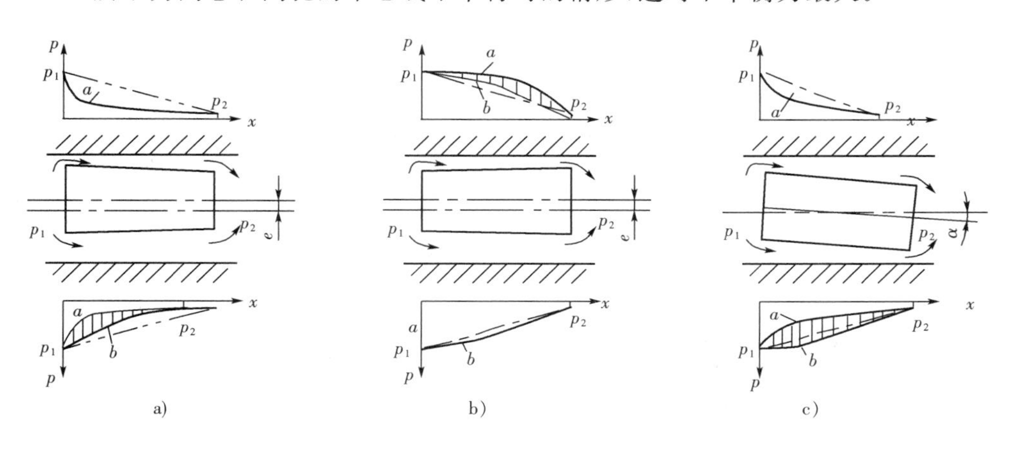

图 6-12　滑阀的卡紧现象

为了减小径向不平衡力,一般在阀芯台肩上开有几道环形槽,称为均压槽。均压槽一般宽 0.3～0.5mm,深 0.5～0.8mm,间距 1～5mm。均压槽深度比配合间隙大得多,所以均压槽四周有几乎相等的压力,大大减小了阀芯的径向不平衡力。均压槽的效果如图 6-13 所示。虚线 a_1、b_1 为不开环形槽时的上下压力分布曲线,开了环形槽后,上下压力分布曲线分别为 a、b。由于四个均压槽内的压力分别为 p_{r_1}、p_{r_2}、p_{r_3} 和 p_{r_4},因此 a、b 曲线在这四处的压力值均对应相等。这样,a、b 两曲线相差的阴影部分面积(表示径向不平衡压力)大大减小。实验表明,开三个等距的均压槽,不平衡力可以减小到 6%。

需要提到的是,均压槽虽然减少了阀芯与阀孔的配合面积,但从高压区到低压区的泄漏量并未增加,相反,由于偏心量的减少和泄漏阻力的增加,实际泄漏量大为减小,即起到所谓"间隙密封"的作用。

液压卡紧现象不仅在换向阀中存在，在其他液压阀中以及柱塞副中也普遍存在。为了减小卡紧力，除了开均压槽外，还必须对滑阀的几何精度、配合间隙、装配工艺进行控制。

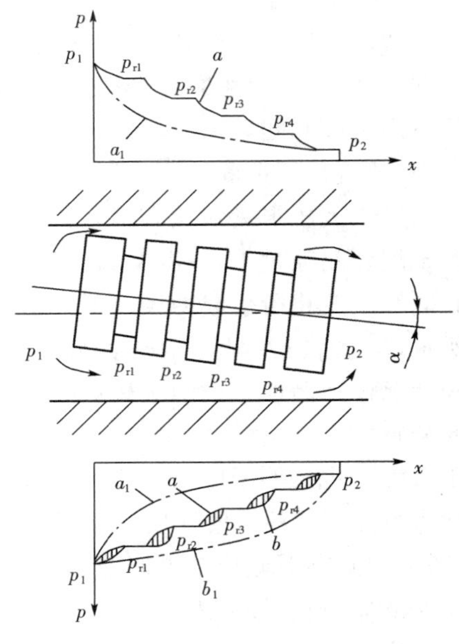

图 6－13　均压槽的效果

6.2.3　多路换向阀

多路换向阀是由两个以上的换向阀为主的组合阀(属于叠加阀)，根据工作要求的不同，还可以组合上安全溢流阀、单向阀和补油阀。和其他阀相比，它具有结构紧凑、压力损失小、移动滑阀阻力小、多位性能、寿命长、制造简单等优点。主要用于起重机械、工程机械及其他行走机构，进行多个执行元件(液压缸和液压马达)的集中控制。它的操纵方式多为手动操纵，也有机动、液动、气动以及电磁-气动等形式；若按阀体结构分，有分片式和整体式两类；若按连接方式分，有并联、串联和串并联三类。下面介绍这三种连接方式的特点。

1. 并联油路

图 6－14 所示，a 为结构图，b 为图形符号。这类多路换向阀从进油口的压力油可以直接通到各联滑阀的进油腔，各联滑阀的回油腔又都直接通到多路换向阀的总回油口。当采用这种油路连通方式的多路换向阀同时操作多个执行元件同时工作时，压力油总是先进入油压较低的执行元件。因此只有各执行元件进油腔的油压相等时，它们才能同时动作，当然，各阀也可以单独动作。并联油路的进口 P 的压力要略大于各执行元件中的最高压力。

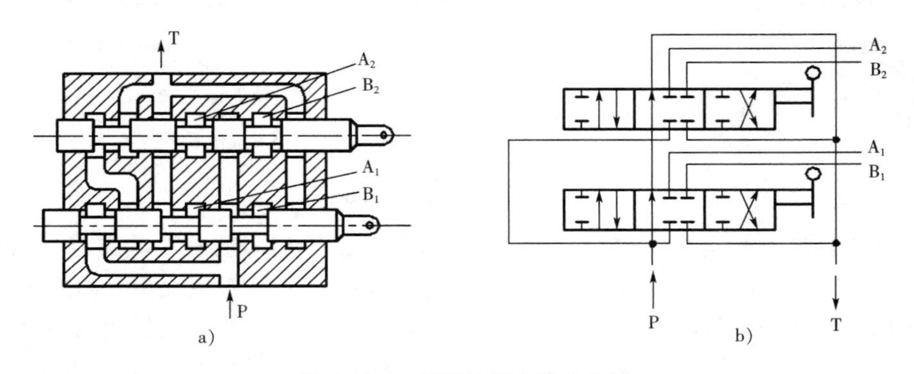

图 6－14　并联油路多路换向阀

2. 串联油路

图 16－15 所示，串联连接的多路换向阀，每一联滑阀的进油腔都和前一联滑阀的中位回油道相通，即前联回油腔都和后一联滑阀的中位进油道相通，这样，可使串联油路内的数个执行元件同时动作，其条件是串联回路的进油口 P 的压力要大于所有同时动作的执行元

件各腔压力之和。因此，串联油路的进口 P 的压力比较高，损失相应也较大。

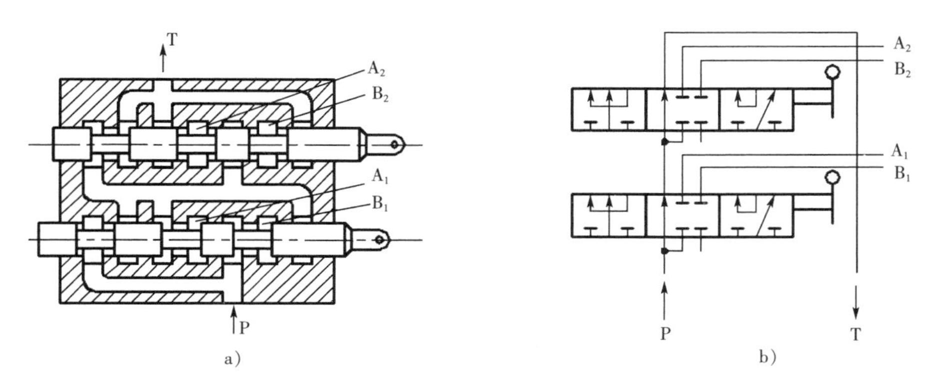

图 6－15　串联油路多路换向阀

3. 串并联油路

图 16－16 所示，串并联连接的多路换向阀，每一联滑阀的进油腔都和前一联滑阀的中位回油道相通，每一联回油腔都则直接与总回油口连接，即各滑阀的进油腔串联，回油腔并联。串并联油路的特点是：当某一联滑阀换向时，其后各联滑阀的进油道当即被切断。因此，一组多路换向阀中只能有一个滑阀工作，即滑阀之间具有互锁功能，可以防止误动作。

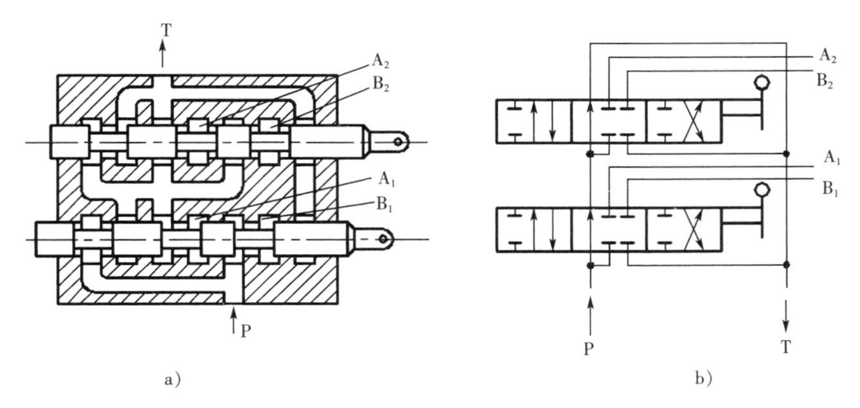

图 6－16　串并联油路多路换向阀

除上述三种基本形式之外，当多路换向阀的联数较多时，还常常采用上述几种连接形式的组合，称为复合油路连接。

6.3　压力控制阀

压力控制阀（简称压力阀）在油路的主要作用是控制液流压力高低。常见的类型见表 6－6 所示。实际上压力控制阀种类繁多，但它们的共同原理都是利用液压力和弹簧力的相互平衡而工作的。本节重点介绍溢流阀的原理、结构、性能，其他压力阀与此类似，可以类推。

表 6-6　压力控制阀的类型

<table>
<tr><td rowspan="13">压力控制阀</td><td rowspan="5">溢流阀</td><td rowspan="2">直动式溢流阀</td><td>滑阀式</td></tr>
<tr><td>锥阀式、球阀式</td></tr>
<tr><td rowspan="3">先导式溢流阀</td><td>一级同心结构(滑阀)</td></tr>
<tr><td>二级同心结构(锥阀)</td></tr>
<tr><td>三级同心结构(锥阀)</td></tr>
<tr><td rowspan="4">减压阀</td><td rowspan="2">定压式减压阀
(减压阀)</td><td>直动式 (以滑阀式为主)</td></tr>
<tr><td>先导式(以滑阀式为主)</td></tr>
<tr><td>定差式减压阀</td><td>直动式、压差式(滑阀)</td></tr>
<tr><td>定比式减压阀</td><td>直动式、压差式(滑阀)</td></tr>
<tr><td rowspan="2">顺序阀</td><td>直动式顺序阀</td><td>滑阀式</td></tr>
<tr><td>先导式顺序阀</td><td>主阀为滑阀式,先导阀为锥芯式</td></tr>
<tr><td>压力继电器</td><td></td><td>柱塞式、弹簧管式、膜片式和波纹管式</td></tr>
</table>

6.3.1　溢流阀

溢流阀在液压系统中主要起稳定压力或安全保护的作用。它是液压系统中最重要的元件之一,几乎所有的系统都要用到溢流阀,其性能的好坏对液压系统的正常工作有重大影响。溢流阀在油路中的使用比较灵活,可以有不同的用途、不同的工作状态,但只要了解它的结构和原理,不难理解其工作状态。

1. 溢流阀的工作原理与结构

按结构的不同,溢流阀有直动式和先导式两种。

(1) 直动式溢流阀

图 6-17a 为直动式溢流阀的工作原理图。1 是调压手柄,2 是调压弹簧,3 是阀芯。压力油从 P 口进入,一路经过开口 x_R 由 T 口流回油箱,另一路经阻尼孔 a 进入阀芯的下腔,阻尼孔 a 的作用是对阀芯的运动产生阻尼,以提高阀芯的稳定性。设阀芯下腔面积为 A,则作用在阀芯下端的液压力 pA 与弹簧力 F_s、阀芯自重 F_g、稳态液动力 F_{bs}、摩擦力 F_f 相平衡,受力平衡方程式为

$$pA = F_s + F_g + F_{bs} + F_f \tag{6.3-1}$$

一般情况下,可以略去阀芯自重 F_g、稳态液动力 F_{bs} 和摩擦力 F_f,则 6.3-1 式可以简化为

$$p \approx \frac{F_S}{A} \tag{6.3-2}$$

可见,进口压力 p 基本上由弹簧力决定,这就是溢流阀稳定压力的工作原理。只要用手柄调定弹簧的预压缩量,就可以得到不同的稳定压力(称为调定压力)。

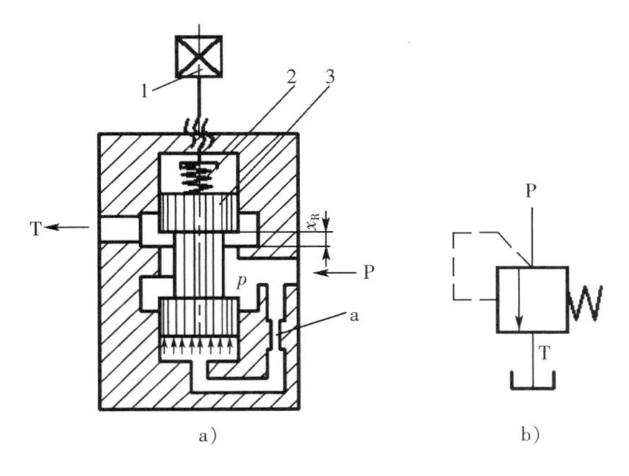

图 6-17　直动式溢流阀的工作原理图

1—手柄；2—弹簧；3—阀芯

溢流阀的工作过程是这样的：在进口压力较低时，阀芯在弹簧力的作用下，处于最下位置，阀口开度 x_R 为零，P、T 口不通。随着进口压力不断升高，液压力 pA 增加，阀芯上移，阀芯阀口逐渐打开，同时弹簧被压缩，弹簧力 F_s 增加，直到 $p=F_s/A$，阀芯平衡，这时压力保持稳定。此时 $p_T=F_s/A$ 称为调定压力，有一部分流量通过阀口 x_R 流回油箱，称为溢流。如果由于某种原因使进口压力上升，即 $p>p_T$，则通过下列过程可使 p 下降：

$$p\uparrow \rightarrow 阀芯 \uparrow \rightarrow x_R\uparrow \rightarrow 溢流量 \uparrow \rightarrow p\downarrow$$

反之，如果由于某种原因使进口压力 p 下降，通过与上述相反的过程，可使压力上升。需要注意的是，压力稳定的过程是一个震荡过程，需经几个震荡周期才能趋于稳定。

由上可见，起稳定压力作用的溢流阀实际上是一个负反馈系统，反馈信号取自进口压力 p，称为控制压力，在图 6-17b 的图形符号中用虚线表示。稳压时阀口的状态虽有一定的开口度 x_R，但常态下（进口无压力）P、T 口不通，故图形符号中箭头偏向一边。另外，溢流阀的出口 T 通常接通油箱，所以图形符号中也将油箱画出。

图 6-18 为直动式滑阀式溢流阀的结构。进入进油口 P 的压力油通过阀芯 3 的径向孔和阻尼孔 a 作用在阀芯底部，该液压力与弹簧 2 的弹簧力平衡，溢流流量从开口 x_R 流向 T 口，为防止泄漏，需要一定的重叠长度 L。

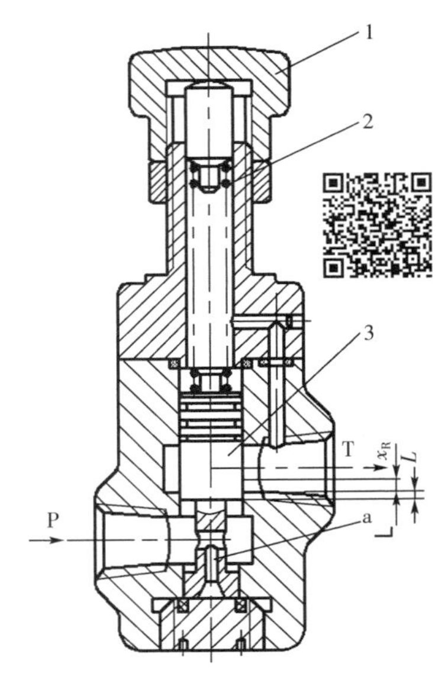

图 6-18　直动式滑阀式溢流阀的结构

1—手柄；2—弹簧；3—阀芯；a—阻尼孔

直动式的弹簧是直接和进口压力相平衡的。由公式（6.3-2）可知，弹簧力的大小与所控制的压力（进口压力）成正比，因此如要提高被控压力，一是可以采取减小阀芯的作用面积的方法；二是要增加弹簧的弹力。因受阀的结构限制，通常是采用第二种方法，即采用大刚度的弹簧，这样，在阀芯相同位移的情况下，弹簧力变化较大，因而使阀的稳压精度降低。所以这种滑阀式结构的溢流阀一般只能用于压力小于 2.5MPa 的小流量场合。

较新型的直动式溢流阀采用锥阀式或球阀式，可以直接用于高压、大流量的场合。

(2) 先导式溢流阀

先导式溢流阀克服了直动式的缺点，可以应用于高压大流量的场合，同时也具有较好的性能。图 6-19a 是先导式溢流阀的原理图，b 是它的图形符号。

如图 6-19a 所示，先导式溢流阀由两部分组成：先导阀部分(可以看成是一个直动式溢流阀)和主阀部分。压力油从 P 口进入，通过阻尼孔 3 到达主阀芯上腔，再经直通道到达先导阀芯的前腔，作用在先导阀芯 4 的前面(锥面)，当进口压力 p 较低时，液压力不能克服先导弹簧 5 的弹簧力，导阀关闭。设主阀芯的下腔、上腔和先导阀的前腔的压力分别为 p、p_1 和 p_2，由于没有液流流动，各腔内的油液处于静止，因此各腔内压力处处相等，即：$p=p_1=p_2$，因主阀芯上、下腔的有效面积相等(设均为 A_R)，故 p、p_1 的液压力平衡，主阀芯只需在较软的主弹簧 1 的作用下即可处于最下位置，主阀口封闭，P、T 口不通，没有液流通过。

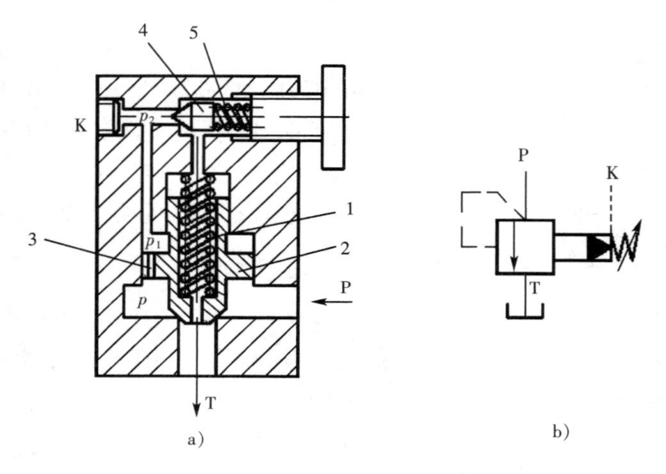

图 6-19　先导式溢流阀的工作原理图

如果进口压力 p 升高，p_2 随之升高，当作用在先导阀 4 上的液压力足以克服先导弹簧 5 的弹力时，先导阀 4 打开，液流通过阻尼孔 3、先导阀阀口和主阀阀芯轴向通孔流回油箱。由于液流通过阻尼孔时产生压降 $\Delta p=p-p_1$，使主阀下腔的液压力 pA_R 大于上腔的液压力 p_1A_R，当这个压力差 ΔpA_R 大于主弹簧 1 的弹力和其他阻力时，主阀芯 2 上移，主阀开启，部分油液从 P 口经过主阀口、T 口流回油箱，实现溢流。

设主弹簧力 F_s、主阀芯自重 F_g、稳态液动力 F_{bs}、摩擦力 F_f，则主阀芯受力平衡方程式为

$$\Delta p=p-p_1=\frac{F_s+F_{bs}+F_g+F_f}{A_R} \tag{6.3-3}$$

由上式可知，由于压力差 Δp 不太大，所以主弹簧力不需要很大，只需一个很软的弹簧即可。而对于先导阀来说，它只是控制液流，流量很小(约为主阀流量的百分之几)，因此可以将通流面积设计得很小，通常采用锥阀，使受压面积减小，所以先导弹簧的刚度也可以较小。

上述的分析中，先导阀的远程控制口 K 是封闭的。如果利用 K 口，可以完成以下一些特定的功用：

① 远程调压。将K口接到另一个直动式溢流阀的进油口,可以利用该直动式溢流阀(称为远程调压阀)进行远程调压。这时远程调压阀就代替了先导阀工作。调节远程阀的弹簧力,就可以调节先导式溢流阀主阀的调定压力。不过,远程阀的调定压力必须小于本身先导阀弹簧的调定压力,否则,远程阀将不起作用,仍然是本身的先导阀部分起作用。如果使用换向阀转接几个远程阀,还可以实现多级调压功能(详见基本回路一节)。

② 油泵卸荷。K口直接通油箱。这时,p_2、p_1 压力均近似为零。由于主阀弹簧很软,只要进油口有压力 p,即可使主阀芯处于最高位置,阀口完全打开,P、T口直通,油泵输出的油液全部流回油箱,且系统压力很低,实现卸荷。在回路中K口通常是通过二位二通换向阀换接而接入油箱的。

图6-20为国产 *YF* 型溢流阀的结构,其工作原理与图6-19完全相同。它的主阀口为锥阀,比滑阀形式的阀口密封好,动作也更加灵敏(锥阀没有重叠部分,稍一移动即可打开通流缝隙,滑阀则需要提升重叠长度 L 后才能开启)。另外,YF型溢流阀的阀芯为三段式(中间大,两头小),所以能形成较大的压力差,因此,系统压力的微小变化就能引起阀芯的移动,即稳压精度较高。为了增加阀芯的稳定性,阀芯下端设计了一个减振尾。三级同心式的缺点是工艺复杂,阀芯的三处(封口锥面、中部大圆柱、上部圆柱)要求同心,因此称为三级同心式。

图6-21为某引进产品的结构,它是二级同心式,即阀芯的封口锥面和外圆柱面要求同心度,因此,工艺性比三级同心式好。压力油从P口进入,通过阻尼孔a作用于先导阀前腔和主阀上腔。当压力上升使先导阀打开时,液流流动,阻尼孔有压降,主阀阀芯上、下腔产生压力差而使阀芯上移,阀口打开。由于阀芯受到的液动力有使阀芯关闭的趋势,故阀芯运动较三级同心式稳定。

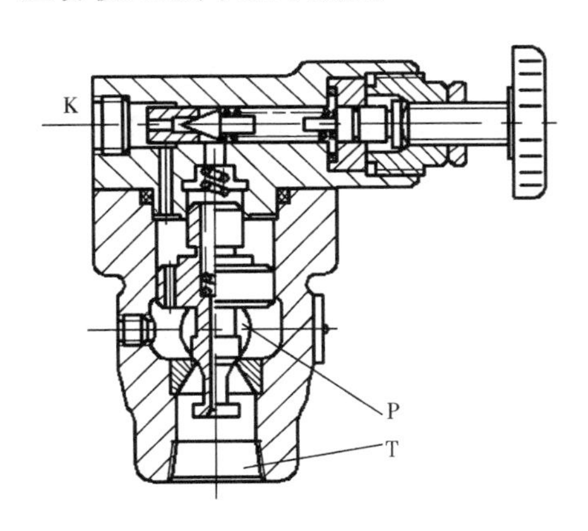

图6-20　YF型溢流阀(三级同心结构)

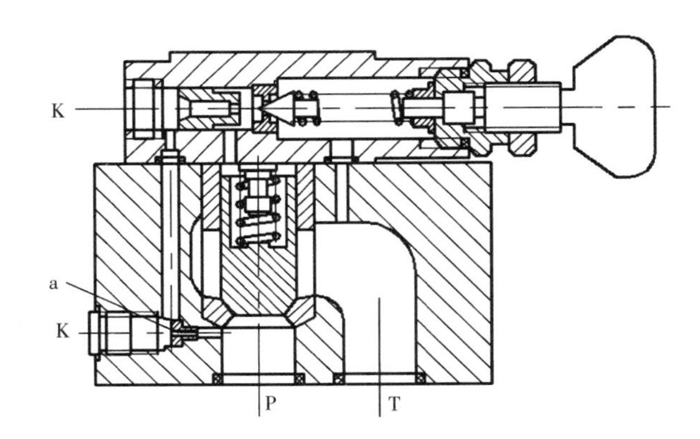

图6-21　DB型溢流阀(二级同心式结构)

2. 溢流阀的性能

溢流阀的性能有静态性能和动态性能两部分。

(1) 静态性能

① 压力调节范围:压力调节范围是指调压弹簧在给定的范围内调节时,系统压力能平稳地上升或下降,且压力无突跳及迟滞现象,这个范围即为压力调节范围。

② 最大流量和最小稳定流量:最大流量和最小稳定流量决定了溢流阀的流量调节范

围，流量调节范围越大的溢流阀应用范围越广。溢流阀的最大流量也就是它的公称流量，又称为额定流量，在此流量下溢流阀工作应无噪声。溢流阀的最小稳定流量取决于它的压力平稳性要求，一般规定为额定流量的 15%。

③ 启闭特性：也称为压力流量特性（$p-q$ 特性）。在溢流阀调压弹簧的预压缩量调定以后，溢流阀的开启压力 p_k 即已确定，阀口开启后溢流阀的进口压力随溢流量的增加而略有升高，流量为额定值时的压力 p_s 最高，随着流量减少，阀口则反向趋于关闭，阀的进口压力降低，阀口关闭的压力为 p_b。因摩擦力的方向不同，$p_b < p_k$。启闭特性的好坏用开启比 $\overline{p_k}$ 和闭合比 $\overline{p_b}$ 衡量

$$\overline{p_k} = \frac{p_k}{p_s} \times 100\% \tag{6.3-4}$$

$$\overline{p_b} = \frac{p_b}{p_s} \times 100\% \tag{6.3-5}$$

$\overline{p_k}$ 和 $\overline{p_b}$ 值越大，则 p_k 和 p_b 与 p_s 越接近，启闭特性越好。一般应使 $\overline{p_k} \geqslant 90\%$，$\overline{p_b} \geqslant 85\%$。先导式的启闭特性要比直动式的好，见图 6-22。

④ 卸荷压力：当溢流阀的远程控制口 K 与油箱相连时，额定流量下的压力损失称为卸荷压力。

(2) 动态性能

如图 6-23 所示，当溢流阀阀口从关闭到打开，溢流量由零至额定流量发生阶跃变化时，它的进口压力，也就是它所控制的系统压力由零迅速升至调定压力 p_T。升压时间（响应时间）为 Δt_1，但是，它并不能立即稳定下来，而需要一个振荡衰减过程，最终稳定在 p_T 上（当振幅在 $p_T \pm 5\% p_T$ 范围内，视为稳定）。这个过渡过程经过的时间 Δt_2 称为过渡过程时间。显然，Δt_1 越小，溢流阀的响应时间越快；Δt_2 越小，溢流阀的动态过程过渡时间越短。一般要求 $\Delta t_2 = 0.5 \sim 1$ 秒。

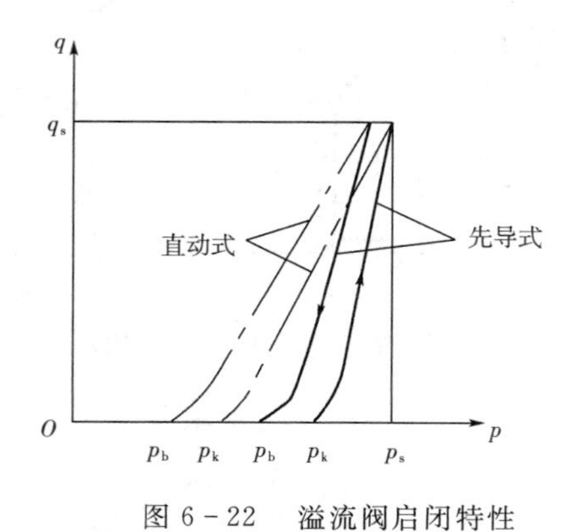

图 6-22　溢流阀启闭特性

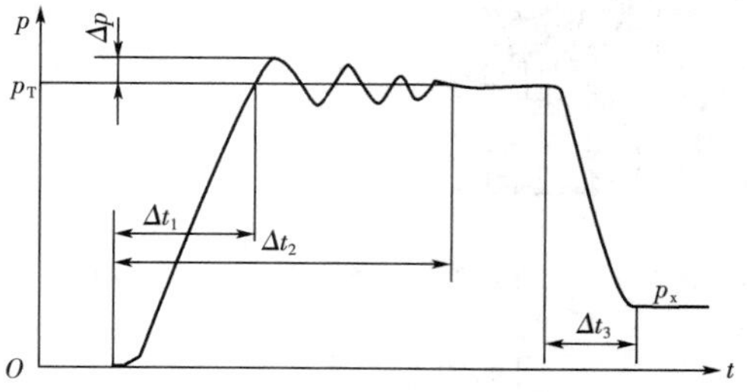

图 6-23　溢流阀动态特性

当溢流阀开始卸荷时，也要经过压力卸荷时间 Δt_3 后，才能降到卸荷压力 p_x。一般要求 $\Delta t_3 = 0.03 \sim 0.09$ 秒。

压力超调量 $\overline{\Delta p}$ 是衡量溢流阀动态稳压误差的性能指标，它是指最大峰值压力和调定

压力之差与调定压力比的百分值，即

$$\overline{\Delta p}=\frac{\Delta p}{P_{\mathrm{T}}}\times 100\% \qquad (6.3-6)$$

一般要求$\overline{\Delta p}\leqslant 30\%$。需要说明的是：溢流阀的动态性能指标不仅仅由阀本身的结构决定，在很大程度上，还受系统的安装参数影响，如阀前腔容积的大小和当量弹性模量（与所连接的管道材料及液压油中的含气量等有关）等参数。

3. 溢流阀的应用

根据溢流阀在液压系统中所起的作用，分别叙述如下。

(1) 稳定压力作用

如图 6-24a 所示，在采用定量泵系统中，节流阀调节进入液压缸的流量。如果节流阀调小，多余的流量引起泵的输出压力增加，引起溢流阀溢流量增加，使泵的输出压力保持在调定压力附近。反之，如果节流阀调大引起压力下降，溢流阀溢流量相应减小。可见，溢流阀是通过溢流作用，使所控制的压力稳定的。

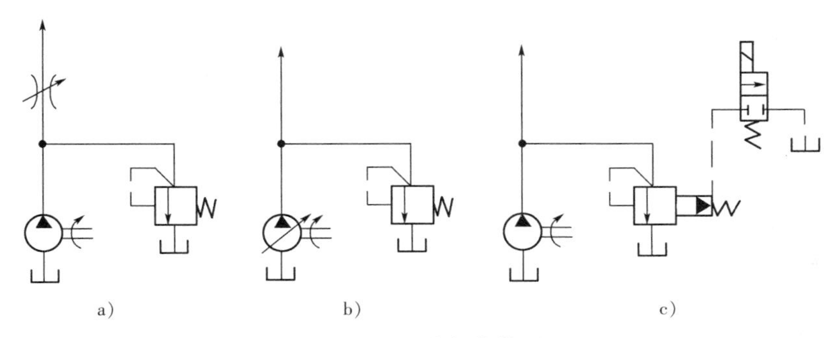

图 6-24　溢流阀的作用

(2) 作安全作用

图 6-24b 所示是采用变量泵供油的系统，它可以根据液压缸的需要自动调节供油量，因此不需要用溢流阀来溢流。系统中溢流阀的作用起安全作用的，称为安全阀，它的调定压力比系统最高工作压力还要高（一般高 5%）。在系统正常工作时，它的阀口是关闭的。只有当出现异常情况而导致系统压力升高并超过调定压力时，它的阀口才打开，通过溢流作用使系统压力不再升高，从而保护系统设备的安全。

(3) 卸荷作用

溢流阀在定量泵系统中，除了起溢流阀作用外，需要时还可作卸荷阀用。如图 6-24c 所示。将溢流阀的远程控制口 K 通过二位二通电磁阀和油箱连通。当电磁阀通电时，K 口被接通到油箱，溢流阀阀口开到最大，实现系统卸荷。

(4) 用作背压阀

溢流阀还可用作背压阀，这时一般用直动式溢流阀，将它串接在系统的回油路上，以产生一定的回油阻力，这样可以改善运动部件的平稳性。

6.3.2　减压阀

减压阀的作用是控制出口压力。根据控制方法不同，减压阀有下面三种类型：

(1) 定值输出减压阀:在出口获得一个较进口压力低且稳定的压力。这种减压阀最为常用,有时直接称为减压阀。

(2) 定差减压阀:保持进、出油口之间的压力差不变。

(3) 定比减压阀:保持进、出油口之间的压力比不变。

减压阀的进口压力也称为一次压力,出口压力称为二次压力。

(4) 定值输出减压阀

1. 工作原理与结构

图 6-25a 所示为直动式减压阀的工作原理图,图 6-25b 其图形符号。P_1 是进油口,P_2 是出油口。常态时阀芯在弹簧的作用下处于最下位置,开口 x_R 最大,P_1、P_2 相通,亦即阀是常开的。从出口 P_2 取出的控制压力油作用在阀芯的下端,与弹簧相平衡。若阀芯的下端有效作用面积为 A_R,弹簧刚度 k_s,$x_R=0$ 时的预压缩量 x_C,稳态液动力 F_{bs},则主阀芯受力平衡方程阀芯的平衡方程式为

$$p_2A_R+F_{bs}=k_s(x_C+x_R) \tag{6.3-7}$$

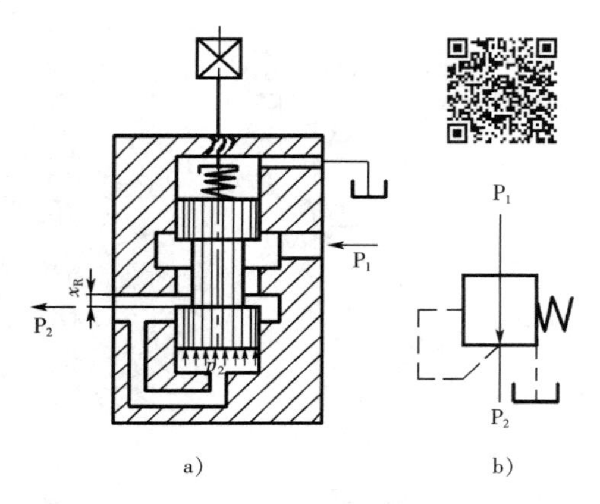

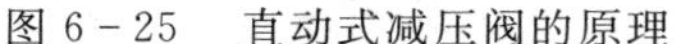

图 6-25　直动式减压阀的原理

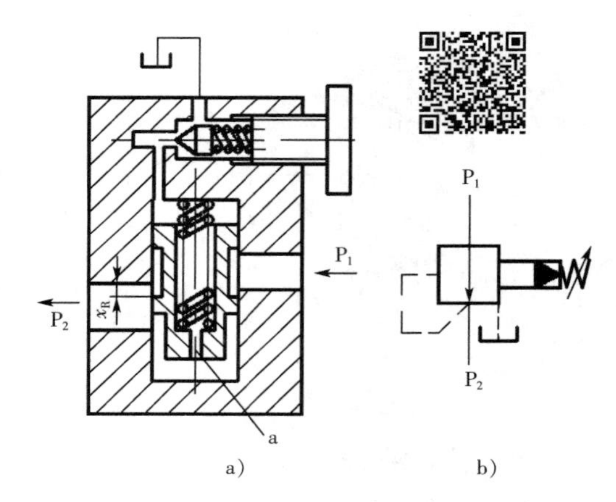

图 6-26　先导式减压阀的原理

若忽略稳态液动力 F_{bs},且考虑到 $x_R \ll x_C$,则根据上式有

$$p_2 \approx \frac{k_s}{A_R}x_C=\frac{F_s}{A_R}=\text{常数} \tag{6.3-8}$$

即减压阀的出口压力基本由弹簧压力决定。这就是减压阀可以保持出口压力稳定的原理。

下面说明减压阀的工作过程。图 6-26a、b 分别为先导式减压阀的工作原理图和图形符号,它的工作原理与溢流阀相似,主阀芯也是利用上、下腔的压力差与主弹簧压力相平衡的。压力油从 P_1 进入,经过阀口 x_R 的从出口 P_2 流出,同时从 P_2 口引出的控制液油进入主阀的下端,通过阻尼孔 a、主阀芯轴向孔等再进入先导阀的前腔。当 P_2 较低时,先导阀关闭,主阀芯的上腔和下腔压力相等,主阀芯在主弹簧的作用下,处于最下位置,先导阀不起减压作用。当 P_2 压力升高使先导阀打开后,控制液流通过阻尼孔 a、主阀芯轴向孔、先导阀口流回油箱。由于阻尼孔的作用,使主阀芯的上、下腔出现压力差 Δp。Δp 克服主弹簧力等使主阀芯上移,主阀开口 x_R 减小,使出口压力稳定在调定值。当出口压力大于调定值时,阀口开度 x_R 将减小,使阀口阻力增大,出口压力便下降;当出口压力小于调定值时,阀口开度 x_R

将增大，使阀口阻力减小，出口压力便上升。这样，减压阀利用阀口开度 x_R 的自动变化来使出口压力保持基本稳定。

将先导式减压阀和先导式溢流阀相比较，它们之间有如下几点不同：

① 减压阀保持出口压力基本不变，控制油液取自出口，而溢流阀保持进口处压力基本不变，控制油液取自进口。

② 在不工作（常态）时，减压阀进、出口相通，而溢流阀的进、出口不通。

③ 减压阀的先导阀后腔（弹簧腔）须通过泻油口单独外接油箱，而溢流阀的出油口是接油箱的，所以它的先导阀的弹簧腔和泄漏油可通过阀体上的通道和出口相通，不必单独外接油箱。

减压阀和溢流阀的这些区别也表现在它们的图形符号上。

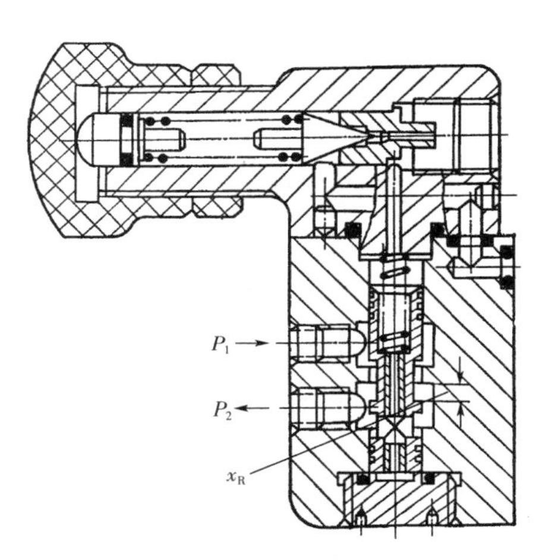

图 6－27　J 型减压阀

图 6－27 为国产 J 型先导式减压阀的结构图，对照图 6－26a，读者可自行分析其工作原理。除常见的先导减压阀之外，还有一种直动式减压阀，如图 6－28 所示，是一种直动叠加式减压阀（又称三通式减压阀）。阀出口 P_2 的压力直接由调压弹簧调定，其阀芯（滑阀）在出口压力、弹簧力及不大的液动力作用下处于平衡。弹簧力一定，阀的出口压力一定，即保证了阀具有稳定出口压力的作用。该阀除了起减压阀的作用外，还具有溢流阀的作用：如果阀的出口压力突然升高，将使阀芯（滑阀）的平衡受到破坏，阀芯左移导致进口 P_1 和 T 口接通，由于 T 口是接油箱的，于是进口压力迅速减压，出口随之减压，恢复为调定值。由于这种阀同时兼有减压和溢流作用，因此又被称为溢流减压阀。

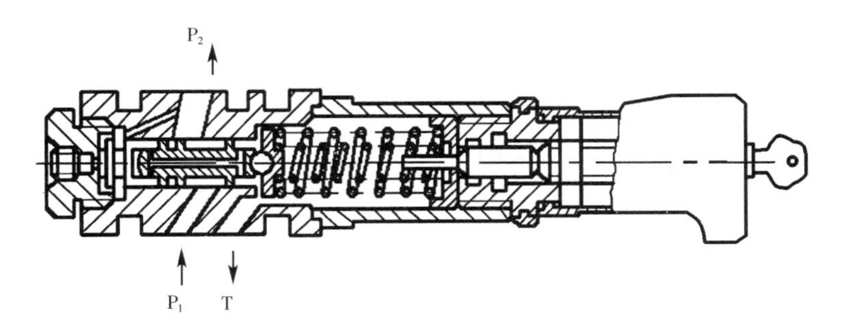

图 6－28　直动叠加式减压阀

2. 静态特性

对减压阀的静态特性有如下要求：

(1) 调压范围

定压减压阀的调压范围是指阀的出口压力的可调数值，在这个范围内使用减压阀，能保证阀的基本性能。

(2) 流量、进口压力对出口压力的影响

理想的减压阀在进口压力 p_1、流量 q 发生变化时，其出口压力 p_2 应保持在调定值不变。但实际上，p_2 是随 p_1、q 而变化的，如图 6－29 所示。当减压阀的进口压力 p_1 保持恒定时，如果通过减压阀的流量 q 增加，则会导致出口略微下降。对于先导式减压阀，出口压力调得越低，它受流量的影响就越大。鉴于流量对减压阀的这种影响，目前在较新型的减压阀中，已经采取了一些措施，以尽量降低或消除这种影响。

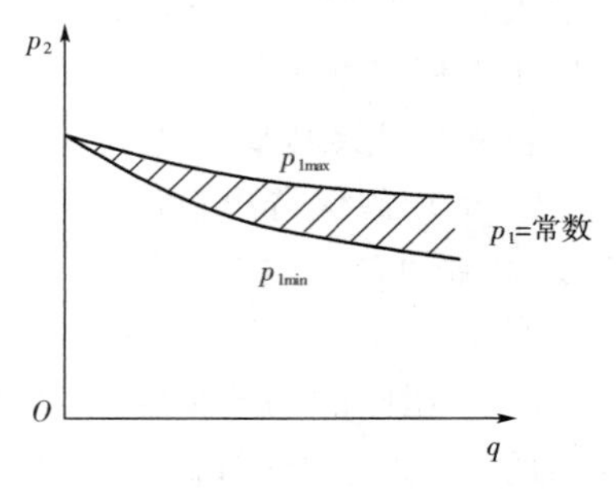

图 6－29　减压阀的 p_2-q 特性

当减压阀的出油口不输出油液时，它的出口压力仍能维持稳定，此时有少量的油液通过减压阀阀口经先导阀流回油箱，保持该阀处于工作状态(参见图 6－26a)。

3. 减压阀的应用

减压阀主要用在系统的夹紧、电液动换向阀的控制压力油、润滑等回路中。而直动叠加式减压阀(三通式减压阀)还可用在有反向冲击流量的场合。必须指出，应用减压阀必有压力损失，这将增加功耗和使油液发热。当分支油路压力比主油路压力低很多，且流量又很大时，常采用高、低压泵分别供油，而不宜采用减压阀。

(1) 定差减压阀

定差减压阀是使进、出油口的压力差稳定不变，如图 6－30 所示。进口 P_1 的压力 p_1 大于出口 P_2 的压力 p_2。进口压力油一方面作用在主阀的台阶端面上，一方面通过阀口 x_R 节流后从出口流出，同时出口的液流通过阀芯中心孔将压力作用至主阀的上腔，因此主阀是在进、出油口的压力差和弹簧力的作用下平衡(忽略摩擦力和稳态液动力)，平衡方程式为

$$\Delta p = p_1 - p_2 = \frac{k_s(x_C + x_R)}{\frac{\pi}{4}(D^2 - d^2)} \tag{6.3-9}$$

式中：x_C 为当阀芯开口 $x_R=0$ 时弹簧的预压缩量，k_s 为弹簧的刚度，其余符号见图。

由上式可知：当 x_R 变化较小时，只要调定弹簧预压缩量，就可使进、出口压力差基本保持不变。定差式减压阀主要用在组合阀中，如调速阀中用定差式减压阀(结构略有不同)保证节流阀的进、出口压力差恒定，以获得稳定节流流量。调速阀的原理将在后面的内容中详叙。

(2) 定比减压阀

定比减压阀能使进、出口压力的比值保持稳定。如图 6－31 所示，忽略稳态液动力、摩擦力，阀芯的平衡方程式为

$$p_1 A_1 + k_s(x_C + x_R) = p_2 A_2 \tag{6.3-10}$$

式中：x_C 为当阀芯开口 $x_R=0$ 时弹簧的预压缩量，k_s 为弹簧的刚度，其余符号见图。由于弹簧刚度设计得很小，弹簧力可以忽略，上式简化为

$$\frac{p_2}{p_1} = \frac{A_1}{A_2} \tag{6.3-11}$$

由上式可见，进口压力、出口压力始终保持固定压力比值，比值由阀芯的两端面积比决定，使用时它是不能调整的，其用途主要是在组合阀中。

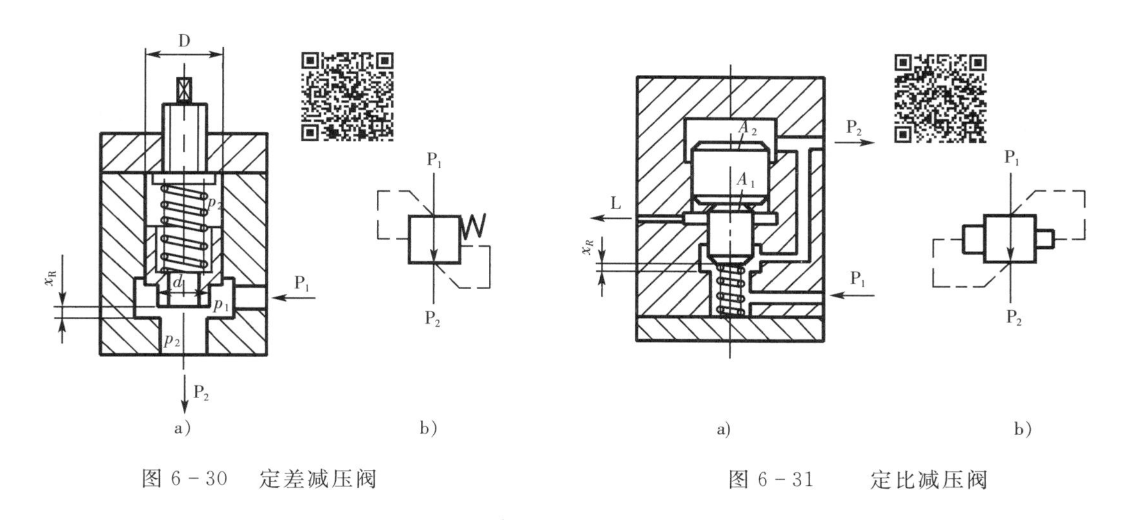

图 6－30　定差减压阀　　　　图 6－31　定比减压阀

6.3.3　顺序阀

顺序阀是用来控制液压系统中各执行元件动作的先后顺序。它也是一种常见的压力阀，它的结构和工作原理与溢流阀相似。依控制压力的不同，顺序阀可分为内控式和外控式两种，前者用阀的进口压力控制阀芯的启闭，后者用外来的控制压力油控制阀芯的启闭(即液控顺序阀)；也可按结构不同分为两种：直动式和先导式，前者一般用于低压系统，后者用于中高压系统。

1. 工作原理与结构

如图 6－32a 所示，压力油从 P_1 口进入，分两路：一路通过滑阀阀口进入 P_2 口，同时另一路是作用于阀芯底部(用于控制)，阀芯在压力 p_1 和弹簧力等作用下平衡。当进油口 P_1 的压力较低时，阀芯在弹簧的作用下处于最下位置，进油口 P_1 和出油口 P_2 不通。当 P_1 口压力升高后，克服弹簧力使阀芯上移，阀口打开，P_1、P_2 相通。如果 P_2 口下接其他回路，则这个回路因得到压力油而工作，所以利用进口的压力的变化，就可以控制出口回路的工作状况。与图 6－17 直动式溢流阀相比，它们的结构、工作原理基本相似，不同之处如下：

(1) 溢流阀的出口接油箱，而顺序阀的出口接另一回路。

(2) 溢流阀的泄漏油通过出口流回油箱，而顺序阀的出口是压力油，必须单独另设泄漏口 L，使泄漏油从 L 口流回油箱。

这些区别也表现在它们的图形符号上。

图 6－32 所示的是控制油液取自进口，称为内控式顺序阀。如果另外设置一控制口 K，使用其他的油路控制油液，则称为外控式顺序阀，如图 6－33 所示。

先导式顺序阀的原理见图 6－34，它与图 6－19 的先导式溢流阀原理相比，原理基本相同。差别仅仅在于前者出口 P_2 一般接回路，而后者的出口 T 则接油箱，所以前者需要另外的泄漏口 L。

图 6 - 32　直动式(内控)顺序阀原理

图 6 - 33　直动式(外控)顺序阀原理

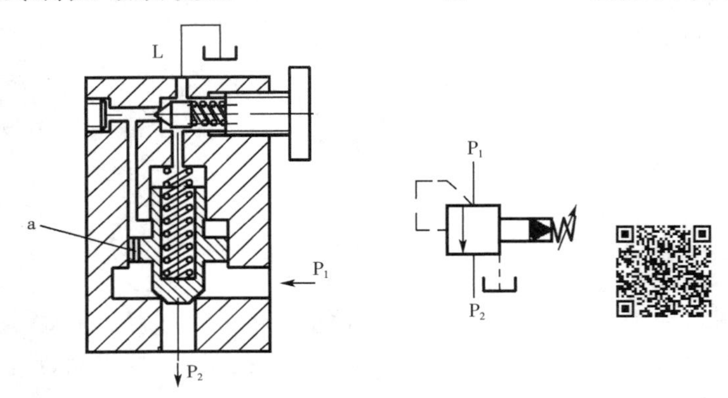

图 6 - 34　先导式顺序阀原理

图 6 - 35 为某直动式顺序阀产品的结构,其工作原理如前所述,不再赘述。图 6 - 36 为 DZ 型顺序阀的结构简图,1 为阻尼孔,2 为主阀芯,3 是先导阀。主阀为锥阀,先导阀为滑阀,图示系内部控制外部回油型。其工作原理与图 6 - 34 相似,不同的是:先导阀打开后,主阀上腔的油液通过滑阀式先导阀的中部环形腔,流回到出口 P_2。由于主阀上腔油压与先导阀所调压力无关,仅仅通过弹簧刚度很弱的主阀上部弹簧与主阀下端的油压来保持主阀芯的平衡,因此它的出口压力基本等于进口压力,压力损失较图 6 - 34 所示的顺序阀低。

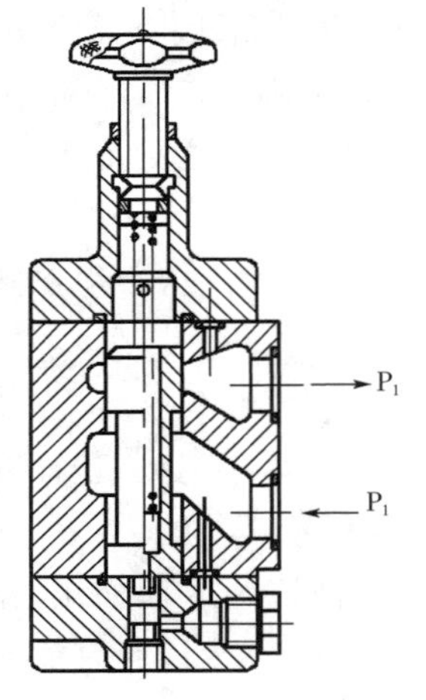

图 6 - 35　直动式顺序阀结构

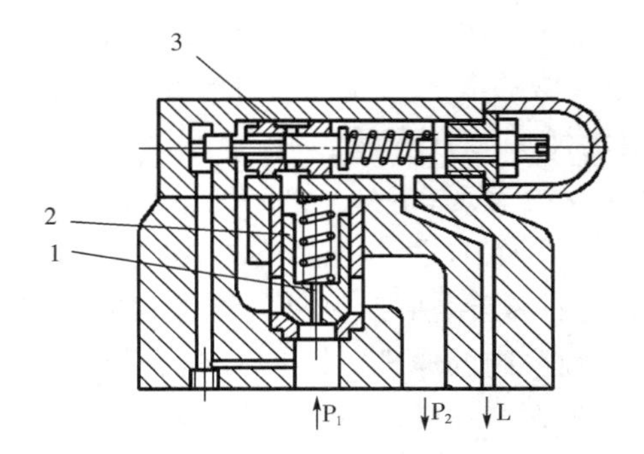

图 6 - 36　DZ 型顺序阀结构

2. 性能要求

顺序阀的主要性能和溢流阀相仿。此外，顺序阀为使执行元件准确地实现顺序动作，要求阀的调压偏差小，在压力—流量（$p-q$）特性中，通过额定流量时的调定压力应与启闭压力尽可能接近，因而调压弹簧的刚度小一些好。另外，阀关闭时，在进口压力作用下各密封部位的内泄漏应尽量小，否则可能引起误动作。

3. 顺序阀的应用

顺序阀相当于一个液控开关阀，可以根据控制口的压力变化来接通或关断进、出口之间的油路。顺序阀可以有多种用途。如：可以使多个执行元件按压力顺序自动实现顺序动作，可以用来作为回路的背压阀或系统卸荷阀；与单向阀并联组成一体式阀，称为单向顺序阀，它可以作为平衡阀，用于防止执行元件在放下重物负载时可能发生的失控现象。

6.3.4　压力继电器

压力继电器是一种将油液的压力信号转换成电信号的电液控制元件，当油液压力达到压力继电器的调定压力时，即发出电信号，以控制电磁铁、电磁离合器、继电器等元件动作，使油路卸荷、换向，执行元件实现顺序动作，或关闭电动机，使系统停止工作，起安全保护作用等。

压力继电器按结构特点可分为柱塞式、弹簧管式和膜片式等。

图6-37所示为单触点柱塞式压力继电器。主要零件有柱塞1、调节螺帽2和电气微动开关3。液压力作用在柱塞底部，当液压系统的压力达到调压弹簧的调定值时，作用在柱塞上的液压力便直接压缩弹簧，压下微动开关触头，发出电信号。柱塞式压力继电器由于采用比较成熟的弹性元件——弹簧，因此工作可靠、寿命长、成本低。因为它的压力腔容积变化较大，因此不易受压力波动的影响。它的缺点是液压力直接与弹簧力平衡，弹簧刚度较大，因此重复精度和灵敏度较低，误差在调定压力的1.5%～2.5%之间。另外，开启压力与闭合压力的差值较大。

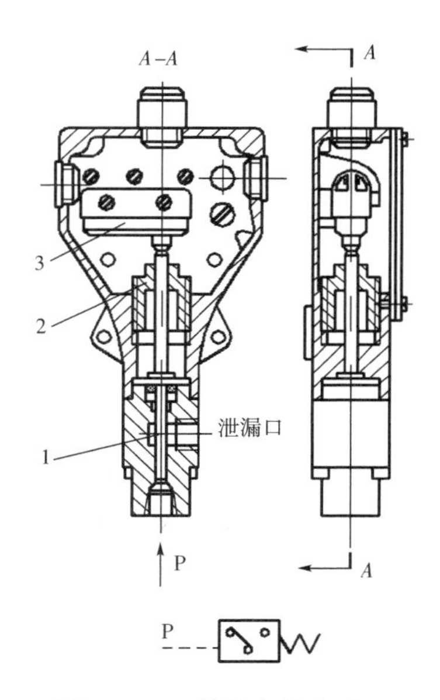

图6-37　单触点柱塞式压力继电器

6.4　流量控制阀

流量控制阀是通过改变阀口面积（节流口局部阻力）大小或通流通道的长短来控制流量的液压控制阀。常见的类型有普通节流阀、调速阀、溢流节流阀、分流节流阀等。液压系统中执行元件运动速度的大小，由输入执行元件的油液流量的大小来确定。

6.4.1　流量控制原理和节流口形式

流量控制阀都是利用小孔节流原理工作的。作为节流口的小孔通常有三种形式：薄壁小孔、短孔和细长孔。这三种孔均的流量公式可表示如下

$$q = CA_{T}\Delta p^{m} \tag{6.4-1}$$

式中：C—— 由节流口形状、液体流态、油液性质等因素决定的系数，具体数值可由试验得出；

A_{T}—— 节流口的通流截面积；

Δp—— 节流口两边的压力差；

m—— 由节流口形状决定的节流阀指数，其值在0.5～1.0之间，具体亦可由实验求得。

由该公式可知，通过节流阀的流量是和节流口形状、压差、油液自身的性质相关，具体叙述如下：

1. 压差对流量的影响

节流阀两端压差Δp变化时，通过它的流量要发生变化。三种结构形式的节流口中，通过薄壁小孔($m=0.5$)的流量受压差影响最小，而通过细长孔($m=1$)的流量受影响最大。在实际使用中，当节流阀的通流截面积调整好以后，由于负载的变化，引起节流阀前后的压差变化，使流量不稳定。

2. 温度对流量的影响

油温的变化影响到油液的粘度，对薄壁小孔，黏度对流量几乎没有影响，故油温变化时，流量基本不变。而对细长孔，黏度对流量的影响最大，油温改变时，流量会随之变化。

3. 节流口堵塞

节流口可能因为油液中的杂质或由于油液氧化后析出的胶质、沥青等而局部堵塞，这就影响了原来节流口通流面积的大小，使流量发生变化，尤其是当开口较小时，这一影响更为突出，严重时会完全堵塞而出现断流现象。因此，每个节流阀都有一个能正常工作的最小流量限制，称为节流阀的最小稳定流量。一般流量控制阀的最小稳定流量为0.05L/min。减小阻塞现象的有效措施是采用水力半径大的节流口，另外，选择化学稳定性好和抗氧化稳定性的油液，并注意精心过滤，定期更换，都有助于防止节流口阻塞。

由上所述可知：为保证流量稳定，节流口的形式以薄壁小孔较为理想。表6-7列出几种典型的节流口形式。

另外需要注意的是，节流阀在回路中的节流作用是有条件的，它需要溢流阀的配合使用。如图6-38a，节流元件与溢流阀并联在液压泵的出口，构成恒压油源，使泵出口的压力恒定。此时节流阀和溢流阀相当于两个并联的液阻。定量泵输出流量q_{p}不变，流经节流阀进入液压缸的流量q_{1}和流经溢流阀的流量Δq的大小，由节流阀和溢流阀液阻的相对大小来决定。若节流阀的液阻大于溢流阀的液阻，则$q_{1}<\Delta q$；反之$q_{1}>\Delta q$。节流阀是一种可以在较大范围内以改变液阻来调节流量的元件。因此可以通过调节节流阀的液阻，来改变进入液压缸的流量，从而调节液压缸的运动速度。但若在回路中仅有节流阀而没有与之并联的溢流阀，如图6-38b所示，则节流阀就起不到节流的作用。液压泵输出的液压油全部经节流阀进入液压缸。改变节流阀节流口的大小，只是改变液流流经节流阀的压力降。节流口小，流速快；节流口大，

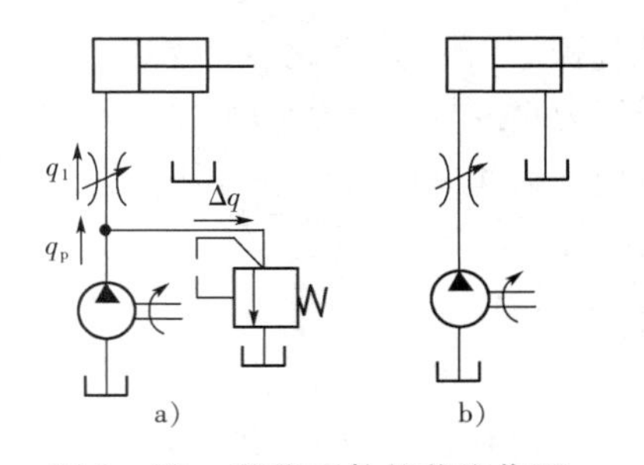

图6-38　节流元件的节流作用

流速慢，而总的流量是不变的，因此液压缸的运动速度不变。若此时液压缸的负载很大，超过泵的最大允许压力，则可能导致泵的损坏。

表 6－7 典型节流口形式

类 型	简 图	特 点
针阀式	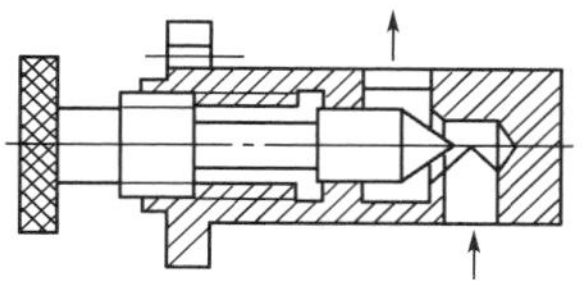	调节时针阀作轴向移动。 优点：结构简单，工艺性好，针阀所受的径向力平衡。 缺点：水力半径小，通道长，易堵塞且流量易受油温影响。 用途：一般用于要求不高的场合。
偏心式	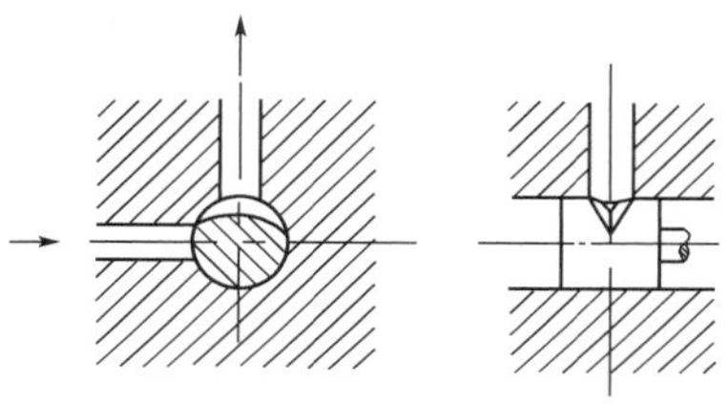	阀芯圆周上开偏心槽，调节时转动阀芯。 优点：结构较简单，工艺性好，通流截面是三角型，容易获得较小的稳定流量。 缺点：通道较长，较易堵塞且流量较易受油温影响。阀芯受径向不平衡力，使转动较费力。 用途：一般用于低压场合。
轴向三角式	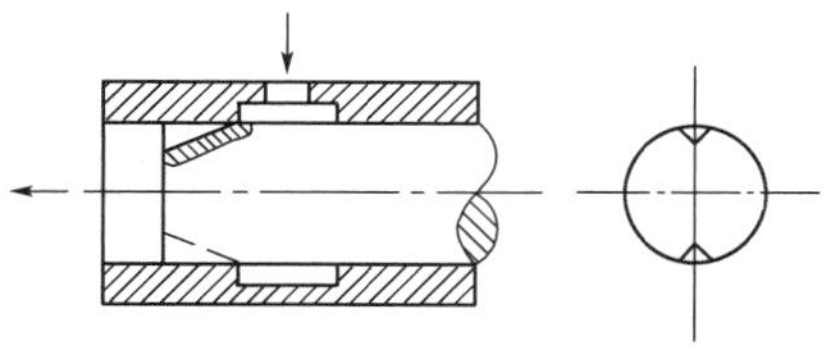	调节时作轴向移动。 优点：结构较简单，工艺性好，通流截面是三角型，容易获得较小的稳定流量。采用对称双边开口使阀芯径向力平衡。 缺点：通道较长，较易堵塞且流量较易受油温影响。 用途：应用较广泛。
周向缝隙式	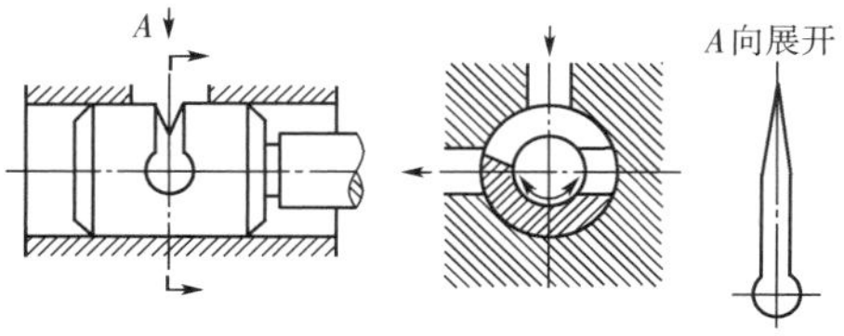 A A向展开	沿阀芯周向开有一条宽度不等的狭槽，调节时阀芯转动。 优点：阀口是薄刃型，接近理想型式。 缺点：工艺性不如轴向三角槽式。受径向不平衡力。 用途：应用于流量较小的低压阀上。
轴向缝隙式	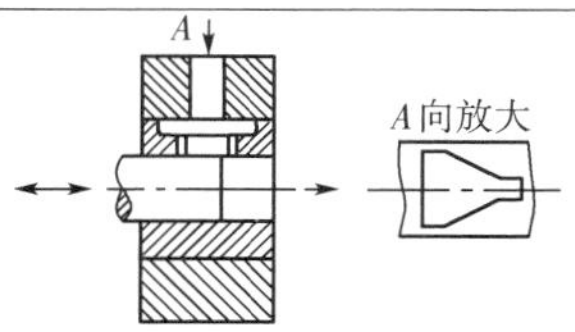 A A向放大	在阀孔衬套上沿轴向开有一条宽度不等的狭槽，转动阀芯调节流量。 优点：阀口是薄刃型，接近理想型式。 缺点：结构复杂，工艺性差。 用途：应用于要求较高的阀上。

6.4.2 普通节流阀

1. 工作原理

图 6－39a 所示为普通(L 型）节流阀的结构图。这种节流阀的节流口是轴向三角槽式，压力油从进油口 P_1 进入节流阀，经孔 a 流至环形槽，再经过阀芯 1 左端狭小的轴向三角槽

（节流口），通过孔 b，由出油口 P_2 流出。旋转手柄 3，可使推杆 2 沿着轴向移动，推杆左移时，阀芯 1 也向左移，于是节流口关小，弹簧 4 被压缩。手柄 3 转动使推杆右移时，阀芯在弹簧力的作用下右移，节流口开大，这样就调节了流量的大小。节流阀结构简单，制造容易，体积小，这种节流阀的进口、出口可以互换。但负载和温度的变化对流量稳定性影响大，因此，只适用于负载和温度变化不大或稳定性要求低的液压系统。图 6－39b 是普通节流阀的图形符号。

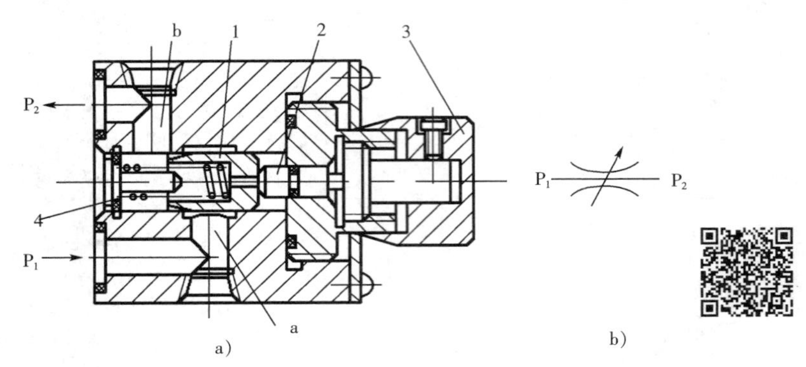

图 6－39　普通节流阀

2. 节流阀的刚性

节流阀的刚性 T 定义如下

$$T=\frac{\mathrm{d}\Delta p}{\mathrm{d}q} \tag{6.4-2}$$

即当节流阀开口量不变时，节流阀前后压力差的变化量与阀的流量变化之比。此值越大，表示压力差变化对流量的影响越小，因此，节流阀的刚度表示了它抵抗负载变化的干扰，保持流量稳定的能力。我们一般希望节流阀的刚度尽量大一些。

将式(6.4－1)代入式(6.4－2)，得

$$T=\frac{\Delta p^{1-m}}{CA_{\mathrm{T}}m} \tag{6.4-3}$$

图 6－40 某为节流阀特性曲线。节流阀的刚度的几何意义就是曲线上某一点的切线与横坐标的夹角 β 的余切，即

$$T=\cot\beta \tag{6.4-4}$$

综合公式(6.4－3)和(6.4－4)，可以得出如下结论：

(1) 同一节流阀，阀前后压力差 Δp 相同，节流阀开口小时，刚度大。

(2) 同一节流阀，节流阀开口不变时，阀前后压力差 Δp 越小，刚度越低。因此，为了保证节流阀具有足够的刚度，节流阀只能在某一最低压力差 Δp 的条件下，才能工作，但是提高 Δp 将增加压力损失，降低系统效率。

(3) 较小指数 m 可以提高节流阀的刚度，薄壁小孔的节流口($m=0.5$)刚度最好，细长孔的节流口($m=1$)刚度最差，短孔的刚度介于两者之间。

3. 节流阀的应用

(1) 起节流调速作用

节流阀用在定量泵系统与溢流阀一起组成节流调速回路，可以调节执行元件的运动速

度，这是节流阀的主要作用，具体回路请参见基本回路一章。

(2) 起负载阻尼作用

对某些液压系统，通流量是一定的，因此改变节流阀的开口面积将导致阀的前后压力差改变。此时，节流阀起负载阻尼作用，称之为液阻。节流孔面积越小液阻越大。节流元件的液阻作用主要用于液压元件的内部控制。

(3) 起压力缓冲作用

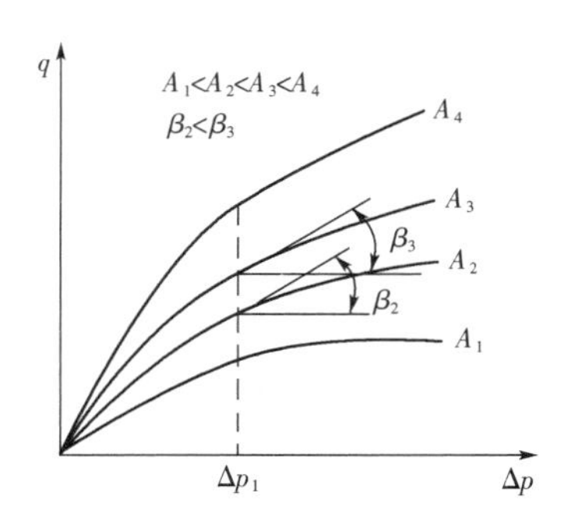

图 6-40　节流阀的特性曲线

在液流压力容易发生突变的地方安装节流元件，可以延缓压力的影响，起保护作用，最典型的例子是压力表的阻尼 —— 可调式压力表开关。

6.4.3　调速阀

由于普通节流阀的刚性差，在节流口一定的条件下通过它的工作流量受工作负载变化的影响，不能保持执行元件运动速度的稳定，因此只适用于执行元件负载变化不大和速度稳定性要求不高的场合。由于工作负载的变化是难以避免的，仅使用普通节流阀是不能满足对运动速度稳定性的要求。为了改善调速系统的性能，通常对节流阀进行压力补偿来保持节流阀前后的压力差不变，从而达到流量稳定的目的。对节流阀进行压力补偿的方式有两种：一种是将定差减压阀与节流阀串联成一个组合阀，由定差减压阀保证节流阀前后的压力差稳定，这种组合阀称为调速阀；另一种是将定压溢流阀与节流阀并联成一个组合阀，由溢流阀来保证节流阀进出口压力差恒定，这种组合阀称为溢流节流阀。

除了对压力进行补偿外，有时也需要对温度进行补偿。油温的变化也会引起油液黏度的变化，从而导致通过节流阀的流量发生相应的的变化。有温度补偿措施的调速阀称为温度补偿调速阀。

如图 6-41a 所示，调速阀由定差减压阀 1 和节流阀 2 组合而成。阀的进油口 P_1 接入压力油，在进油腔产生压力 p_1，通过减压阀阀芯的环形腔，到达节流阀入口，压力经过一次降压后变为 p_1'，同时通过通道 e 作用于减压阀阀芯下端，通过 f 通道进入 c 腔。节流后的液流从出油口 P_2 流出，推动执行元件。出口处的压力 p_2 由工作负载决定。通过通道 a 可以将出口压力反馈作用到减压阀阀芯的弹簧腔 b 腔。忽略摩擦力和液动力等，减压阀阀芯的平衡方程式为

$$p'_1A_1 + p'_1A_2 = p_2A + F_s \tag{6.4-5}$$

式中 A、A_1 和 A_2 分别为 b 腔、c 腔、d 腔内的压力油作用于阀芯的有效面积，且 $A=A_1+A_2$。因此得减压阀前后的压力差

$$\Delta p = p'_1 - p_2 = \frac{F_s}{A} \tag{6.4-6}$$

因为弹簧刚度较低，且工作过程中减压阀阀芯位移很小，可以认为 F_s 基本不变，故减压阀前后的压力差 Δp 也基本不变，通过节流阀的流量也不会受负载的变化影响。

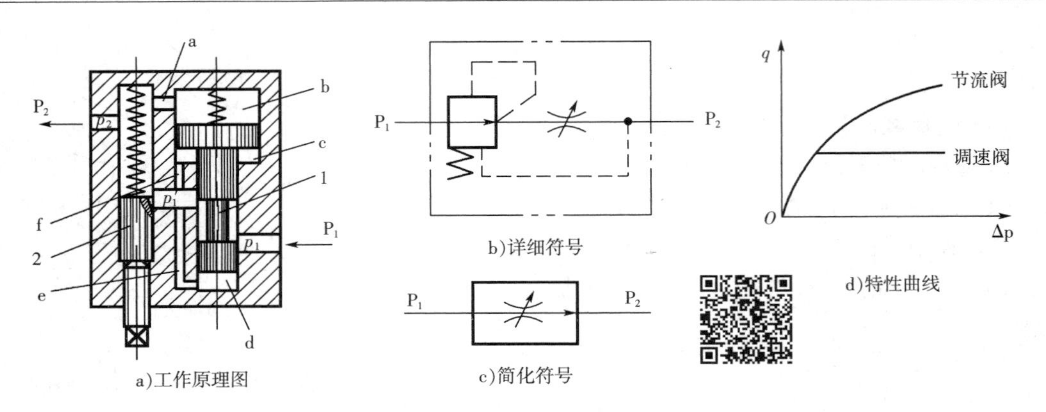

图 6－41　调速阀原理、图形符号、特性曲线

调速阀的工作过程是这样的：当负载增加引起出油口的压力 p_2 增加时，减压阀 b 腔压力同时增加，使减压阀阀芯下移，进油口阀口增大，阀口液阻减小，p_1' 上升，结果使压力差 $p_1'-p_2$ 不变。当负载减小引起出油口的压力 p_2 下降时，也可推得同样结果。如果某种原因使进油口压力 p_1 增加，由于一开始减压阀阀芯来不及运动，减压阀阀口的液阻没有变化，故 p_1' 在这一瞬间也增加，阀芯 1 因失去平衡而向上移动，使开口减小，液阻增加，又使 p_1' 减小，结果使压力差 $p_1'-p_2$ 保持不变。当进油口压力 p_1 减少时，亦可使压力差保持不变。总之无论当调速阀的进口油压或出口油压发生变化时，由于定差减压阀的自动调节作用，节流阀前后的压差总能保持不变，从而保持流量稳定，如图 6－41d 的特性图所示。图中，横坐标 Δp 指整个阀的进、出油口之间的压力差，即 $\Delta p=p_1-p_2$，由图可见，普通节流阀的流量随压力差变化较大，而调速阀在压力差大于一定数值后，流量基本保持恒定。调速阀需要达到一定的压力差后才能正常，这是因为：当压力差很小时，由式(6.4－5)可知，弹簧力大于液压力，减压阀阀芯被弹簧力推至最下端，减压阀阀口全开，不起稳定节流阀前后压力差的作用，故这时调速阀的性能与节流阀相同。调速阀正常工作时，一般至少要求有 0.4～0.5MPa 以上的压力差。

调速阀的图形符号有详细符号和简化符号两种，如图 6－41b、c 所示，一般用简化符号即可。

对于调速阀，还要注意两点：

(1) 与普通节流阀不同，调速阀不能反向使用，否则调速阀中减压阀将不起稳定压力差的作用，调速阀只能起节流阀的的作用。

(2) 调速阀中定差减压阀与本章第三节中所讨论定差减压阀(图 6－30)不同：其一，前者所控制的是与之串联的减压阀进、出口的压力差，后者所控制的是自身的进、出口的压力差；其二，前者为常开结构，后者则是常闭结构。

上述调速阀的流量虽已能基本上不受外部负载变化的影响，但是当流量较小时，节流阀口的通流面积较小，这时节流口的长度与通流截面水力直径的比值相对增大，因而油液的黏度变化对流量的影响也增大，所以当油温升高后油的黏度变小时，流量仍会增大。为了减小温度对流量的影响，可以采用温度补偿调速阀。温度补偿调速阀的压力补偿原理部分与普通调速阀相同，图 6－42 为温度补偿原理图，在节流阀阀芯和调节螺钉之间设置一个温度膨胀系数较大的聚氯乙烯推杆，当油温升高时，本来流量增加，这时温度补偿杆伸长使节流口变小，稳定流量可达 20mL/min($3.3\times10^{-7}m^3/s$)。

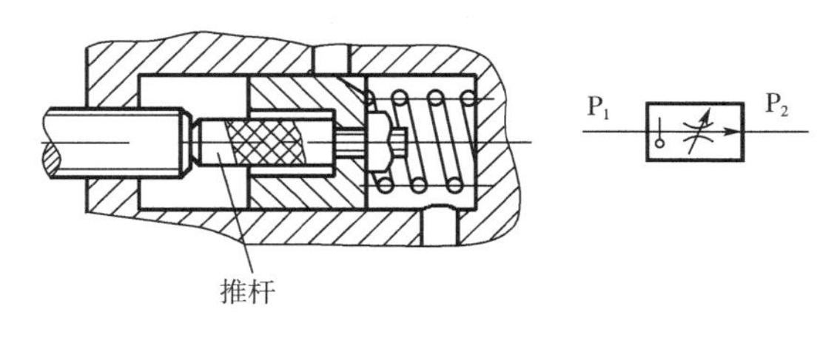

图 6-42　温度补偿原理

6.4.4　溢流节流阀(旁通型调速阀)

溢流节流阀也是一种压力补偿型节流阀，其工作原理如图 6-43a 所示。它由溢流阀 1 和节流阀 2 联合组成。溢流阀 1 的进口(也就是溢流节流阀的进口)P_1 接入液压泵的压力油，一部分油液经溢流阀口 d 从出口 T 流回油箱。另一路经环形腔到达节流阀的入口，经节流后从出口 P_2 流出，推动执行元件。可见，节流口前后压力差 $\Delta p=p_1-p_2$，压力差 Δp 的稳定过程是这样的：当负载增加使出口压力 p_2 上升，通过通道 a，溢流阀阀芯的上腔 b 的压力也随之上升，阀芯的平衡被打破，阀芯下移，溢流阀口 d 关小，溢流量减小，进口压力 p_1 上升，结果使压力差 Δp 基本不变。同理，当负载力减小时，压力 p_2 下降，阀芯上移，结果也会使压力差 Δp 保持稳定。

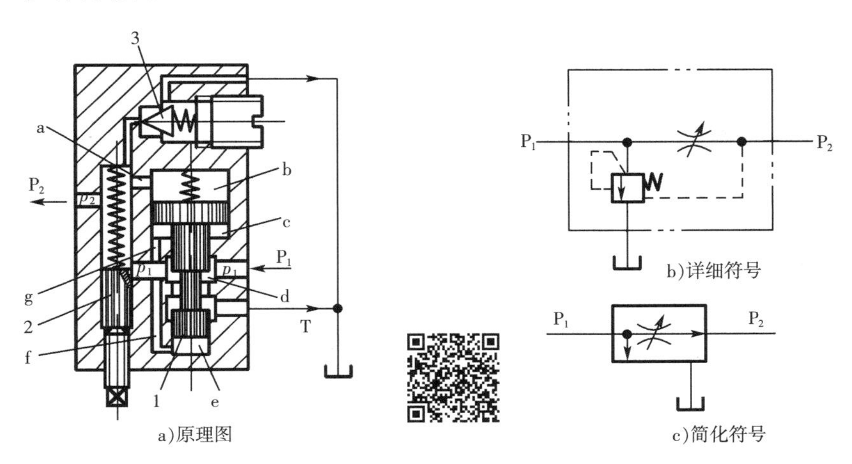

图 6-43　溢流节流阀原理与图形符号

溢流节流阀是通过 p_1 随 p_2 的变化使压力差 Δp 保持不变，从而使节流阀的流量稳定。它与调速阀虽然都具有压力补偿的作用，但其组成调速系统是有区别的。调速阀无论装在执行元件的进油路上还是回油路上，执行元件上负载变化时，泵出口处压力都由溢流阀保持不变。此时，泵工作在恒压下，而溢流节流阀必须接在执行元件的进油路上，泵的出口压力没有其他的溢流阀起溢流稳压作用，只有溢流节流阀内的溢流阀起溢流作用，但溢流节流阀的出口压力 p_1(也是泵的出口压力）随负载的压力改变而改变，它不是恒压系统，故溢流节流阀组成的回路具有效率较高，功率损耗低，发热量小的优点。但是，溢流节流阀中流过的流量比调速阀大(一般是系统的全部流量)，阀芯运动时阻力较大，弹簧较硬，其结果使节流阀前后压差Δp加大(须大0.3～0.5MPa),因此它的稳定性稍差。由于溢流节流阀组成的节流回路的系统压力是随负载变化的,故系统还需要接入一个安全阀用以避免系统过载,所以这种溢流节流阀一般附带一个安全阀。

6.5 叠加阀和插装阀

6.5.1 叠加阀

叠加阀是在板式阀集成化基础上发展起来的一种新颖液压阀。每个叠加阀不仅起到液压阀的功能,还起到油路通路的作用。由叠加阀组成的液压系统,只要将相应的叠加阀叠合在底板与标准的板式换向阀(或标准顶板)之间,用螺栓结合即成。

叠加阀的工作原理与一般液压阀基本相同,但在具体结构和连接尺寸上则不相同。每个叠加阀都有四个油口P、A、B、T,上下贯通,构成油路。同一规格(通径)的叠加阀的连接安装尺寸一致,互相叠加,组成各种不同控制功能的液压系统。用叠加式液压阀组成的液压系统具有以下特定:

(1) 结构紧凑,体积小,重量轻。

(2) 安装简便、装配周期短。

(3) 适应性强。液压系统如需变化,改变工况,增减元件时,组装方便迅速。

(4) 元件之间实现无管连接,消除了因油管、管接头等引起的泄漏、振动和噪声。

(5) 外观整齐,维护、保养容易。

(6) 标准化、通用化和集成化程度高。

按功能分,叠加阀与一般液压阀相同,也分为压力控制阀、流量控制阀和方向控制阀几大类,但方向控制阀仅有单向阀类,没有叠加式换向阀。按通径分,我国目前有ϕ6mm、ϕ10mm、ϕ16mm、ϕ20mm和ϕ32mm五个通径系列,额定压力20MPa,额定流量为10～200L/min。

叠加阀较多,这里仅简单介绍其中的两种,以便了解叠加阀的特点。

1. 叠加式溢流阀

图6-44是国产Y1型叠加式溢流阀结构图。主阀芯3属于二级同心式结构,先导阀是锥阀。油孔P、T、A、B、T_1是通孔,装配后与其他叠加阀贯通,形成油路。压力油从进油口P进入主阀前腔a,作用在主阀芯左端面,同时通过阻尼孔c进入主阀芯右腔,再作用在主阀芯右端面,这样,主阀芯左、右端面便形成压力差,与主阀弹簧平衡。主阀右腔的压力油通过小孔d(起稳定压力作用),作用于先导阀锥面,与先导阀弹簧平衡。如果P口压力较小,不足以打开先导阀,则主阀左、右腔的压力差很小,也不能使主阀打开,叠加溢流阀不起溢流作用。如果P口压力较大,足以打开先导阀,则主阀左、右腔的压力差增大,使主阀打开,叠加溢流阀开始溢流。先导阀的回油经通道b流回回油口T。阀体1上有四个通孔e,用于装配螺栓。

2. 叠加式单向调速阀

国产QA型叠加式单向调速阀的结构如图6-45所示。调速阀部分的原理与本章第四节所介绍的调速阀原理完全一样，当液流从A′口进入时，单向阀反向关闭，液流通过通道a、b等进入定差减压阀的入口，该减压阀使节流阀口前后的压力差保证恒定，从而保证节流流量的稳定，节流后的液流经c从A口流出。如果液流从A口进入时，则单向阀正向打开，液流直接经过单向阀从A′口流出，此时调速阀不起作用。

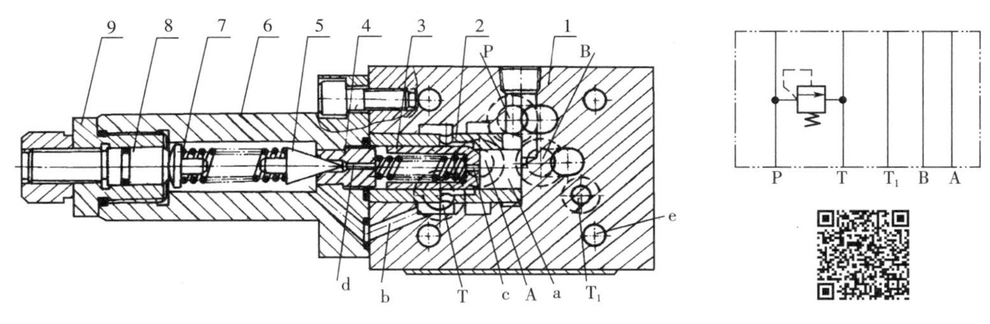

图6-44　Y1型叠加溢流阀结构图

1—阀体；2—阀套；3—阀芯；4—锥阀座；5—锥阀；6—先导阀体；7—调压弹簧；8—调油压螺钉；9—调压螺母

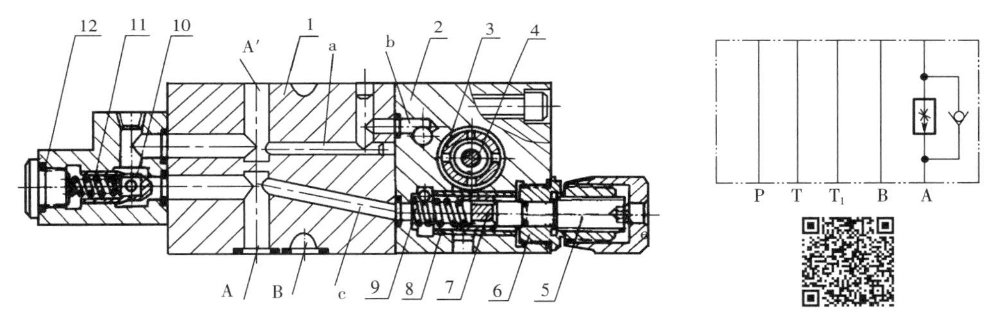

图6-45　QA型叠加式单向调速阀结构图

1—阀体；2—调速阀体；3—减压阀套；4—减压阀芯；5—调节杆；6—调节螺母；7—节流阀芯；8—节流阀套；9—弹簧；10—单向阀芯；11—单向阀弹簧；12—单向阀体

6.5.2　插装阀

插装阀又称二通插装阀，在高压大流量的液压系统中有广泛的应用。它由一组已经标准化的基本组件组成。根据液压系统的不同需要，将这些基本组件插入特定设计加工的阀块，通过盖板和不同导阀组合即可组成插装阀系统。与普通液压阀相比，插装阀组成的液压系统具有以下优点：

(1) 通流能力大，特别适用于大流量的场合，它的最大通径可达200～250mm，通过的流量可达10000L/min。

(2) 阀芯动作灵敏，不易堵塞。

(3) 密封性能好，泄漏小，油液流经阀口压力损失小。

(4) 结构简单，易于实现标准化。

1. 插装阀基本组件

插装阀基本组件由阀芯、阀套、弹簧和密封圈组成，根据其用途不同分为方向阀组件、压力阀组件的流量阀组件三种。同一通径的三种组件的安装尺寸相同，但阀芯的结构形式和阀套座孔径不同。图 6-46 为三种插装阀组件的结构原理图，A、B 是通油口，C 是控制口，设它们的油液压力和有效面积分别是 p_a、p_b、p_c 和 A_a、A_b、A_c，其面积关系为 $A_c = A_a + A_b$，弹簧力 F_s，若不考虑锥阀的质量、液动力和摩擦力等的影响，当 $p_a A_a + p_b A_b < p_c A_c + F_s$ 时，阀口关闭，油口 A、B 不通，当 $p_a A_a + p_b A_b > p_c A_c + F_s$ 时，阀口打开，油口 A、B 互通，故控制口 C 的油液压力起控制油口 A、B 通断的作用。将 C 口连接于各种油路，插装阀可以组

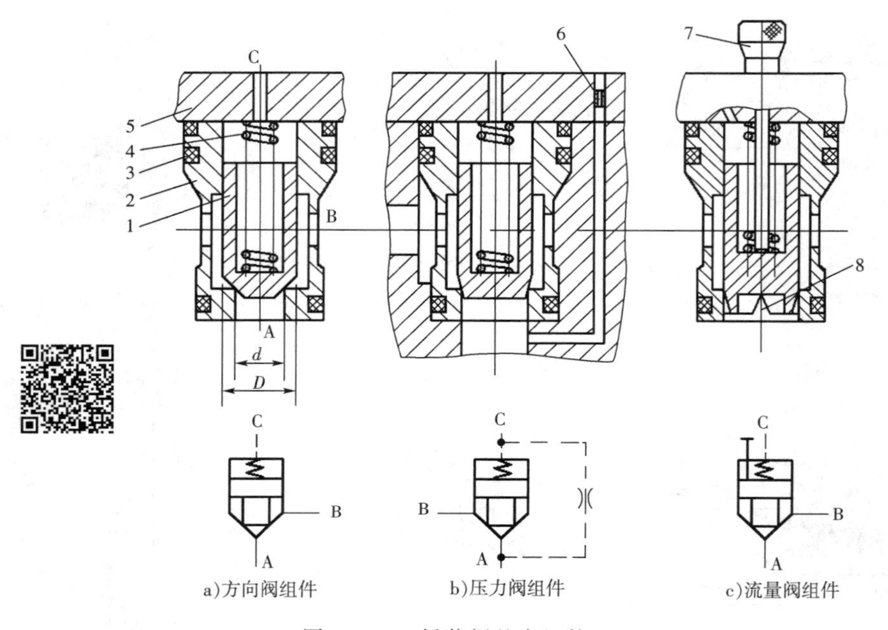

图 6-46　插装阀基本组件

1—阀芯；2—阀套；3—密封；4—弹簧；5—盖板；6—阻尼孔；7—阀芯行程调节杆；8—尾部结构(三角型)

成方向阀、压力阀和流量阀等液压阀，但它们用的插装阀组件的阀芯结构略有不同，主要是面积比和尾部结构。面积比是指 $\alpha_A = A_a / A_c$。三种组件的具体要求是：

(1) 方向阀组件：阀芯半角锥角 $\alpha = 45°$，面积比 $\alpha_A = 1:2$，即油口 A、B 的作用面积相等，油口 A、B 可以双向流动。

(2) 压力阀组件：作减压阀用的插装阀组件阀芯为滑阀，即 $\alpha_A = 1$，B 口进油，A 口出油；作溢流阀或顺序阀的阀芯是锥阀，半锥角 $\alpha = 15°$，面积比 $\alpha_A = 1.1$，油口 A 进油，B 口为出油口。

(3) 流量阀组件：为得到好的流量控制特性，常把阀芯设计成带尾部的结构，尾部窗口可以是矩形或三角形，面积比 $\alpha_A = 1$ 或 1.1，一般 A 口为进油口，B 口为出油口。

盖板和先导阀用来控制插装阀组件控制 C 口的通油方式和油腔压力，从而控制阀口的开启和关闭，其中方向阀组件的先导阀可以是电磁滑阀，也可以是电磁球阀。为防止换向冲击，可设置缓冲阀。压力阀组件的先导阀包括压力先导阀、电磁滑阀等，其控制原理与普通溢流阀完全相同。流量阀组件的先导阀除了电磁阀外，还需在盖板上，装阀芯行程调节杆，以限制、调节阀口开度的大小，改变阀口通流面积(见图 6-46c)。

2. 插装阀用作方向控制阀

插装阀用作方向控制阀时阀芯选用方向阀组件，通过对控制口 C 施加不同的控制，就可

以组成各种方向控制阀。

(1) 作单向阀

将C腔与A或B连通，即称为单向阀，连接方法不同，其导通方式也不同，如图6-47a和图6-47b所示。在控制盖板上连接一个二位三通液动阀来变换C的压力，即成为液控单向阀，如图6-47c所示。

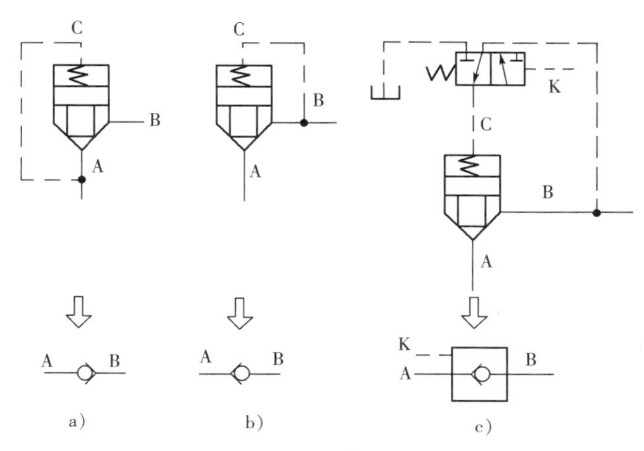

图6-47　插装阀用作单向阀

(2) 作二位二通阀

用一个二位三通电磁阀来转换C腔的压力，就成为一个二位二通阀，图6-48a所示，当二位三通阀断电(图示位置)时，只允许液流单向流通：A → B，反向则不通。更完善的二位二通功能如图6-48b所示。在A、B、C口之间加接一个梭阀。梭阀的作用相当于两个单向阀。这样当二位三通电磁阀断电时，无论压力方向如何，A、B口都不相通。

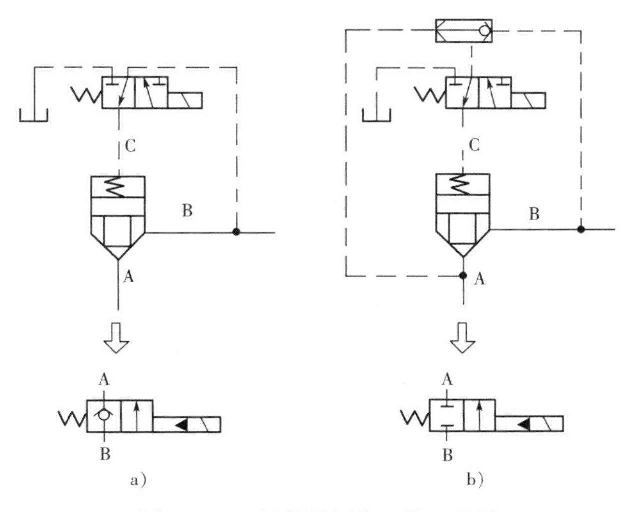

图6-48　插装阀用作二位二通阀

(3) 作二位三通阀

图6-49所示，用一个二位二通电磁阀转换两组插装阀的控制口C，P口接压力油。当电磁阀断电时，插装阀组件1、2都接成单向阀形式，若A口压力高于T口，则组件1处于正

向,油液从 A 口流向 T 口,同时组件 2 处于反向,A、P 不通。反之,当电磁阀通电时,组件 1 控制口通压力油,使之关闭,A、T 不通,而组件 2 处于正向,P 口压力油流向 A 口。

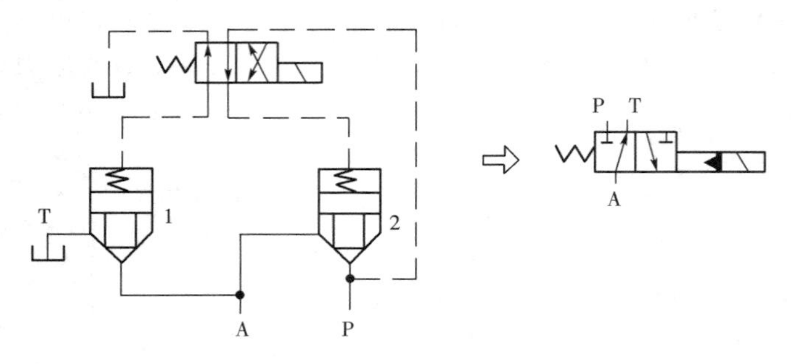

图 6-49　插装阀用作二位三通阀

(4) 作二位四通阀

图 6-50 所示,四个方向阀组件组成一个二位四通阀。电磁阀断电时,组件 1、3 的控制口接油箱,组件 2、4 的控制口通压力油,所以,A、T 相通,B、P 相通。当电磁阀通电时,情况则相反,即组件 1、3 的控制口通压力油,组件 2、4 的控制口通油箱,所以,A、P 相通,B、T 相通。

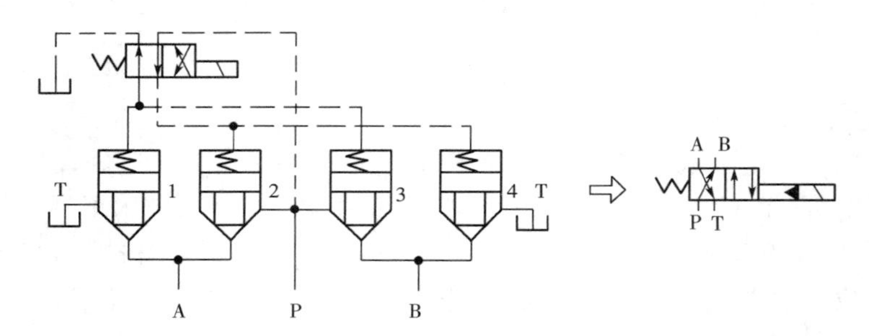

图 6-50　插装阀用作二位四通阀

(5) 作多机能四通阀

图 6-51 所示为多机能四通阀。理论上,根据四个电磁阀的通断情况,有 16 种组合,A、B、P、T 口的通断状态也有 16 种,但其中的 5 种是相同的,实际只有 12 种组合,具体见表 6-8 所示。表中"1"表示电磁阀通电状态,"0"表示电磁阀断电状态。可见,如果把状态 9、13 作为等效换向阀的左、右位,其余作为中位,则图 6-51 相当于一个多中位机能的三位四通换向阀。

表 6-8　电磁阀状态与滑阀机能

序号	滑阀状态				滑阀机能	序号	滑阀状态				滑阀机能
	1YA	2YA	3YA	4YA			1YA	2YA	3YA	4YA	
1	1	1	1	1	A B P T	9	1	0	1	0	A B P T
2	1	1	1	0	A B P T	10	1	0	0	1	A B P T

（续表）

序号	滑阀状态				滑阀机能	序号	滑阀状态				滑阀机能
	1YA	2YA	3YA	4YA			1YA	2YA	3YA	4YA	
3	1	1	0	1	A B P T	11	0	1	1	1	A B P T
4	1	1	0	0	A B P T	12	0	1	1	0	A B P T
5	1	0	1	1	A B P T	13	0	1	0	1	A B P T
6	0	0	1	1	A B P T	14	0	0	1	0	A B P T
7	1	0	0	0	A B P T	15	0	0	0	1	
8	0	1	0	0		16	0	0	0	0	

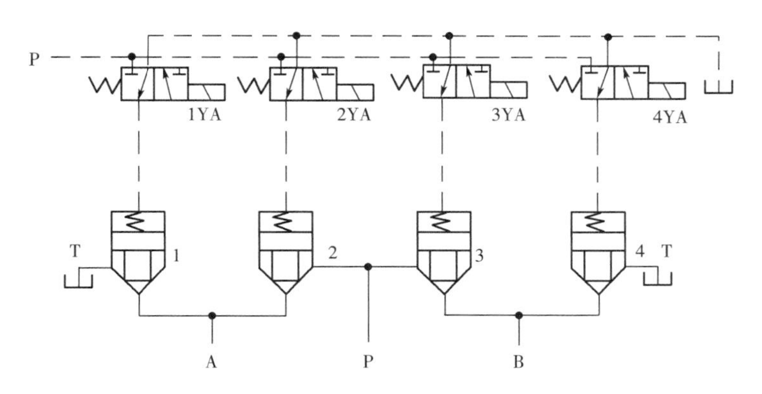

图 6 - 51　插装阀用作多机能四通阀

3. 插装阀用作压力控制阀

插装阀用作压力控制阀时阀芯选用压力阀组件，在控制口 C 接入直动式溢流阀作为先导阀，就可以组成压力控制阀。

图 6 - 52a 为插装阀组成的溢流阀。A 口为进油口，B 口接油箱。A 腔压力油经阻尼小孔后进入控制口 C，C 口又与先导压力阀的进油口相通。这样 A 口的压力和溢流量由先导阀决定，其工作原理与先导式溢流阀完全相同。图 6 - 52b 是在 C 口又接了一个二位二通电磁换向阀，当电磁铁通电时，插装阀 A、B 口相通，起卸荷阀作用。

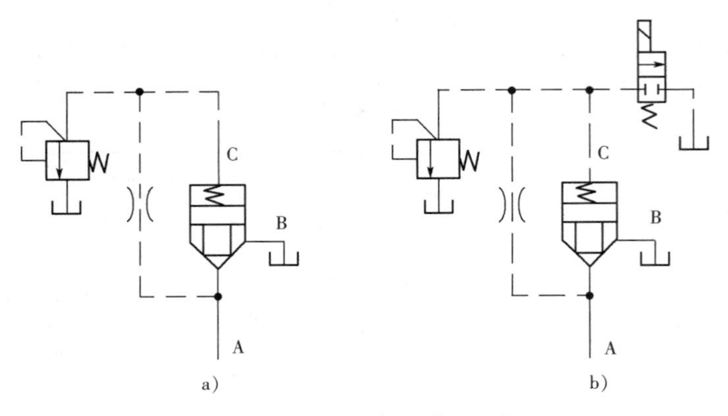

图 6-52　插装阀用作溢流阀

将图 6-52a 的 B 口改接被控回路，就成了顺序阀。如图 6-53a 所示，A 口为进油口(P_1 口)，B 口为出油口(P_2)。图 6-53b 为插装阀组成的减压阀，其插装阀组件为面积比 $\alpha_A=1$ 的滑阀。

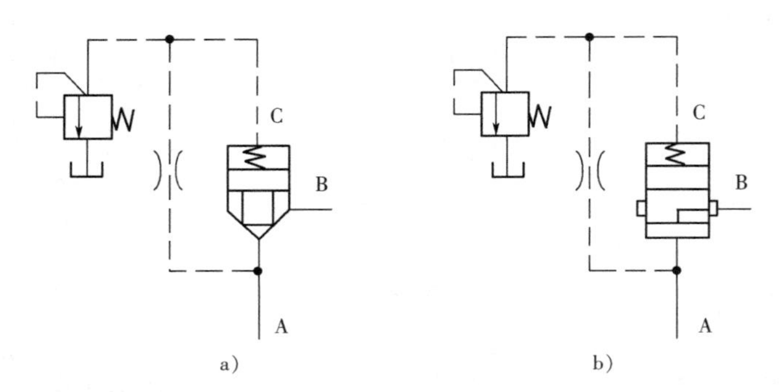

图 6-53　插装阀用作顺序阀和减压阀

4. 插装阀用作流量控制阀

用流量阀组件可以很容易组成流量控制阀，组件上的调节手柄(或电磁铁)可以改变锥阀阀芯的上下位置，从而改变锥阀的开口面积，起到调节流量的作用。如图 6-54a 所示，A、B 分别为进、出油口，也可以反过来使用。图 6-54b 为插装阀组成的调速阀，插装阀滑阀组件起压力补偿的作用，保持流量阀节流口的压力差基本稳定，调速阀的进油口为 P_1 口，出油口为 P_2。

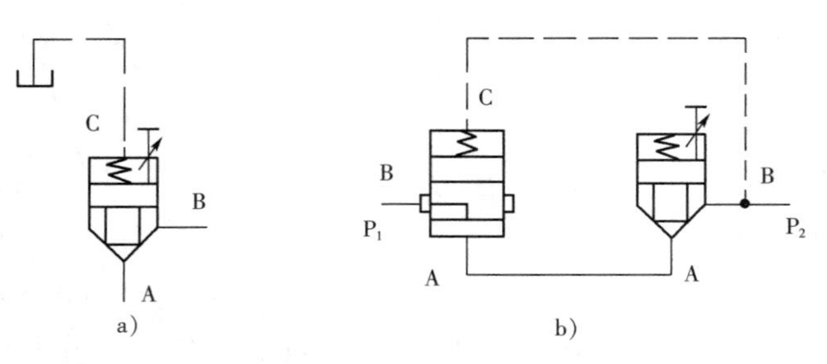

图 6-54　插装阀用作流量控制阀

思考与练习

6-1　图示的两个系统中，各溢流阀的调整压力分别为 $p_A = 4\text{MPa}$，$p_B = 3\text{MPa}$，$p_C = 2\text{MPa}$。试求当主回路的外负载趋于无限大时，泵的工作压力 $p_P =$?；当将溢流阀 B 的外控口 K 堵住时，$p_P =$?。

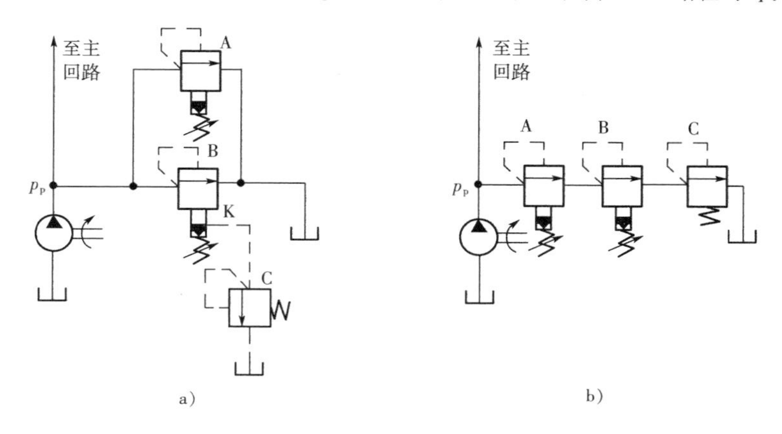

题 6-1 图

6-2　图示溢流阀的调定压力为 4MPa，液压缸的活塞直径为 15cm，负载 F，试判断下列情况下的压力表读数：

(1) 电磁阀断电，且 F 为无限大时；

(2) 电磁阀断电，且 $F = 35325\text{N}$ 时；

(3) 电磁阀通电，且 $F = 35325\text{N}$ 时。

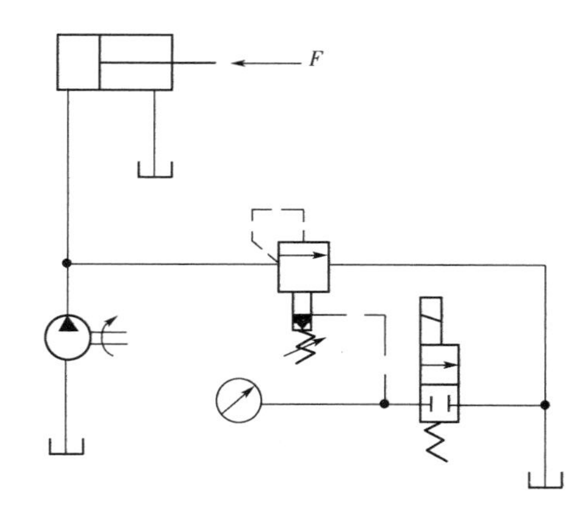

题 6-2 图

6-3　图示回路中，溢流阀的调整压力 $p_Y = 5\text{MPa}$，减压阀的调整压力 $p_T = 2.5\text{MPa}$。试分析下列各情况下，A、B、C 三点的压力 p_A、p_B、p_C（摩擦不计）。

(1) 夹紧缸未夹紧前作快速进给；

(2) 当主回路上的负载压力等于 p_Y 时，且夹紧缸使工件夹紧后；

(3) 夹紧缸夹紧后，主回路上的负载压力降到 1.5MPa。

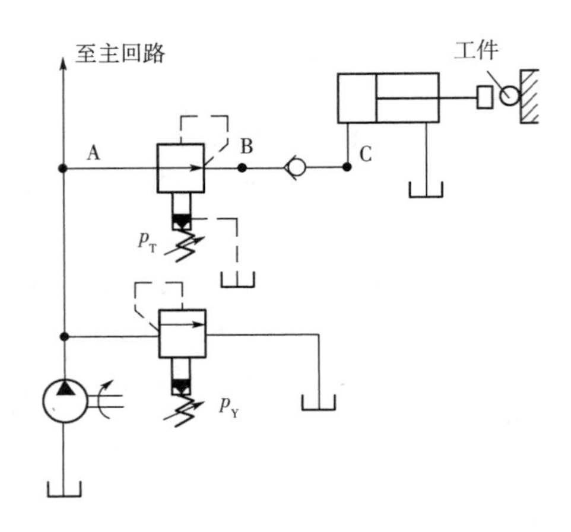

题 6－3 图

6－4　图示回路，溢流阀的调整压力 5MPa，减压阀的调整压力 1.5MPa，缸活塞运动时负载压力为 1MPa，其他损失不计，试求：

(1) 缸活塞在运动期间碰到死挡铁后，管路中 A、B 处的压力值；

(2) 若减压阀的外泄口在安装时堵死，当缸碰到死挡铁后 A、B 处的压力值。

6－5　溢流阀和顺序阀可以互换使用吗？为什么？

6－6　如图所示，当电磁铁 1YA 或 2YA 通电时，液压缸并没有动作，请分析原因，并提出改进方案。

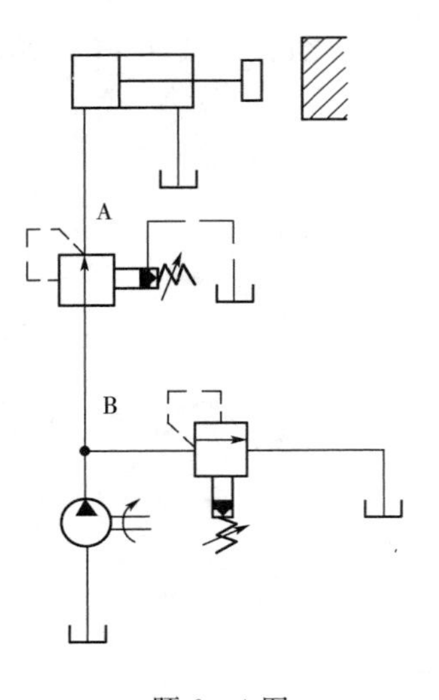

题 6－4 图

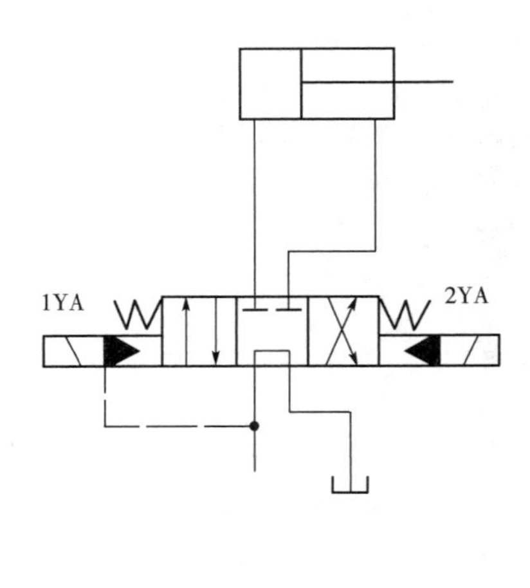

题 6－6 图

第 7 章　液压伺服和电液比例控制技术

液压伺服技术和电液比例控制技术是在液压传动和自动控制理论的基础上，建立起来的新型液压自动控制技术。其控制精度和响应的快速性都远远高于传统的液压传动，因而在现代工业生产上被广泛应用。

7.1　液压伺服控制

液压伺服控制系统是指在液压传动部分或操纵部分采用液压伺服机构的系统，又称为随动系统或跟踪系统，是一个闭环系统。在这种系统中，执行元件能以一定的精度自动地按照输入信号的变化规律动作，具有响应快、惯性小、系统刚性大、精度高等特点。

图 7－1 为液压伺服控制系统职能框图。图上一个方框表示一个元件，方框中的文字表明该元件的职能。职能方框图明确地表示了系统的组成元件、各元件的职能以及系统中各元件的相互关系。

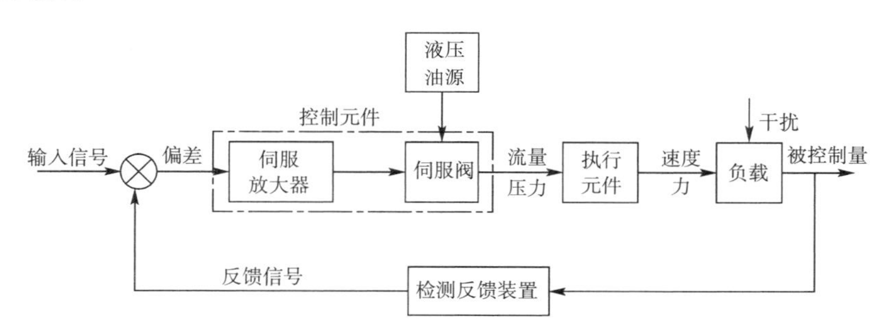

图 7－1　液压伺服系统框图

由职能方框图可以看出，上述液压伺服系统是由输入元件、比较元件、放大及转换元件、执行元件、反馈元件和控制对象组成的。下面对各个元件做一些说明：

（1）输入元件

通过输入元件，给出必要的输入信号。

（2）检测、反馈元件

该元件随时测量输出量的大小，并将其转换成相应的反馈信号送回比较元件。如压力传感器、流量传感器和位移传感器等。

（3）比较元件

将输入信号和反馈信号进行比较，并将其差值作为放大转换元件的输入。

（4）放大、转换元件

将偏差信号放大并转换后，控制执行元件的动作。如电液伺服阀。

(5) 执行元件

直接带动控制对象动作的元件。最常用的就是液压缸。

(6) 控制对象

机器直接工作的部分,如工作台架等。

液压伺服系统按控制元件分为阀控系统和泵控系统;根据控制的信号不同,又可以分为机液伺服阀、电液伺服阀和气液伺服阀。

在液压伺服系统中,使用较多的是阀控系统,本节重点介绍阀控伺服系统。

7.1.1 伺服阀

目前,阀控液压伺服系统的核心元件是伺服阀,且大多采用电液伺服阀,电液伺服阀是一种接收电气模拟信号后,相应输出调制的流量和压力的液压控制阀。

根据输出液压信号的不同,可以分为电液流量伺服阀和电液压力伺服阀两大类。

1. 电液伺服阀的组成

电液伺服阀通常由电气—机械转换器、液压放大器(先导级阀和功率级主阀)和检测反馈机构三部分组成。

(1) 电气—机械转换器

典型的电气—机械转换器一般有力矩马达和力马达,它们的作用是将输出的电信号转换为转角或直线位移输出。输出转角的装置称为力矩马达,输出直线位移的装置称为力马达。常见的有动圈式力马达与动铁式力矩马达两种。

由于动铁式力矩马达结构紧凑、动特性好,因而广为采用。图 7-2 为动铁式力矩马达的原理图,它由永久磁铁 1、导磁体 2、4 和衔铁 3 以及线圈组成。在线圈不通电时,导磁体 2、4 和衔铁 3 间四个气隙中的磁通量都是 Φ_g,且方向相同,衔铁 3 处于中间位置。当信号电流输入线圈时,线圈产生附加磁场,使两组方向气隙中的磁通量不等。衔铁 3 受磁力作用向磁通量增加的气隙方向转动。由于电磁力与输入电流成正比,衔铁 3 的转角与扭轴的扭矩成正比,因此衔铁的转角与输入电流大小成正比。显然,输入电流反向,则衔铁反向偏转。

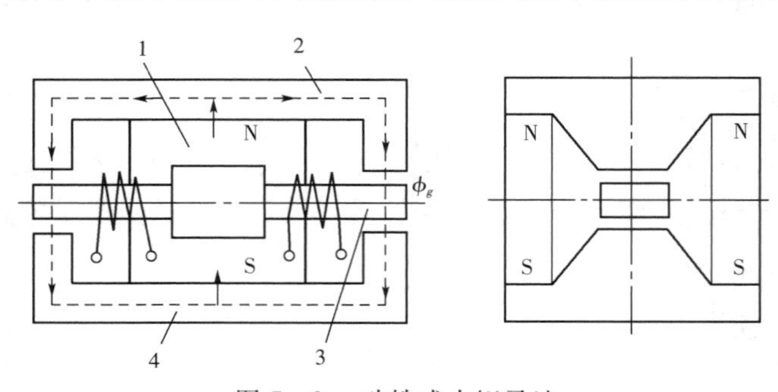

图 7-2 动铁式力矩马达

1—永久磁铁;2、4—导磁体;3—衔铁

(2) 液压放大器

液压放大器以小功率力(矩)马达输入的角或直线位移信号,对大功率的液压油流进行调节和分配,实现控制功率的转换和放大作用。液压放大器通常包括先导级阀和功率级主阀。若为单级阀,则无先导级阀。先导级阀又称前置级,主要有喷嘴挡板式、射流管式、偏转板射流式及滑阀式等结构。功率级主阀一般都为滑阀结构。

(3) 检测反馈机构

检测反馈机构使电液伺服阀输出的流量或压力获得与输入电信号成比例的特性。一般有力反馈、直接反馈、电反馈、压力反馈、负载流量反馈等形式。

2. 喷嘴挡板式电液伺服阀的工作原理

喷嘴挡板式电液伺服阀有单喷嘴和双喷嘴两种，由于后者具有较高的功率放大倍数，因而应用较多，这里只介绍双喷嘴挡板式伺服阀。单喷嘴挡板式伺服阀工作原理与双喷嘴挡板式伺服阀类似。

图 7-3 所示为喷嘴挡板式电液伺服阀的工作原理图，图中上半部分为电气 — 机械转换器，即力矩马达（如图 7-2 所示），下半部分为液压放大器，是由喷嘴挡板（先导级阀）和滑阀（功率级主阀）组成的一个两级放大器。图 7-4 为伺服阀职能框图。

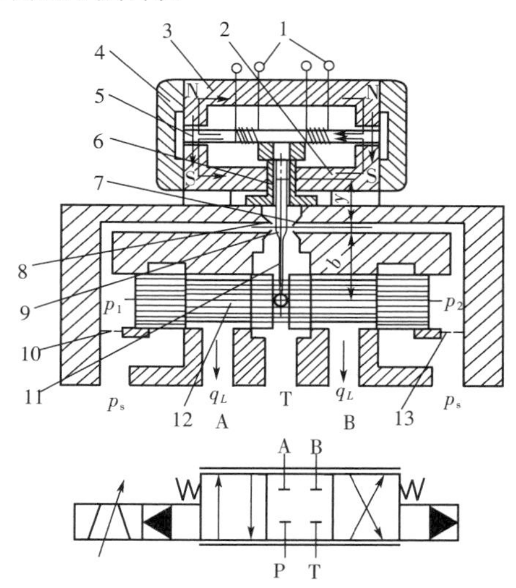

图 7-3 双喷嘴挡板式(力反馈式)电液伺服阀

1—线圈；2、3—导磁体；4—永久磁铁；5—衔铁；6—弹簧管；7、8—喷嘴；9—挡板；10、13—固定节流孔；11—反馈弹簧杆；12—主滑阀

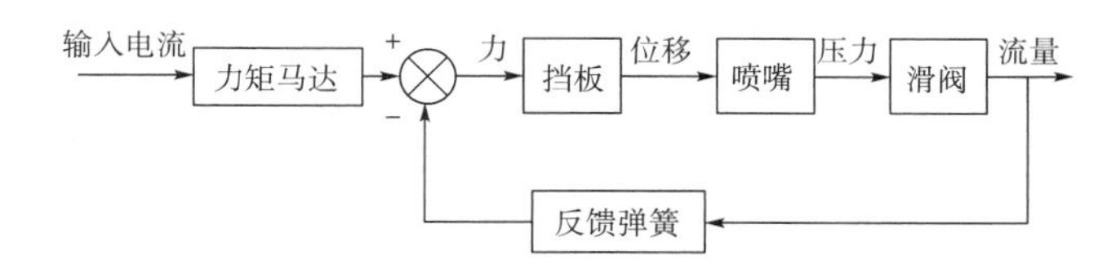

图 7-4 喷嘴挡板式伺服阀职能框图

当无电流信号输入时，力矩马达无力矩输出，与衔铁 5 固定在一起的挡板 9 处于中位，主滑阀芯亦处于中(零)位。液压泵输出的油液以压力 p_s 进入主滑阀阀口，因阀芯两端台肩将阀口关闭，油液不能进入 A、B 口，但经节流孔 10 和 13 分别引到喷嘴 8 和 7，经喷射后，液流流回油箱。由于挡板位于中位，两喷嘴与挡板的间隙相等，因而油液流经喷嘴的液阻相等。则喷嘴前的压力 p_1 与 p_2 相等，滑阀芯两端压力相等，阀芯处于中位。若线圈输入电流，控制线圈中将产生磁通，使衔铁上产生磁力矩。当磁力矩为顺时针方向时，衔铁连同挡板一起绕弹簧管中的支点顺时针偏转。图中当左喷嘴 8 的间隙减小、右喷嘴 7 的间隙增大，即压力 p_1 增大，p_2 减小，主滑阀芯在两端压力差作用下向右运动，开启阀口，p_s 与 B 相通，A 与 T 相通。在主滑阀芯向右运动的同时，通过挡板下的弹簧杆 11 反馈作用使挡板逆时针方向偏转，使左喷嘴 8 的间隙增大，右喷嘴 7 的间隙减小，于是压力 p_1 减小，p_2 增大。当主滑阀阀芯向右移到某一位置，由两端压力差($p_1 - p_2$)形成的液压力通过反馈弹簧杆作用在挡板上的力矩、喷嘴液压力作用在挡板上的力矩以及弹簧管的反力和与力矩马达产生的电磁力矩相等时，主阀阀芯受力平衡，稳定在一定的开口下工作。

显然，改变输入电流大小，可成比例地调节电磁力矩，从而得到不同的主阀开口大小。

若改变输入电流的方向，主滑阀阀芯反向位移，可实现液流的反向控制。图 7－3 所示电液伺服阀的主滑阀阀芯最终工作位置是通过挡板弹性反力反馈作用达到平衡的，因此为力反馈式。

3. 射流管式电液伺服阀的工作原理

图 7－5 为射流管式电液伺服阀的结构原理图。它由上部电磁元件和下部液压元件两大部分组成。电磁元件为力矩马达，与双喷嘴挡板式电液伺服阀的力矩马达一样，液压元件为两级液压伺服阀，先导级为射流管式伺服阀，功率放大级为四边控制滑阀。射流管 2 的上部与力矩马达的衔铁固连，它不但是供油通道，而且是衔铁的支承弹簧管。接收器 3 的两接收小孔分别与四边控制滑阀阀芯 5 的两端容腔相通。

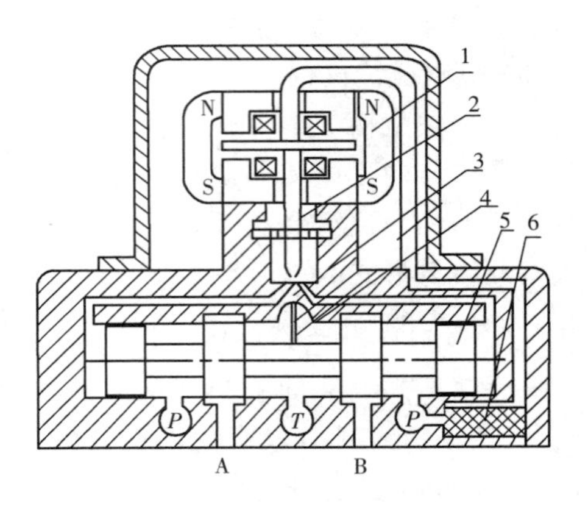

图 7－5　射流管式电液伺服阀

1 — 导磁体；2 — 射流管；3 — 接收器
4 — 定位弹簧板；5 — 阀芯；6 — 精滤油器

当无信号电流输入时，力矩马达无电磁力矩输出，衔铁在起弹簧管作用的射流管支承处上、下导磁体之间的正中位置，射流管下部喷口处于两接收小孔的正中间，液压源提供的恒压力恒流量液压油进入伺服阀的供油口 P，经精滤油器 6 进入射流管，由喷口高速喷出，两接收小孔接收动能相等，因而阀芯两端容腔的压力相等，阀芯在定位弹簧板 4 的作用下处于中间位置，即零位，伺服阀输出端 A、B 口无流量输出。

当力矩马达有信号电流输入时，衔铁在电磁力矩作用下偏转一微小角度（假设其顺时针偏转），射流管下部也随之偏转使喷口向左偏移一微小距离。这时，左接收小孔接收的液体动能增多，右接收小孔接收的液体动能减少，阀芯左端容腔压力升高，右端容腔压力降低，在压差作用下，阀芯向右移动，并使定位弹簧变形。当作用于阀芯上的液压推力与定位弹簧的变形弹力平衡时，阀芯处于新的平衡位置，滑阀阀口对应一相应的开启度，输出相应的流量。由于定位弹簧板的变形量（也就是阀芯的位移量）与作用于阀芯两端的压力差成正比，该压差与喷口偏移量成正比，喷口偏移量与力矩马达的电磁力矩成正比，电磁力矩又与输入信号电流成正比，因而阀芯位移量与输入信号 i 电流成正比，也就是该电液伺服阀的输出流量与输入信号电流成正比。

与喷嘴挡板式电液伺服阀相比，射流管式电液伺服阀的最大优点是抗污染能力强。据统计，在电液伺服阀出现的故障中，有 80％ 是由液压油的污染引起的，因而射流管式电液伺服阀越来越得到人们的重视。

4. 伺服阀的特性

电液伺服阀是电液伺服系统的关键部件，其技术性能对整个系统的性能影响很大。在选用电液伺服阀时，需要了解其基本的性能指标。电液伺服阀的性能有静态与动态两个方面。静态性能包括流量 — 压力特性、输入电流 — 输出流量特性和压力特性。

(1) 静态特性

① 流量 — 压力特性

该特性表示在稳态工作时，输入电流 i、负载流量 q_L 和负载压力 p_L 三者之间的关系。

图 7－6 为表示这一关系的曲线，称为压力流量特性曲线。图中，横坐标是负载压力，纵坐标为负载流量，参变量为输入电流。从图可以看出，每一确定的 i 将对应一条 $q_L－p_L$ 曲线，因而 $q_L－p_L$ 曲线为一曲线族，随 i 绝对值增大，曲线逐渐远离坐标原点；最外侧那条曲线是电液伺服阀在额定电流条件下负载流量与负载压力的关系曲线，该曲线与纵坐标轴的交点所对应的流量是伺服阀的最大流量（最大空载流量）；各条曲线均交于横坐标轴上 p_s 点，p_s 为液压源提供的恒压力；曲线上任意点的切线斜率均为负值，斜率绝对值的大小代表了阀抵抗负载变化能力的大小，即阀刚性的大小，斜率绝对值大，则阀的刚性大。

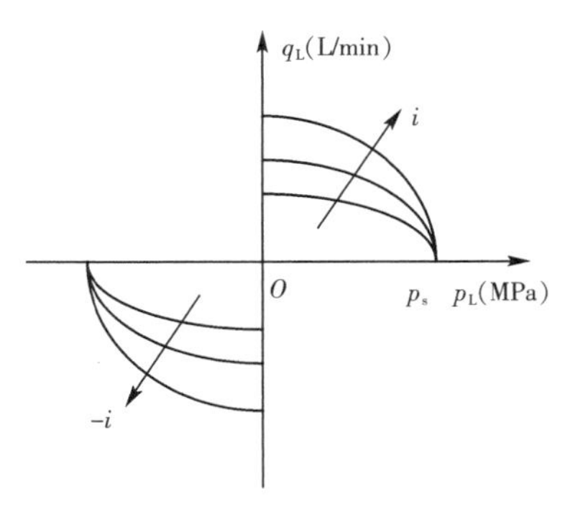

图 7－6　流量 — 压力特性曲线

流量 — 压力特性是电液伺服阀最重要的静态特性，是正确选择和使用电液伺服阀的主要依据。

② 输入电流 — 输出流量特性

该特性指的是在空载（负载压力 $p_L=0$）条件下，输入电流与输出流量之间的关系，又称为空载特性。如图 7－7 所示为其特性曲线图，曲线所示的最大流量称为额定流量，它所对应的电流称为额定电流。选用时主要根据阀的额定压力与电流。曲线的平均斜率为阀的流量增益，由于存在磁环与不灵敏区等因素造成的曲线不重合与非线性问题，相应地用滞环、不灵敏区、线性度、流量增量等指标来评定其优劣。电液伺服阀的动态性能一般用控制理论中的频宽来评定，阀的频宽越大表示其动态响应越快。一般为了保证系统有较好的动态特性，希望电液伺服阀有较高的频宽。但值得指出的是液压伺服系统的动态特性往往并不主要地取决于电液伺服阀的频宽，相反频宽过大反而将会带来干扰与电噪声。

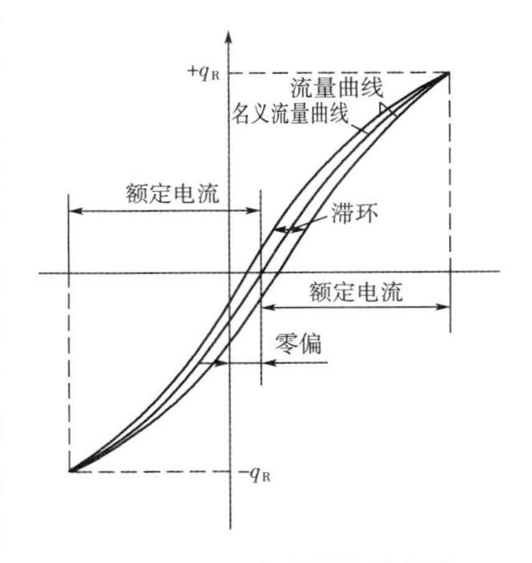

图 7－7　空载流量特性曲线

由于油液要流经电液伺服阀中固定节流孔、喷嘴挡板、滑阀的阀口等许多小缝隙，因此在使用中，保持油液的清洁十分重要，否则往往会由于堵塞而无法正常工作。一般在系统的进油路上应另设符合阀所要求过滤精度的过滤装置。

③ 压力特性

电液伺服阀的压力特性曲线如图 7－8 所示。该特性指负载输出流量为零的情况下，负载压力与输入电流之间的关系，用压力特性曲线表示，反映了伺服阀的灵敏度。图上中间曲线为理想状态（无磁滞现象）下的压力特性曲线，而实际的压力特性曲线为两侧的两条，由于磁滞现象的存在，当电流改变方向时，压力特性曲线并不重合。压力特性的最重要参数是压力增益，即输出流量为零时，负载压力随输入电流的变化率，也就是压力特性曲线的斜率。通常把负载压力限定在最大负载压力的 ±40% 之间，取压力特性曲线上该段的平均斜率为伺服阀的压力增益。压力增益大，表明阀的压力灵敏度高，有利于提高伺服系统的控制精度，但对系统的稳定性不利。

(2) 动态特性

通常用频率特性来表示电液伺服阀的动态特性。当负载压力为零、输入电流为等幅变频的正弦波信号时，输出流量(一般用主阀芯的位移量代替流量)也按同频率的正弦规律变化，此时，输出流量的振幅比和频率的关系，以及输出流量和输入电流的相位差和频率的关系分别叫幅频特性和相频特性，一般用实测曲线表示，如图 7-9。

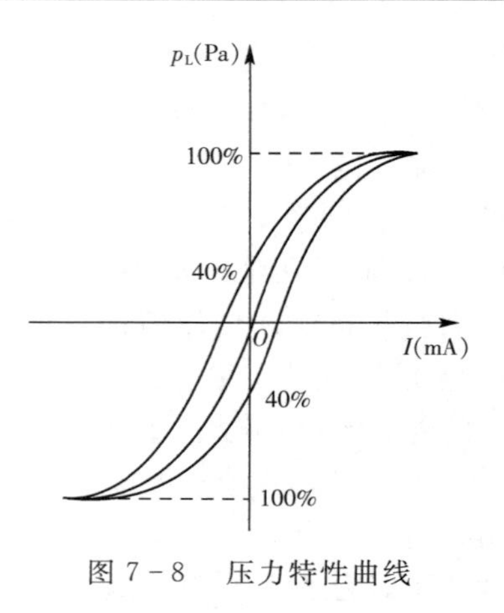

图 7-8　压力特性曲线

幅频特性曲线的纵坐标为振幅比，单位是“分贝”(dB)，振幅比 L 以分贝表示，则

$$L = 20\lg\frac{A_1}{A_0}$$

式中：A_0—— 低频时输出流量的振幅(以 A_0 作为比较振幅变化的标准，一般取 5 ～ 6Hz 作为基准低频)；

A_1—— 某频率(应高于基准低频)下输出流量的振幅。

横坐标为频率(Hz)。从图看出，振幅比的分贝数均为负值，并且随频率增加，其值越负。这表明，频率越高，输出流量幅值衰减得越大。

相频特性曲线的纵坐标为相位数，即：输出流量变化的相位角与输入电流变化的相位角的差值，横坐标仍为频率。从图可看出，随频率增加，相位差增大，这表明，频率越高，输出流量变化的相位角滞后得越多。

根据上述频率特性，可得到衡量电液伺服阀动态特性好坏的两个指标：

① 幅频宽

当输出流量振幅比的分贝数为 -3dB(即 $A_1 = 0.7A_0$)时所对应的频率值称幅频宽。例如，图 7-9 中曲线 1 所代表的阀的幅频宽约为 80Hz。幅频宽是衡量电液伺服阀动态响应速度的重要指标，幅频宽小，响应速度慢，使系统的灵敏度降低；反之，响应速度快，可提高系统灵敏度，但容易将外界高频干扰传往负载。

② 相频宽

输出流量与输入电流的相位差为 90°(即滞后角为 90°)时的频率值称相频宽。例如，图 7-9 中曲线 1 所代表的各阀的相频宽约为 90Hz。与幅频宽一样也是衡量电液伺服阀动态响应速度的指标，两者作用相同。

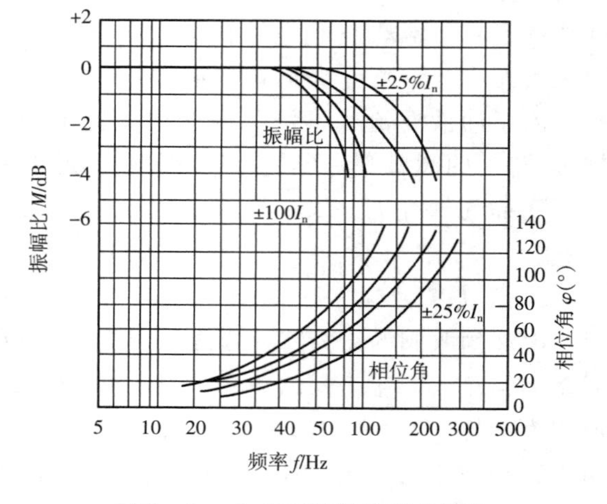

图 7-9　电液伺服阀的频率特性

7.1.2　电液伺服控制系统的应用

1. 机械手伸缩运动伺服系统

一般机械手能实现机械手的伸缩、回转、升降和手腕的动作，每一个动作都是由液压伺服系统驱动的，其原理相同。现仅以伸缩伺服系统为例，介绍它的工作原理。

图 7-10 是机械手手臂伸缩电液伺服系统原理图。它主要由电液伺服阀 1. 液压缸 2. 活塞杆带动的机械手手臂 4、齿轮齿条机构 5、电位器 6、步进电动机 7 和放大器 3 等元件组成，它是电液位置伺服系统。当电位器的触头处在中位时，触头上没有电压输出。当它偏离这个位置时，由于产生了偏差就会输出相应的电压。电位器触头产生的微弱电压，经放大器放大后对电液伺服阀进行控制。电位器触头由步进电动机带动旋转，步进电动机的角位移和角速度由数字控制装置发出的脉冲数和脉冲频率控制。齿条固定在机械手手臂上，电位器壳体固定在齿轮上，所以当手臂带动齿轮转动时，电位器壳体同齿轮一起转动，形成负反馈。

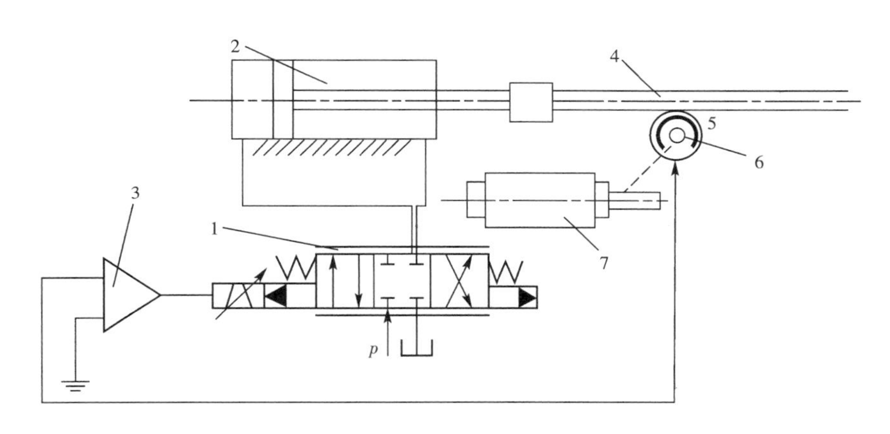

图 7-10　机械手伸缩运动电液伺服系统原理图

1 — 电液伺服阀；2 — 液压缸；3 — 放大器；4 — 机械手手臂；
5 — 齿轮、齿条机构；6 — 电位器；7 — 步进电机

机械手伸缩系统的工作原理如下：由数字控制装置发出一定数量的脉冲，使步进电动机带动电位器 6 的动触头转过一定的角度 θ_i（假定为顺时针方向转动），动触头偏离电位器中位，产生微弱电压 u_1，经放大器 3 放大成 u_2 后，输入给电液伺服阀 1 的控制线圈，使伺服阀产生一定的开口量。这时压力油经阀的开口进入液压缸的左腔，推动活塞连同机械手手臂一起向右移动，行程为 x_v；液压缸右腔的回油经伺服阀流回油箱。由于齿轮和机械手手臂上齿条相啮合，手臂向右移动时，电位器随着作顺时针方向转动。当电位器的中位和触头重合时，偏差为零，则动触头输出电压为零，电液伺服阀失去信号，阀口关闭，手臂停止移动。手臂移动的行程决定于脉冲数量，速度决定于脉冲频率。当数字控制装置发出反向脉冲时，步进电动机逆时针方向转动，手臂缩回。图 7-11 为机械手伸缩运动伺服系统框图。

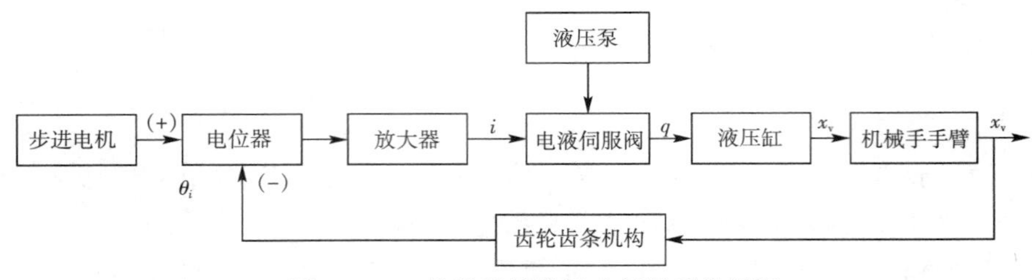

图 7-11　机械手伸缩运动伺服系统框图

2. 跑偏伺服控制系统

电液伺服系统按其所控制的物理量不同而分为位置、速度与力控制伺服系统。现将系统的工作原理介绍如下：在带状材料生产过程中，卷取带材时，常会出现带材边缘不齐的情况，称为跑偏。如轧钢厂卷取钢带，造纸厂卷取纸带等。为了保证自动卷齐，常采用电液伺服系统来控制其跑偏。控制跑偏，实际上是控制带材边缘的位置，因此，该系统属于电液伺服位置控制系统。

如图 7-12 是一跑偏控制系统工作原理图，卷筒 4、传动装置 3 和电动机 2 构成了卷带机主机部分，它们的机架固定在同一底座上，该底座支撑在水平导轨上，在伺服液压缸 1 的驱动下，主机整体可横向（与卷带方向垂直）移动。带材的横向跑偏量及方向由光电位置检测器 5 检测。安装在卷筒机架上的光电位置检测器在辅助液压缸 8 的作用下，相对于卷筒有“工作”和“推出”两个位置，即：在开始卷带前，辅助液压缸将其推入“工作”位置，自动对准带边；当卷带结束后，又将其推出，以便切断带材。光电位置检测器由光源和光敏电桥组成，当带材正常运行时，电桥一臂的光敏电阻接收一半光照，其电阻值为 R，使电桥恰好平衡，输出电压信号为零。当带材偏离检测器中间位置时，光敏电阻接收的光照量发生变化，电阻值也随之变化，使电桥的平衡被打破，电桥输出反映带边偏离值的电压信号，该信号经放大器 7 放大后输入电液伺服阀 9，伺服阀则输出相应的液流量，推动伺服液压缸，使卷筒带着带材向纠正跑偏的方向移动。当纠偏位移相等时，电桥又处平衡状态，电压信号为零，卷筒停止移动，在新的平衡状态下卷取，完成自动纠偏过程。

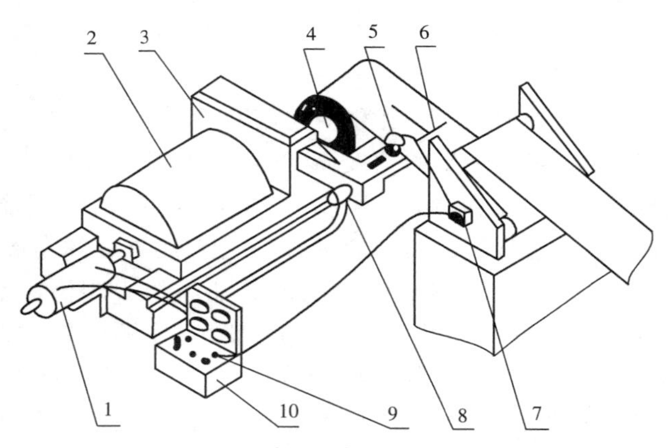

图 7-12　跑偏液压伺服系统工作原理图

1—伺服液压缸；2—电机；3—传动装置；4—卷筒；5—光电控制器；6—跑偏方向；7—伺服放大器；8—辅助液压缸；9—伺服阀；10—能源装置

该系统中，由于检测器和卷筒一起移动，形成了直接位置反馈，无专门的反馈元件。图7-13是液压系统图，图中电磁换向阀的作用是使伺服液压缸与辅助液压缸互锁。正常卷带时，电磁铁2YA通电，辅助液压缸锁紧；卷带结束时，1YA通电，伺服液压缸锁紧。图7-14为系统职能方框图。

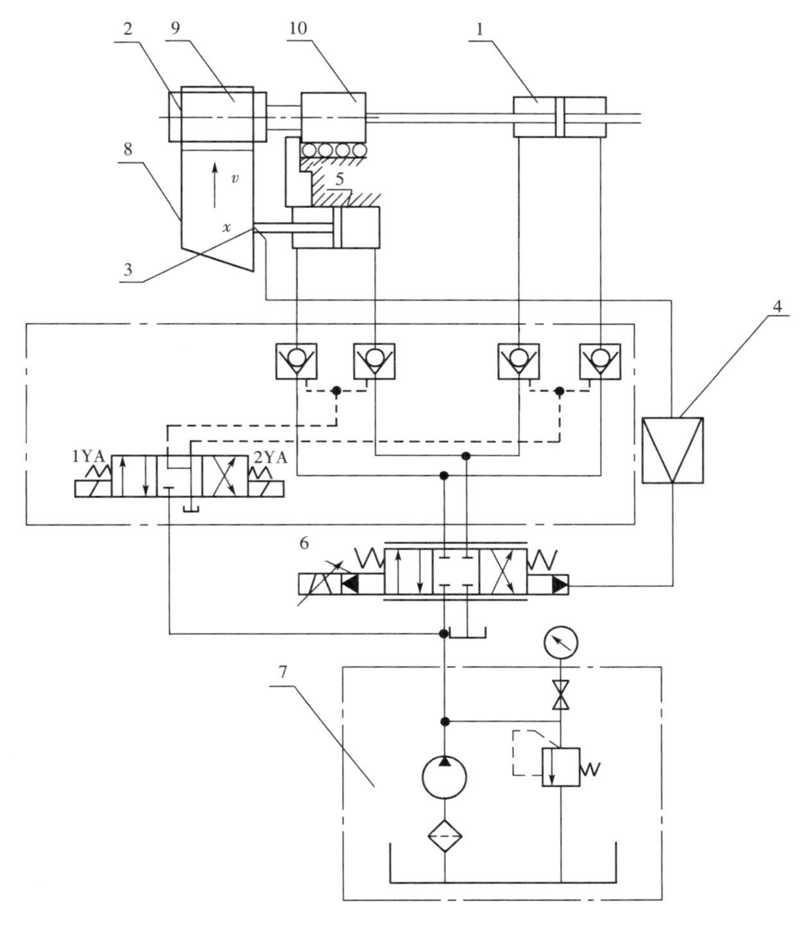

图7-13　跑偏液压伺服系统原理图

1—伺服液压缸；2—卷筒；3—光电控制器；4—伺服放大器；
5—辅助液压缸；6—伺服阀；7—能源装置；8、9—钢带；10—卷取机

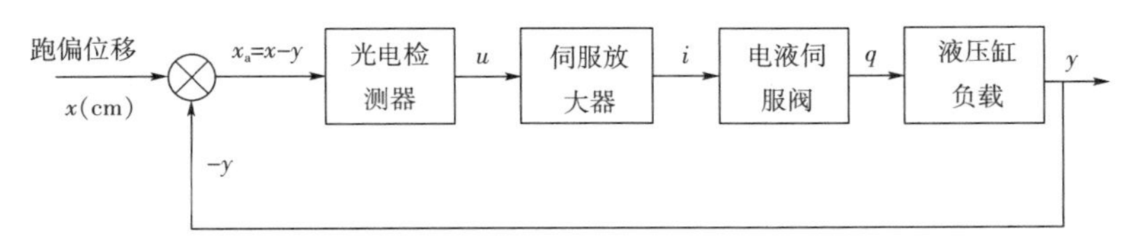

图7-14　系统职能方框图

7.2　电液比例控制阀

电液比例控制阀(简称比例阀)是介于普通液压阀和电液伺服阀之间的一种液压控制阀,根据输入的电信号大小连续地按比例地对液压系统的参数实现远距离控制和计算机控制。与上一节所介绍的电液伺服阀的功能相似,比例阀响应控制精度和响应速度较电液伺服阀低。但在制造成本、抗污染等方面优于电液伺服阀,因此电液比例阀广泛用于一般工业部门。

7.2.1　电液比例阀的组成

与电液伺服阀类似,电液比例阀通常也是由电气—机械转换器、液压放大器(先导级阀和功率级主阀)和检测反馈机构三部分组成,如图 7-15。若是单级阀,则无先导级阀。

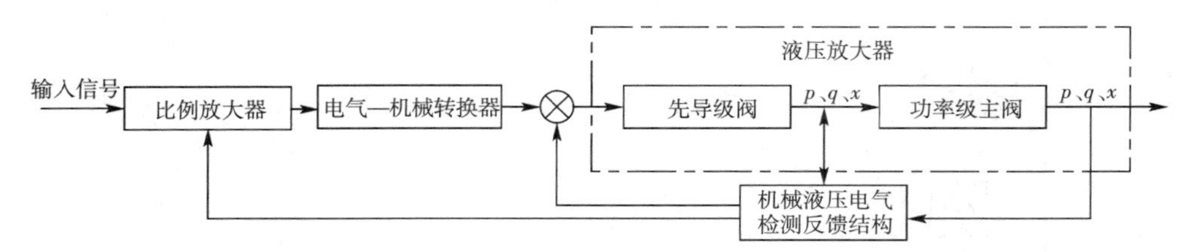

图 7-15　电液比例阀的组成

1. 比例电磁铁

电液比例阀中的电气—机械转换器有伺服电机、步进电机、力(矩)马达和比例电磁铁,通常采用的是比例电磁铁。

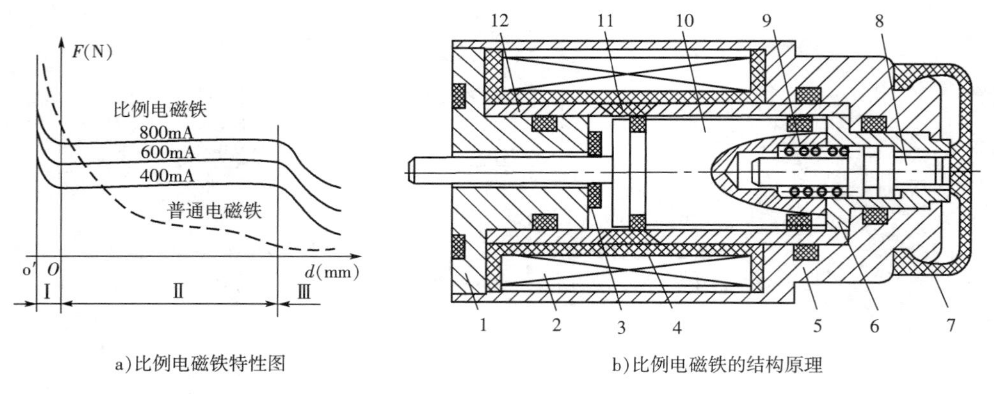

a)比例电磁铁特性图　　b)比例电磁铁的结构原理

图 7-16　比例电磁铁

1—极靴;2—线圈;3—限位环;4—隔磁环;5—壳体;6—内盖;7—盖;8—调节螺丝;9—弹簧;10—衔铁;11—支撑环;12—导向管

比例电磁铁是一种直流电磁铁,但它和普通电磁阀所用的电磁铁有所不同,图 7-16a 为比例电磁铁与普通电磁铁的磁力特性对比图,普通电磁铁是变气隙的,而比例电磁铁是恒定气隙的,在工作区 Ⅱ 内,比例电磁铁的电磁力能够保持恒定,其吸力或位移与给定的电流成比例。

图 7－16b 是一种吸力与电流大小成比例的单向电磁铁的结构原理图，其主要元件由极靴 1. 线圈 2. 壳体 5 和衔铁 10 组成。线圈 2 通电后产生磁场，由于隔磁环 4 将磁路由行程变化较小的区段切断，使磁力线主要部分通过衔铁 10、气隙和极靴对衔铁产生吸力，在衔铁工作区段内，吸力的大小与输入电流成正比。通过推杆输出吸力。若要求以比例电磁铁作行程控制时，可在衔铁左侧加一弹簧，与电流成正比的输出力可转换成正比于电磁铁在不同电流下的平衡位置，从而使电磁铁输入电流与输出行程成比例关系。

此外，还有左右对称式的双向比例电磁铁，工作原理相似，在这里不再介绍。

2. 液压放大器

(1) 先导级阀的结构形式

电液比例阀的先导级阀用于接收小功率的电气 — 机械转换器输入的位移或转角信号，将机械量转换成液压力驱动主阀。先导级阀主要有锥阀式、滑阀式、喷嘴挡板式等结构形式，而大多采用锥阀，如图 7－17 为锥阀式先导级结构形式。

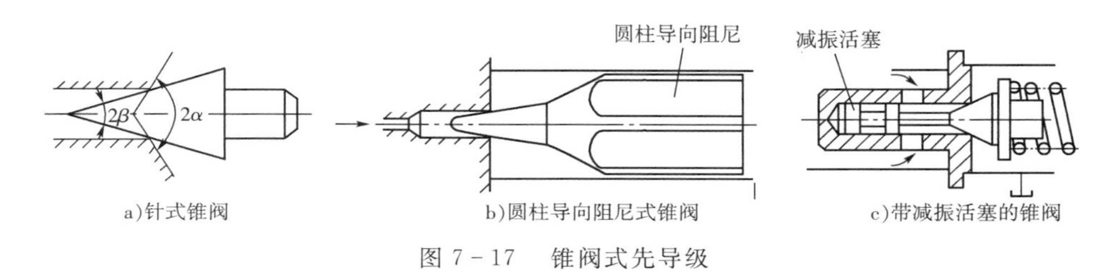

图 7－17　锥阀式先导级

(2) 功率级主阀的结构形式

电液比例阀的功率级主阀用于将先导级阀的液压力转换为流量或压力输出。主阀主要有滑阀式、锥阀式和插装式。

3. 反馈检测机构

设在阀内部的机械、液压及电气式检测反馈机构将主阀控制口或先导级阀口的压力、流量或阀芯的位移反馈到先导级阀的输入端或比例放大器，实现输入输出的平衡。

7.2.2　电液比例阀的工作原理

早期出现的电液比例阀主要将普通压力控制阀的手调机构和电磁铁改换为比例电磁铁控制，阀体部分不变，它也分为压力、流量和方向控制三大阀型，其控制形式为开环。现在此基础上又逐渐发展为带有内反馈的结构，这种阀在控制性能方面又有了很大的提高。下面分别介绍这三种阀的工作原理。

1. 电液比例压力阀

电液比例压力阀按用途不同，可分为比例溢流阀、比例减压阀、比例顺序阀。按结构特点又分为直动式和先导式比例压力阀。

图 7－18 所示为直动式电液比例压力阀，由比例电磁铁和直动式压力阀两部分组成。直动式压力阀的结构与普通压力阀的先导阀相似。所不同的是这里用比例电磁铁代替了手动调节螺钉部分。当比例电磁阀通入电流时，衔铁推杆 2 通过传力弹簧 3 作用在锥阀芯 4

上,与作用在锥阀底面的液压力相平衡。传力弹簧 3 压缩量很微小,只起传递电磁力的作用。比例电磁力与输入电流成比例关系,只要连续地按比例调节输入电流,就能连续地按比例控制锥阀的开启压力 p。这种阀可作为直动式压力阀单独使用,也可以作为压力先导阀,与普通溢流阀、减压阀、顺序阀的主阀组合构成电液比例溢流阀、电液比例减压阀和电液比例顺序阀。

图 7－19 为先导式电液比例溢流阀,它的上部分为先导级,是一个直动式比例压力阀,下部分为功率级主阀(锥阀式结构)。图中,A 为压力油口,B 为溢流口,X 为远程控制口。工作原理和普通先导式溢流阀基本相同。

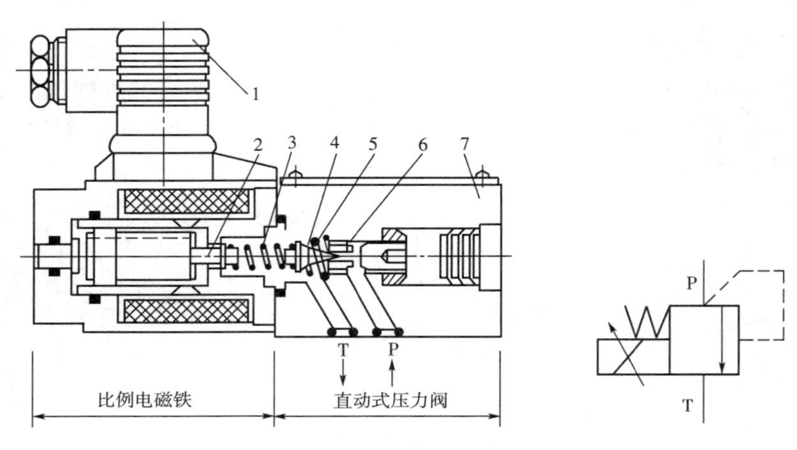

图 7－18　直动式电液比例压力阀

1－电气插头;2－衔铁推杆;3－传力弹簧;
4－锥阀芯;5－防振弹簧;6 阀座;7－阀体

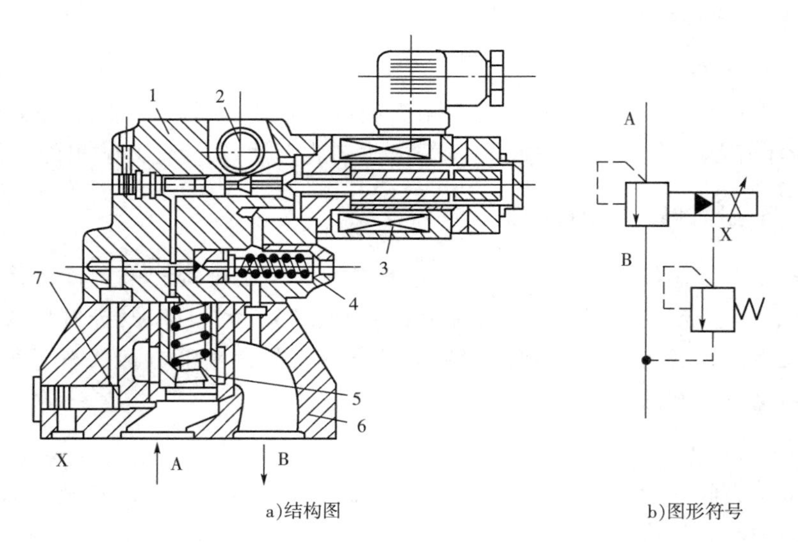

图 7－19　带手调限压阀的先导式电液比例溢流阀

1－先导阀体;2－外泄油口;3－比例电磁铁;4－限压阀;
5－主阀组件;6－主阀体;7－固定液阻

2. 电液比例流量阀

用电流控制比例电磁铁来改变节流阀的开度，实现对输出流量的连续成比例控制，就称为比例节流阀。其外形和结构与比例压力阀相似，所不同的是压力阀的阀芯具有调压特性，靠先导压力与比例电磁力相平衡，来调节先导压力的大小。而比例流量阀的阀芯具有节流特性，靠弹簧力与比例电磁力相平衡，来调节流量的大小和流通方向。按通道数的不同，比例流量阀又可分为二通和三通阀。比例流量阀又有比例节流阀和比例调速阀两大类。

比例节流阀是在普通节流阀的基础上，利用比例电磁铁对节流阀口进行控制而组成的。

如图 7-20 为比例调速阀，与定差减压阀组合在一起而成，比例电磁铁 1 的输出力作用在节流阀芯 2 上，与弹簧力等相平衡。一定的控制电流对应一定的节流开度。通过改变输入电流的大小，即可改变通过调速阀的流量。若输入信号电流是连续地按比例变化，比例调节阀控制的流量也是连续地按同样比例的规律变化。

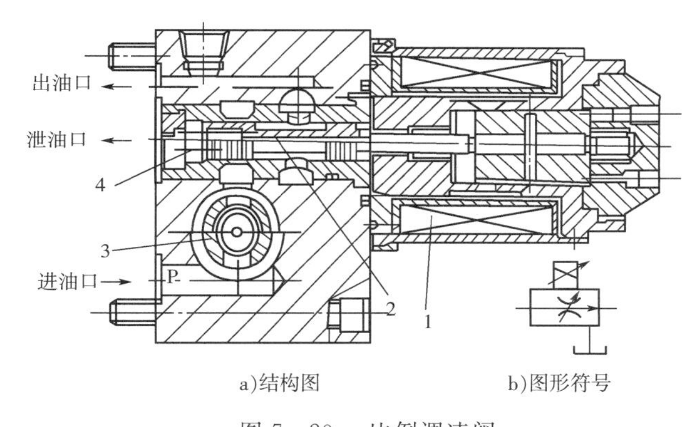

图 7-20　比例调速阀

1—比例电磁铁；2—节流阀芯；3—定差减压阀；4—弹簧

3. 电液比例方向控制阀

电液比例方向控制阀能按输入电信号的极性和幅值大小，同时控制液流方向和流量大小，从而实现对执行器运动方向和速度的控制。它和普通换向阀的外形相似，但阀芯的结构有区别，它可以实现不同的中位机能。在比例电磁铁的前端可附有位移传感器（或称差动变压器），这种电磁铁称为行程控制比例电磁铁。位移传感器能准确地测定比例电磁铁的行程，并向电放大器发出电反馈信号。电放大器将输入信号和反馈信号加以比较后，再向电磁铁发出纠正信号，以补偿误差，这样便能消除液动力等干扰因素，保持准确的阀芯位置或节流口面积。这是 20 世纪 70 年代末比例阀进入成熟阶段的标志。1980 年代以来，由于采用各种更加完善的反馈装置和优化设计，比例阀的动态性能虽仍低于伺服阀，但静态性能已大致相同，而价格却低廉很多。

图 7-21 所示为先导式比例方向控制阀。当比例电磁阀 1 收到信号时，在先导阀的工作油口 B 产生一个恒定的压力，B 腔的油液压力通过控制油道作用在主阀芯的右端，推动主阀芯左移直至与主阀芯的弹簧相平衡，主阀芯上所开的节流槽相对于主阀体上的控制台阶有一定的开口量，连续地给比例电磁铁 1 输入电信号，就会使主阀的 P 腔到 A 腔、B 腔到 T 腔成

比例地输出流量。

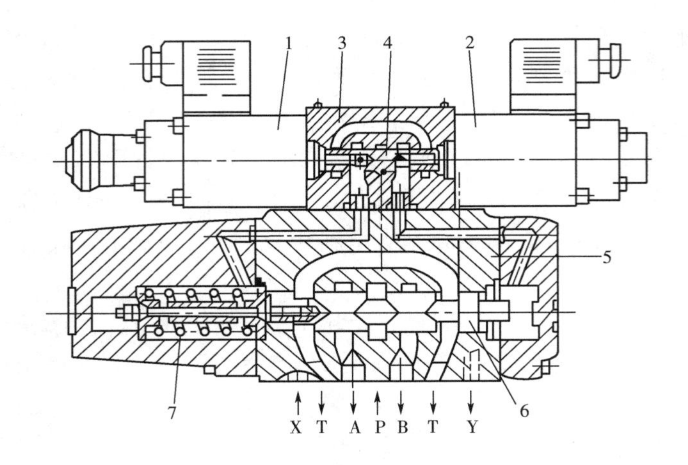

图 7-21　先导式比例方向控制阀的结构图

1、2—比例电磁铁；3—先导阀体；4—先导阀芯；5—主阀体；6—主阀芯；7—主阀弹簧

若给比例电磁铁 2 输入电信号，就会使主阀的 P 腔到 B 腔、A 腔到 T 腔成比例输出流量。比例阀是介于普通阀与伺服阀之间的控制阀。与普通阀相比，它能提高系统参数的控制水平，虽不如伺服阀的性能好，但成本低，对系统的污染要求比伺服系统低。为此，它广泛应用于要求对液压参数进行连续远距离控制或程序控制，但对控制精度和动态特性要求不太高的系统。

如系统的液压参数的设定值超过三个，使用比例阀对其进行控制是最恰当的。此外，利用斜波信号作用在比例方向阀上，可以对机构的加速和减速实现有效的控制；利用比例方向阀和压力补偿器实现负载补偿，便可精确地控制机构的运动速度而不受负载影响。

7.2.3　电液比例阀的特性

比例阀是比例控制系统中的关键性元件，其控制原理及主要性能指标与伺服阀相近。为了更好地评价、选择和使用比例阀，必须了解比例阀的静态和动态特性。

1. 静态特性

电液比例阀的静态特性是指稳定工作条件下，比例阀的各静态参数（流量、压力、输入电流）之间的相互关系。如图 7-22 所示为比例阀的静态特性曲线，其理想的特征曲线是一条通过坐标原点的直线。但由于阀内存在磁滞、摩擦及弹簧等因素，阀的实际静态特征曲线是一条封闭的回线（图上用实线和虚线两条封闭曲线表示两次测量值）。

比例阀的理想静态特征曲线与实际静态特征曲线间的差别，反映了比例阀的静态控制精度和性能。这些差别主要用下列性能指标来描述：

（1）滞环

电液比例阀的输入电流在作一次往复循环中，同一输出压力或流量对应的输入电流的最大差值与额定输入电流 I_n 的百分比，称为滞环误差（简称滞环）。滞环越小，比例阀的静态性能越好。电液比例阀的滞环一般小于 7%，性能良好的比例阀滞环小于 3%。

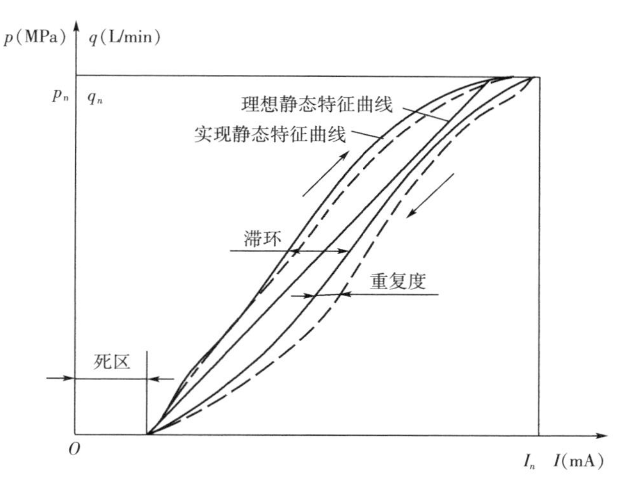

图 7－22　比例阀的静态特征曲线

(2) 非线性

比例阀实际特征曲线上各点与平均斜线间的最大电流偏差与额定输入电流 I_n 的百分比，称为电液比例阀的非线性度。比例阀的非线性度一般在 3％～10％之间，非线性越小，比例阀静态特性越好。

(3) 重复精度

在同一压力或流量输出下，从一个方向多次重复输入电流之间的最大差值与额定输入电流 I_n 的百分比，称为电液比例阀的重复精度。该值通常在 2％以下。

(4) 分辨率

比例阀的流量或压力产生变化(增加或减少)所需输入电流的最小增量值与额定输入电流的百分比，称为电液比例阀的分辨率。分辨率越小，比例阀灵敏度越高，但过小的分辨率会使阀的工作不稳定。

2. 动态特性

电液比例阀的动态特性，在频域和时域内分别用频率响应曲线和瞬态响应曲线来表示。

(1) 频率响应

电液比例阀的频率响应特性用波德图来表示。以比例阀的幅值比为－3dB(即输出流量为基准频率时输出流量的 70.7％)时的频率定义为幅频宽(如图上 f_{-3dB} 表示)，将相位滞后达到－90°时的频率定义为相频宽(如图上 $f_{-90°}$ 表示)。频宽是比例阀动态响应速度的度量。频宽过低会影响到系统的响应速度，过高就会使高频传到负载上去。一般电液比例阀的频率在 1～10Hz 之间。图 7－23 为电液比例阀的频率响应曲线。高性能的电

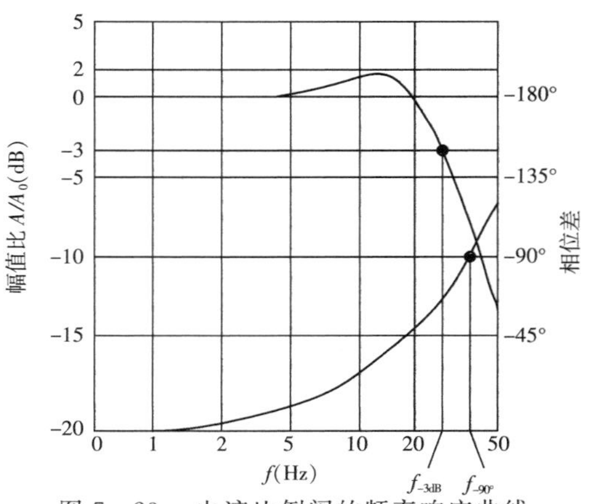

图 7－23　电液比例阀的频率响应曲线

液伺服比例阀的频宽可达120Hz,甚至更高。

(2) 瞬态响应

电液比例阀的瞬态响应特性也是指通过对阀施加一个典型输入信号(通常为阶跃信号),阀的输出流量在阶跃输入电流的跟踪过程中所表现出的振荡衰减特性。反映电液比例阀瞬态响应快速性的时域性能主要指标有超调量、峰值时间、响应时间和过渡过程时间。

7.2.4　电液比例控制系统

电液比例控制系统通常由电子放大及校正单元、电液比例控制元件、执行元件及液压源、工作负载及信号检测处理装置等组成。按有无执行元件输出参数的反馈环节分为开环和闭环控制系统,如图7-24所示为开环和闭环电液比例控制系统组成。最简单的电液比例控制系统是采用比例压力阀、比例流量阀来代替普通液压系统中的多级调压回路或多级调速回路,这样不但简化了系统,还可以实现复杂的程序控制和远程信号传输,便于计算机控制。

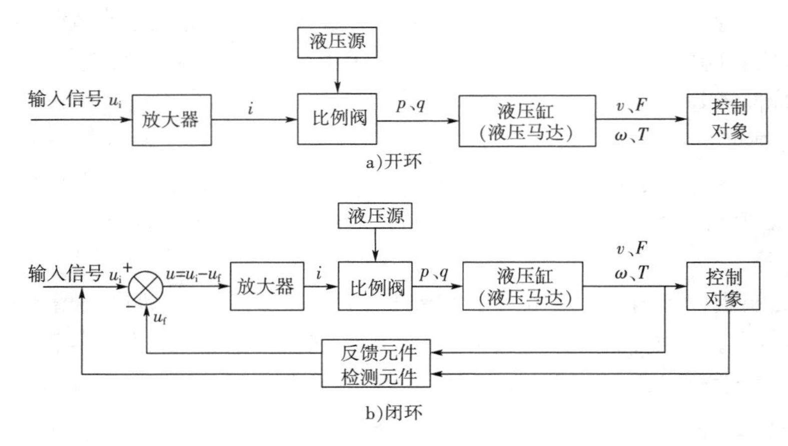

图7-24　电液比例控制系统组成

图7-25是一个试验机电液比例加载测控系统液压原理图。能够进行抗压强度和抗折强度检测试验。工作原理如下:

首先由先导式溢流阀6设定系统最高压力,远程控制电液比例溢流阀5的压力就可以控制液压系统的压力。开始时,所有的电磁铁都不带电,油泵电机组开始工作,压力油经换向阀7中位回到油箱中,系统处于卸荷状态。试件放好后,电磁铁1YA通电,油泵电机组3的压力油经换向阀7后进入加载液压缸10的小腔a,同时导通液控单向阀8,由于油腔a的作用面积较小,因而压头快速下行接近试件,液压缸的c腔中液压油经液控单向阀8和换向阀9进入b腔,同时会经换向阀7和单向阀4回到油箱中。压头快速接近工件后,电磁铁3YA通电,此时压力油开始同时向a腔和b腔供油,受压面积大大增加,所以压头进入慢速下降状态,这就是对工件加压过程。当工件破坏时,此时的压力(图上压力传感器11传回数据)就是试验结果。电磁铁2YA通电,压力油经换向阀7进入c腔,同时,电磁铁3断电使b腔和c腔连通,形成差动回路,压头快速上升。这就是试验机工作的一个循环。

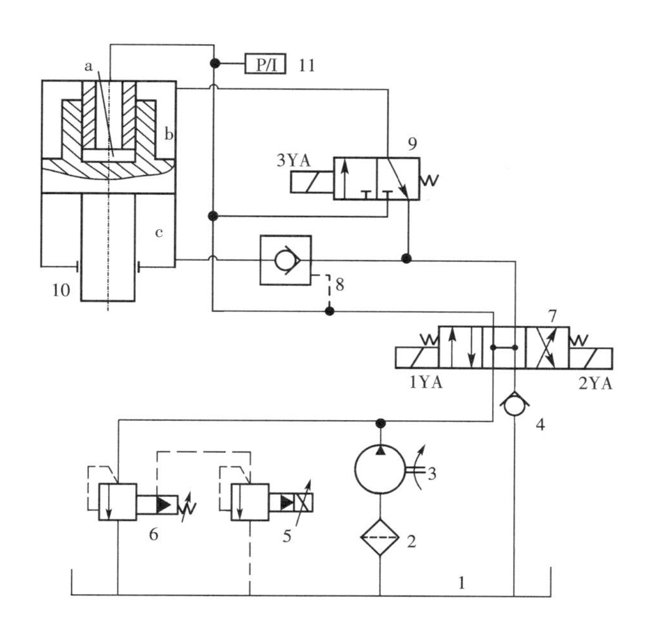

图7-25　试验机液压系统原理图

1—油箱;2—过滤器;3—油泵电机组;4—单向阀;5—电液比例溢流阀;6—先导式溢流阀;
7—三位四通电磁换向阀;8—液控单向阀;9—二位三通电磁换向阀;10—加载液压缸;11—压力传感器

7.3　计算机电液控制技术简介

随着计算机技术的发展,计算机应用技术已经渗透到液压控制系统中,使得液压技术朝着集成化和智能化方向发展。把计算机技术与液压控制技术结合在一起,产生了一个新的应用分支,即计算机电液控制技术。这种控制技术比传统的液压控制技术具有控制精度高、可靠性高、结构紧凑和功能多等特点,因而在液压工程领域得到了日益广泛的应用。

7.3.1　计算机电液控制系统的组成

如图7-26为计算机电液控制系统组成结构原理图,整个系统由硬件和软件构成,硬件部分主要由计算机硬件部分、电气控制电路和液压系统组成。下面分别简要介绍硬件和软件系统的组成。

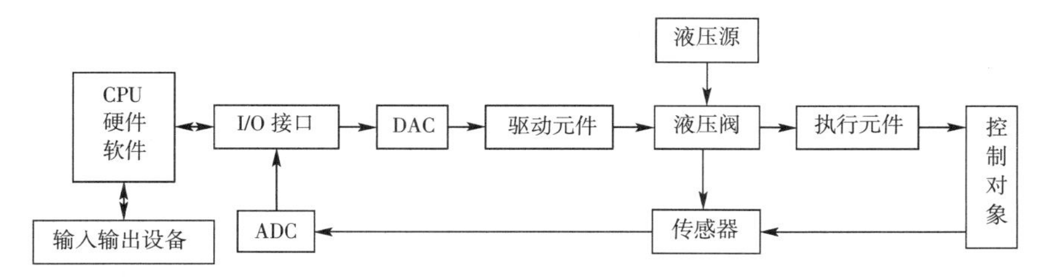

图7-26　计算机电液控制系统组成结构原理图

1. 硬件

(1) 计算机主机　由中央处理器(CPU)、存储器等构成，是整个控制系统的核心部件。其通过接口电路向系统的各个部分发出指令，同时采集传感器信号，进行数据处理、检测等工作。计算机控制系统的主机可选择的形式主要有微机系统(PC)、可编程控制器(PLC)和单片机系统等。

① PC系统：又分为普通PC主机和工业控制计算机(简称工控机或IPC)。普通PC机具有功能强、通用性好、普及率高和图文处理功能优异等优点。一般应用在生产环境好、电压稳定的场合，具有很高的性价比。工控机是按照工业技术标准设计，适用于工业环境使用而制造的微机系统，除了具有普通PC机的优点外，还具有很强的抗干扰能力，适用于环境较恶劣、可靠性要求高的工业实时控制系统。

② 可编程控制器：又称为可编程逻辑控制器，一般由CPU系统、I/O通道、软件存储设备和电源系统等构成。是微机技术与继电器常规控制技术相结合的产物，是在顺序控制器和微机控制器的基础上发展起来的新型控制器。适用于时间顺序控制系统，可代替过去常用的继电器接触式控制装置。

③ 单片机系统：单片机具有成本低、体积小、控制简便、易于应用等特点，适用于小型控制系统、智能化仪器等领域。

目前比较常用的主机形式就是上面介绍的三种形式，设计控制系统选用主机形式时，需要综合考虑控制系统的输入输出通道、数据采集和处理的难易程度、控制系统的动作复杂程度和成本等因素。

(2) 输入输出设备　根据主机形式的不同，输入输出设备有所差异，一般包括键盘、打印机、显示终端等。主要功能是提供人机对话，如输入程序、修改和储存数据、显示系统状态、打印结果、发出操作指令、报警提示等。

(3)I/O接口、DAC和ADC　I/O接口是主机和电气系统部分的通讯，主要包括定时/计数器、数字开关量输入输出和模拟量输入输出等接口。DAC和ADC的功能是实现数字量和模拟量间的转换。

① 如选用的主机形式是PC系统，该部分接口电路可以通过购买专业厂家的多功能接口板来实现，一般它们被集成在一块印刷电路板上，目前比较常用的是PCI总线的板卡。这种板卡直接插在主机PCI插槽中即可使用。可以节省接口电路设计时间，具有很高的可靠性，缺点是价格较高。对于使用单片机控制的小规模控制系统，可以自行设计其接口电路，简化不必要的接口功能，提高系统性价比。

② PLC控制系统的接口电路一般已包含在PLC控制器之中。对于小型PLC，厂家通常将I/O部分装在PLC本体部分，而对于中、大型PLC，用户可根据自己的需要选取厂家提供的不同功能、控制点数的I/O组件来组成控制系统。

PLC系统的I/O接口与PC系统的I/O接口不同的是，后者工作于弱电状态，而前者按强电设计，可以直接驱动电气设备。

(4) 驱动元件　该部分常用的有继电器、电液比例阀驱动模块和电液伺服阀驱动模块等，功能是接收主机发出的信号，驱动液压阀工作。

(5) 液压阀、执行元件　该部分为液压系统部分，液压阀主要包括电液比例阀、电液伺服阀，也可以是传统的电磁换向阀等。执行元件最终完成计算机发出的控制信号动作，驱动控制对象的运动。对于计算机电液控制系统中最常见的电液伺服控制系统，其执行元件是电液伺服阀控制的液压缸或液压马达。

（6）传感器　要组成计算机电液控制系统，一般都需要采用各种传感器，特别是要组成闭环控制系统，就必须要用传感器。传感器是在将测量到的各类参数转换成计算机可以接收的电信号，在计算机电液系统中，常用到测量油压的压力传感器、温度传感器、液位传感器和位移传感器等，传感器的精度直接决定了整个计算机电液系统的控制精度高低。

2. 软件

软件是指能完成各种功能的计算机程序的总和，它是计算机控制系统的神经中枢，整个系统的动作都在软件的指控下协调工作。软件主要包括系统软件和应用软件。

（1）系统软件　是指计算机系统中最靠近硬件层次的软件，如操作系统软件等，是软件系统的核心，它的功能就是控制和管理包括硬件和软件在内的计算机系统的资源簇，并对应用软件的运行提供支持和服务。它既受硬件支持，又控制硬件各部分的协调运行；它是各种应用软件的依托，既为应用软件提供支持和服务，又对应用软件进行管理和调度。

（2）应用软件　是为解决各种实际问题而编制的计算机应用程序及其有关资料。是用户可以使用的各种程序设计语言，以及用各种程序设计语言编制的应用程序的集合。计算机电液控制系统的应用软件主要需要完成系统的动作控制、数据采集和处理等。

7.3.2　计算机电液控制系统的特点与发展

计算机电液控制系统与传统的液压控制系统相比具有以下优点：

人机对话方便，操作简单，操作者可以通过控制面板直接干预控制系统的运行，实现了实时控制和柔性控制。

显著地扩大了系统的功能和应用类型，可以通过程序软件实现各种复杂的控制形式。如PID控制、顺序控制、自适应控制、模糊控制等。

计算机电液控制系统具有在线检测功能和故障自诊断功能，以及报警、停机功能，减小了故障的危害性，提高了系统运行的可靠性。

由于微型计算机功能的不断丰富和完善，操作界面可视化，通讯功能及接口的丰富，使其具有良好的性能价格比。

总之，随着计算机技术的发展，借助计算机越来越强大的计算能力、越加快速的存储速度和更多的功能的出现，液压控制技术与之更加紧密结合，在控制精度、运行可靠性和稳定性方面得到较大的改进。

思考与练习

7-1　液压伺服系统与液压传动系统有什么区别？使用场合有何不同？

7-2　电液伺服的组成和特点是什么？它在电液伺服系统中起什么作用？

7-3　电液比例阀由哪两大部分组成？它具有什么特点？

7-4　计算机电液控制系统的主要组成是什么？有何特点？

第 8 章　液压基本回路

在现代工业技术中，液压传动系统为完成各种机械设备不同的控制功能有不同的组成形式，有些甚至很复杂。但无论何种机械设备的液压传动系统，都是由一些液压基本回路组成的。所谓基本回路就是能够完成某种特定控制功能的液压元件和管道的组合。因而熟悉和掌握液压基本回路的功能，有助于更好地分析、设计计算、使用和维护各种液压传动系统。

根据油路的循环方式，液压回路可以分为开式回路和闭式回路。在开式回路中液压泵从油箱吸油，液压执行元件的回油直接回油箱，这种回路结构简单，油液在油箱中能得到充分冷却，但油箱体积较大，空气和脏物易进入回路。在闭式回路中，执行元件的回油直接与泵的吸油腔相连，结构紧凑，只需很小的补油箱，空气和脏物不易进入回路，但油液的冷却条件差，需附设辅助泵补油、冷却和换油。补油泵的流量一般为主泵流量的10%～15%，压力通常为0.3～1.0MPa左右。

各种机械设备上常见的液压回路，按其作用不同，一般可分为压力控制回路、速度控制回路和方向控制回路等基本回路。本章主要叙述其组成、原理及其特点等。

液压基本回路的原理图通常用简化示意的方法来表示，凡与该回路作用原理无关紧要的一些元件，图中均予省略。

8.1　压力控制回路

压力控制回路主要是借助各种压力控制元件来控制液压系统中各条油路的工作压力，以满足各执行机构所需的力或力矩的要求或者达到系统的增压、减压、卸荷、卸压或缓冲，以及工作机构平衡或顺序动作，能合理使用功率并保证系统工作安全等目的。

8.1.1　限压和调压回路

限压和调压回路是指控制系统的工作压力，使它不超过预先调好的数值，或者使工作机构运动过程的各个阶段中具有不同的压力。在液压系统中一般用溢流阀来调定泵的最大工作压力。液压传动能自动实现过载保护，就是限压回路来完成的。采用限压回路后，当负载过重、油路堵塞或液压缸到达行程终点等事故状态时，泵压力就不会无限升高，从而防止事故的发生。图8-1是压力控制中最基本的调压回路，也是应用最广泛的调压回路，溢流阀的调定压力必须大于液压缸的最大工作压力和沿程各种压力损失的总和。根据溢流阀的压力流量特性，阀在不同的溢流量时，压力调定值是有波动的。如果在定量泵系统，为使系统的工作压力稳定在一定压力下工作，则该阀为常开的，使多余油液流回油箱；当只为了压力过载保护，则该阀为常闭式，只在达到保护调定值时才开启，起安全阀的作用，系统工作压力则在安全阀调定值以下，防止系统过载。若系统中需要两种以上的压力，则可采用多级调压回路。

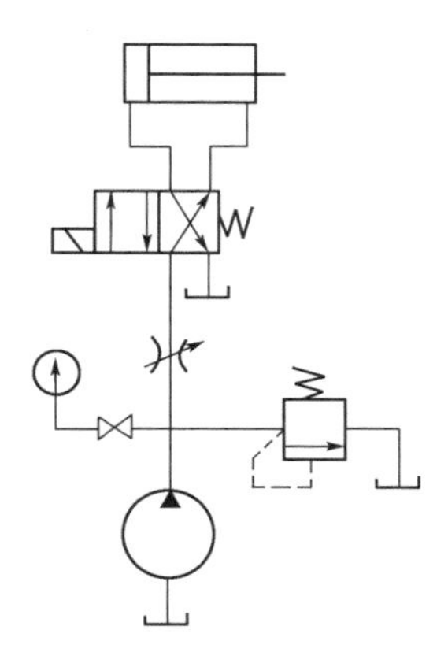

图 8-1　压力调定回路

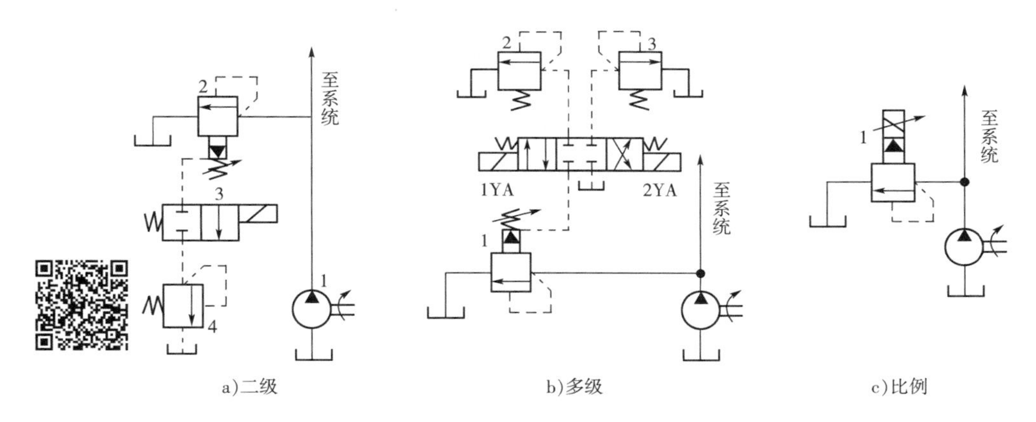

a)二级　　b)多级　　c)比例

图 8-2　多级调压回路

图 8-2a 是具有两级不同调定压力的调压回路，可用于执行机构进程和回程所需工作压力相差悬殊的工况。图中溢流阀 2 的调定压力高于溢流阀 4 的调定压力，当需要高压油进入系统执行元件时，这时系统工作压力由高压溢流阀 2 控制；当需要低压油进入时，可操纵二位二通电磁阀，使阀 2 远程控制口接通低压先导阀 4，于是系统压力改由阀 4 控制，当压力上升到阀 4 调定值(低压) 时，阀 2 即溢流。

图 8-2b 是具有三级不同调定压力的调压回路。当 1YA 和 2YA 两电磁铁均不带电时，系统压力由阀1调定，当 1YA 得电时系统压力由阀 2 调定；当 2YA 得电时系统压力由阀 3 调定。同样，在这种调压回路中，阀 2 和阀 3 的调定压力要小于阀 1 的调定值，而阀 2 和阀 3 的调定压力之间没有大小之分。

图 8-2c 所示为通过调节先导型比例电磁溢流阀 1 的输入电流，以实现系统压力连续、按比例进行的无级调节回路。这种回路不但结构简单，压力切换平稳，而且更容易使系统实现远距离控制或程控。但其价格较贵，对系统油液的过滤要求也高些。

8.1.2　减压回路

当系统只有一个泵供油液，而系统中某个支路或某液压缸又需要获得比溢流阀调定压力低的稳定工作压力，这时可用减压阀组成的减压回路。即从系统的高压主油路引出一条并联的低压油路，这样便可节省一台低压液压泵。比如，为了使结构紧凑和减轻自重，工程机械的液压系统大多采用高压系统。但在系统中，往往有部分油路如像控制油路、润滑油路、夹紧油路、离合器油路和制动器油路等一些辅助油路，却要求使用低压，这时，可考虑采用减压回路来满足要求。

图 8－3 为液压起重机起升机构离合器所采用的减压回路。离合器为常开的内涨式离合器，由弹簧油缸 A 操纵，它靠液压接合而用弹簧脱开，由于摩擦片能承受的压力较小，不能直接采用主油路中的高压油，须由减压阀引出低压油（一般为 2～3MPa）。卷筒外缘有常闭的外抱式制动器，由弹簧油缸 B 操纵，它靠弹簧抱紧而用液压松闸，故可直接取用主油路的高压油。回路的工作过程是这样的：如图示位置，液压泵卸荷，缸 A 脱开，卷筒由缸 B 制动，操纵三位阀换向，液压马达空转，卷筒仍处于制动状态；再操纵二位阀换向，主油路的油压 p_1 松开缸 B 启闸，而经减压油路的低压压力 p_2 则又抱紧缸 A，离合器使卷筒与液压马达的驱动轴相接合，于是卷筒开始卷扬。这时，主油路的压力 p_1 取决于卷筒负载，并由溢流阀调定其最大工作压力，减压油路的压力 p_2 则由减压阀调定。减压阀的二次压力 p_2 基本不受一次压力变化的影响，故离合器能以所需的稳定压力进行工作。回路中的液控单向阀起锁紧保压作用，使离合器在卷扬过程中不致因油路的意外降压而丧失接合力。

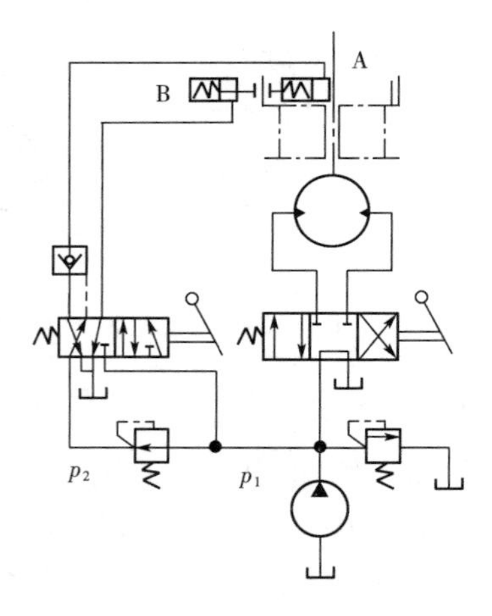

图 8－3　采用减压阀减压回路

8.1.3　增压回路

当液压系统中的某一支路需要压力较高但流量又不大的压力油，若采用高压泵不经济，或者难以选到，甚至根本就没有这样高压力的液压泵时，就要采用增压回路。增压回路是利用增压缸来提高系统中某局部油路或某一个缸的工作压力，以及间断工作的大负载小位移的工作机构，以达到在较低压力的泵下获得较高的工作压力。它能使系统的局部油路或某个执行元件获得的压力比液压泵工作压力高若干倍（可达 2～7 倍）的高压油，或用于气一液传动，利用压缩空气（压力一般为 6 ～ 8 大气压）来获得较高的压力油，避免另置价格较贵的高压泵，这样不但节省能源，而且系统工作可靠、噪声小。比如像制动器、离合器等，均可考虑采用增压回路。此回路中实现压力放大的主要元件是增压器（又称增压泵或增压缸）。

图 8 - 4a 为单作用增压器的增压回路。换向阀得电在充油位置时，低压油液 p_1 自油箱流入增压器小活塞腔；换向阀失电在增压位置时，泵输出的较低压油液进入大活塞腔。因两活塞面积不等，小活塞腔油液压力增高到 p_2（$p_2 > p_1$）供给系统。增压器的增压倍数称增压比，增压比即为两活塞面积的反比。

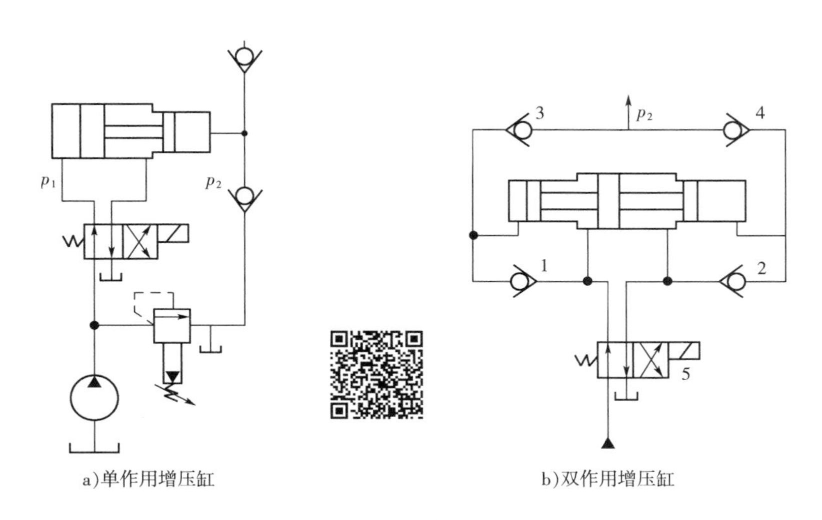

a)单作用增压缸　　b)双作用增压缸

图 8 - 4　增压回路

这种单作用增压器，不能获得连续的高压油液，图 8 - 4b 为双作用增压器，来自泵的压力为 p 的油液进入增压器大活塞的左腔，大活塞右移，使小活塞加压，增压的油液经单向阀 4 进入系统；同时，泵的压力油液经单向阀 1 进入左小活塞腔。当活塞移至右边终端时，行程开关操纵电磁换向，使活塞左行，增压器左边小缸紧接着输出高压油，经单向阀 3 进入系统。直至活塞移至左终端时，行程开关操纵电磁阀复位，开始第二循环，如此往复循环，即可获得连续的高压油。超高压油缸寿命试验台就用类似的连续增压回路。

8.1.4　卸荷回路

液压系统工作时，有时执行机构暂时停止工作，不需供油液，或者执行机构在某段时间内保持很大压力而运动速度极慢，甚至不动，仅需供极少量的压力油液，甚至不需供液。因此，泵供的油液全部或绝大部分经溢流阀流回油箱，造成无谓的能量损失，且产生大量的热，使油液劣化，还会影响系统性能及泵的寿命。为此要设卸荷回路。所谓卸荷就是泵以很小的输出功率运转，或以极少的压力油液供给系统，使液压泵送出的油液在低压力状态下流回油箱。众所周知，停止电机，当然无功率消耗，但频繁的起动和停机，不仅影响电机寿命，也很不方便。

工程机械，如装卸机械和养路机械，多数属短暂反复的周期性工作机械，因此卸载回路尤为重要。这是因为定量泵在非工作状态时不卸载，则泵始终处于满载状态。卸荷方法很多，下面介绍几种常用的卸荷回路。

1. 采用换向阀的卸荷回路

该回路的特点是通过三位四通阀中间位置卸荷，即三位滑阀处于中位时，使进油口 P 和回油口 T 连通，油液直接返回油箱。一般多采用 M 型滑阀机能的三位阀，也有采用 H 型和 K 型三位换向阀。

图 8－5a 为采用 M 型手动换向阀的卸荷回路。由图见，当换向阀处于图示中位时，泵排出的油液经换向阀全部返回油箱，液压泵输出油液只须克服一小段油管内很小的管路阻力和流经换向阀中位时的局部阻力，实现泵和整个液压系统的卸荷。这种卸荷方法可靠，因无需附加特殊元件，因而在中小型液压机械中得到普遍使用。特别是在流量小于 40L/min，压力小于 2.5MPa 时，用换向阀卸荷是比较简便有效的方法。在高压力大流量的场合，为防止切换时发生液力冲击，应在换向阀上采用缓冲措施。

图 8－5b 为采用用二位二通阀卸荷回路。虽然和换向阀中位卸荷回路类似，也只适用于小流量系统。但多缸马达系统就不能用换向阀中间位置卸载。例如某工程机械是由六个液压缸、两个液压马达组成的系统，都采用二位二通卸载阀，图 8－5c 仅表示出该系统中一个缸和一个马达。所有换向阀和二位二通阀都采用手控（或液控）联动。所有换向阀在中间位置时二位二通阀也都接通，使泵卸载。其中只要一个换向阀工作，二位二通阀就断开，泵供压力油液进入系统。

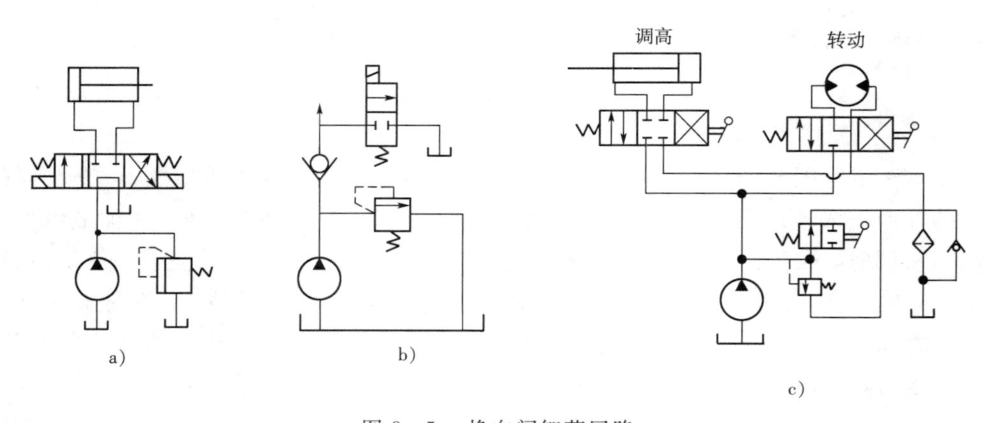

图 8－5　换向阀卸荷回路

2. 采用先导型溢流阀卸荷的卸荷回路

如图 8－6 所示，它采用控制先导式溢流阀的远程控制油以实现卸载。把溢流阀 2 的遥控口通过小型换向阀与油箱接通，此时流经电磁阀的只是通过溢流阀遥控口很小的控制油液，所以一般选取小型电磁阀即可。

如图 8－6a 所示，换向阀采用常闭式二位二通电磁阀 3，并与压力继电器 1 联用。当压力继电器发讯使电磁阀 3 通电，溢流阀 2 的遥控口通过电磁阀 3 与油箱接通，溢流阀动作，油流回油箱，实现泵的卸荷。

图 8－6b 为通过接在先导式溢流阀遥控口的二位二通手动换向阀实现卸荷的回路。

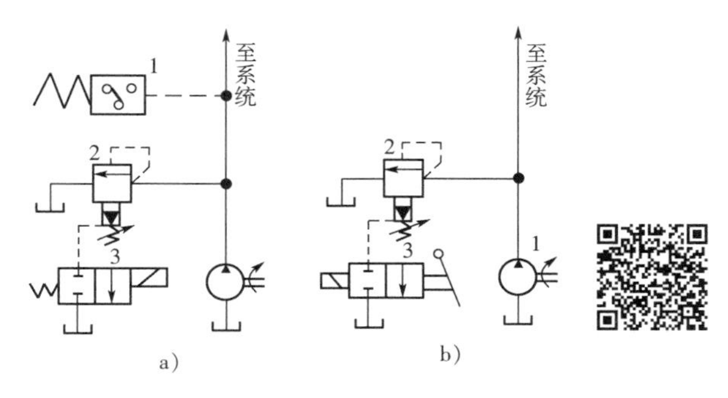

图 8-6　利用溢流阀卸荷回路

3. 双联泵卸荷回路

图 8-7 所示为双联泵系统，利用卸荷阀使其中低压泵在进入高压工况时自动卸荷的回路。双联泵由泵 1 和泵 2 组成，泵 1 为高压小流量，泵 2 为低压大流量。系统最大工作压力由溢流阀 3 调定。当空行程需要低压大流量时，卸荷阀打不开而单向阀打开，两泵同时供低压油液，执行元件实现轻载快速运动；当工作行程负载增大，需要高压小流量时，单向阀关闭，而液控卸荷阀打开，使大流量低压泵卸载，实现重载低速运动。这种回路流量能随负载变化自动切换，因而无论是重载或轻载都能较充分地发挥发动机的最大有效功率，只是在负载压力接近卸荷阀的调定压力时，容易出现速度不稳定的情况。

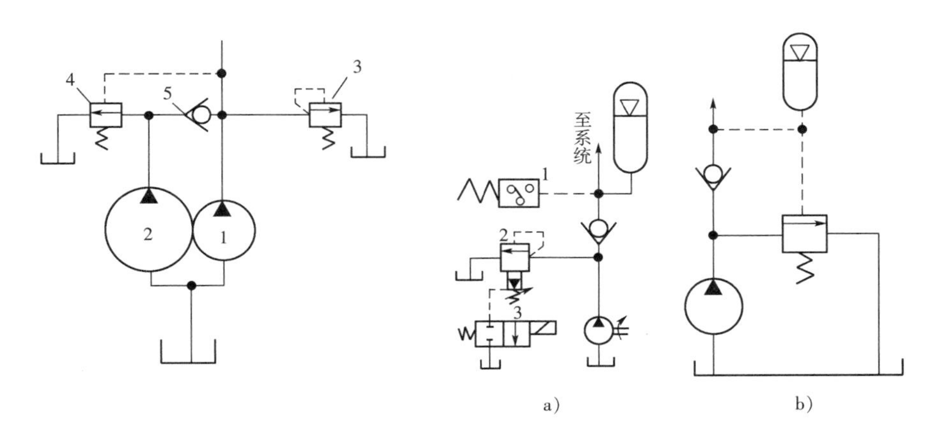

图 8-7　利用卸荷阀的卸荷回路

1、2 — 液压泵；3 — 溢流阀；

4 — 卸荷阀；5 — 单向阀

图 8-8　利用蓄能器保压的卸荷回路

4. 利用蓄能器保压的卸荷回路

图 8-8 所示为利用蓄能器保压的卸荷回路。有些工作机构如像离合器，当它接合后仍要求在较长时间内保持一定压力，但却并不需要继续进油或进油甚微。这时，液压泵输出的油势必全部从溢流阀流回油箱，造成能量损失和系统发热。如果利用 M 型滑阀机能虽可使泵卸荷并切断执行元件的进回油路保持压力，但滑阀有泄漏，压力不能持久。在这种情况下，可采用蓄能器保压，如图 8-8a 所示，液压泵输出的油液在进入系统的同时充入蓄能器，当压力达到所需工作压力值时，压力继电器接电，使二位电磁阀换向，于是溢流阀打开，

液压泵卸荷。这时，单向阀将上下油路隔断，系统压力及其所需的微小流量均由蓄能器保证，当蓄能器压力随油的逐渐输出而降低至一定程度时，继电器断电，溢流阀关闭，液压系统就恢复供油，以保持系统压力。b图和a图原理一样，即液压缸不工作时用蓄能器保压，工作时当压力超过一定值，可打开卸荷阀卸载，不需继电器，且可省去安全阀。

5. 利用限压式变量泵保压卸荷回路

对于采用限压式变量泵的系统来说，当执行元件不工作而不需要流量输入时，泵继续在转动，输出压力最高，但由于压力反馈的作用，使其输出流量接近于零，此时泵所需的功率也接近于零，实现卸荷。例如图 8-9 所示，液压钻机下压主回路，限压式变量泵可按实际工况需要调定最大供油压力，使钻机在正常运转过程中保持一定的下压力。由于下压阻力大，进程缓慢，下压回路所需的流量极小，故泵基本上是处于卸荷状态。

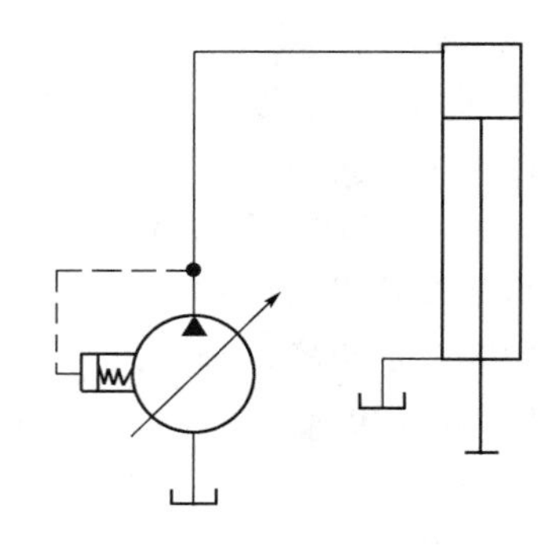

图 8-9　利用限压式变量泵保压卸荷回路

8.1.5　保压回路

实际中经常遇到液压装置在行程终止后，仍然要求保持压力，暂时不回程（如机械手中夹紧工件的液压缸，在夹紧工件后暂不动作，但要求保持液压缸的压力），这时就要求采用保压回路，以保持那些不继续运动的工作机构的系统压力。保压回路需满足保压时间、压力稳定、工作可靠、经济性等多方面的要求。保压性能要求较高时，需采用密封性较好的液控单向阀保压，这种方法简单、经济。保压性能要求较高时，需采用补油的办法弥补回路的泄漏，以维持回路中压力的稳定。下面分别介绍。

1. 液控单向阀保压回路

图 8-10 所示为采用液控单向阀和电接触式压力表自动补油的保压回路。当换向阀 3 右位接入回路时，压力油经换向阀 3、液控单向阀 4 进入液压缸 6 上腔。当压力达到要求的调定值时，电接触式压力表 5 发出电信号，使阀 3 切换至中位，这时液压泵卸荷，液压缸上腔由液控单向阀 4 进行保压。它能在 20MPa 的工作压力下保压 20min，而压力降落不超过 2MPa。当液压缸上腔的压力下降至预定值时，电接触式压力表 5 又发出电信号并使阀 3 右位接入回路，液压泵又向液压缸上腔供油，使其压力回升，实现补油保压。当换向阀 3 左位接入回路时，阀 4 打开，活塞向上快速退回。这种保压回路适用于保压时间长，压力稳定性要求不很高，保压性能要求较高的液压系统，如液压机液压系统。

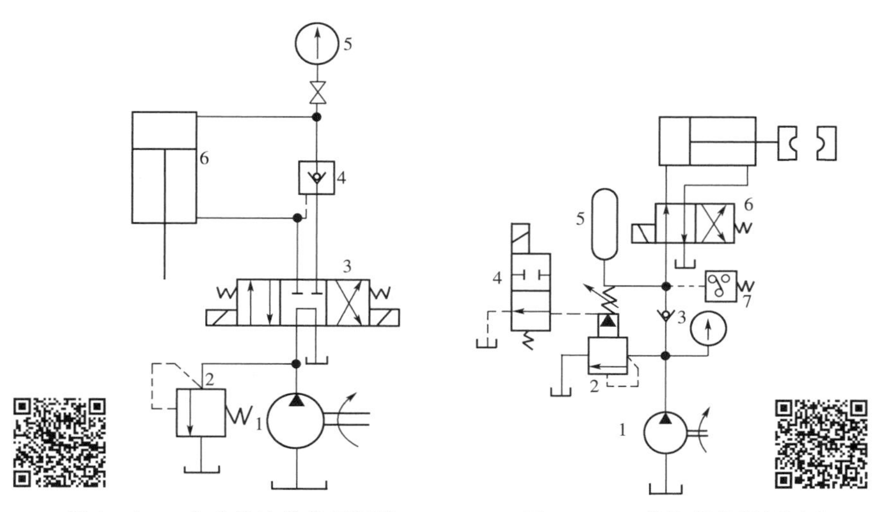

图 8-10　自动补油的保压回路

1—定量泵；2—溢流阀；3—换向阀；

4—液控单向阀；5—电接触式压力表；6—液压缸

图 8-11　蓄能器的保压回路

2. 蓄能器保压回路

图 8-11 所示为采用蓄能器的保压回路。当工件需夹紧时，二通阀 4 通电；当主换向阀 6 在左位工作时，液压油进入液压缸使工件夹紧，进油路压力升高，压力继电器 7 发讯，使二通阀断电，泵卸荷。液压缸则由蓄能器保压。当蓄能器压力低于规定值时，压力继电器复位，使二通阀通电，液压泵重新向系统供油，实现自动补油保压。这种回路的保压时间取决于蓄能器的容量。调节压力继电器的通、断返回区间，即可调节液压缸压力的最大值和最小值。

用辅助泵代替蓄能器亦可达到保压过程中向油缸供油，补偿系统泄漏的目的。

3. 采用辅助泵的保压问路

如图 8-12 所示，在回路中增设一台小流量高压泵(辅助泵)5。当液压缸加压完毕要求保压时，由压力继电器 4 发讯，换向阀 2 处于中位，主泵 1 卸载，同时二位二通换向阀 8 处于左位，由辅助泵 5 向封闭的保压系统油缸上腔供油，维持系统压力稳定。由于辅助泵只需补偿系统的泄漏量，可选用小流量泵，功率损失小。压力稳定性取决于溢流阀 7 的稳压性能。

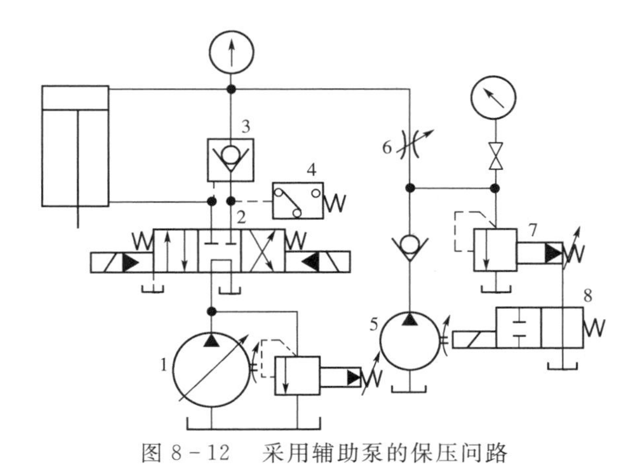

图 8-12　采用辅助泵的保压问路

4. 开泵保压的保压回路

利用液压泵的保压回路也就是在保压过程中，液压泵仍以较高的压力（保压所需压力）工作，此时，若采用定量泵则压力油几乎全经溢流阀流回油箱，系统功率损失大，通常只使用在小功率的系统且保压时间较短的场合。若采用限压式变量泵，利用泵输出的油压来控制它的输出流量的原理进行卸荷，在保压时系统的压力较高，但输出流量几乎等于零，因而，液压系统的功率损失小，并且这种保压方法能随泄漏量的变化而自动调整输出流量，因而其效率较高。图 8－13 为用于压力机（如塑料或橡胶制品压力机）上利用限压式变量泵的保压回路。

开泵保压回路保压的稳定性取决于溢流阀的质量，一般均可比较准确地稳定在调定的压力值上。

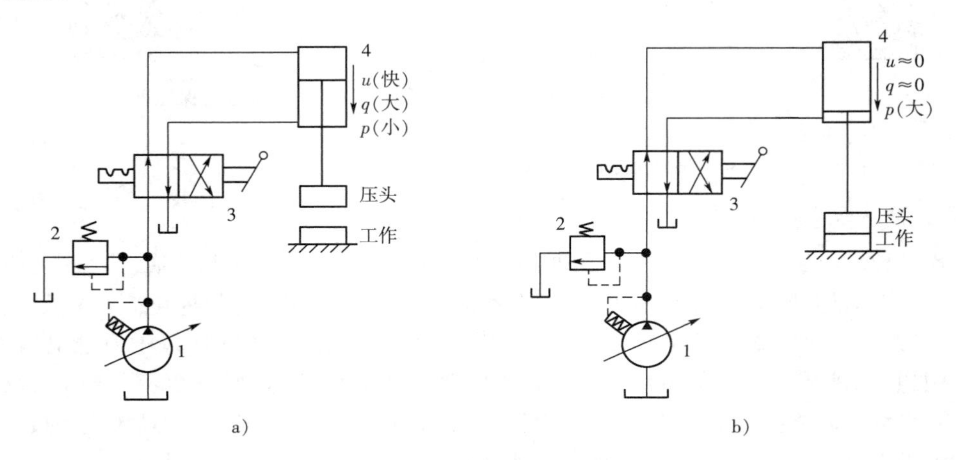

图 8－13　开泵保压回路

8.1.6　平衡回路

叉车、装载机的工作机构，起重机的变幅机构、臂架伸缩机构等采用油缸驱动时，由于载荷及自重的重力作用，若不加控制，往往会发生超速现象，下降速度越来越快，容易导致危险的后果。同样，由液压马达驱动的行走机构在下坡行驶时，由于机械本身重量作用也会发生超速现象，因而在有可能产生超速回路中必须采取限速措施。平衡回路的功用在于使执行元件的回油路上保持一定的背压值，以平衡重力负载，使之不会因自重而自行下落。下面介绍常见的几种限制速度的平衡回路。

1. 采用单向顺序阀的平衡回路

图 8－14a 是采用单向顺序阀的平衡回路，调整顺序阀，使其开启压力与液压缸下腔作用面积的乘积与活塞与缸体的摩擦力之和稍大于垂直运动部件的重力。活塞下行时，由于回油路上存在一定背压支承重力负载，活塞将平稳下落。换向阀处于中位，活塞停止运动，不再继续下行。此处的顺序阀又被称作平衡阀。在这种平衡回路中，顺序阀调整压力后，若工作负载变小，系统的功率损失将增大。又由于滑阀结构的顺序阀和换向阀存在泄漏，活塞不可能长时间停在任意位置，故这种回路适用于工作负载固定且活塞闭锁要求不高的场合。

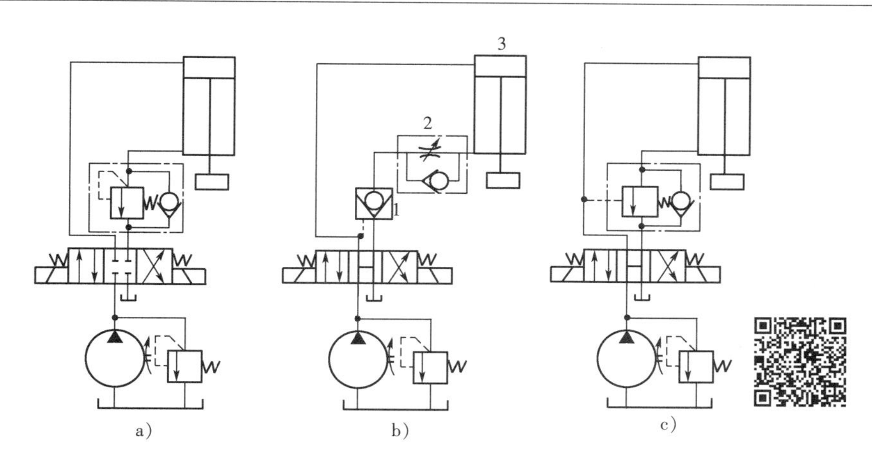

图8-14 平衡回路

2. 采用液控单向阀的平衡回路

如图8-14b所示。当液压缸3上腔进油,活塞向下运动时,因液压缸下腔的回油经节流阀产生背压,故活塞下行运动较平稳。假如回油路上没有节流阀,活塞下行时液控单向阀1被进油路上的控制油打开,回油腔没有背压,运动部件由于自重而加速下降,造成液压缸上腔供油不足,液控单向阀1因控制油路失压而关闭。阀1关闭后控制油路又建立起压力,阀1再次被打开。液控单向阀时开时闭,使活塞在向下运动过程中产生振动和冲击。由于液控单向阀是锥面密封,泄漏量小,故这种回路能将重物较长时间地停留在空中某一位置而不下滑,平衡效果较好。该回路在回转式起重机的变幅机构中有所应用。

3. 采用远控平衡阀的平衡回路

工程机械液压系统中常见到如图8-14c所示的采用远控平衡阀的平衡回路。远控平衡阀是一种特殊结构的远控顺序阀,它不但具有很好的密封性,能起到长时间的锁闭定位作用,而且阀口大小能自动适应不同载荷对背压的要求,保证了活塞下降速度的稳定性不受载荷变化的影响。这种远控平衡阀又称为限速锁。

8.2 速度控制回路

液压机械在作业过程中,经常由于工艺上的要求或工况变化需要,一方面必须满足主机对力或力矩的要求,另一方面还需通过速度控制回路来满足其对运动速度的各项要求,例如:换档、调速、限速、制动、快速下降以及多个执行元件的同步运动等。为满足工作机构速度变化的需要,必须控制或调节进入执行元件的流量,或改变液压马达的排量,以控制执行元件的速度或转速。

速度控制回路可分为:调速回路、快速回路和速度换接回路。

8.2.1 调速回路

这里的调速是指原动机转速和功率保持不变的条件下的调速。液压传动装置可方便地实现大范围的无级调速,这正是液压传动的重要特征之一。

调速回路应满足如下基本要求：

(1) 能在规定的范围内调节执行元件的速度，以满足要求的最大速比。

(2) 液压系统具有足够的速度刚性，即负载变化时，已调好的速度稳定不变或在允许的范围内变化。

(3) 提供驱动执行元件所需的力或转矩。

(4) 功率损失要小。

在液压调速回路中，若不计容积效率，则执行元件的运动速度分别由下式决定：

对油缸

$$v=\frac{q}{A} \tag{8.2-1}$$

对液压马达

$$n=\frac{q}{V} \tag{8.2-2}$$

式中：v—— 油缸的运动速度，m/s；

q—— 输入执行元件工作腔的实际流量，m^3/s；

A—— 油缸活塞的有效作用面积，m^2；

n—— 液压泵及液压马达的转速，r/s；

V—— 液压泵及液压马达的排量，m^3/r。

我们知道液压缸的面积一般是不变的，由上式不难看出，调节油缸或液压马达的速度有两种方法：一是改变输入执行元件工作腔的实际流量 q；另一种是改变液压马达的排量。而改变输入执行元件工作腔的实际流量 q 也有两种方法：一是改变液压泵的供油量，即采用变量泵或采用几个定量泵并联供油，而改变泵的数目；二是利用定量泵而通过调节节流装置的通流面积来改变进入油缸(或液压马达) 的流量。

目前，常用的调速方法为：

(1) 节流调速：采用定量泵供压力油液，由流量控制阀改变流入或流出执行元件的流量来调节速度。

(2) 容积调速：用改变变量泵或变量马达的排量来调节速度。

(3) 容积节流调速(联合调速)：采用压力反馈式变量泵供油液，同时用流量控制阀改变流入或流出执行元件的流量来调节速度。

1. 节流调速回路

节流调速是由定量泵、流量控制阀、溢流阀和执行元件等组成。通过改变流量控制阀口的开度来控制流入或流出执行元件的流量，调节执行元件的运动速度。这种回路的优点是结构简单，成本低，使用维护方便。但是由于泵的流量固定，随着执行元件所需流量的改变，一部分油液就由溢流阀或节流阀(旁路节流时) 流回油箱，白白地损失掉这部分能量。因此效率低，发热大，一般这种调速方式多用于功率较小及非经常性调速的场合，所以机床上用较多，而采掘机械则较少用。节流调速回路按照流量控制阀安放位置的不同可分：进口节流、出口节流、旁路节流和复合节流调速几种；根据流量控制阀控制方式的不同又可分为常规节流调速和电液比例节流调速两种。

(1) 常规流量控制阀节流调速回路

① 进口节流调速回路

图 8－15 所示为进油节流调速回路，节流阀放在进油路上，泵的供油压力由溢流阀调定，基本是不变的，液压缸进口压力为 p_1，出口压力为 p_2。因回油直接流回油箱($p_2=0$)，在负载为 F 的情况下，液压缸平衡方程为

$$p_1A_1=F \tag{8.2-3}$$

式中：A_1—— 活塞面积。

可见液压缸压力 p_1 决定于负载 F 大小，F 越大 p_1 也越大，反之越小。又因节流阀前后的压力差 $\Delta p=p_p-p_1=p_p-\dfrac{F}{A_1}$，随负载而变化。根据节流阀的流量特性方程

$$q_1=CA_T\Delta p^m \tag{8.2-4}$$

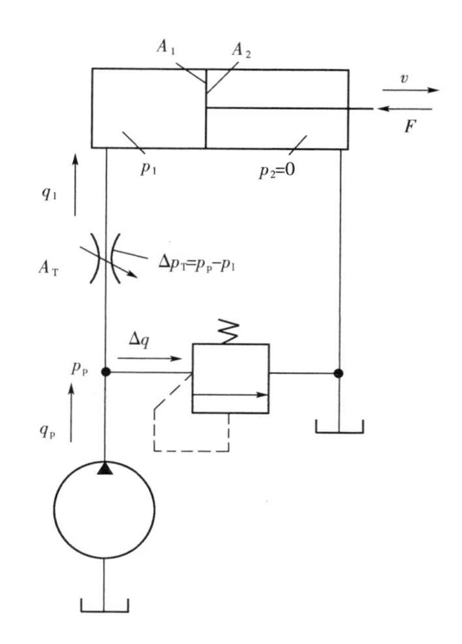

图 8－15　进油节流调速回路

流过节流阀的流量也就是进入液压缸的流量，由此求出活塞运动速度

$$v=\frac{q_1}{A_1}=\frac{CA_T\Delta p^m}{A_1}=\frac{CA_T}{A_1}\left(p_p-\frac{F}{A_1}\right)^m=\frac{CA_T(p_pA_1-F)^m}{A_1^{m+1}}$$

即

$$v=\frac{CA_T(p_pA_1-F)^m}{A_1^{m+1}} \tag{8.2-5}$$

式中：v—— 活塞运动速度；

A_T—— 节流口面积；

q_1—— 流入液压缸流量；

m—— 节流阀指数。

由式(8.2－5)看出：当溢流阀的压力 p_p 和节流阀的通流截面积 A_T 调定之后，活塞运动速度 v 随负载 F 加大而减小，当 $F=0$ 时，v 最大；当 $F=p_1A_1$ 时，v 为零，此时活塞克服不了负载阻力而停止。在调速回路中，活塞运动速度 v 和负载 F_L 的关系称为调速回路负载特性。按节流阀不同节流口面积 A_T，作出一族负载特性曲线如图 8－16 所示。可以看出，不管负载如何变化，油泵的工作压力总是不变的。此外，定压式节流调速回路的承载能力是不受节流阀通流截面积变化影响的，如图 8－16 中的各条曲线在速度为零时都汇交到同一负载点上。

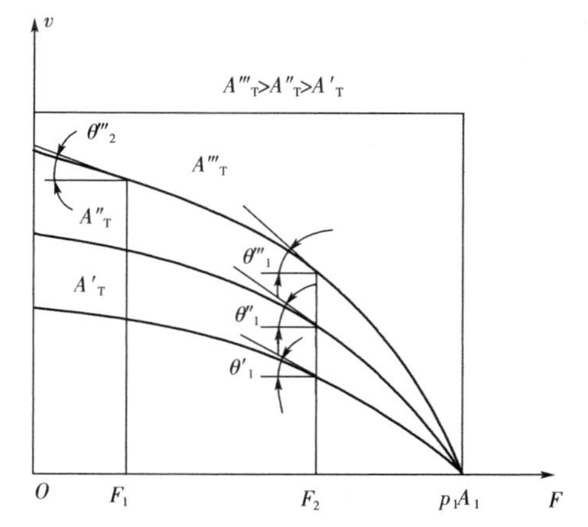

图 8－16　进油节流调速回路的速度—负载特性曲线

活塞运动速度受负载影响的程度，表现在曲线上是斜率不同。一般把曲线上某一点斜率的倒数称为速度刚度，即可以用回路速度刚性这个指标来评定速度受负载变化影响程度，若用 k_v 表示，则

$$k_v = -\frac{\partial F}{\partial v} = -\frac{1}{\tan\theta} \tag{8.2-6}$$

它是回路对负载变化坑衡能力的一种说明。斜率越小，刚度越大，说明该回路在静态时速度受负载波动的影响越小，由(8.2-5)式求出

$$k_v = -\frac{\partial F}{\partial v} = -\frac{A_1^{m+1}(pA_1 - F)^{1-m}}{mCA_T} = \frac{p_p A_1 - F}{mv} \tag{8.2-7}$$

可以看出：

ⓐ 当 A_T 不变时(即某一条曲线)，F 越小，k_v 越大，曲线斜率越小；

ⓑ 同一 F 时，A_T 越小，即 v 越低，则 k_v 越大；

ⓒ p_p 越高和 A_T 越大，刚度 k_v 也越大。

由上述分析可知：不论是提高溢流阀的调定压力，还是增大液压缸的有效工作面积或减小节流阀的指数，都能提高调速回路的速度刚性，但是这些参数的变动多半要受到其他条件的限制。

在相应于泵出口压力为溢流阀的调定压力时，调整节流口面积的大小，能使油缸从全速到接近零速之间实现无级调速(最低可调速度取决于最小稳定流量)。这种形式调速范围较宽，调速比可达 100 以上。存在的问题主要是：在调速阶段泵的出口压力过高，节流和溢流所损失的能量较多，尤其在轻载低速工况下更为明显，造成系统发热和效率降低，节流的热油直接进入执行元件使内漏增加；外负载的变化影响主油路和旁油路流阻的相对平衡，故速度调节的稳定性差；进口节流调速不宜用于负载较重、速度较高和负载变化较大场合，且液压缸无背压，不能承受负值载荷，运动不平稳，易产生振动和爬行，应用较小。一般须加背压阀。

在不考虑液压泵、液压缸和管路中的功率损失的情况下，调速回路的功率特性是以其自身的功率损失及其分配和效率来表达的。定压式进口节流调速回路的输入功率(即定量泵的输出功率)、输出功率和功率损失分别为

$$N_p = p_p q_p \tag{8.2-8}$$

$$N_1 = p_1 q_1 = Fv = \frac{CA_T(p_p A_1 - F)^m}{A_1^{m+1}} F \tag{8.2-9}$$

$$\Delta N = N_p - N_1 = p_p q_p - p_1 q_1 = p_p \Delta q - \Delta p_T q_1 \tag{8.2-10}$$

式中：N_p、N_1、ΔN 分别为回路的输入功率、输出功率和功率损失；q_p 为液压泵在工作压力 p_p 下的输出流量；Δq 为通过溢流阀的流量；其余符号意义见图示。

式(8.2-10)表明，这种回路的功率损失由两部分组成：一部分是溢流损失 $p_p \Delta q$，它是

流量 Δq 在压力 p_p 下流过溢流阀所造成的功率损失；另一部分是节流损失 $\Delta p_T q_1$，它是流量 q_1 在压差 Δp_T 下通过节流阀所造成的功率损失。两部分损失都转变成热量，使回路中的油液温度升高。此时调速回路的效率为

$$\eta = \frac{p_1 q_1}{p_p q_p} = \frac{p_1 q_1}{(p_1 + \Delta p_T) q_p} \tag{8.2-11}$$

显然，通过溢流阀的流量越小，q_1/q_p 越大，效率就越高；负载越大，$p_1/(p_p+\Delta p_T)$ 越大，效率也越高。在机床上，节流阀处的工作压差一般取 0.2 ～ 0.3MPa。

特别地，对于阀口是薄壁孔口，$m=0.5$，由(8.2-9)式，令$\frac{dN_1}{dq_1}$，可确定

$$p_1 = \frac{F}{A_1} = \frac{2}{3} p_p \tag{8.2-12}$$

功率 N_1 有极大值 $N_{1\max}$

$$N_{1\max} = \frac{2}{3} C A_T p_p \sqrt{p_p - \frac{2}{3} p_p} \approx 0.385 C A_T p_p^{1.5} \tag{8.2-13}$$

由上式知，极大值 N_{1mam} 尚不是回路的最大功率 $N_{\max}$，当 $A_T = A_{T\max}$ 时，有最大值

$$N_{\max} = 0.385 C A_{T\max} p_p^{1.5} \tag{8.2-14}$$

式中 $A_{T\max}$ 的含义是：当负载压力 $p_1 = F/A_1 = 0$ 时，通过节流阀到液压缸的空载流量 q_{10} 恰好为液压泵的全部输出流量 q_p，即

$$q_p = q_{10} = C A_{T\max} \sqrt{p_p - p_1} \Big|_{p_1=0} = C A_{T\max} p_p^{0.5} \tag{8.2-15}$$

故在 $p_1 = 2p_p/3$ 条件下，进油节流调速回路效率 η 为

$$\eta = \frac{N_{1\max}}{N_p} = \frac{0.385 C A_T p_p^{1.5}}{p_p C A_{T\max} p_p^{0.5}} = \frac{0.385 A}{A_{T\max}} \tag{8.2-16}$$

最高效率 $\eta_{\max}$ 为

$$\eta_{\max} = \frac{N_{1\max}}{N_p} = \frac{0.385 C A_{T\max} p_p^{1.5}}{p_p C A_{T\max} p_p^{0.5}} = 38.5\% \tag{8.2-17}$$

通过上述分析，绘制的进油节流调速回路的功率特性曲线如图 8-17 所示，其中曲线 1 表示液压泵输出功率；曲线 2 表示空载条件下，节流阀的开度为 $A_{T\max}$ 时，恰好能通过泵的输出流量 q_p 时的液压缸的 $q-p$ 特性曲线，2′ 为相应条件下的液压缸输出功率；曲线 3 表示节流阀的空载流量小于泵的输出流量时的液压缸的 $q-p$ 特性曲线，3′ 为相应条件下的输出功率；曲线 1 与曲线 2′ 和 3′ 的差值为功率损失(节流阀和溢流阀功率损失之和)。

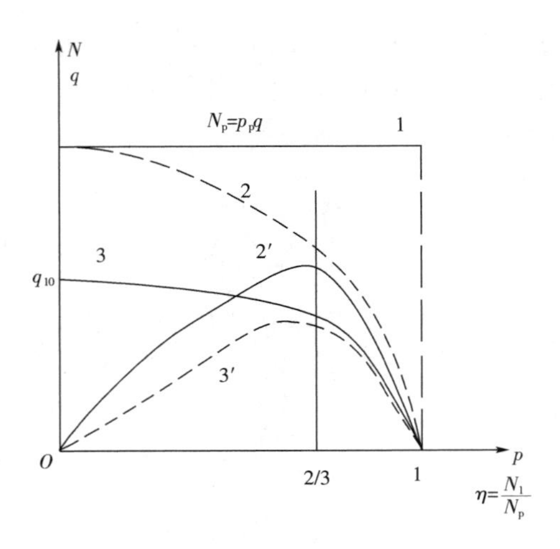

图 8-17　功率特性

可见,当 $p_1=2p_p/3$ 并且在液压缸空载的条件下,节流阀能通过泵的全部输出流量时,回路才有最大输出功率 $N_{1\max}$ 和最大效率 $\eta_{\max}$。

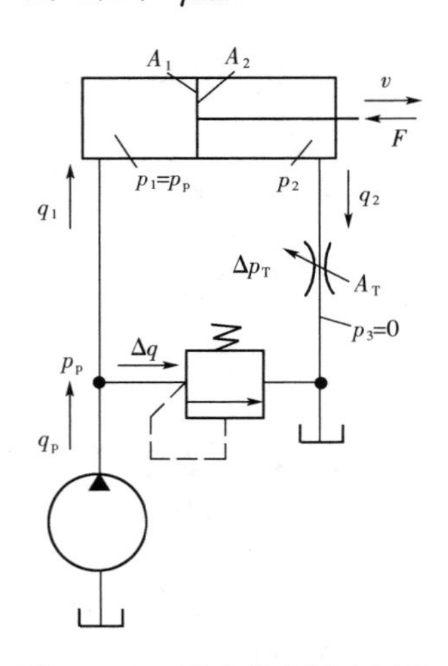

图 8-18　回油节流调速回路

② 回油节流调速回路

图 8-18 所示,在不计摩擦力及管道损失的情况下,液压缸力平衡方程为

$$p_1A_1=p_2A_2+F$$

或

$$p_2=p_1\frac{A_1}{A_2}-\frac{F}{A_2} \tag{8.2-18}$$

可以看出,液压缸出口压力决定于负载,F 大,p_2 越小。当 $p_1\frac{A_1}{A_2}=\frac{F}{A_2}$ 时,$p_2=0$。一般地,$A_2<A_1$,故当 $F=0$ 或很小时,p_2 可以大于 p_1。

用进油节流同样的分析计算方法,可求出回油节流阀前后的压力差,活塞运动速度 v、速度—负载特性和速度刚度 k_v，与进油节流相同。因此，图 8-16 的曲线以及分析图所得出的三条结论，完全适用于回油节流调速回路，

它和进油节流调速比较有以下优点：可承受负向负载（即和运动方向相同的负载），缸有背压，空气不易渗入，运动平稳；油液通过节流阀发热后直接流回油箱冷却，温升较小，可减少对系统泄漏的影响。缺点是缸的回油腔压力高，能量损失同样较大，而且系统高压区的范围扩大，因此对液压缸，管路强度及防泄漏要求都较高，尤其在承受负值载荷的情况下，背压 p_2 有可能大于 p_1 值甚至超过系统调定压力。这就需要提高背压区的结构强度和密封性能，此外，速度调节的稳定性亦受外负载变化的影响，波动较大。与进油节流调速一样，一般适用于小功率，负载变化不大的液压系统。但由于运动较进油节流调速平稳，应用亦较之多。

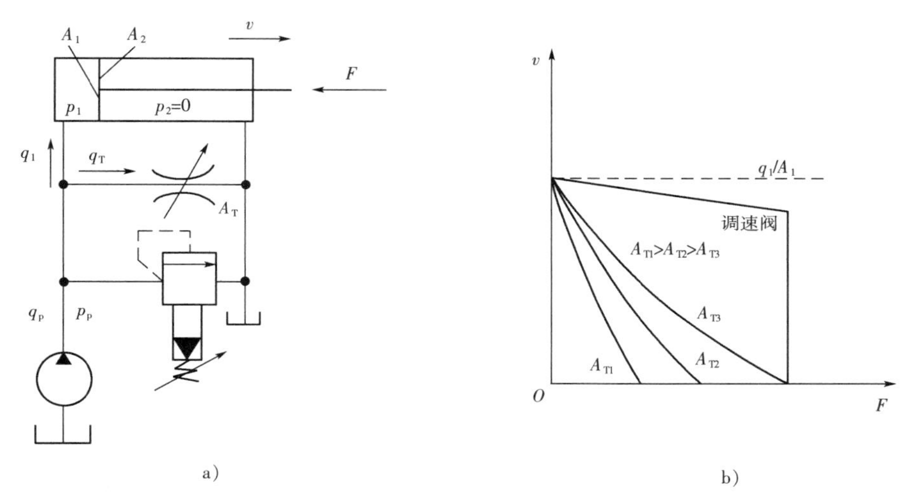

图 8-19　旁路节流调速回路

③ 旁路节流调速回路

图 8-19 所示，节流阀接在旁路上，定量泵的流量 q_p 是不变的，其中一部分油液 q_1 经节流阀进入液压缸推动活塞工作，剩下的那部分油液 $q_T=q_p-q_1$ 流回油箱。通过调节节流阀开口面积调节 q_T 的大小，以改变流入液压缸的流量 q_1，从而达到调节活塞运动速度的目的。如果不考虑管道和换向阀的压力损失，则液压缸的工作压力等于泵的供油压力，其大小取决于负载。此时溢流阀只起安全阀的作用。节流阀全闭时，旁路无油流，油缸获得泵的全部流量全速移动。节流阀打开后，部分压力油从旁路流回油箱，缸的速度减慢。节流口调得越大，旁路流阻就越小而流量越大，于是缸的速度相应越慢。待节流口调到旁路流量刚好等于泵的全流量时，缸停止运动，若继续扩大节流口，则根据流量方程可知，将倒致 p_p 值下降，泵趋向卸荷。

下面具体分析旁路节流调速回路的速度 — 负载特性。

工作时液压缸平衡方程为

$$p_1A_1=p_2A_2+F+F_m$$

若回油腔直接接回油箱（$p_2=0$），且不计摩擦阻力（$F_m=0$），则上式可写成

$$p_1A_1 = F \qquad 即 \qquad p_1 = \frac{F}{A_1} \tag{8.2-19}$$

若节流阀出口直接接回油箱，则节流阀前后压力差为

$$\Delta p = p_1 = \frac{F}{A_1}$$

活塞运动速度为

$$v = \frac{q_1}{A_1} = \frac{q_p - q_T}{A_1} = \frac{q_p - CA_T\Delta p^m}{A_1} = \frac{q_p - CA_T(F/A_1)^m}{A_1} \tag{8.2-20}$$

$$k_v = -\frac{\partial F}{\partial v} = \frac{A_1^2(F/A_1)^{1-m}}{mCA_T} \tag{8.2-21}$$

将式(8.2－20)代入式(8.2－21)得

$$k_v = \frac{A_1F}{m(q_p - A_1v)} \tag{8.2-22}$$

将式(8.2-20)以节流阀不同的通流面积 A_T 作图，得图 8-19b 的一族曲线，这就是旁路节流调速回路的速度—负载特性曲线，由图 8－19b 和式(8.2－22)可看出：

ⓐ 当节流阀通流面积 A_T 不变时，负载 F 越大，速度刚度 k_v 也越高。

ⓑ 当 F 不变时，速度 v 越高，速度刚度 k_v 越高。

ⓒ 减小泵流量 q_p 和节流阀指数 m，加大活塞面积 A_1，可增大速度刚度 k_v。

由上述分析可知，这种回路适用于负载大，速度高的场合。

必须指出，在旁路调速回路中，泵的泄漏对速度影响较大。在一般情况下，泵的泄漏比缸及换向阀的泄漏量大，并且负载愈大，泵压愈高则泵及换向阀等的泄漏也愈多。此时节流阀前后压差也愈大，流过节流阀流量就增多，这些因素加在一起，q_1 就大为减少，使活塞速度更低，此外回油无背压，同样不能承受负值载荷。因此，旁路调速速度稳定性差，特别低速时更为显著。旁路调速优点是：泵压随负载变化而变化，负载减小时，使油压力也减小，所以在能量利用上比其他两种节流调速较合理。因此，旁路节流调速可适用功率大，运动平稳性要求不高场合。

④ 采用调速阀的节流调速回路

上述使用节流阀的节流调速回路，速度—负载特性都比较"软"，变载荷下的运动平稳性都比较差，为了克服这个缺点，回路中的节流阀可用调速阀来代替，由于调速阀本身能在负载变化的条件下保证节流阀进出油口间的压差基本不变，因而使用调速阀后，节流调速回路的速度—负载特性将得到改善，如图 8-16 和图 8-19b 所示，旁路节流调速回路的承载能力亦不因活塞速度降低而减小，但所有性能上的改进都是以加大整个流量控制阀的工作压差为代价的，调速阀的工作压差一般最小需 0.5MPa，高压调速阀需 1.0MPa 左右。

⑤ 复合节流调速回路

如图 8－20 所示，进油和回油同时节流，构成串联复合式节流调速回路；进油或回油与旁路同时节流构成并联复合节流调速回路。其分析计算与进口节流调速回路类似。

(2) 电液比例流量控制阀节流调速回路

① 电液比例节流阀节流调速回路

随着比例阀产量的增加、成本下降和计算机控制的迅速发展，将越来越多地使用电液

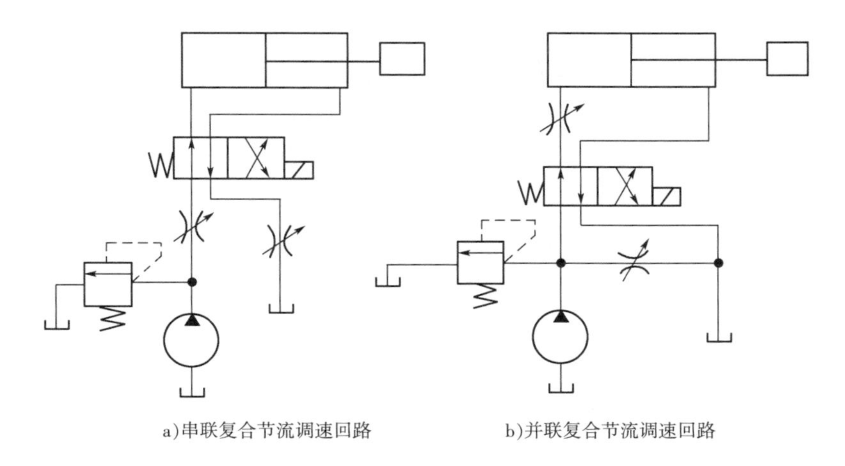

a)串联复合节流调速回路　　　　b)并联复合节流调速回路

图 8－20　复合节流调速回路

比例节流阀代替一般节流调速回路中的节流阀，以构成电液比例节流阀节流调速回路。相应地它也可分为进油、回油、旁路、复合等几种节流调速回路，各基本回路的特性与节流阀节流调速相应回路对应。由于电液比例节流阀能始终保证阀芯输出位移与输入电信号成正比，因此较节流阀有更高的位移调节刚性和抗干扰能力，能获得更好的稳态控制精度。其回路如图 8－21 所示。

② 电液比例调速阀节流调速回路

定差减压阀与比例节流阀组成电液比例调速阀，即传统的二通比例流量阀。由定差减压阀对节流阀口前后的压力变化进行补偿，使节流阀口压差近似保持为定值，从而实现输入信号对于流量的控制。相应的它也可分为进油、回油、旁路、复合节流调速几种，各基本回路的特性可与调速阀节流调速回路相应回路对应，如图 8－22 所示。

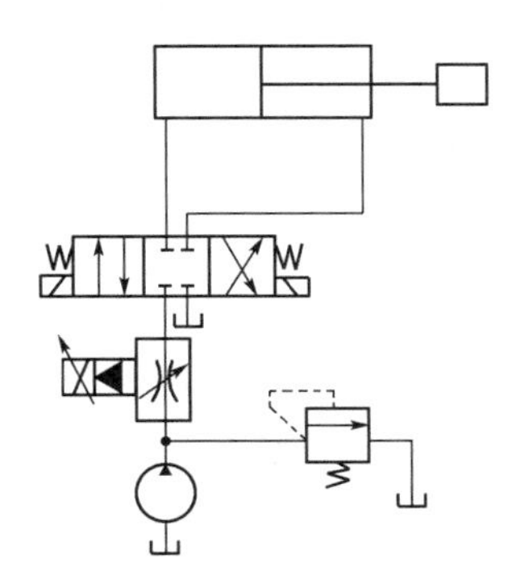

图 8－21　电液比例节流阀节流调速回路

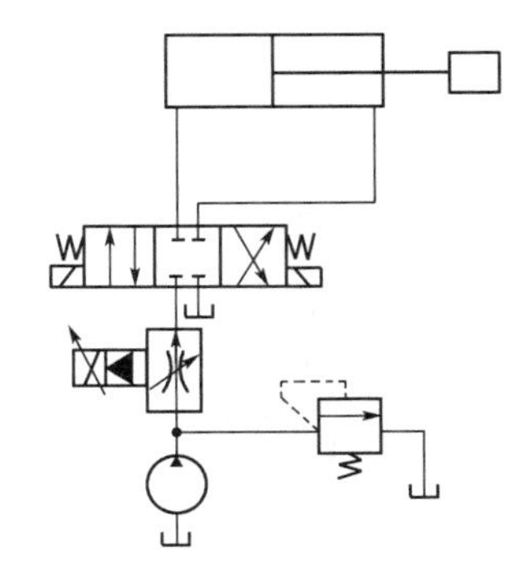

图 8－22　电液比例调速阀节流调速回路

③ 三通型比例流量阀节流调速回路

此回路中三通型比例流量阀具有 P、A、T 三个主油口，又称三通比例调速阀。采用三通比例流量阀的调速回路实际是一负载压力协调系统，或称负载敏感系统，由于在空载时能低压卸荷和减小节流损失，其系统效率较二通比例流量阀和比例节流阀调速回路高。图 8－23 所示为二通与三通比例流量阀的能耗比较。

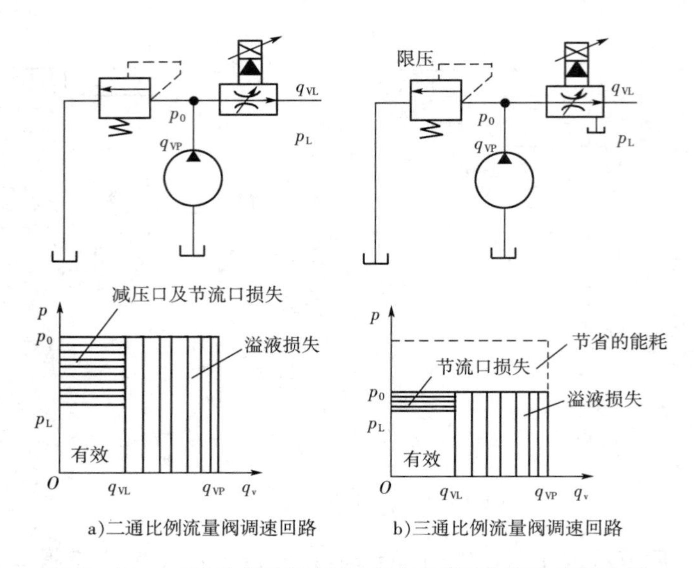

a)二通比例流量阀调速回路　b)三通比例流量阀调速回路

图 8 - 23　二通比例流量阀与三通比例流量阀的能耗比较

2. 容积调速回路

容积调速回路是通过改变液压泵或液压马达的输入或输出流量来进行调速。这种调速方式通过不断调节泵 / 马达的输入 / 输出流量使系统的流量与执行元件的负载流量相适应;尤其是通过改变液压泵的输出流量使之与执行元件的负载流量相适应的调速回路,避免了溢流能量损失,所以系统的效率较高,不易发热。但因需采用造价较高、结构较复杂的变量形式,故这种调速回路多应用于功率较大的场合。

根据调节对象的不同,容积调速可分为变排量调速和变转速调速两大类。

(1) 变排量调速回路

此回路是通过单独改变液压泵或液压马达或同时改变液压泵、马达的排量来调节执行元件速度。一般可分为变量泵 — 定量马达回路、定量泵 — 变量马达回路和变量泵 — 变量马达回路。

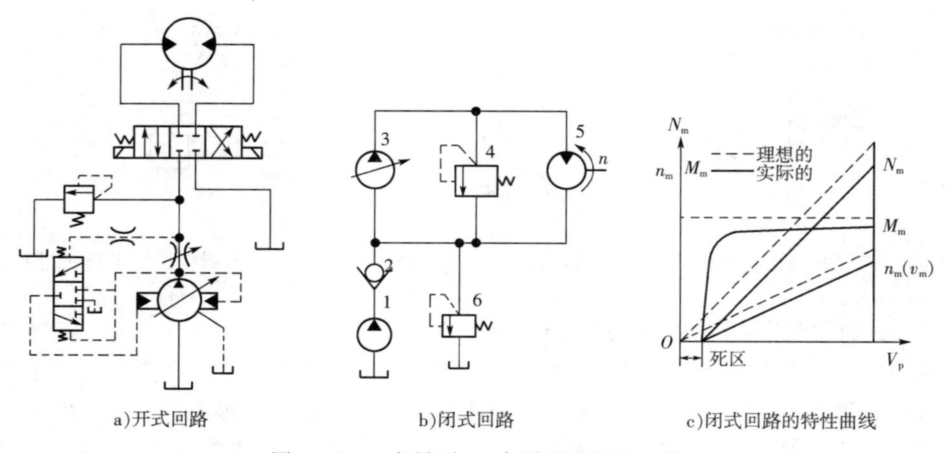

a)开式回路　b)闭式回路　c)闭式回路的特性曲线

图 8 - 24　变量泵 — 定量马达调速回路

① 变量泵 — 定量马达回路

图 8 - 24 所示为单向变量泵 — 双向定量马达调速回路，即压力流量复合控制变量泵调速回路。它是靠调节液压泵的变排量机构来改变液压泵的排量，从而控制系统的流量，达到调速的目的。改变变量泵的排量来调节定量马达的转速，靠三位四通电磁阀改变油的流向来改变马达的旋转方向。回路中设有安全阀防止回路过载。

ⓐ 速度特性：这种调速回路各参数之间的关系可根据泵和马达的一般关系式求出，在不计损失时，有如下关系式

$$V_{pt}n_p = V_{mt}n_m \tag{8.2-23}$$

当不计损失时，液压泵输出功率 N_{op} 全部成为马达的输入功率 N_{ip}，则有

$$N_{op} = N_{ip} = V_{pt}n_p p = V_{mt}n_m p = T_{om}2\pi n_m \tag{8.2-24}$$

即

$$n_m = \frac{V_{pt}n_p}{V_{mt}},\ T_{om} = \frac{V_{mt}p}{2\pi} = \frac{V_{pt}pn_p}{2\pi n_m} \tag{8.2-25}$$

式中的符号意义均同前。

ⓑ 转矩特性与功率特性：由于这个回路中 n_p 和 V_{mt} 为常数，马达转速 n_m 和变量泵的排量 V_{pt} 成正比，当负载转矩恒定时，马达输出转矩 T_{om} 和回路工作压力 p 都不变，即马达的输出转矩 T_{om} 或缸的输出推力 F 理论上是恒定的，与变量泵的 V_{pt} 无关。这时如调大变量泵排量，液压马达的转速和输出功率随之增大，如图 8-24。因此，这种调速称为恒扭矩调速。恒扭矩调速有较大的调速范围，一般可达 40，可实现连续的无级调速，它的调速特性与变量泵 — 液压缸系统是相同的。但实际上由于泄漏和机械摩擦等的影响，也存在一个“死区”，如图 8 - 24c 所示。

马达的输出功率 N_o 随变量泵排量 V_b 的增减而线性地增减。其理论与实际的功率特性亦见图 8 - 24c。

ⓒ 调速范围：这种回路的调速范围，主要决定于变量泵的变量范围，其次是受回路的泄漏和负载的影响。采用变量叶片泵可达 10，变量柱塞泵可达 20。

综上所述，变量泵和定量执行元件所组成的容积调速回路为恒转矩输出，可正反向实现无级调速，调速范围较大。适用于调速范围较大，要求恒扭矩输出的场合，如大型机床的主运动或进给系统，高射炮的方向回路等驱动装置。如果把液压马达改用液压缸，即构成变量泵 — 液压缸调速回路，则上面的分析结论也同样适用。

由于这种回路液压泵的工作压力基本上等于负载压力，且液压泵的输出流量与系统所需的流量相匹配，系统几乎不存在工作溢流，所以其效率大大高于节流调速回路。

② 定量泵 — 变量马达回路

使用定量泵供油，通过调节变量马达的排量来进行调速。其基本回路如图 8 - 25 所示。

这种回路各参数间关系仍用式(8.2 - 24)、式(8.2 - 25)来讨论，因这时 V_p 和 n_p 成为常数，n_m 和 V_m 成为变量。

ⓐ 速度特性：在不考虑回路泄漏时，液压马达的转速 n_m 为

$$n_m = \frac{q_b}{V_m} \tag{8.2-26}$$

式中 q_b 为定量泵的输出流量。可见变量马达的转速 n_m 与其排量 V_m 成反比，当排量 V_m 最小时，马达的转速 n_m 最高。其理论与实际的特性曲线如图 8－25c 中虚线、实线所示。

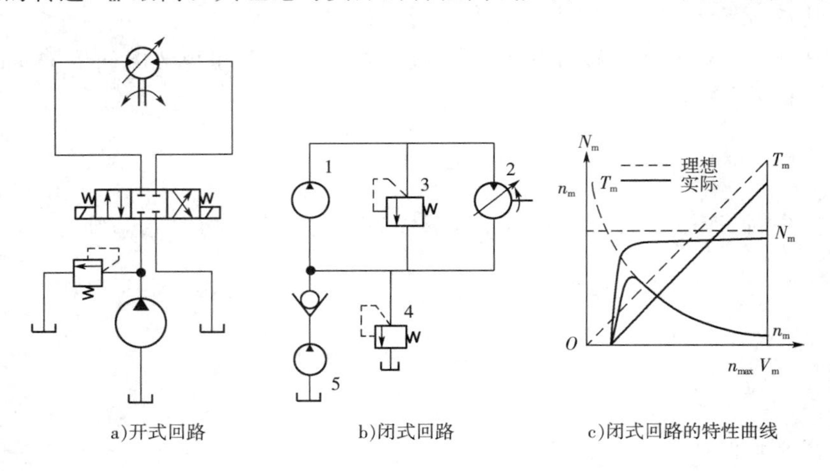

图 8－25　定量泵 — 变量马达调速回路

当外负载要求的工作压力低于允许的最大压力时，液压马达输出的功率和扭矩都低于其可能输出的最大功率。同前所述，因马达有机械摩擦损失，当其排量小于某一数值 V_{mmin} 时，所产生的转矩不足以克服马达自身的摩擦阻力，马达就不会转动。因此，同变量泵一样，变量马达存在死区(即 $V_m \leqslant V_{mmin}$ 段)，其回路特性如图 8－25c 所示。马达转速与其本身的排量呈双曲线关系。马达的最低转速相应于其最大排量 V_{mmax}。最高转速相应一个最小的稳定排量 V_{mmin}，因马达有机械摩擦损失，其排量小于或等于 V_{mmin} 时，所产生的扭矩不足以克服马达本身摩擦阻力，液压马达就不会转动。因此，同变量泵一样，存在着调速范围的“死区”V_{mmin}。显然，马达机械效率和容积效率越低，负载力矩越大，“死区”V_{mmin} 之值也就越大。

由上述分析和调速特性可知：此种用调节变量马达的排量的调速回路，如果用变量马达来换向，在换向的瞬间要经过“高速 — 零速 — 反向高速”的突变过程，所以，不宜用变量马达来实现平稳换向。

ⓑ 转矩特性与功率特性：

液压马达的输出转矩　$T_m = V_m(p_p - p_0)/2\pi$

液压马达的输出功率　$N_m = n_m T_m = q_p(p_p - p_0)$

上式表明：马达的输出转矩 T_m 与其排量 V_m 成正比；而马达的输出功率 N_m 与其排量 V_m 无关，若进油压力 p_p 与回油压力 p_0 不变时，$N_m = C$，故此种回路属恒功率调速。其转矩特性和功率特性见图 8－25c 所示。

③ 变量泵 — 变量马达调速回路

这种容积调速回路实际上就是上述两种容积调速回路的组合，把变量泵和变量马达结合起来，可以在很宽的范围内连续调速。这种回路多为闭式回路，基本回路如图 8－26a 所

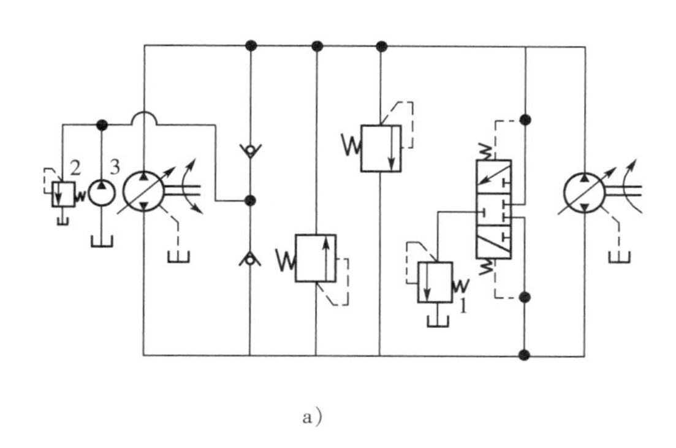

a)

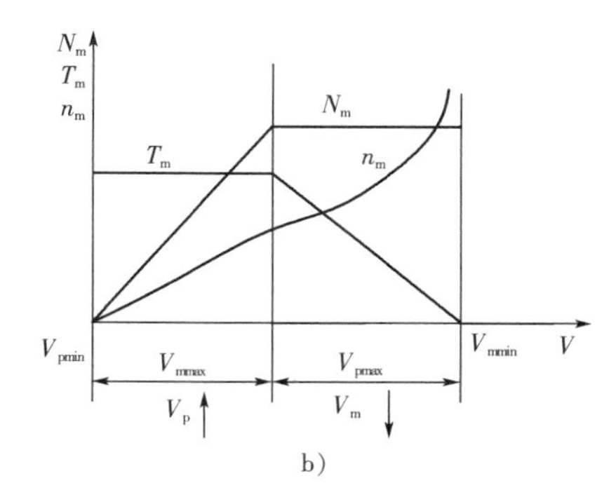

b)

图 8-26　变量泵 — 定量马达调速回路

示。在图示回路中，用补油泵 3 经单向阀向闭式回路中补油，溢流阀 1 作系统的安全阀，溢流阀 2 控制补油回路的压力。它主要是靠手动或伺服变量泵来调速和换向，并以恒压变量马达作辅助调速。调速过程一般分作两个阶段进行：第一阶段，先将马达排量固定为最大值，靠改变泵的排量来调节马达转速，这时，随着泵的排量从 V_{pmin} 调到 V_{pmax}，马达转速相应从 n_{min} 逐渐提高到与泵最大排量相应的转速 n 为止，这阶段是用手动或伺服调节，负载不变，则马达输出扭矩也不变，故为恒扭矩调速阶段，调速比 $i_p=\dfrac{n}{n_{min}}$；至第二阶段继续调速时，应使泵保持最大排量，然后改变马达排量来调节转速，随着马达排量从 V_{mmax} 调到某限定值 V_{mmin}，转速相应从 n 继续提高到马达所能容许的最大转速 n_{max} 为止，这阶段相应于定量泵和恒压马达调速，转速随负载变化自动调节，保持马达输出功率恒定，为恒功率调速阶段，调速比 $i_m=\dfrac{n_{max}}{n}$。这种调速回路具有较大的调速范围，总的调速比 $i=i_p\times i_m=\dfrac{n_{max}}{n_{min}}$。

图 8-26b 所示的调速特性曲线，也就是前两种调速特性的组合曲线。图中前一阶段表示在定负载下的恒扭矩调速特性，用以适应低速大扭矩工况的需要，后一阶段表示在变负载下的恒功率调速特性，用来满足调速工况的需要。

(2) 变转速调速回路

随着交流电动机变频调速技术的进步，工程实践中大量应用变转速调速。它通过交流变频调速器改变电动机转速，从而改变与电动机相联的定量泵的转速，达到通过调节定量泵输出流量以调节执行元件速度的目的。可见，这种回路的关键是变频技术。

根据控制方式的不同，变频调速器构成的速度控制系统可分为开环控制和闭环控制两种。

① 开环控制调速回路：这种回路没有转速反馈，采用 U/f（电压 / 频率）控制方式。该方式是预先由 U/f 曲线发生器决定 U 和 f 之间的关系，逆变器的控制脉冲发生器同时受控于频率指令 f 和电压指令 U，这样变频器的输出频率和电压之间的关系就由 U/f 曲线决定。在改变频率的同时按照此曲线改变变频器的输出电压，以获得所需的电动机转速，基本回路如图 8-27 所示。但在负载变化时，若 f 不变，转子转速将随负载转矩变化而变化，故这种控制方式只适用于速度精度要求低、负载变化小的场合。

② 闭环控制调速回路：该回路有转速反馈，常用的为转差频率控制式变频调速回路和矢量控制式变频调速回路两种。

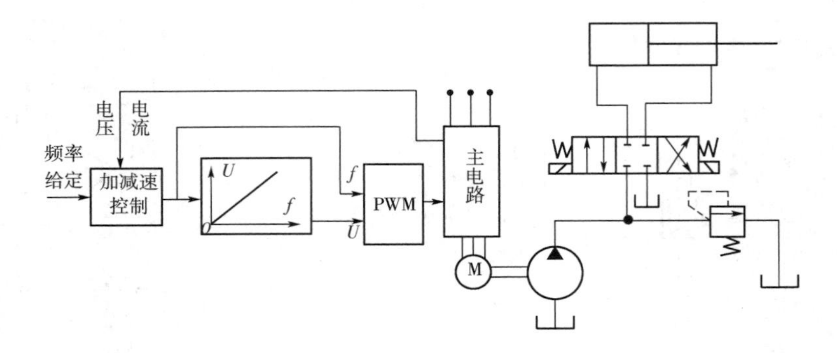

图 8－27　开环控制变频调速回路

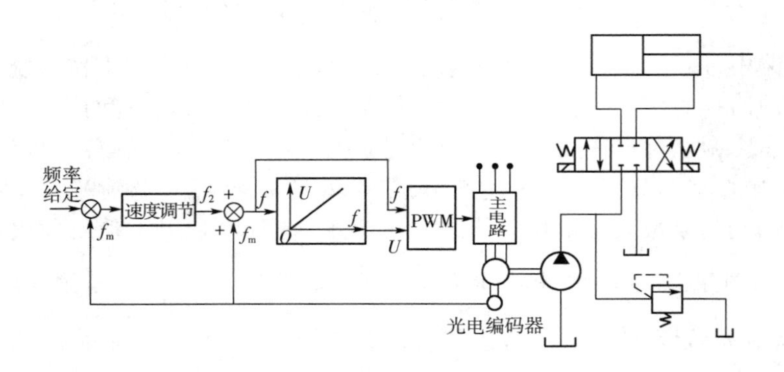

图 8－28　转差频率控制式变频调速回路

图 8－28 为转差频率控制式变频调速回路。其控制思路是，如果维持异步电动机磁通不变，则异步电动机的转矩近似和转差角频率 $\Delta\omega$（或转差频率 f_2）成正比。因此在恒磁通的条件下控制转差频率 f_2，即可达到控制转矩的目的，最终实现对电动机转速的控制。为保持异步电动机磁通不变，该回路仍然采用 U/f 控制方式。通过速度传感器测得的电动机速度的对应频率 f_m 加上速度给定值与速度测定值之差经过速度调节器而得的转差频率 f_2 作为逆变器的频率设定值 f，这样很小的速度偏差就能产生较大的调整转矩，使电动机转速和给定值一致，实现了转差补偿。但使用速度传感器求取转差频率要针对具体电动机的机械特性调整控制参数，因而这种控制方式的通用性较差。

图 8－29 为矢量控制式变频调速回路。与上两种控制方式不同，矢量控制方式主要是为了提高变频调速的动态性能，它利用矢量变换方法将定子电流分解为励磁电流分量和转矩电流分量，并分别进行控制，然后再将两者合成为定子电流供给异步电动机。通过这样的控制就能得到和直流电动机相同的控制性能。它适用于要求高速响应、要求从极低速到高速的宽调速范围、要求频繁加减速和连续 4 象限运行的场合。

3. 有极调速回路

前面介绍的各种调速回路主要是进行无级调速，即调节相应的液压阀或液压泵，可在一定范围内无级调节执行元件的速度。但在很多的工程应用中系统仅仅是以有选择性的几个不同速度运行，这样可设定相应的阀或泵来调节不同的速度，并以换向阀来切换。将

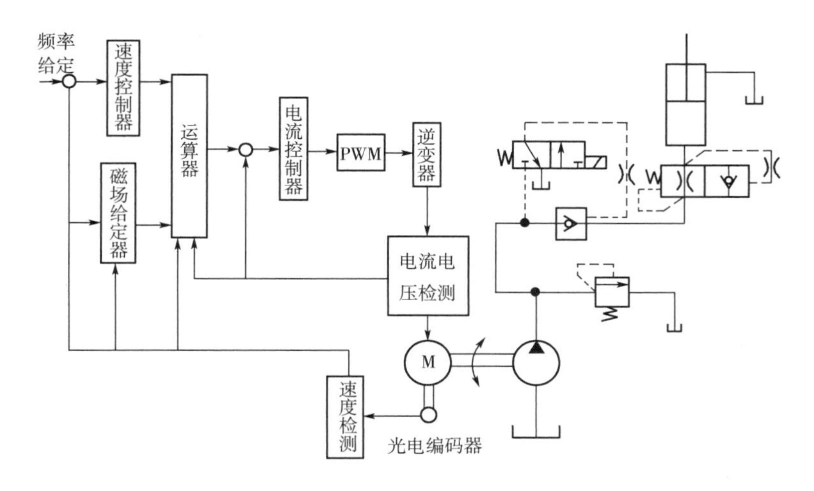

图 8-29　矢量控制式变频调速回路

若干个流量相等或不等的定量泵，或者经流量阀获得相同或不同的流量，按照需要适当加以组合，就能实现有级调速，其基本回路如图 8-30 所示。

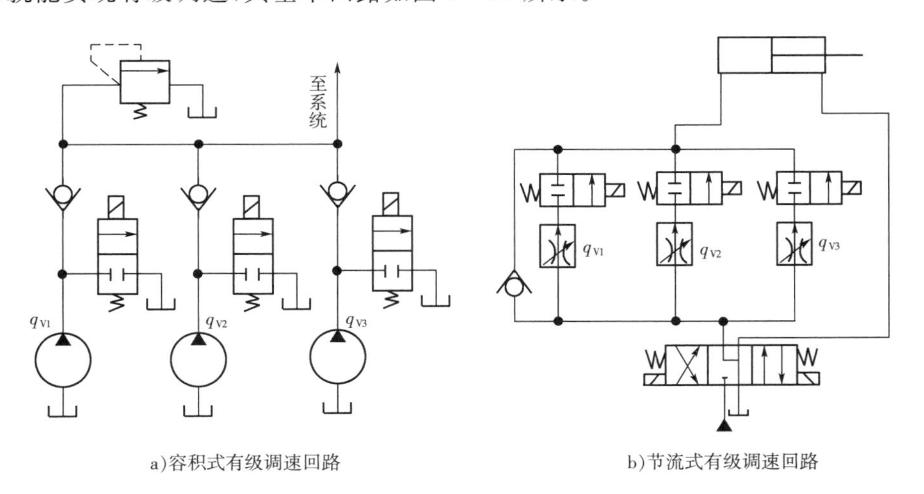

图 8-30　有级调速回路

在机床加工的工作行程中常有两种进给速度，为实现两次进给，常用两个调速阀串联或并联在回路中，用换向阀进行转换。如图 8-31 所示的二次调速回路。

如图 8-31a 所示，两个调速阀串联的进给速度小于只用一个调速阀的进给速度；如图 8-31b 所示为调速阀并联时，两个进给速度可以分别调整，互不影响，但在速度转换瞬间，由于调速阀中有流量通过，减压阀开口处于最大位置，还来不及反应关小，致使在速度转换开始瞬间，通过调速阀流量过大，造成进给部件的突然前冲。因此，并联的回路较少用在同一行程中有两次进给速度的转换上，主要用在带有程序预选的半自动机床的两种进给速度的预选上。

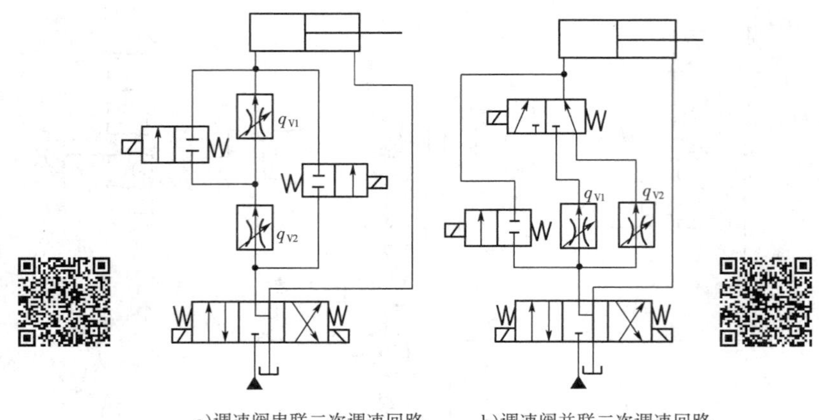

a)调速阀串联二次调速回路　　b)调速阀并联二次调速回路

图 8-31　二次调速回路

4. 容积节流调速回路

容积节流调速回路的工作原理是用压力补偿型变量泵供油，用流量控制元件确定进入液压缸或由液压缸流出的流量来调节活塞的运动速度，并使变量泵的输油量自动与液压缸所需流量相适应。这种调速回路没有溢流损失，效率较高，速度稳定性也比单纯的容积调速回路好。

(1) 限压式变量泵 — 调速阀的调速回路

图 8-32a 所示由限压式变量泵和调速阀组成的调速回路。其工作过程如下：限压式变量泵输出油液，经调速阀 2 进入液压缸 4 的工作腔推动活塞移动，回油腔排出的油液经背压阀 5 流回油箱。活塞运动速度 v 是由调速阀中节流阀通流面积 A_T 来控制的。由于调速阀中减压阀的自动调节作用，节流阀前后的压力差不变，因而在调定的 A_T 下，通过调速阀进入液压缸的流量 q_1 也不变，这时限压式变量泵会自动地调节它的供油量(原理见第三章)。例如，当某一 A_T 值下通过调速阀的流量为 q_1 时，调速阀的压力 — 流量性特曲线 2 与限压式变量泵的压力 — 流量特性曲线 1 相交于 c 点(图 8-32b)。交点 c 表明这时泵的压力和流量分别为 p'_p 和 q_1，如果泵的流量 q_p 大于 q_1，多余的油液迫使泵的供油压力上升到 p'_p，使泵流量自动减低到 q_1；反之泵的流量如果小于 q_1，则泵的供油压力 p_p 一定高于 p'_p。这时流过调速阀的流量因小于 q_1 而使压降减小，结果又使 p_p 下降到 p'_p，流量增加到 q_1，可见调速阀的作用在这里不仅保证了稳定的流量进入液压缸，而且还使泵的供油量与液压缸的所需流量相适应。这种调速回路上的调速阀也可接在回油路上。

这种调速回路在工作中无溢流损失，但仍有节流损失。其大小与压力 p_1 有关。当工作流量为 q_1，泵供油压力为 p'_p 时，为保证调速阀正常工作所需的压力差 Δp，工作压力最大只能是 $p_{1\max}=p'_1-\Delta p$，又因背压 p_2 的存在，最小工作压力 $p_{1\min}$ 又必须大于 p_2A_2/A_1(A_2、A_1 分别为回油腔、进油腔活塞面积)。当 $p_1=p_{1\max}$ 时，节流损失(图 8-32b 的阴影部分)为最小。工作压力越小，则节流损失越大，此外，背压力 p_2 也造成功率损失，如不计泵、缸和管路损失，这种调速回路效率为

$$\eta=\frac{\left(p_1-p_2\dfrac{A_2}{A_1}\right)q_1}{p_pq_1}=\frac{p_1-p_2\dfrac{A_2}{A_1}}{p_p}\tag{8.2-27}$$

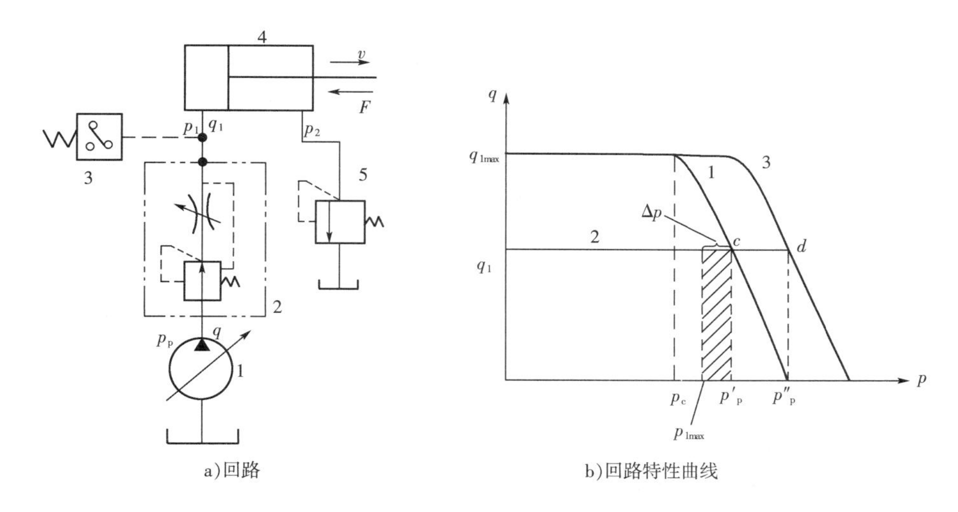

a)回路　　b)回路特性曲线

图 8-32　限压式变量泵与调速阀式调速回路图

如无背压即 $p_2=0$ 时

$$\eta=\frac{p_1}{p_p} \tag{8.2-28}$$

这种回路在使用时，为了保证调速正常工作，应把泵的供油压力 p_p 调得比缸的最大工作压力 p_{1max} 加上管路等处压力损失之和还要大 0.5MPa 左右。

这种回路的优点如前所述，快慢速可自动换接，能耗小，发热少，运动平稳。但变量泵比定量泵结构复杂、成本高。负载变化大，且大部分时间在小负载下工作的场合不宜采用，因这时泵供油压力高，而缸工作压力低，损失在减压阀压降和泵的泄漏上的能量大，油温也高。所以这种回路最宜用在负载变化不大的中、小功率场合，如组合机床的进给系统等处。

(2) 差压式变量泵 — 节流阀的调速回路

图 8-33 所示为差压式变量泵 — 节流阀容积节流调速回路。它的工作原理与上述回路很相似：节流阀控制着进入液压缸的流量 q_1，并使变量泵输出流量 q_p 自动和 q_1 相适应。当 $q_p>q_1$ 时，泵的供油压力上升，泵内左、右两个控制活塞便进一步压缩弹簧，推定子向右移动，减小泵的偏心距，使泵的输出油量下降到 $q_p\approx q_1$；反之，当 $q_p<q_1$ 时，泵的供油压力下降，弹簧推定子和左、右活塞向左，泵的偏心距加大，使泵的供油量增大到 $q_p\approx q_1$。

在这种容积节流调速回路中，输入液压虹的流量基本上不受负载变化的影响，因为节流阀两端的压差 $\Delta p=p_p-p_1$ 由作用在液压泵定子上的力平衡方程确定，其力平衡方程为

$$p_pA_1+p_p(A-A_1)=p_1A+F_{弹簧}$$

即

$$p_p-p_1=\frac{F_{弹簧}}{A} \tag{8.2-29}$$

由上式可知其压差由作用在泵控制柱塞上的弹簧力确定的，这和调速阀的原理相似。因此，这种回路的速度刚性、运动平稳性和承载能力都和采用限压式变量泵的回路不相上

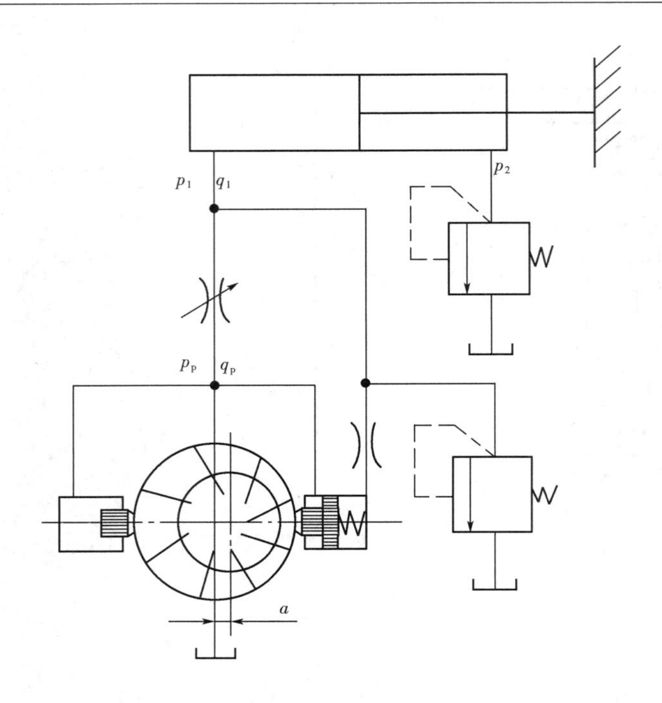

图 8-33　差压式变量泵—节流阀的调速回路

下。它的调速范围也只受节流阀调节范围限制。此外，这种回路因能补偿由负载变化引起的系统泄漏变化，因此它在低速小流量的场合下使用显得特别优越。

该回路不但没有溢流损失，而且泵的供油压力随负载而变化，回路中的功率损失只有节流阀处压降 Δp 所造成的节流损失，它比限压式容积节流调速回路调速阀处的节流损失还要小，因此发热少，效率高。这种回路的效率表达式为

$$\eta=\frac{p_1q_1}{p_Pq_P}=\frac{p_1}{p_1+\Delta p} \tag{8.2-30}$$

由式(8.2-30)可知，只要适当控制 Δp(一般 $\Delta p=0.3\sim0.5\text{MPa}$)，就可以获得较高的效率。这种回路宜用在负载变化大，速度较低的中、小功率场合，如某些组合机床的进给系统中。

(3) 压力反馈式变量泵和节流阀的调速回路

图 8-34 所示为压力反馈式，斜盘变量轴向柱塞泵和节流阀所组成的容积节流调速回路。泵的排量 V_P 取决于斜盘倾角 γ 的大小，而 γ 的调节依靠变量活塞 3 的位置的改变，变量活塞位置的改变是通过改变控制腔 5 的油压大小来实现。

这种回路能自动进行速度换接，如液压缸需要快速时，可使变量柱塞控制腔 5 和油箱接通(图上未示出)，使控制压力为零，变量活塞 3 在弹簧力作用下处于最下位置，即 γ 最大，V_P 最大，液压缸以最大速度工作。当液压缸需低速工作时，泵由节流阀 2 的入口压力 p_2 控制，变量活塞在 p_2 作用下上行。使 γ 变小，V_P 变小，液压缸工作速度减慢。这样节流阀 2 为某一开口时，泵也相应地有一个 V_P。加大节流口，节流阀的入口压力 p_2 变小(变量泵瞬时流量尚未变)，变量活塞在弹簧作用下向下移，γ 变大，V_P 变大，节流阀入口压力 p_2 随之提高，

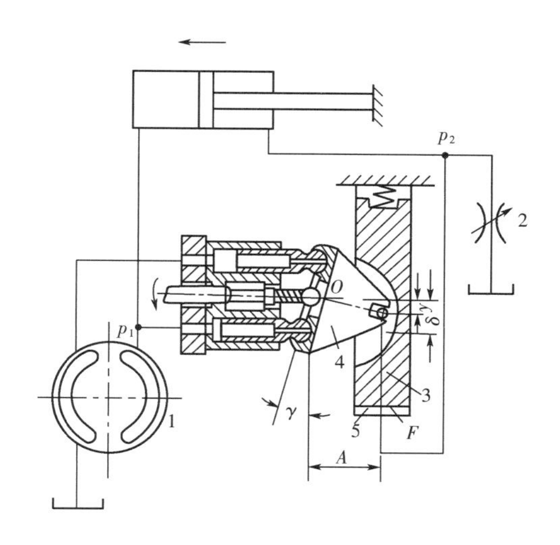

图 8-34 压力反馈式变量柱塞泵—节流阀调速回路

直到建立新的平衡为止；反之当节流口变小时，泵流量变小。可见这种回路泵的流量总是与节流阀开口量相适应，因而实现速度调节。

在节流阀开口不变的条件下，若缸的负载增加，必然引起泵供油压力的增高，因而泄漏增加，泵实际供油量减小，使缸的速度降低。而由于流量的减小，又引起缸背压 p_2 的减小，反过来又使泵的流量增加，以补偿泄漏的增加，结果使泵的流量不变。这就保证了液压缸速度不变，保证了调速回路的速度稳定。

8.2.2 增速回路

有的执行机构要求增速，但为了减少能量消耗，不希望采用大流量泵，而采用小流量的泵获得高速度，以提高系统的效率。增速回路是通过改变流入执行元件的流量或改变执行元件的有效面积来实现的。

1. 带增速缸的增速回路

这是一种通过改变液压缸的面积来改变速度的回路，如图 8-35 所示。其工作原理如下：油缸行程初始段无载荷，液压油进入液压缸的小直径部分 A，此时大直径部分 B 通过充液阀吸油。推动活塞快速向外移动；当油缸与负载接触而使回路压力升高时，通往大直径部分 B 的顺序阀动作，压力油同时进入活塞缸 A 腔和 B 腔，使大直径部分建立起压力，产生大推力，活塞慢速向外移动。

回程上行时，C 腔进油，A 腔经换向阀向油箱回油，B 腔经充液阀向高位油箱回油。充液阀由提升侧的回路压力控制开启。如果 B 部分的容积很大，则开启时会发生冲击，必须用某种方法释压。图中的小通径单向阀就是为向 A 部分释压而设置的。

这种回路可以在不增加液压泵流量的情况下获得较快的速度(因为增速缸的 A、C 腔有效面积比 B 腔有效面积小得多)，使功率利用比较合理，缺点是结构比较复杂。它大多用在空行程速度要求较快的卧式液压机上。

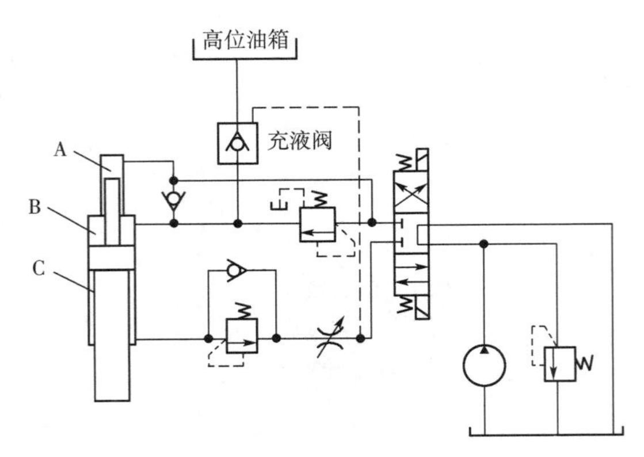

图 8－35　增速缸增速回路

2. *用辅助缸的增速回路*

图 8－36 所示为利用辅助缸的增速回路。其执行元件由两个辅助液压缸和一个主液压缸组成。换向阀处于右位时，液压泵向辅助缸上腔供油，在顺序阀没打开前全部流量注入辅助液压缸中，使主液压缸快速下降。接触工件后，因压力升高，使顺序阀打开，高压油同时进入三个液压缸，此时滑块转为慢速下行。

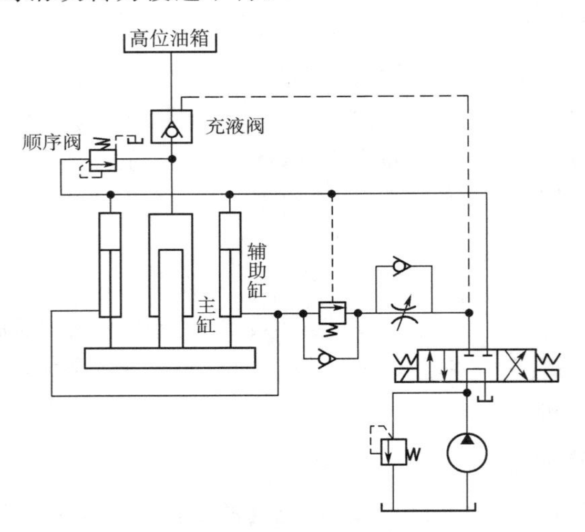

图 8－36　用辅助缸的增速回路

3. *差动增速回路*

差动连接的增速回路，是一种应用较广泛的增速回路，图 8－37 所示。它利用单出杆液压缸活塞受压面积的不同，在活塞杆外伸行程时让液压缸有杆侧的油液返回到无杆侧，从而实现增速。在差动回路中，选定管路直径和阀的容量时应考虑到其流量是泵的输出流量与有杆侧流量之和。

图 8－37a 是最简单的差动回路。液压缸有活塞杆腔始终和泵相通，当换向阀处于图示位置时，泵供出的油液同时与缸的无活塞杆腔和活塞杆腔接通。两腔油液压力虽然相同，但无活塞杆腔的活塞面积大于活塞杆腔的活塞面积，活塞向右运动。活塞杆腔排出的油液向无活塞杆腔流动，因而，加快了活塞的运动速度，即达到增速的目的，其速度大小见式(4.1－8)。

当换向阀向右移时，无活塞杆腔油液经换向阀流回油箱，而泵供的油液全部流入活塞杆一腔，则活塞快速向左运动。因活塞杆向右运动时的推力为供油 p_p 和活塞杆断面积之积，推力小，故不宜用于负载大的场合。系统压力由溢流阀调定。

图 8－37b 中油液可经顺序阀返回无杆腔，无载前进时，液控单向阀关闭，油液经顺序阀返回无杆腔，形成差动回路，液压缸快速前进；有载时压力升高，液控单向阀打开，有杆腔与油箱连通，使无杆腔的压力有效地加在负载上，此时液压缸以工进速度前进。

若使用平衡阀代替液控单向阀，则图 8－37b 便改为图 8－37c 所示。为防止当有杆腔开始与油箱连通时产生冲击，在控制回路中设置节流阀减慢平衡阀的切换速度。此外也可以用卸荷阀、溢流阀等代替平衡阀。

当图 8－37d 中的 1YA 和 3YA 都通电时，液压缸实现差动快速伸出；而当快速结束时 3YA 断电，液压缸转为工进，速度由调速阀调定，实现回油节流调速；当 1YA 和 3YA 断电，2YA 通电时液压缸缩回。

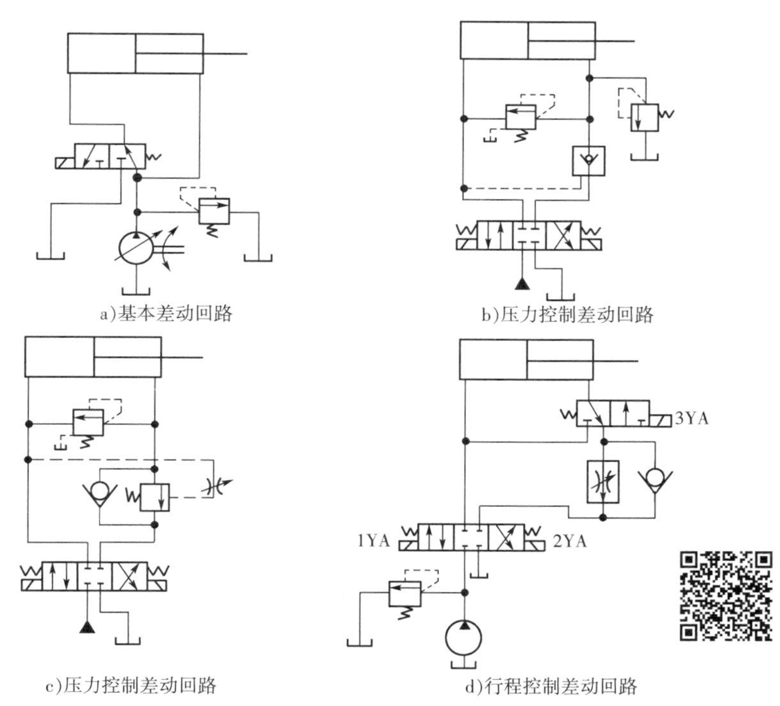

a)基本差动回路　b)压力控制差动回路

c)压力控制差动回路　d)行程控制差动回路

图 8－37　差动增速回路

4. 蓄能器增速回路

如图 8－38 所示是一种使用蓄能器来实现快速运动的回路。其工作原理如下：当换向阀 4 处于中位时，液压缸不动，液压泵通过单向阀 2 向蓄能器 3 充油，使蓄能器储存能量。当蓄能器压力升高到它的调定值时，卸荷阀 1 打开，液压泵卸荷，蓄能器压力由单向阀 2 保持住。当换向阀切换成左位或右位时，液压泵和蓄能器同时向液压缸供油，使它得到快速运动。在这里，卸荷阀的调整压力须调得高于系统工作压力，以便保证液压泵的流量在工作行程期间能全部进入系统。

本回路适用于在液压系统工作循环中，换向阀处于中位时蓄能器能充入所需油量的场合。在需快速时,液压泵和蓄能器同时向执行元件供油。

5. 双泵供油增速回路

如图 8－39 所示为通过双泵供油来实现快速运动的回路。图中小流量泵 5 的压力按系统最大所需工作压力由溢流阀 4 调定;大流量泵 1 的压力按大于快速运动时系统所需的压力,由卸荷阀 2 调定(此压力小于溢流阀的调整压力)。当空载系统压力低时,两个泵同时向执行元件供油,实现快速运动;当系统有载荷压力升高时,卸荷阀 2 被打开,使大流量泵 1 卸荷,单向阀 3 自动关闭,小流量泵 5 单独向系统供油,执行元件慢速工作,实现进给运动。这种回路的效率较高,且能实现比最大工进速度大得多的快速运动,因此它在机床上得到了广泛的应用。

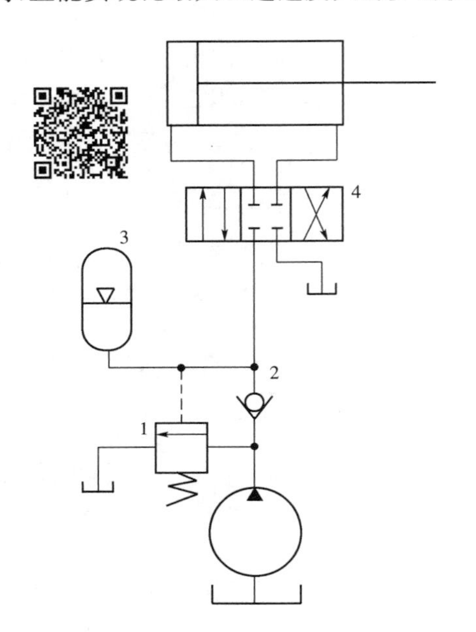

图 8－38　蓄能器增速回路

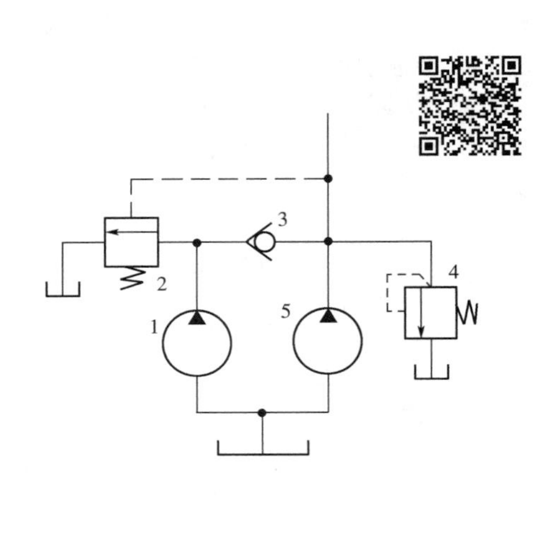

图 8－39　双泵供油式快速运动回路

8.2.3　速度换接回路

有些工作机构,要求在一个行程的不同阶段或前后两个行程中有不同的运动速度,这时要采用换接回路,以实现运动速度的切换。这种回路在各种类型的液压系统中得到广泛应用。

1. 用行程阀的速度换接回路

如图 8－40 所示为用行程阀来实现快慢速换接的回路。液压缸通过行程阀、节流阀组合来实现速度换接。当换向阀左位和行程阀下位接入回路时,节流阀被短路,流入液压缸左腔的压力油使活塞快速向右运动至挡块,压下行程阀,将其通路关闭,液压缸排油经节流阀流回油箱,活塞由快速转为慢速工进。当换向阀右位接入回路时,压力油经单向阀进入液压缸右腔,活塞快速向左返回。这种回路的快慢速换接过程比较

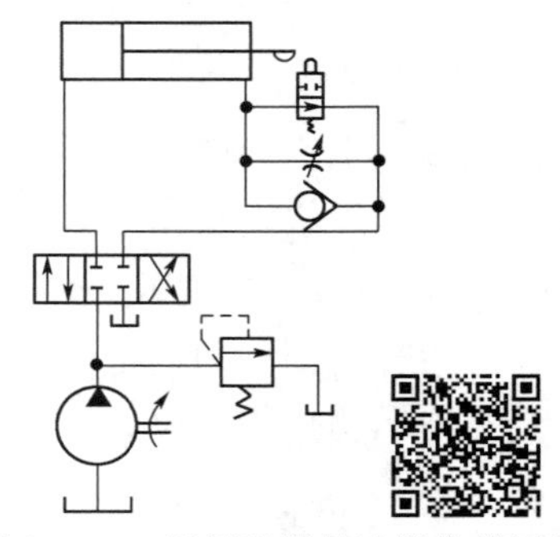

图 8－40　用行程阀的速度换接回路

平稳，换接点位置较易控制，换接精度高，但行程阀的安装位置不能任意布置，管路连接较为复杂。主要应用在机床液压系统中。若将行程阀改为电磁阀，而用挡块压下电气行程开关来操纵，也可以实现上述的快慢速自动换接。此时，虽然电磁阀的安装位置可以灵活地布置，但换接可靠性、平稳性以及换接精度等都没有行程阀好。

2. 采用特殊结构液压缸实现速度变换

图 8 - 41 所示位置，换向阀处于左边位置时，液压缸无活塞杆腔进油液，活塞杆腔油液经缸口 1 流回油箱，活塞以快速向右运动；当活塞堵住缸口 1，有活塞杆腔的油液只能通过节流阀 3，这就增加了活塞右侧背压阻力，使活塞运动减慢，液压缸转为工进。这种回路还常用作活塞运动到端部时的缓冲制动回路。而当换向阀处于右边位置时，泵供油液经换向阀流入缸的活塞杆腔。当活塞处于极右位置时，缸口 1 被活塞堵住，液流经单向阀 2 流入液压缸右侧，推活塞向左运动，打开缸口 1，活塞运动无变化。

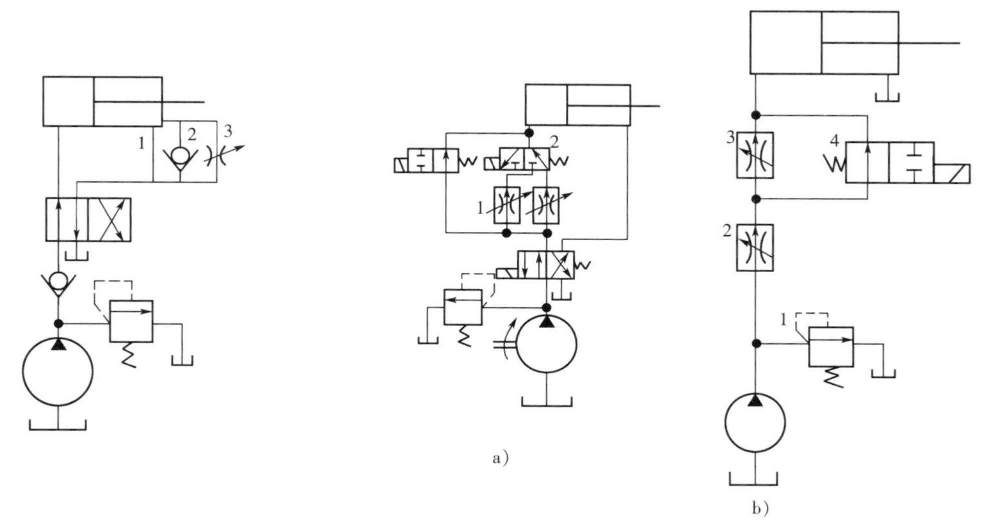

图 8 - 41　用特殊结构液压缸的速度换接回路　　图 8 - 42　用两个调速阀的速度换接回路

3. 采用两个调速阀实现速度切换

图 8 - 42a 所示系统中两个调速阀 1 并联，由换向阀 2 实现换接。两个调速阀可以独立调节各自的流量，互不影响，液压缸可获得由不同调速阀控制的两种速度。但是，一个调速阀工作时另一个调速阀内无油通过，它的减压阀处于最大开口位置，速度换接时大量油液通过该处将使工作部件产生突然前伸现象。因此它只可用在速度预选的场合，不宜用于在加工过程中实现速度换接。

此外，还可以将两个调速阀串联，图 8 - 42b 所示系统为采用两个调速阀控制的二次进给回路，通过电磁换向阀 4 的切换，液压缸可获得两种速度。

8.2.4　同步回路

工程机械中，常常要求两个或两个以上的油缸（或液压马达）保持运动速度一致。如液压汽车起重机采用双缸驱动的变幅机构、叉车双缸驱动的门架、装载机动臂摆机构和集装箱跨车四缸驱动的升降机构、履带起重机双马达驱动的行走机构等。工作中执行元件承受的外载荷往往不等，但仍需保持其双缸(马达)的同步，以使臂架(门架动臂)的受力良好或防止履带起重机两侧履带的跑偏。

同步回路的作用是实现多缸或多马达的同步运动，即不论外负载如何，保持相同的位移(位移同步)或相同的速度(速度同步)。理论上，对两个工作面积相同的液压缸输入等量的油液即可使两液压缸同步，但由于回路中的泄漏、负载变化、机构弹性变形以及制造误差等因素之影响尚难以达到完全同步，只能是基本同步。为此，同步回路要尽量克服或减少这些因素的影响，如有时采取补偿措施，消除累积误差。

1. 刚性连接的双缸同步回路

这是工程机械上遇到较多的也是最为简单的一种同步方法。此时，油缸油路呈并联联接，并把两个油缸的活塞杆用刚性的构件(如臂架、门架等)固结起来，实现位移的同步。

图 8-43 分别为摆动同步和移动同步，即将液压缸活塞杆都连接在刚性运动件上来实现同步。这种方法简单、经济，但负载不平衡是影响同步的最主要因素。如负载不均衡，相差过大，不同步现象严重，不仅缸密封处磨损严重，甚至还会使活塞卡住。因此，这种回路同步精度不高。采掘机械上一般对同步精度要求不高，故应用较广泛。例如采煤机摇臂的双缸调高；液压支架前后立柱同时升降等都采用机械连接的同步回路；汽车起重机臂架变幅机构上采用单平衡阀双缸并联的同步回路。

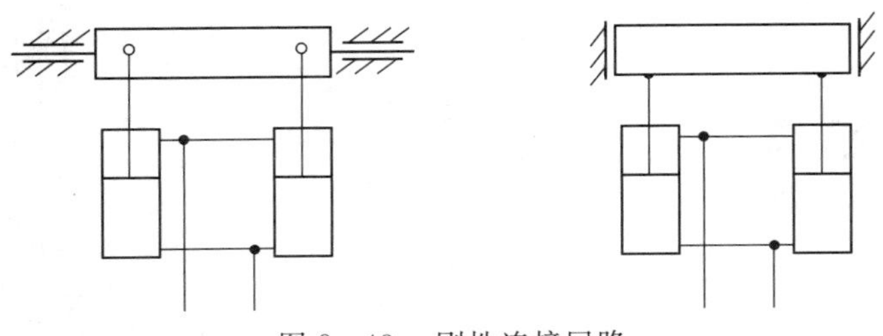

图 8-43　刚性连接回路

2. 采用双泵的同步回路

该回路是采用规格相同的两只变量泵，同轴或通过相同的齿轮传动(由同一原动机驱动时)减速后等速转动，这样，两只变量泵输出的流量相等，在分别输给规格相同的两只左右行走的液压马达后，即能保证左、右行走马达的同步，从而保证左、右履带在直行路上速度同步，避免因履带两边行驶阻力不等，两只马达转速不一而带来的履带跑偏现象。如履带起重机行走系统中的双泵同步回路。

3. 采用分流阀的同步回路

图 8-44a 为采用等量分流阀的双缸同步回路，图中压力油液经换向阀 1 和分流阀 2 后分成两股等流量油液，进入液压缸 5 和 6 的左腔，推动两个活塞向右同步运动。当换向阀切换后，压力油液直接进入两个缸的右腔，左腔油液经单向阀及换向阀流回油箱，活塞快速退回。若将液压缸换成液压马达，可实现两个马达同步正反转。液压系统只能控制一个方向同步，同步效果一般。

4. 采用伺服阀与传感器配合的同步回路

图 8-44b 为采用伺服阀 1 与位移传感器 3、4 配合，根据 3、4 的位移差来控制伺服阀 1 的

阀口开度来跟踪换向阀2,从而控制两液压缸的进油量,来保证同步。该回路同步精度高,制造成本高。

5. 采用同步马达的同步回路

如图8-44c所示为采用同步马达(分流)的同步回路。A、B液压马达规格相同,每转排量相同并用同一根轴刚性连接,保证双马达同一转速转动。

当压力油并联进入液压马达A、B使其转动后,其随即排出等量的油液,分别输给受压面积相等的油缸1.2,使之实现同步动作。

不难看出,其工作缸的同步精度主要取决于同步马达的容积效率与每转排量之差,因此通常选用容积效率较高的轴向柱塞马达作为同步马达。不过有时为了降低成本,在同步要求不高的场合也有采用结构简单,价格便宜的齿轮马达作为同步马达。

实际上,由于液压马达的容积效率很难完全一致,同时,因油缸的制造误差,摩擦阻力或漏损不同的原因,使两个(或几个)油缸在运动中仍会产生相位差,并随着油缸行程的增加,该差值不断累积增大,最后会导致两个(或几个)油缸不能同时达到终点。此时需采用相应的措施修正其同步误差。

图8-44c系统是由溢流阀与单向阀组成的校正终点同步误差的同步修正油路。当油缸1上升到达行程上限,而油缸2还未达行程上限,则油缸2要求继续供油,但同步马达A、B成刚性连接,所以同步马达B继续向油缸2供油的同时,让同步马达A输出的油液经单向阀3,溢流阀4返回油箱,一直到油缸2到达行程终点为止,从而修正油缸上升的同步误差。相反,两油缸作下降运动时,从一对排量相等且作刚性连接的液压马达处排油,从而获得双向同步运动。如果油缸1先达到行程终点,同步马达A则通过单向阀5从油箱吸油,一直到油缸2到达行程终点为止。

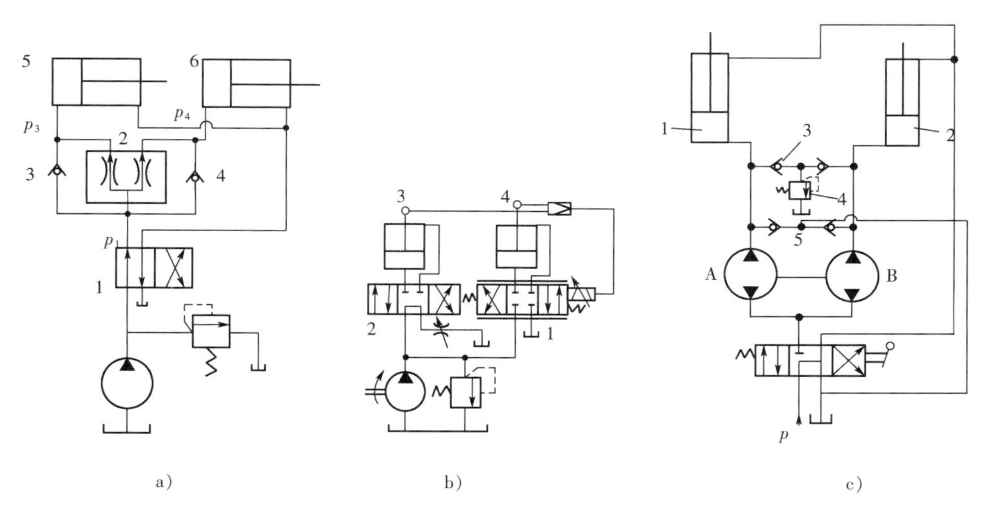

图8-44 同步回路

采用同步马达的回路特点是同步精度高,同步的修正装置也较简单,无节流损失,在集装箱跨车的升降系统中,其四个工作油缸的同步即是采用了同步马达的同步方案。

8.2.5　制动回路

为使运动着的工作机构在任意需要的位置停止，并防止其在停止后因外界影响而发生窜动，可采用制动回路。最简单的方法是利用换向阀进行制动，例如滑阀机能为 M 型或 O 型的换向阀，在它回复中位时，可切断执行元件的进回油路，使执行元件迅速停止运动。装卸机械一般都采用手动换向阀，手控制动的停位精度较差，所以大型装卸机械工作机构如起重机吊钩和装载机动臂等常装有自动限位器。

图 8－45a 为液压缸在三位四通换向阀切换时，在液压缸下腔的缓冲溢流阀调定的背压下实现制动。

图 8－45b 为利用溢流阀制动回路。在图示位置，液压马达正常工作，当电磁铁断电时，液压泵卸荷。液压马达的回油路上接上了缓冲溢流阀，液压马达受溢流阀调定的背压作用而被制动。

图 8－45c 为利用液压制动器制动回路。图中起重机起升机构所采用的常闭式液压制动回路。起升卷筒在不工作时，靠制动弹簧的顶推力来制动，液压力仅是用来压缩弹簧松闸，故可直接引用主油路中的高压油。卷筒需要回转工作时，可操纵换向阀换向。这时由泵来的油进入马达，建立压力，压力油同时通过控制油路进入制动器的弹簧油缸，压缩弹簧松闸，于是马达驱动卷筒旋转。当换向阀回至中位时，主油路卸荷，制动器在弹簧力的作用下又恢复制动工况。这种回路由于是靠弹簧力制动，制动力稳定，而且制动精度不受油路泄漏的影响，安全可靠。

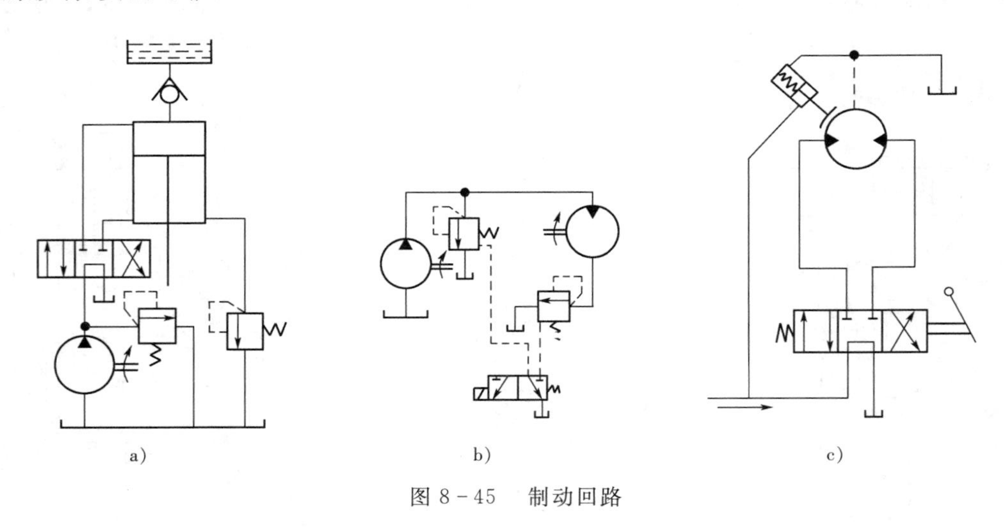

图 8－45　制动回路

8.3　方向控制回路

在液压系统中执行元件的启动、停止或换向等一系统运动，是利用控制液压系统各条油路中油流的接通、切断或改变流向来实现的。这一类控制回路在液压机械中常用的有：换向回路、锁紧回路和浮动回路等。

8.3.1　换向回路

换向回路的作用是使执行元件变换运动方向。利用二位四通阀、二位五通阀、三位四通阀或三位五通阀等改变液流方向或断开，从而使缸或马达起动、停止和变向运动。根据系统油路需要来选择各种型式的换向阀，如果液压缸是靠重力或弹簧复位时，采用二位三通阀就可完成缸的换向。换向阀可以手动、电磁、电液或液控换向。对执行机构的换向，要求具有良好的平稳性和灵敏性。在换向过程中，运动部件的速度变化是：$v \to 0 \to -v$。即，从某种工作速度减至零速（制动阶段）→ 短暂的过渡停顿（停滞阶段）→ 从零速反向加速至所需的工作速度（起动阶段）。其中制动阶段和起动阶段所产生的液压冲击对换向平稳性具有决定性影响，停滞阶段主要是阀内封油区和运动惯性所造成的滞后现象，封油长度不足则泄漏过大，但太长则妨碍换向灵敏性。

1. 用换向阀换向回路

在开式液压系统中，执行元件的换向主要是借助各种换向阀来实现，换向阀有滑阀和转阀两种类型。电磁换向阀的换向回路应用最为广泛，尤其在自动化程度要求较高的组合机床液压系统中被普遍采用。对于流量较大和换向平稳性要求较高的场合，电磁换向阀的换向回路已不能适应上述要求，往往采用手动换向阀或机动换向阀作先导阀，而以液动换向阀为主阀的换向回路，或者采用电液动换向阀的换向回路。

如图 8－46a 所示，液压缸通过三位四通电液换向阀的切换实现活塞杆伸出及回程等动作。本回路选用了 M 型电液换向阀，并在回油路接背压阀使得液压泵卸荷时仍有一定的压力，保证控制油路具有最低控制压力，以控制换向阀阀芯的移动。

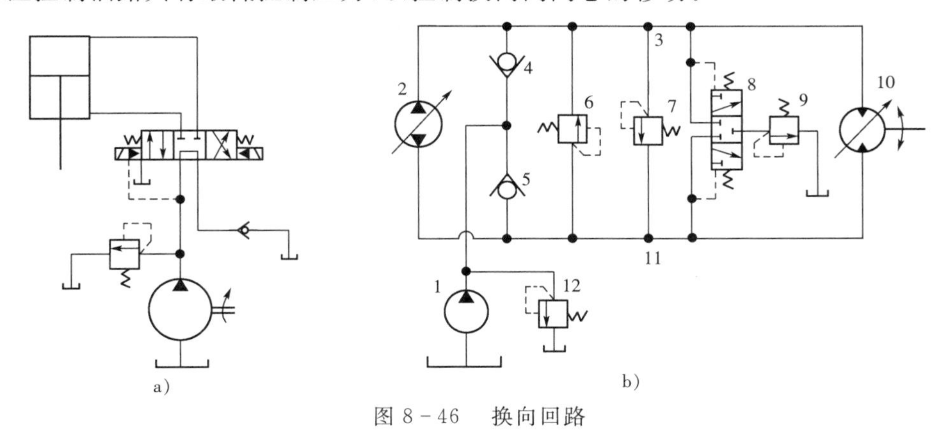

图 8－46　换向回路

2. 用双向变量泵换向回路

在闭式系统中，可利用改变双向变量泵的供油方向来操纵执行元件换向，如图 8－46b 所示。这种回路换向精度差，但换向平稳，换向时能耗小，特别是对换向制动阶段惯性力所产生液压冲击的能量可通过双向泵实现回收，故适用于运动惯性大，而换向精度要求不高的液压系统中，例如一些工程机械的回转机构等。

8.3.2　锁紧回路

锁紧回路是使油缸或液压马达停止在任一位置，并使它较长时间可靠地锁紧在该位置，而不发生漂移和窜动的一种回路。例如汽车起重机的液压支腿、动臂和伸缩臂，叉车的用以夹紧货物的板式夹紧装置，以及液压操纵的离合器等，在工作中一直受到外载与自重的作用，始终存在着由于系统工作油泄漏造成的自行落臂与缩臂、“软腿”、“松夹”和离合器的“松脱”等危险，这些都需采用锁紧回路，如图 8－47 所示。

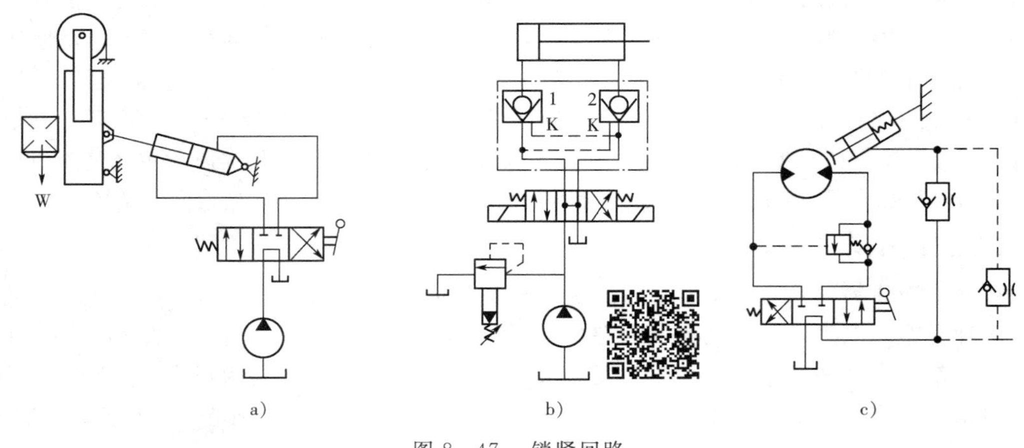

图 8－47　锁紧回路

1. 采用换向阀锁回路

使执行元件锁紧的最简单的方法是利用三位换向阀的 O 型或 M 型中位机能封闭液压缸两腔，使执行元件在其行程的任意位置上锁紧。如图 8－47a 为叉车门架倾斜采用 M 型手动三位四通换向阀的锁紧回路。但由于滑阀式换向阀不可避免地存在泄漏，锁紧效果较差，只适用于锁紧时间短且要求不高的回路中。如叉车、装载机、汽车起重机等。

2. 用液压锁的锁紧油路

图 8－47b 是采用液控单向阀的锁紧回路。在液压缸的进、回油路中都串接液控单向阀（又称液压锁），活塞可以在行程的任何位置锁紧。其锁紧精度只受液压缸内少量的内泄漏影响，因此，锁紧精度较高。即使在外力作用下，也能使执行元件长期锁紧。采用液控单向阀的锁紧回路，换向阀的中位机能应使液控单向阀的控制油液卸压（换向阀采用 H 型或 Y 型），此时，液控单向阀便立即关闭，活塞停止运动。假如采用 O 型机能，在换向阀中位时，由于液控单向阀的控制腔压力油被闭死而不能使其立即关闭，直至由换向阀的内泄漏使控制腔泄压后，液控单向阀才能关闭，影响其锁紧精度。这种回路常用于汽车起重机的支腿油路中，也用于矿山采掘机械的液压支架的锁紧回路中。

3. 采用机械制动器的锁紧回路

在工程机械，如起重机的起升液压系统中，一般采用马达驱动方式。由于油马达内泄漏，采用上述锁紧方法均不能防止其在外载荷作用下，产生的缓慢向下转动，因而不能可靠地把重物支持在确定的位置上。若液压马达工作腔的工作油液，一旦全部泄漏掉时，甚至发生重物的快速堕落事故。一般可安装机械式制动器，制动器与工作油路互锁，当系统有压力时制动器便松闸，当系统卸载无压时制动器上闸。

图 8－47c 为起升机构采用制动器的锁紧回路。当换向阀处于图示中位时，系统卸载，油

路无压力，制动器在弹簧作用下上闸制动。当换向阀处于右位时，泵供给的压力油进入制动缸，当油压力超过制动器弹簧力时制动器便松闸，实现重物的正常提升。

这种型式的制动器回路一般装置在单泵串联系统的最后端，避免系统背压过大，自行打开制动器而带来事故。

单向节流阀用来保证制动器上闸缓慢，而松闸迅速；也有装置上闸迅速而松闸缓慢的制动器，如图 8-47c 右方的虚线所示。

思考与练习

8-1　如图所示液压泵输出流量 $q_p = 10\text{L/min}$，液压缸无杆腔面积 $A_1 = 50\text{cm}^2$，有杆腔面积 $A_2 = 25\text{cm}^2$。溢流阀调定压力 $p_Y = 2.4\text{MPa}$，负载 $F = 10000\text{N}$。节流阀按薄壁孔，流量系数 $C_q = 0.62$，油液密度 $\rho = 900\text{kg/m}^3$，节流阀开口面积 $A_T = 0.01\text{cm}^2$，试求：

(1) 液压泵的工作压力；

(2) 活塞的运动速度；

(3) 溢流损失和回路效率。

8-2　如图所示的平衡回路，液压缸无杆腔面积 $A_1 = 80\text{cm}^2$，有杆腔面积 $A_2 = 40\text{cm}^2$，活塞与运动部分自重 $G = 6000\text{N}$，运动时活塞上的摩擦阻力 $F_1 = 2000\text{N}$，向下运动时的负载阻力 $F = 24000\text{N}$，试求顺序阀和溢流阀的调定压力各为多少？

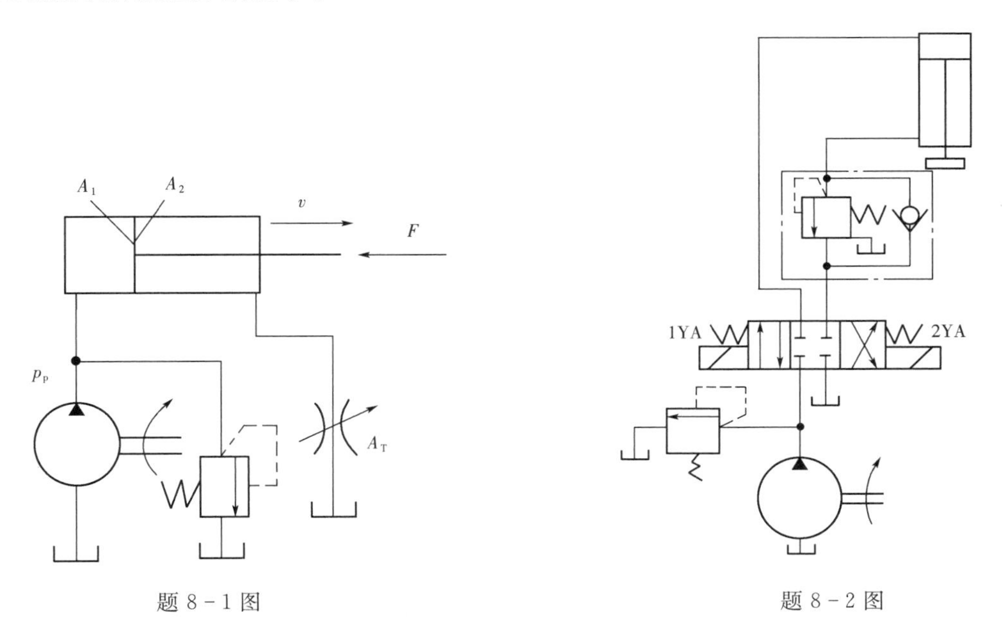

题 8-1 图　　　　题 8-2 图

8-3　图示回路，液压泵流量 $q_p = 25\text{L/min}$，负载 $F = 40000\text{N}$，溢流阀的调定压力 $p_Y = 5.4\text{MPa}$。液压缸活塞速度 $v = 18\text{cm/min}$，不计管路损失，试求：

(1) 工作进给(推动负载) 时回路的效率；

(2) 若负载 $F = 0$ 时，活塞速度和回油腔压力。

8-4　如图所示回路。负载 $F = 9000\text{N}$，液压缸无杆腔面积 $A_1 = 50\text{cm}^2$，有杆腔面积 $A_2 = 25\text{cm}^2$。背

压阀的调定压力 $p_b = 0.5\text{MPa}$，液压泵流量 $q_p = 30\text{L/min}$，不计损失。试求：

(1) 溢流阀的最小调定压力；

(2) 卸荷时的能量损失；

(3) 若背压增大 $\triangle p_b$，溢流阀的调定压力增加多少？

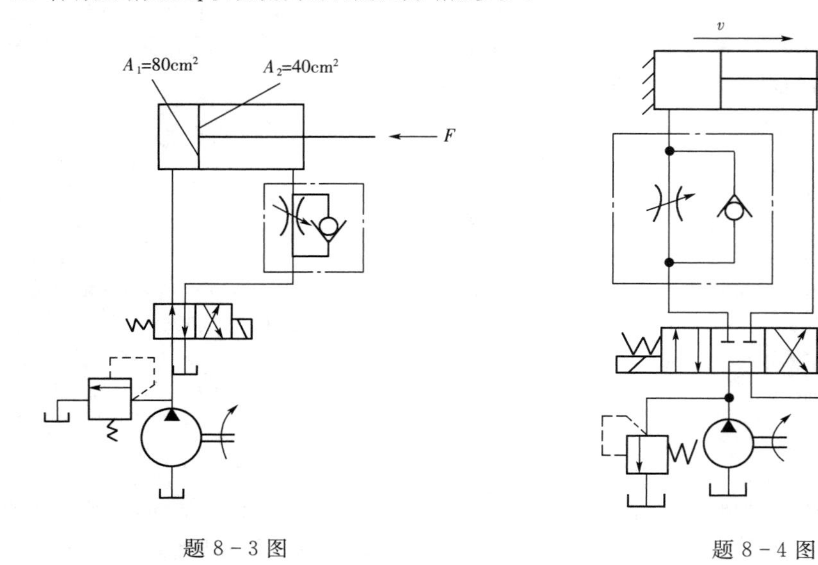

题 8－3 图　　　　题 8－4 图

8－5　图示进口节流调速系统，节流阀为薄壁孔型，流量系数为 $C_q = 0.67$，油的密度 $\rho = 900\text{kg/m}^3$，溢流阀的调整压力 $p_y = 1.2\times10^6\text{Pa}$，泵流量 $q_p = 20\text{L/min}$，活塞面积 $A_1 = 30\text{cm}^2$，负载 $F = 2400\text{N}$。试分析节流阀从全开到逐渐调小过程中，活塞运动速度如何变化及溢流阀的工作状况。

8－6　图示差压式变量叶片泵与节流阀组成的容积节流阀调速回路，已知液压缸两腔有效面积分别为 $A_1 = 50\text{cm}^2$，$A_2 = 25\text{cm}^2$，负载 $F = 10000\text{N}$，节流阀两端压差 $\triangle p = 4\times10^5\text{Pa}$，试求：

(1) 泵的高能工作压力，液压缸小腔压力；

(2) 回路效率 η。

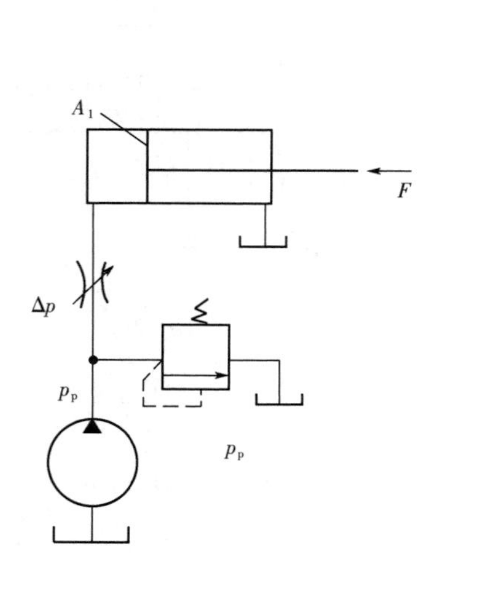

题 8－5 图

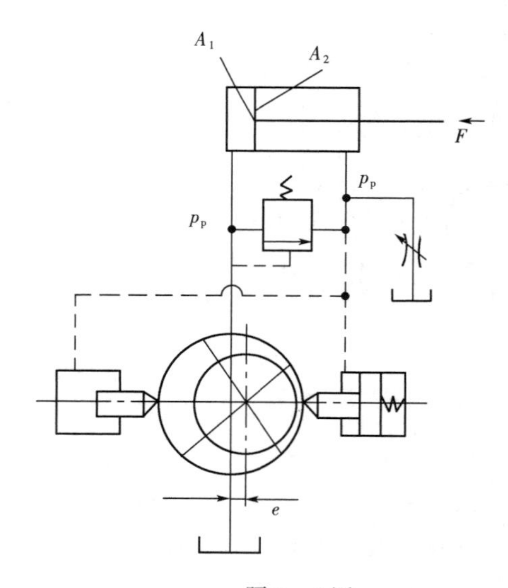

题 8－6 图

8-7　如图所示液压系统液压缸的有效面积 $A_1 = A_2 = 100\text{cm}$，缸 I 负载 $F = 35000\text{N}$，缸 Ⅱ 运动时负载为零；不计磨擦阻力、惯性力和管路损失；溢流阀、顺序阀和减压阀的调整压力分别为 $4.0 \times 10^6\text{Pa}$、$3.0 \times 10^6\text{Pa}$ 和 $2.0 \times 10^6\text{Pa}$。求在下列三种工况下 A、B、C 三点的压力。

(1) 液压泵启动后，两换向阀处于中位；

(2) 1YA 通电，液压缸 I 活塞运动时及活塞运动到终端后；

(3) 1YA 断电，2YA 通电，液压缸 Ⅱ 活塞运动时及活塞碰到固定挡块时。

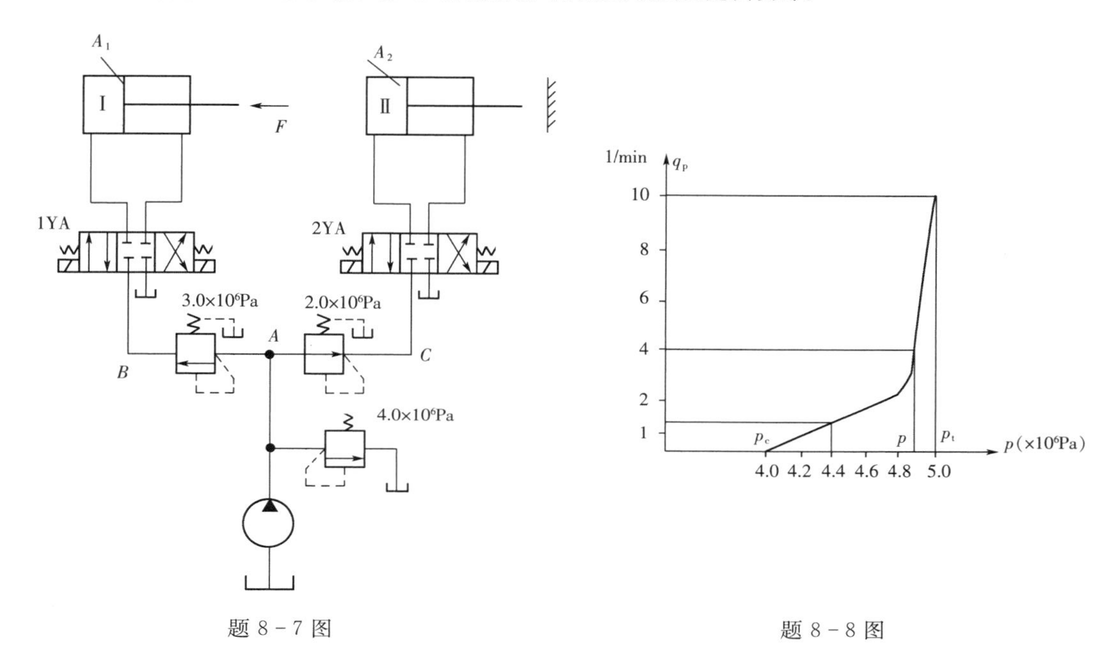

题 8-7 图　　　　题 8-8 图

8-8　图示为某溢流阀的流量—压力特性曲线。当定量泵输出的流量 $q_p = 10\text{L/min}$ 全部通过该阀时，其调定压力 $p_t = 5.0 \times 10^6\text{Pa}$，开启压力 $p_c = 4.0 \times 10^6\text{Pa}$。试问：

(1) 当溢流阀的溢流量 $q = 4\text{L/min}$ 时，溢流损失功率 ΔN 和执行元件的有效功率 N 各为多少？

(2) 当溢流量为 1L/min 时，溢流阀的稳压性能如何？

8-9　图 a、b 所示为液动阀换向回路。在主油路中装一个节流阀，当活塞运动到行程终点时切换控制油路中的电磁阀 3，然后利用节流阀的进出口压差来切换夜动阀 4，实现液压缸的换向。试判断图示两种方案是否都能正常工作？

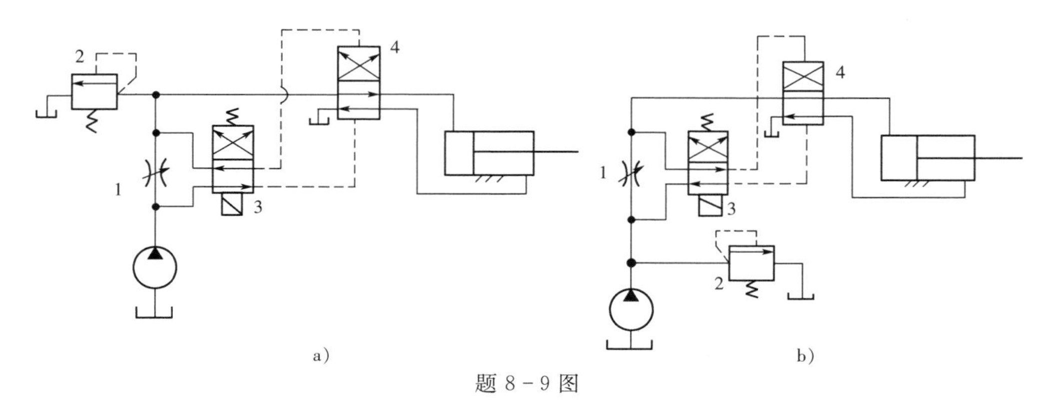

题 8-9 图

第 9 章　典型液压系统分析

本章以几个典型的液压系统为例，介绍实际的液压系统是由哪些基本回路构成，以及如何分析实际液压系统的工作原理和特点等。

在学习了流体力学的基本理论，掌握了液压元件的工作原理和性能特点，了解了作为系统基本组成单元的基本回路的作用与功能，已具备了一定的基础后，还应能分析和设计系统。要设计系统，必须先了解和掌握现有的系统，以借鉴前人的经验。为此，本章通过介绍一些液压传动系统的应用实例，来分解系统的构成，剖析各种元件在系统中的作用，分析系统的性能，从而为设计系统打下坚实的基础。

液压传动因其独特的优点，在国民经济各个部门和各行业中获得了广泛的应用。但是，不同专业的液压机械，其工作要求、工况特点、动作循环都不一样。因而，作为液压主机主要组成部分的液压系统，为了满足主机的各项要求，其系统的组成结构，采用的元件和作用特点等当然也不尽相同。

本章介绍几个液压系统的应用实例，分析它们的工作原理和性能特点，从而透过这些实例，使读者掌握分析液压系统的一般步骤和方法。实际的液压系统往往比较复杂，要读懂一个液压系统并非易事，通常必须分几步进行：

(1) 了解并分析主机对液压系统的工作要求，并逐条进行深入研究，抓住其与液压传动有关的实质性问题。

(2) 根据主机对液压系统执行元件动作循环要求，参照有关说明，从油源到执行元件按油路初读液压系统原理图。阅读时应先找控制元件和控制油路，后读主油路，每条油路都必须搞清“来龙去脉”，有去有回。

(3) 按基本回路分解系统的功能，并根据系统各执行元件间的同步、互锁、顺序动作和防干扰等方面的要求，再全面通读系统原理图，直至完全读懂。

(4) 分析系统各功能要求的实现方法和系统性能的优劣，最后总结归纳出系统的特点，以加深理解。

9.1　组合机床动力滑台液压系统

组合机床是由通用部件和某些专用部件所组成的高效率和自动化程度较高的专用机床，如图 9-1 所示，它能完成钻、镗、铣、刮端面、倒角、攻螺纹等加工和工件的转位、定位、夹紧、输送等动作。

9.1.1　液压系统的工作原理

动力滑台是组合机床的一种通用部件。在滑台上可以配各种工艺用途的切削头，例如安装动力箱和主轴箱、钻削头、铣削头、镗削头等。YT4543 型组合机床液压动力滑台可以实现多种不同的工作循环。其中一种比较典型的工作循环是：快进 —— 一工进 —— 二工进 —— 死挡铁停留 —— 快退 —— 停止。完成这一动作循环的动力滑台液压系统工作原理如图 9－2 所示。

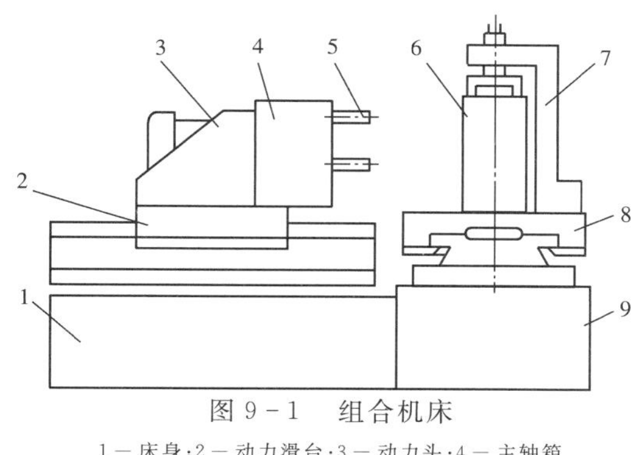

图 9－1　组合机床

1 — 床身；2 — 动力滑台；3 — 动力头；4 — 主轴箱

5 — 刀具；6 — 工件；7 — 夹具；8 — 工作台；9 — 底座

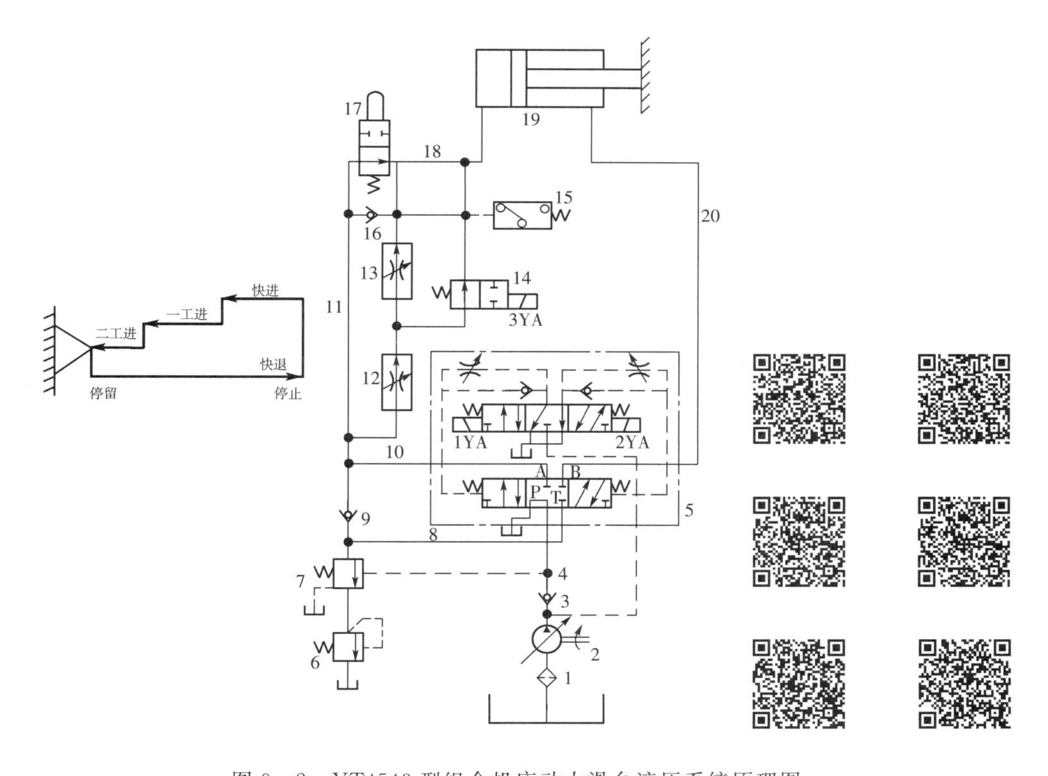

图 9－2　YT4543 型组合机床动力滑台液压系统原理图

1 — 滤油器；2 — 变量泵；3、9、16 — 单向阀；4、8、10、11、18、20 — 管路

5 — 电液动换向阀；6 — 背压阀；7 — 顺序阀；12、13 — 调速阀；14 — 电磁阀

15 — 压力继电器；17 — 行程阀；19 — 液压缸

系统中采用限压式变量叶片泵供油，并使液压缸差动联接以实现快速运动。由电液换向阀换向，用行程阀、液控顺序阀实现快进与工进的转换，用二位二通电磁换向阀实现一工进和二工进之间的速度换接。为保证进给的尺寸精度，采用了死挡铁停留来限位。实现工作循环的工作原理如下：

1. 快进

按下启动按钮，三位五通电液动换向阀 5 的先导电磁换向阀 1YA 得电，使之阀芯右移，左位进入工作状态，这时的主油路为：

进油路　滤油器 1—— 变量泵 2—— 单向阀 3—— 管路 4—— 电液换向阀 5 的 P 口到 A 口 —— 管路 10、11—— 行程阀 17—— 管路 18—— 液压缸 19 左腔

回油路　缸 19 右腔 —— 管路 20—— 电液动换向阀 5 的 B 口到 T 口 —— 油路 8—— 单向阀 9—— 油路 11—— 行程阀 17—— 管路 18—— 缸 19 左腔

这时形成差动连接回路。因为快进时，滑台的载荷较小，同时进油可以经阀 17 直通油缸左腔，系统中压力较低，所以变量泵 2 输出流量大，动力滑台快速前进，实现快进。

2. 第一次工进

在快进行程结束时，滑台上的挡铁压下行程阀 17，行程阀上位工作，使油路 11 和 18 断开。电磁铁 1YA 继续通电，电液动换向阀 5 左位仍在工作，电磁换向阀 14 的电磁铁处于断电状态。进油路必须经调速阀 12 进入液压缸左腔。与此同时，系统压力升高，将液控顺序阀 7 打开，并关闭单向阀 9，使液压缸实现差动连接的油路切断。回油经顺序阀 7 和背压阀 6 回到油箱。这时的主油路是：

进油路　滤油器 1—— 变量泵 2—— 单向阀 3—— 电液动换向阀 5 的 P 口到 A 口 —— 油路 10—— 调速阀 12—— 二位二通电磁换向阀 14—— 油路 18—— 液压缸 19 左腔

回油路　缸 19 右腔 —— 油路 20—— 电液动换向阀 5 的 B 口到 T 口 —— 管路 8—— 顺序阀 7—— 背压阀 6—— 油箱

因为工作进给时油压升高，所以变量泵 2 的流量自动减小，动力滑台向前做第一次工作进给，进给量的大小可以用调速阀 12 调节。

3. 第二次工进

在第一次工作进给结束时，滑台上的挡铁压下行程开关，使阀 14 的电磁铁 3YA 得电，阀 14 右位接入工作，切断了该阀所在的油路。经调速阀 12 的油液必须再经过调速阀 13 进入液压缸的右腔，其他油路不变。由于调速阀 13 的开口量小于阀 12，进给速度降低。进给量的大小可由调速阀 13 来调节。

4. 死挡铁停留

当动力滑台第二次工作进给终了碰上死挡铁后，液压缸停止不动，系统的压力进一步升高，达到压力继电器 15 的调定值时，经过时间继电器的延时，再发出电信号，使滑台退回。在时间继电器延时动作前，滑台停留在死挡铁限定的位置上。

5. 快退

时间继电器发出电信号后，2YA 得电，1YA 失电，3YA 断电，电液动换向阀 5 右位工作，这时的主油路为：

进油路　滤油器 1—— 变量泵 2—— 单向阀 3—— 油路 4—— 换向阀 5P 口到 B 口 —— 油路 20—— 缸的 19 的右腔

回油路　缸 19 的左腔 —— 油路 18—— 单向阀 16—— 油路 11—— 电液动换向阀 5 的 A 口到 T 口 —— 油箱

这时系统的压力较低，变量泵 2 输出流量大，动力滑台快速退回。由于活塞杆的面积大约为活塞的一半，所以动力滑台快进、快退的速度大致相等。

6. 原位停止

当动力滑台退回到原始位置时，挡块压下行程开关，这时电磁铁 1YA、2YA、3YA 都失电，电液动换向阀 5 处于中位，动力滑台停止运动，变量泵 2 输出油液经阀 5 的中位流回油箱，泵卸荷。

表 9－1 是这个液压系统的电磁铁和行程阀的动作表

表 9－1　YT4543 型组合机床动力滑台液压系统电磁铁和行程阀的动作表

	1YA	2YA	3YA	行程阀
快进	+	－	－	－
一工进	+	－	－	+
二工进	+	－	+	+
死挡铁停留	－	－	－	－
快退	－	+	－	－
原位停止	－	－	－	－

9.1.2　液压系统的特点

通过以上分析可以看出，为了实现自动工作循环，该液压系统应用了下列一些基本的回路：

(1) 调速回路　采用了由限压式变量泵和调速阀组成的容积节流调速回路。它既满足系统调速范围大，低速稳定性好的要求，又提高了系统的效率。进给时，在回油路上增加了一个背压阀，这样做一方面是为了改善速度稳定性(避免空气渗入系统，提高传动刚度)，另一方面是为了使滑台能承受一定的负值负载(即与运动方向一致的切削力)。

(2) 快速运动回路　采用限压式变量泵和差动连接两项措施实现快进，这样既能得到较高的快进速度，又不致系统效率过低。动力滑台快进和快退速度均为最大进给速度的 10 倍，泵的流量自动变化，即在快速行程时输出最大流量，工进时只输出与液压缸需要相适应的流量，死挡铁停留时只输出补偿系统泄漏所需的流量。系统无溢流损失，效率高。

(3) 换向回路　应用电液动换向阀实现换向，工作平稳、可靠，并由压力继电器与时间继电器发出的电信号控制换向。

(4) 快速运动与工作进给的换接回路　采用行程换向阀实现速度的换接，换接的性能好。同时利用换向后，系统中的压力升高使液控顺序阀接通，系统由快速运动的差动联接转换为使回油排回油箱。

(5) 两种工作进给的换接回路　采用了两个调速阀串联的回路结构。

9.2　液压机液压系统

9.2.1　概述

液压机是一种可用于加工金属、塑料、木材、皮革、橡胶等各种材料的压力加工机械，能完成锻压、冲压、折边、冷挤、校直、弯曲、成形、打包等多种工艺，具有压力和速度可大范围无级调整、可在任意位置输出全部功率和保持所需压力等许多优点，因而用途十分广泛。

液压机的结构形式很多，其中以四柱式液压机最为常见，通常由横梁、立柱、工作台、滑块和顶出机构等部件组成。液压机的主运动为滑块和顶出机构的运动。滑块由主液压缸(上缸)驱动，顶出机构由辅助液压缸(下缸)驱动，其典型工作循环如图 9-3 所示。液压机液压系统的特点是压力高，流量大，功率大，以压力的变换和控制为主。

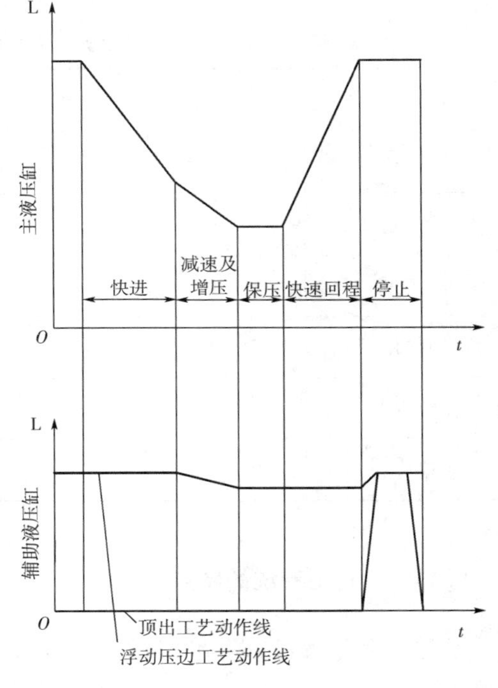

图 9-3　液压机的典型工作循环

9.2.2　工作原理

3150kN 插装阀式液压机的液压系统图和电磁铁动作顺序表分别如图 9-4 及表 9-2 所示。由图可见，这台液压机的主液压缸(上缸)能实现“快速下行 —— 慢速下行、加压 —— 保压 —— 释压 —— 快速返回 —— 原位停止”的动作循环，辅助液压缸(下缸)能实现“向上顶出 —— 向下退回 —— 原位停止”的动作循环。

该液压机采用二通插装阀集成液压系统，由五个集成块组成，各集成块组成元件及其在系统中的作用见表 9-3。

液压机的液压系统实现空载起动：按下起动按钮后，液压泵起动，此时所有电磁阀的电磁铁都处于失电状态，于是，三位四通电磁阀 4 处在中位。插装阀 F2 的控制腔经阀 3、阀 4 与油箱相通，阀 F2 在很低的压力下被打开，液压泵输出的油经阀 F2 直接回油箱。

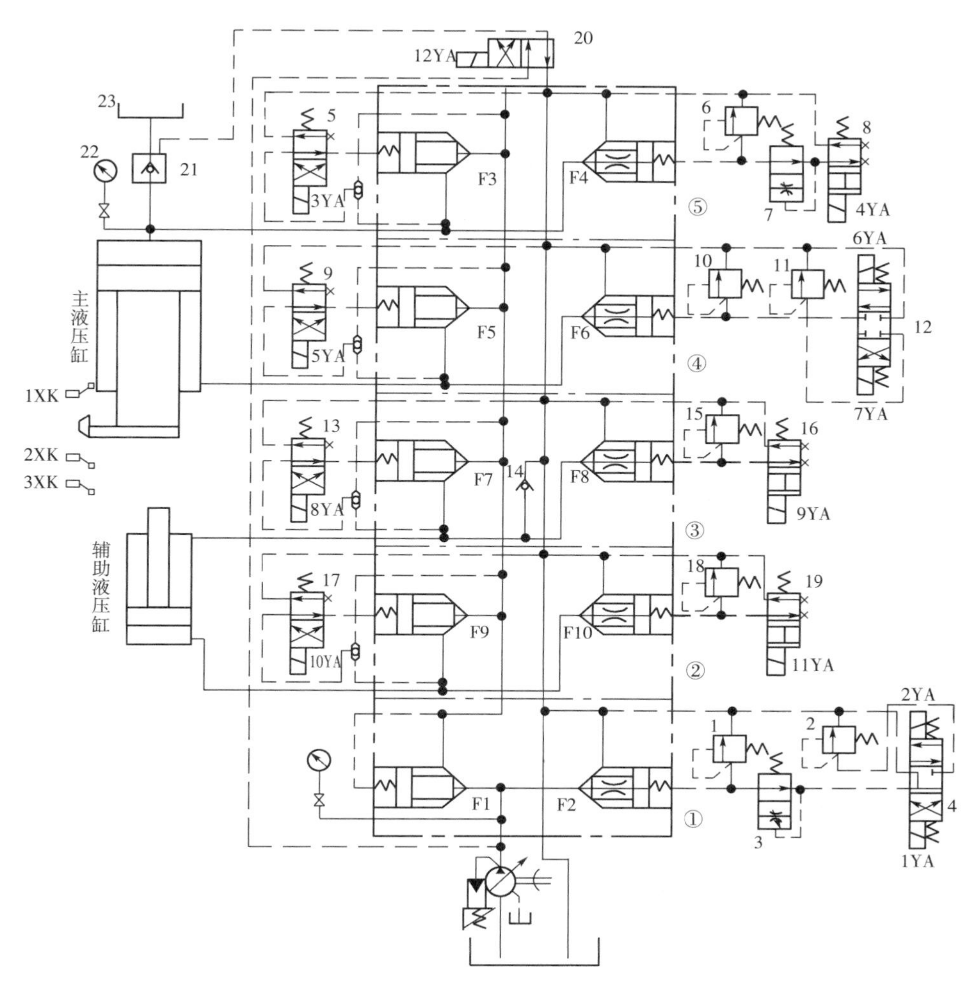

图 9-4　3150kN 插装阀式液压机的液压系统图

表 9-2　3150kN 插装阀式液压机液压系统电磁铁动作顺序表

动作程序		1YA	2YA	3YA	4YA	5YA	6YA	7YA	8YA	9YA	10YA	11YA	12YA
主液压缸	快速下行	+		+			+						
	慢速下行加压	+		+				+					
	保压												
	释压				+								
	快速返回		+		+	+							+
	原位停止												
辅助液压缸	向上顶出		+							+	+		
	向下退回		+						+			+	
	原位停止												

表 9－3　3150kN 液压机液压系统集成块组成元件和作用

集成块序号和名称	组成元件		在系统中的作用
（1）进油调压集成块	插装阀 F1 为单向阀		防止系统油流向泵，产生倒流
	插装阀 F2	和调压阀 1 组成安全阀	限制系统最高压力
		和调压阀 2、电磁阀 4 组成电磁溢流阀	调整系统工作压力
		和缓冲阀 3、电磁阀 4	减少泵卸荷和升压时的冲击
（2）辅助液压缸下腔集成块	插装阀 F9 和电磁阀 17 构成一个二位二通电磁阀		控制辅助液压缸下腔的进油
	插装阀 F10	和电磁阀 19 构成一个二位二通电磁阀	控制辅助液压缸下腔的回油
		和调压阀 18 组成一个安全阀	限制辅助液压缸下腔的最高压力
（3）辅助液压缸上腔集成块	插装阀 F7 和电磁阀 13 构成一个二位二通电磁阀		控制辅助液压缸下腔的进油
	插装阀 F8	和电磁阀 16 构成一个二位二通电磁阀	控制辅助液压缸下腔的回油
		和调压阀 15 组成一个安全阀	限制辅助液压缸上腔的最高压力
	单向阀 14		辅助液压缸作液压垫，活塞浮动下行时，上腔补油
（4）主液压缸下腔集成块	插装阀 F5 和电磁阀 9 组成一个二位二通电磁阀		控制主液压缸下腔的进油
	插装阀 F6	和电磁阀 12	控制主液压缸下腔的回油
		和调压阀 11	调整主液压缸下腔的平衡压力
		和调压阀 10 组成一个安全阀	限制主液压缸下腔的最高压力
（5）主液压缸上腔集成块	插装阀 F3 和电磁阀 5 组成一个二位二通电磁阀		控制主液压缸上腔的进油
	插装阀 F4	和电磁阀 8	控制主液压缸上腔的回油
		和缓冲阀 7、电磁阀 8	主液压缸上腔释压缓冲
		和调压阀 6 组成安全阀	限制主液压缸上腔的最高压力

液压系统在连续实现上述自动工作循环时，主液压缸的工作情况如下：

1. 快速下行

液压泵起动后，按下双手工作按钮，电磁铁 1YA、3YA、6YA 通电，使阀 4 和阀 5 下位接入系统，阀 12 上位接入系统。因而阀 F2 控制腔与调压阀 2 相连，阀 F3 和阀 F6 的控制腔则与油箱相通，所以阀 F2 关闭，阀 F3 和 F6 打开，液压泵向系统输油。这时系统中油液流动情况为：

进油路　液压泵 —— 阀 F1—— 阀 F3 主液压缸上腔

回油路　主液压缸下腔 —— 阀 F6—— 油箱

液压机上滑块在自重作用下迅速下降。由于液压泵的流量较小，主液压缸上腔产生负压，这时液压机顶部的副油箱 23 通过充液阀 21 向主液压缸上腔补油。

2. 慢速下行

当滑块以快速下行至一定位置，滑块上的挡块压下行程开关 2XK 时，电磁铁 6YA 断电，7YA 通电，使阀 12 下位接入系统，插装阀 F6 的控制腔与调压阀 11 相连，主液压缸下腔的油液经过阀 F6 在阀 11 的调定压力下溢流，因而下腔产生一定背压，上腔压力随之增高，使充液阀 21 关闭。进入主液压缸上腔的油液仅为液压泵的流量，滑块慢速下行。这时系统中油液流动情况为：

进油路　液压泵 —— 阀 F1—— 阀 F3—— 主液压缸上腔

回油路　主液压缸下腔 —— 阀 F6—— 油箱

3. 加压

当滑块慢速下行碰上工件时，主液压缸上腔压力升高，恒功率变量液压泵输出的流量自动减少，对工件进行加压。当压力升至调压阀 2 调定压力时，液压泵输出的流量全部经阀 F2 溢流回油箱，没有油液进入主液压缸上腔，滑块便停止运动。

4. 保压

当主液压缸上腔压力达到所要求的工作压力时，电接点压力表 22 发出信号，使电磁铁 1YA、3YA、7YA 全部断电，因而阀 4 和阀 12 处于中位，阀 5 上位接入系统；阀 F3 控制腔通压力油，阀 F6 控制腔被封闭，阀 F2 控制腔通油箱。所以，阀 F3、F6 关闭，阀 F2 打开，这样，主液压缸上腔闭锁，对工件实施保压，液压泵输出的油液经阀 F2 直接回油箱，液压泵卸荷。

5. 释压

主液压缸上腔保压一段所需时间后，时间继电器发出信号，使电磁铁 4YA 得电，阀 8 下位接入系统，于是，插装阀 F4 的控制腔通过缓冲阀 7 及阀 8 与油箱相通。由于缓冲阀 7 节流口的作用，阀 F4 缓慢打开，从而使主液压缸上腔的压力慢慢释放，系统实现无冲击释压。

6. 快速返回

主液压缸上腔压力降到一定值后，电接点压力表 22 发出信号，使电磁铁 2YA、4YA、5YA、12YA 都通电，于是，阀 4 上位接入系统，阀 8 和阀 9 下位接入系统，阀 20 右位接入系统；阀 F2 的控制腔被封闭，阀 F4 和阀 F5 的控制腔都通油箱，充液阀 21 的控制腔通压力油，因而阀 F2 关闭，阀 F4、F5 和阀 21 打开，液压泵输出的油液全部进入主液压缸下腔，由于下腔有效面积较小，主液压缸快速返回。这时系统中油液流动情况为：

进油路　液压泵 —— 阀 F1—— 阀 F5—— 主液压缸下腔

回油路　主液压缸上腔 —— {阀 F4—— 油箱；阀 21 副油箱}。

7. 原位停止

当主液压缸快速返回到达终点时，滑块上的挡块压下行程开关 1XK 让其发出信号，使所有电磁铁都断电，于是全部电磁铁都处于原位；阀 F2 的控制腔依靠阀 4 的 d 型中位机能与油箱相通，阀 F5 的控制腔与压力油相通。因而，阀 F2 打开，液压泵输出的油液全部经阀 F2 回油箱，液压泵处于卸荷状态；阀 F5 关闭，封住压力油流向主液缸下腔的通道，主液压缸停止运动。

液压机辅助液压缸的工作情况如下：

1. 向上顶出

工件压制完毕后，按下顶出按钮，使电磁铁 2YA、9YA 和 10YA 都通电，于是阀 4 上位接入系统，阀 16、17 下位接入系统；阀 F2 的控制腔被封死，插装阀 F8 和 F9 的控制腔通油箱。因而阀 F2 关闭，阀 F8、F9 打开，液压泵输出的油液进入辅助液压缸下腔，实现向上顶出。此时系统中油液流动情况为：

进油路　液压泵 —— 阀 F1—— 阀 F9—— 辅助液压缸下腔

回油路　辅助液压缸上腔 —— 阀 F8—— 油箱

2. 向下退回

把工件顶出模子后，按下退回按钮，使 9YA、10YA 断电，8YA、11YA 通电，于是阀 13、19 下位接入系统，阀 16、17 上位接入系统；阀 F7、F10 的控制腔与油箱相通，阀 F8 的控制腔被封死，阀 F9 的控制腔通压力油。因而，阀 F7、F10 打开，阀 F8、F9 关闭。液压泵输出的油液进入辅助液压缸上腔，其下腔油液回油箱，实现向下退回。这时系统中油液流动情况为：

进油路　液压 —— 阀 F1—— 阀 F7—— 辅助液压缸上腔

回油路　辅助液压缸下腔阀 ——F10 油箱

3. 原位停止

辅助液压缸到达下终点后，使所有电磁铁都断电，各电磁阀均处于原位，阀 F8、F9 关闭，阀 F2 打开。因而辅助液压缸上、下腔油路被闭锁，实现原位停止，液压泵经阀 F2 卸荷。

9.2.3　性能分析

从上述可知，该液压机液压系统主要由压力控制回路、换向回路和快慢转换回路等组成，并采用二通插装阀集成化结构。因此，可以归纳出这台液压系统的以下一些性能特点：

(1) 系统采用高压大流量恒功率(压力补偿) 变量液压泵供油，并配以由调压阀和电磁阀构成的电磁溢流阀，使液压泵空载起动，主、辅液压缸原位停止时液压泵均卸荷，这样既符合液压机的工艺要求，又节省能量。

(2) 系统采用密封性能好、通流能力大、压力损失小的插装阀组成液压系统，具有油路简单、结构紧凑、动作灵敏等优点。

(3) 系统利用滑块的自重实现主液压缸快速下行，并用充液阀补油，使快动回路结构简单，使用元件少。

(4) 系统采用由可调缓冲阀 7 和电磁阀 4 组成的释压回路，来减少由“保压”转为“快退”时的液压冲击，使液压机工作平稳。

(5) 系统在液压泵的出口设置了单向阀和安全阀，在主液压缸和辅助液压缸的上、下腔的进出油路上均设有安全阀；另外，在通过压力油的插装阀F3、F5、F7、F9的控制油路上都装有梭阀，这些多重保护措施保证了液压机的工作安全可靠。

9.3　注塑机液压系统

9.3.1　概述

注塑机是塑料注射机的简称，是热塑性塑料制品的成型加工设备。它将颗粒塑料加热熔化后，高压快速注入模腔，经一定时间的保压，冷却后成型为塑料制品。由于注塑机具有复杂制品一次成型的能力，因此在塑料机械中，它的应用最广。

注塑机一般由合模部件、注射部件、液压系统及电气控制部分等组成，其外形如图9-5所示。

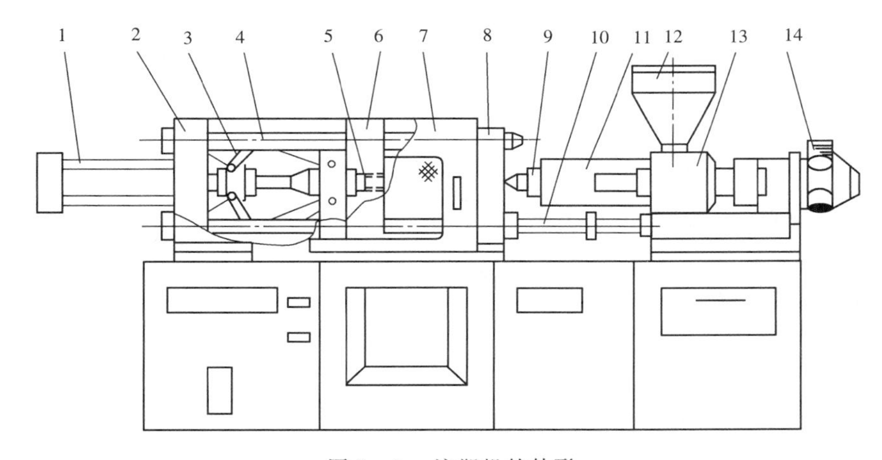

图9-5　注塑机的外形

1—合模液压缸；2—后固定模板；3—曲轴连杆机构；4—拉杆；5—顶出缸；6—动模板；7—安全门；8—前固定模板；9—注射螺杆；10—注射座移动缸；11—机筒；12—料斗；13—注射缸；14—液压马达

注塑机的一般工艺过程见图9-6。

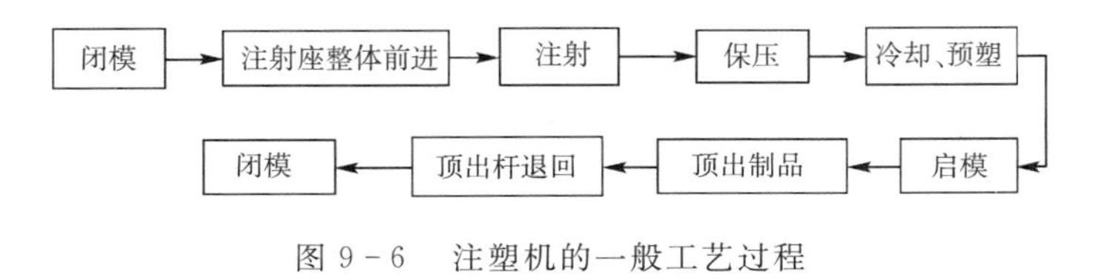

图9-6　注塑机的一般工艺过程

注塑机对液压系统的要求是：

(1) 足够的合模力　熔化塑料以120～200MPa的高压注入模腔，所以合模后液压缸必须产生足够的合模力，否则在注塑时模具会离缝而使塑料制品产生溢边。

(2) 开、合模速度可调　空程时要求快速，以提高生产率；合模时要求慢速，以免撞坏模具和制品，并减少振动和噪声。一般开、合模的速度按慢—快—慢的规律变化。

(3) 注射座整体进、退　注射座移动液压缸应有足够的推力，以保证注塑时喷嘴和模具浇口紧密接触。

(4) 注射压力和速度可调　这是为了适应不同塑料品种、制品形状及模具浇注系统的不同要求而提出来的。

(5) 保压及其压力可调　塑料注射完毕后，需要保压一段时间，以保证塑料紧贴模腔而获得精确的形状，另外在制品冷却凝固而收缩的过程中，熔化塑料可不断充入模腔，防止产生充料不足的废品。保压的压力也要求根据不同情况可以调整。

(6) 制品顶出速度平稳　顶出速度平稳，以保证制品不受损坏。

9.3.2　工作原理

图 9-7 所示为 250g 注塑机液压系统原理图。该机每次最大注射量(硬胶)为 250g，属于中小型注塑机。各执行元件的动作循环主要依靠行程开关切换电磁换向阀来实现。电磁铁动作顺序如表 9-4 所示。

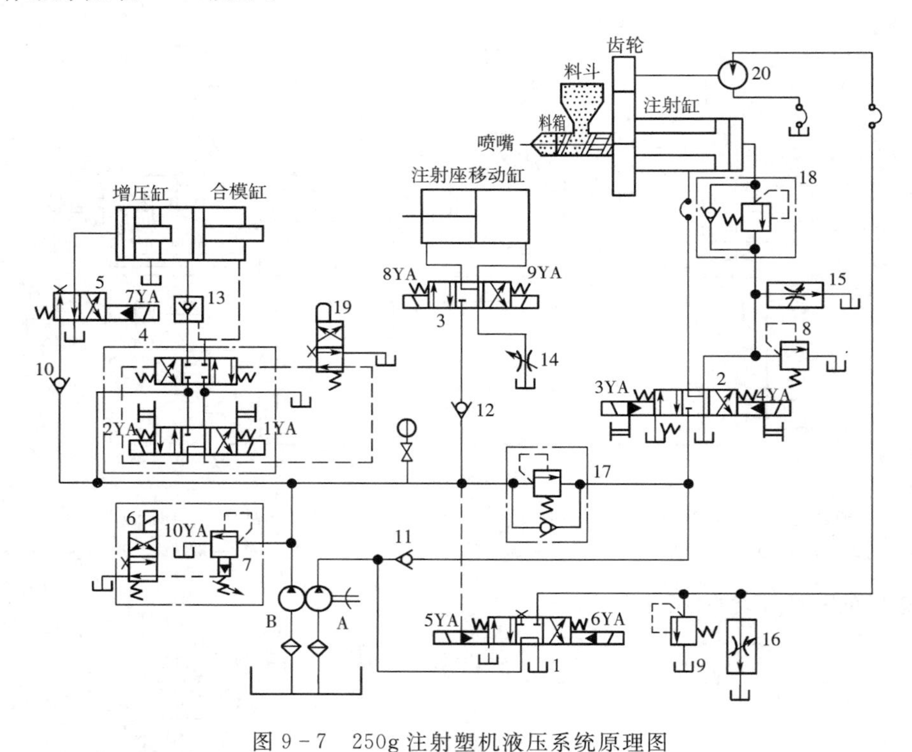

图 9-7　250g 注射塑机液压系统原理图

A—大流量液压泵；B—小流量液压泵；1、2—电液换向阀；3—电磁换向阀
4、5—电液换向阀；6—电磁换向阀；7、8、9—溢流阀；10、11、12—单向阀；13—液控单向阀
14—节流阀；15、16—调速阀；17、18 单向顺序阀；19—行程阀；20—液压马达

为保证安全生产，注塑机设置了安全门，并在安全门下装设一个行程阀 19 加以控制，只有在安全门关闭的情况下才能合模。

1. 合模

合模过程是动模板向定模板靠拢，动模板由合模液压缸驱动，合模速度一般按慢—快—慢顺序进行。

(1) 慢速合模。电磁铁 1YA、10YA 通电，电液换向阀 4 右位接入系统，电磁阀 6 下位接入系统。大流量液压泵 A 通过电液换向阀 1 的 M 型中位机能卸荷。小流量液压泵 B 的压力油经阀 4、液控单向阀 13 进入合模液压缸左腔，右腔油液经阀 4 回油箱。合模液压缸活塞推着动模板慢速合模。

(2) 快速合模。慢速合模转为快速合模时，压下行程开关使电磁铁 5YA 通电，阀 1 左位接入系统，液压泵 A 不再卸荷，其压力油经单向阀 11. 单向顺序阀 17 与液压泵 B 的压力油汇合，共同向合模液压缸供油，实现快速合模。

快速合模又转为慢速合模时，同样压下行程开关，使 5YA 断电，阀 1 复位，其油路状况同前。

表 9-4　电磁铁动作表

电磁铁 动作	1YA	2YA	3YA	4YA	5YA	6YA	7YA	8YA	9YA	10YA
慢速合模	+									+
快速合模	+				+					+
增压锁模	+						+			+
注射座前进							+		+	+
注射				+	+		+		+	+
注射保证				+			+		+	+
减压(放气)		+							+	+
再增压	+						+		+	+
预塑进料						+	+		+	+
注射座后退										+
慢速开模		+								+
快速开模		+								+
系统卸荷										

2. 增压锁模

动模板到位后压下行程开关，使电磁铁 7YA 通电，电液换向阀 5 右位接入系统，增压缸工作，其活塞给合模液压缸增压。液压泵 B 的压力由溢流阀 7 调定。动模板的锁紧由单向阀 10 保证。

3. 注射座前进

注射座(图 9-7 中未画)由注射座移动液压缸驱动。按下按钮使电磁铁 9YA 通电，电磁阀 3 右位接入系统，液压泵 B 的压力油经阀 12、阀 3 进入注射座移动液压缸右腔，左腔油液经节流阀 14 回油箱。注射座左移，使喷嘴与模具接触。注射座的顶紧由单向阀 12 保证。

4. 注射

注射座到达预定位置后，压下行程开关，使电磁铁 4YA、5YA 通电，电液换向阀 2 右位接入系统，阀 1 左位接入系统。于是，液压泵 A 的压力油经阀 11，与经阀 17 而来的液压泵 B 的压力油汇合，一起经阀 2、单向顺序阀 18 进入注射液压缸右腔，左腔油液经阀 2 回油箱。注射液压缸活塞带动注射螺杆将料筒前端的熔料经喷嘴快速注入模腔。注射速度由旁路调速阀 15 调节。单向顺序阀 18 在预塑时产生一定背压,溢流阀 8 起定压作用。

5. 注射保压

由于注射液压缸对模腔内的熔料实行保压并补塑时,注射液压缸活塞位移量较小,只需少量油液即可。所以,电磁铁 5YA 断电,阀 1 处于中位,液压泵 A 卸荷,液压泵 B 单独供油,实现保压,多余的油液经阀 7 溢回油箱。

6. 减压(放气)、再增压

先电磁铁 1YA、7YA 失电,2YA 通电;后 1YA、7YA 通电,2YA 失电,使动模板略松一下后,再继续压紧,以放尽模腔中气体,保证制品质量。

7. 预塑进料

保压完毕,从料斗中加入的物料随着螺杆的旋转被带至料筒前端,进行加热熔化,并在螺杆头部逐渐建立起一定压力。当此压力足以克服注射液压缸活塞退回的背压阻力时,螺杆开始后退。后退到预定位置,即螺杆头部熔料达到所注射量时,螺杆停止后退和转动,准备下一次注射。与此同时,模腔内的制品冷却成形。

螺杆转动由液压马达 20 通过一次减速齿轮驱动。这时,电磁铁 6YA 通电,阀 1 右位接入系统,液压泵 A 的压力油经阀 1 进液压马达,液压马达回油直通油箱。液压马达转速由旁路调速阀 16 调节,溢流阀 9 为安全阀。

螺杆后退时,阀 2 处于中位,注射液压缸右腔油液经单向顺序阀 18 和阀 2 回油箱,其背压力由阀 18 调节。同时注射液压缸左腔形成真空,依靠阀 2 中位机能补油。

8. 注射座后退

保压结束,电磁铁 8YA 通电,阀 3 左位接入系统,液压泵 B 的压力油经阀 12、阀 3 进入注射座移动液压缸左腔,右腔油液经阀 3、阀 14 回油箱,使注射座后退。液压泵 A 经阀 1 卸荷。

9. 开模

开模速度一般历经慢 — 快 — 快过程。

(1) 慢速开模　电磁铁 2YA 通电,阀 4 左位接入系统,液压泵 B 的压力油经阀 4 进入合模液压缸右腔,左腔的油经液控单向阀 13. 阀 4 回油箱。液压泵 A 经阀 1 卸荷。

(2) 快速开模　此时电磁铁 2YA 和 5YA 都通电,A、B 两个液压泵汇流向合模液压缸右腔供油,开模速度提高。

10. 系统卸荷

合模液压缸活塞退到位后,系统所有电磁铁都失电。液压泵 A 经阀 1 卸荷,液压泵 B 经先导式溢流阀 7 卸荷。

9.3.3 性能分析

(1) 由于该系统在整个工作循环中,合模缸和注射缸等液压缸的需油量变化较大;另外在闭模和注射后又有较长时间的保压,故系统采用双液压泵供油回路。液压缸快速动作时,双液压泵合流,共同供油;慢速动作或保压时,液压泵 B(额定流量为 $7.4\times10^{-4}\,m^3/s$) 供油,液压泵 A(额定流量为 $26.2\times10^{-4}\,m^3/s$) 卸荷,系统功率利用比较合理。

(2) 由于合模液压缸要求实现快、慢速开模和合模以及锁模动作,系统采用电液换向阀直接控制其运动方向，并为保证足够的锁模力（最大锁模为 90×10^4N），系统设置了增压液压缸。因此，合模液压缸动作回路比较简单。

(3) 由于注射液压缸运动速度也较快，但运动平稳性要求不高，故系统用调速阀旁路节流调速回路，即能满足要求。由于预塑时要求有背压，所以在注射液压缸无杆腔出口处串联一个背压阀。

(4) 由于工艺要求注射座移动液压缸在不工作时应处于浮动状态，系统采用 Y 型中位机能的电磁换向阀，并采用回油节流调速回路，调节注射座移动液压缸的运动速度，以提高平稳性。

(5) 由于螺杆转速较高，而对速度平稳性无过高要求，故系统也采用调速阀旁路节流调速回路，且因螺杆不要求反转，因此液压马达实现单向旋转即可。

(6) 由于注塑机的注射压力很大（最大注射力可达 153MPa），为确保操作安全，该机设置了安全门，在安全门下端装一个行程阀，串接在电液阀 4 的控制油路上，控制合模液压缸的动作。只有当操作者离开，将安全门关闭，压下行程阀，电液阀才有控制油进入，合模液压缸才能合模，从而保障了人身安全。

(7) 由于注塑机的执行元件较多，其循环动作主要由行程开关控制，按预定顺序完成。这种控制方式机动灵活，系统较简单。

9.4　数控车床液压系统

CK3225 数控机床可以车削内圆柱、外圆柱和圆锥及各种圆弧曲线，适用于形状复杂、精度高的轴类和盘类零件的加工。

1. 液压系统

图 9-8 为 CK3225 系列数控机床的液压系统。它的作用是用来控制卡盘的夹紧与松开；主轴变档、转塔刀架的夹紧与松开；转塔刀架的转位和尾座套筒的移动。

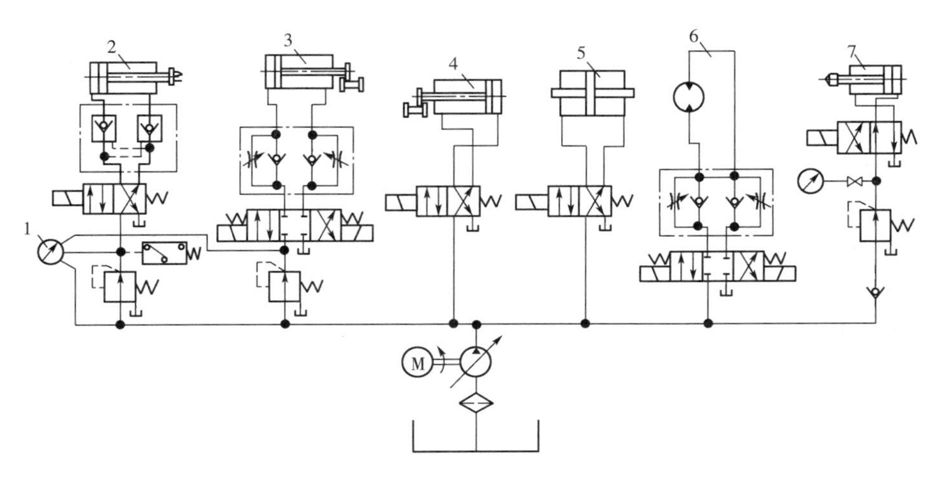

图 9-8　液压系统图

1—压力表；2—卡盘液压缸；3—变挡液压缸 I；4—变挡液压缸 II

5—转塔夹紧缸；6—转塔转位液压马达；7—尾座液压缸

2. 卡盘支路

支路中减压阀的作用是调节卡盘夹紧力，使工件既能夹紧，又尽可能减小变形。压力继电器的作用是当液压缸压力不足时，立即使轴停转，以免卡盘松动，将旋转工件甩出，危及操作者的安全以及造成其他损失。该支路还采用液控单向阀的锁紧回路。在液压缸的进、回油路中都串联液控单向阀（又称液压锁），活塞可以在行程的任何位置锁紧，其锁紧精度只受液压缸内少量的内泄漏影响，因此锁紧精度较高。

3. 液压变速机构

变档液压缸Ⅰ回路中，减压阀的作用是防止拨叉在变档过程中滑移齿轮和固定齿轮端部接触（没有进入啮合状态），如果液压缸压力过大会损坏齿轮。

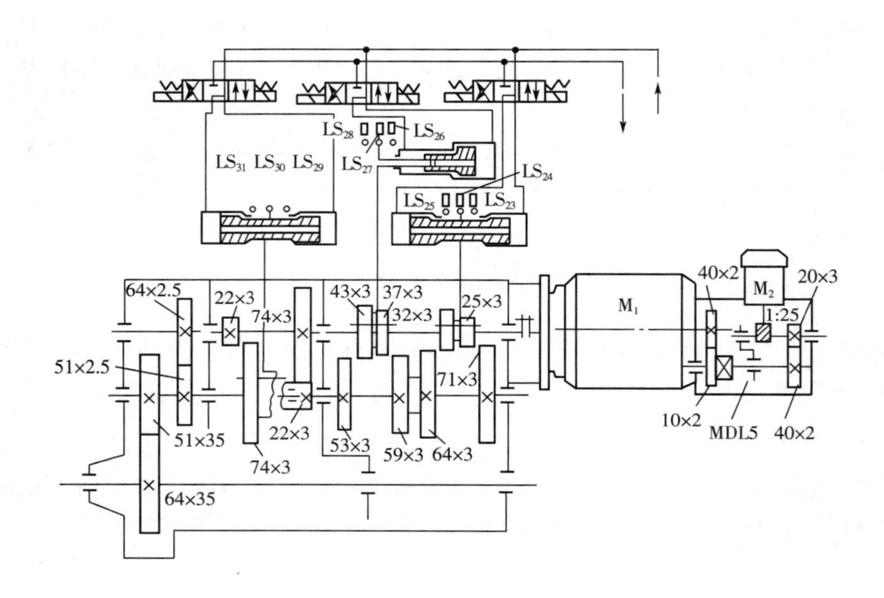

图 9-9　典型液压变速机构的原理图

液压变速机构在数控机床及加工中心得到普遍使用。图 9-9 为一个典型液压变速机构的原理图。三个液压缸都是差动液压缸，用 Y 型三位四通电磁阀来控制。滑移齿轮的拨叉与变速油缸的活塞杆连接。当液压缸左腔进油右腔回油、右腔进油左腔回油或左右两腔同时进油时，为了使齿轮不发生顶齿而顺利地进入啮合，应使传动链在低速下运行。为此，对于采取无级调速电动机的系统，只需接通电动机的某一低速驱动的传动链运转；对于采用恒速交流电动机的纯分级变速系统，则需设置如图所示的慢速驱动电动机 M_2，在换速时启动 M_2 驱动慢速传动链运转。自动变速的过程是：启动传动链慢速运转—根据指令 5 接通相应的电磁换向阀和主电动机 M_1 的调速信号—齿轮块滑移和主电动机的转速接通—相应的行程开关被压下发出变速完成信号—断开传动链慢速转动—变速完成。

思考与练习

9－1　根据图的 YT4543 型动力滑台液压系统图,完成以下各项工作：

(1) 写出差动快进时液压缸左腔压力 p_1 与右腔压力 p_2 的关系式。

(2) 说明当滑台进入工进状态,但切削刀具尚未触及被加工工件时,什么原因使系统压力升高并将液控顺序阀 4 打开？

(3) 在限压式变量泵的 $p-q$ 曲线上定性标明动力滑台在差动快进、第一次工进、第一次工进、止挡铁停留、快退及原位停止时限压式变量叶片泵的工作点。

9－2　图示的压力机液压系统能实现快进 → 慢进 → 保压 → 快退 → 停止的动作循环。试读懂此液压系统图,并写出：(1) 包括油液流动情况的动作循环表；(2) 标号元件的名称和功用。

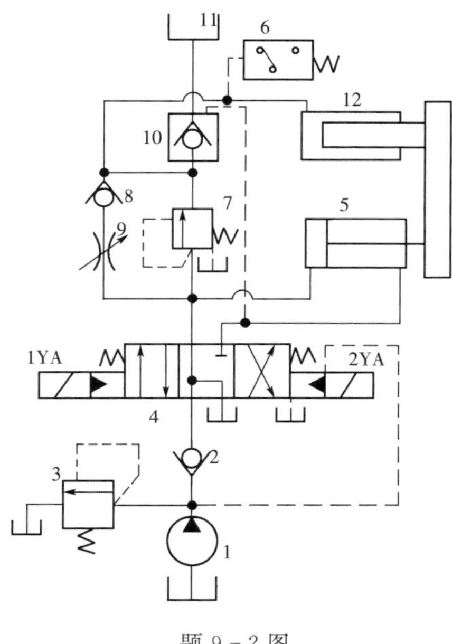

题 9－2 图

第10章　液压系统的设计与计算

本章简要介绍了液压传动系统的设计和计算，并汇集一些必须的设计公式、表格及经验数据，以便读者查阅。

10.1　液压系统设计的步骤

液压传动系统的设计是整机设计的一部分，除应满足主机要求的功能和性能外，力求设计出满足重量轻、体积小、结构简单、成本低、效率高、使用维修方便等一般要求及工作可靠这一特别重要要求的系统。目前液压系统的设计主要还是经验法，即使使用计算机辅助设计，也是在专家的经验指导下进行的。因而就其设计步骤而言，往往随设计的实际情况，设计者的经验不同而各有差异，从总体上看，其基本内容是一致的，具体设计步骤如图10－1。

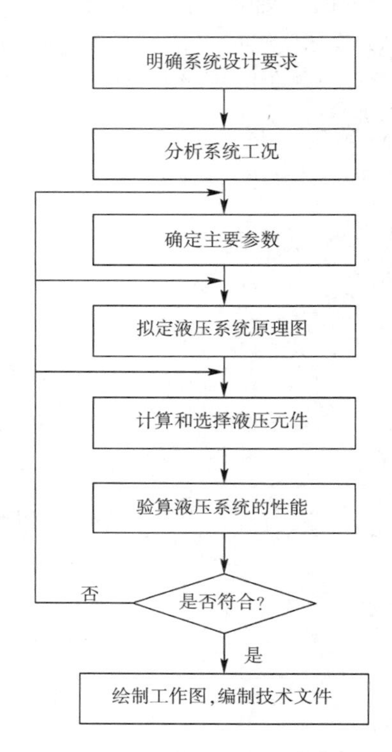

图10－1　液压系统设计步骤

应该指出，上述设计步骤，只说明一般设计的过程和内容。在实际设计过程中，这些步骤是相互联系，相互影响的。也不一定所有各项的先后顺序是固定不变的，往往是相互穿插，交叉进行的，进行多次反复才能完成。

10.2　明确设计要求、进行工况分析

10.2.1　明确设计要求

首先要对机械设备主机的工作情况进行详细的分析，明确主机对液压系统的动作、性能以及工作环境等要求，具体包括：

(1)主机的用途、主要结构、总体布局，主机对液压系统执行元件在位置布置和空间尺寸上的限制。

(2)主机的工作循环，液压系统执行元件的运动方式及其工作范围。

(3)液压执行元件的载荷特性、行程和运动速度大小等。

(4)主机对液压执行元件的动作顺序或互锁要求。

(5)对液压系统执行元件动作控制方式、控制精度和液压系统的工作效率、自动化程度等方面的要求。

(6)对液压系统防尘、防爆、防寒、防震、安全可靠性等的要求。

(7)其他方面的要求,如体积、重量、经济性等方面的要求。

10.2.2　工况分析

工况分析主要指对液压执行元件的工作情况的分析,即进行运动分析和负载分析。分析的目的是了解在工作过程中执行元件的速度、负载变化的规律,并将此规律用曲线表示出来,作为拟定液压系统方案、确定系统主要参数(压力和流量)的依据。若液压执行元件动作比较简单,也可不作图,只需找出最大负载和最大速度即可。

1. 运动分析

运动分析就是研究工作机构,根据工艺要求应以什么样的运动规律完成工作循环、运动速度的大小、加速度是恒定的还是变化的、行程大小及循环时间长短等。为此必须确定执行元件的类型,并绘制位移—时间循环图或速度—时间循环图。

现以图10-2所示的液压缸驱动的组合机床滑台为例来说明,图10-2a是机床的动作循环图,由图可见,工作循环为快进→工进→快退;图10-2b是完成一个工作循环的速度—位移(v—t)曲线,即速度图。

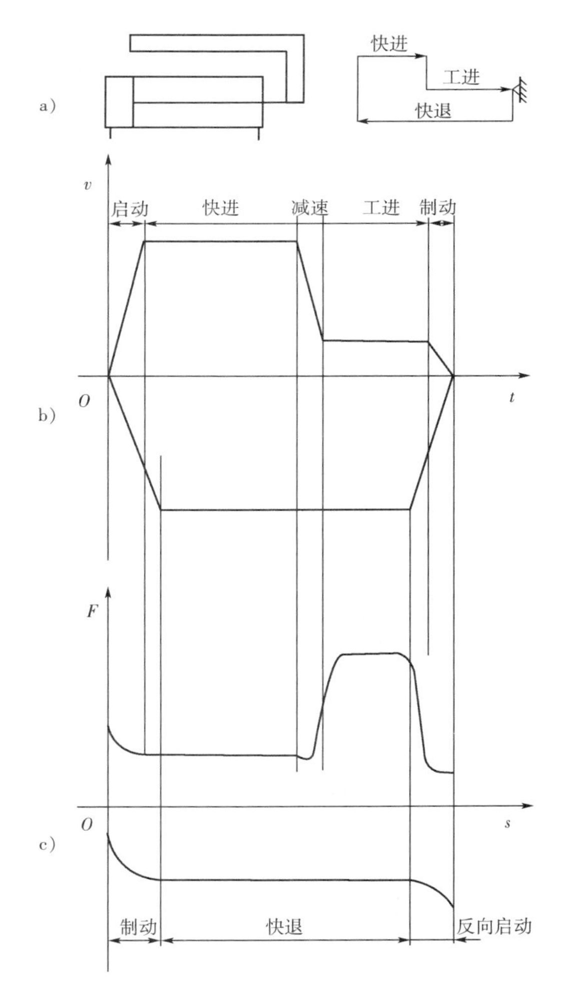

图10-2　组合机床工况图

2. 负载分析

负载分析是通过计算确定各液压执行元件的负载大小和方向,并分析各执行元件运动过程中的振动、冲击及过载能力等情况。对于负载变化规律复杂的系统必须绘出负载循环图。不同工作目的的系统,负载分析的着重点不同。图10-2c是该组合机床的负载图,这个图是按设备的工艺要求,把执行元件在各阶段的负载用曲线表示,由此图可直观地看出在运动过程中何时受力最大、何时最小等各种情况,以此作为以后的设计依据。

现具体分析液压缸所承受的负载,在一般情况下,液压缸承受的负载有工作负

载 F_L、摩擦阻力负载 F_f、惯性负载 F_a、重力负载 F_g、背压负载 F_b 和液压缸自身的密封阻力 F_{af}。即作用在液压缸上的外负载为

$$F = F_L + F_f + F_a + F_g + F_b + F_{af} \tag{10.2-1}$$

(1) 工作负载 F_L：工作负载与设备的工作性质有关，可以是定量，也可以是变量，可以是正值，也可以是负值，有时还可能是交变的。在机床上，与运动件的方向同轴的切削力的分量是工作负载，而对于提升机、千斤顶等来说所移动的物体的重量就是工作负载。

(2) 摩擦阻力负载 F_f：摩擦阻力是指运动部件与支承面间的摩擦力，它与支承面的形状、放置情况、润滑条件以及运动状态有关。对于机床可由下列公式计算

平行导轨有

$$F = f(mg + F_N) \tag{10.2-2}$$

V 型导轨有

$$F = f\frac{mg + F_N}{\sin\left(\frac{\alpha}{2}\right)} \tag{10.2-3}$$

式中：m —— 运动部件总重量，kg；

F_N—— 作用在导轨上的垂直载荷，N；

f—— 导轨摩擦系数，其值可以参考表 10-1；

α ——V 型导轨夹角，通常取 $\alpha = 90°$。

表 10-1　导轨摩擦系数

导轨种类	导轨材料	工作状态	摩擦系数 μ
滑动导轨	铸铁对铸铁	启动	0.16 ~ 0.2
		低速运动($v < 10$m/min)	0.1 ~ 0.12
		高速运动($v > 10$m/min)	0.05 ~ 0.08
滚动导轨	铸铁导轨对滚动体	—	0.005 ~ 0.02
	淬火钢导轨对滚动体		0.003 ~ 0.006
静压导轨	铸铁对铸铁	—	0.0005

(3) 惯性负载 F_a：惯性负载是液压缸在起动和制动时，由于运动速度变化，由其惯性而产生的负载，可用牛顿第二定律计算。

$$F_a = ma = m\frac{\Delta v}{\Delta t} \tag{10.2-4}$$

式中：m —— 运动部件的质量，kg；

a —— 运动部件的加速度，m/s^2；

Δv —— 速度的变化量，m/s；

Δt —— 起动或制动时间，s；一般取 $\Delta t = 0.1 \sim 0.5$s。

(4) 重力负载 F_g：当工作部件垂直或倾斜放置时，自重也是一种负载；但工作部件水平放置时，$F_g = 0$。

(5) 背压负载 F_b：液压缸运动时还必须克服回油路压力形成的背压阻力 F_b，其值可在

最后计算时确定，一般为回油路压力和面积的乘积。

(6) 液压缸自身的密封阻力 F_{af}：液压缸工作时必须克服其内部密封装置产生的摩擦阻力 F_{af}，其值与密封装置的类型、油液工作压力，特别是液压缸的制造质量有关，一般将它计入液压缸的机械效率，通常取效率 $\eta=0.85\sim0.9$。

若执行机构为液压马达，其负载力矩计算方法与液压缸相类似。

3. 执行元件的参数确定

压力和流量是液压系统最主要的两个参数。根据两个参数来计算和选择液压元件、辅助元件和电动机的规格型号。首先选定系统工作压力，即确定执行元件的几何参数，再根据所选的执行元件计算流量。

(1) 选定工作压力

在液压传动中，系统所传递的功率是压力和流量两个参数的乘积，充分说明这两个参数是紧密相关的。如果系统功率一定，系统压力选得低，则元件尺寸大，重量重，因而是不经济的；若选取较高的压力，则元件尺寸减小，重量减轻，较经济；但再继续提高压力，也会出现不良的后果，会导致泵体、阀体等壁厚的增大，材质要提高，制造精度也要提高，反而达不到经济效果。

重量与尺寸在普通工业设备中，不是最主要的因素。但在航空工业中，尺寸和重量就成为一个突出的设计因素。统计资料表明：当系统工作压力从21MPa提高到28MPa可使管道减重4.5%，液压缸减重8%，蓄能器减重6.5%，油箱减重2%，液压油减重21%，整个液压系统可减重5%左右；当压力进一步提高到35MPa时，系统重量将进一步减小10%，但也不能由此按比例得出结论，压力越高，尺寸、重量就越小。只有在某一压力范围内液压元件和辅助元件等材料的机械性能得到最充分的发挥，尺寸和重量才最小，否则将会得到相反效果。

综上所述，应根据实际情况选取适当的工作压力。执行元件工作压力可以根据总负载值或主机设备类型选取，见表10-2和表10-3。

表10-2　按负载选择执行元件的工作压力

负载 F/kN	<5	$5\sim10$	$10\sim20$	$20\sim30$	$30\sim50$	>50
工作压力 p/MPa	$<0.8\sim1.0$	$1.5\sim2.0$	$2.5\sim3.0$	$3.0\sim4.0$	$4.0\sim5.0$	$>5.0\sim7.0$

表10-3　各类液压设备常用工作压力

设备类型	机床				农业机械、小型工程机械、工程机械辅助机构	液压压力机、重型机械、大中型挖掘机械、起重运输机械
	磨床	组合机床	龙门刨床	拉床		
工作压力 p/MPa	$0.8\sim2.0$	$3.0\sim5.0$	$\leqslant8.0$	$8.0\sim10.0$	$10.0\sim16.0$	$20.0\sim32.0$

(2) 确定执行元件的几何参数

对于液压缸来说，如图10-3所示为单杆活塞液压缸，其内径为 D，杆径为 d。

当负载为 F，它的几何参数就是有效工作面积 A，对液压马达来说就是排量 V。以液压

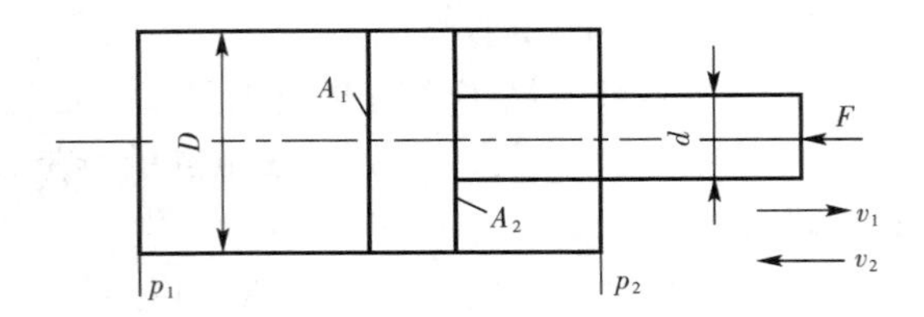

图 10-3　单杆活塞液压缸

缸活塞杆伸出为例,液压缸有效工作面积 A_1 和 A_2 可由下式求得

$$p_1A_1 - p_2A_2 = F/\eta_{cm} \tag{10.2-5}$$

式中:p_1—— 液压缸进油腔压力,Pa,初步计算可取系统工作压力 p_p;

p_2—— 液压缸回油腔压力(背压),Pa,初步计算时可按表 10-4 选取;

A_1—— 液压缸无杆腔面积,m^2;

A_2—— 液压缸有杆腔面积,m^2;

F—— 液压缸上的外负载,N;

η_{cm}—— 液压缸的机械效率;一般取 0.9 ~ 0.97,压力高时取大值,压力低取小值。

表 10-4　执行元件的回油路压力(背压)

系统类型	背压 p_2/MPa
回油路上有节流阀的调速系统	0.2 ~ 0.5
回油路上有背压阀或调速阀的调速系统	0.5 ~ 1.5
采用辅助泵补油的闭式回路	1.0 ~ 1.5

液压缸的有效工作面积 A 又有以下计算

$$A_1 = \frac{\pi D^2}{4} \qquad A_2 = \frac{\pi}{4}(D^2 - d^2)$$

液压缸的内径 D 和活塞杆径 d 之比可分别按表 10-5 和表 10-6 取得。

表 10-5　按工作压力选 d/D

工作压力 /MPa	≤5.0	5.0 ~ 7.0	≥7.0
d/D	0.5 ~ 0.55	0.62 ~ 0.70	0.7

表 10-6　按速度比选取 d/D

v_2/v_1	1.15	1.25	1.33	1.46	1.61	2
d/D	0.3	0.4	0.5	0.55	0.62	0.71

采用差动连接(即 $v_1 = v_2$)时,可取 $d = 0.707D$,若不满足则应重新确定 D 值。求出 d 和 D 后应按标准(GB/T 2348—1993) 选取就近的标准值。

这样计算出来的工作面积还必须按液压缸所要求的最低稳定速度 v_{min} 来验算,即

$$A \geqslant \frac{q_{min}}{v_{min}} \tag{10.2-6}$$

式中：q_{min}—— 流量阀最小稳定流量。

若执行元件为液压马达，则其排量的计算式为

$$V = \frac{2\pi T}{p\eta_{Mm}} \tag{10.2-7}$$

式中：T—— 液压马达的总负载，N · m；

η_{Mm}—— 液马达的机械效率；

p—— 液压马达的工作压力，Pa；

V—— 所求液压马达的排量，m^3/r。

同样，上式所求的排量也必须满足液压马达最低稳定转速 n_{min} 的要求，即

$$V = \frac{q_{min}}{n_{min}} \tag{10.2-8}$$

式中：q_{min} 指能输入液压马达的最低稳定流量。

排量确定后，可从产品样本中选择液压马达的型号。

(3) 执行元件最大流量的确定

对于液压缸，它所需的最大流量 q_{max} 就等于液压缸有效工作面积 A 与液压缸最大移动速度 v_{max} 的乘积，即

$$q_{max} = Av_{max} \tag{10.2-9}$$

对于液压马达，它所需的最大流量 q_{max} 应为马达的排量 V 与其最大转数 n_{max} 的乘积，即

$$q_{max} = Vn_{max} \tag{10.2-10}$$

4. 绘制液压执行元件的工况图

液压执行元件的工况图指的是压力图、流量图和功率图。

液压系统执行元件的工况图是在执行元件结构参数确定之后，根据设计任务要求，按照上面所确定的液压执行元件的工作面积(或排量)和工件循环中各阶段的负载(或负载转矩)，即可绘制出如图 10 - 4a 所示的压力图；根据执行元件的工作面积(或排量)以及工作循环中各阶段所要求的运动速度(或转速)，即可绘制如图 10 - 4b 所示的流量图；根据所绘制的压力图和流量图，即可计算出各阶段所需的功率，绘制如图图 10 - 4c 所示的功率图。工况图

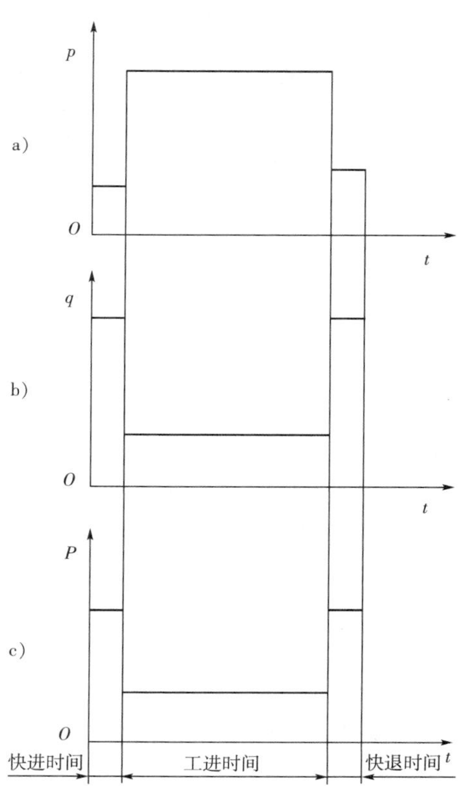

图 10 - 4　组合机床执行元件工况图

显示液压系统在实现整个工作循环时这三个参数的变化情况。当系统中包含多个执行元件时，其工况图是各个执行元件工况图的综合。

液压执行元件工况图的作用：

(1) 从工况图上可以直观地、方便地找出最大工作压力、最大流量和最大功率，根据这些参数即可选择液压泵和各种控制阀的规格。

(2) 通过分析工况图，有助于设计者选择合理的基本回路，各种液压回路及其油源形成都是按工况图中不同阶段内的压力和流量变化情况初选后，再通过比较确定的。

(3) 利用工况图可以对各阶段的参数进行鉴定，分析其合理性，在必要时还可进行调整。例如，在工艺情况允许的条件下，调整有关工作阶段的时间或速度，可以减少所需的功率；当功率分布很不均匀时，适当修改参数，使系统所需的最大功率值有所降低。

10.3　拟定液压系统原理图

液压系统原理图是用职能符号说明液压传动的组成和传动机能的。它是以简图的形式全面地具体体现设计任务中提出的技术要求。所以拟定液压系统图是液压传动设计的一个重要步骤。它涉及的面较广，需要综合灵活运用所学过的液压技术知识。要拟定一个比较完善的液压系统，必须对各种基本回路、典型系统有全面深刻的了解。拟定液压系统图时，应考虑以下几个方面的问题。

10.3.1　确定各个机构采用的执行元件

液压执行元件有提供往复直线运动的液压缸，提供往复摆动的摆动缸和提供连续回转运动的液压马达。在设计液压系统时，可按设备所要求的运动情况来选择，在选择时还应比较、分析，以求设计的整体效果最佳。一般对于形成不大的往复运动机构，往往采用液压缸驱动；对于行程较大的升降机构或运行机构，以及大多数旋转机构，往往采用液压马达驱动。

10.3.2　液压系统回路选择

在确定了液压执行元件后，要根据设备的工作特点和性能要求，首先确定对主机主要性能起决定性影响的主要回路。例如机床液压系统，调速和速度换接是主要回路；压力机液压系统，调压回路是主要回路等。然后再考虑其他辅助回路，例如：有垂直运动部件的系统要考虑平衡回路，有多个执行元件的系统要考虑顺序动作、同步和防干扰回路等。同时也要考虑节省能源，减少冲击，保证动作精度等问题。

10.3.3　液压回路的综合

把选定的液压系统回路放在一起后，进行归并、整理，再增加一些必要的辅助元件和油路，使之组成为一个完整的液压传动系统，进行这项工作时必须注意以下事项：

(1) 避免液压系统中存在多余回路，尽可能省去不必要的元件，以简化系统结构。

(2) 提高系统的效率，防止系统过热，即应尽量选用效率高的液压元件，合理选择油液的黏度、油管内径和管路的布置等。

(3) 防止液压冲击，在液压系统中存在着执行机构运动速度的变化（起动、变速、制动等），都会引起工作负载的突变，往往会产生冲击现象，都需要采取必要的措施。

(4) 尽可能采用标准元件，减少自选设计的专用件。

(5) 确保液压系统的工作安全，这是设计的重中之重。

10.4　液压元件的计算和选择

10.4.1　液压泵的选择

1. 液压泵工作压力的确定

液压泵的最大工作压力就是液压系统的最大工作压力，其值必须等于或超过液压执行元件最大工作压力和进油路上总压力损失之和。即

$$p = p_p \geqslant p_m + \sum \Delta p \tag{10.4-1}$$

式中：p—— 系统工作压力，Pa；

p_p—— 液压泵的工作压力，Pa；

p_m—— 执行元件（液压缸或马达）工作压力，Pa；

$\sum \Delta p$—— 液压系统的各种损失之和（包括沿程和局部损失），Pa。其值可查表10-7。

表10-7　进油回路总压力损失

系统结构情况	进油路总压力损失 $\sum \Delta p$/MPa
一般节流及管路简单的系统	0.2～0.5
进油路有调速阀及管路复杂的系统	0.5～1.5

2. 液压泵额定流量的确定

在确定液压泵的流量时，应考虑执行元件同时工作的数量。当工作循环中只有一个执行元件时，液压泵的流量应大于执行元件最大速度时所需的流量（因有泄漏）；当工作循环中有几个执行元件同时工作时，液压泵的流量应大于同时工作的执行元件所需的最大流量。液压执行元件总流量的最大值可以从工况图中找到。

$$q_P \geqslant K \sum q_{max} \tag{10.4-2}$$

式中：q_P—— 液压泵的额定流量，m^3/s；

$\sum q_{max}$—— 液压执行元件总流量的最大值，m^3/s；

K—— 泄漏影响系数为1.1～1.3。一般小流量取大值，大流量取小值。

若总流量波动范围较大，最好采用蓄能器。在装有蓄能器的系统中，液压泵的供油量可根据系统在一个工作循环中的平均流量来选取。

$$q_P \geqslant \frac{K}{T} \sum_{i=1}^{n} V_i \tag{10.4-3}$$

式中：T—— 工作循环时间，s；

n—— 执行元件个数；

V_i—— 在工作循环中第 i 阶段执行元件所需油液体积，m^3。

3. 液压泵驱动功率计算

当系统中使用定量泵时，视具体工况不同，其驱动动率的计算是不同的。

(1) 在整个工作循环中，液压泵的功率变化较小时，可按下式计算液压泵所需驱动功率，即

$$P=\frac{\Delta p q_p}{\eta_p} \tag{10.4-4}$$

式中：Δp—— 液压泵的进出口压力差，Pa，对于开式系统（无油泵补油）即为泵的最大工作压力 p_p；

q_p—— 液压泵的输出流量，m^3/s；

η_p—— 液压泵的总效率，见表 10-8。

表 10-8　常见液压泵的总效率

液压泵类型	齿轮泵	螺杆泵	叶片泵	柱塞泵
总效率 η_p	0.60 ~ 0.70	0.65 ~ 0.85	0.6 ~ 0.75	0.80 ~ 0.85

(2) 当在整个工作循环中，液压泵的功率变化较大，且在功率循环图中最高功率所持续的时间很短时，则可按式(10.4-4) 分别计算出工作循环各阶段的功率 P，然后用下式计算出等效功率

$$P=\sqrt{\sum_{i=1}^{n} P_i^2 t_i / \sum_{i=1}^{n} t_i} \tag{10.4-5}$$

式中：P_i—— 工作循环中第 i 阶段所需功率，W

t_i—— 一个工作循环中第 i 阶段持续的时间，s。

N—— 工作循环中需用功率的阶段数。

求出了平均功率后，还要验算每一个阶段电动机的超载量是否在允许的范围内，一般电动机允许短期超载量为 25%。如果在允许超载范围内，即可根据平均功率 P 与泵的转速 n 从产品样本中选取电动机。

10.4.2　液压阀元件的选择

压力阀根据工作压力和通过的最大流量等条件来选择或设计；流量阀根据工作压力、通过的最大流量、最小稳定流量等因素来选择或设计；方向阀根据工作压力、最大流量和所要求的换向机能等因素来选择或设计。

10.4.3　液压辅助元件的选择

油管的内径，主要根据流经油管的流量和允许流速来确定；油管的壁厚，主要根据管内

的油压和油管的材料强度来确定。此外，油箱、过滤器、蓄能器、冷却器等液压辅助元件都可按第五章的有关原则选取。

10.5　液压系统的性能验算

为了验证所设计的液压系统的优劣，在拟定和绘制出液压系统原理图之后，需要进行液压系统的性能验算，一般包括压力损失、效率、温升和冲击验算。

10.5.1　压力损失计算

在前面确定液压泵的最高工作压力时提及压力损失，当时由于系统还没有完全设计完毕，管道的设置也没有确定，因此只能作粗略的估算。现在液压系统的元件、安装形式、油管和管接头均可定下来了，所以需要验算一下管路系统的总的压力损失，看其是否在前述假设的范围内，借此可以较准确地确定泵的工作压力，较准确地调节变量泵或溢流阀，保证系统的工作性能。若计算结果与前设压力损失相差较大，则应对原设计进行修正。计算公式可按前面相关公式进行验算。

10.5.2　效率计算

液压系统的效率 η 反映系统在进行能量转换和传递过程中能量有效利用的程度。显然，它与液压泵的效率、液压执行元件的效率和管路效率有关，其表达式为

$$\eta = \eta_p \eta_L \eta_m = \sum P_m / P_p \qquad (10.5-1)$$

式中：η_P—— 液压泵的总效率，数值可以查考相关手册；

η_L—— 管路系统的总效率；

η_m—— 执行元件的总效率，数值可以查考相关手册；

$\sum P_m$—— 多个同时工作的液压执行元件输出功率之和，W；

$\sum P_p$—— 多台同时工作的液压泵的输入功率之和，W。

10.5.3　发热温升验算

液压系统工作时，由于工作液体流经各元件和管路时，将产生能量损失。这种能量损失最终将以热的形式出现，从而使油液发热，温度升高，将会引起黏度降低，使泄漏增加，元件产生热变形，使相对运动件间隙变小，严重时会产生卡死等不良后果。对液压油液来讲会因温度过高使油液氧化变质。为了保证液压系统有良好的工作性能，应使最高温度保持在允许范围内(见表10－9)。

油温温升验算是计算系统发热量和散热量，使热平衡后的温度满足表10－9中的允许值。由于发热和散热的因素复杂，这里仅以系统效率为主要因素概略计算发热量，以油箱为对象作散热计算。

表 10－9　各种机械允许油温(℃)

液压设备名称	正常工作温度	最高允许温度	油及油箱的温升
机床	30～55	55～70	≤30～35
数控机床	30～50	55～70	≤25
工程机械、矿山机械	50～80	70～90	≤30～40
金属粗加工机械及无切屑加工机械	40～70	60～90	
机车车辆	40～60	70～80	
船舶	30～60	80～90	

(1) 热流量计算

液压系统单位时间发热量来自系统的功率损耗，可按下式进行估算

$$Q=\sum P_{p}-\sum P_{cm}=P_{p}(1-\eta) \tag{10.5-2}$$

式中：Q—— 发热量，W；

P_{cm}—— 损失功率，W；

P_{p}—— 液压泵电机的实际输出功率，W；

η—— 液压系统的总效率。

如果一个工作循环中有多个工序，可以根据各个工序的热流量求出系统平均发热量 Q_{H}(W)，即

$$Q_{H}=\frac{1}{T}\sum_{i=1}^{n}P_{pi}(1-\eta_{i})t_{i} \tag{10.5-3}$$

式中：T—— 工作循环周期，s；

P_{pi}—— 每个工序电机的实际功率，W；

t_{i}—— 各个工序的工作时间，s；

η_{i}—— 每个工序的系统效率。

液压系统所产生的热量一部分使油液和液压系统发热，一部分经过冷却表面散发到空气中。经过一定时间后，系统产生的热量 Q_{H} 全部被冷却表面所散发，系统达到热平衡状态。

(2) 油箱散热量 Q_{H} 的近似计算

$$Q_{H}=KA(T_{1}-T_{2})=KA\Delta T \tag{10.5-4}$$

式中：K—— 油箱的散热系统，kW/(m^{2}·℃)，见表 10－10；

A—— 油箱散热面积，m^{2}；

T_{1}—— 允许的最高油温，℃；

T_{2}—— 环境温度，℃；

ΔT—— 油与环境的温度之差，即液压系统的温升，℃。

又由上式得

$$\Delta T=T_{1}-T_{2}=\frac{Q_{H}}{KA} \tag{10.5-5}$$

即

$$T_1 = \frac{Q_H}{KA} + T_2 \tag{10.5-6}$$

计算出的 T_1 就为系统允许的最高温度，与表 10－9 对比，是否符合要求。

表 10－10　油箱的散热系数 K

散热条件	$K/(\mathrm{kW/(m^2 \cdot ℃)})$
通风很差	8 ～ 9
通风良好	15
风扇冷却	23
循环水强制冷却	110 ～ 175

(3) 油箱散热面积 A 的计算

油箱长宽高尺寸比例在 1∶1∶1 到 1∶2∶3 范围内，油面小于油箱高度的 0.8 倍时，油箱散热面积 A 可近似用下式计算

$$A = 0.065\sqrt[3]{V^2} \tag{10.5-7}$$

式中：V—— 油箱有效容积，L。

对于一般设备的液压系统温升允许值，可以参考表 10－9，如果超过所规定的值，可以采取增大油箱面积或增设冷却器等措施。

10.5.4　冲击验算

在液压系统中，当管道内油液流速发生急剧改变时，系统内部就会产生压力剧烈变化，形成很高的冲击压力，这就是液压冲击现象。产生冲击的原因很多，如换向阀迅速地开启关闭油路、液压马达起动与制动、液压缸（马达）受到大的冲击负载等。

液压冲击的危害性很大，不但使系统产生振动与噪声，而且由于液压冲击会使元件和管路遭到破坏或降低使用寿命。因此，尽量设法消除液压冲击必须给与足够的重视。

由于影响液压冲击因素较多，很难用准确的方法计算。一般是用估算或通过试验确定。在设计液压系统时，在一般情况下可采取措施不做计算。当有特殊要求时，可按下述情况进行验算。

1. 当迅速关闭或开启液压通道时，在系统产生的液压冲击

直接冲击（即 $t < \tau$）时，管道内压力的增大值

$$\Delta p = v_c \rho \Delta v \tag{10.5-8}$$

间接冲击（即 $t > \tau$）时，管道内压力的增大值

$$\Delta p = v_c \rho \Delta v \frac{\tau}{t} \tag{10.5-9}$$

式中：Δp—— 液压冲击压力，Pa；

v_c—— 压力冲击波在管道中的传播速度，m/s；

ρ—— 液体密度，kg/m³；

Δv—— 关闭或开启液流通道前、后管道内液流速度之差，m/s；

$\tau=\dfrac{2L}{v_c}$—— 当管道长度为 L 时，冲击波往返所需时间，s；

t—— 关闭或开启流道的时间，s；

若不考虑黏性及管径变化的影响，冲击波在管道内的传播速度可按下式计算

$$v_c=\frac{\sqrt{E_0/\rho}}{\sqrt{1+(E_0 d/E\delta)}} \tag{10.5-10}$$

式中：E_0—— 油液体积弹性模量，Pa，一般可取 $E_0=7\times10^2\,\text{MPa}$；

E—— 管道材料的弹性模量，Pa，常用管材的弹性模量：铜 $E=2\times10^5\,\text{MPa}$，黄铜 $E=9.8\times10^4\,\text{MPa}$，铝合金 $E=7.4\times10^4\,\text{MPa}$，橡胶 $E=2\sim6\,\text{MPa}$；

d—— 管道内径，mm；

δ—— 管道壁厚，mm。

2. 执行元件的惯性负载冲击

$$\Delta p=F_g/A=\left(\sum l_i\rho\frac{A_i}{A}+\frac{m_g}{A}\right)\frac{\Delta v}{\Delta t} \tag{10.5-11}$$

式中：Δp—— 液压冲击压力，Pa；

F_g—— 液压缸惯性力，N；

A—— 液压缸活塞面积，m^2；

A_i—— 油液流经的第 i 段管道的截面积，m^2；

l_i—— 油液流经的第 i 段管道的长度，m；

m_g—— 与液压缸相连的运动件质量，kg；

Δv—— 液压缸的速度变化量，m/s；

Δt—— 液压缸速度变化 Δv 所需的时间，s。

算出的冲击力与管道中油液静压力之和，即为此时管道内的实际油压力。此值若比初始设计压力大很多，则需要重新校验相应部位管道的强度，如不满足，需重新调整。

10.6　绘制工作图和编制技术文件

所设计的液压系统经验算后，即可对初步拟定的液压系统进行修改，并绘制工作图和编制技术文件。

10.6.1　绘制工作图

工作图一般包括液压系统原理图、各种装配图、非标准液压元件设计图和电气原理图等。

(1) 液压系统原理图是在草图的基础上，经过修改、补充、完善而成。图上除画出整个系统的回路之外，还应注明各元件的规格、型号、压力调整值，并给出各执行元件的工作循环图，列出电磁铁及压力继电器的动作顺序表等。

(2) 各种装配图包括液压集成油路装配图、液压泵站装配图等；若选用油路板形式，集

成油路图上应将各元件画在油路板上，便于装配；若采用集成块或叠加阀时，因有通用件，设计者只需选用，最后将选用的产品组合起来绘制成装配图。泵站装配图将集成油路装置、泵、电动机与油箱组合在一起画成装配图，表明它们各自之间的相互位置、安装尺寸及总体外形。管路装配图表示出油管的走向，注明管道的直径及长度，各种管接头的规格、管夹的安装位置和装配技术要求等。

(3) 非标准液压元件设计图一般包括液压件的装配图及零件图。

(4) 电气线路图表示出电动机的控制线路、电磁阀的控制线路、压力继电器和行程开关等。

10.6.2　编写技术文件

技术文件一般包括液压系统设计计算说明书、零件及部件目录表、标准件、通用件和外购总表、技术说明书、调试大纲、操作使用说明书等内容。

10.7　液压系统设计计算举例

专用铣床液压系统的设计计算，如图 10－5 所示。

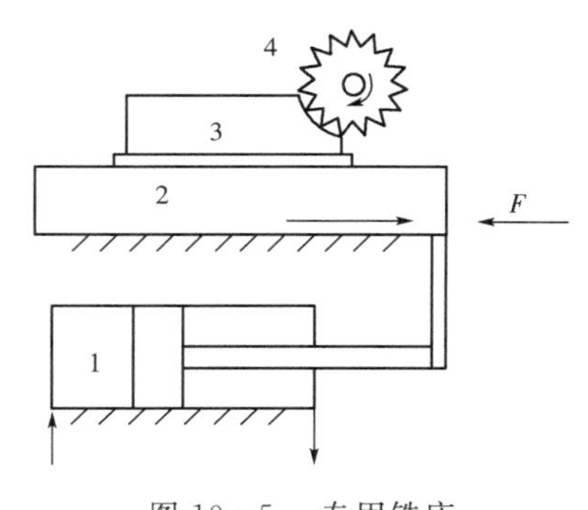

图 10－5　专用铣床

1—液压缸；2—工作台；3—工件；4—铣刀

10.7.1　技术要求

已知数据：铣头驱动电机功率 $P=7.5\text{kW}$，铣刀 4 直径 $D=0.12\text{m}$，铣刀转速 $n=350\text{r/min}$，工作台 2 重量 $G=400\text{kg}$，工件和夹具 3 重量 $G'=150\text{kg}$，工作台行程 $s=0.4\text{m}$，工作台快进行程 $s_k=0.3\text{m}$、快进速度 $v_k=4.5\text{m/min}$、工进速度 $v_g=0.06\sim1\text{m/min}$、往复运动快速(减速)时间 $t=0.05\text{s}$，工作台采用平导轨，其摩擦因数，静摩擦 $f_s=0.2$，动摩擦 $f_d=0.1$。

10.7.2　工况分析

1. 负载分析

(1) 工作负载 F_L

$$F_L=\frac{T_L}{D'/2}=\frac{60P}{\pi nD'}=\frac{60\times7.5\times10^6}{\pi\times350\times120}=3410.5\text{N}$$

式中：T_L—— 铣头切削力矩，N · m。

(2) 摩擦阻力 F_f

静摩擦阻力

$$F_{fs}=f_s(G+G')=0.2(4000+1500)=1100\text{N}$$

动摩擦阻力

$$F_{fd}=f_d(G+G')=0.1(4000+1500)=550\text{N}$$

(3) 惯性负载 F_a

$$F_a=\frac{G+G'}{g}\times\frac{v_K}{t}=\frac{(4000+1500)}{9.81}\times\frac{4.5}{0.05\times 60}=841\text{N}$$

根据上述计算可列各工况负载及运动时间见表 10 - 11。

表 10 - 11　各工况时负载及运动时间计算结果

工况	液压缸负载 F/N	液压缸推力 $F_c=F/\eta_{cm}$/N	速度 v/m · min^{-1}	运动时间 $t=\frac{s}{v}$ /s
启动	$F=F_{fs}=1100$	1222.2	0	0
加速	$F=F_{fd}+F_a=1391$	1545.5	0	0
快进	$F=F_{fd}=550$	611	4.5	4
工进	$F=F_{fd}+F_L=3960.5$	4400	0.06 ～ 1	100 ～ 6
快退	$F=F_{fd}=550$	611	4.5	5.3

注：取液压缸 $\eta_{cm}=0.9$。

2. 绘制液压缸负载图和速度图

根据各工况时负载及运动时间计算结果表，可绘制负载行程图($F-s$) 如图 10 - 6 及速度行程图($v-s$) 如图 10 - 7。

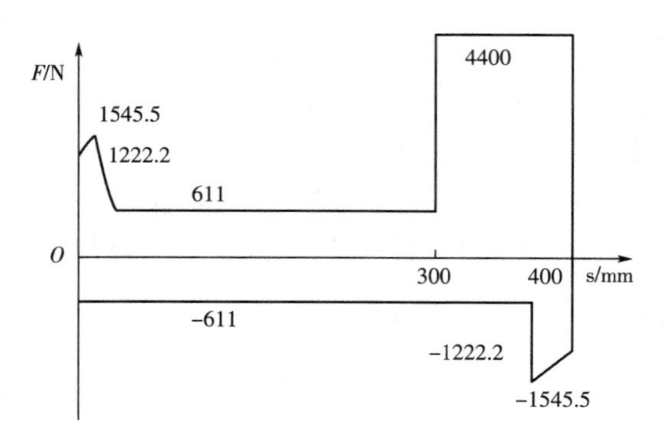

图 10 - 6　$F-s$ 图

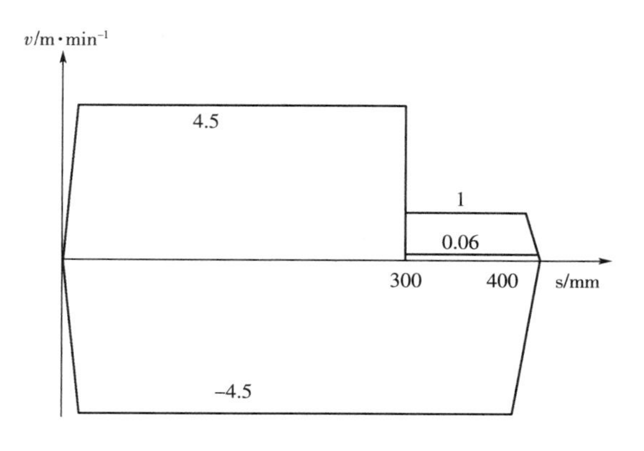

图 10-7　$v-s$ 图

3. 初步确定液压缸参数

(1) 初选液压缸工作压力 p_1

按表 10-3 机床类型，初选液压缸工作压力 $p=3\text{MPa}$。

(2) 计算液压缸尺寸

为了简化专用机床结构，液压缸采用单杆活塞缸，为使快进快退速度相同则用单杆活塞缸的差动连接，所以液压缸无杆腔面积 A_1 和有杆腔面积 A_2 的关系应为 $A_1=2A_2$，即活塞杆直径 d 和液压缸内径 D 应符合 $d=0.707D$。

由表 10-4 取液压缸背压 $p_2=0.8\text{MPa}$，差动时回油路压力损失 $\Delta p=0.5\text{MPa}$，可得液压缸无杆腔面积 A_1，取液压缸 $\eta=0.95$。

$$A_1=\frac{F/\eta}{p_1-\dfrac{1}{2}p_2}=\frac{4400/0.95}{3\times10^6-\dfrac{0.8}{2}\times10^6}=1781.4\times10^6\,\text{m}^2$$

$$D=\sqrt{\frac{4A_1}{\pi}}=47.6\times10^{-3}\,\text{m}$$

根据 GB/T 2348—1993(ISO 3320) 选 $D=50\text{mm}$，活塞杆直径 $d=0.707D=35.6\text{mm}$；取 $d=36\text{mm}$

计算液压缸实际有效工作面积

$$A_1=\frac{\pi}{4}D^2=\frac{\pi}{4}50^2=1963\text{mm}^2=19.63\text{cm}^2$$

$$A_2=\frac{\pi}{4}(D^2-d^2)=\frac{\pi}{4}(5^2-3.6^2)=9.46\text{cm}^2$$

$$A_1-A_2=10.17\text{cm}^2$$

验算满足最低速度要求之面积，按式(10.2-6)

$$A_1(A_2)\geqslant\frac{q_{\min}}{v_{\min}}=A_{\min}$$

本液压系统拟采用调速阀节流调速系统，使用国产 GE 系列调速阀，型号为 AQF3—E66B，从样本中可查得其 $q_{\min}=35\text{mL/min}$，已知给定 $v_{\min}=6\text{cm/min}$，则可得

$$A_{\min}=\frac{q_{\min}}{v_{\min}}=\frac{35}{6}=5.83\text{cm}^2$$

能满足上式要求。

(3) 液压缸各工况下压力、流量及功率的计算，其计算结果列于表 10－12。

表 10－12　液压缸各工况下压力、流量及功率计算表

工况		负载 /N	回油腔压力 p_2/MPa	输入流量 q/L/min	进油腔压力 p_1/MPa	输入功率 P/kW	计算公式
快进（差动）	起动	1222.2			1.20		$p_1=\frac{F/\eta+A_2\Delta p}{A_1-A_2}$ $q=(A_1-A_2)v_1$ $P=p_1q$
	加速	1545.5	$p_2=p_1+\Delta p$		2.06		
	恒速	611	$p_2=p_1+\Delta p$	4.58	1.1	0.08	
工进		4400	0.8	1.96～0.12	2.74	0.09	$p_1=\frac{F/\eta+p_2A_2}{A_1}$ $q=A_1v_1$ $P=p_1q$
快退	起动	1222.2			1.3		$p_1=\frac{F/\eta+p_2A_1}{A_2}$ $q=A_2v_1$ $P=p_1q$
	加速	1545.5	$\Delta p=0.5$		2.76		
	恒速	611	$\Delta p=0.5$	4.26	1.72	0.122	

根据表 10－12 可绘制出图 10－8 液压缸工况图。

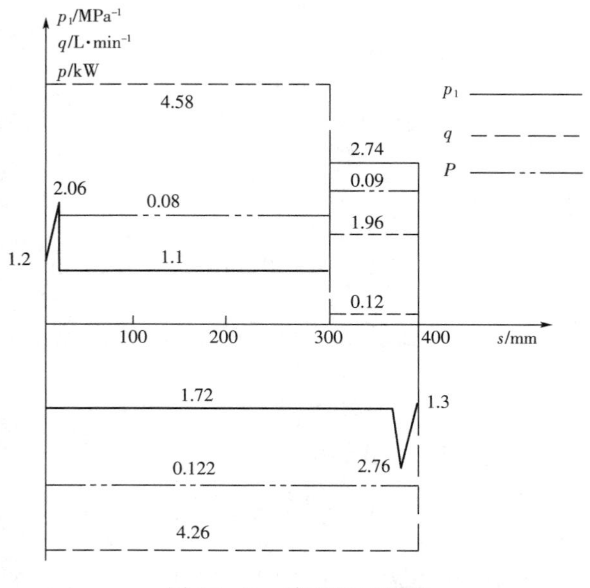

图 10－8　液压缸工况图

4. 拟定液压系统图

(1) 选择液压基本回路:从工况图上可以得出:

① 本系统压力、流量和功率都较小,可以选用单定量泵和溢流阀组成的供油源。

② 调速系统可采用调速阀出口节流调速回路,以满足铣削加工的顺铣或逆铣而且速度稳定的要求。

③ 速度换接方式。铣削时位置精度要求不高,可用行程挡铁控制行程开关使电磁换向阀切换来实现换向。

④ 液压缸快进用单杆活塞缸的差动连接来实现。

⑤ 换向阀可用三位四通电磁换向阀换向。

(2) 组合成液压系统图:根据上述基本回路再加上必要的辅助装置(如滤油器、压力表等)可组成如图 10－9 所示的液压系统,并配以电磁铁动作顺序表。

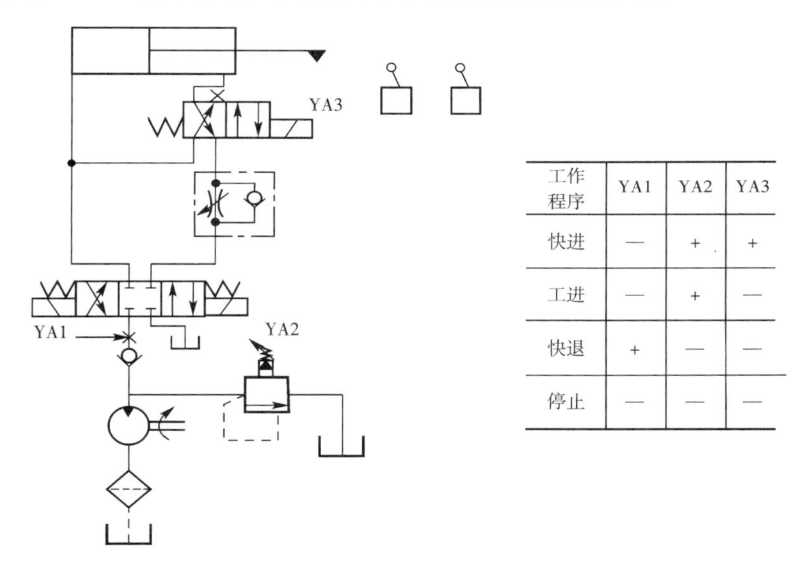

工作程序	YA1	YA2	YA3
快进	—	+	+
工进	—	+	—
快退	+	—	—
停止	—	—	—

图 10－9　专用铣床液压系统图

5. 选择液压元件

(1) 确定液压泵的容量及电动机功率

① 液压泵的选择

取进油路压力损失 $\sum \Delta p_1 = 0.3\text{MPa}$;回路泄漏系数 $K=1.1$,则液压泵最高工作压力

$$p_p = p_1 + \sum \Delta p_1$$

按表 10－12 取 $p_1 = 2.74\text{MPa}$, $q = 4.58\text{L/min}$, $p_p = 2.74 + 0.3 = 3.04\text{MPa}$

$$q_p = Kq = 1.1 \times 4.58 = 5.04\text{L/min}$$

根据上述计算选用单作用叶片泵,其型号规格为 YB_1—4(排量 $V = 4\text{mL/r}$),其流量

$$q_p = nV = 1400\text{r/min} \times 4mL/r = 5.6\text{L/min}$$

② 确定电机的功率。在快速时为最大功率(表 10 - 12)

$$P=\frac{\Delta p_{p}q_{p}}{\eta_{p}}=\frac{(1.72+0.3)\times10^{6}\times5.6\times10^{-3}}{10^{3}\times0.62\times60}=0.3\text{kW}$$

式中:η_p —— 液压泵总效率,取 $\eta_p \geqslant 0.62$。

查电机手册,可选用 Y 系列电动机 $P=0.55\text{kW}(n=1390\text{r/min})$

(2) 选择液压控制阀

根据液压泵的工作压力和通过阀的实际流量选取,本设计采用国产 GE 系列液压阀,各阀选定规格如表 10 - 13 所示。

表 10 - 13 液压元件选择列表

序号	元件名称	最大通流量 /L · min^{-1}	型号规格
1	定量叶片泵	5.6	YB_1-4
2	溢流阀	5.6	YF3 — 10BC
3	三位四通电磁阀	5.6	34DF3D — E6B
4	单向调速阀	5.6	AQF3 — 6aB
5	二位四通电磁阀	5.6	24DF3B — E6B
6	单向阀	5.6	AF3 — Ea10B
7	压力表开关	—	KF3 — E1B
8	过滤器	5.6	WU — 16 × 80 — J

(3) 确定油管直径及管接头

进入无杆腔的流量在快退及差动连接时为 $2q_p$,所以流量为 $q=2q_p=11.2\text{L/min}$。

取压油管流速 $v=3\text{m/s}$,则

$$d=1.13\sqrt{q/v}=8.95\text{mm}$$

取吸油管流速 $v=1\text{m/s}$,则

$$d=1.13\sqrt{q/v}=10.96\text{mm}$$

查相关机械手册可选用阴极铜管(GB/T 1527—1987),压油管道选用 $\phi12\text{mm}\times\phi10\text{mm}$,吸油管道选用 $\phi14\text{mm}\times\phi12\text{mm}$,管接头可选用扩口式管接头(GB/T 5626.1—1985)。

(4) 确定油箱容量

$$V=(5\sim7)q_p=28\sim39\text{L}$$

6. 液压系统性能验算

(1) 压力损失

压力损失计算工进和快退时即可(快退时 $q=2q_p$),其计算应在液压装置设计好进行。举例:设进回油管均长 $L=2\text{m}$;油液运动黏度 $\upsilon=1.5\times10^{-4}\text{m}^2/\text{s}$;油液密度 $\rho=900\text{kg/m}^3$。系统压力损失 $\sum\Delta p$ 可按相关公式计算,由于管道布局未确定,管道布局压力损失 $\sum\Delta p'_g$ 按 $0.1\sum\Delta p_p$ 计算,因而

$$\sum\Delta p=1.1\Delta p_g+\sum\Delta p_v$$

本系统仅计算工进和快退工况时压力损失即可,因快进时压力损失小于快退,系统计算结果列于表 10 - 14。

表 10 - 14　工进及快退时液压系统压力损失计算结果

工况		管内流量 $/\times 10^{-3}$ $m^3 \cdot s^{-1}$	管内流速 $v = 4q/(\pi d^2)$(m/s) 雷诺数：$Re = vd/\upsilon$	Δp_g/MPa $\Delta p_g = 75/Re \times L/d \times \rho v^2/2$	Δp_v/MPa		Δp_i/MPa $\Delta p_i = 1.1\Delta p_g + \sum \Delta p_v$	折算至进油路 $\sum \Delta p_1$/MPa	液压泵工作时所需压力/MPa $p_p \geq \frac{F/\eta}{A_1} + \Delta p_1$
					流经阀（图 10 - 9）	查样本阀损失曲线			
工进	进油路 Δp_1	$\frac{1.96}{60}$	$v = 0.417$m/s $Re = 27.8 < 2320$	0.042	3、6	$\Delta p_{v3} = 0.05/2$ $\Delta p_{v6} = 0.05$	$\Delta p_1 = 0.12$	$\sum \Delta p_1 = \Delta p_1 + \Delta p_2 \frac{A_2}{A_1}$ $= 0.12 + 0.79 \frac{9.45}{19.63}$ $= 0.50$	2.86
	回油路 Δp_2	$\frac{0.945}{60}$	$v = 0.2$m/s $Re = 13.37 < 2320$	0.2	3、4、5	$\Delta p_{v3} = 0.05/2$ $\Delta p_{v4} = 0.72$ $\Delta p_{v6} = 0.05/2$	$\Delta p_2 = 0.79$		
快退	进油路 Δp_1	$\frac{5.6}{60}$	$v = 1.18$m/s $Re = 79.2 < 2320$	0.12	3、4、5、6	$\Delta p_{v3} = 0.1/2$ $\Delta p_{v4} = 0.05$ $\Delta p_{v5} = 0.1/2$ $\Delta p_{v6} = 0.05$	$\Delta p_1 = 0.33$	$\sum \Delta p_1 = \Delta p_1 + \Delta p_2 \frac{A_2}{A_1}$ $= 1.12$	1.80
	回油路 Δp_2	$\frac{11.2}{60}$	$v = 23.7$m/s $Re = 158 < 2320$	0.24	3	$\Delta p_{v3} = 0.24/2$	$\Delta p_2 = 0.38$		

(2) 溢流阀调整压力

溢流阀工进的调整压力 $p_y \geqslant p_{p\max} = 2.86\text{MPa}$。取 $p_y = 3\text{MPa}$。

(3) 液压系统效率

液压系统效率见式(10.4-1)

$$\eta = \eta_p \eta_c \eta_m$$

查样本液压泵得 $\eta_p \geqslant 0.62$；$\eta_{cm} = 0.90$

$$\eta_c = \frac{p_1 q_1}{p_p q_p}$$

在工进 $v = 1\text{m/min}$ 时

$$\eta_c = \frac{p_1 q_1}{p_p q_p} = \frac{0.196 \times 10 \times 4400/19.63 \times 10^4}{5.6 \times 3 \times 10^6} = 0.26$$

在工进 $v = 0.06\text{m/min}$ 时

$$\eta_c = \frac{p_1 q_1}{p_p q_p} = \frac{0.196 \times 0.6 \times 2.24 \times 10^6}{5.6 \times 3 \times 10^6} = 0.0157$$

因而得

$$\eta = 0.62 \times 0.9 \times (0.26 \sim 0.0157) = 0.145 \sim 0.0088$$

(4) 液压系统的发热与温升(只需计算工进时发热和温升)

叶片泵输入功率

$$P_{pi} = \frac{p_p q_p}{\eta_p} = \frac{3 \times 10^6 \times 5.6 \times 10^{-3}}{0.62 \times 60 \times 10^{-3}} = 0.45\text{kW}$$

在工进 $v = 0.06\text{m/min}$ 时，系统效率 $\eta = 0.0088$，则系统发热量

$$Q_H = P_{pi}(1 - \eta) = 0.45 \times (1 - 0.0088) = 0.446\text{kW}$$

取系统传热系数 $K = 15 \times 10^{-3}\text{kW/(m}^2 \cdot ℃)$。

油箱散热面积　　$A = 0.065\sqrt[3]{V^2}\ (\text{m}^2)$

式中取 $V = 63\text{L}$

则油液温升近似 $\Delta T = Q_H/(KA)$

$$\Delta T = \frac{0.446}{0.065 \times 15 \times 10^{-3}\sqrt[3]{63^2}} = 28.9℃$$

油液温升符合 $\Delta\theta \leqslant 30℃$ 要求，若油箱太小，温升过高，可更换稍大油箱或使用冷却装置。

思考与练习

10－1　设计一卧式单面多轴钻孔组合机床动力滑台的液压系统，动力滑台的工作循环是：快进→工进→快退→停止。液压系统的主要参数与性能要求如下：轴向切削力为 21000N，移动部件总重力为 10000N，快进行程为 100mm，快进与快退速度均为 4.2m/min，工进行程为 20mm，工进速度为 0.05m/min，加速、减速时间为 0.2s，利用平导轨，静摩擦系数为 0.2，动摩擦系数为 0.1，动力滑台可以随时在中途停止运动。试设计该组合机床的液压传动系统。

10－2　设计一台专用铣床，若工作台、工件和夹具的总重力为 5500N，轴向切削力为 30kN，工作台总行程为 400mm，工作行程为 150mm，快进、快退速度为 4.5m/min、工作速度为 60～1000mm/min，加速、减速时间均为 0.05s，工作台采用平导轨，静摩擦系数为 0.2，动摩擦系数为 0.1。试设计该机床的液压传动系统。

10－3　设计一台小型液压压力机的液压系统，要求实现快速空程下行→慢速加压→保压→快速回程→停止的工作循环，快速往返速度为 3m/min，加压速度为 40～250mm/min，压制力为 200000N，运动部件总重力为 20000N。

第 11 章　气动技术基础

气动是“气动技术”或“气压传动与控制”的简称，是一门以压缩空气为工作介质，用于驱动和控制各种机械设备，并以实现生产过程自动化为目标的技术。

11.1　气压传动技术的发展与应用简介

确切地说，系统地研究开发气动技术是从 20 世纪 50 年代开始的。由于气动技术是一门自动化控制技术，因此，一切与控制学有关的相关学科的发展对气动技术影响极大，如与电子技术、计算机技术、通信技术、传感器技术、密封技术、机械技术等有着极其密切的关系。气动技术必须与相关的技术融合为一体，它的发展潜力才能得以最大程度的发挥。这也是气动技术在最近几十年发展如此之快的原因所在。

50 年代，气动技术以气缸、手动操作阀、气控阀这些元件开始，主要用于木工铸造等行业的夹紧之用。

60 年代，气动技术的产品以气控阀为主。相继开发机控阀、行程速度调节阀，此外，在 50 年代末和 60 年代初，美国、德国、瑞士、中国研究开发一门新兴的低压流控技术——射流技术。射流技术的核心是开发、研制“与”门、“或”门、“与非”门、“或非”门、双稳态、计数触发器等逻辑元件。由于射流元件无可动部件，容易批量生产、成本低，在我国也得到了较多的应用，如自动六角车床、高低液位控制、气动手风琴。但射流元件易受气源污染的影响、连续耗气量大，加上当时正值电子晶体管步入市场，因此射流元件很快淡出工业自动化领域，取而代之的是低压气动逻辑元件及随后的继电器、晶体管电路进入自动化控制领域。低压气动逻辑元件因克服无故耗气、对气源要求不高等优点而坚持下来。这一阶段以气动步进控制和气动顺序发生器控制为代表。它的控制方式简便，通过一个低速马达带动若干个凸轮机构，凸轮控制气动或电动行程开关依次进行控制。在气动逻辑控制产品中，较为典型的是一家德国公司专门开发的 12 步的步进器，直至目前在防爆、汽车工业等场合还应用这个纯气动的逻辑控制装置。复杂逻辑气控所带来的大量繁琐的气管连接，使整个气动控制箱中的气管连接呈“意大利通心粉”似的混乱状态。继后，快插接头上市，使气管在安装和调试工作中得以很大改善。

70 年代，从控制系统角度的发展来看：60 ~ 70 年代，模拟仪表控制占主导地位。传输的为模拟量信号。约在 60 年代末，继电器的上市和普及使气动技术从气控控制转向电控控制，尤其是 70 年代末单板机的开始应用大大开拓了气动技术在工业自动化领域的应用范围。各行各业在它们的控制系统中纷纷开始尝试应用气动技术。

70 年代的气动技术是处于组建基础阶段，主要表现在一大批具有各种功能的气动元件的开发，如：抗扭转的扁平型气缸、旋转摆动气缸、三位五通电磁阀、带底座或气路板的电磁阀;气/电、电/气转换元件等。另一个重要基础工作是各个国家及团体制定了气动标准。如德国的DIN标准、欧洲油压和气动委员会的“CETOP标准”、德国机械工业标准VDMA、日本的JIS标准及ISO1219气动图形符号标准、ISO5599电磁阀底座标准及ISO6431普通型单出杆双作用气缸的标准。这无疑是对规划气动产品的深入发展起了极其重要的作用。

80年代,从控制系统角度来看:集中式数字控制在70年代后期到80年代这一时期占主导地位,采用单板机、PLC、SLC或微机作为控制器。传输的是数字信号,大大克服模拟仪表控制系统中模拟信号传输精度低、易受干扰等缺点。尤其是PLC的普及使用,为气动技术在工业各领域的蓬勃发展起了十分重要的促进作用。换而言之,气动技术只有与电子技术、传感技术、机械和PLC等相关技术紧密结合才会越来越显示它诱人的生命力。这一阶段的气动技术已经完成了对工业各领域的渗透。如汽车制造业、橡胶轮胎、电子半导体、粮食、药品、食品包装、奶制品制造和包装、烟草业、印刷业、混凝土行业、采矿、冶金、化工、石化、印染、油墨、纺织、制鞋、木材、玻璃制品、塑料制品、化妆品、电视机、显象管、洗衣机、轨道车辆、筑路机械、农业机械等几乎所有工业领域的气动自动化控制。与此同时,为了适应自动化的高生产节奏,新材料、新工艺、新技术得到推广和应用。这一时期,工业界的高速发展需求给予气动元件更新换代的机遇。如为了适应PLC的控制要求,需采用低功率的电磁阀。在新技术方面,一次挤压成型的铝合金薄壁缸筒、无油润滑气缸、气动比例伺服技术相继问世。这一时期是气动元件新产品的多产时期。

90年代,从控制系统角度来看,八九十年代以集散控制系统为代表,其核心是集中管理、分散控制。上位机采用集中监视管理功能,若干台下位机下放到现场实现分布控制,各上下位控制器通过互连以实现互相之间的信息传递。这种集散管理方式,表明90年代的自动化控制已开始延伸到现场的各个角落。这一时期气动技术的发展受到计算机电子技术的影响。在应用领域,新技术、新产品、新工艺、新材料等各方面都处于开发、适应和完善的阶段,形成了蓬勃发展的态势。如果80年代气动技术在应用方面已完成对工业各领域的渗透,那么90年代是一个不断扩大、逐渐完善的阶段,也是气动技术与计算机、电子、通信、传感等技术互相融合和互相磨合的阶段。例如:阀岛这一新产品的问世正是气动、电子、传感、通信等技术相结合的产物,充分表现出集成化、模块化、智能化的特征。气动专家们以最快的速度对现场总线阀岛进行开发,研制出可用于Profibus、Interbus、Devicenet、FIPIO、As—i等的现场总线阀岛。类似产品如具有智能特征的气动执行元件(由一个传统的气缸、一个二位五通电磁阀、两个单向节流阀、一个带As—i总线的多针通信接口),其最大的优点是即插即用,符合集散控制系统。驱动方面的另一特征是气动与机械的紧密结合,产生一个崭新的设计思想。为了对市场做出快速响应,应用工程师们可不必专门设计用于自动流水线上驱动的机械结构及装置,取而代之的以选型、订购、买来即能用的新的设计思路的产物——模块化驱动装置。该装置呈现出两个特征:其一是驱动器内部的导向驱动部件采用线性轴承,使它具有高刚度、高强度和高精确度;其二是各驱动器之间都预留了燕尾槽的拼装结构,便于同类型或不同类型的气缸之间采用快速简单的模块化连接,这种连接方式十分容易拼装成所需的二维或三维的运动轴。

此外还需要提一下的是,90年代的一个创新的驱动器——气动肌腱已进入市场。气动肌腱的收缩力大、动态特性佳及随压力变化而改变其位置的定位特性,使气动技术的应用向更简捷的方向迈进一大步。

21 世纪之后，从控制系统角度来看：存在着两种趋势：一种趋势是现场设备中越来越多的信息需要往上送；第二种是计算机通信技术的功能越来越往下延伸。因此，自动化控制界人士也持有两种不同的意见：一种认为包括 Internet 技术的现代计算机通信技术最终延伸到现场，并取代现场总线；另一种则认为现场总线也会不断地融入计算机通信技术，而且工业自动化控制对信息通信的要求不同（传输速度更快、实时要求更高），现场总线还会不断发展。不管今后控制是现场总线的不断完善，还是以太网最终一统天下，气动技术的发展将越来越受到电子、计算机、通信技术、纳米技术、传感技术、密封技术、机械技术发展的影响。这里主要提一下纳米技术和计算机芯片技术，它将对气动元件的寿命、微型化、集成化和智能化发挥积极的作用。

(1)纳米技术：纳米镀层可大大提高材料的表面光洁度、硬度，还可大大减小材料之间的摩擦系数和磨损（包括活塞杆和密封件、阀芯和密封圈之间的摩擦系数），因此对气动产品的质量有一种几乎是数量级式的提高，期望阀的寿命趋向“无穷大”（指过去人们在气动系统发生故障时首先想到阀是否有问题，以后可不必考虑或不必先考虑阀是否会发生故障），也期望能消除或最大限度改善气动伺服系统中的爬行现象，并提高气动伺服定位控制的精度。同样，纳米镀层及纳米润滑脂在驱动器产品的应用将大大有助于提高气动驱动器的使用寿命。由于用纳米镀层可解决不耐磨的缺陷，因此可用纳米镀层的塑料代替铝制材料，可大大节省金属加工时间。

(2)计算机芯片技术：随着纳米技术的引进、计算机芯片的微型化，一旦大量生产、成本大幅度下降后，许多分散装置、传感器内部都内置了智能芯片，这样每个现场设备都能直接与互联网络连接，其状态在任何时间、任何地点都可以随时查询，远程控制、诊断和维护由此具有了实质性的含义。还有像密封技术的提高又将对气动元件及能耗产生积极的影响。

总之，随着工业的发展，它的应用范围也将日益扩大，同时它的性能也就必须满足气动机械多样化以及与机械电子工业快速发展相适应的要求，处在这样的变革时期，要求按不同于以前的观点去开发气动技术、气动机械和气动系统。即不单纯强调进行气动元件本身的研究而使之满足多样化的要求，而且为了达到提高系统的可靠性、降低成本，要进行无给油化、节能化、小型化和轻量化、位置控制的高精度化，以及与电子学相结合的综合控制技术的研究。

11.2　气压传动的工作原理、组成及其特点

11.2.1　气压传动的工作原理、组成和表示方法

气压传动是以压缩空气为工作介质进行能量传递和信号传递的一门技术。气压传动的工作原理是利用空压机把电动机或其他原动机输出的机械能转换为空气的压力能，然后在控制元件的作用下，通过执行元件把压力能转换为直线运动或回转运动形式的机械能，从而完成各种动作，并对外做功。它具有成本低、效率高、污染少、便于控制等特点，在木工机械、包装机械、修理机械、轻工机械等设备中广泛应用。气动系统除包括气源装置、执行

装置、控制装置及辅助元件外，还有用于完成一定逻辑功能的气动逻辑元件和传感检测、转换、处理气动信号的气动传感器及信号处理装置。学习气压传动时，应当注意与液压传动的异同点，将气源装置、气动控制元件、气动基本回路、气压系统的设计作为重点内容；将气动逻辑元件的回路的设计方法作为难点内容处理。

气动系统可以用一个分层信号流图 11－1 来表示。

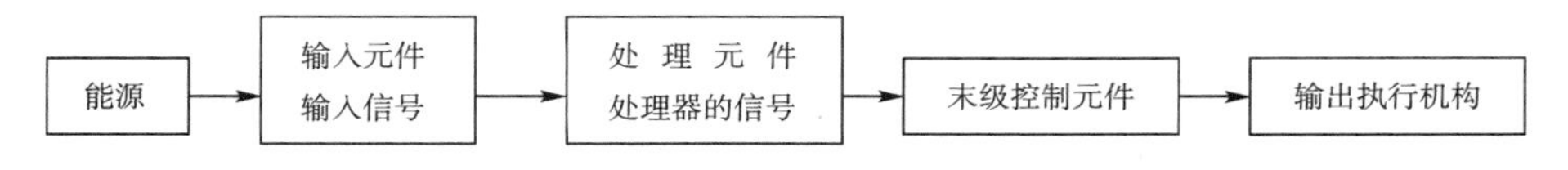

图 11－1　气动系统分层信号流图

每一层代表相应硬件，总体构成一条控制路径。其信号流向是从信号（输入）端到工作（输出）端。

气动系统基本结构为：

（1）能源部分　压缩空气发生装置，如空气压缩机，它将机械能转换成气体的压力能。

（2）控制机构　它们可控制和调节气流的压力、流量及方向，以满足机械工作性能的要求，是能量控制装制。如压力阀、流量阀、方向阀等。

（3）处理机构　气源净化处理装置，如后冷却器、除油器、过滤器、干燥器等。它们可将压缩空气过滤除油、除尘、干燥除水等。

（4）执行机构　它们将气体的压力能转换为机械能，输出到工作机构上，如气缸、气马达。

（5）辅助机构　气动辅件，包括元件的连接、润滑、消声及系统的检测、信号转换。如管接头、管件、油雾器、消声器、传感器、转换器等。

可以用各自符号来表征系统中的各个元件及其功能，如图 11－2 所示。采用回路图将这些符号组合起来可以构成对一个实际控制问题的解决方案。回路图的画法形式同上述信号流图，不过在执行机构部分中应加入必要的控制元件。这些控制元件接受处理器发出的信号并控制执行机构的动作。

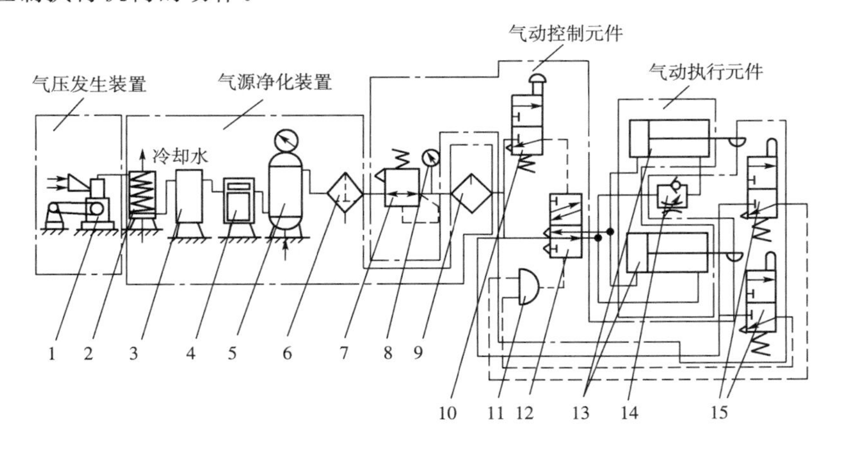

图 11－2　气动系统的组成

1—空气压缩机；2—后冷却器；3—除油器；4—干燥器；5—贮气罐；6—过滤器；7—减压阀；8—压力表；9—油雾器；10、12—气动控制阀；11—气动逻辑元件；13—气缸；14—可调单向节流阀；15—行程阀

直接控制阀(DCV)具有检测、信号处理及实行控制的功能。如果直接控制阀(DCV)被用来控制气缸运动,那么,它是一个执行机构的控制元件;如果利用其处理信号的功能,它就被定义为信号处理元件;如果用它来检测运动,则称其为传感器。这三种角色的显著特征通常取决于阀门的控制方式及其在回路图中的位置。

11.2.2　气压传动的主要优缺点

压缩空气的优点及显著特性:

(1)用量:空气到处都有,用量不受限制。

(2)输送:空气不论距离远近,极易由管道输送。

(3)储存:压缩空气可储存在贮气罐内,随时取用。故不需压缩机的连续运转。此外,贮气罐亦可以运送。

(4)温度:压缩空气不受温度波动的影响,即使在极端温度情况下亦能保证可靠地工作。

(5)无爆炸危险:压缩空气没有爆炸或着火的危险,因此不需要昂贵的防爆设施。

(6)清洁:未经润滑排出的压缩空气是清洁的。自漏气管道或气压元件逸出的空气不会污染物体。这一点对食品、木材和纺织工业是极为重要的。

(7)构造:各种工作部件结构简单,管路拆装简单,不需要回气路,系统体积小,与继电器控制系统相当,所以价格便宜。

(8)速度:压缩空气为快速流动的工作介质,故可获得很高的工作速度。

(9)可调节性:使用各种气动元部件,其速度及出力大小可无限变化。

(10)无过载危险:气动机构与工作部件,可以超载而停止不动,因此无过载的危险,且防爆性、防尘性、抗磁性、抗腐蚀性等好。

为了确切地了解气动技术的应用范围,也必须熟悉压缩空气的不利特性。

(1)调理:压缩空气必须有良好的调理,不得含有灰尘和水分。

(2)可压缩性:压缩空气的可伸缩性使活塞的速度不可能总是均匀恒定的,故速度稳定性较差,控制精度较差。

(3)出力条件:驱动力较小,压缩空气仅在一定的出力条件下使用方为经济。在常规工作气压6～7bar(600～700kPa)下,因行程和速度的不同,出力限制在20000～30000N之间。

(4)排气噪声:排放空气的声音很大,需要防止噪音。现在这个问题已因吸音材料和消音器的发展大部分获得解决。

(5)成本:压缩空气是一种比较昂贵的能量传递方法。但此高成本可为便宜的气动元件及较高的性能所部分补偿。

(6)行程终端的冲击较大,一般需要考虑缓冲。

11.3　空气的组成及其状态方程

11.3.1　空气的组成

空气是由氮气和氧气为主要成分的多种气体混合组成。由于空气里含有一定量的水蒸气，故空气一般都是湿空气。不含水蒸气的空气叫干空气，标准状态下干空气的成分见表 11－1 所示。其他气体包括氢(H_2O)、氖(Ne)、氦(He)、氪(Kr)、氙(Xe)等气体以及水、沙土等细小固体。在城市和工厂区，由于烟雾以及汽车排气的缘故，在大气中还含有二氧化硫、亚硝酸、碳氢化合物等物质。当利用空气作传递能量的介质时，必须了解这些成分对气动元件的影响。

表 11－1　干空气成分

成分 / 份额	氮气 (N_2)	氧气 (O_2)	氩气 (Ar)	二氧化碳 (CO_2)	其他气体
体积分数(%)	78.03	20.93	0.932	0.03	0.078
质量分数(%)	75.50	23.10	1.28	0.045	0.075

11.3.2　气体的状态方程

不计黏性的气体为理想气体。理想气体的状态方程是

$$p=\rho RT=\frac{m}{V}RT \tag{11.3-1}$$

对一定质量的理想气体，状态方程可写成

$$\frac{p_1V_1}{T_1}=\frac{p_2V_2}{T_2} \tag{11.3-2}$$

式中：p—— 压力，Pa(ABS)；

ρ—— 密度，kg/m^3；

T—— 温度，K；

R—— 气体常数，干燥空气，$R=28N\cdot m/(kg\cdot K)$；

m—— 空气质量，kg；

V—— 体积，m^3。

但由于实际气体具有黏性，因而严格地讲它并不完全适用于理想气体状态方程，即随着压力和温度的变化，式(11.3－1)并不是恒成立。当压力在 0 ～ 10MPa，温度在 0℃ ～ 200℃ 之间变化时 $p/(\rho RT)$ 的比值仍接近于 1，其误差小于 4%。在气动技术中，气体的工作压力一般在 2.0MPa 以下，因而此时将实际气体看成理想气体引起的误差是相当小的。

11.3.3　湿空气

空气中含有水分的多少对系统的稳定性有直接影响，因此各种气动元件对含水量有明确的规定，且常采取一些措施防止水分带入。湿空气所含水分的程度用湿度和含湿量表示。

1. 绝对湿度

绝对湿度指单位体积的湿空气中所含水蒸气的质量。用χ表示，单位为 kg/m^3。

$$\chi=\frac{m_s}{V} \tag{11.3-3}$$

或由式(11.3-1)导出

$$\chi=\rho_s=\frac{p_s}{R_sT} \quad (11.3-4)$$

式中：m_s—— 水蒸气的质量,kg；

V—— 湿空气的体积,m^3；

p_s—— 水蒸气的分压力,Pa；

ρ_s—— 水蒸气的密度,kg/m^3；

R_s—— 水蒸气的气体常数,$R_s=461N\cdot m/(kg\cdot K)$；

T—— 热力学温度,K。

2. 饱和绝对湿度

在一定温度和压力下,单位体积湿空气所含水蒸气的量达到最大极限时,称此湿空气为饱和湿空气。饱和绝对湿度是指湿空气中水蒸气的分压力达到该湿度下蒸气的饱和压力时的绝对湿度,用χ_b表示,单位 g/m^3,即

$$\chi_b=\rho_b=\frac{p_b}{R_sT} \quad (11.3-5)$$

式中：ρ_b—— 饱和湿空气中水蒸气的密度,g/m^3；

p_b—— 饱和湿空气中水蒸气的分压力,Pa。

3. 相对湿度

在同温同压下,绝对湿度χ与饱和绝对湿度χ_b之比,称为该温度下的相对湿度,用φ表示。

$$\varphi=\frac{\chi}{\chi_b}\times100\%=\frac{p_s}{p_b}\times100\% \quad (11.3-6)$$

式中：χ、χ_b—— 绝对湿度和饱和绝对湿度,g/m^3；

p_s、p_b—— 水蒸气的分压力与饱和水蒸气的分压力,Pa,或 MPa。

绝对湿度不能说明湿空气的吸水能力,而相对湿度则能说明湿空气的吸水能力。

当空气绝对干燥时,$p_s=0$,$\varphi=0$;当空气达到饱和时,$p_s=p_b$,$\varphi=100\%$。一般湿空气的$\varphi=0\%\sim100\%$。通常$\varphi=60\%\sim70\%$范围内人体感到舒适。气动技术中规定各种阀的相对湿度不得大于90%。

4. 空气的含湿量

(1) 质量含湿量:每千克质量的干空气中所含水蒸气质量,用d表示,单位为g/kg。

$$d=\frac{m_s}{m_g}=\frac{\rho_s}{\rho_g} \quad (11.3-7)$$

或

$$d=622\frac{p_s}{p_g}=622\frac{\varphi p_b}{p-\varphi p_b}$$

式中：m_s—— 水蒸气的质量,g；

m_g—— 干空气的质量,kg；

p_s—— 水蒸气的分压力,MPa;

p_g—— 干空气的分压力,MPa;

p—— 湿空气的全压力,MPa,$p=p_s+p_g$;

φ—— 相对湿度。

(2) 容积含湿量:每立方米的干空气中所混合的水蒸气质量,用 d' 表示,单位为 g/m^3。

$$d'=d\rho \tag{11.3-8}$$

式中:ρ—— 干空气的密度,kg/m^3。

11.3.4　压缩性

空气受压而使体积缩小的性质称为空气的压缩性。同样,空气由于压力的减小而使其体积增大,称为空气的膨胀。空气的压缩与膨胀是与空气的压力和温度有关,它们之间的关系是由状态方程确定的。

11.4　空气在管道内的流动

11.4.1　马赫数、亚声速流动和超声速流动

1. 声速和马赫数

(1) 声速　小扰动在空气介质中的传播速度称为声速。微小扰动传播速度很快,故可视为绝热过程。气体声速取决于介质的温度 T。即声速

$$a=\sqrt{\kappa RT} \tag{11.4-1}$$

式中:a—— 声速,m/s;

κ—— 比热容比;

R—— 气体常数,J/kg · K;

T—— 温度,K。

当等熵指数 $\kappa=1.4$,$R=287$(J/kg · K) 时,则得

$$\alpha=20\sqrt{T} \tag{11.4-2}$$

当 $T=15$℃ 时,空气的声速 $a=340$m/s。

(2) 马赫数　马赫数是空气的速度与该点声速的比值,即

$$M=\frac{v}{a} \tag{11.4-3}$$

式中:M—— 马赫数;

v—— 空气流动速度;

a—— 声速。

2. 亚声速流动

马赫数 $M<1$ 的流动为亚声速流动。

3. 超声速流动

马赫数 $M > 1$ 的流动为超声速流动。

11.4.2　气动元件的通流能力

1. 自由空气流量

经压缩机压缩后的空气为压缩空气，没有经压缩处于自由状态(0.1013MPa)的空气称自由空气。压缩机铭牌上注明的流量是自由空气流量，按此流量选择压缩机。

考虑温度变化影响时：$q_z = q\dfrac{p}{p_z}\dfrac{T_z}{T}$；否则

$$q_z = q\frac{p}{p_z} \tag{11.4-4}$$

式中：q、q_z—— 压缩空气和自由空气流量，m^3/min；

p、p_z—— 压缩空气和自由空气的压力，MPa；

T、T_z—— 压缩空气和自由空气的温度，K。

2. 析水量

(1) 露点：未饱和空气，保持压力不变而降低温度，使之达到饱和状态的温度叫露点；而经压缩后析出水分时的温度，即为压力露点。对湿空气而言，降温可析出水分，加压也可析出水分。

(2) 析水量：当压缩空气冷却时，其相对湿度增加，达到露点时便有水滴析出；同样，湿空气被压缩后，单位容积中所含水蒸气的量增加，同时温度也上升。析水量可由下式计算

$$q_x = 60q_z\left[\varphi d'_{b1} - \frac{(p_1 - \varphi p_{b1})T_2}{(p_2 - \varphi p_{b2})T_1}d'_{b2}\right] \tag{11.4-5}$$

式中：q_x—— 每小时的析水量，kg/h；

d'_{b1}、d'_{b2}—— 温度 T_1、T_2 时饱和容积含湿量，kg/m^3；

T_1、T_2—— 压缩前和压缩后空气的温度 K；

p_{b1}、p_{b2}——T_1、T_2 时饱和空气中水蒸气的分压力，MPa。

3. 通流能力

在气动中所谓通流能力，是指单位时间内通过阀或管路的流体体积或质量。其表示方法包括：有效截面面积 A 和流量 q 等。

(1) 有效截面面积 A

通常认为元件的过流截面与相应的管道截面等效，但气体流过节流孔时，由于实际流体存在黏性，其流束的收缩比节流孔实际面积还小，此最小截面积称为有效截面积，它就代表了节流孔的流通能力，常用 A 来表示。它是指一个无黏性气流中的理想节流小孔的流量等于实际气体流过气动元件的流量。该有效面积只能用实验方法测定，常用定积容器放气法来测定，测出有关数据后再用下式计算

$$A = \left(12.9 \times 10^{-3} V\frac{1}{t}\lg\frac{p_0 + 1.013 \times 10^5}{p + 1.013 \times 10^5}\right)\sqrt{\frac{273.1}{T}} \tag{11.4-6}$$

式中：V—— 容器的体积，m^3；

p_0—— 容器内初始压力，Pa(表压)；

p—— 放气后容器内剩余压力，Pa(表压)；

t—— 放气时间，s；

T—— 以热力学温度表示的室温，K。

当回路中有多个阀类元件连接使用时，可以用一个总有效面积来代替。多个元件组合后有效截面积的计算如下：

当 n 个元件串联时的总有效面积为

$$\frac{1}{A^2}=\frac{1}{A_1^2}+\frac{1}{A_2^2}+\frac{1}{A_3^2}+\cdots+\frac{1}{A_n^2} \tag{11.4-7}$$

当 n 个元件并联时的总有效面积为

$$A=A_1+A_2+A_3+\cdots+A_n \tag{11.4-8}$$

(2) 流量 q

当压缩空气在具有一定通流截面的管道中流动时，用流量来衡量该管道中流通能力的大小。流量是指单位时间内通过某截面的流体量。如果流体量以体积度量，称为体积流量，记为 q，单位是 m^3/s，或 L/min；如果以质量度量，称为质量流量，记为 q_m，单位是 kg/s。公式为

$$\begin{aligned} q &= vA \\ q_m &= \rho vA \end{aligned} \tag{11.4-9}$$

式中：A—— 管道截面积，m^2；

v—— 管道截面上的平均流速，m/s；

ρ—— 管内流体密度，kg/m^3。

一般地，不可压缩流体流动使用体积流量，可压缩流动使用质量流量。

由于空气的体积是可以压缩和膨胀的，所以体积流量是随着压力和温度而变化的，故体积流量又可分为有压体积流量和自由体积流量。

① 有压体积流量是指在某一压力和温度下的体积流量值。

② 自由体积流量是指在绝对压力为 1.01325×10^5 Pa 和温度为 20℃ 条件下的体积流量值。

③ 有压体积流量与自由体积流量之间的转换为

$$q_{压}=q_{自}\sqrt{\frac{p_0T}{pT_0}} \tag{11.4-10}$$

式中：$q_{压}$、$q_{自}$ —— 有压、自由体积流量；

p_0—— 标准压力，$p_0=1.01325\times10^5$ Pa；

p—— 被测空气的绝对压力；

T_0—— 标准温度，$T_0=273+20=293$K；

T—— 被测空气的热力学温度。

11.4.3 连续性方程

一元不可压缩稳定流动体积流量保持不变，管内任意截面 1 和 2 之间的连续性方程为

$$q_1 = q_2 \tag{11.4-11}$$

或

$$v_1 A_1 = v_2 A_2$$

一元可压缩稳定流动质量流量保持不变，管内任意截面 1 和 2 之间的连续性方程为

$$q_{m1} = q_{m2} \tag{11.4-12}$$

或

$$\rho_1 v_1 A_1 = \rho_2 v_2 A_2$$

式中：q_1、q_2—— 截面 1、截面 2 流体的体积流量，m^3/s；
q_{m1}、q_{m2}—— 截面 1、截面 2 流体的质量流量，kg/s；
ρ_1、ρ_2—— 截面 1、截面 2 上流体的密度，kg/m^3；
v_1、v_2—— 截面 1、截面 2 上流体的平均流速，m/s；
A_1、A_2—— 截面 1、截面 2 的截面积，m^2。

11.4.4 气体的能量方程

1. 理想流体运动微分方程

(1) 非定常运动微分方程

$$-\frac{1}{\rho}\frac{\partial p}{\partial x} = \frac{\partial v}{\partial t} + v\frac{\partial v}{\partial x} \tag{11.4-13}$$

(2) 定常运动微分方程

$$-\frac{1}{\rho}\frac{\partial p}{\partial x} = v\frac{\partial v}{\partial x} \tag{11.4-14}$$

2. 定常流的气体运动方程

(1) 基本形式

当空气定常流动时，忽略气体流动时的能量损失和位能变化，则

$$\frac{\kappa}{\kappa-1}\frac{p}{\rho} + \frac{v^2}{2} = C \tag{11.4-15}$$

或

$$\frac{\kappa RT}{\kappa-1} + \frac{v^2}{2} = C$$

或

$$\frac{a^2}{\kappa-1} + \frac{v^2}{2} = C$$

或

$$h + \frac{v^2}{2} = C$$

式中：p—— 绝对压力；
ρ—— 气体密度；

v—— 气体速度；

T—— 温度，K；

a—— 声速；

h—— 比焓；

κ—— 比热容比，即等熵指数；

R—— 气体常数；

C—— 常数。

（2）有机械功的压缩性气体能量方程

在管道两截面 1－1 与 2－2 之间有流体机械（如压缩机、鼓风机或动活塞）对单位质量气体做功，则绝热过程能量方程为

$$\frac{\kappa}{\kappa-1}\frac{p_1}{\rho_1}+\frac{v_1^2}{2}+L_\kappa=\frac{\kappa}{\kappa-1}\frac{p_2}{\rho_2}+\frac{v_2^2}{2} \tag{11.4-16}$$

如果忽略速度 v 的影响，则得

绝热过程

$$L'_\kappa=\frac{\kappa}{\kappa-1}\frac{p_1}{\rho_1}\left[\left(\frac{p_2}{p_1}\right)^{\frac{\kappa-1}{\kappa}}-1\right] \tag{11.4-17}$$

多变过程

$$L'_{\mathrm{n}}=\frac{n}{n-1}\frac{p_1}{\rho_1}\left[\left(\frac{p_2}{p_1}\right)^{\frac{n-1}{n}}-1\right]$$

式中：L_κ—— 绝热过程流体机械对单位质量气体所作的全功，N · m/kg；

κ—— 等熵指数；

n—— 多变指数；

L'_κ、L'_{n}—— 绝热、多变过程流体机械对单位质量气体所作的压缩功，N · m/kg。

3. 伯努利方程

我们可以积分形式讨论气体的运动方程。在流管的任意截面上，根据能量守恒定律，单位质量定常流空气流的流动压力 p、平均流速 v、位置高度 H 和阻力损失 h_{f} 满足下列伯努利方程

$$\frac{v^2}{2}+gH+\int\frac{\mathrm{d}p}{\rho}+gh_{\mathrm{f}}=C \tag{11.4-18}$$

对于可压缩气体，$\rho\neq$ 常数，按绝热状态计算，则有

$$\rho=\rho_1\left(\frac{p}{p_1}\right)^{\frac{1}{\kappa}} \tag{11.4-19}$$

所以

$$\int\frac{\mathrm{d}p}{\rho}=\frac{p_1^{1/\kappa}}{\rho_1}\int p^{-\frac{1}{\kappa}}\mathrm{d}p=\frac{\kappa p_1^{1/\kappa}}{(\kappa-1)\rho_1}p^{\frac{\kappa-1}{\kappa}}+c$$

根据(11.4-19),得 $p_1^{1/\kappa}\cdot p^{1-1/\kappa}=\frac{p\rho_1}{\rho}$,所以式(12.4-9)可写成

$$\frac{v^2}{2}+gH+\frac{\kappa}{\kappa-1}\frac{p}{\rho}+gh_f=常数 \qquad (11.4-20)$$

若不考虑阻力损失,且忽略位置高度的影响,则有

$$\frac{v^2}{2}+\frac{\kappa}{\kappa-1}\frac{p}{\rho}=常数 \qquad (11.4-21)$$

特别地,在低速流动时,气体可以认为是不可压缩的,同时不考虑阻力损失,且忽略位置高度的影响,则(11.4-21)可直接写作

$$\frac{v^2}{2}+\frac{p}{\rho}=常数 \qquad (11.4-22)$$

11.5　气罐的充放气

在气动系统中向气罐、管路、气缸及其他执行机构充气或由其排气所需的时间及温度变化是正确利用气动技术的重要问题。近年来绿色设计的发展,降低气动系统的空气消耗量,降低功率消耗也就显得越来越重要。为此,采用最佳过流断面尺寸和控制气动回路的压力和流量是非常重要的。

11.5.1　充气温度与时间的计算

1. 充气时引起的温度变比

如图 11-3 所示,向气罐充气时,若其过程进行得较快,热量来不及通过气罐壁向外传导,充气过程可近似看做是绝热过程。容器内压力从 p_0 升高到 p,容器内温度因绝热压缩从室温 T_0 升高到 T,则充气后的温度为

$$T=\frac{k}{1+\frac{p_0}{p}(k-1)}T_0 \qquad (11.5-1)$$

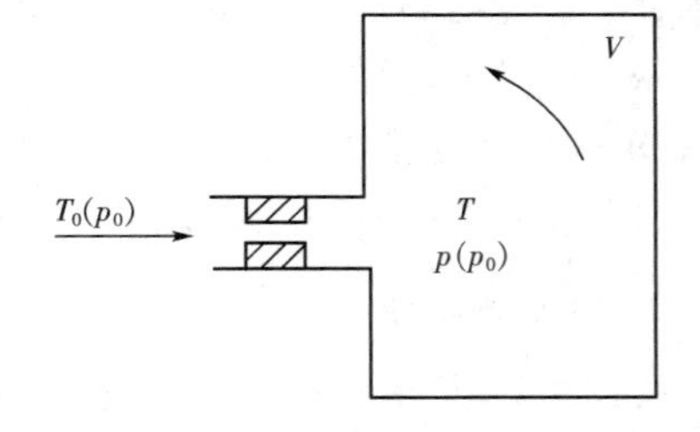

图 11-3　向气罐充气

式中:T_0—— 气源绝对温度,K;

k—— 绝热指数。

如果气罐充气压力达到 p 时,立即关闭阀门,通过气罐壁散热,其内温度将下降至室温,根据气体状态方程,气罐中气体的压力也要下降。压力下降以后的稳定值为

$$p_w=p\frac{T_0}{T} \qquad (11.5-2)$$

式中:p_w—— 气罐内气体达到室温时的稳定压力值,Pa。

2. 充气时间

气罐中的压力随着充气逐渐上升，其过程基本上分为声速和亚声速两个充气阶段。当气罐中的气体压力 p 小于临界压力，即 $p < 0.528p_s$ 时，在最小截面处气流的速度都将是声速，流向气罐的气体流量也将保持为常数。如果把向气罐充气的过程看成是绝热过程，使气罐充气到临界压力所需的时间 t_1 为

$$t_1 = \left(0.528 - \frac{p_0}{p_s}\right)\tau \tag{11.5-3}$$

$$\tau = 5.217 \times 10^{-3} \times \frac{V}{kA}\sqrt{\frac{273}{T_s}}$$

式中：p_s—— 气源的绝对压力，Pa；

p_0—— 气罐内的初始绝对压力，Pa；

τ—— 充气与放气的时间常数，s；

V—— 气罐的容积，m^3；

A—— 有效截面积，m^2。

气罐中的压力达到临界压力以后，管中的气流速度小于声速，流动进入亚声速范围，随着气罐中压力的上升，充气流量将逐渐降低。因此从到达临界压力开始直到充气完成这一阶段，气室中的压力上升曲线不再是直线，如图 11－4 所示，使气罐内气体的压力由临界压力升高到 p_s 所需的时间为

$$t_2 = 0.757\tau$$

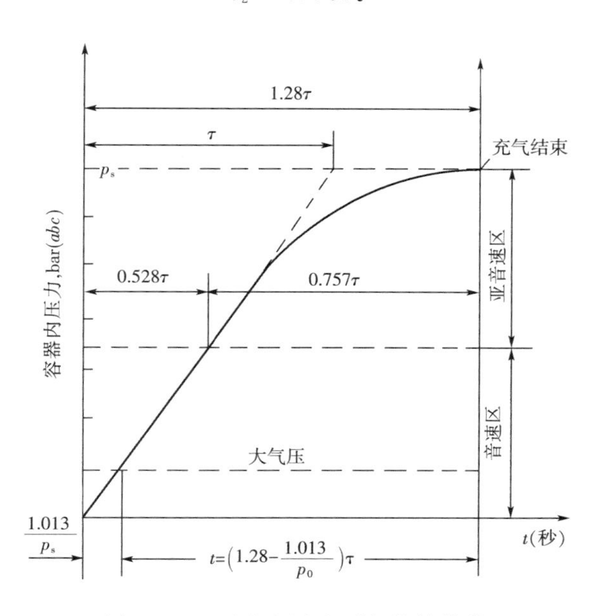

图 11－4　充气压力与时间特性曲线

因此气罐内气体的压力由 p_0 充气到 p_s 所需的总时间为

$$t = t_1 + t_2 = \left(1.285 - \frac{p_0}{p_s}\right)\tau = 5.217\left(1.285 - \frac{p_0}{p_s}\right)\frac{V}{kA}\sqrt{\frac{273}{T_s}} \times 10^{-3} \tag{11.5-4}$$

11.5.2　放气温度与时间的计算

如图 11-5 所示，气罐放气时，其内空气的初始温度为 T_1，压力为 p_1；经绝热快速放气后温度降低到 T_2，压力降低到 p_2，则放气后温度为

$$T_2 = T_1\left(\frac{p_2}{p_1}\right)^{\frac{\kappa-1}{\kappa}} \qquad (11.5-5)$$

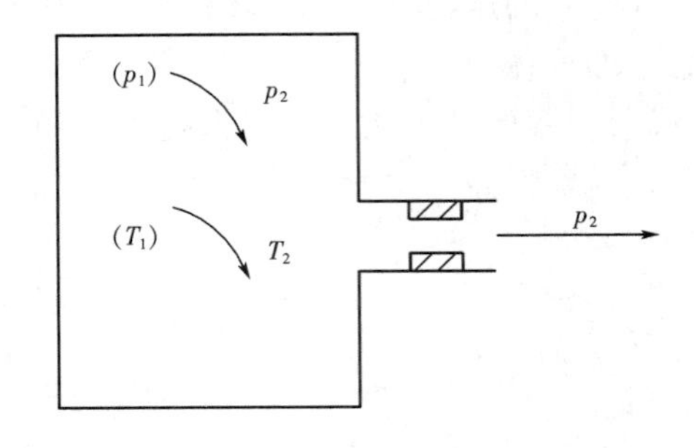

图 11-5　气罐放气

若放气至 p_2 后立即停止放气，则气罐内温度上升到室温，此时气罐内的压力也上升至 p

$$p = p_2\frac{T_1}{T_2} \qquad (11.5-6)$$

式中：p—— 关闭气阀后气罐内气体达到稳定状态时的绝对压力，Pa；

p_2—— 刚关闭气阀时气罐内绝对压力，Pa。

与充气过程一样，放气过程也基本上分为声速和亚声速两个阶段：

当气罐压力 $p > 1.893p_a$ 时，放气流动在超声速范围内，压力由 p_1 放气到临界压力 p_e（$p_e = 1.893 \times 1.013 \times 10^5 = 1.92 \times 10^5$ Pa）时所需的时间为 t_1；

当气罐压力 $p < 1.893p_a$ 时，放气流动属于亚声速流动，压力由临界压力 p_e 降到大气压 p_a 所需时间为 t_2；

这样气罐放气结束所需时间 t(s)

$$t = t_1 + t_2 = \left\{\frac{2\kappa}{\kappa-1}\left[\left(\frac{p_1}{p_e}\right)^{\frac{\kappa-1}{\kappa}} - 1\right] + 0.945\left(\frac{p_1}{0.1013}\right)^{\frac{\kappa-1}{2\kappa}}\right\}\tau \qquad (11.5-7)$$

式中：p_1—— 气罐内的初始绝对压力，MPa；

p_e—— 放气临界压力。

图 11-6 为气罐放气时的压力—时间特性曲线。

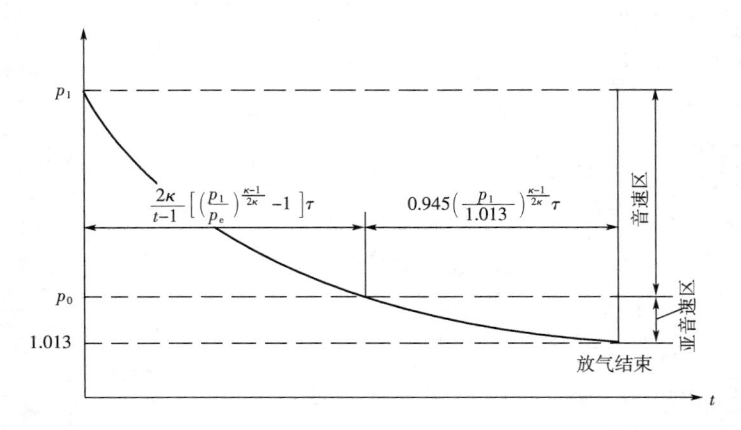

图 11-6　放气压力与时间特性曲线

思考与练习

11-1　在常温下 $t=20$℃ 时，将空气从 0.1MPa(绝对压力) 压缩到 0.7MPa(绝对压力)，求温升 Δt 为多少？

11-2　空气压缩机向容积为40L的气罐充气直至 $p_1=0.8$MPa时停止，此时气罐内温度 $t_1=40$℃，又经过若干小时罐内温度降至 $t_1=10$℃。问：(1) 此时罐内表压力为多少？(2) 此时罐内压缩了多少室温为10℃ 的自由空气(设大气压力近似为 0.1MPa)？

11-3　绝对压力为0.5MPa，温度为30℃ 的空气，绝热膨胀到大气压时，求其膨胀后的空气温度。

11-4　设湿空气的压力为0.1013MPa，温度为20℃，相对湿度为50%，求：(1) 绝对湿度；(2) 含湿量；(3) 气温降低到多少度时开始结露(露点)。

11-5　如图所示气缸吊(吊取重物的气动缸)，气源压力为 0.5MPa，起吊物体重量为 $F_w=900$N，活塞返回，活塞杆自重 $F_z=100$N，活塞杆直径为 $d=20$mm，机械效率 $\eta=0.8$，安全系数 $n=1.5$，试确定气动缸内径 D。

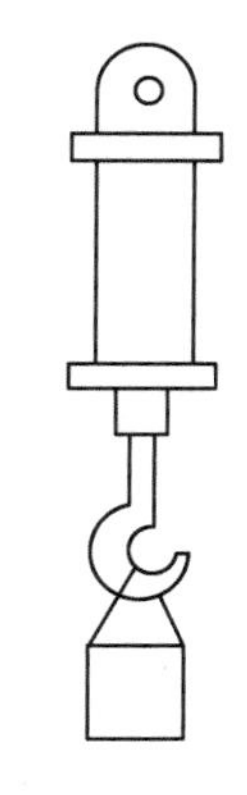

题 11-5 图

11-6　气动缸内径为 50mm，活塞杆直径为 20mm，行程为 300mm，每分钟往复运动 10 次，使用压力为 0.6MPa，试求其耗气量。

第 12 章　气动系统的能源装置及辅件

气压传动系统中的能源或气源装置是为气动系统提供满足一定质量要求的压缩空气，它是气压传动系统的重要组成部分。由空气压缩机产生的压缩空气，必须经过降温、净化、减压、稳压等一系列处理后，才能供给控制元件和执行元件使用。而用过的压缩空气排向大气时，会产生噪声，应采取措施，降低噪声，改善劳动条件和环境质量。

12.1　气源装置

气源装置主要由空气压缩机（简称空压机）及压缩空气净化处理系统两部分组成。

12.1.1　空气压缩机

空气压缩机，用以产生压缩空气，它是将电动机或内燃机输出的机械能转变为压缩空气的压力能的装备。

空气压缩机结构的基本类型见图 12-1。

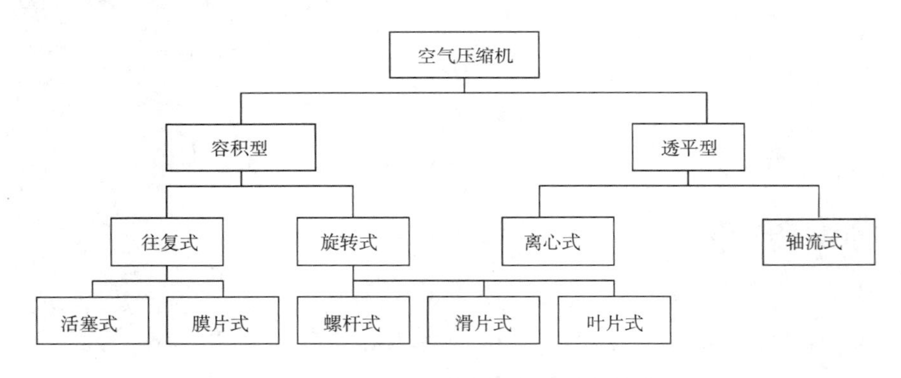

图 12-1　空气压缩机结构的基本类型

工业自动化中使用的空气压缩机绝大多数是容积型，它包括往复式和旋转式两类。在往复式空气压缩机中，活塞式压缩机过去已经得到普遍的应用。旋转式螺杆压缩机具有输出脉动小、噪音低、节能、无油耗、寿命长、维修少等优点，在近一二十年取得迅猛发展，大有“取代”活塞压缩机之势。

空压机主要技术参数选定的经验原则是：

(1)选定的额定压力应比要求使用的空气压力高 0.2MPa 左右。

(2)选定的排气容积流量应比预算的总耗气量大 30%～50%为宜。

(3)根据选定的总容积流量和额定压力来选定空压机的功率。

12.1.2　压缩空气净化处理

1. 对压缩空气的要求

(1)要求压缩空气具有一定的压力和足够的流量。因为压缩空气是气动装置的动力源,没有一定的压力不但不能保证执行机构产生足够的推力,甚至连控制机构都难以正确地动作,没有足够的流量,就不能满足对执行机构运动速度和程序的要求等。

(2)要求压缩空气有一定的清洁度和干燥度。清洁度是指气源中含油量、含灰尘杂质的质量及颗粒大小都要控制在很低范围内。干燥度是指压缩空气中含水量的多少,气动装置要求压缩空气的含水量越低越好。

由空气压缩机排出的压缩空气,虽然能满足一定的压力和流量的要求,但不能为气动装置所使用。因为一般气动设备所使用的空气压缩机都是属于工作压力较低(小于1MPa)、用油润滑的活塞式空气压缩机。它从大气中吸入含有水分和灰尘的空气,经压缩后,空气温度均提高到 140℃～180℃,这时空气压缩机气缸中的润滑油也部分成为气态,这样油分、水分以及灰尘便形成混合的胶体微尘与杂质混在压缩空气中一同排出。如果将此压缩空气直接输送给气动装置使用,将会产生下列影响:

① 混在压缩空气中的油蒸气可能聚集在贮气罐、管道、气动系统的容器中形成易燃物,有引起爆炸的危险;另一方面,润滑油被气化后,会形成一种有机酸,对金属设备、气动装置有腐蚀作用,影响设备的寿命。

② 混在压缩空气中的杂质能沉积在管道和气动元件的通道内,减少了通道面积,增加了管道阻力。特别是对内径只有 0.2～0.5mm 的某些气动元件会造成阻塞,使压力信号不能正确传递,整个气动系统不能稳定工作甚至失灵。

③ 压缩空气中含有的饱和水分,在一定的条件下会凝结成水,并聚集在个别管道中。在寒冷的冬季,凝结的水会使管道及附件结冰而损坏,影响气动装置的正常工作。

④压缩空气中的灰尘等杂质,对气动系统中作往复运动或转动的气动元件(如气缸、气马达、气动换向阀等)的运动副会产生研磨作用,使这些元件因漏气而降低效率,影响它的使用寿命。

因此气源装置必须设置一些除油、除水、除尘,并使压缩空气干燥,提高压缩空气质量,进行气源净化处理的辅助设备。

2. 压缩空气净化设备

压缩空气净化设备一般包括:空气过滤器、后冷却器、贮气罐、干燥器、除油器等。实际使用可根据需要取舍。如图 12－2 所示。

(1)空气过滤器

由于空气中所含的杂质和灰尘,若进入机体和系统中,将加剧相对滑动件的磨损,加速润滑油的老化,降低密封性能,使排气温度升高,功率损耗增加,从而使压缩空气的质量大为降低,所以在空气进入压缩机之前,必须经过空气过滤器,以滤去其中所含的灰尘和杂质。过滤的原理是根据固体物质和空气分子的大小和质量不同,利用惯性、阻隔和吸附的方法将灰尘和杂质与空气分离。

空气过滤器内部由旋风叶、滤芯、挡水板等零部件组成。输入的压缩空气由旋风叶导入外部，穿入滤芯内部，然后由输出口输出。滤芯材料分为纸质、织物（麻布、绒布、毛毡）、陶瓷、泡沫塑料和金属（金属网、金属屑）等。空气压缩机中普遍采用纸质过滤器和金属过滤器。这种过滤器通常又称为一次过滤器，其滤灰效率为50%～70%；在空气压缩机的输出端（即气源装置）使用的为二次过滤器（滤灰效率为70%～90%）和高效过滤器（滤灰效率大于99%）。

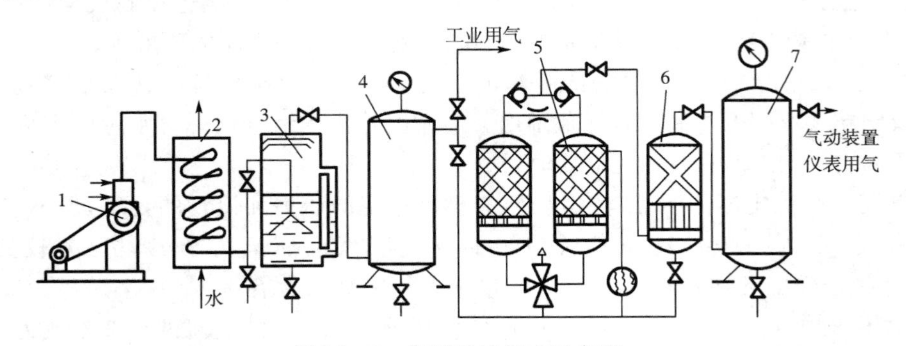

图 12-2　气源系统组成示意图

1—空气压缩机；2—后冷却器；3—油水分离器；4、7—贮气罐；5—干燥器；6—过滤器

(2)后冷却器

其主要作用是将空压机输出的140℃～170℃高温压缩空气进行冷却至40℃～50℃左右。从而通过冷凝去除压缩空气中的部分水分及油污等杂质。冷却方式有水冷和风冷两类。结构形式有：盘管式（蛇形管式）、列管式、套管式、散热片式等。其中列管式和盘管式因结构简单、压力损失小、维修方便、价格便宜而被广泛使用。

(3)贮气罐

一般地，空压机后必须设置贮气罐。其主要功能是：

① 贮存一定数量的压缩空气，从而减少空压机"负载"与"空载"变化频率，同时可满足在突然停电的情况下继续使用一段时间，保证自动化设备复位，保护设备安全。

② 减少气源输出气流脉动，减弱空气压缩机排出气流脉动引起的管道震动，增加气流连续性和压力稳定性。

③ 进一步降低压缩空气的温度，分离其中的水分、油分、固体颗粒等杂质，减轻后续压缩空气净化处理的负担。

贮气罐的结构如图12-3所示。贮气罐一般采用圆筒状焊接结构：有立式和卧式两种，一般以立式居多。立式贮气罐的高度H为其直径D的2～3倍，同时应使进气管在下，出气管在上，并尽可能加大两管之间的距离，以利于进一步分离空气中的油水。

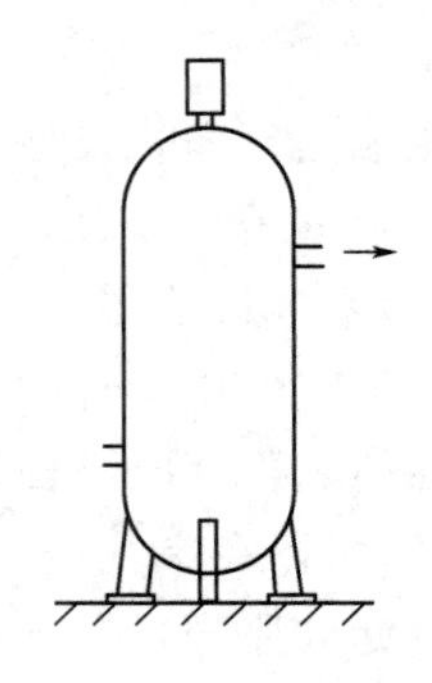

图 12-3　贮气罐

(4) 干燥器

干燥器的功能是进一步除去压缩空气中含有的水分、油分、颗粒杂质等。用于对气源要求较高的气动装置、气动仪表等。压缩空气的干燥程度用"露点"来表示。干燥方法主要有冷却、吸附、离心及机械降水等。机构如图 12-4 所示。

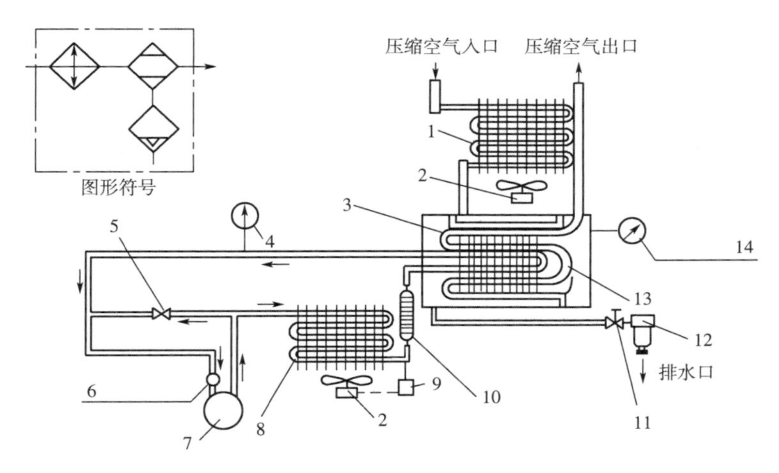

图 12-4　冷冻式干燥器的工作原理图

1—后冷却器；2—风扇；3—空气冷却器；4—蒸发温度计；5—容量控制阀；6—抽吸贮气罐；7—压缩机；8—冷凝器；9—压力开关；10—毛细管；11—截止阀；12—自动排水器；13—热交换器；14—出口空气压力表

(5) 除油器(即精密过滤器)

除油器的原理与结构和普通过滤器不同。其内部是由多层材料复合而成的滤芯构成，输入的压缩空气先进入滤芯内部，穿出滤芯，由滤芯外部经输出口输出，其主要功能是除油和精密除尘，无除水功能。

工业自动化装备上所用的压缩空气净化处理中，普通过滤器和减压阀是必须配置的，至于干燥器、除油器、油雾器等是否要配置，必须根据对压缩空气质量的要求以及前述气源装置压缩空气净化处理的结果综合考虑。比如，只有局部要求压缩空气除油和干燥，那么为减少投资和成本，在气源站可不设置干燥器和除油器，而仅设置在自动化机器部。是否设置油雾器主要看自动化机器部选用的气动换向阀和气动执行元件是否需要给油润滑。值得注意的是，后冷却器、除油器、贮气罐都属于压力容器，制造完毕后，应进行水压实验。

12.2　气动系统的辅件

12.2.1　油雾器

油雾器是以压缩空气为动力，将润滑油喷射成雾状并混合于压缩空气中，使该压缩空气具有润滑气动元件的能力。可见，油雾器是系统给油元件，为其后的元件运动提供润滑。

1. 油雾器的工作原理

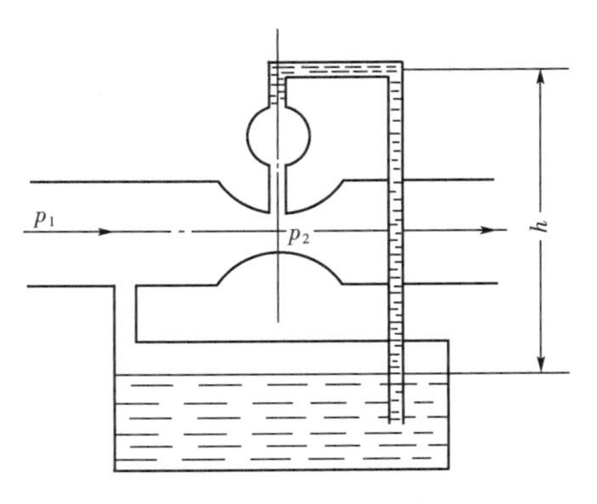

图 12-5　油雾器工作原理

图12-5为油雾器的工作原理图。假设气流通过文氏管后压力降为 p_2，当输入压力 p_1 和 p_2 的压差 Δp 大于把油吸引到排出口所需压力 ρgh 时，油被吸上，在排出口形成油雾并随压缩空气输送出

去。排出油流量的大小可以通过节流阀调节,使滴油量在一定范围内变化。考虑到因油的黏性阻力是阻止油液向上运动的力,因此实际需要的压力差要大于 ρgh,黏度较高的油吸上时所需的压力差 Δp 就较大;相反,黏度较低的油吸上时所需的压力差 Δp 就小一些。不过黏度较低的油即使雾化也容易沉积在管道上,很难到达所期望的润滑地点。因此在气动装置中要正确选择润滑油的牌号。

2. 普通型油雾器结构简介

图 12-6 所示为普通型油雾器的结构图。压缩空气从输入口进入后,通过喷嘴 1 上的小孔进入截止阀座 4 的腔内,在截止阀的阀芯 2 上下表面形成压力差,此压力差被弹簧 3 的部分弹簧力所平衡,而使阀芯处于中间位置,因而压缩空气就进入储油杯 5 的上腔 c,油面受压,压力油经吸油管 6 将单向阀 7 的阀芯托起,阀芯上部管道有一个边长小于阀芯(钢球)直径的四方孔,使阀芯不能将上部管道封死,压力油能不断地流入视油器 9 内,再滴入喷嘴 1 中,被通道中的气流从上面小孔中引射出来,雾化后从输出口输出。视油器上部的节流阀 8 可用以在每分钟 0 ～ 200 滴范围内调节滴油量。

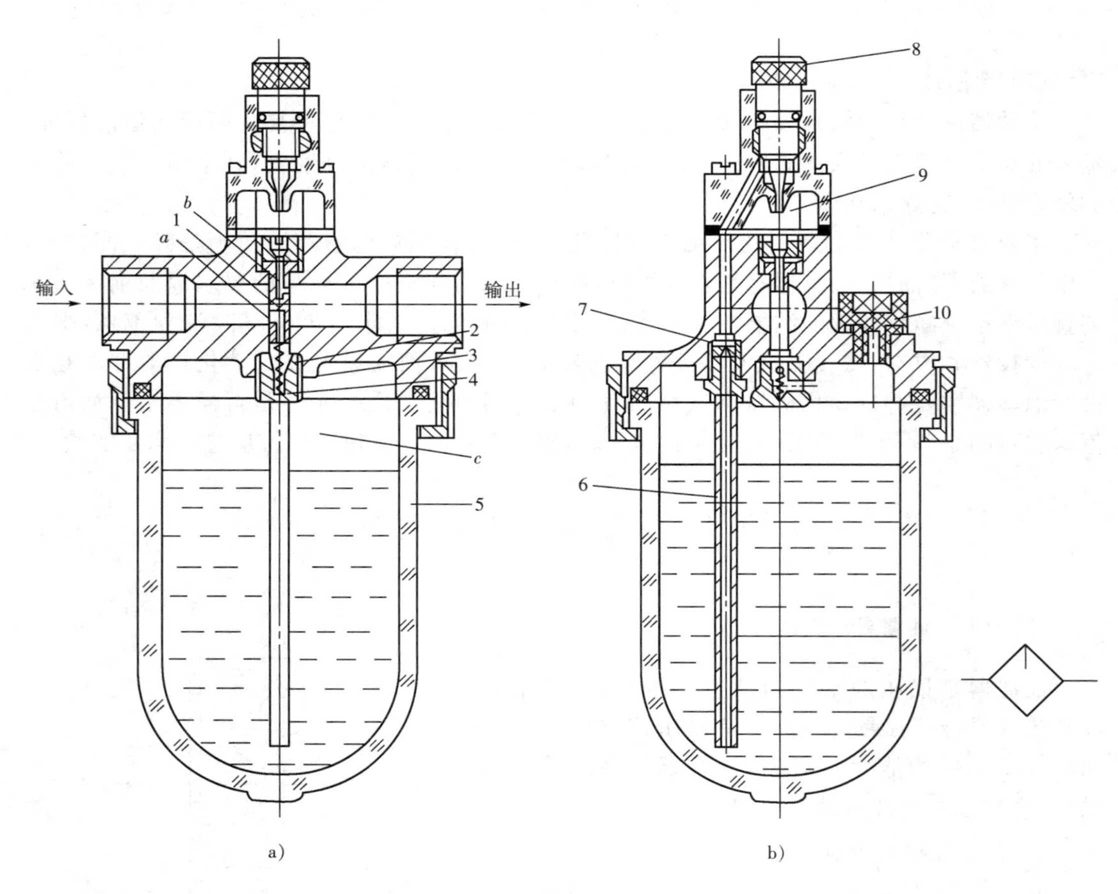

图 12-6　普通型油雾器

1—立杆;2—阀芯;3—弹簧;4—阀座;5—储油杯;
6—吸油管;7—单向阀;8—节流阀;9—视油器;10—油塞

3. 油雾器的主要性能指标

(1) 压降流量特性　在入口压力一定的条件下，通过油雾器的流量与两端压降之间的关系，称为压降流量特性。使用时，最好两端压降不大于 0.02MPa。

(2) 最小滴下流量　入口压力为 0.5MPa，润滑油为 1 号透平油(ISOVG32)，油位处于正常位置，滴油量为 5 滴 / 分钟的条件下，通过油雾器所需的流量称为最小滴下流量。

(3) 最低不停气加油压力　指在不停气情况下补油时，要求输入压力的最低值(一般不得低于 0.1MPa)。

(4) 加油后恢复滴油时间　加油完毕后，油雾器不能马上滴油，要经过一定的时间，在额定工作状态下，一般为 20 ～ 30s。

(5) 油雾粒径　在规定的试验压力 0.5MPa 下，输油量为 30 滴 / 分钟，其粒径不大于 20μm。

4. 设置和使用原则

(1) 凡减压阀之后的元件需要给油润滑，则需设置油雾器。

(2) 凡减压阀之后的元件有需要给油润滑的，也有不需要给油润滑的，则需设置油雾器。

(3) 凡设置油雾器后，不管后续元件要求或不要求给油，只要给油使用后，就必须按要求连续给油，才能保证气动系统长期工作。

目前，气动控制阀，气缸和气马达主要是靠这种带有油雾的压缩空气来实现润滑的，其优点是方便、干净、润滑质量高。

(4) 油雾器在使用中一定要垂直安装，油杯在下，进出口方向不得装反，应尽可能安装在比润滑部位高的地方。它可以单独使用，也可以空气过滤器、减压阀和油雾器三件联合使用，组成气源调节装置(通常称之为气动三联件)，使之具有过滤、减压和油雾的功能。联合使用时，其顺序应为空气过滤器 — 减压阀 — 油雾器，不能颠倒。原因是防止水分进入油杯内使油乳化；避免减压阀中的节流小孔被油污染及橡胶件受油雾的影响；减压阀后流速高于阀前，也有利于油的雾化。安装中气源调节装置应尽量靠近气动设备附近，距离不应大于 5m。

12.2.2　消声器

1. 概述

噪声有机械性噪声、电磁性噪声和气动力噪声。气压传动装置的噪声一般都比较大，尤其当压缩气体直接从气缸或阀中排向大气，较高的压差使气体体积急剧膨胀，产生涡流，引起气体的振动，发出强烈的噪声，为消除这种噪声应安装消声器。消声器是指能阻止声音传播而允许气流通过的一种气动元件。其主要功能是：降低气动系统工作时的排气噪声，改善劳动环境，保障工人健康。安装消声器后，通常可降低噪声 20 ～ 35dB；另外还可以防止灰尘、杂质进入气动元件内部，以延长气动元件寿命。

2. 消声原理

消声器的消声原理有三类：消声吸收型、消声膨胀干涉型、消声膨胀干涉吸收型。通常情况使用吸收型，在大流量场合应选择膨胀干涉型或膨胀干涉吸收型。

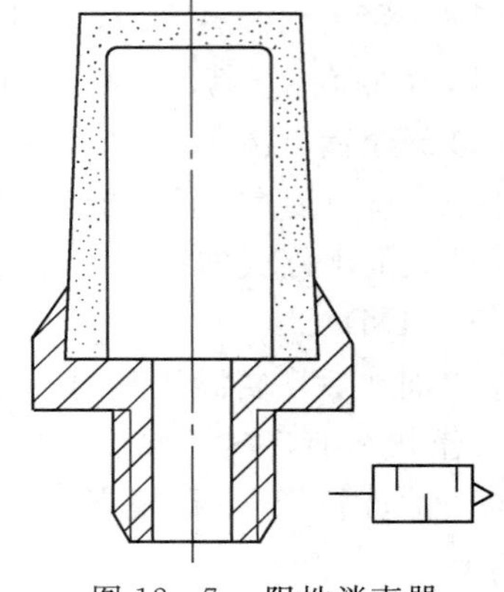

图 12-7　阻性消声器

（1）吸收型　让压缩空气通过多孔的吸声材料，靠气流流动摩擦生热，使气体的压力能部分转化为热能，从而减少排气噪声。这种消声器具有良好的消除中、高频噪声的性能。一般可降噪 25dB 以上。吸声材料大多使用聚氯乙烯纤维、玻璃纤维、烧结铜珠等。

（2）膨胀干涉型　这种消声器的直径比排气孔径大得多。气流在里面扩散、碰撞反射，互相干涉，减弱了噪声强度，最后从孔径较大的多孔外壳排入大气。它主要用于消除中、低频噪声。

（3）膨胀干涉吸收型　它是综合上述两种消声器的特点而构成的，能在很宽的频率范围内起消声作用。

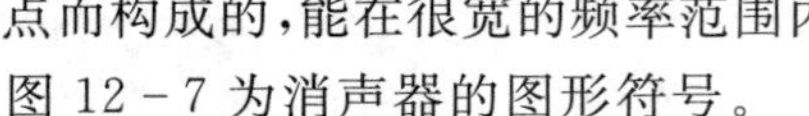

图 12-7 为消声器的图形符号。

12.2.3　管路连接件

管路连接件的作用是使各种气动元件按设计要求连接成一个完整的气动控制系统。

1. 管子和管接头概述

管子可分为硬管及软管两种。一些固定不动的、不需要经常装拆的总气管和支气管等可使用硬管。硬管有铁管、钢管、黄铜管、紫铜管和硬塑料管等。连接运动部件、临时使用、希望装拆方便的管路应使用软管。软管有塑料管、尼龙管、橡胶管、金属编织塑料管以及挠性金属导管等。常用的是紫铜管和尼龙管。

管接头分为软管接头和硬管接头，按照接头和管子连接方式不同，分类如下：

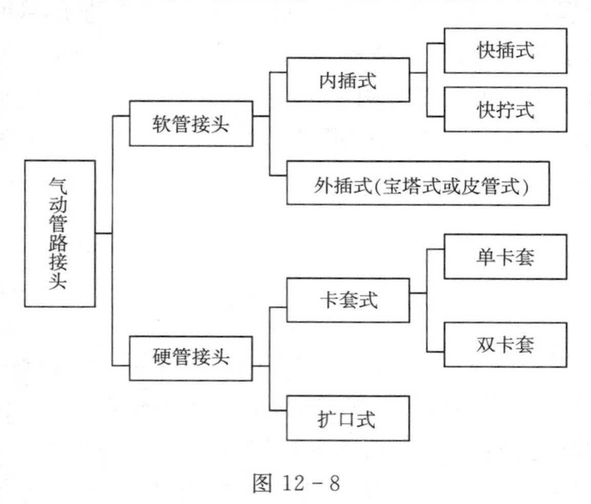

图 12-8

2. 管道系统的布置原则

（1）根据现场实际情况因地制宜地安排所有管道系统，尽量与水管、煤气管、暖气管、电线等其他管网统一协调布置。

（2）车间内部干线管道应沿墙或沿柱子顺气流流动方向向下倾斜 3° ～ 5°，在主干管道和支管终点(最低点)设置集水罐,定期排放积水、污物等。

(3) 沿墙或柱子接出的支管必须在主管的上部采用大角度拐弯后再向下引出。在离地面 1.2 ～ 1.5m 处,接入一个配气器。在配气器两侧接分支管引入用气设备,配气器下面设置放水排污装置。

(4) 采用单树枝状、双树枝状、环状管网等多种供气网络,确保可靠供气。

(5) 为避免管道过长造成的过大压降,可在靠近用气点的供气管道中安装一个适当的贮气罐,以满足大的间断供气量。

(6) 管道尺寸必须用最大耗气量或流量来确定,同时考虑管道系统中的损失压降。

(7) 压缩空气管道应刷防锈漆并涂上规定标记颜色的调和漆,以满足防腐和便于识别。

12.2.4　转换器

与其他自动控制装置一样,在气动控制系统中,也有发信、控制和执行部分,其控制部分工作介质为气体,而信号传感部分和执行部分不一定全用气体,可能用电或液体传输,这就要通过转换器来转换。常用的转换器有:气 — 电、电 — 气、气 — 液等。

1. 气 — 电转换器

气 — 电转换器是将压缩空气的气信号转变成电信号的装置,就是说,当气压达到一定值,电气触点便接通或断开的元件称为压力开关,又称压力继电器。它可用于检测压力的大小和有无,并能发出电信号,反馈给控制电路。

按输入气压的大小,可分成低压型、中压型和高压型压力开关。按输入气压是否可调,可分为固定式和可调式。前者用于检测某一固定气压是否达到;后者用于检测设定压力是可调的,当达到设定值时,电触点才通或断。按接通或断开电路的方式,可分成有触点式和无触点式。

(1) 无触点式压力开关工作原理

这种压力开关的压力感受部分使用硅扩散型半导体压力传感器,如图 12 - 9 所示,随被检测的输入压力的不同,膜片产生不同的变形,使组成电桥桥路的四个硅片产生不同的伸缩变形,其电阻值发生变化,电桥平衡被打破,电流计中便通过电流 I,此电流再经过晶体管放大,使放大后的电流与被检测的压力一一对应。

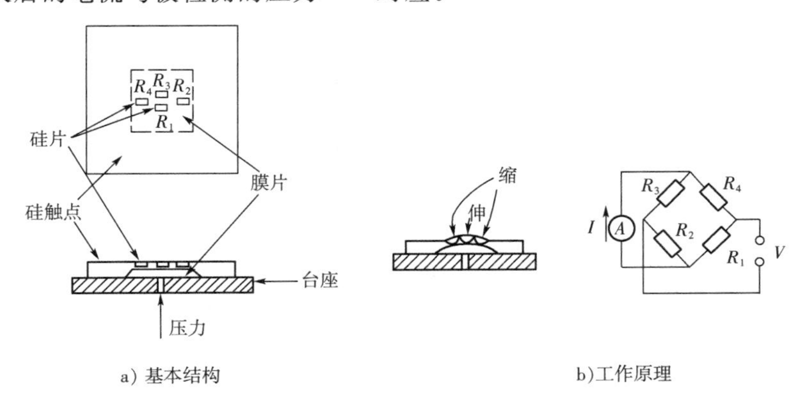

图 12 - 9　硅扩散型半导体压力传感器

(2) 有触点式压力开关工作原理

气体压力克服弹簧力，推动圆盘和顶杆运动到一定位置，舌簧开关接通。调定设定压力可通过调节螺钉改变弹簧预紧力来实现。如图 12－10 所示。

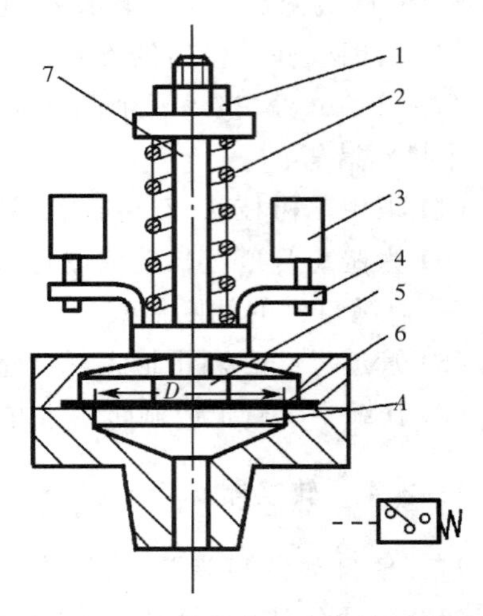

图 12－10　触点式压力开关原理图

1－螺母；2－弹簧；3－微动开关；4－爪枢；5－圆盘；6－膜片；7－顶杆

2. 电—气转换器

电气转换器的作用正好与气电转换器的作用相反，它是将电信号转换成气信号的装置，各种电磁换向阀都可作为电气转换器。

3. 气—液转换器

将空气压力转换成相同压力的液压力的元件称为气—液转换器。

在流体传动领域，使用气压力比液压力简便，但空气有压缩性，不能得到恒速运动和低速平稳运动，运动过程中任一点停止时的精度也不高。液压系统虽然可以不考虑液体的压缩性，但液压系统需要泵站系统，使系统复杂，成本增加。而使用气液转换器，用气压力驱动气液联动缸动作，就避免了空气可压缩性的缺陷，起动时和负载变动时，也能得到平稳的运动速度，即使在低速时也没有爬行问题，所以最适合中停、急速进给、旋转执行元件的满速驱动以及精密稳速输送等。

如图 12－11 所示，气液转换器是一个液面处于静压状态的垂直放置的油筒。上部接气源，下部与气—液联用缸相联。在进气口和出气口处，都安装有缓冲板，以防止空气混入油中造成传动的不稳定。

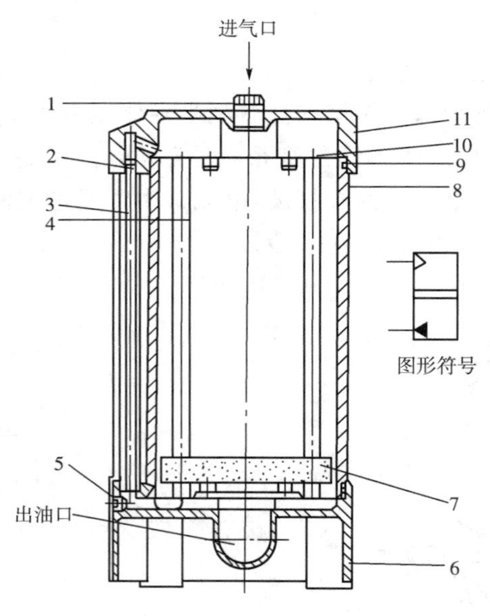

图 12－11　气液转换器

1－给油塞；2－油位计垫圈；3－油位计；4－拉杆 5－泄油塞；6－下盖；7－浮子；8－筒体 9－垫圈；10－缓冲板；11－头盖

12.2.5　自动排污器

自动排污器不需要人工操作，在一定条件下可自动排污，主要用于贮气罐、冷冻式干燥器、主管路过滤器、气动主管路（或支管路）垂直向下排污的部位。由于气动自动化技术的迅速发展及气动设备的广泛应用，靠人工的方法进行定期排污已变得不可靠，况且有些场合也不便工人操作，因此自动排污装置得到广泛应用。自动排污器可作为单独的元件安装在净化设备的排污口处，也可内置安装在过滤器等元件的壳体内。

如图 12－12 所示是一种浮子式自动排污器，从压缩空气中分离出来的冷凝水流入自动排污器内，水杯底部的水位不断升高，冷凝水的水位达到一定的水平高度，足以使浮子浮起时，开启阀口。于是，空气压力克服弹簧力推动活塞，冷凝水自动排出。排水后，浮子下降，阀口关闭。

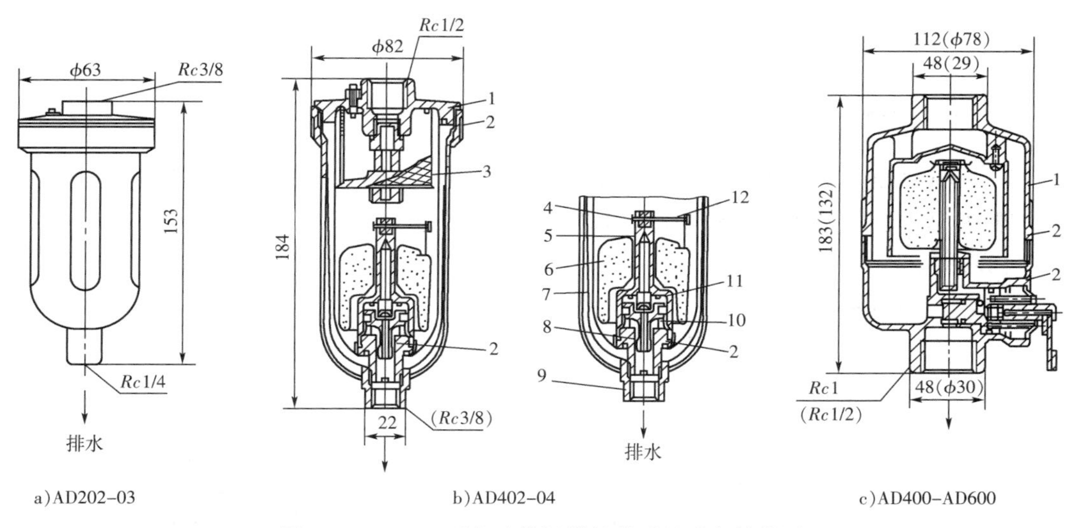

a)AD202-03　　b)AD402-04　　c)AD400-AD600

图 12－12　AD 型自动排污器的外形尺寸与结构图

注：( ) 内数据为 AD400－04 外形尺寸

1－壳体；2－O 型圈；3－滤网；4－阀；5－内腔孔；6－浮子；7－水杯
8－排水孔；9－排水导管；10－活塞；13－弹簧；11－控制杆

思考与练习

12－1　简述活塞式空气压缩机的工作原理。

12－2　简述油雾器的工作原理及分类。

12－3　在压缩空气站中，为什么既有除油器又有油雾器？

12－4　气电转换器和电气转换器在气动系统中各有何作用？

12－5　气源装置中为什么要设置贮气罐？其容积和尺寸应如何确定？

第 13 章　执行元件

在气动自动化系统中，将压缩空气的压力能转变为机械能的一种装置，称为气动执行元件。气动执行元件有三大类：产生直线往复运动的气缸，在一定范围内摆动的摆动马达（也称摆动气缸）以及产生连续转动的气动马达。本章主要讨论气缸。

13.1　气　　缸

13.1.1　气缸的类型

气缸是气动自动化系统中使用最为广泛的一种执行元件。根据使用条件、场合的不同，其结构、功能和形状也不一样，种类繁多。

1. 按结构分

按结构分类见图 13－1。

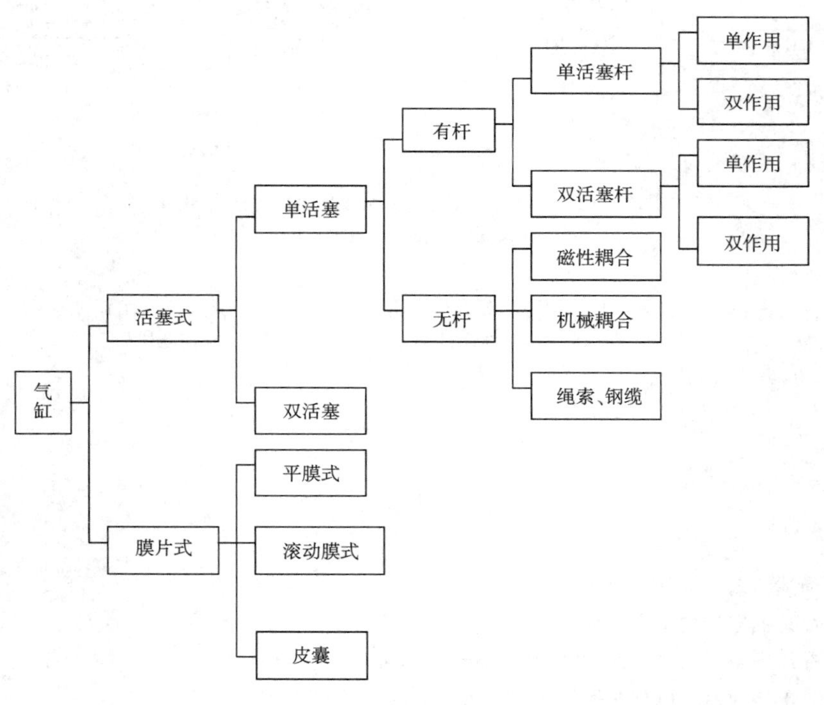

图 13－1　气缸按结构分类

2. 按气缸的安装方式分

(1) 固定式气缸　气缸安装在机体上固定不动，有耳座式、凸缘式和法兰式。

(2) 摆动式气缸　缸体围绕一固定轴可作一定角度的摆动，有双耳环、单耳环和头部、中间及尾部轴销式气缸。

(3) 回转式气缸　缸体固定在机床主轴上，可随机床主轴作高速旋转运动。这种气缸常用于机床上气动卡盘中，以实现工件的自动装卡。

(4) 嵌入式气缸　气缸做在夹具本体内。

3. 按气缸的功能分

(1) 普通气缸　包括单作用式和双作用式气缸。常用于无特殊要求的场合。

(2) 缓冲气缸　气缸的一端或两端带有缓冲装置，以防止和减轻活塞运动到端点时对气缸缸盖的撞击。

(3) 气—液阻尼缸　气缸与油缸串联，可控制气缸活塞的运动速度，并使其速度相对稳定。

(4) 摆动气缸　用于要求气缸叶片轴在一定角度内绕轴线回转的场合，如夹具转位、阀门的启闭等。

(5) 冲击气缸　是一种以活塞杆高速运动形成冲击力的高能缸，可用于冲压、切断等。

(6) 步进气缸　是一种根据不同的控制信号，使活塞杆伸出不同的相应位置的气缸。

(7) 耐腐蚀性气缸　用于有腐蚀性恶劣环境下工作。其气缸外露表面的零件均选用防腐蚀性材料或防腐蚀表面处理。

(8) 防回转气缸　活塞杆具有导向，在直线往复运动中不能旋转的气缸，如活塞杆呈方形、六角形等形状或增加导向机构。

(9) 锁紧气缸　带有锁紧机构的气缸，提高了气缸定位精度。

(10) 增压气缸　由截面大小不同的两个活塞串联组成。利用压力与面积乘积不变的原理，使输出压力增大。此外，还有一种由气缸和液压缸组成的气液增压缸，它是将压力不高的压缩空气转换成高压油，获得高的输出力。

13.1.2　普通气缸

普通气缸是指在缸筒内只有一个活塞和一根活塞杆的气缸，包括单作用气缸和双作用气缸。

1. 动作原理

(1) 双作用气缸　与液压缸类似，气缸一般由缸筒、前后缸盖、活塞、活塞杆、密封件和紧固件等零件组成。两端缸盖与缸筒之间用四根螺杆锁定。缸内有活塞，活塞上装有活塞密封圈，与活塞杆相连。前缸盖上装有活塞杆用密封圈和防尘圈，用于防止漏气和外部灰尘的侵入。

当压缩空气从无杆腔端的气口输入时，若气压作用在活塞右端面上的力克服了运动摩擦力、负载等推动活塞前进，与此同时，有杆腔内的空气经该端气口排入大气，使活塞杆伸出。同样，当有杆腔端气口输入压缩空气，活塞杆则退回至初始位置。可见，通过无杆腔和有杆腔的交替进气和排气，活塞杆伸出和退回，气缸实现往复直线运动。

对于缓冲气缸，其中设置有缓冲装置，它由节流阀、缓冲柱塞和缓冲密封圈等组成，可以防止高速运动的活塞撞击缸盖的现象发生。

(2) 单作用气缸　这种气缸在缸盖一端气口输入压缩空气使活塞杆伸出(或退回)，而另一端靠弹簧、自重或其他外力等使活塞杆恢复到初始位置。

以弹簧复位的单作用气缸，在活塞的一侧装有使活塞杆复位的弹簧，在另一端缸盖上开有呼吸用的气口。除此之外，其结构基本上与双作用气缸相同。

2. 结构

(1) 缸筒　从形状上看，缸筒通常采用圆筒形结构，不过，随着技术的提高，已广泛采用方形、矩形的异型管材及用于防转气缸的矩形或椭圆孔的异形管材。

从材料上说，缸筒材料一般采用冷拔拉制的钢管、铝合金管、不锈钢管、铜管和工程塑料管。中小型气缸大多用铝合金管和不锈钢管，对于广泛使用的开关气缸的缸筒要求用非导磁材料。而重型气缸则采用冷拔精拉钢管，也有用铸铁管的。

为抗活塞运动的磨损，要求缸筒材料表面有一定的硬度。采取的措施是：在钢管内表面镀铬珩磨，镀层厚度0.02mm；铝合金管需硬质阳极氧化处理，表面硬度≥38kPa，硬氧膜层厚度30～50μm。缸筒和活塞动配合精度H9级，圆柱度允许误差0.02～0.03/100，表面粗糙度R_a0.2～0.4，缸筒两端面对内孔轴线的垂直度允许误差0.05～0.1mm。气缸筒应能承受1.5倍最高工作压力条件下的耐压试验，不得有泄漏。

缸筒壁厚可根据薄壁筒的计算公式进行计算，即

$$b \geqslant \frac{p \cdot D}{2[\sigma]} \tag{13.1-1}$$

式中：b—— 缸筒壁厚，cm；

D—— 缸筒内径，cm；

p—— 缸筒承受的最大气压力，MPa；

$[\sigma]$—— 缸筒材料的许用应力，MPa。

实际缸筒壁厚，对于一般用途的气缸约取计算值的7倍，重型气缸约取计算值的20倍，再圆整到标准管材尺寸。

(2) 活塞杆　活塞杆要能承受拉伸、压缩、振动等负载，是用以传递力的重要元件。一般选用35、45号碳钢，特殊场合用精轧不锈钢等材料，表面进行镀铬及调质处理，以满足耐磨、不发生锈蚀的要求。

强度问题也是必须考虑的。首先，很多场合活塞杆承受推力负载，必须考虑细长杆的压杆稳定性；其次，要避免活塞杆头部的螺纹受冲击而遭受破坏；第三，水平安装气缸时，避免活塞杆伸出因自重而引起活塞杆头部下垂。

(3) 活塞　在气压作用下，气缸活塞受推力并在缸筒内滑动。在高速运动场合，活塞有可能撞击缸盖，因此，要求活塞具有足够的强度、耐磨性和良好的滑动特性。特别不发生“咬缸”现象。

活塞的宽度与气缸的总长、所采用的密封圈数量、导向环的形式等因素有关。从使用效果看，活塞的滑动面小容易引起早期磨损，如咬缸现象。一般对标准气缸而言，活塞宽度约为缸径的20%～25%。该值需综合考虑使用条件，由活塞与缸筒、活塞杆与导向套的间

隙尺寸等因素来决定。

(4) 导向套　导向套的作用是活塞杆往复运动时的导向。因此，同对活塞的要求一样，要求导向套也具有良好的滑动性能，能承受由于活塞杆受重载时引起的弯曲、振动及冲击。在粉尘等杂物进入活塞杆和导向套之间的间隙时，要求活塞杆表面不被划伤。实际上，导向套材料完全符合上述要求是困难的。导向套采用聚四氟乙烯和其他合成树脂材料，也有用铜颗粒烧结的含油轴承材料。

导向套内径尺寸容许公差一般取 H8，表面粗糙度 $R_a 0.4$。

3. 密封

在气动元件中所采用的密封大致分为两类：静密封和动密封。类似缸筒和缸盖等固定部分所需的密封称为静密封，而活塞在缸筒里作往复运动及旋转所需的密封称为动密封。

(1) 缸盖和缸筒连接的密封　一般采用 O 形密封圈安装在缸盖与缸筒配合的沟槽内，构成静密封。有时也采用橡胶等平垫圈安装在连接止口上，构成平面密封。

(2) 活塞的密封　活塞有两处需密封：一处是活塞与缸筒间的动密封，除了用O形圈和唇形圈外，也有用 W 形密封，它是把活塞与橡胶硫化成一体的一种密封结构。W 形密封是双向密封，轴向尺寸小。另一处是活塞与活塞杆连接处的静密封，一般用 O 形密封。

(3) 活塞杆的密封　一般在缸盖的沟槽里放置唇形圈和防尘圈，或防尘组合圈，保证活塞杆往复运动的密封和防尘。

(4) 缓冲密封　有两种方法：一种是采用孔用唇形圈安装在缓冲柱塞上；另一种是采用气缸缓冲专用密封圈，它是用橡胶和一个圆形钢圈硫化成一体构成，压配在缸盖上作缓冲密封。这种缓冲专用密封圈的性能比前者好。

4. 气缸的压力—位移特性

气缸活塞在运动过程中，腔室里的气体压力和活塞位移随时间变化的关系，称为气缸的压力—位移特性，如图 13-2 所示。

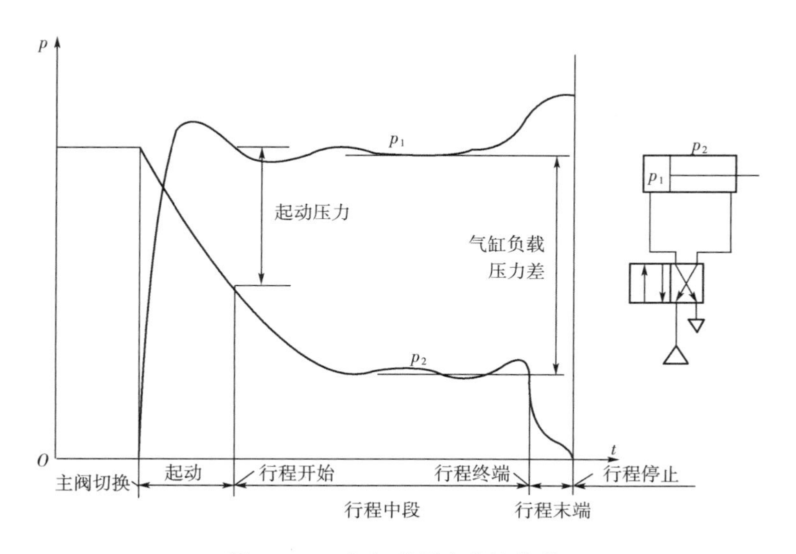

图 13-2　气缸的压力特性曲线

初始状态时，气缸活塞杆处于退的位置，无杆腔内的气体 p_1 为大气压，有杆腔内的气压 p_2 为工作气压。当换向阀切换换向，即起动以后，无杆腔和气源接通，气体以高速向无杆腔快速充气，并很快上升至气源压力；与此同时，有杆腔开始向大气排气。当无杆腔和有杆腔的压差 $p_1 - p_2 = \Delta p$ 超过活塞起动的最小压差，活塞杆就开始运动。由图可见，一旦活塞起动，无杆腔中的压力有所下降，主要原因是活塞和气缸内壁之间的摩擦阻力由静摩擦力变为动摩擦力而有较大的减小，活塞运动的起始段开始加速，如图行程开始段。若活塞在运动过程中负载不变，那么活塞两端的压力差使活塞杆均匀前进，直至行程的终点。无杆腔压力再次急剧上升到气源压力，与此同时，有杆腔压力却快速下降至大气压。这种较大的压力差，很容易形成气缸的冲击。因而在气缸的设计中要考虑设置缓冲装置。

5. 气缸运动速度

由此可知，气缸活塞运动的速度在运动过程中是变化的。若在换向阀和气缸之间的连接管路上串联速度控制阀，控制进排气口的流动能力，就可以调节活塞运动的速度。气缸水平安装时，速度的理论公式为

$$m\frac{\mathrm{d}v}{\mathrm{d}t} = p_1 A_1 - p_2 A_2 - F_f - F \tag{13.1-2}$$

式中：m—— 运动部件总质量，kg；

v—— 气缸活塞运动速度，m/s；

p_1—— 气缸无杆腔的气体压力，kPa；

p_2—— 气缸有杆腔的气体压力，kPa；

A_1—— 气缸无杆腔侧活塞的有效面积，m^2；

A_2—— 气缸有杆腔侧活塞的有效面积，m^2；

F_f—— 可动部件的摩擦阻力，N；

F—— 作用在活塞杆上的轴向负载力，N。

建立了气缸运动的数学模型，利用相应的初始条件和边界条件，通过数值积分就能求得气缸的速度关系曲线 $v(t)$ 和位移曲线 $s(t)$。

由于 p_1、p_2 的变化比较复杂，因而推动活塞的力的变化也比较复杂，再加上气体的可压缩性，要使气缸保持准确的运动速度是比较困难的。一般地，气缸的平均运动速度可按进气量的大小求出，即

$$v = \frac{q}{A} \tag{13.1-3}$$

式中：q—— 压缩空气的体积流量；

A—— 活塞的有效面积。

标准气缸的使用速度范围大多是 50 ～ 500mm/s。当速度小于 50mm/s 时，由于气缸摩擦阻力的影响增大，加上气体的可压缩性，不能保证活塞平稳移动，会出现时走时停的现象 ——“爬行”。当速度高于 500mm/s 时，气缸密封圈的摩擦生热加剧，加速密封件磨损，造成漏气，缩短寿命，同时加大行程末端的冲击力，影响到机械寿命。要想气缸在很低的速度下工作，宜使用气液阻尼缸，或通过气液转换器，利用液压缸进行低速控制。要想气缸在更高速度下工作，需加长缸筒长度或提高缸筒的加工精度，改善密封圈材质以减小摩擦阻

力，改善缓冲性能等。

6. 气缸的耗气量

气缸的耗气量可分为最大耗气量和平均耗气量。

最大耗气量是气缸以最大速度运动时所需要的空气流量，可表示成

$$q_r = 0.0462D^2 u_m(p + 0.102) \tag{13.1-4}$$

式中：q_r—— 标准状况下气缸的最大耗气量，L/min；

D—— 缸径，cm；

u_m—— 气缸的最大速度，mm/s；

p—— 使用压力，MPa。

最大耗气量在有些产品样本上称为所要空气量。

平均耗气量是气缸在气动系统的一个工作循环周期内所消耗的空气。可表示成

$$q_{ca} = 0.0157(D^2 L + d^2 l_d)N(p + 0.102) \tag{13.1-5}$$

式中：q_{ca}—— 标准状况下气缸的平均耗气量，L/min；

N—— 气缸的工作频率，即气缸每分钟内的往复周数，一个往复为一周，rpm；

L—— 气缸的行程，cm；

d—— 换向阀与气缸之间的配管的内径，cm。

l_d—— 配管的长度，cm。

平均耗气量用于选用空压机、计算运转成本。最大耗气量用于选定空气处理元件、控制阀及配管尺寸等。最大耗气量与平均耗气量之差用于选定气罐的容积。

13.1.3　气缸的选择与安装使用

1. 气缸的选择要点

虽然可根据实际需要自行设计气缸，但应尽量选用标准气缸。

(1) 气缸的类型：根据工作要求和条件，正确选择气缸的类型。高温环境下选用耐热型气缸；腐蚀环境下选用耐腐蚀型气缸；恶劣环境下选用活塞杆防尘型气缸；无污染环境要求下选用无给油或无油润滑型气缸等。

(2) 安装形式：根据安装位置、使用目的等因素决定。在通常情况下，采用固定式安装形式，有角脚式、凸缘式等；在活塞杆作往复直线运动的同时又要求缸体作较大圆弧摆动时，可采用摆动式安装形式，有耳环式和轴销式等。如需要在回转运动中作往复直线运动，可选用回转气缸。

(3) 输出力的大小：根据工作机构所需力的大小，考虑气缸效率确定气缸的推力和拉力，从而确定气缸的缸径。

由于气压传动的工作压力较小(0.4 ～ 0.6MPa)，其输出力不大，一般在 10000N(不超过 20000N) 左右，输出力过大则缸径过大，因此在气动设备上尽量采用扩力机构，以减小气缸的尺寸。

(4) 活塞行程：活塞行程与其使用的场合和工作机构的行程有关。一般情况不使用满行程，以防活塞与缸盖相碰撞。尤其用于夹紧等机构，为保证夹紧效果，必须按计算行程多

加 10 ～ 20mm 行程余量。

(5) 气缸速度：气缸速度即活塞运动速度，主要根据工作机构的需要来确定。其大小主要取决于供气量的大小及气缸进排气口、导气管内径的大小。

2. 安装使用注意事项

(1) 气缸正常工作条件下，工作压力为 0.4 ～ 0.6MPa，普通气缸运动速度范围为 50 ～ 500mm/s，环境温度 5℃ ～ 60℃。在低温下，需采取防冻措施，防止系统中的水分冻结。除无给油和无油润滑气缸，应注意合理润滑，气动系统中应安装油雾器。

(2) 安装前应经空载试运转及在 1.5 倍最高工作压力试压，运转正常和不漏气。

(3) 接入管道前，必须清除管道内脏物，防止杂物进入气缸内。

(4) 安装时活塞杆尽量承受拉力载荷，若承受推力载荷应尽量使载荷作用在活塞杆轴线上，活塞杆不允许承受偏心或横向载荷。

(5) 气缸的运动能量不能完全被吸收时，应设计缓冲回路或外部增设缓冲机构。

(6) 缓冲气缸在开始运行前，先把缓冲节流阀拧在节流量较小的位置，然后逐渐开大，直至调到满意的缓冲效果。

(7) 尽量不使用满行程。

(8) 对高速运动的气缸，除减小负载率，减小摩擦阻力，供应充足流量(必要时可设置中间气罐) 和排气侧装快速排气阀外，可加大气缸的通口直径。高速气缸要有充分的缓冲能力及安全措施。高速气缸的密封圈寿命较低。

(9) 要求气缸作低速运动，因流量小，速度控制和油雾润滑都比较困难，应合理选择元件尺寸。如果合理选择元件的尺寸仍不能满足要求，宜采用气液转换器或使用气液阻尼缸。

13.1.4　其他类型气缸

除普通气缸外，还有许多其他类型的气缸。比如，在普通气缸基础上发展起来的各种变形气缸，包括多位气缸、串联气缸、短行程气缸、阻挡气缸及双杆气缸等；再比如，无杆气缸、磁性气缸、开关气缸、制动气缸(也称缩紧气缸)、摆动气缸、滑台气缸、坐标气缸、异型气缸、手指气缸、膜片气缸等等。在此只介绍几个异型的缸。

1. 无杆气缸

无杆气缸是 20 世纪 90 年代德国 FESTO 有限公司设计制造的。它没有普通气缸的刚性活塞杆，利用活塞直接或间接实现往复运动。这种气缸最大优点是节省了安装空间，特别适用小缸径、长行程的场合。

如图 13 - 3 为无杆气缸机构原理图。在气缸筒轴向开有一条槽，与普通气缸一样，在气缸两端设置空气缓冲装置。活塞带动与负载相连的滑块一起在槽内移动，且借助缸体上的一个管状沟槽防止其产生旋转。为了防止泄漏及防尘需要，在开口部采用聚氨酯密封带和防尘不锈钢带，并固定在两端盖上。

这种气缸占据的空间小，不需要设置防转动机构。适用缸径 8 ～ 80mm，最大行程在缸径 ≥ 40mm 时可达 6m。气缸运动速度高，可达 2m/s。由于负载与活塞是由气缸槽内运动的滑块连接的，因此在使用中必须考虑径向和轴向负载。为了增加负载能力，必须增加导向机构。

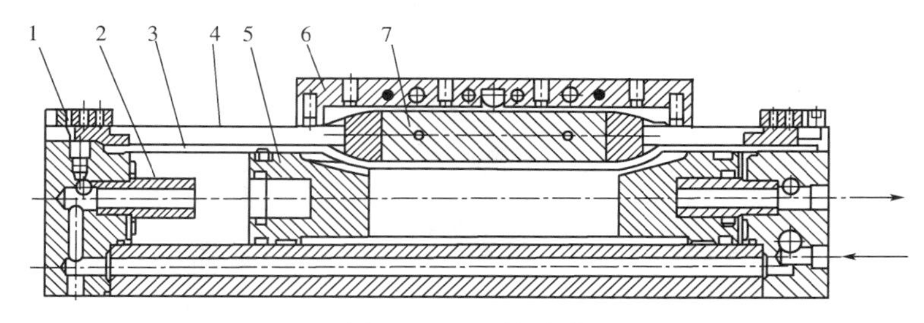

图 13-3　无杆气缸

1—节流阀；2—缓冲柱塞；3—密封带；4—防尘不锈钢带；5—活塞；6—滑块；7—管状体

2. 滑台气缸

滑台气缸是指具有精密导向、支承及驱动功能的气缸，又称导向驱动装置。通常它是将标准气缸和导向装置构成一体，采用模块化结构设计，用标准连接板将不同类型、规格的滑台气缸组合成 $x-y$ 轴平面气缸或 $x-y-z$ 轴三维坐标运动。滑台气缸采用滚珠轴承导向，在活塞上装有磁性环，用于行程开关发信。在行程终端设置液压缓冲器吸振。

滑台气缸具有导向精度高，能抗扭矩，负载能力强，工作平稳，组装简单且方便的特点，在气动系统中广泛用于检测、抓取、送料、定位、装配及机械加工，可作为气动机械手的机身、手臂的驱动装置，机械滑台等。

由于使用场合的要求不同，包括负载支承力、扭矩、导向精度、行程及连接方式等，出现了各种结构和类型的滑台气缸。需要说明的是，目前对于用作导向驱动装置的各类滑台气缸尚无统一的术语。按功能、结构可称为导向气缸、精密导向气缸、滑块气缸等。

3. 坐标气缸

坐标气缸实质上是一种单活塞杆双作用气缸，具有精密的导向功能、极强的抗扭矩性能和良好的负载性能，位置重复精度高达0.01mm，常用来构成各种加工、定位的坐标系统，故称之为坐标气缸，又称为直线驱动装置。坐标气缸是构成模块化气动机械手水平移动和垂直移动的 HMP 直线驱动模块。

该气缸设有可移动的导向筒，相当于普通气缸的活塞杆，而相对应的活塞杆是固定的。在工作气压作用下，导向筒带动挡块一起运动，当到达行程终端时即停止。终端固定挡块可用来调整气缸的行程，其内置液压缓冲器和接近式传感器，特点如下：

(1) 气缸内置导向筒及防转动机构，精密导向有四个独立、无间隙的滚珠轴承，保证了高的弯曲强度、低振动及超精密位置。

(2) 气缸全行程位置可调。通过内置的调整系统调节气缸全行程，且行程位置的调整并不影响气缸行程终端的缓冲。

(3) 气缸行程终端设有液压缓冲器，使速度减至最小。

(4) 内置接近式传感器，以检测活塞行程位置。

4. 手指气缸

气动手指气缸(图 13-4)能实现各种抓取功能，是现代气动机器手的关键部件。在抓取技术中，完善的功能和最佳的适应性是至关重要的。手指气缸主要有平行手指气缸、摆动手指气缸、旋转手指气缸和三点手指气缸等四种结构形式。

图 13-4　气动手指气缸

手指气缸的特点有：

(1) 所有的结构都是双作用的，能实现双向抓取，可自动对中，重复精度高。

(2) 抓取力矩恒定。

(3) 在气缸两侧可安置无接触式行程开关检测。

(4) 耗气量低，适合于含油雾的或不含油雾的压缩空气。

(5) 有多种安装连接方式，平行手指、摆动手指和旋转手指缸体上的螺纹可用来直接安装。三点手指气缸底部的螺纹通过连接组件用螺纹连接。

5. 膜片气缸

膜片气缸是用橡胶或聚氨酯材料制成的膜片作为受压元件，结构上分为有活塞杆和无活塞杆两类(如图 13-5 所示)。

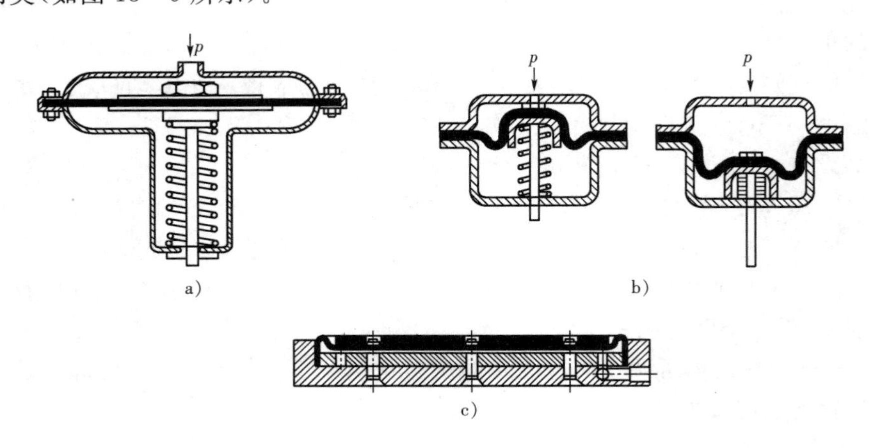

图 13-5　膜片气缸

图 13-5a 为一种膜片式单作用气缸，在冶金行业用作气动夹紧装置，气动调节系统中用作执行机构等，气缸行程在数十毫米。图 13-5b 为一种滚动膜片式单作用气缸，滚动膜片行程较大，达 200mm，无泄漏。图 13-5c 为一种膜片夹紧气缸，膜片既是受压元件，同时又

是用作行程和力的输出。

膜片一般采用橡胶制成。在压力较高的场合，用夹布（丝绸、尼龙等）来增加膜片的强度。此外，也有用金属或塑料薄膜材料制成膜片的。

6. 摆动式气缸（摆动马达）

摆动马达是一种在小于360°角度范围内作往复摆动的气动执行元件。它将压缩空气的压力能转换成机械能，输出力矩使机构实现往复摆动。常用的摆动马达的最大摆动角度分别为90°、180°、270°三种规格。按结构特点分为叶片式、齿轮齿条式等。

摆动马达输出轴承受转矩，而对冲击的耐力小，因此若受到驱动物体停止时的冲击作用，将容易损坏，需采用缓冲机构或安装制动器。

(1) 叶片式摆动马达

叶片式摆动马达具有结构紧凑、工作效率高等特点，常用于工件的翻转、分类、夹紧等作业，也用于气动机械手的指腕关节部，用途十分广泛。基本型摆动马达终端带弹性缓冲垫，两端装有摆动角度精确可调的固定挡块。根据使用要求，摆动气缸有一端带自调式缓冲器，一端带摆动角度精确可调的固定挡块，或两端都带自调式缓冲器。其结构及原理与摆动液压马达相类似（如图13－6）。

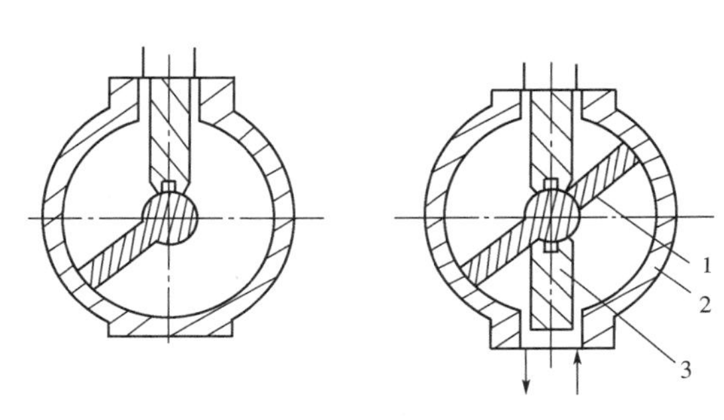

图13－6　叶片式摆动马达工作原理

1－叶片；2－定子；3－挡块

(2) 齿轮齿条式摆动马达

与齿轮齿条式液压摆动马达结构及原理相类似，齿轮齿条式摆动气马达有单齿条和双齿条两种。它由齿轮、齿条、活塞、缓冲装置、缸盖及缸体等组成。在其行程终点位置可调，且在终端可调缓冲装置，缓冲大小与马达设定的摆动角度无关。在活塞上装有一个永久磁环，行程开关可固定在缸体上的安装沟槽中，如图13－7所示。齿轮齿条式摆动马达通过一个可补偿磨损的齿轮齿条，将活塞直线运动转化为输出轴的回转运动。活塞仅作往复直线运动，摩擦损失小，齿轮的效率高。若制造质量好，效率可达95%左右。这种摆动马达的回转角度不受限制，可超过360°（实际使用一般不超过360°），但不宜太大，否则齿条太长也不合适。

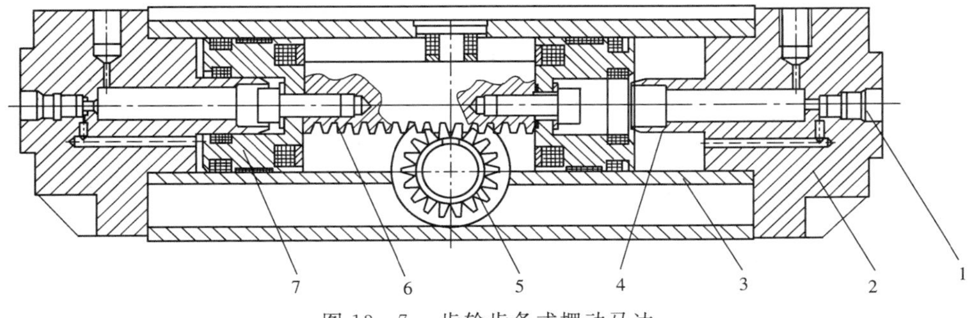

图13－7　齿轮齿条式摆动马达

1－缓冲节流阀；2－端盖；3－缸体；4－缓冲柱塞；5－齿轮；6－齿条；7－活塞

13.2　气动马达

13.2.1　概述

气马达是将压缩空气的压力能量转换成连续回转运动的气动执行元件。按结构形式分为叶片式、活塞式和齿轮式三种。

与电动机相比，气马达具有如下优点：

(1) 工作安全，在易燃、高温、振动、潮湿、粉尘等恶劣条件下都能正常工作。

(2) 有过载保护作用，不会因过载而发生烧毁。过载时气马达只会降低速度或停机，一旦负载减小时即能重新正常运转。

(3) 能快速实现正反转。气马达回转部分惯性矩小，且空气本身的惯性也小，所以能快速起动和停止。只要通过换向阀改变进排气方向，就能实现输出轴的正反转。

(4) 连续满载运转。由于压缩空气的绝热膨胀的冷却作用，能降低滑动摩擦部分的发热，因此气马达可长时间在高温环境中满载运转，且温升较小。

(5) 功率范围及转速范围较宽。气马达功率小到几百瓦，大到几万瓦。转速可以从零到 25000r/min 或更高。

13.2.2　结构和原理

与液压马达相似，如图 13-8 为叶片式气马达原理图。其主要由定子、转子、叶片及壳体构成。在定子上有进、排气用的配气槽孔。转子上铣有长槽，槽内装有叶片。定子两端盖有密封盖。转子与定子偏心安装。这样，沿径向滑动的叶片与壳体内腔构成气马达工作腔。

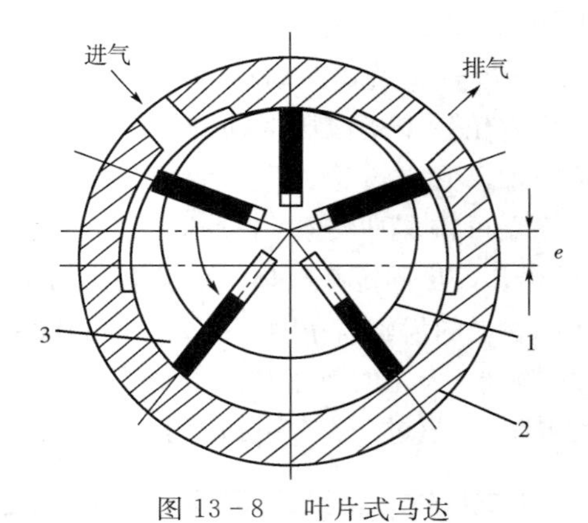

图 13-8　叶片式马达

1—转子；2—定子；3—叶片；e—偏心距

压缩空气从输入口进入，作用在工作腔两侧的叶片上。由于转子偏心安装，气压作用在两侧叶片上产生转矩差，使转子按逆时针方向旋转。当偏心转子转动时，工作腔容积发生变化，在相邻工作腔产生压力差，利用该压力差推动转子转动。作功后的气体从输出口排出。若改变压缩空气输入方向，即可改变转子的转向。

由此可见，叶片式气马达采用了不使压缩空气膨胀的结构形式，即非膨胀式工作原理。非膨胀式气马达与膨胀式气马达相比，其耗气量大，效率低，单位容积的输出功率大，体积小，重量轻。

叶片式气马达一般在中、小容量，高速回转的范围内使用，其耗气量较大，体积小、重量轻，结构简单。其输出功率为 0.1～20kW，转速为 500～25000r/min。另外，叶片式气马达起动及低速时的特性不好，在 500r/min 的转速以下使用时，必须要用减速机构。叶片式气马达主要用于矿山机械和气动工具中，如风钻、风镐等。

13.2.3　特性

1. 基本特性

图13-9所示为叶片式气马达的特性曲线。该曲线是在一定的工作压力下，其转速、转矩及功率等都随外负载的变化而变化。

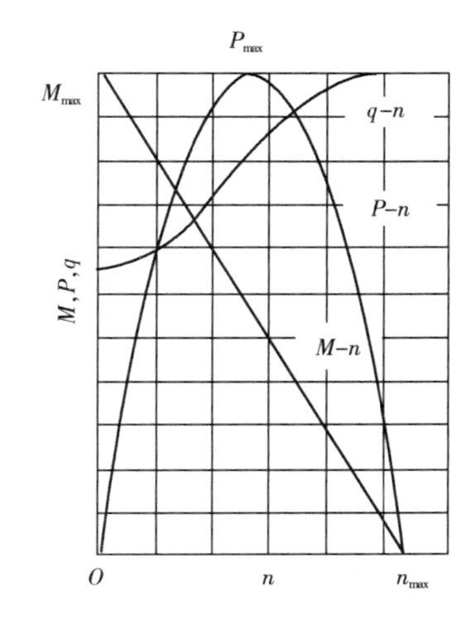

图13-9　叶片式马达的特性曲线

M－n为转矩曲线

P－n为功率曲线

q－n为耗气量曲线

由特性曲线可知，叶片式气马达具有软特性的特点。当外负载为零（空转）时，此时转速达最大值n_{max}，气马达的输出功率为零。当外负载的转矩等于气马达最大转矩M_{max}时，气马达停转，输出功率为零。当外负载转矩约等于气马达最大转矩的一半（$\frac{1}{2}M_{max}$）时，其转速为最大转速的一半（$\frac{1}{2}n_{max}$），此时气马达输出功率达最大功率值P_{max}。一般来说，这就是所要求的气马达额定功率。在工作压力变化时，特性曲线的各值将随压力的改变而有较大的变化。

2. 工作特性与工作压力的关系

(1) 转速与工作压力的关系

气马达的转速与工作压力的关系可用下式表示

$$n=n_0\sqrt{\frac{p}{p_0}} \tag{13.2-1}$$

式中：n—— 实际工作压力下的转速，r/min；

n_0—— 设计工作压力下的转速，r/min；

p—— 实际工作压力，MPa；

p_0—— 设计工作压力，MPa。

(2) 转矩与工作压力的关系

气马达的转矩与工作压力关系可用下式表示

$$M=M_0\frac{p}{p_0} \tag{13.2-2}$$

式中：M—— 实际工作压力下的转矩，Nm；

M_0—— 设计工作压力下的转矩，Nm。

(3) 功率与工作压力的关系

如图13-10所示为工作特性与工作压力的关系。

气马达的功率可用下式求得

$$N=\frac{M\cdot n}{9.54} \tag{13.2-3}$$

气马达的效率

$$\eta=\frac{N}{N_0}\times100\% \qquad (13.2-4)$$

式中：N—— 实际输出功率，W；

N_0—— 理论输出功率，W。

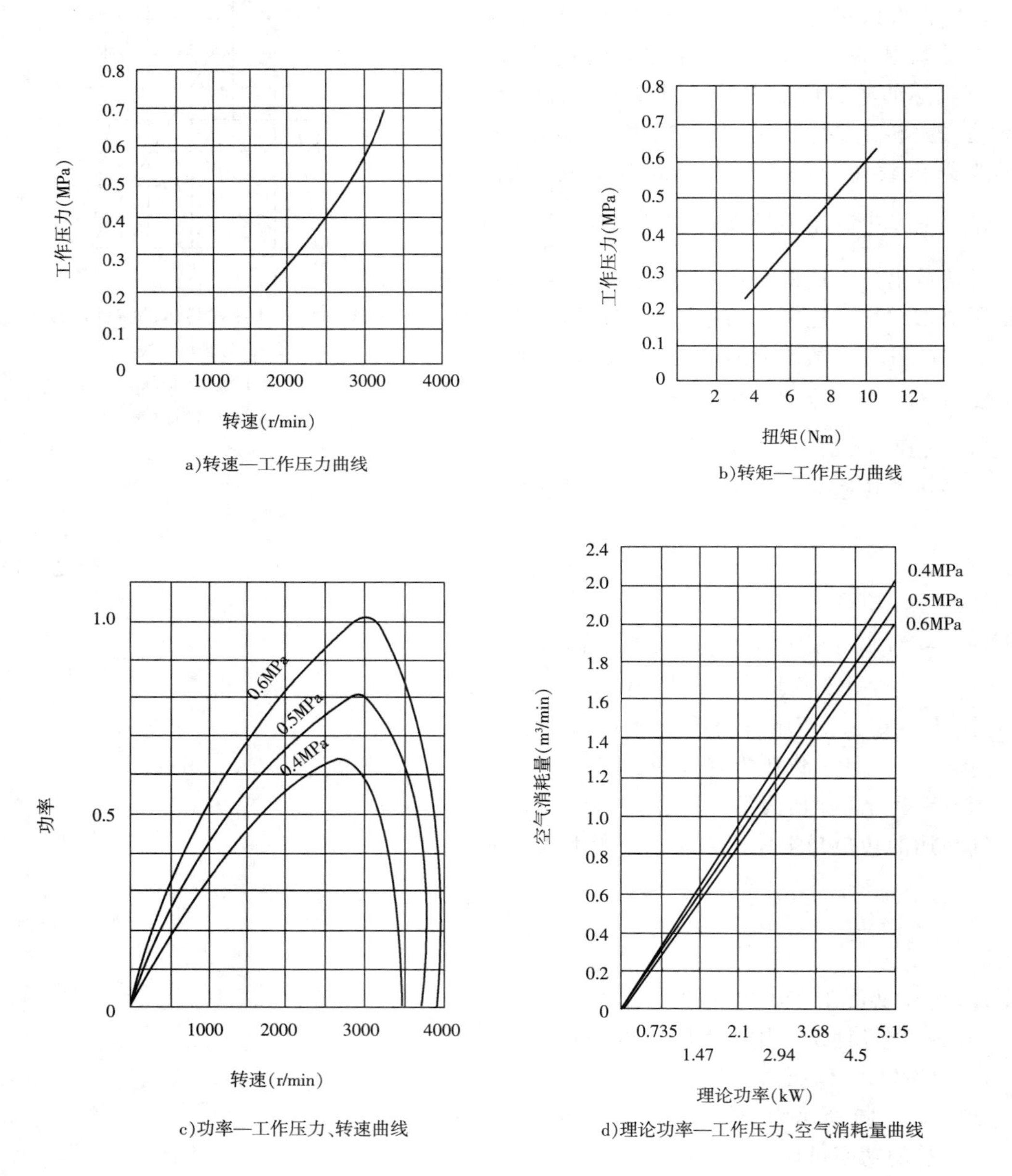

图 13－10　工作特性与工作压力关系

思考与练习

13-1　单作用气缸内径 $D=63\text{mm}$，复位弹簧最大反力 $F=150\text{N}$，工作压力 $p=0.5\text{MPa}$，负载效率为0.4，求该气缸的推力为多少？

13-2　单杆双作用气缸内径 $D=125\text{mm}$，活塞杆直径 $d=36\text{mm}$，工作压力 $p=0.5\text{MPa}$，气缸负载效率为0.5，求气缸的拉力和推力各为多少？

13-3　单作用气缸内径 $D=100\text{mm}$，活塞杆直径 $d=40\text{mm}$，行程 $l=450\text{mm}$，进退压力为 $p=0.5\text{MPa}$，在运动周期 $T=5\text{s}$ 下连续运转，$\eta_v=0.9$，求一个往返行程所消耗的自由空气量为多少？

13-4　单叶片摆动式气马达的内径 $r=50\text{mm}$，外半径 $R=300\text{mm}$，进排气口的压力分别为0.6MPa和 $p=0.15\text{MPa}$，叶片轴向宽度 $B=320\text{mm}$，效率 $\eta=0.6$，输入流量为 $0.4\text{m}^3/\text{min}$，$\eta_v=0.6$，求其输出转矩 T 和角速度 ω 为多少？

第 14 章　气动控制元件

14.1　概　述

气动控制阀是指在气动自动化系统中控制和调节气流的压力、流量和流动方向，保证气动执行元件或机构按规定程序正常工作的各类气动元件。据此，按功能和用途可分为压力控制阀、流量控制阀和方向控制阀。此外，还有通过改变气流方向和通断能实现各种逻辑功能的逻辑元件和射流元件。在结构原理上，气动逻辑元件基本上是和方向控制阀相同，仅仅是体积、通径较小，一般用来实现信号的逻辑运算功能。近年来，随着气动元件的小型化和 PLC 在气动自动化系统中的大量应用，气动逻辑元件的应用范围已日益减少。

14.2　方向控制阀

14.2.1　方向控制阀的分类

方向控制阀在各类气动元件中品种规格最为繁多。能改变气体流动方向或通断的控制阀统称为方向控制阀，包括换向型方向控制阀和单向型方向控制阀。可以改变气体流动方向的控制阀称为换向型控制阀，简称换向阀，如气动换向阀、电磁换向阀等；气流只能沿着一个方向流动的控制阀称为单向型控制阀，如单向阀、梭阀、双压阀和快速排气阀等。

14.2.2　单向型控制阀

1. 单向阀、气控单向阀

从工作原理、结构和图形符号上看，气动中的单向阀与液压传动中的单向阀基本相同，都有两个通口，气流只能向一个方向流动而不能反向流动，只不过在气动单向阀中，阀芯和阀座之间有一层起密封作用的胶垫。如图 14－1 所示。

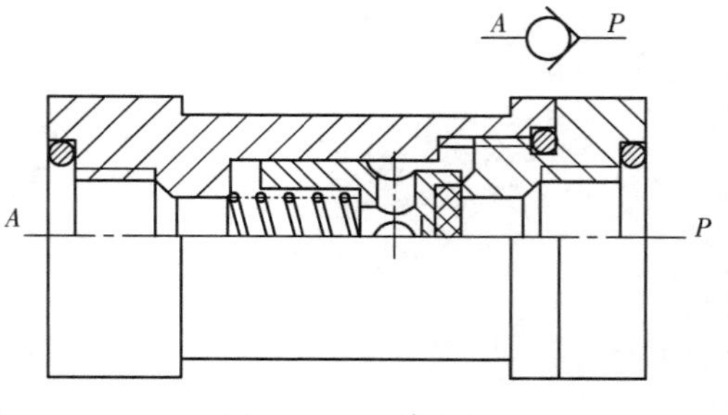

图 14－1　单向阀

图 14－2 为气控(外控式) 单向阀结构原理、符号及应用示例图，在控制口 K 信号作用下，使气流在 A、P 口方向仍处于导通状态。这种外控式单向阀可用于封住气缸的排气口，使气缸运动停下。

在气动系统中，单向阀常用于需要防止空气倒流的场合。

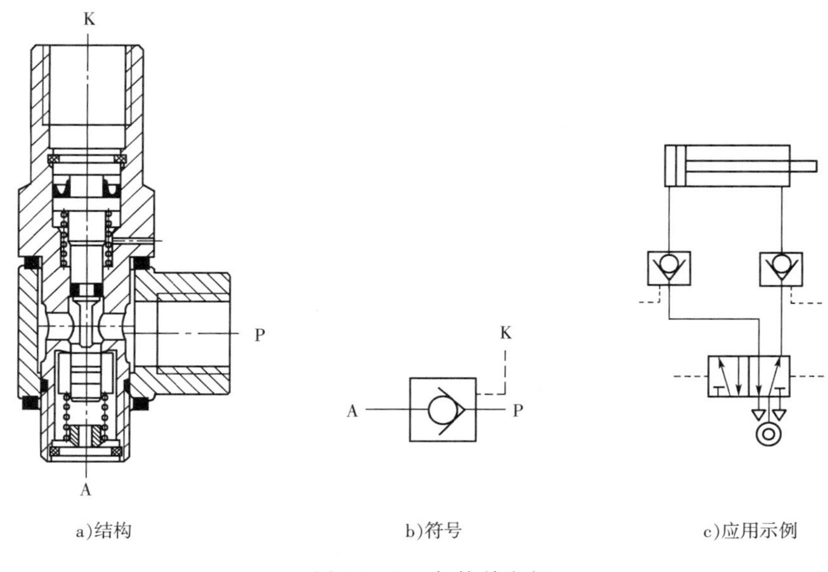

a)结构　b)符号　c)应用示例

图 14－2　气控单向阀

2. 梭阀

梭阀具有或门逻辑功能。其结构相当于两个单向阀的组合，由于阀芯像织布梭子一样来回运动，因而称之为梭阀。如图 14-3 所示。无论是 P_1 口或 P_2 口进气，A 口总是有气体输出。为保证梭阀可靠工作，绝不允许 P_1 与 P_2 通路之间在工作时有串气现象发生。

梭阀广泛应用于手动或自动并联控制回路中。如图 14－4 所示。

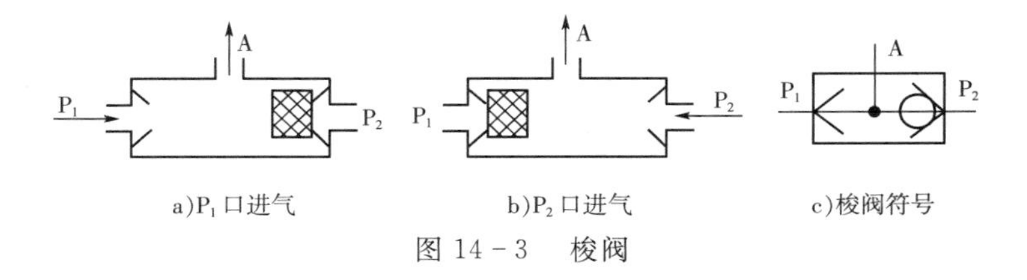

a) P_1 口进气　b) P_2 口进气　c)梭阀符号

图 14－3　梭阀

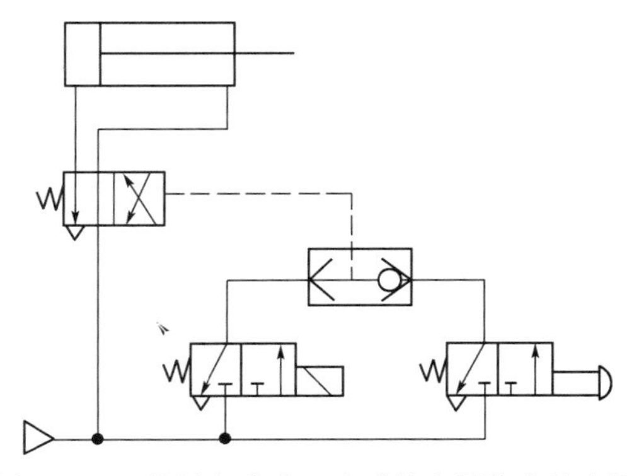

图 14－4　梭阀在手动－自动换向回路中的应用

3. 双压阀

双压阀具有与门逻辑功能。如图 14－5 所示。只有 P_1 口和 P_2 口同时输入气体时，A 口才有气体输出。它主要用于互锁回路中。当工件定位信号压下机控阀 1 和工件夹紧信号压下机控阀 2 之后，双压阀 3 才有输出，使气控阀换向，钻孔缸 5 进给。定位信号和夹紧信号仅有一个时，钻孔缸不会进给。

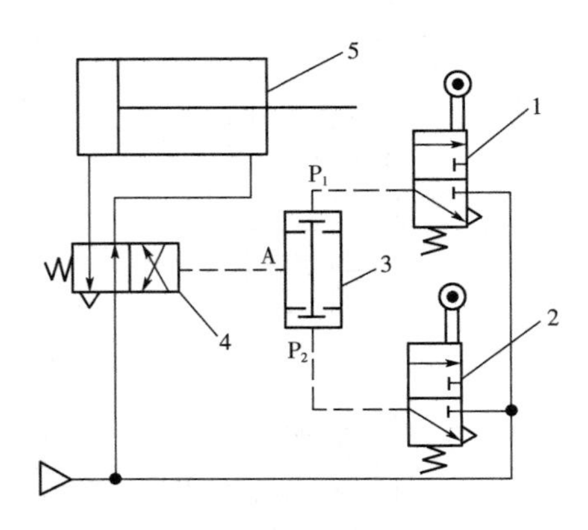

图 14－5　双压阀在互锁回路中的应用

4. 快速排气阀

当入口压力下降到一定值时，出口有压气体自动从排气口迅速排气的阀，称为快速排气阀，简称快排阀。快排阀用于使气动元件和装置迅速排气的场合。如把它装在气缸和换向阀之间，气缸不再通过换向阀排气，直接从快排阀排气，可大大提高气缸的运动速度。如果从气缸到换向阀的距离较长，而换向阀的排气口又小时，这种效果尤为明显。若换向阀排气口较大，缸、阀之间的连接管很短，就不必装快排阀。要实现快速排气，必须将快排阀入口的压力迅速排空，故入口的排气通道必须通畅。实验证明，安装快排阀后，气缸的运动速度可提高 4 ～ 5 倍。值得注意的是使用快排阀时，必须保证气缸的缓冲能力。

图 14－6 是快速排气阀的原理、符号及应用图。入口有气压时，推开阀芯(单向型密封圈或膜片)，封住排气口，并从出口输出。当入口排空时，出口压力将阀芯顶起，封住入口，出口气体经排气口迅速排空。

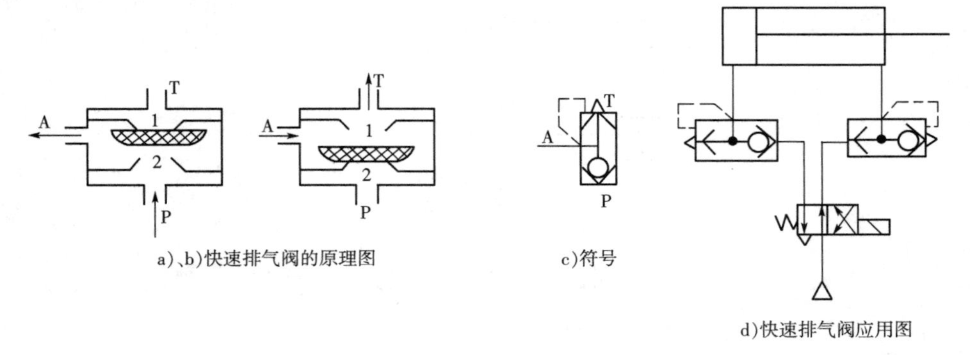

图 14－6　快排阀原理、符号及应用图

14.2.3　换向型控制阀

与液压换向阀一样，气动换向型控制阀的作用是可以改变气流流动方向，从而改变气动执行元件的运动方向。其控制方式包括气压、电磁、机械、人力和时间控制等。

1. 电磁控制

利用电磁力使阀芯切换，以改变气流方向的阀，称为电磁换向阀。这种阀易于实现电气联合控制和复杂控制，能实现远距离操作，应用广泛。虽然电磁换向阀是气动控制元件中最主要的元件，品种繁多，结构各异，但原理无多大区别。按所用电源，有直流和交流；按功率大小，有一般功率和低功率；按动作方式，有直动式和先导式；按阀芯结构形式，有滑柱式、截止式和滑柱截止式；按密封形式，有弹性密封和间隙密封；按润滑条件，有不给油润滑和油雾润滑等；按使用环境，有普通型、防滴型、防爆型、防尘型等。

(1) 直动式电磁换向阀

由电磁铁的动铁心，直接推动阀芯换向的气阀，称为直动式电磁换向阀(其中包括电磁铁的动铁心就是阀芯的气阀)。按线圈数目分类，有单线圈和双线圈，分别称为单电控和双电控直动式电磁换向阀。

图 14－7a、b 是单电控直动式电磁阀的动作原理图。断电时(a 图)，阀芯靠弹簧力复位，使 P、A 断开，A、T 接通，阀处于排气状态。通电时(b 图)，电磁铁推动阀芯向下移动，使 P、A 接通，阀处于进气状态。c 图为该阀的图形符号。

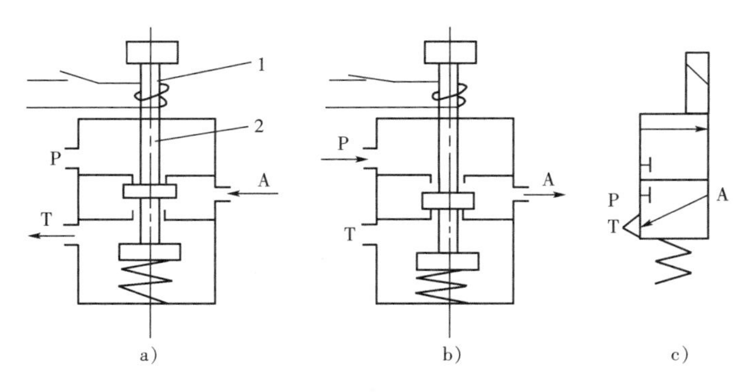

图 14－7　单电控直动式电磁阀的动作原理图

1－电磁铁；2－阀芯

图 14－8 是双电控直动式电磁阀的动作原理图。当电磁铁 1 通电，电磁铁 2 断电时(a 图)，阀芯 3 被推到右位，A 口有输出，B 口排气。电磁铁 1 断电，阀芯位置不变，即具有记忆能力。当电磁铁 1 断电、电磁铁 2 通电时(b 图)，阀芯被推向左位，B 口输出，A 口排气。若电磁铁 2 断电，空气通路仍保持原位不变。c 图为该阀的图形符号。

直动式电磁换向阀结构简单，切换速度快，动作频率高，但通径大，所需电磁要大，体积和电耗都大，另外，当阀芯粘住而动作不良时，如是交流电磁铁，容易烧毁线圈。为克服这些弱点，应采用先导式结构。

(2) 先导式电磁换向阀

与电液换向阀一样，由电磁先导阀输出先导压力，此先导压力再推动主阀阀芯换向的阀,称为先导式电磁换向阀。一般电磁先导阀都单独制成通用件,既可用于先导控制,也可用于气流量较小的直接控制。按控制方式,先导式电磁换向阀也有单电磁铁控制和双电磁铁控制之分。图 14-9 为双电磁铁控制的先导式换向阀的工作原理图,图中控制的主阀为二位阀。同样,主阀也可为三位阀。

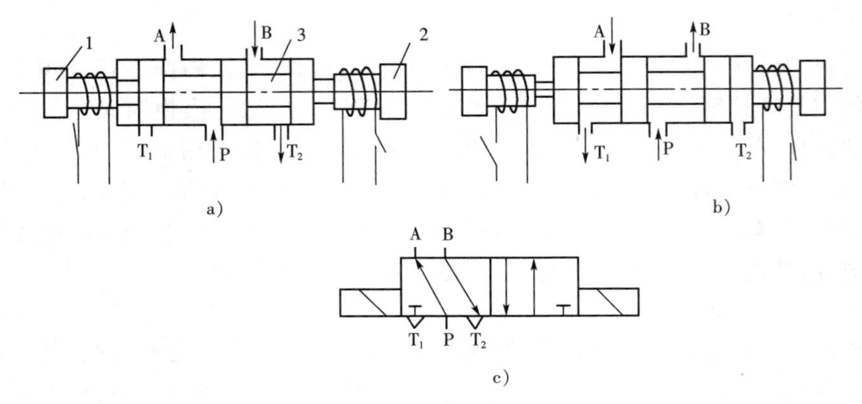

图 14-8　双电磁铁直动式换向阀工作原理

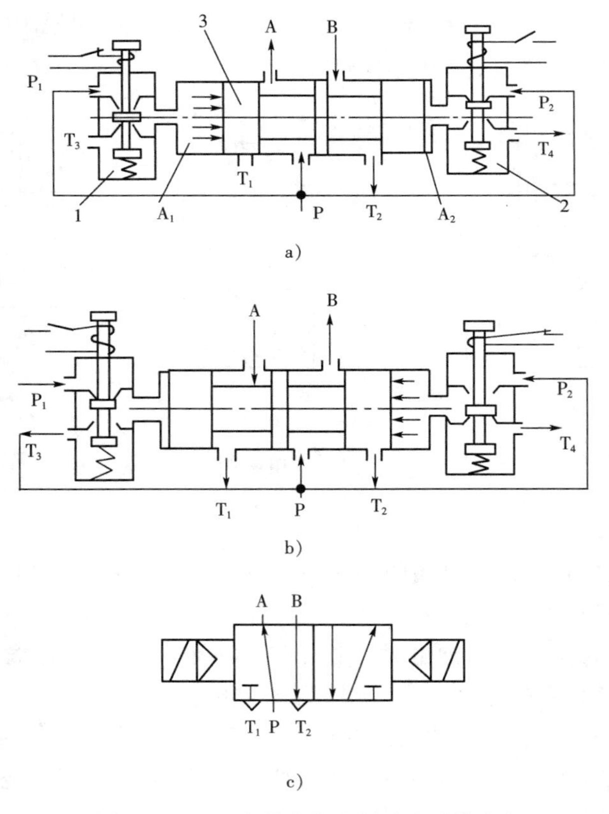

图 14-9　双电控内部先导式电磁换向阀

1、2—电磁先导阀;3—主阀

(3) 电磁阀的配管

与液压阀一样，气动电磁阀的连接，除管式连接外，还有板式连接、集装式连接和法兰式连接等。

若用插入式快速接头或不太复杂的气路系统，采用管式连接较为方便。

板式连接需配用专门的连接板，连接底板上有安装螺孔，阀固定在连接板上，管接头与连接板相连。装拆维修时不必拆卸管路，这对复杂的气路系统很方便。

集装式连接是将许多板式连接的阀集中安装在集装板上，各阀的输入口或排气口可以共用，各阀的排气口也可以单独排气。这种连接方式具有简化配管、减少安装面积、装拆方便、减少管道安装带来的污染、维护方便等优点。图 14－10a、c、d 和 e 所示排气通路是共用的；也有单独排气的形式，如图 14－10b。共用排气的形式，对诊断多个执行元件的故障不方便。设计供、排气通路时，要考虑到供气充足，排气通畅。集中排气口可装消声器，使用中要防止消声器孔被堵塞。输出口的位置有几种形式，如图 14－10。有在阀的上方(a 图)，称为直接配管型；有在连接板的底面(c 图)和侧面(d 图)，称为底板配管型。留作备用暂不装阀的部位，要用堵塞板密封堵上(a 图)。外部先导式在底板上应有外部先导加压口 x 通口(e 图)。

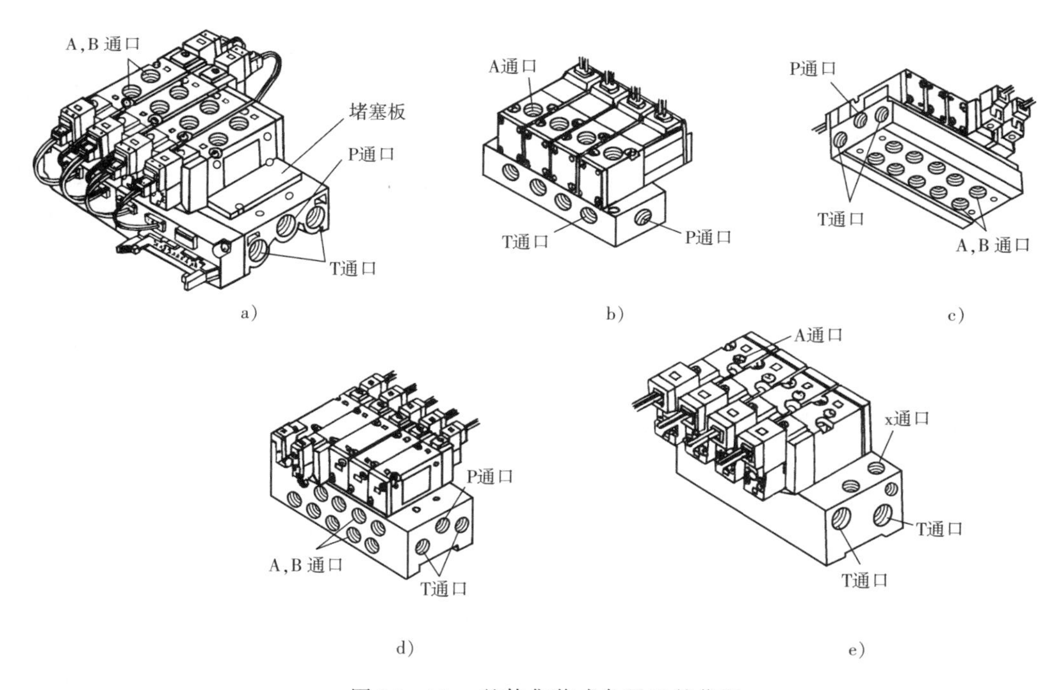

图 14－10　整体集装式各通口的位置

法兰式连接主要用于大口径的管道阀上，作为控制阀是极少采用的。

实际上，阀的安装结构是多样的，可根据实际情况灵活使用。

2. 气压控制

靠气压力使阀芯切换以改变气流方向的阀称为气控换向阀。这种阀在易燃、易爆、潮湿、粉尘大、强磁场、高温等恶劣工作环境中，以及不能使用电磁控制的环境中，工作安全可靠，寿命长。但其切换速度比电磁阀慢些。

气压控制可分成加压控制、泄压控制、差压控制和延时控制等。

通常系列化、标准化设计的电磁阀和气控阀的主阀部分就能互换，只要将电磁阀的电磁先导部分卸掉，加上盖板就成为气控阀。

加压控制和泄压控制较容易理解。本文重点介绍差压控制和延时控制。

(1) 差压控制

差压控制换向阀的作用与单气控弹簧复位的换向阀相同。图 14-11 是二位五通差压控制阀图形符号。它采用气源进气差动式结构，即P腔与复位腔相通。在K没有控制信号时，阀处于零位，即 A 输出，T_2 排气。当K有控制信号时，作用在控制活塞上的气压力将克服复位活塞上的背压及摩擦力，阀换向，即 T_1 排气，B输出。当控制信号消失，则阀芯借复位腔的气压作用复位。若阀的工作压力太低，则不能实现气压复位。

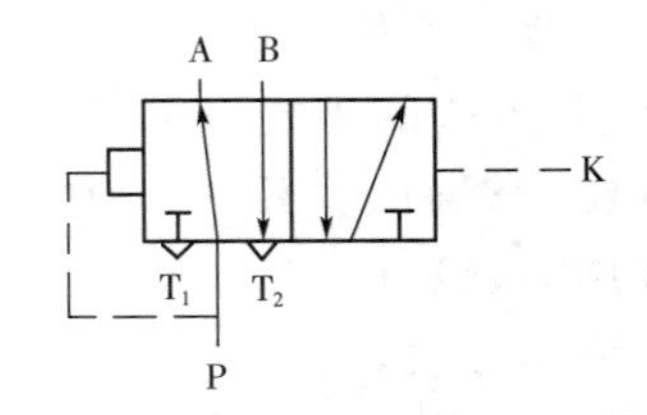

图 14-11　二位五通差压控制阀

(2) 延时控制

采用延时控制的气动元件称为延时阀。延时阀是一种时间控制元件。它是利用气阻和气容构成的节流盲室的充气特性来实现气压信号的延时。

如图 14-12 所示是二位三通气动延时阀。无信号压力K时，阀芯在复位弹簧力及气压力作用下复位，P口封闭，A与T相通。有信号压力K时，气体一方面关闭单向阀，另一方面经可调节流阀向固定气室充气，压力不断升高。当作用在活塞上的气压力大于弹簧力时，活塞推动推杆向下，先与阀芯接触封住 T 口，然后再推开阀芯，使P、A相通。这就实现了A口压力比K口压力延时出现。当信号压力撤销后，气室内压力推开单向阀迅速排气。气室内压力降至一定值，活塞及阀芯复位。此阀实现常断延时通的状态。

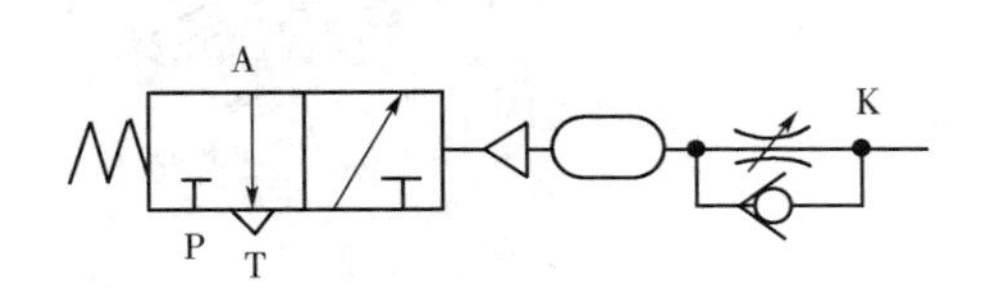

图 14-12　二位三通气动延时阀

从有压力信号开始到A口有输出压力的时间，称为延时阀的延时时间。它与节流阀的开度及信号压力大小有关，如图 14-13 所示。在入口压力和信号压力均为额定值时，通过改变节流阀开度所得到的延时区间，称为延时时间范围。在延时范围内的任一调定点，若信号压力的变化为额定值的 ±10% 范围内，其延时时间的最大偏差与额定信号压力下的延时时间之比，称为延时阀的延时精度。从有输出信号到输出信号消失的时间，称为恢复时间。它与排气流道的有效截面积大小(即

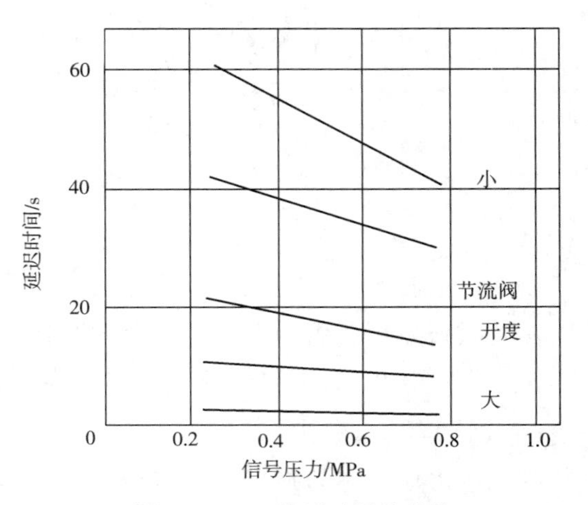

图 14-13　某延时阀的特性

阀的有效截面积和排气管道的管径与管长）及信号压力、入口压力的大小有关。

本阀入口压力范围为 0 ～ 1.0MPa，信号压力范围为 0.25 ～ 0.8MPa，延时时间范围为 0.5 ～ 60s，介质温度为 0℃ ～ 60℃。

图 14 - 14 是压铸机上常用的气动回路。按下手动阀 A 的按钮，气缸向下压工件。工件受压时间的长短靠调节节流阀来实现。此回路中的单向节流阀 B、气容 C 和气阀 D 三件，组成一个延时阀。

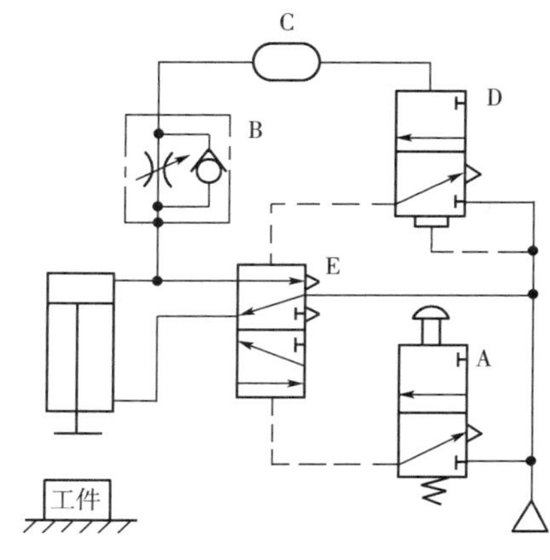

图 14 - 14　延时阀的使用

3. 人力控制

依靠人力使阀芯切换的换向阀称为人力控制换向阀。它可分为手动阀和脚踏阀。

在气动系统中，人力控制阀一般直接操纵气动执行机构。使用频率低、动作速度较慢、操作力不宜大，故阀的通径小。在半自动和自动气动系统中，多作信号阀使用。

4. 机械控制

用凸轮、撞块或其他机械外力推动阀芯动作以实现换向的阀称为机械控制换向阀。这种阀常作为信号阀使用。可用于温度大、粉尘多、油分多，不宜使用电气行程开关的场合，不宜用于复杂的控制装置中。

14.3　压力控制阀

与液压传动类似，调节和控制压力大小的气动元件称为压力控制阀。它包括减压阀（调压阀）、安全阀（溢流阀）、顺序阀、压力比例阀、增压阀及多功能组合阀等。其中，压力比例阀是输出压力与输入信号（电压或电流）成比例变化的阀。所有的压力控制阀，都是利用空气压力和弹簧力相平衡的原理来工作的。由于安全阀、顺序阀的工作原理与液压控制阀中溢流阀（安全阀）和顺序阀基本相同，因而本节主要讨论气动减压阀（调压阀）的工作原理和主要性能。

气压传动系统与液压传动系统不同的一个特点是，液压传动系统的液压油是由安装在每台设备上的液压源直接提供；而气压传动则是将比使用压力高的压缩空气储于贮气罐中，然后减压到适用于系统的压力。因此每台气动装置的供气压力都需要用减压阀（在气动系统中又称调压阀）来减压，并保持供气压力值稳定。对于低压控制系统（如气动测量），除用减压阀降低压力外，还需要用精密减压阀（或定值器）以获得更稳定的供气压力。减压控制阀能保持输出压力稳定，不受空气流量变化及气源压力在一定范围内波动的影响。其他减压装置（如节流阀）虽能降压，但无稳压能力。

减压阀按压力调节方式，有直动式减压阀和先导式减压阀；按调压精度，有普通型和精密型。直动式是借助弹簧力直接操纵的调压方式，先导式是用预先调整好的气压来代替直动式调压弹簧进行调压的。一般先导式减压阀的流量特性比直动式好。

直动式减压阀通径小于 25mm，输出压力在 0 ～ 1.0MPa 范围内，超出这个范围应选用先导式。

14.3.1　直动式减压阀结构原理

普通型减压阀受压部分的结构有活塞式和膜片式两种，膜片式减压阀（如图 14－15）的工作原理是：顺时针旋转调节手轮，调压弹簧被压缩，推动膜片组件上移，通过阀杆，打开阀芯，则入口气体压力经阀芯节流降压，有压力输出。出口压力气体经反馈管进入膜片上腔，在膜片上产生一个向下的推力。当此推力与调压弹簧力平衡时，出口压力便稳定在一定值。

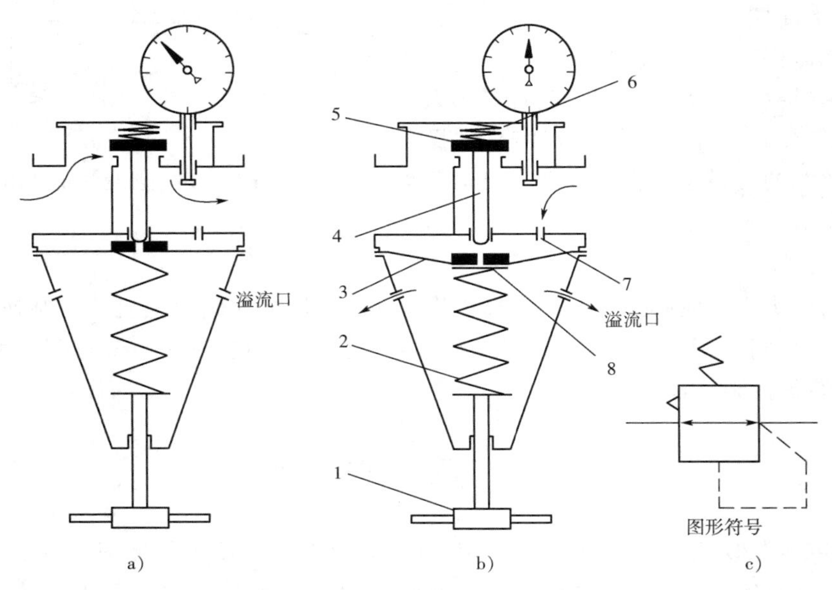

图 14－15　直动式减压阀原理图

1－调节手柄；2－调压弹簧；3－膜片；4－阀杆；
5－进气阀门；6－复位弹簧；7－反馈导管；8－溢流阀

若入口压力有波动，比如压力瞬时升高，则出口压力也随之升高。作用在膜片上的推力增大，膜片下移向下压缩弹簧，从膜片组件中间的溢流孔有瞬时溢流，并靠复位弹簧及气压力的作用，使阀杆下移，阀门开度减小，节流作用增大，使出口压力回降，直至达到新的平衡为止，如图 14－15b 所示。重新平衡后的出口压力又基本上恢复至原值。

如入口压力不变，流量变化，使出口压力发生波动（增高或降低）时，依靠溢流孔的溢流作用和膜片上力的平衡作用推动阀杆，仍能起稳压作用。当流量为零时，出口气压力通过反馈管进入膜片上腔推动膜片下移，复位弹簧及气压力推动阀杆下移，阀芯关闭，保持出口气压力一定。当输出流量很大时，高速流使反馈管处静压下降，即膜片上腔的压力下降，阀门开度加大，仍能保持膜片上的力平衡。

逆时针旋转手轮，调压弹簧力不断减小，阀芯逐渐关闭，膜片上腔中的压缩空气经溢流孔不断从排气孔排出，直至最后出口压力降为零。

14.3.2　主要技术参数

(1) 调压范围　指出口压力的可调范围。在此压力范围内，要达到一定的稳压精度，使用压力最好处于调压范围上限值的 30% ～ 80%。有的减压阀有几种调压范围可供选择。

(2) 流量特性　指在一定入口压力下，出口压力与输出流量之间的关系。希望减压阀的调压精度高，即在某设定压力下，输出流量在很大范围内变化时，出口压力的相对变化越小越好。典型的流量特性曲线如图 14-16 所示。

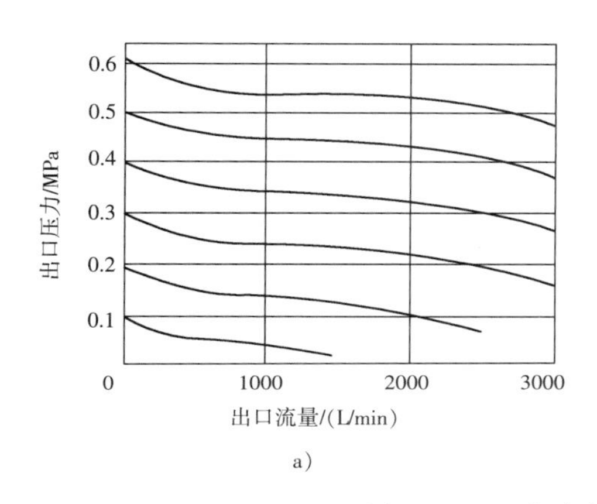

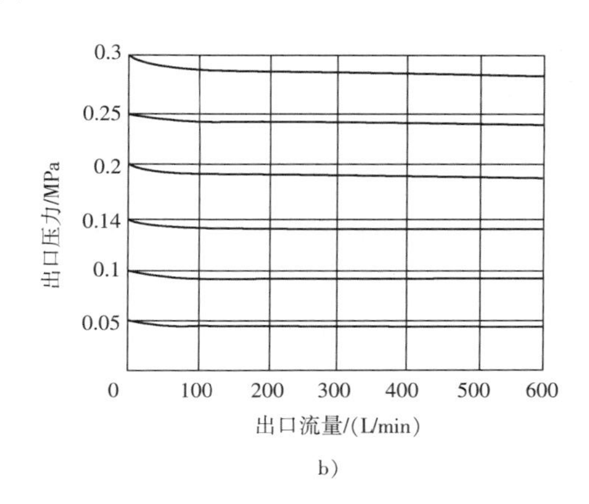

图 14-16　直动式减压阀流量特性曲线

(3) 压力特性　指在输出流量基本不变的条件下，出口压力与入口压力之间的关系。典型的压力特性曲线如图14-17。从图中起点($p_1=0.7$MPa，$p_2=0.2$MPa)开始，沿箭头方向，测出出口压力随入口压力的变化。希望出口压力的变化与入口压力的变化之比 $\Delta p_2/\Delta p_1$ 越小越好。

(4) 溢流特性　指在设定压力下，出口压力偏离(高于) 设定值时，从溢流孔溢出的流量大小。

(5) 环境和介质温度为 －5℃ ～ 60℃。

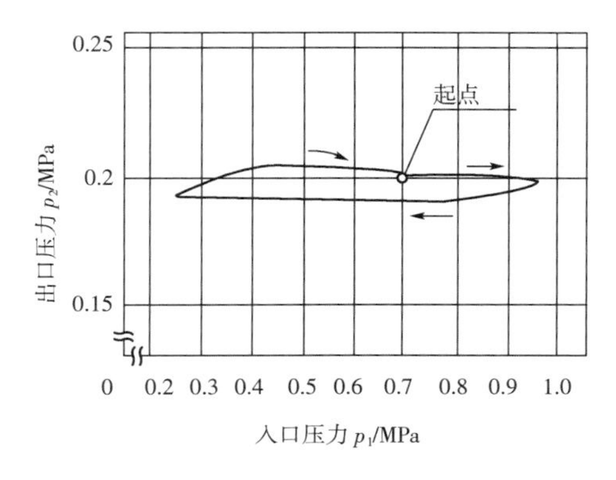

图 14-17　直动式减压阀压力特性曲线

14.3.3　复合功能减压阀简介

1. 带速度控制阀和电磁换向阀的减压阀(如 VEX5 系列)

VEX5 系列减压阀是在 VEX1 大功率减压阀的基础上,增设了 2 个或 3 个电磁换向阀和一个速度控制阀组合而成的复合阀。除功能多外,还具有经济、功率大的特点。譬如,原来系统用 32 管道,使用 VEX5 阀后,只需用 25 或 20 的管道,价格能力比(系统价格 / 有效截面积) 只是原来系统的一半。如图 14 - 18 所示。

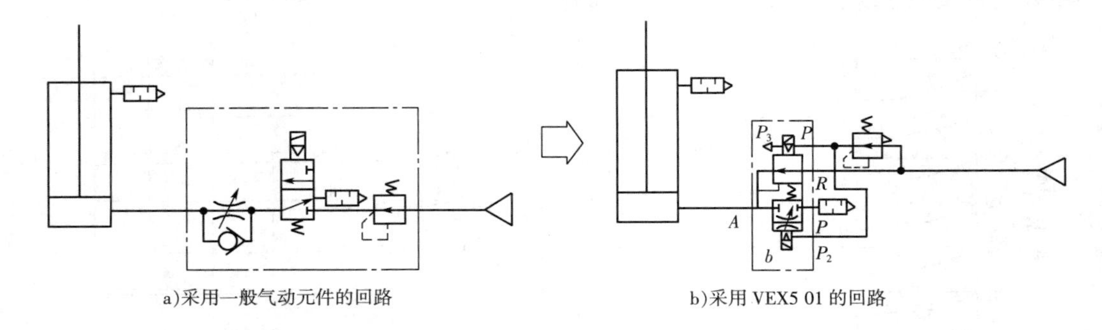

a)采用一般气动元件的回路　　b)采用 VEX5 01 的回路

图 14 - 18　用 VEX5 系列减压阀实现气缸的速度控制

2. 带单向阀的减压阀(如 AR1000、AR2060 — 6060 系列)

要求输入气缸的空气压力可调时,需装减压阀。为了使气缸返回时快速排气,需与减压阀并联一个单向阀,如图 14 - 19。如把单向阀和减压阀设置在同一阀体内,则此阀就是带单向阀的减压阀。

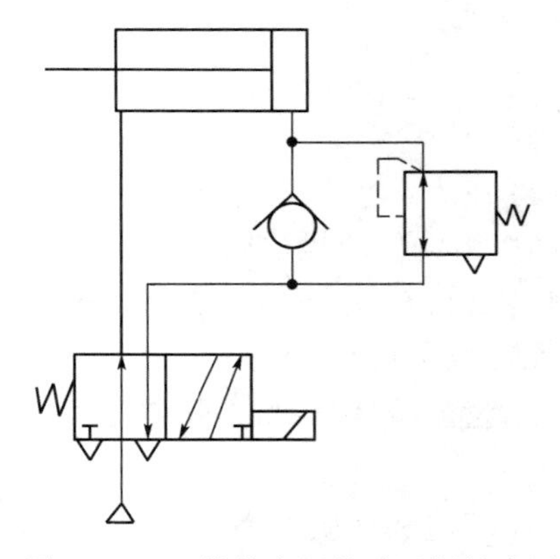

图 14 - 19　带单向阀的减压阀的应用

3. 能释放残压的减压阀(如 AR2550、3050、4050 系列)

图 14 - 20 为采用能释放残压的减压阀的回路。停止供气后,减压阀的入口压力及出口压力的残压都能确保从排气阀的排气口排空,以保证回路系统的安全。

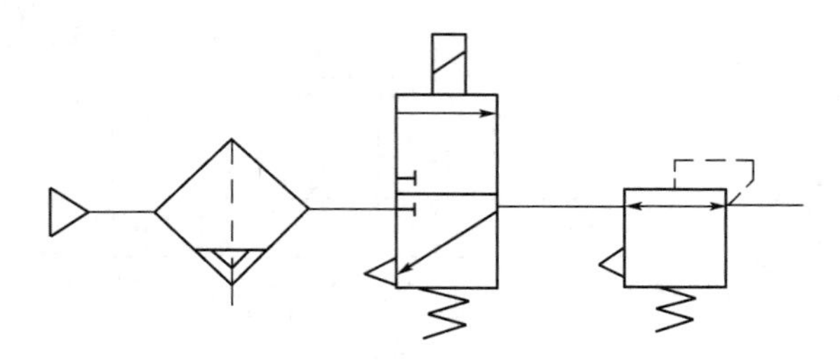

图 14 - 20　采用能释放残压的减压阀的回路

能释放残压的减压阀与普通型减压阀的主要区别是将主阀芯导向处的O形密封圈改为单向型密封圈。

4. 集装式减压阀(如ARM1000、2000系列)

集装式减压阀是将多个微型减压阀集装在一起,以节省配管和空间的结构。

5. 过滤减压阀(如AW1000、2000、3000、4000系列)

基本上是将AF系列过滤器与AR系列减压阀设计成一体。

6. 油雾分离器与减压阀的组合(如AMR3000、4000、5000、6000系列)

它的工作原理是:从输入口流入的压缩空气,先经油雾分离器,除去大于0.3μm的灰尘。再经过滤纤维层,靠惯性作用、拦截作用和布朗运动,将微雾凝集成较大油滴,从压缩空气中分离出来,经下部排污口排出。含油量小于1mg/m³(ANR)的干净压缩空气,再经流通孔A进入减压阀,进行调压,最后从输出口输出。因其额定流量大,用于主管路中。

7. 减压阀与油雾分离器的组合(如AWM2000、3000、4000系列)

基本上是AR系列减压阀与AFM系列油雾分离器设计成一体。过滤精度达0.3μm,含油量小于1mg/m³(ANR),用于支管路中。

8. 减压阀与微雾分离器的组合(如AWD2000、3000、4000系列)

基本上是AR系列减压阀与AFD系列微雾分离器设计成一体。过滤精度达0.01μm,含油量小于0.1mg/m³(ANR)。

14.3.4　选用

(1) 根据通过减压阀的最大流量,选择阀的规格。

(2) 根据功能要求,选择阀的品种。如调压范围、稳压精度(是否要选精密型减压阀)、是否需要遥控(遥控应选外部先导减压阀)、有无特殊功能要求(是否要选大功率减压阀或复合功能减压阀)等。

14.3.5　使用注意事项

(1) 普通型减压阀,出口压力不要超过入口压力的85%;精密型减压阀,出口压力不要超过入口压力的90%。

(2) 连接配管要充分吹洗,安装时要防止灰尘、切屑末等混入阀内,也要防止配管螺纹切屑末及密封材料混入阀内。使用密封带时,在螺纹轴向密封带两边应各空出两个螺距。

(3) 空气的流动方向按箭头方向安装,不得装反。

(4) 入口侧压力管路中,若含有冷凝水、油污及灰尘等,会造成常泄孔或节流孔堵塞,使阀动作不良,故应在减压阀前设置空气过滤器、油雾分离器,并应对它们定期维护。

(5) 入口侧不得装油雾器,以免油雾污染常泄孔和节流孔,造成阀动作不良。若下游回路需要给油,油雾器应装在减压阀出口侧。

(6) 在换向阀与缸之间使用减压阀。由于压力急剧变化,需注意压力表的寿命。

(7) 先导式减压阀前不宜安装换向阀。否则换向阀不断换向,会造成减压阀内喷嘴挡板机构较快磨耗,阀的特性会逐渐变差。

(8) 在化学溶剂的雾气中工作的减压阀，其外部材料不要用塑料，应改用金属。

(9) 使用塑料材料的减压阀，应避免阳光直射。

(10) 要防止油、水进入压力表中，以免压力表指示不准。

(11) 若减压阀要在低温环境(−30℃以上)或高温环境(<80℃)下工作，阀盖及密封件等应改变材质。对橡胶件，低温时应使用特殊NBR，高温时使用FKM。主要零件应使用金属。

(12) 对常泄式减压阀，从常泄孔不断气是正常的。若溢流量大，造成噪声大，可在溢流排气口装消声器。

(13) 减压阀底部螺塞处要留出60mm以上空间，以便于维修。

14.4　流量控制阀

在气动系统中，对气缸运动速度、信号延迟时间、油雾器的滴油量，缓冲气缸的缓冲能力等控制，都是依靠控制流量来实现的。控制压缩空气流量的阀称为流量控制阀。对流过管道(或元件)的流量进行控制，只需改变管道的截面积就可以了。从流体力学的角度看，流量控制是在管道中制造一种局部阻力，改变局部阻力的大小，就能控制流量的大小。控制流量的方法很多，大致可分成两类。一类是不可调的流量控制，如细长管、孔板等；另一类是可调的流量控制，如喷嘴挡板机构、节流阀等。关于细长管、孔板等的流量性能在流体力学中已讨论，节流阀和单向节流阀的工作原理与液压中同类型阀相似，在此不再重复。本节仅对带消声器的排气节流阀和机控行程节流阀作简要介绍。

14.4.1　带消声器的排气节流阀(如ASN2系列)

带消声器的排气节流阀通常装在换向阀的排气口上，控制排入大气的流量，以改变气缸的运动速度，同时可降低排气噪声20dB以上。这种节流阀在不清洁的环境中，能防止通过排气孔污染气路中的元件。一般用于换向阀与气缸之间不能安装速度控制阀的场合。

带消声器的排气节流阀的结构原理图如图14-21。使用时需注意：

(1) 下列情况下不能使用带消声器的排气节流阀。

① 在中位止回式电磁阀的排气口上，如VS7－6FPG、VS7－8－FPG。

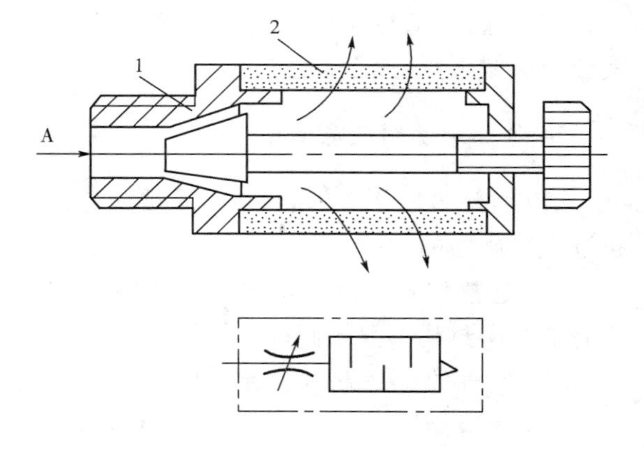

图14-21　带消声器的排气节流阀图

② 电磁阀和气缸之间，使用先导式单向阀时。

(2) 与速度控制阀的调速方法相比，由于控制容积增大，控制性能变差。特别对截止式换向阀和带单向密封圈的滑阀，使用排气节流阀会引起背压增大或密封圈摩擦力增大，可能使换向阀动作不良。

14.4.2　机控行程节流阀(如 G 产品系列)

机控行程节流阀是依靠凸轮、滑块及杠杆等机械方法控制节流阀的开度,实现流量控制,使气缸在单行程过程中自动调节运动速度的一种元件,其结构如图 14-22。调整螺丝可用来调整杠杆的复位位置,以决定凸轮等不起作用时的节流阀开度。图中,滚轮安装的位置不同对节流阀的开度起的作用也不一样。若滚轮位于右侧(实线),则随着滚轮被压下,节流阀逐渐关闭;而滚轮位于左侧(虚线)时,压下滚轮,节流阀打开。

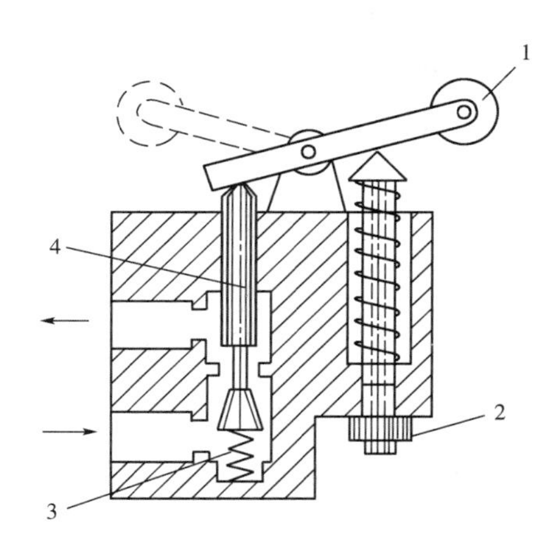

图 14-22　机控行程节流阀

行程节流阀用于气缸行程终端的速度控制。节流阀的开度是由气缸活塞杆端部所带的凸轮(压块)形状决定的。改变压块的形状即可得到不同的减速效果。

在图 14-23a 中,气缸伸出,凸轮滑块接触滚轮杠杆前,气缸快速运动。凸轮滑块接触滚轮杠杆后,气缸运动减速 — 慢速 — 减速 — 停止。气缸回路为快速返回。

图 14-23b 中,气缸伸出时,凸轮滑块逐步脱开滚轮杠杆,气缸进入快速运动,至气缸行程末端,凸轮滑块接触滚轮杠杆后,气缸减速 — 停止。两个 GGO 机控行程节流阀,使气缸伸出时在两端具有较强的缓冲作用。气缸回程为快速返回。

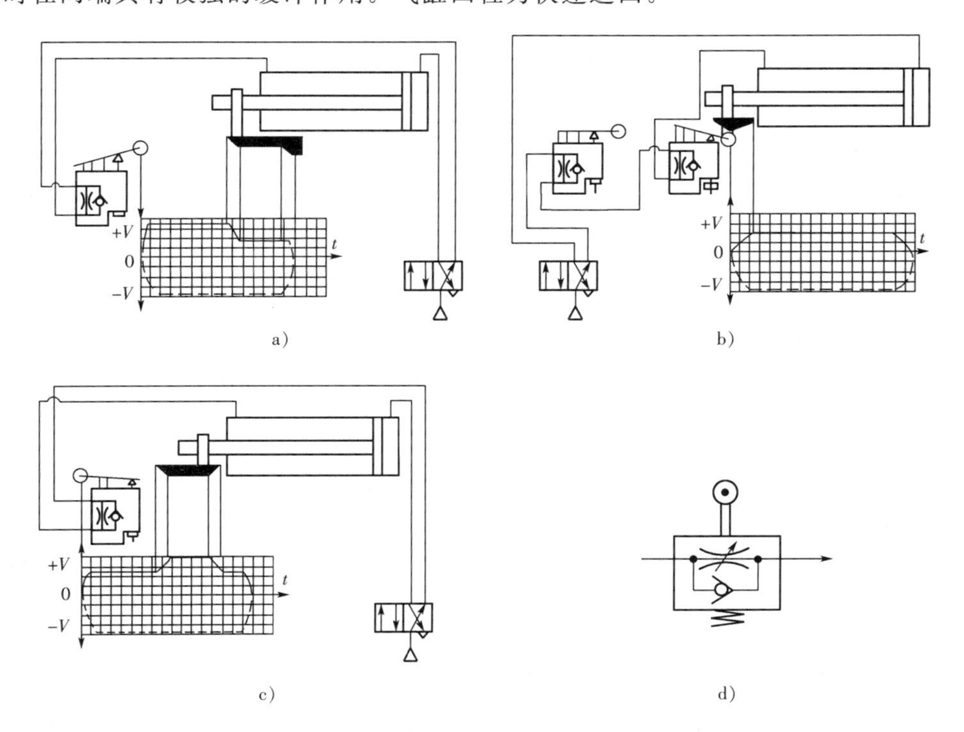

图 14-23　G 系列机控行程节流阀的应用实例

图 14－23c 中，气缸在预定速度下运动，当凸轮滑块接触机控行程节流阀的滚轮杠杆后，气缸开始加速，从凸轮滑块全部压住滚轮开始，气缸快速运动，反之，减速 — 正常速度 — 停止。气缸回程为快速返回。

图 14－23d 为机控行程节流阀的图形符合。

14.5　气动比例控制阀

14.5.1　气动比例控制阀的作用及参数简介

随着工业自动化的发展，对气动控制系统的精度和调节性能都提出了更高的要求，如在气动机器手、柔性自动生产线等部分，都需要对气动执行机构的输出速度、压力和位置等按比例进行调节。目前，一方面气动元件在性能及功能上已有极大的改进，另一方面，气动元件与电子元件的结合使控制回路的电子化得到迅速发展，不仅可以实现点位控制、断续控制，而且通过计算机还可以实现连续控制位置、速度及力等的电 — 气伺服系统。本节仅介绍电控压力比例阀。

电控压力比例阀是气动自动化系统中，实现压力比例控制最简单、最方便、最先进的元件。可实现压力的柔性控制和远距离控制，且控制精度高。其实际就是输出压力随输入控制信号电压或电流的变化而呈线性变化的减压阀。电压型输入控制信号有 0 ～ 5V(DC) 和 0 ～ 10V(DC)(或用 10kΩ 可变电位器)；电流型有 4 ～ 20Ma(DC) 和 0 ～ 20Ma(DC)。比例控制调压范围有 －100 ～－1.33kPa，0 ～ 98kPa，0 ～ 0.5MPa，0 ～ 0.9MPa 等多种。

14.5.2　喷嘴挡板式气动比例控制阀

如图 14－24 所示为喷嘴挡板式电控比例压力阀结构原理图。输入气体的压力被主阀 1 及减压机构 3 减压到一定程度后，经节流孔 5 进入喷嘴背压室 10，形成一定的压力。当输入控制信号增加，使挡板(压电晶片)7 弯曲，挡板 7 与喷嘴 8 的间距减小。结果使喷嘴背压室 10 内的压力增加，膜片 11 受压，阀杆下推关闭排气孔 4，同时主阀杆也被下推，打开主阀芯 1 而输出压力。这个输出压力在阀内经通道传给压力传感器，由压力传感器转换成电信号反馈给控制器。控制器会自动就输入信号和输出信号作出平衡，调节阀的开度，确保输出压力与输入信号成线性比例关系。日本 CKD 公司 EV、ER 系列，SMC 公司 IT 系列等都是这种电控比例阀。

14.5.3　截止平衡式气动比例控制阀

日本 KOGANEI(小金井) 公司 ETR 系列电控压力比例阀采用截止平衡式结构，为非溢流型。与前面介绍的喷嘴挡板式结构不同，具有结构简单、成本低，对压缩空气质量没有特别严格的要求，且无压缩空气浪费，安装方向任意，耐振动、抗冲击的特点。其结构原理如图 14－25 所示。当输入信号增大时，控制器驱动进气二通阀 6 打开，压力比例阀的先导气室 3 内压力上升，膜片 4 下行，打开主阀阀芯 1，使输出口 A 具有压力输出。A 口的压力由压力传感器 5 反馈给控制器 7，与设定压力比较，利用两者之差，轮番控制进气二通阀 6 和排气二通阀 8 的开闭，保证使输出压力与设定压力的一致性，从而保证压力比例阀的输出压力随输入信号的变化呈线性比例变化。

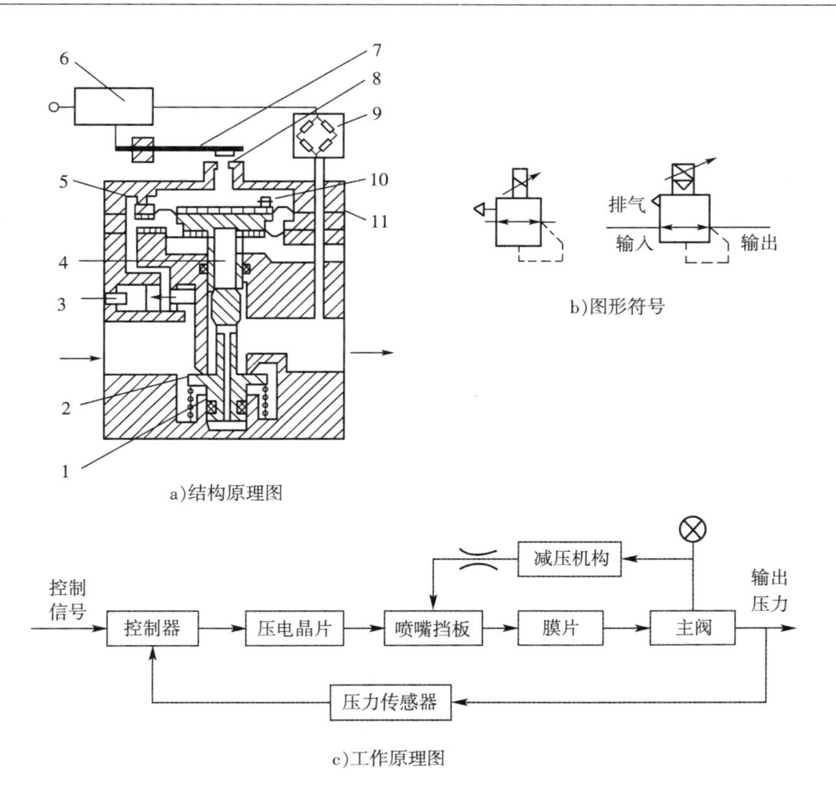

a)结构原理图　b)图形符号　c)工作原理图

图 14 - 24　喷嘴挡板式电控比例压力阀结构原理图

1 — 主阀芯；2 — 进气阀口；3 — 减压机构；4 — 排气孔；5 — 节流孔；6 — 控制器(另配)

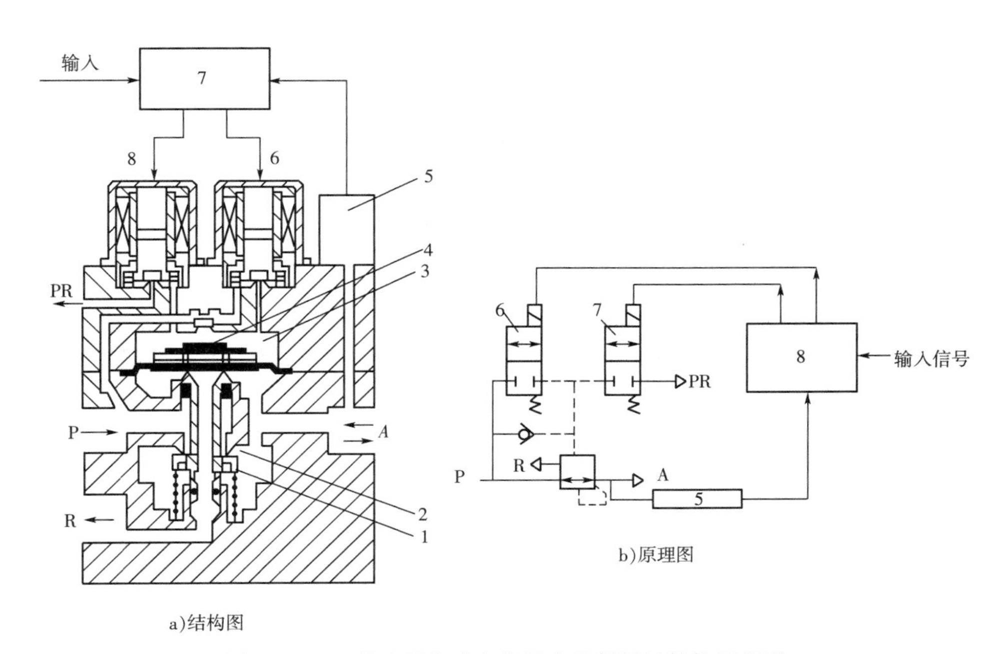

a)结构图　b)原理图

图 14 - 25　截止平衡式电控压力比例阀的结构原理图

1 — 主阀芯；2 — 主阀体；3 — 先导气塞；4 — 膜片；5 — 压力传感器；6 — 进气二通阀；7 — 控制器；8 — 排气二通阀；

P — 输入口；A — 输出口；R — 排气口；PR — 先导气排气口

14.5.4　数字式气动比例控制阀

德国FESTO公司MPPE系列电控压力比例阀，其结构如图14-26所示。主要由主阀、先导阀、压力传感器和电子控制回路组成。当压力传感器检测到输出口的气压 p_0 小于设定值时，数字电路输出控制信号，打开先导阀1，使主阀芯的上腔控制压力 p_k 增大，主阀芯下移，输出口气压 p_0 升高。当输出口气压 p_0 增高至大于设定值时，数字电路输出控制信号，打开先导阀2，使主阀芯上腔控制压力 p_0 降低，主阀芯上移，输出口气压 p_0 降低，上述反馈调节过程持续到输出口气压 p_0 与设定值相等为止。

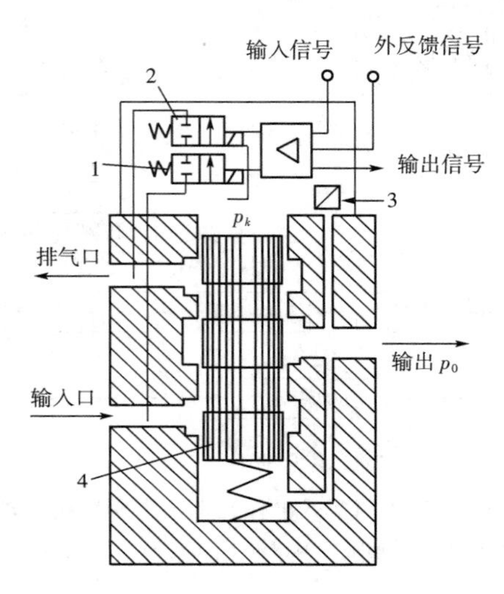

图14-26　MPPE系列电控压力比例阀的结构图

1—先导控制阀；2—先导控制阀；3—压力传感器；4—主阀芯

思考与练习

14-1　气动换向阀与液压换向阀有什么区别？

14-2　减压阀有哪些类型？如何选用？有一气缸，当信号A、B、C中任一信号在时都可使其活塞返回，试设计其控制回路。

14-3　气缸有哪几类？

14-4　什么叫气动三联件？每个元件起什么作用？

14-5　气源装置有哪些元件组成？

14-6　单杆双作用气缸内径 $D=125\text{mm}$，活塞杆直径 $d=36\text{mm}$；工作压力 $p=0.5\text{MPa}$，气缸负载效率为 $\eta=0.5$，求气缸的拉力和推力各多少？

第 15 章　气动基本回路

为了满足气动系统的各种技术要求，完成各种功能，设计者应合理选择各种气动元件，并巧妙地把它们组合起来构成一个气动回路。任何复杂的气动回路都是由一些基本回路组成。经过长期的应用实践，人们已经积累了许多基本回路，这些回路按其控制目的、控制功能，可分为压力控制回路、换向控制回路、速度控制回路、位置(角度)控制回路、同步回路等几大类。

值得注意的是，本章介绍的回路在实际应用时，不应完全照搬使用，或把几个回路简单地拼凑起来组成系统，而应利用回路的基本原理，根据系统的设计要求加以适当的改造，以构成实用、可靠、经济的气动回路。

15.1　压力控制回路

压力控制回路用于调节和控制系统的压力。它不仅是维持气动系统正常工作所必需的，而且也关系到系统总的经济性、安全性及可靠性。按作用，这种回路可分为气源压力控制、气动系统工作压力控制、双压驱动、多级压力控制、增压控制等。

15.1.1　气源压力控制回路

气源压力控制回路也称一次压力控制回路。用于控制压缩空气站的贮气罐输出压力保持在所允许的额定压力范围内。这种压力控制对控制精度要求不高，主要注重于动作可靠性。如图 15－1 所示。在该回路中用压力继电器或电触点压力表控制空压机的转、停，使贮气罐内空气压力保持在规定的范围内。溢流阀 9 的作用是当 3 或 4 失灵时，打开溢流，以确保安全。

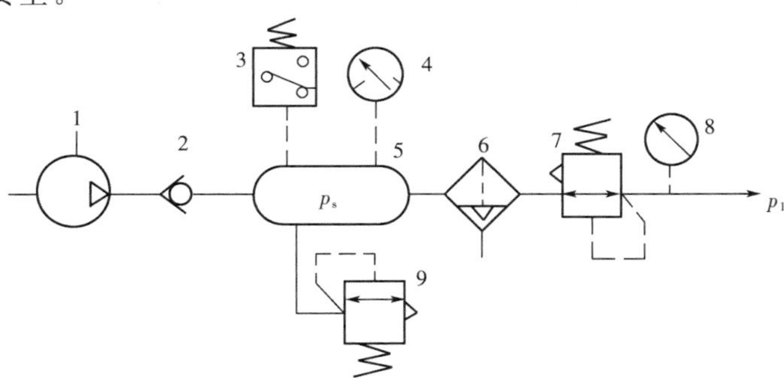

图 15－1　一次压力控制回路

1－空压机；2－单向阀；3－压力继电器；4－电触点压力表；
5－贮气罐；6－空气过滤器；7－减压阀；8－压力表；9－溢流阀

15.1.2　工作压力控制回路

工作压力控制回路也称二次压力控制回路。为使气动系统正常工作，保持稳定的性能，以及达到安全、可靠、节能等目的，每台气动装置的气源入口处都需要这种回路。图 15-2 所示，从一次回路来的压力 p_1，通过调节三联件中的减压阀 2 来获得所需的工作压力 p_2。

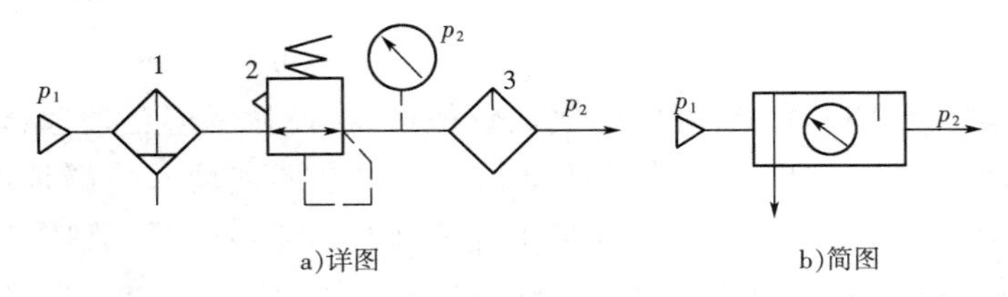

图 15-2　二次压力控制回路

1—空气过滤器；2—减压阀；3—油雾器

应该指出，图 15-2 中油雾器 3 主要用于对气动换向阀和执行元件的润滑。如果采用无给油润滑气动元件，则不需要油雾器。

如果回路中需要多种不同的工作压力，可采用图 15-3 所示的回路。

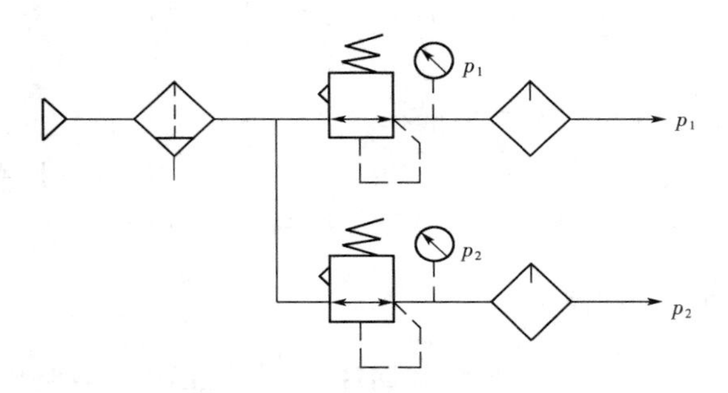

图 15-3　需要不同压力的回路

15.1.3　多级压力转换控制回路

在诸如平衡系统的一些场合，需要根据工件重量的不同，提供多种平衡压力。这时就需要用到多级压力控制回路。图 15-4 为一种采用远程调压的多级压力控制回路。该回路中，远程调压阀 1 的先导压力通过三通电磁换向阀 3 的切换来控制，可根据需要设定高、中、低三种先导压力。在进行压力切换时，必须用电磁阀 2 先将先导压力泄压，然后再选择新的先导压力。

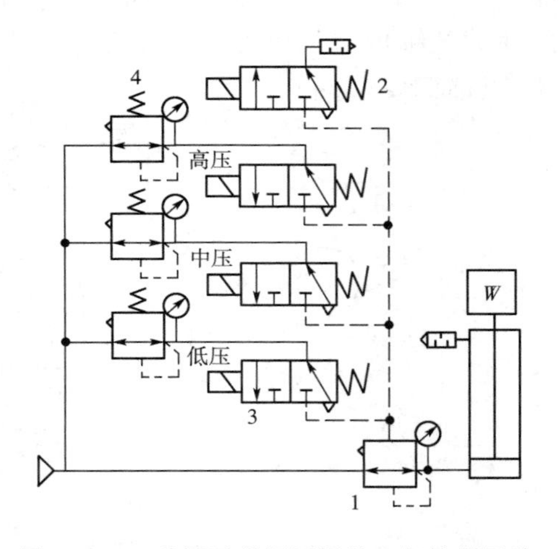

图 15-4　采用远程调压阀的多级控制回路

上面的回路可实现高、中、低三种压

力控制。如需要设定的压力等级更多时，则需要使用更多的减压阀和电磁阀。对此，可使用电/气比例压力阀代替减压阀和电磁阀实现压力的无级控制，如图 15-5 所示。为防止油雾和杂质进入电/气比例阀，影响阀的性能和使用寿命，电/气比例压力阀的入口处应使用除油器。

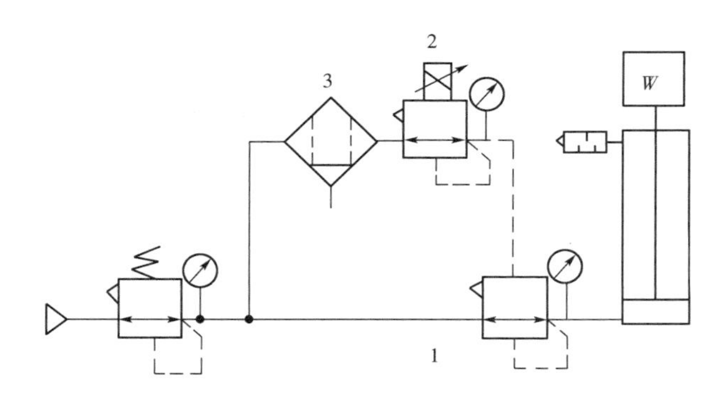

图 15-5　利用电/气比例压力阀的无级压力控制回路

15.1.4　增压回路

一般的气动系统的工作压力为 0.7MPa 以下，但在有些场合，由于气缸尺寸等的限制需要在某个局部使用高压。图 15-6 为使用增压阀的增压回路。其中，在图 15-6a 所示的系统中，当五通电磁阀通电时，气缸实现增压驱动；当五通电磁阀断电时，气缸在正常压力作用下返回。在图 15-6b 所示系统中，当五通电磁阀通电时，利用气控信号使主换向阀切换，进行增压驱动；电磁阀切断时，气缸在正常压力作用下返回。在气缸耗气量较大的情况下，增压阀和主换向阀之间也应使用贮气罐。

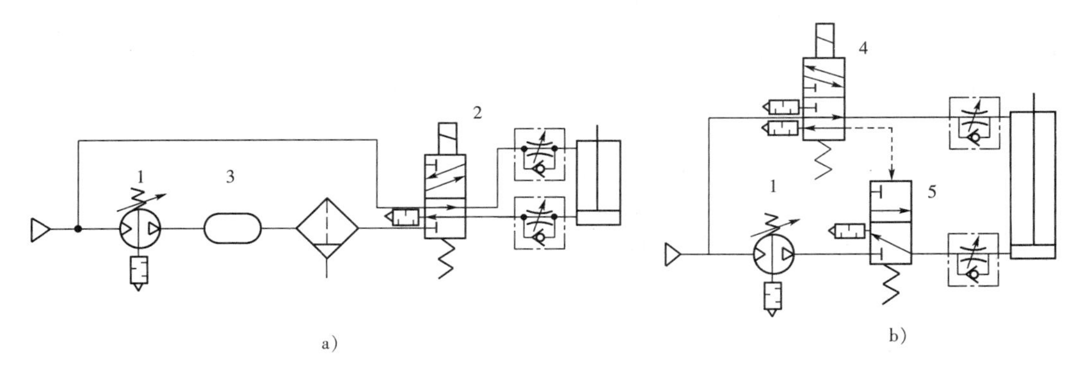

图 15-6　使用增压阀的增压回路

1—增压阀；2—五通电磁阀；3—贮气罐；4—五通电磁阀；5—三通电磁阀

图 15-7 为使用气/液增压缸的增压控制回路。当三通电磁阀 3、4 通电时，气/液缸 7 在与气压相同的油压作用下伸出；当需要大输出力时，则使五通电磁阀 2 通电，让气/液增压缸 1 动作，实现气/液缸的增压驱动。让五通电磁阀 2 和三通电磁阀 3、4 断电，则可使气/液缸返回。气/液增压缸 1 的输出可通过减压阀 6 来进行设定。

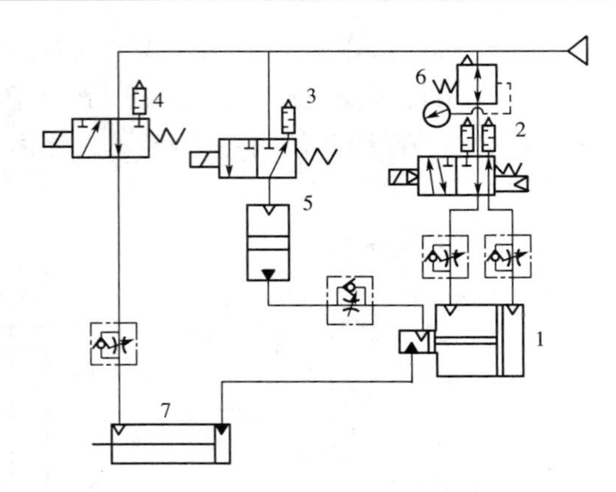

图 15－7　使用气／液增压器的增压控制回路
1－气／液增压器；2－五通电磁阀；3、4－三通电磁阀；
5－气／液转换器；6－减压阀；7－气／液缸

15.2　换向回路

气缸、气马达等的换向主要是利用方向控制阀来实现的。

15.2.1　单作用气缸的换向回路

1. 手控二位三通阀的回路

如图 15－8 所示为采用手控二位三通阀方向控制回路，一般在气缸缸径较小的情况下使用，其中图 15－8a 为点动控制回路，按住按钮，换向阀切换，活塞杆向上伸出；松开按钮，换向阀依靠弹簧力复位，活塞杆同样靠弹簧力返回起始位置。图 15－8b 采用带定位机构的二位三通阀。按下按钮，活塞杆向上伸出；松开按钮，由于阀有定位机构而保持原状态。只有把按钮向上拨动，换向阀才会换向，气缸排气，活塞杆返回起始位置。

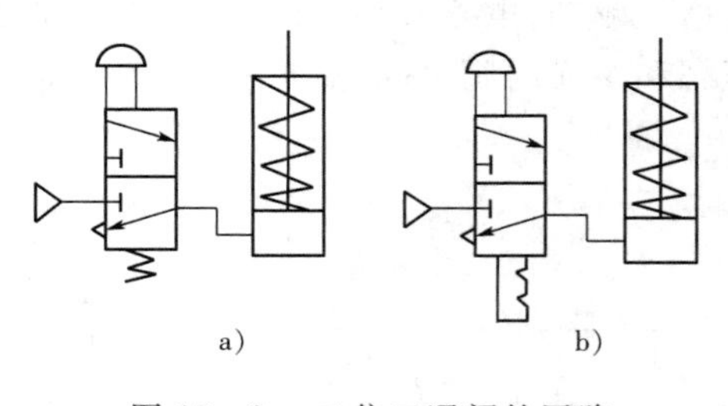

图 15－8　二位三通阀的回路

2. 气控换向阀控制的换向回路

一般在气缸缸径很大时采用，如图 15－9 所示，因直接控制气缸换向的换向阀 2 需要采用通径较大的气控阀，由手控二位三通换向阀 1 间接控制气控换向阀。这里手控阀 1 也可采用机控阀。

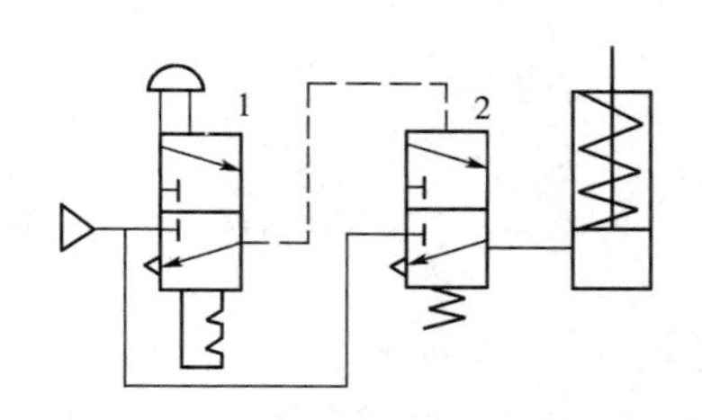

图 15－9　气控换向阀控制的换向回路

3. 电控二位三通阀控制的换向回路

上面的手控阀或气控阀也可以使用电磁阀来代替，如图 15－10 所示。

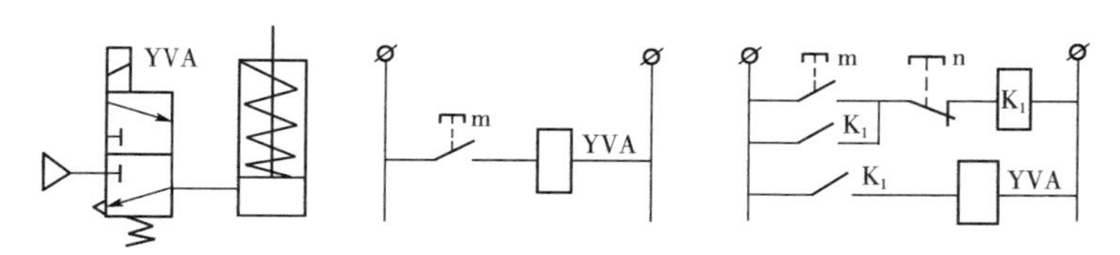

a)气压传动回路　b)无“记忆”的电气控制线路　c)有“记忆”的电气控制线路

图 15－10 电控气动换向回路

YVA — 电磁线圈；m — 常断按钮开关；n — 常通按钮开关；K_1 — 中间继电器

4. 三位三通阀的换向回路

此外，也可以采用三位三通阀来实现单作用气缸的换向控制，如图 15－11a 所示。该回路能实现活塞杆在行程中途的任意位置停止。由于空气的可压缩性，定位精度较低。实际上，三位三通阀的功能可通过一个两位三通阀和一个两位两通阀的组合来代替（如图 15－11b 所示）。

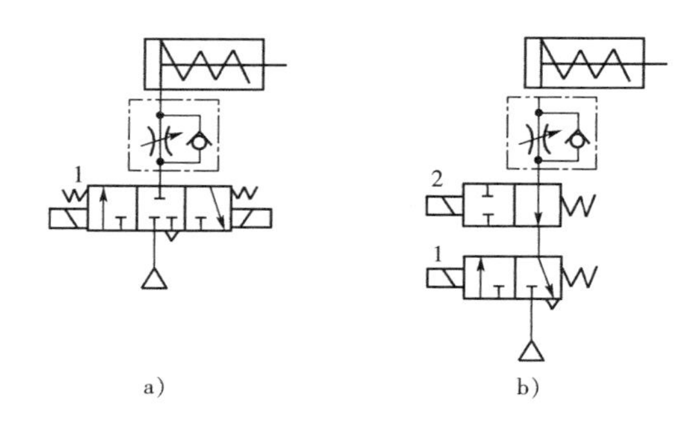

图 15－11　采用三位三通阀的单作用气缸换向回路

15.2.2　双作用气缸的换向回路

1. 手控二位五通阀换向回路

图 15－12a 所示为不带“记忆”的手控换向回路，采用了弹簧复位的手控换向阀。图 15－12b 所示为有“记忆”的手控换向回路，采用了有定位机构的手控阀。这两种回路都是适用于气缸缸径较小的情况。

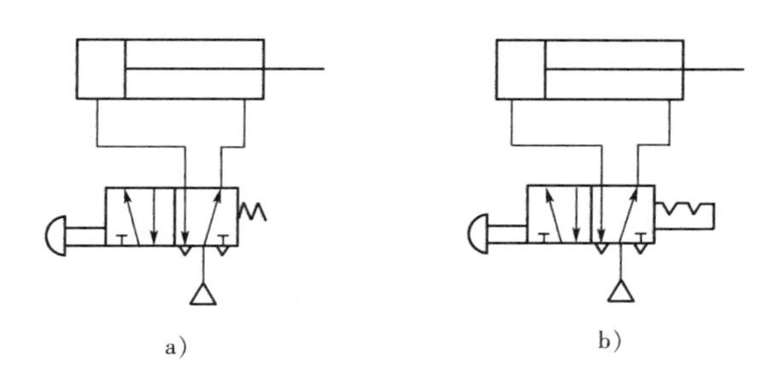

图 15－12　手控二位五通阀换向回路

2. 气控二位五通阀换向回路

图 15－13a 所示为具有“记忆”的换向回路。气控信号 m 和 n，由手控阀或机控阀提供。图 15－13b 所示为采用单气控二位五通阀为主控阀，由带定位机构的手控二位三通阀提供气控信号。图 15－13c 所示为采用一个常断式二位三通阀 F_A 和一个常通式二位三通阀 F_B 为主控阀，并受带定位机构的手控二位三通阀 n 控制，此回路功能与下面讲述的电控换向回路（如图 15－14a 所示）相同，不同处是 F_A 和 F_B 可采用不同压力的气源（通过减压阀调压），使气缸用于要求推力和拉力不等的场合。

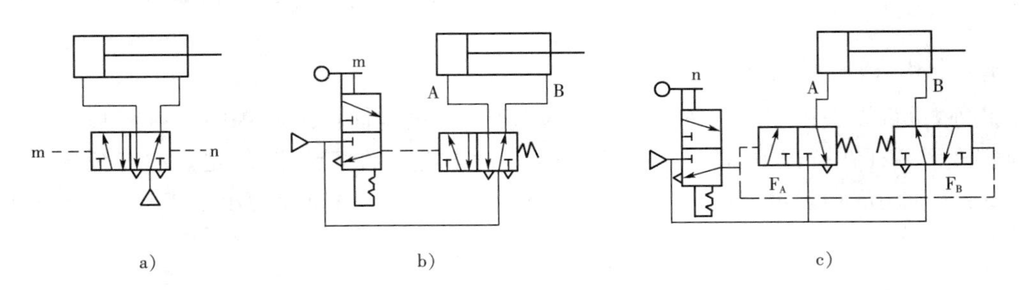

图 15－13　气控二位五通／二位三通阀换向回路

3. 电控气动换向回路

如图 15－14a 所示为双电控二位五通阀换向回路，如图 15－14b 所示为单电控二位五通阀换向回路。

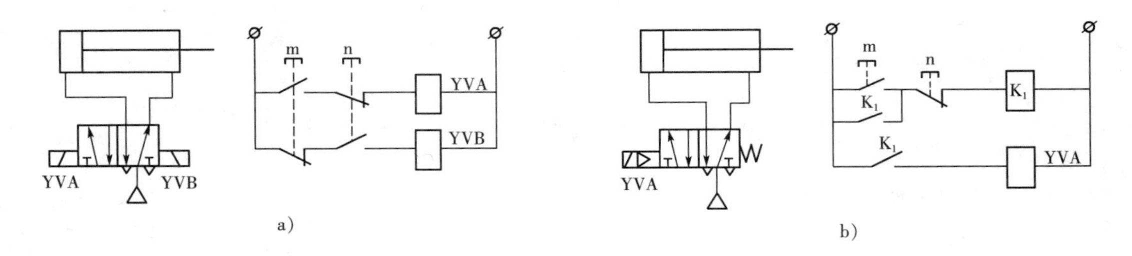

图 15－14　电控气动换向回路

4. 气缸活塞可中途停留的换向回路

如图 15－15a 所示为采用双气控中位封闭式三位五通阀的换向回路。当 m 停止泄压排气，F_A 换向至左位，活塞杆伸出；当 m 停止泄压，F_A 回到中位，活塞杆在中途停留。当 n 泄压，F_A 换向至右位，活塞杆缩回；当 n 停止泄压，F_A 又回到中位，活塞杆又在中途停止。如图15－15b 所示为采用双电控中位封闭式三位五通阀的换向回路，功能同图 15－15a。如图15－15c 所示为采用两个单气控常通式二位三通阀组成的活塞中途可停留的换向回路。此回路相当于双气控泄压式中位加压式三位五通阀组成的换向回路。同理，也可用两个单电控常通式二位三通阀组成换向回路，相当于双电控中位加压式三位五通阀的换向回路。

5. 差压式控制换向回路

为了减少气缸运动的撞击，或减少耗气量，可采用如图 15－16 所示的回路，该回路对活塞两侧采用不同的气压，构成差压式控制回路。如图15-16a所示为气缸垂直安装时，活塞上侧用低压 p_2，活塞下侧用高压 p_1。如图15-16b所示为差动气缸的控制回路，它是利用活塞两侧有效面积不等实现活塞杆伸出。

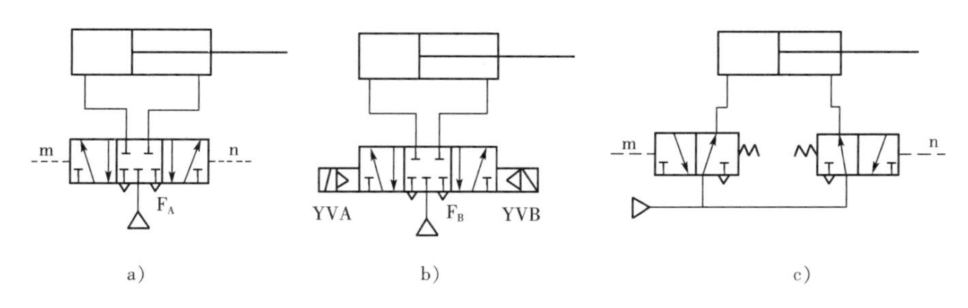

图15-15　气缸活塞可中途停留的换向回路

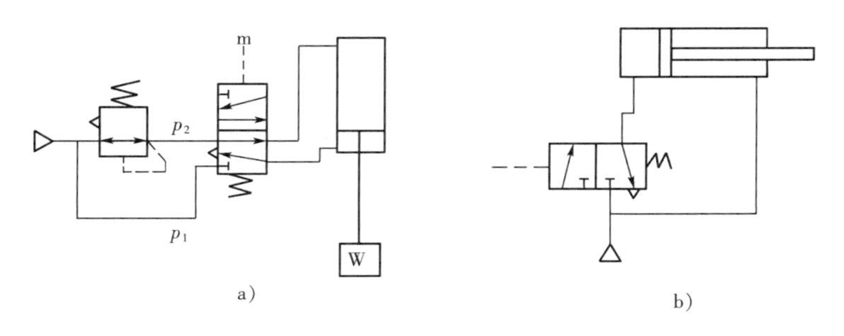

图15-16　差压式控制换向回路

15.3　位置(角度)控制回路

气动系统中，气缸通常只有两个固定的定位点。如果要求气缸在运动过程中的某个中间位置停下来，则要求气动系统具有位置控制功能。由于气体具有压缩性，因此只利用三位五通换向阀对气缸两腔进行给排气操作的纯气动方法难以得到高精度的位置控制。对于定位精度要求较高的场合，应采用机械辅助定位或气/液转换器等控制方法。

15.3.1　利用缓冲挡铁的位置控制回路

如图15-17所示，气马达3带动小车4左右运动，当小车碰到缓冲器1时，缓冲器减速行进一小段距离；只有当小车轮碰到挡铁2时，小车才被迫停止。该回路简单，气马达速度变化缓慢，调速方便。

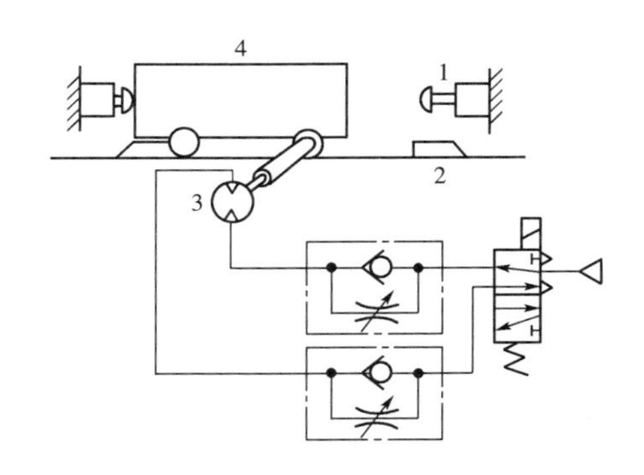

图15-17　用缓冲挡铁的位置控制回路
1—缓冲器；2—挡铁；
3—气马达；4—小车

15.3.2　用间隙转动机构的位置控制回路

如图 15－18 所示，水平气缸活塞杆前端连齿轮、齿条机构，齿条 1 往复运动推动齿轮 3 往复摆动，齿轮上棘爪摆动，推动棘轮以及与棘轮同轴上的工作台作单向间隙转动。工作台下装有凹槽缺口，以使水平气缸活塞杆返程时（向右），垂直缸活塞杆进入该凹槽，使工作台准确定位。2 为行程开关，控制换向阀 4 换向。

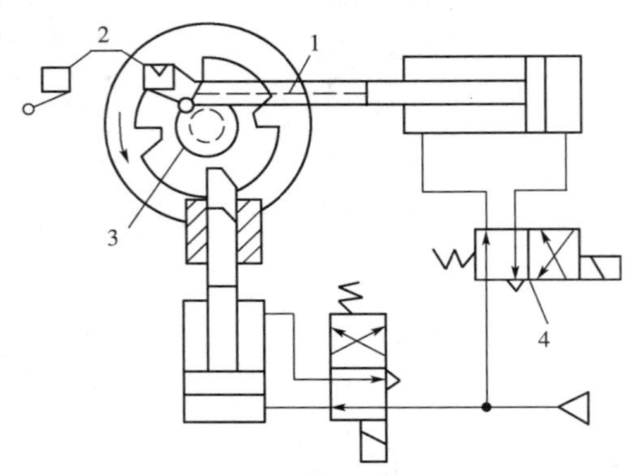

图 15－18　用间隙转动机构的位置控制回路

1－齿条；2－行程开关；3－齿轮；4－单电控二位四通换向阀

15.3.3　多位缸的位置控制回路

使用多位气缸，可实现多点位置控制，如图 15－19 所示。

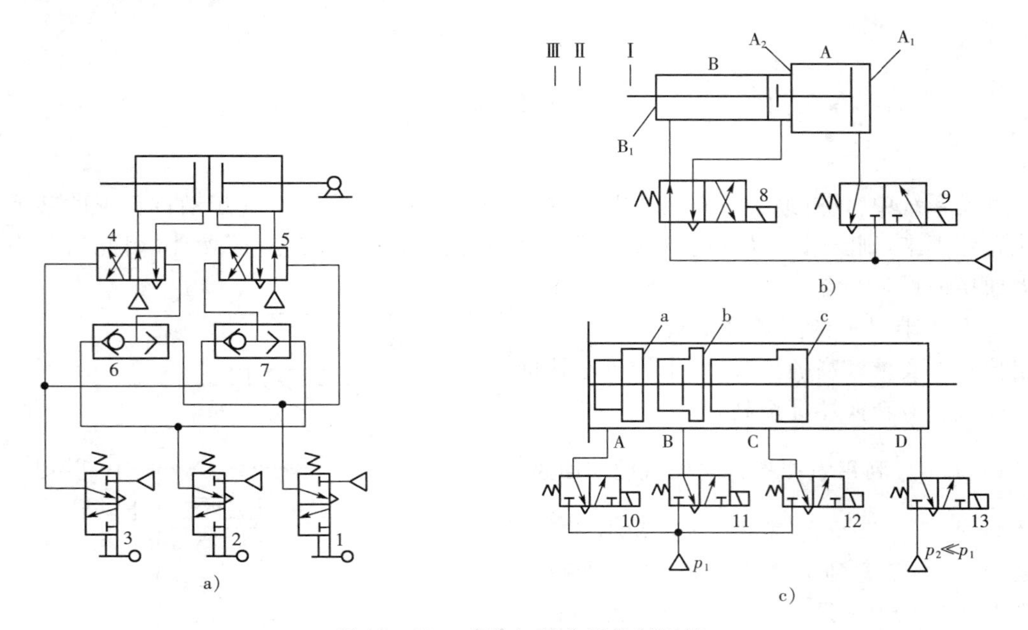

图 15－19　多位缸的位置控制回路

1、2、3－手控二位三通换向阀；4、5－双气控二位四通换向阀；6、7－梭阀；8－单电控二位四通换向阀；9～13－单电控二位三通换向阀；a、b、c－柱塞

如图 15－19a，手控阀 1、2、3 经梭阀 6、7 控制两个换向阀 4 和 5，使气缸两活塞杆收回，处于图示状态。当阀 2 动作时，两活塞杆一伸一缩；阀 3 动作时，两活塞杆全部伸出。

多缸常用于流水线上物件的检测、分选和砂箱的分类等场合。

如图 15－19b 所示为串联气缸实现三个位置控制回路。A、B 两缸串联连接，当换向阀 9 通电时，A 缸活塞杆向左推出 B 缸活塞杆，使其由 Ⅰ 移到 Ⅱ 的位置。当换向阀 8 通电时，B 缸活塞杆继续由 Ⅱ 伸到 Ⅲ，故 B 缸活塞杆有 Ⅰ、Ⅱ、Ⅲ 三个位置。如果在 A 缸的端盖 A_1、A_2 处及 B 缸的端盖 B_1 处分别安装调节螺钉，就可控制 A 缸和 B 缸的活塞杆在 Ⅰ 至 Ⅱ 间的任一位置停止。

如图 15－19c 所示为三柱塞数字缸位置控制回路。其中 p_1 为正常工作压力，供给 A、B、C 三通口推动柱塞 a、b、c 伸出或停于某一位置，D 通口所供低压空气 p_2 控制各柱塞复位或停于某个需要的位置。图示回路可控制活塞杆有 8 个位置(包括起始位置)。

15.4　速度控制回路

影响气缸运动速度的因素很多，控制流通能力是其中一个重要因素。基本方法是采用节流阀控制进入或排出执行元件的气流量。下面介绍一些通过控制气流量进行速度控制的回路。

15.4.1　单作用气缸的速度控制回路

1. 慢进 — 快退调速回路

如图 15－20 所示，通过进气口安装节流阀实现调速，其中图 15－20a 是调节节流阀的开度，实现气缸速度的调节。气缸活塞杆返回时，因无节流阀，故可实现快退；图 15－20b 为安装了单向节流阀的回路。换向阀处在左位时，气压经过节流阀进入气缸中，实现速度可调；活塞杆返回时，气压经单向阀排气，可实现快退。

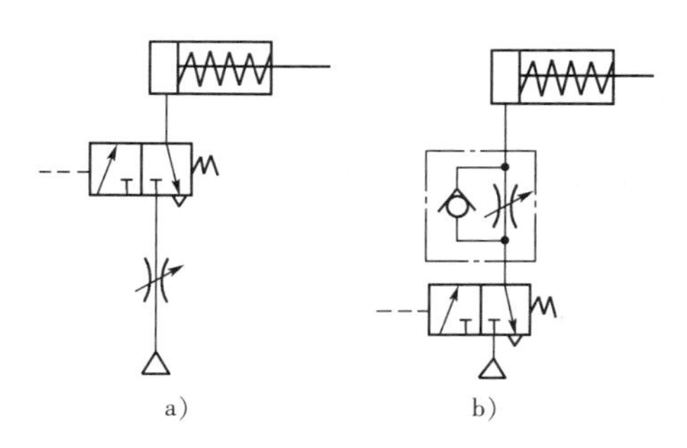

图 15－20　慢进 — 快退调速回路

2. 快进 — 慢退调速回路

如图 15－21 所示，通过在排气口安装节流阀实现慢退。其中图 15－21a 是在换向阀排气口设置节流阀。优点是安装简单，维修方便。缺点是在换向阀排气通道节流，对某些结构的换向阀，可能会影响换向性能；图 15－21b 是在换向阀与气缸之间安装单向节流阀。进气时没有节流，活塞杆快进；换向阀复位时，由节流阀控制活塞杆返回速度。这种方式不影响换向阀性能，较常用。

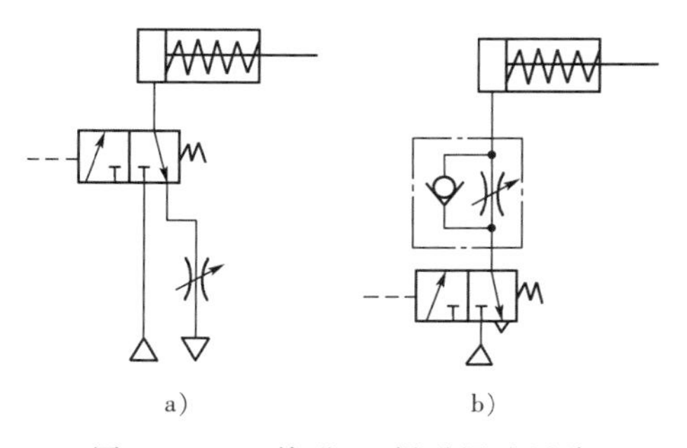

图 15－21　快进 — 慢进调速回路

3. 双向调速回路

如图 15－22 所示，气缸活塞杆伸出和返回都能进行速度调节。

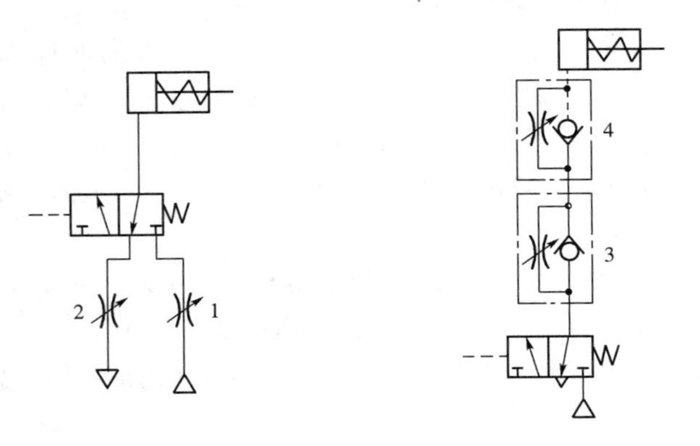

a)可调节流阀调速回路　　b)可调单向节流阀调速回路

图 15－22　双向调速回路

1、2 — 可调节流阀；3、4 — 可调单向节流阀

15.4.2　双作用气缸的速度控制回路

1. 排气节流调速回路

如图 15－23 所示，排气节流比进气节流的活塞运动平稳性要好一些。

2. 慢进 — 快退调速回路

如图15－24所示，当阀1换向时，阀3排气节流，活塞杆慢进。阀1复位后，B腔由阀3的单向阀快进供气，A腔由快排阀 2 快速排气，活塞杆快退。在换向阀与气缸距离较远，又需活塞杆快退时，可用此回路。

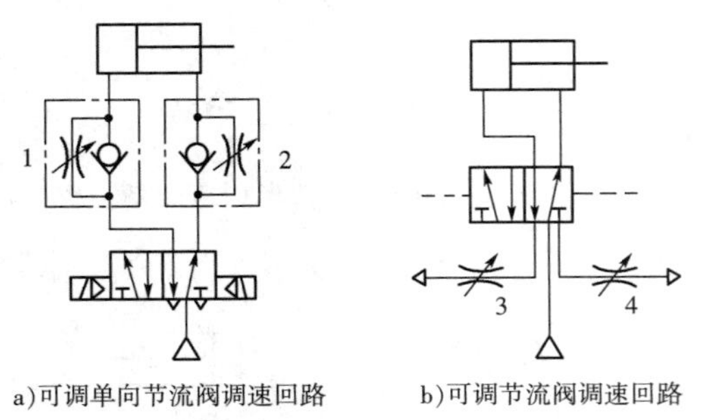

a)可调单向节流阀调速回路　　b)可调节流阀调速回路

图 15－23　排气节流调速回路

1、2 — 可调节流阀；3、4 — 可调节流阀

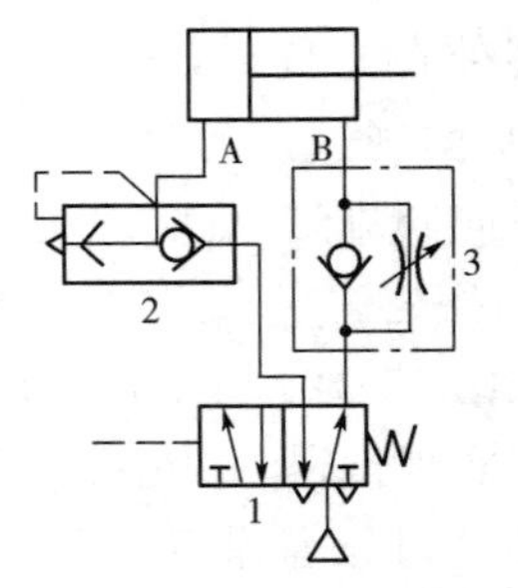

图 15－24　慢进 — 快退调速回路

1 — 单气控二位五通换向阀；2 — 快速排气阀；3 — 可调单向节流阀

3. 快进 — 慢退调速回路

将图 15－24 中的阀 2 与阀 3 互换即可实现。

4. 快进 — 快退调速回路

将图 15 - 24 中的阀 3 换成快排阀即可实现。若换向阀与气缸间距较近，快进 — 快退速度又不需很大时，则可不加快排阀，而采用通径稍大的二位五通换向阀。

5. 缓冲回路

这是指气缸在行程终端的减速回路。如图 15 - 25 所示，当阀 1 换向，B 腔气经阀 2 的节流阀和阀 3、阀 4 从阀 1 排气。调节阀 2、阀 3 的开度，可改变活塞杆前进速度。当活塞杆撞块接近行程终端碰撞阀 4 后，阀 4 换向，B 腔余气只能从阀 2 排出。如调小阀 2 节流开度，可阻止和减小活塞高速运动，达到缓冲目的。根据负载大小和运动要求，移动阀 4 位置，就可获得较好的缓冲效果。

该回路适用于运动速度较高、惯性力较大、行程较长的气缸。

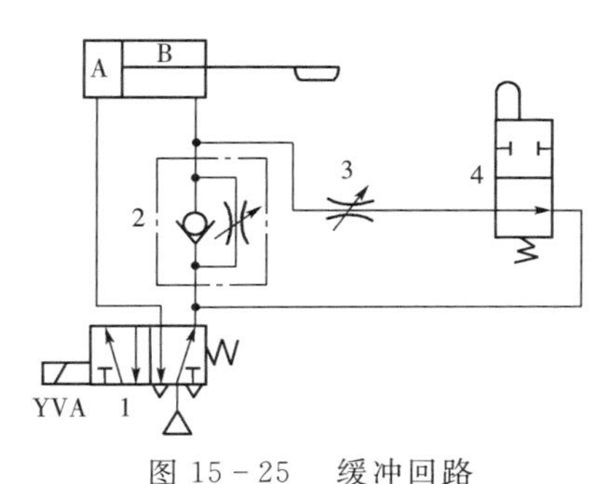

图 15 - 25　缓冲回路

1 — 单气控二位五通换向阀；2 — 可调单向节流阀；
3 — 可调节流阀；4 — 机控常通型二位二通阀

15.4.3　使用气 — 液联合传动的速度控制回路

1. 气 — 液联动调速回路

如图 15 - 26 所示，气缸换成液压缸，原动力还是压缩空气。由换向阀 1 输出的压缩空气，经气液转换器 2 转换成油压，通过调节阀 3 节流开度，控制液压缸活塞缸活塞运动速度。此种调速容易控制，调速精度高，活塞运动平稳。

需注意，气液转换器容积应大于液压缸容积，要注意气油间密封，避免气油混合。否则，影响调速精度和活塞运动的平稳性。

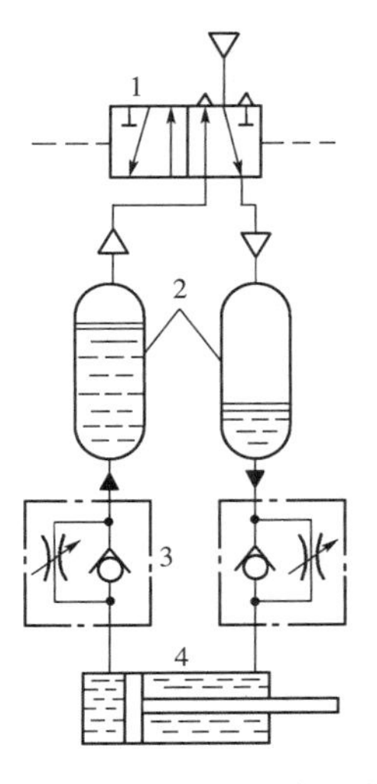

图 15 - 26　气 — 液联动调速回路

1 — 双气控二位五通换向阀；2 — 气液转换器；
3 — 可调单向节流阀；4 — 液压缸

2. 实现快进 — 慢进 — 快退的变速回路

如图 15 - 27 所示，当换向阀 5 换向后，气液缸 1 后腔进气，前腔经阀 2 快速排油至气液转换器 4，活塞杆快进。当活塞杆撞块压住二位二通阀 2 后，油路切断，前腔余油只能经阀 3 的节流阀回到气液转换器 4，使活塞杆慢进。调节单向节流阀 3，就可得到所需进给速度。当换向阀 5 复位后，气经气液转换器 4，油经 3 迅速流入气液缸 1 前腔，后腔气迅速从换向阀 5 排空，使活塞杆快退。

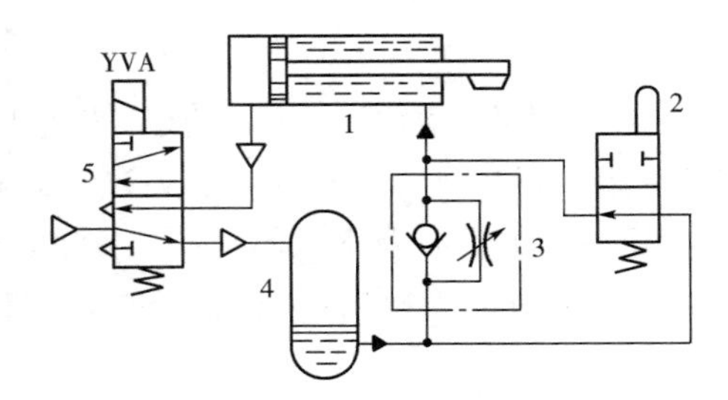

图 15－27　快进 — 慢进 — 快退变速回路

1 — 气液缸；2 — 机控常通型二位二通阀；3 — 可调单向节流阀；
4 — 气液转换器；5 — 单电控二位五通换向阀

本变速回路常用于机床上刀具进给和退回的驱动缸。阀 2 的位置可根据加工工件长度调整。

3. 行程中途停止运动的回路

图 15－28 所示是利用三位五通阀控制实现行程中途停止运动的回路。当电磁铁 YVA 得电，活塞杆伸出。当 YVA 失电，电磁铁 YVB 得电，活塞杆缩回。当两者都失电，阀 1 处于中位，液压缸中途停止运动。

图 15－29 所示回路是在油路上分别串联一个常通二位二通阀 4 和 5。当电磁铁 YVB 和 YVC 同时得电时，液压缸停止进油、排油，活塞就立即停止运动。定位精度比图 15－28 的回路高。

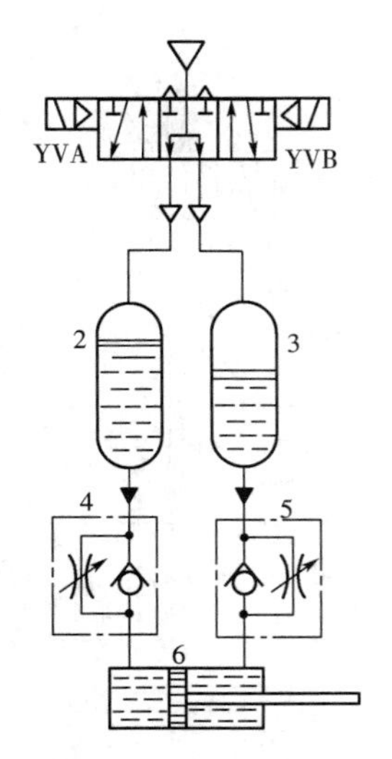

图 15－28　利用三位五通阀控制

1 — 双电控三位五通换向阀；2、3 — 气液转换器；
4、5 — 可调单向节流阀；6 — 液压缸

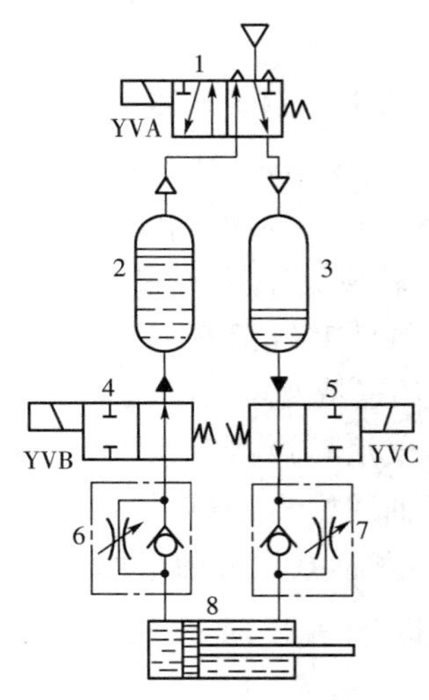

图 15－29　串联常通式二通阀控制

1 — 单电控二位五通换向阀；2、3 — 气液转换器；
4、5 — 单电控常通型二位二通阀；
6、7 — 可调单向节流阀；8 — 液压缸

15.4.4　应用气—液阻尼缸的速度控制回路

在这种回路中，用气缸传递动力，由液压缸阻尼和稳速，并由液压缸和调节机构调速。调速精度高，运动速度平稳，被广泛应用，尤其机床中用得较多。

1. 串联型双向调速回路

如图 15-30 所示，由换向阀 6 控制活塞杆前进与后退，阀 4 和阀 5 调节活塞杆的进、退速度，油杯 2 补充回路中少量漏油。

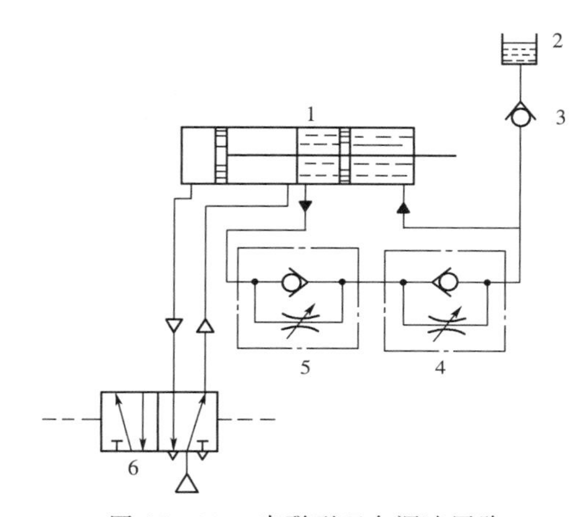

图 15-30　串联型双向调速回路

1—气液缸；2—油杯；3—单向阀；4、5—可调单向节流阀；6—双气控二位五通换向阀

2. 快进—慢进—快退变速回路

如图 15-31a 所示为利用机控二通阀的变速回路。当 YVA 通电，活塞杆前进，液压缸 B 腔油从阀 4 流入 A 腔，实现快进。当活塞杆前进到撞块压住阀 4，油路断开，B 腔油只能由阀 5 的节流阀流入 A 腔，实现慢进。当 YVA 失电，阀 6 复位，气缸活塞杆退回，A 腔油先从阀 5，后又从阀 5 和阀 4 一起流入 B 腔，实现快退和快快退运动。图 15-31b 为该回路的速度特性。移动阀 4 位置，可改变开始变速的位置。

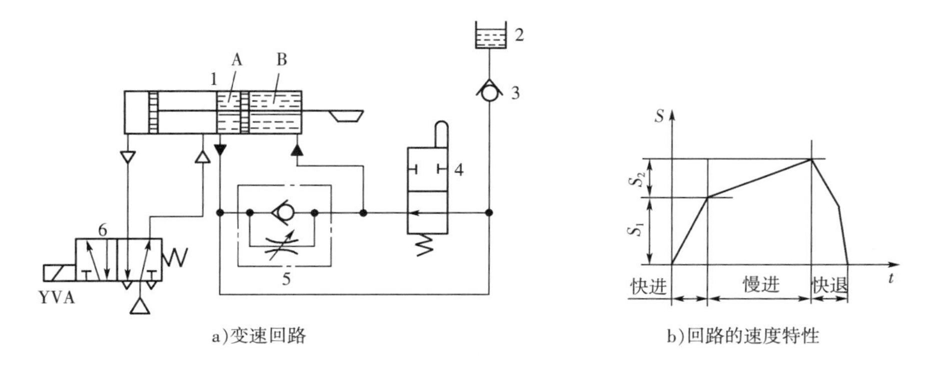

a)变速回路　　b)回路的速度特性

图 15-31　快进—慢进—快退变速回路

1—气液缸；2—油杯；3—单向阀；4—机控常通二位二通阀；5—可调单向节流阀；6—单电控二位五通换向阀

3. 快进 — 慢进 — 慢退 — 快退变速回路

如图 15 - 32a 所示为利用液压缸结构进行变速的回路。当活塞右行至封住 A 孔时，开始从快进变为慢进。当活塞左行时，由于左腔油只能被迫从 A′ 孔经节流阀至右腔，故为慢退，直至活塞左行到超过 A 孔时，才开始以慢退变为快退。

图 15 - 32b 所示为利用机控常通型二位二通阀的变速回路。活塞右行，直至活塞杆上撞块切换 13 阀后，开始变为慢进。改变撞块安装位置，可改变开始变速的位置。

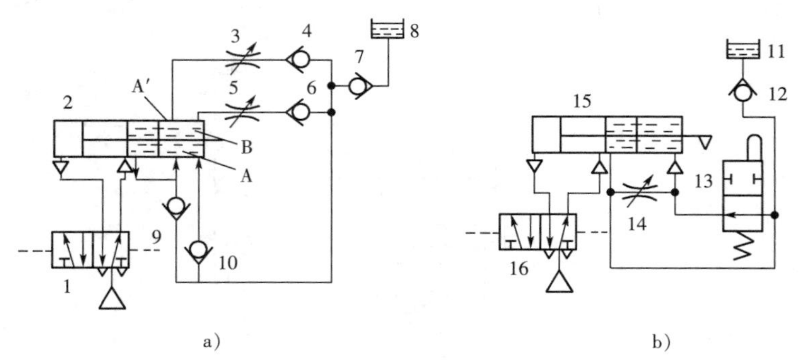

图 15 - 32　快进 — 慢进 — 慢退 — 快退回路

1、16 — 双气控二位五通换向阀；2、15 — 气液缸；3、5、14 — 可调节流阀；
4、6、7、9、10、12 — 单向阀；8、11 — 油杯；13 — 机控常通型二位二通阀；

15.5　同步控制回路

所谓同步控制是指驱动两个或多个执行机构时，使它们在运动过程中位置保持同步。同步控制实际上是速度控制的一种特例。下面介绍几种同步控制回路。

15.5.1　使用单向节流阀的同步控制回路

如图 15 - 33 所示为最简单的气缸同步控制方法，采用单向节流阀进行进出口的节流调速，以使两缸同步运行，此种回路简单，但同步精度不高。

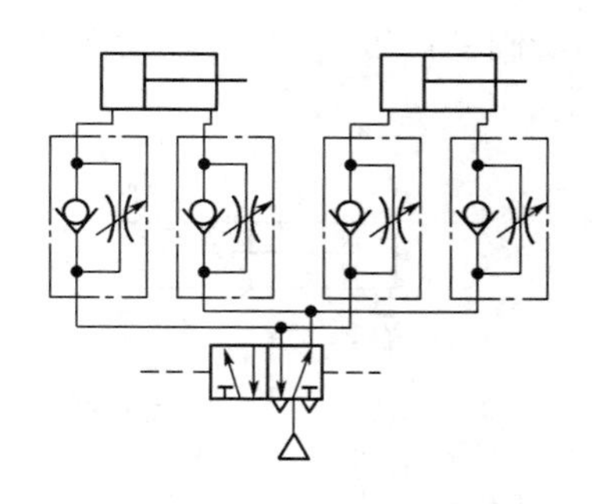

图 15 - 33　使用单向节流阀的同步动作回路

15.5.2　利用气液缸的同步控制回路

如图 15 - 34 所示，A 缸后腔与 B 缸前腔充满油液，通过把油封入回路达到两缸正确同步，精度较高。A 缸与 B 缸可在同一地方，也可在不同地方安装。要注意：由于两缸为单活塞杆缸，要求 A 缸后腔有效面积 A_1 与 B 缸前腔面积 A_2 必须相等。该回路中，如果气液缸有内泄漏和外泄漏的话，因为油量不能自动补充，所以两缸的位置关系会产生累积误差。回路中截止阀 1 是用于注油或排除混入油中空气。

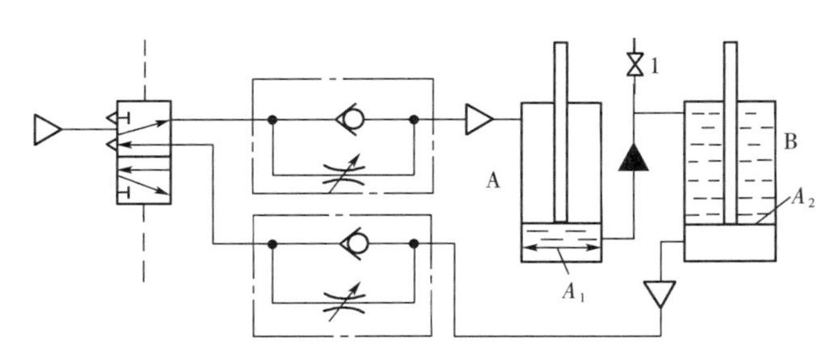

图 15－34　采用气液缸的同步动作回路

A、B－液压缸；1－截止阀

15.5.3　采用气—液阻尼缸的同步动作回路

对于负载在运动过程中有变化，且要求运动平稳的场合，使用气—液阻尼缸可取得较好的效果。如图 15－35 所示，平台上作用了两个不相等的负载 F_1 和 F_2，为了平台水平地上下移动，利用气—液阻尼缸构成的同步控制回路。图中，气液缸 7 和 8 的液压缸部分前后腔交叉连通，并由刚性连接板 10 连接两缸活塞杆的高精度同步动作回路。

使用双气控中位泄压式三位五通换向阀 3 和二通阀 4 及 5、梭阀 6 及弹簧蓄能器 9 是为使气缸活塞能在中途停留。当 a 泄压排气，换向阀 3 换向，输出气流使气缸活塞杆伸出；同时，输出的气流经梭阀 6 控制二通阀 4、5 换向，切断液压缸与蓄能器 9 的油路，使气液缸 7、8 两液压缸前后腔交叉排油与进油，以保证两缸等速同步运动。当 a、b 均不泄压，换向阀 3 处于中位，两气缸前后腔均排气，气缸活塞处于平衡；二通阀 4 和 5 复位，蓄能器 9 与液压缸沟通，使液压缸活塞也处于平衡，以增加定位精度。蓄能器 9 还可对缸 7 和 8 的液压缸自动补充漏油。

应注意气液缸 7 和 8 的液压缸活塞两侧的有效面积相等。

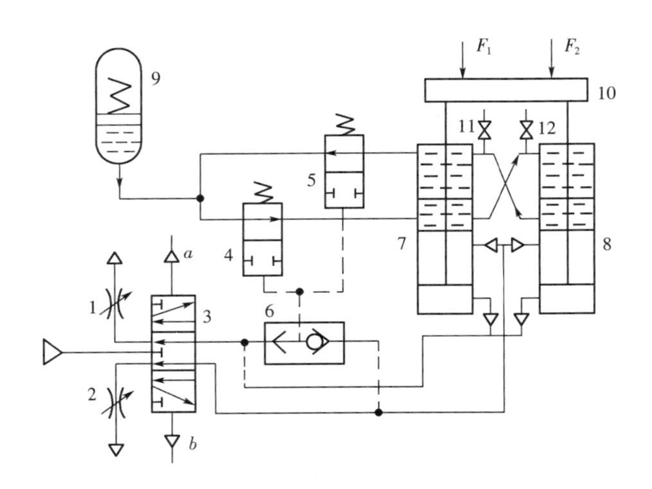

图 15－35　采用气—液阻尼缸的同步动作回路

1、2－可调节流阀；3－双气控中位泄压式三位五通换向阀；

4、5－单气控常通型二位二通阀；6－梭阀；7、8－气液缸；

9－蓄能器；10－连接板；11、12－截止阀

15.5.4　利用机械连接的同步控制

将两只气缸的活塞杆通过机械结构连接在一起，从理论上说可以实现最可靠的同步动作。

图 15－36 的同步装置使用齿轮齿条将两只气缸的活塞杆连接起来，使其同步动作。图 15－37 为使用连杆机构的气缸同步装置。对于机械连接同步控制来说，其缺点是机械误差会影响同步精度，且两只气缸的设置距离不能太大，机构较复杂。

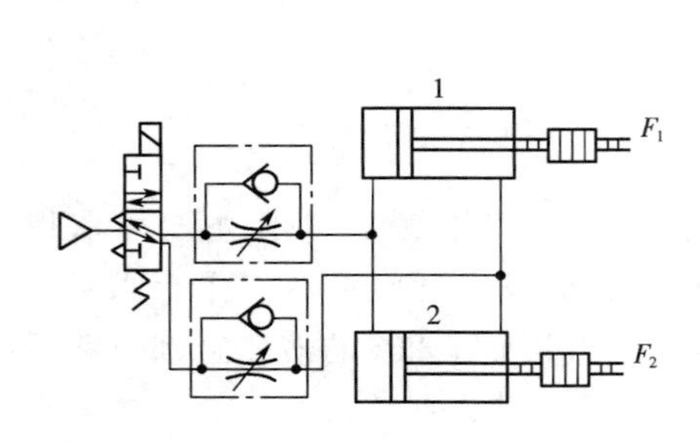

图 15－36　使用齿轮齿条机构的同步控制

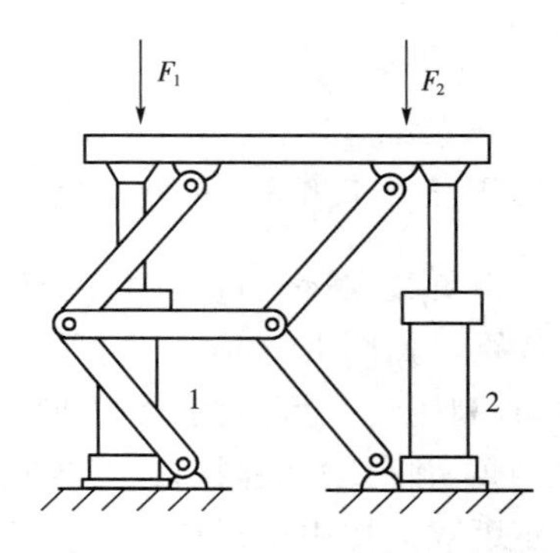

图 15－37　使用连杆机构的同步控制

15.6　安全保护回路

15.6.1　双手操作回路

为避免用一个控制信号失误，改用 2 个信号串联后控制主控阀，如图 15－38 所示，只有双手“同时”操作，气缸才能动作。若双手不同时按下，蓄能器 3 中的气体将从换向阀 1 的排气口排空，换向阀 4 不换向，气缸不能动作。此外，若换向阀 1 和换向阀 2 因失灵而未复位时，蓄能器 3 得不到充气，气缸不能动作。

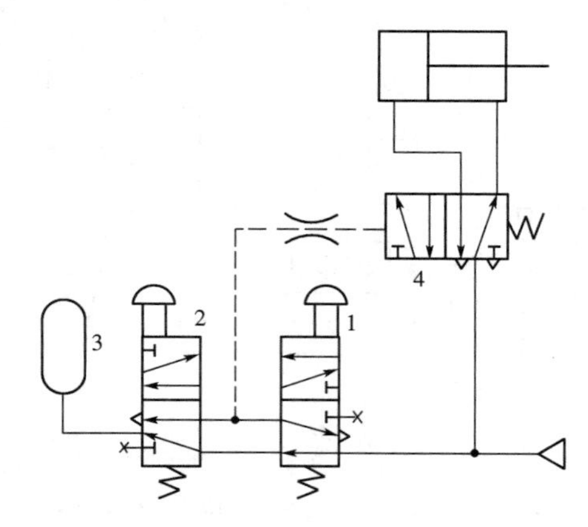

图 15－38　双手“同时”操作回路

1、2 — 手控二位五通换向阀；3 — 蓄能器；4 — 单气控二位五通换向阀

15.6.2　过载保护回路

如图 15－39 所示，气缸活塞杆伸出途中遇阻过载时，气缸 A 腔压力升高超过预定值，就将顺序阀 2 打开，气流经梭阀 3 使换向阀 1 换向至右位，气缸活塞杆自动返回。

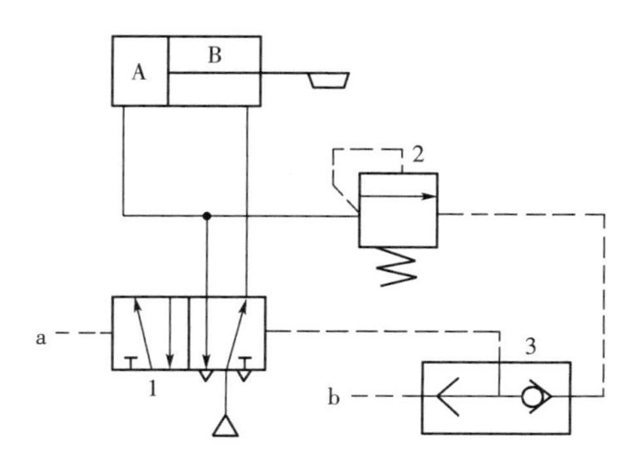

图 15－39　过载保护回路

1－双气控二位五通换向阀；2－顺序阀；3－梭阀

思考与练习

15－1　分析如图所示回路的工作过程，并指出元件的名称。

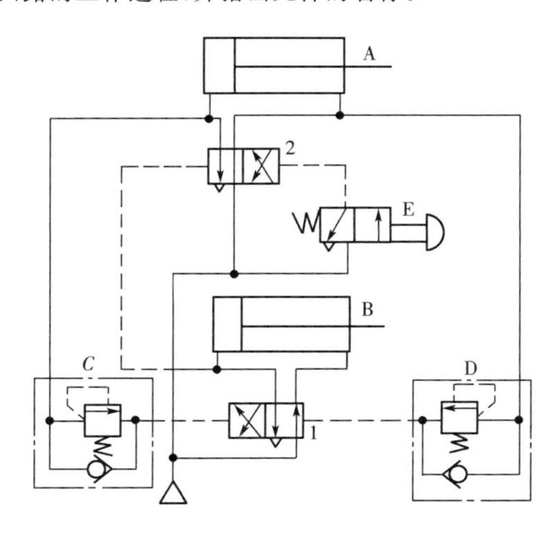

题 15－1 图

15－2　两个双作用缸，一个顺序阀，一个二位四通单电控换向阀设计顺序动作回路。

15－3　试设计一个双作用缸动作之后单作用缸才能动作的连锁回路。

15－4　设计一种常用的快进 — 慢进 — 快退的气控回路。

第 16 章　气动程序系统及其设计

在自动生产线和机器人中广泛应用程序控制，充分发挥气动技术本身的优势。常用的气动控制方式有伺服控制和程序控制。

伺服控制是反馈控制。伺服控制系统是靠偏差信号进行工作的，它要求系统的输出能跟随变化的输入。它适合应用于要求快速响应的场合，如机器人（工业机器手）、机床控制系统、航空空间技术等。与此相似的定位控制系统（又称定值控制系统），也是靠偏差信号进行工作的，其工作原理和工作频率范围与伺服控制系统基本相同，它们之间的唯一区别是定位系统要求输入恒定不变（不随时间变化），系统的输出保持在要求的给定值上，而伺服控制系统的输入是一个随时间变化的函数。在气动控制中有时将两者结合起来称为气动伺服定位系统。

程序控制是经常采用的一种过程控制。它要求按照预先给定的程序进行工作，输出不能随负载及环境干扰的变化而作出快速的响应，故通常在低频范围内工作。

16.1　气动程序控制回路设计

16.1.1　概述

程序控制回路就是对控制对象按一定顺序进行控制的回路。它包括行程程序控制、时间程序控制和数字程序控制等。气动程序控制中，用得最广泛的是行程程序控制。本节将主要介绍之。

行程程序控制回路设计，主要包括回路的逻辑设计（用以合理解决行程信号与主控阀控制端之间的连接问题），自动与手动、起动及复位、连锁保护回路的设计及原理图绘制等。

回路的逻辑设计方法有信号 — 动作线图法、扩展卡诺图法及分组供气法等。这节主要介绍信号 — 动作线图法，简称 $X-D$ 线图法，它是国内普遍使用的一种设计方法。

$X-D$ 线图法是根据已知工作程序，将各行程信号及各执行元件在整个动作过程中的工作状态全部用图线的方法表示出来，从图上可直接找出故障信号，展示出排除障碍信号的各种可能，从而可以确定执行信号，直接画出气动控制回路。此法不仅能较快地找出设计方法，解决控制回路的逻辑设计问题，同时也便于检查回路的正确性及合理性。这不仅适用于气动程序回路的设计，同时也适用于液压、电器程序控制回路的逻辑设计。

行程程序控制回路的组成方式，一般如图 16 - 1 所示。

对主控阀、行程阀、气缸及其工作状态采用的文字符号规定如下：

(1) 用大写字母 A、B、C、…… 表示气缸。用下标“1”表示气缸活塞杆的伸出状态，用下标“0”表示活塞杆退回状态。例如 A_1 表示 A 缸活塞杆伸出，A_0 表示 A 缸活塞杆退回。

(2) 用带下标的小写字母 a_1、a_0、b_1、b_0 等分别表示由 A_1、A_0、B_1、B_0 等动作触发的相对应的行程阀及其输出信号。如 a_1 为对应于 A 缸活塞杆伸出(A_1)到终端位置触发的行程阀及其输出信号。

(3) 主控阀用 F 表示，其下标为其控制的气缸号。如 F_A 为控制 A 缸的主控阀。主控阀的输出信号与气缸的动作是一致的。例如主控阀 F_A 的输出信号 A_0 有气，即活塞杆退回。

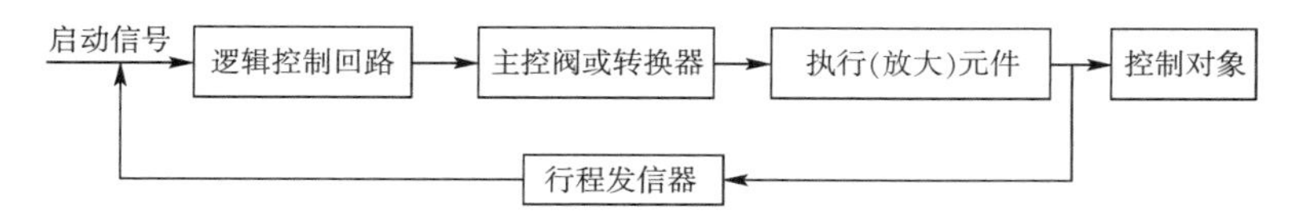

图 16-1　行程程序控制回路方框图

气缸与主控阀及行程阀之间的关系见图 16-2。

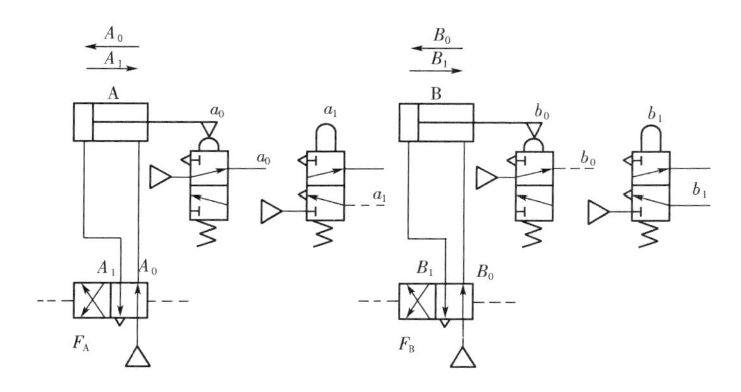

图 16-2　气缸与主控阀、行程阀的关系及符号

控制回路的设计方法及步骤，以下分节介绍。

16.1.2　确定工作程序图

了解控制对象执行元件数目、动作顺序、动作速度、连锁保护及自动—手动控制等工作要求，确定工作程序。例如，某专用气动控制机械手，需使用 4 个气缸：回转缸，抓料缸，上、下行缸，送料缸。它的工作程序为：

将图 16-3a 行程程序加以编号(节拍)，并用字母及符号表示，如图 16-3b 所示。

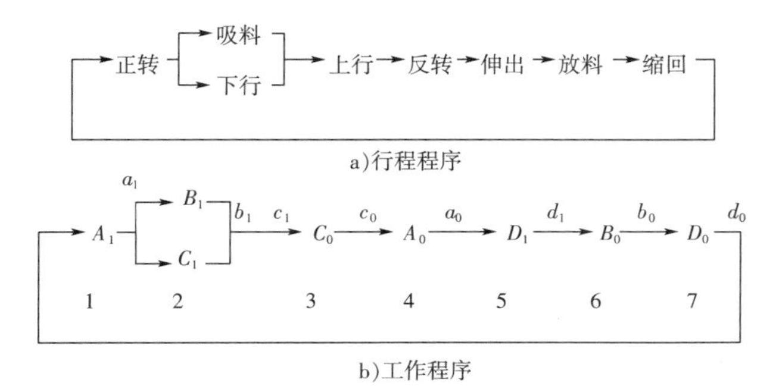

图 16-3　工作程序图

各动作状态之间用带箭头的连线连接；箭头方向表示工作顺序，箭头线上小写字母表示该动作结束时所发出的行程信号（如 A_1 完成后发出信号 a_1）等，—[→ 表示一个信号同时控制两个动作（如 a_1 同时控制 B_1、C_1），]→ 表示两个信号有连锁要求（如 b_1 与 c_1 同时有信号时，才控制 C_0 动作）。

16.1.3　根据绘制 X－D 线图找出障碍信号

1. 多缸单往复系统 X－D 线图的控制

多缸单往复系统是指在一个工作循环中，每一个执行元件只作一次循环运动；每一个行程阀或行程开关只产生一次信号，它控制的对象是固定的。

（1）画方格图

根据已知工作程度，在方格图上方自左至右进行分格，并依次写上程序 1、2、……，在它下面填入相应动作状态 A_1、B_1、……，最右边留一栏作为“执行信号表示式”栏。在方格图最左边纵栏里，自上至下进行分格，填上节拍序号 1、2、……，为了与横向区别起见，可称为组号。在每一组里，根据该节拍执行机构动作的数目 m 分成 $2m$ 个小格，即若只有一个执行机构动作，则分成两小格，其中上一小格表示行程信号，称信号格，括号内的符号表示它要控制的动作，如 $d_0(A_1)$、$a_1(B_1)$、……；下面一小格表示该信号控制的动作状态，称为动作格，如 A_1、B_1、……。如果在一个节拍中，一个信号同时控制两个动作，则应分成四小格，如组号 2。对有连锁要求的信号一般可以在备用空格中先求得逻辑输出信号而后引入信号格。为了简化图线，在一组内的分格线可以省去。另外，在方格图下面再留几行空格，以备设计中供其他步骤用。

根据图 16－3b 工作程序画出方格图，如图 16－4 所示。

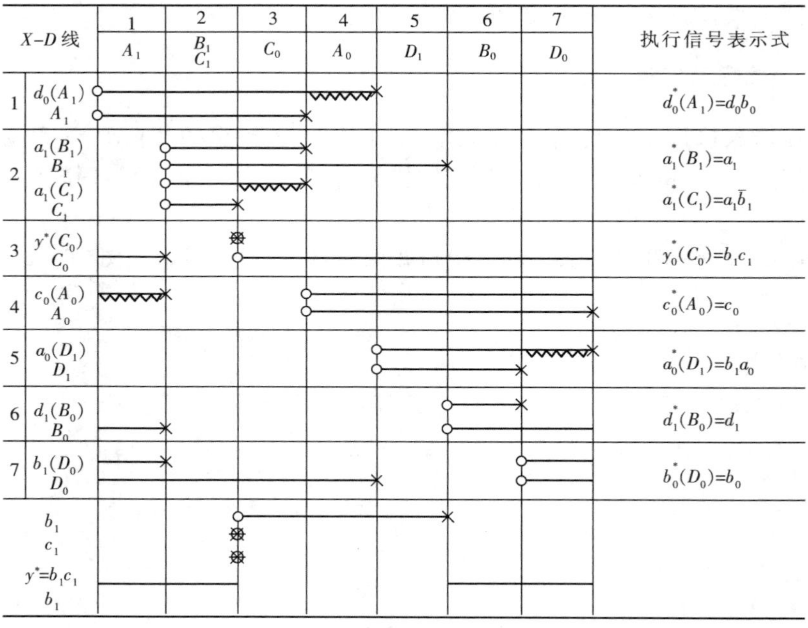

X-D线		1 A_1	2 B_1 C_1	3 C_0	4 A_0	5 D_1	6 B_0	7 D_0	执行信号表示式
1	$d_0(A_1)$ A_1								$d_0^*(A_1)=d_0b_0$
2	$a_1(B_1)$ B_1 $a_1(C_1)$ C_1								$a_1^*(B_1)=a_1$ $a_1^*(C_1)=a_1\bar{b}_1$
3	$y^*(C_0)$ C_0								$y_0^*(C_0)=b_1c_1$
4	$c_0(A_0)$ A_0								$c_0^*(A_0)=c_0$
5	$a_0(D_1)$ D_1								$a_0^*(D_1)=b_1a_0$
6	$d_1(B_0)$ B_0								$d_1^*(B_0)=d_1$
7	$b_1(D_0)$ D_0								$b_0^*(D_0)=b_0$
	b_1 c_1 $y^*=b_1c_1$ b_1								

图 16－4　多缸单往复系统 X－D 线图

（2）画动作线（D线）

方格图画出后，首先用粗直线在动作格画出各执行元件的动作状态线。画法如下：

动作线的起点：是该动作程序的开始处。以纵横动作状态字母相同，下标"1"或"0"也相同的方格左端为起点，用符号小圆圈"○"表示。

动作线的终点：是该动作状态变化的开始处。以纵横动作状态字母相同，但下标"1"或"0"相异的方格左端的终点，用符号叉"×"表示。

由起点至终点用粗实线连接起来，其连接线就是该动作的状态线。按此方法可画出所有动作的状态线。

（3）画信号线（X线）

用细实线在信号格画信号线。画法如下：

信号线的起点：与同一组内动作状态线的起点相同，起点也用小圆圈"○"表示。如第2组中信号线 a_1 的起点与同组动作线 B_1 相同。

信号线的终点：与前一组产生该信号的动作状态线终点相同，终点也用叉"×"表示。如第2组信号线 a_1 的终点与前一组产生该信号信的动作线 A_1 的终点相同。

起点至终点用细直线连接起来，即是信号线。

图16-3b工作程序的动作线、信号线即 $X-D$ 线示意图16-4。

（4）画 $X-D$ 线图的几点说明

① 方格图中右边最后一个节拍与左边第一个节拍应看成是闭合的。

② 方格图中纵向程序分界线实际上是各执行元件的切换线，信号线的起点（段）就是信号的执行点（段）。严格地说，控制执行元件动作的信号线起点应当超前于相应动作线，而行程信号的终止应当在相应的主控阀切换并使对应气缸动作后才终止。这种情况反映在 $X-D$ 线图上就要求信号线的起点及终点都应伸出分界线，伸出的长短表示主控阀切换及气缸起动等所需时间。由于这个时间很短，通常画图时可以简化。但在分析动态切换过程中，碰到某些脉冲信号或速度很快的情况时，应予以注意。

③ 若信号起点与终点在同一条纵向分界线上时，表示该动作完成后立即返回，停留时间很短，而由其产生的信号为一脉冲信号，用圆圈上加叉"⊗"表示。在气动回路中，该脉冲的宽度相当于行程阀发信、主控阀换向、气缸起动及信号在相应元件、管道中传输等所需时间的总和。

④ 若前一组有几条动作线，则这一组的信号线的终点决定于产生该信号线的动作线终点。如图16-4中信号线 c_1 的终点与前一组的动作线 C_1 终点相同，而不是 B_1。所以，当有几个执行机构同时动作时，画方框图时应将产生信号的动作线排在这一组的下面为宜。

⑤ 若控制信号为连锁信号，则信号线的终点取决于运算结果。对其他形式发信装置（如温度、时间等），其信号线终点视具体情况而定。

2. 多缸多往复系统 X－D 线图的控制

多缸多往复系统是指在一个工作循环中，某一个或几个执行元件要作多次往复动作，其特点是：

（1）同一信号在不同节拍，可能控制不同对象或同一对象的不同状态。

（2）同一动作往复多次，可能受不同信号控制。

画这种系统的 $X-D$ 线图必须将多次信号及动作线在图上用虚线补齐，如图 16－5 所示。其中 b_0、b_1 均为多次信号。

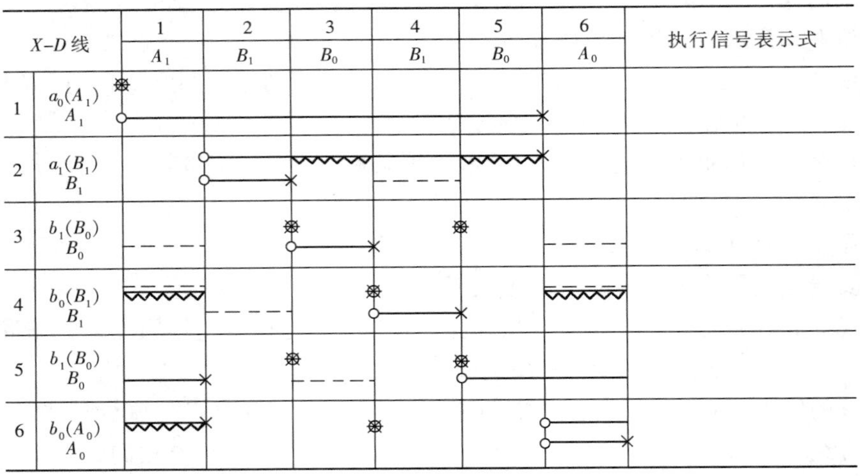

X-D线		1 A_1	2 B_1	3 B_0	4 B_1	5 B_0	6 A_0	执行信号表示式
1	$a_0(A_1)$ A_1							
2	$a_1(B_1)$ B_1							
3	$b_1(B_0)$ B_0							
4	$b_0(B_1)$ B_1							
5	$b_1(B_0)$ B_0							
6	$b_0(A_0)$ A_0							

图 16－5　多缸多往复系统 $X-D$ 线图

若系统某些执行元件的往复次数很多，则 $X-D$ 线图的补齐较繁，并使表格接长。为此，可作简化 $X-D$ 线图。例如，已知工作程序如图 16－6 所示。

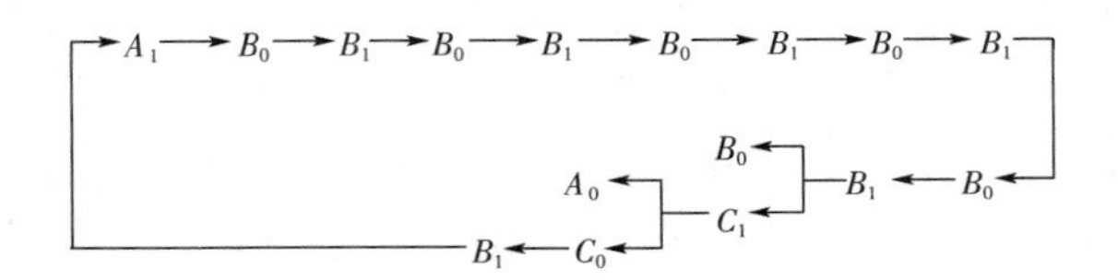

图 16－6　工作程序图

简化 $X-D$ 线图的作图方法：

(1) 作信号—动作检查图。如图 16－7 所示。画好格子，其横栏填上所有动作，纵栏填上实际存在的所有信号，而后根据工作程序，按信号所控制的动作在相应方格画一个“∨”，水平方向上有重复的“∨”，则表示同一信号要控制不同动作，垂直方向上有重复“∨”，则表示有几个不同信号要先后控制同一动作。对垂直方向有重复的“∨”可分别用虚线圈在一起。

	A_1	A_0	B_1	B_0	C_1	C_0
a_1				∨		
b_1	∨			∨	∨	
b_0			∨			
c_1		∨				∨
c_0			∨			

图 16－7　信号—动作检查图

（2）画简化 $X-D$ 线图

① 画方格图。方格图横栏仍按动作程序排列，其纵栏可简单地根据实际存在的动作数量列出，每栏内仍分信号及动作两部分，其信号的数量由信号 — 动作检查图垂直方向上有几个重复的“∨”来决定。

② 画动作线。作图原则同前。

③ 作信号线。信号线（如 a_1）的起点位于相应动作线（A_1）后面的分界线上，而终点位于相反动作线（A_0）出现前的分界线上。图 16-6 工作程序的简化 $X-D$ 线图如图 16-8 所示。

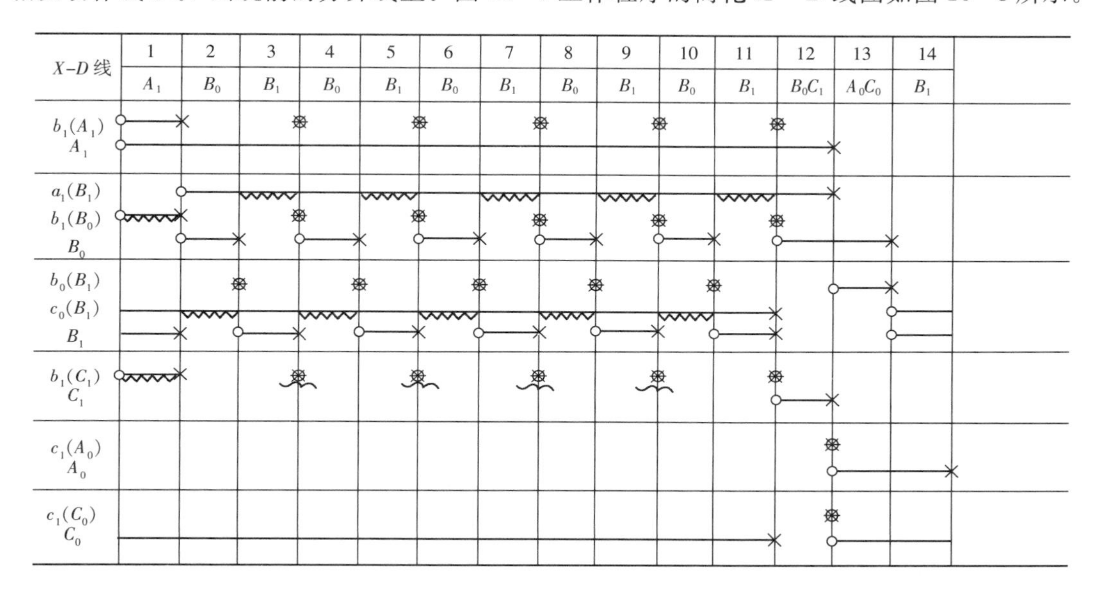

图 16-8　简化 $X-D$ 线图

3．找出障碍信号

多缸单往复系统所产生的障碍称为 Ⅰ 型障碍；多缸多往复系统由于多次信号所产生的障碍称为 Ⅱ 型障碍；在有并列动作的程序里，有时会出现信号线与动作线等长的情况，这种信号称为瞬时障碍信号。

（1）利用 $X-D$ 图判别障碍信号。判别准则是：在同一组中，信号线比动作线短，没有障碍，该信号为无障信号；信号线比动作线长，则有障碍，该信号为障碍信号。信号线长出由它控制的动作线的那个尾部线段，是信号的障碍段，这一段必须消除。

障碍段在图上用波浪线“～”画出。如图 16-4 中的 $d_0(A_1)$，$a_1(C_1)$，$c_0(A_0)$ 及 $a_0(D_1)$ 分别为有障碍信号。

对有记忆的主控阀，障碍信号可划分为三段：

① 信号的执行段，即信号头部画小圆圈“○”的一段。它是控制主控阀换向所必须有的控制信号段。

② 信号的障碍段，即画“～”的线段，它是障碍主控阀按程序要求正常换向的信号段，必须消除。

③ 信号的“自由段”，即处于执行段和障碍段之间的细实线。对于有记忆的主控阀，自由段可有可无；对无记忆的单控主控阀，信号线必须与动作线等长，因此要保留全部自由段。

消除障碍段以后的无障碍信号叫“执行信号”,用“$m^{※}$”表示。

(2) 用“区间直观法”判别障碍信号。此方法不用画 $X-D$ 线图,可直接从给定的程序中快速判别障碍信号。

例如,在图 16-9a 程序中,相当于 A 缸为发令缸,控制着受令缸 B 缸动作;同理,相当于 B 缸为发令缸,指挥受令缸 A 缸动作。其余类推。

“区间直观法”判障的方法是:在给定工作程序中,在某个发令缸的“往”和“复”(或“复”和“往”)运动区间内,若有受令缸的“往”和“复”运动,则发令缸发出的信号为障碍信号。

例如,在图 16-9a 中,A 缸往复区间内($A_1 \cdots\cdots A_0$),有 B 缸往复运动 B_1 和 B_0,则发令缸发出的信号 a_1 为障碍信号。障碍信号用[ ]标记。同理,在($B_0 \cdots\cdots B_1$)区间内,有 $A_0 \cdots\cdots A_1$,故 B 缸发出的信号 b_0 也是障碍信号。

在图 16-9b 中,发令缸 A 对受令缸 B 和缸 C 都发令,但在($A_1 \cdots\cdots A_0$)区间内,有 $C_1 \cdots\cdots C_0$ 往复动作,而没有 $B_1 \cdots\cdots B_0$ 往复动作,则 $a_1(C_1)$ 为障碍信号,$a_1(B_1)$ 是无障碍信号。同理,可找出 $c_0(A_0)$、$a_0(D_1)$ 也是障碍信号,这与图 16-8 的 $X-D$ 线图上找出的障碍信号是一致的。从程序的开始到终了逐个循环检查,即可找出全部障碍信号。

在图 16-9c 中,a_1 和 c_0 为障碍信号,而在($B_1 \cdots\cdots B_0$)区间内,虽有 $A_0 \cdots\cdots A_1$ 往复运动,但 A_0 不是 B_1 的直接受令缸,而 B_1 的直接受令缸是 C_0,在($B_1 \cdots\cdots B_0$)区间内,没有 $C_0 \cdots\cdots C_1$ 的往复运动,因此 B_1 发出的信号 $b_1(C_0)$ 是无障碍信号。

在图 16-9d 中,c_0、a_0、b_1 为障碍信号,其中 $a_0(B_1)$ 为瞬时的“滞消障碍”,或称“脉冲障碍”,用符号“(　)”标记。因为在($A_0 \cdots\cdots A_1$)区间内,虽有($B_1 \cdots\cdots B_0$)往复运动,但 B_0 与 A_1 是并列动作,都受同一信号 c_0 控制,只要 A_1 比 B_0 早一瞬时动作,$a_0(B_1)$ 就自动消失,a_0 对 B_0 的障碍也自动消失。“滞消障碍”一般都发生在并列动作中,在动作要求不严的场合,可不必人为消除。

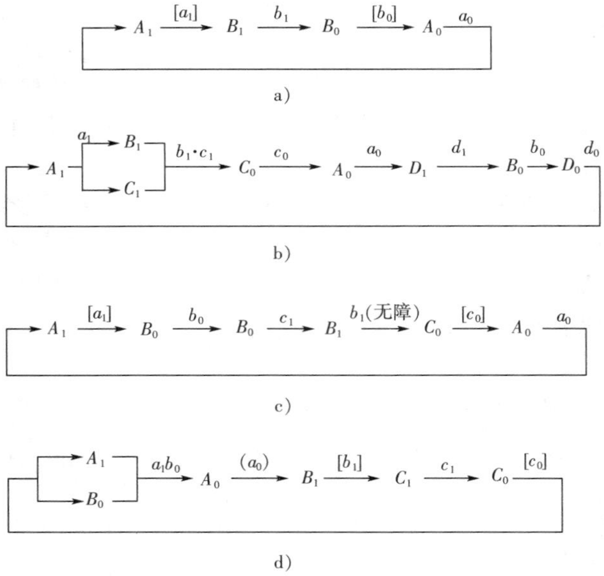

$\rightarrow A_1 \xrightarrow{[a_1]} B_1 \xrightarrow{b_1} B_0 \xrightarrow{[b_0]} A_0 \xrightarrow{a_0}$

a)

$\rightarrow A_1 \xrightarrow{a_1} \{B_1, C_1\} \xrightarrow{b_1 \cdot c_1} C_0 \xrightarrow{c_0} A_0 \xrightarrow{a_0} D_1 \xrightarrow{d_1} B_0 \xrightarrow{b_0} D_0 \xrightarrow{d_0}$

b)

$\rightarrow A_1 \xrightarrow{[a_1]} B_0 \xrightarrow{b_0} B_0 \xrightarrow{c_1} B_1 \xrightarrow{b_1(\text{无障})} C_0 \xrightarrow{[c_0]} A_0 \xrightarrow{a_0}$

c)

$\rightarrow \{A_1, B_0\} \xrightarrow{a_1 b_0} A_0 \xrightarrow{(a_0)} B_1 \xrightarrow{[b_1]} C_1 \xrightarrow{c_1} C_0 \xrightarrow{[c_0]}$

d)

图 16-9　区间直观法

16.1.4　消除有障碍信号障碍段

找出有障碍信号后，回路设计的任务是消除障碍，即把有障碍的信号，通过一定逻辑变换后变成无障碍信号（称派生信号）。无障碍原始信号及消除障碍后的派生信号可以直接按程序与相应主控阀控制端连接，这种可以直接连接的信号统称为“执行信号”，可在相应原始信号的右上角加“※”表示。执行信号可用一定的逻辑式（执行信号表示式）列出，可填在 $X-D$ 线图的“执行信号表示式”栏内。对瞬时滞消障碍，在一般情况下可以不必采取措施而能自行消除，而在要求比较严格的场合，同样要设法消除。

下面介绍消除有障碍信号障碍段的主要方法。

1. 用缩短信号存在时间法消除障碍

Ⅰ 型障碍信号的产生是因为控制信号线比其所控制的动作线长，消除障碍的实质就是缩短控制信号存在的时间，使有障碍的长信号变成短的脉冲信号。用这种方法能消除所有 Ⅰ 型障碍。

（1）机械方法。即采用机械式活络挡铁或可通过式行程阀，使之只能在挡块单方向通过时发出短信号，如图 16－10 所示。用这种方法安装行程阀要注意，不可把行程阀装在行程的末端，而应留一段距离，以便挡铁或凸轮能通过。这种方法简单、方便，可节省气动元件及管路，适用于定位精度要求不高，活塞运动速度不太快的场合。

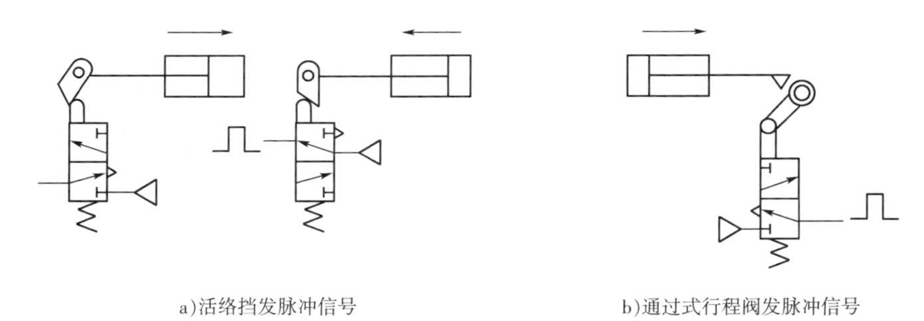

a)活络挡发脉冲信号　　b)通过式行程阀发脉冲信号

图 16－10　单向发信方式

（2）采用脉冲阀或脉冲形成回路。如图 16－11 所示。在图 16－11a 中，当行程阀 1 被压下后发出长信号，脉冲阀 2 也立即有信号输出，同时，气容经短暂时刻充气后压力达到阀 2 切换压力时，阀 2 输出被切断，因此阀 2 输出的是脉冲信号。

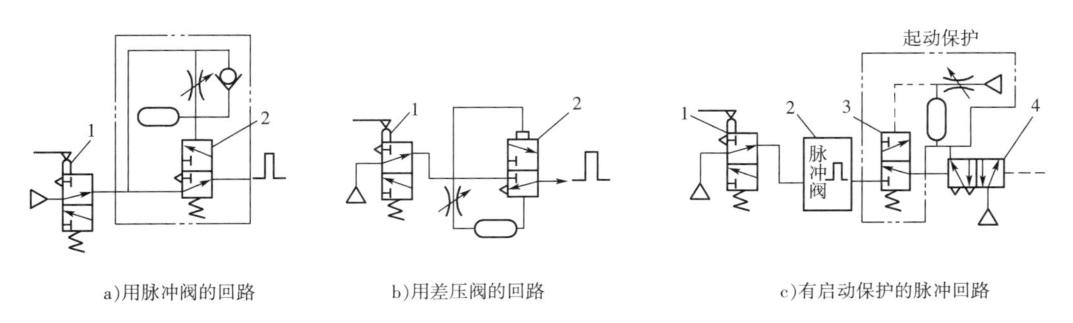

a)用脉冲阀的回路　　b)用差压阀的回路　　c)有启动保护的脉冲回路

图 16－11　脉冲阀与脉冲形成回路

图 16-11b 所示是用差压阀控制的脉冲回路，当行程阀 1 被压下，差压脉冲阀 2 有输出信号，经过短暂时刻气容充气，因差压脉冲阀 2 下部压力大于上部压力而被切换，输出信号被切断，发生的也是脉冲信号。该回路当系统起动、气源接通时，行程阀 1 可能被压下而发出不应有的“假脉冲信号”，会使系统产生误动作。

图 16-11c 是有起动保护的脉冲控制回路。它在脉冲阀 2 和换向阀 4 之间加了一个常断式二位三通换向阀 3，当起动时，阀 1 产生的“假脉冲信号”被阀 3 所阻止，不会使阀 4 换向，起到了保护作用。

采用脉冲阀或脉冲形成回路，必须调节好脉冲宽度，使其既能消除障碍，又足以完成所需要的动作要求。此方法适用于定位精度要求较高或不便于安装机械式行程开关的场合。

(3) 用逻辑“与”运算消除障碍。通过逻辑“与”运算可以把长信号变成短信号，以达到消除障碍段的目的。其方法是：将有障碍的原始信号 m 与另一个合适的信号 x（称为“制约信号”）进行逻辑“与”运算，得到无障碍的执行信号 $m^{※}$，如图 16-12a 所示。其消障公式为

$$m^{※}=m\cdot x \tag{16.1-1}$$

图 16-12b 为利用制约信号 x 对有障碍信号的行程 m 阀进行单独供气的信号串联方式消除障碍。用这个执行信号 $m^{※}$，可直接接到它们控制的主控阀的控制口。

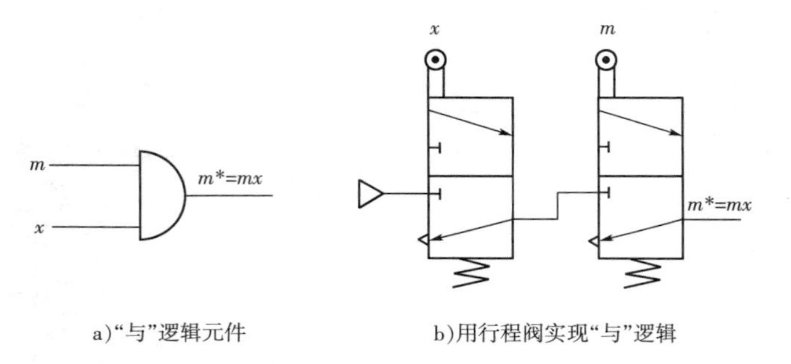

a)“与”逻辑元件　　b)用行程阀实现“与”逻辑

图 16-12　逻辑“与”消除障碍

“与”门法消除障碍的主要问题是如何找出制约信号。选择制约信号的原则是：使制约信号 x 在有障碍信号 m 的执行段应存在；在 m 的障碍段不允许存在，如图 16-13 所示。

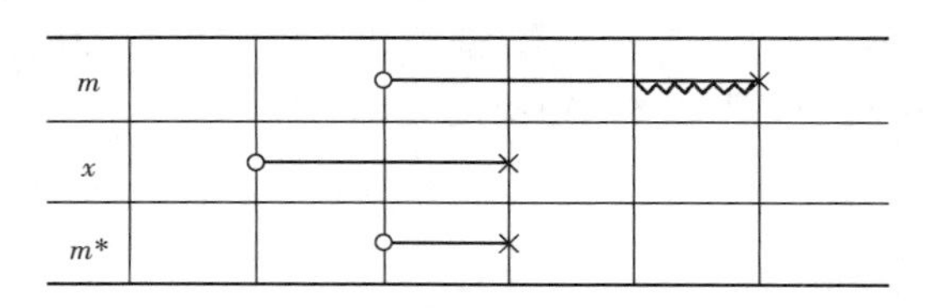

图 16-13　选择制约信号举例

选择制约信号可利用 $X-D$ 线图选取：

① 其他原始信号。

② 其他原始信号的“非”(反向) 信号。

③ 其他主控阀的输出信号。

例如，为了消除图 16-4d。信号的障碍，可选 b_0 作为制约信号，即 $d_0=d_0b_0$，因为 b_0 于

d_0 的执行段(第 1 节拍)存在,而于 d_0 的障碍段(第 4 节拍)不存在。同时,消除 a_0,c_0 及 a_1 的障碍,可分别先 b_1 及 $\bar{b}_1$ 作制约信号。

若在 $X-D$ 线图上不能直接找到满足“与门”要求的制约信号时,可引入中间记忆元件,以其输出作为制约信号,其逻辑框图及符号见图 16－14a 所示。

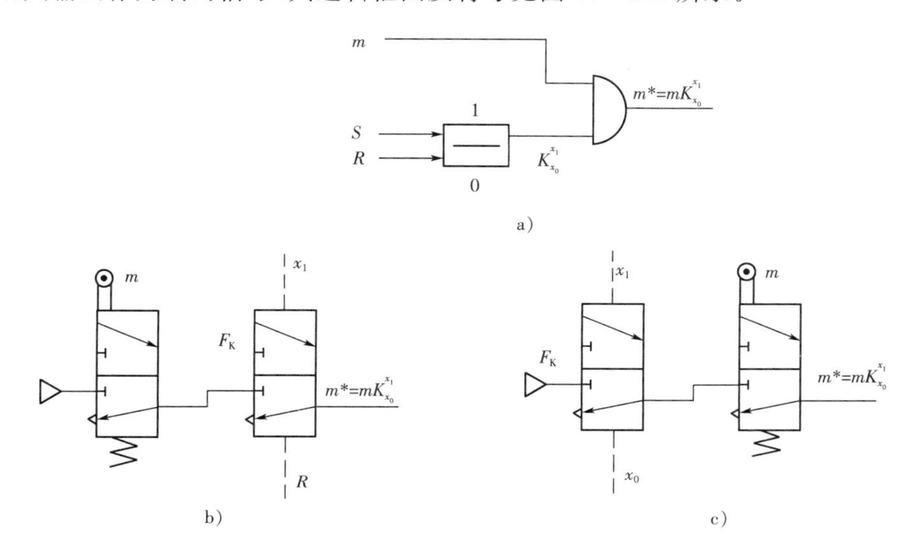

图 16－14　采用中间记忆元件消除障碍

中间记忆元件的输出信号用 $K_{x_0}^{x_1}$ 表示,x_1 及 x_0 分别为中间记忆元件的接通信号及关闭信号。用 $K_{x_0}^{x_1}$ 作为制约信号,而后通过“与门”消除障碍。其制约信号与消除障碍公式为

$$x=K_{x_0}^{x_1} \tag{16.1-2}$$

$$m^{※}=mx=K_{x_0}^{x_1} \tag{16.1-3}$$

中间记忆元件常使用双气(电)控二位三通(或二位五通)阀,如图 16－14b、图 16－14c 所示。当 x_1 有信号,$K_{x_0}^{x_1}$ 就有输出,当 x_0 有信号,$K_{x_0}^{x_1}$ 就无输出。要求 x_1 与 x_0 不能同时存在。

选择中间记忆元件的 x_1 及 x_0 的原则:

① x_1 的起点应选在障碍信号 m 的障碍段之后、执行段之前,其终点应在障碍段之前、执行段之后。

② x_0 起点应选在 m 的执行段之后、障碍段之前或障碍段的起点,其终点应在执行段之前。

③ x_1 与 x_0 之间一般不应有障碍。

2. 用信号分配法消除 Ⅱ 型障碍

在多缸多往复系统中不仅能产生 Ⅰ 型障碍,往往也会产生 Ⅱ 型障碍。消除 Ⅰ 型障碍方法如前述,消除 Ⅱ 型障碍方法有以下几种:

(1) 采用中间记忆元件及双“与门”元件分配重复信号。例如已知工作程序:

$$\xrightarrow{a_0} A_1 \xrightarrow{a_1} B_1 \xrightarrow{b_1} B_0 \xrightarrow{b_0} C_1 \xrightarrow{c_1} B_1 \xrightarrow{b_1} B_0 \xrightarrow{b_0} C_0 \xrightarrow{c_0} A_0$$

其中 B 缸在一个循环里往复两次，并在其间有独立中间动作（即 C_1），回路设计要解决在两次 b_0 信号中第一次控制 C_1，第二次控制 C_0 的分配问题。这可以借助中间动作 C_1 产生的 c_1 信号，组成如图 16－15a 所示的逻辑原理图，用中间记忆元件（双稳元件 SW）和两个“与门”元件解决信号分配问题。图 16－15b 是由双气控二位五通阀组成的回路原理图。

其执行信号 b_0^* 表示式分别为：

$$b_0^* = (C_1) = b_0 K^{a}_{c_0^1}$$

$$b_0^* = (C_0) = b_0 K^{c}_{a_0^1}$$

式中：$K^{a}_{c_0^1}$、$K^{c}_{a_0^1}$ —— 分别为记忆元件 SW 的两个输出信号；

a_0—— 记忆元件 SW 的置“1”信号；

c_1—— 记忆元件 SW 的置“0”信号。

所选取的 a_0 和 c_1 是二次信号 b_0 间隔内独立出现的信号，且两者互相无障。

图 16－15b，输入信号的顺序是：首先输入置“1”信号 a_0，接着输入 b_0，两者相“与”，使阀 F 输出 $b_0(C_1)$。待输入 c_1 使 F 复位，再输入 b_0 后，F 输出 $b_0(C_0)$。即该双气控阀起到了分配重复信号 b_0 的作用。

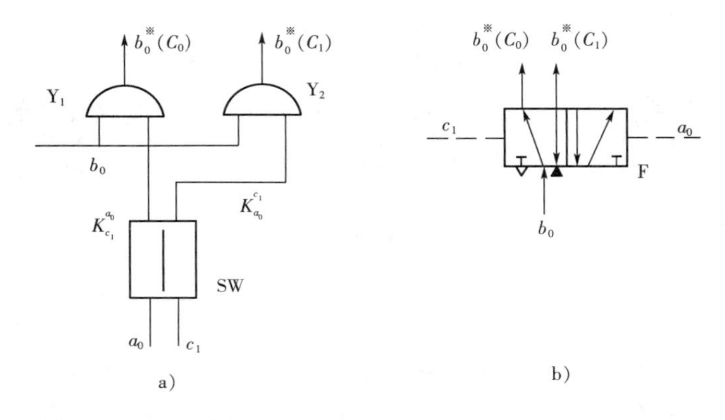

图 16－15　用中间记忆元件和双“与门”元件消除 Ⅱ 型障碍

（2）采用连续重复信号分配回路。对于重复动作在多次往复之间没有独立中间信号的情况，例如工作程序

$$\xrightarrow{a_0} A_1 \xrightarrow{a_1} B_1 \xrightarrow{b_1} B_0 \xrightarrow{b_0} B_1 \xrightarrow{b_1} B_0 \xrightarrow{b_0} A_0 \xrightarrow{a_0}$$

其中 B 缸连续往复两次，需解决两次 b_0 信号先后去控制 B_1 及 A_0 动作。可采用图 16－16 的回路解决信号分配问题。

图 16－16a 中，信号输入顺序是：先输入 a_0，使双稳元件 SW_1、SW_2 复位（置“0”）。当 b_1 第 1 次输入“与门”元件 Y_3 无输出，待 b_0 第 1 次输入后，使 Y_2 有 b_0^*（B_1）输出，去控制了 B_1 动作；b_0 第 1 次输入后并使 SW_1 置“1”，当 b_1 第 2 次输入后，Y_3 有输出，并使 SW_2 置“1”，待 b_0 第 2 次输入后，Y_1 有 b_0^*（A_0）输出，去控制了 A_0 的动作。

图 16－16b 信号输入顺序：a_0 输入，F_1、F_2 复位（均被切换至左端）。当 b_1 第 1 次输入，F_1 无输出。b_0 第 1 次输入，F_2 输出 $b_0^*(B_1)$，控制 B_1 动作，同时 F_1 切换。当 b_1 第 2 次输入，经 F_1 输出，切换 F_2 至左端。待 b_0 第 2 次输入，F_2 输出 $b_0^*(A_0)$，控制 A_0 动作。

用上述回路时，置"0"信号 a_0 和待分配的多次信号 b_0 必须是适当短的信号，以使各阀的置"0"、置"1"互不产生障碍。

对更多路数的脉冲分配，可利用计数回路解决。

a)逻辑原理图

b)回路图

$$(\xrightarrow{a_0} A_1 \xrightarrow{a_1} B_1 \xrightarrow{b_1} B_0 \xrightarrow{b_0} B_1 \xrightarrow{b_1} B_0 \xrightarrow{b_0} A_0 \xrightarrow{a_0})$$

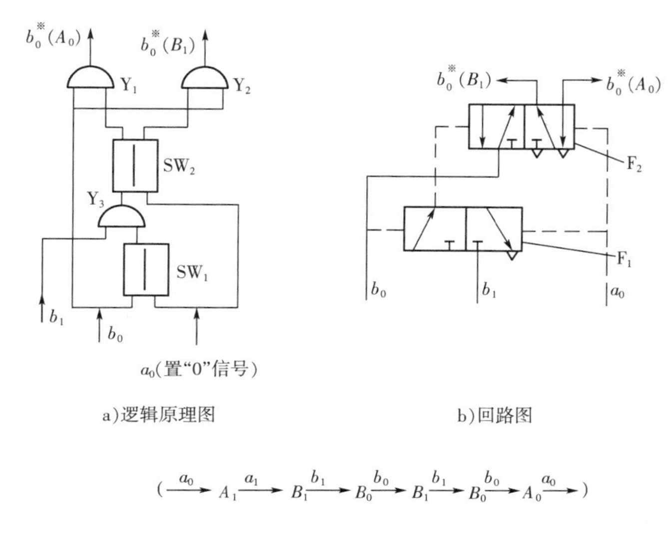

图 16－16　连续往复动作两次的信号分配回路

SW_1、SW_2 — 双稳元件（即记忆元件）；Y_1、Y_2、Y_3 — 与门元件；

F_1 — 双气控二位三通换向阀；F_2 — 双气控二位五通换向阀

16.1.5　对回路其他要求的设计

控制一个动作可以有许多回路方案，需要从合理、可靠、经济性出发对回路进行分析、简化。为满足系统工作中的复位、起动、急停、自动、手动及连锁保护操作要求，在回路设计中也必须加以考虑。

1. 复位、起动及急停

(1) 对由气动逻辑元件或射流元件组成的气动记忆回路，一般都应专门设置复位按钮或开关。对由滑阀式气动元件若本身已有复位机构（如弹簧复位、气复位等），也可不予考虑。

(2) 在闭环程序控制系统中，一般可以用切断与接通最后一个程序信号的办法来实现回路的"工作"及"停止"控制。图 16－17a 为采用手柄式控制二位三通换向阀操作方式，图 16－17b 为采用按钮式控制二位三通换向阀操作方式。

(3) 若要在程序动作中间任意位置紧急停止工作，一般可用切断气源的办法解决。切断方式通常有两种：一般是只切断行程阀及逻辑回路部分的气源，此时执行机构保持停止位置；另一种是切断主控阀或回路总气源，此时执行机构处于自由状态。

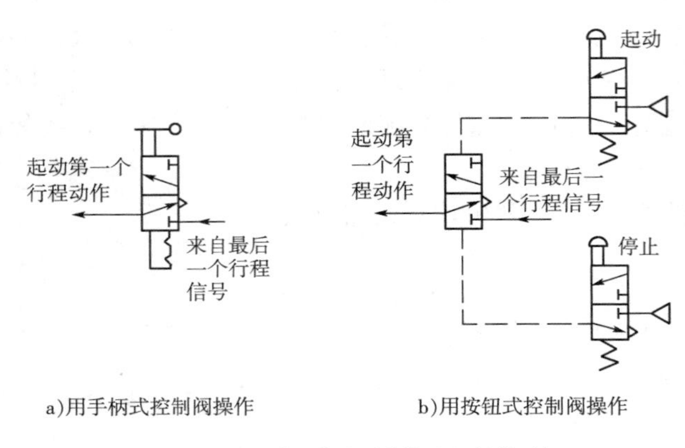

图 16－17　“工作”及“停止”的控制

2．回路的自动、手动操作及其切换

(1) 回路除自动操作外，往往还要考虑手动操作。根据对手动操作的不同要求，可把手柄式控制阀或按钮式控制阀与行程阀或自动行程发信器并联，通过“或门”如梭阀接到回路的输入端，或并联于主控阀的输入端，见图 16－18 所示。

(2) 手动与自动工作的切换，一般可以用切换手式控制阀或按钮式控制阀及行程阀或行程发信器的气源来实现。

(3) 为防止自动控制失灵，可把人控制与自动控制逻辑回路的输出管路相并联，并通过“或门”拉入主控阀的控制端，以实现手动控制。

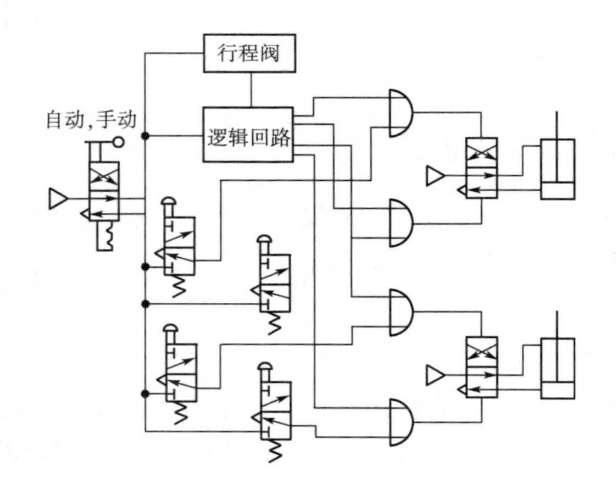

图 16－18　自动、手动及其切换

3．连锁保护回路

(1) 对连锁保护的主要要求。为保证程序动作的正常进行，对信号实现必要的互锁；考虑人身、设备及产品质量的安全保护等。例如，在冲床加工中，为保护冲模及人身设置安全，要求在下模前应保证被冲件进入预定位置，而人手(或机械手)必须离开冲位；又如多工位组合机床(或自动线)只有各工位都加工结束后才能使拨销转位；又如系统的停电保护、压力保护等。

(2) 连锁保护措施

① 修正相应工作程序，对要求互锁的信号用“与门”解决。常见互锁要求举例见表 16－1。

表 16－1　常见互锁要求

原工作要求	修改后工作程序	互锁要求	“与门”连接方式
$\to A_1$, $\to B_1$, $\to C_1 \to D_1$—	$\to A_1$, $\to B_1 \to D_1$—, $\to C_1$	要求 A_1，B_1 及 C_1 全部结束后，才进行 D_1 工序	a_1, b_1, c_1 → D_1
$\to A_1 \to B_1 \to$	n, A_1 → B_1—	B_1 同时受 A_1 及外加信号 n 控制	n, a_1 → B_1
$m \to A_1 \to B_1 \to C_1 \to D_1$	m, A_1, B_1, C_1, D_1	在 A_1、B_1、C_1 及 D_1 每一工序动作前，都要检查 m 是否存在并受它控制	$m \to A_1$; $a_1 \to B_1$; $b_1 \to C_1$; $c_1 \to D_1$

② 专门引入保护装置，如压力继电器及其他传感器等，当相应参数达到极限值时，自动发出信号，以控制回路“急停”或进行相应保护操作。

③ 引入必要显示及报警装置。

4．回路的简化及信号的整形放大

(1) 常用的回路简化方法

① 用单控阀代替双控阀。对于信号线与动作线等长的工作状态，可利用弹簧复位单作用阀代替双作用阀，可节省管路，甚至省去复位信号或行程阀。在要求不高的场合，可直接控制单作用缸。

② 用阀的合并法。在同时需要“非”(反向)信号时，可利用一个二位五通阀代替两个二位三通阀。如图 16－19 所示。

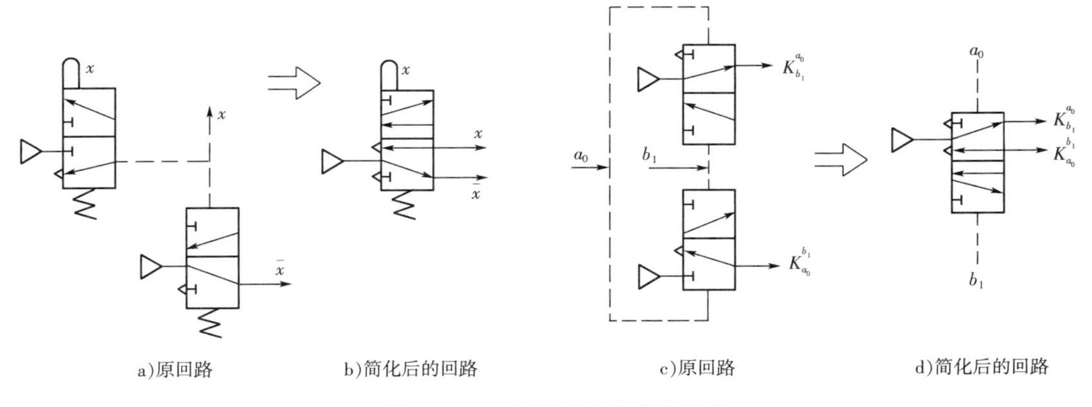

a)原回路　b)简化后的回路　c)原回路　d)简化后的回路

图 16－19　用阀的合并简化回路

但是把主控阀取消用行程阀代替时，只适用于控制小气缸的场合，因行程阀的流量小。

③ 用差压阀或特种功能逻辑元件（“禁门”回路）简化回路。

④ 设置必要机械及辅助装置简化回路。

（2）信号的放大及整形

① 对某些波形不太规则或噪声较大的信号，一般应进行信号整形，整形可通过“或门”元件实现。

② 对微弱原始信号（如来自传感器）或考虑元件负荷能力不足（如射流元件），一般应将信号进行放大。

16.1.6　绘制气动控制逻辑原理图及气动控制回路原理图

1. 绘制气动控制逻辑原理图

逻辑原理图是用逻辑符号来表示回路的逻辑原理的。它是根据 $X-D$ 线图的执行信号表达式及对回路连锁要求，自动、手动、起动、复位等的考虑所画出的气动控制逻辑框图。它由行程发信器、逻辑控制回路、主控阀三部分组成。这三部分的符号画法如下：

（1）行程发信器：主要是气控行程阀或电控行程开关等，也包括手动起动阀或起动开关等。它们发出的原始信号，用文字符号外加方框表示，如 $\boxed{a_1}$、$\boxed{a_0}$ 等；人控阀应画出控制符号。这些原始信号就是逻辑控制回路的输入信号，它们布置在原理图的最左侧。

（2）逻辑控制回路：主要是由“与”、“或”、“非”、“记忆”等符号表示。这些符号，应理解为逻辑运算符号，不一定代表某一确定的元件。因由逻辑原理图绘制成回路原理图时可以有多种方案，如气控回路、逻辑元件控制回路等。逻辑控制回路布置在原理图的中间，它输入发信器的原始信号，由它进行逻辑运算后输出执行信号去控制主控阀。

（3）执行元件的主控阀：主要指双气控或双电控二位阀，它具有记忆能力，可用逻辑记忆符号表示。它的输入信号就是来自逻辑控制回路的执行信号，其输出信号为控制执行元件的有压气流。主控阀安排在原理图的最右侧。

逻辑原理图的绘制顺序是：

根据 $X-D$ 线图上选定的一组执行信号表示式，把系统中各个执行元件的两种状态与主控阀相连后，自上而下一个个画在图的右侧；把发信器（如行程阀等）大致对应其所控制的执行元件（尽量使被控状态与相应信号画在相近的横行上），一个个列于图的左侧；然后在中间画逻辑控制回路。在图上要反映出执行信号表示式中逻辑符号之间关系。

图 16-20 所示为按图 16-4 的 $X-D$ 线图绘制的气动控制逻辑原理图。

2. 绘制气动控制回路原理图

气动控制回路原理图可根据逻辑原理图绘制，也可直接根据 $X-D$ 线图绘制。它把执行元件、主控阀、行程阀、以及其他控制元件和辅件，依据一定的关系用管线连接起来，其中控制回路根据执行信号来连线。绘制时注意几点：

（1）气控回路原理图只用图形来表示，不画具体控制对象。

（2）要用国家标准《液压与气动图形符号》（GB/T786.1—1993）绘制。

（3）应按控制回路系统处于静止（即系统零位）时的状态绘制。通常，规定工作程序最后一个行程终了时刻的状态为气动回路的静止状态。

(4) 根据系统零位，确定气缸活塞杆的位置或状态，并以此作为供气及进出口连线的依据。

(5) 工作管路(气源管路、主控阀输出管路、气缸或其他执行元件管路等)画实线，其余控制管路均画虚线。

(6) 逻辑原理图上相“与”的符号在气控回路原理图上常用两个阀“串接”的方式，行程阀或起动阀常用二位三通阀，有时需要“非”的信号也可用二位五通阀。

(7) 一般应在原理图上绘出工作程序图，或对操作要求作必要的文字说明。

(8) 绘制原理图的同时，一般应列出元件表，注明元件名称、型号、规格及数量等。对其中有特殊要求的非通用元部件，应另外提出详细要求及图样资料。

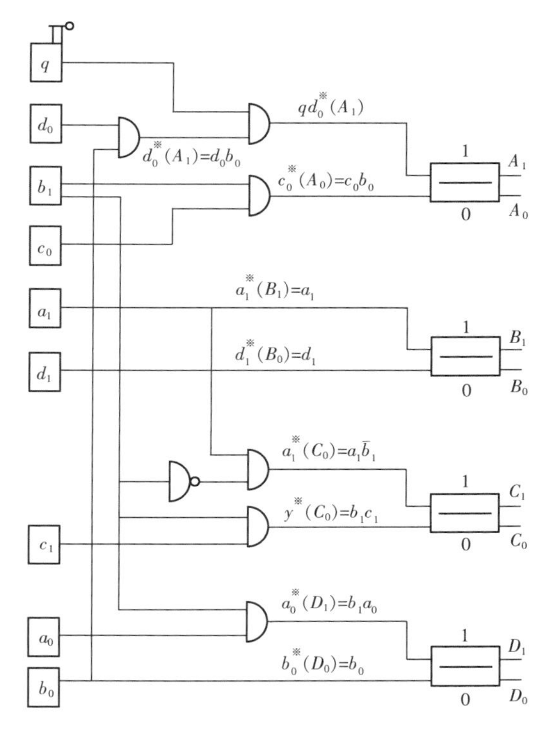

图 16－20　逻辑原理图

图 16－21 是根据图 16－20 逻辑原理图画出的气动控制回路原理图。这是直观习惯画法，其特点是：把系统中全部执行元件水平或垂直排列，在其下面或左侧画相对应的主控阀，把行程阀直观地画在各气缸活塞杆伸缩状态相对应的水平位置上。

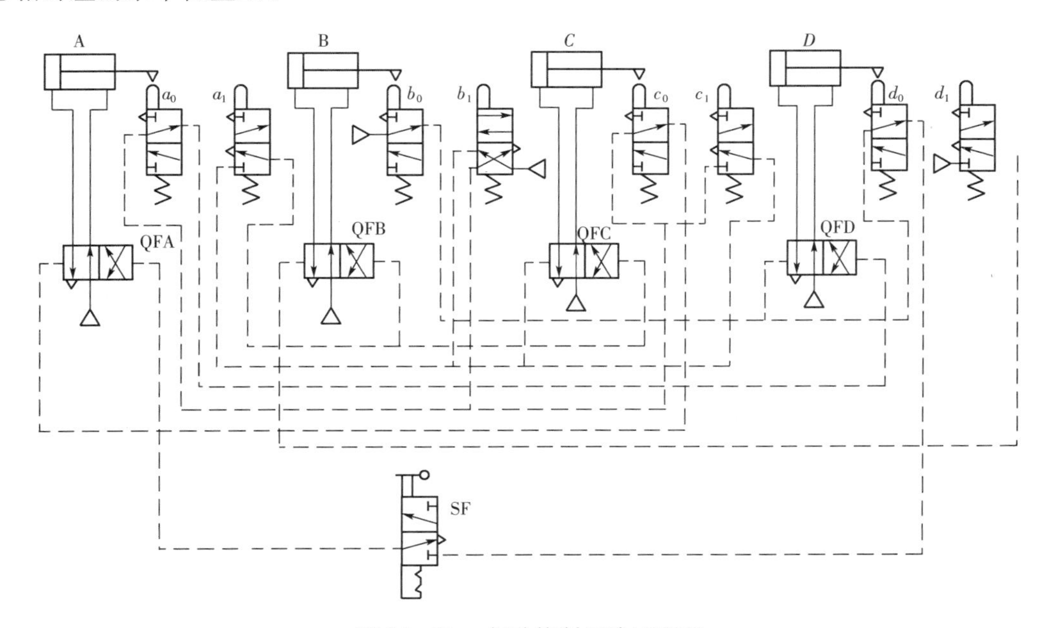

图 16－21　气动控制回路原理图

16.1.7　单控主控阀的控制回路设计

前面介绍了由双气(电)控二位阀为主控阀的行程程序控制回路的设计方法，气缸的往复动作也可采用单气(电)控二位阀为主控阀如弹簧复位阀操纵，此类回路的主控阀只需一个执行信号控制。因此，两者的设计方法有某些不同。

1. 单控执行信号应满足的条件

每个由单控主控阀操纵的执行元件的基本回路中，主控阀只需一个执行信号控制。如图 16-22 所示，如果 A 缸的静止位置处于退回状态，则需要的控制信号为 $m^{※}(A_1)$；反之，A 缸静止位置处于活塞杆伸出状态，则需要的控制信号为 $m^{※}(A_0)$，也就是要使主控阀的零位(一般在靠弹簧一端，当 $m^{※}=0$ 时，阀由弹簧推动而自动复位)与系统零位(气缸静止状态，由工作程序决定)保持一致，并由此来确定单控主控阀哪一端的控制信号做执行信号。

例如，从图 16-21 的 $X-D$ 线图中看出，程序 $A_1B_0C_1B_1A_0C_0$ 的系统零位中，A 缸和 C 缸处于活塞杆缩回状态，B 缸处于活塞杆伸出状态。因此，需要选用的三个执行信号分别为 $c_0^{※}(A_1)$、$a_1^{※}(B_0)$、$b_0^{※}(C_1)$。

从图 16-22a 知，主控阀的输出信号 A_1 与执行信号 $m^{※}$ 的逻辑关系为：

$$A_1=m^{※}(A_1)\qquad A_0=\overline{A}_1$$

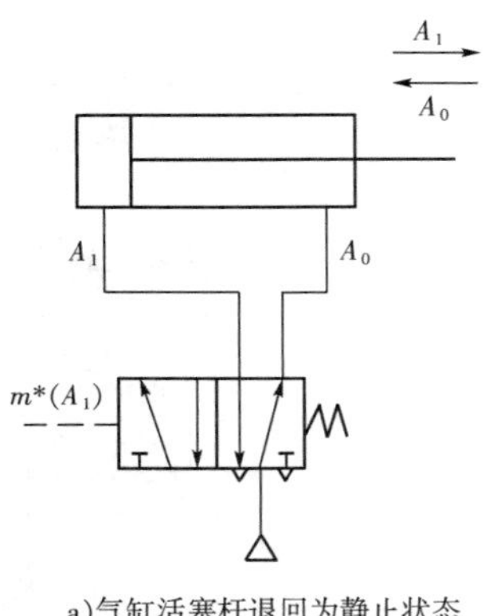

a)气缸活塞杆退回为静止状态

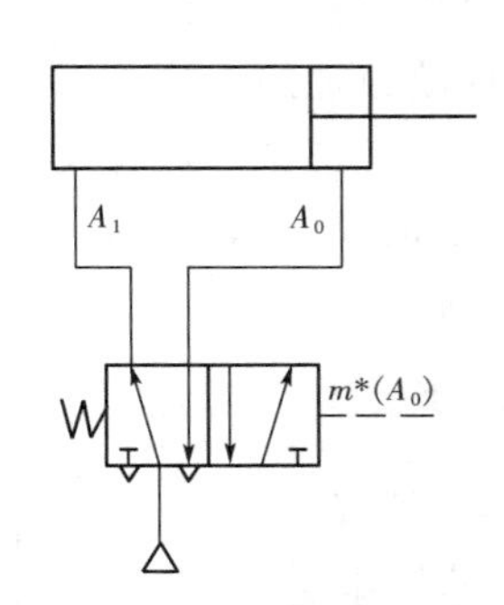

b)气缸活塞杆伸出为静止状态

图 16-22　单控主控阀的执行信号

因此，表现在 $X-D$ 线图上，即要求单控执行信号的状态线必须和受它控制的动作状态线(其长度由工作程序决定)等长。这就是对单控执行信号要求满足的条件。

2. 确定单控执行信号的方法

以工作程序 $A_1B_0C_1B_1A_0C_0$ 为例，$X-D$ 线图如图 16-23 所示。介绍几种方法：

(1) 若原始信号状态线短于动作状态线，可与其他原始信号或其他原始信号的“非”信号叠加，使产生的新信号状态线等于动作状态线。如图 16-23 中，$c_{0※}(A_1)=c_0+\overline{b}$。但是，由它直接控制的气缸动作触发而产生的原始信号不能作为叠加信号，否则会造成自反馈而使被控动作停不下来。

(2) 若信号线长于动作状态线(双控阀时为障碍信号)，当能找到一个信号的“非”作为制约信号，能消除全部障碍段，保留执行信号和全部自由段，则消除障碍后的信号线与动作线等长。它既是双控执行信号，也是单控主控阀的执行信号。例如图 16－23 中的 $a_{0※}(B_0)=a_1\bar{c}$。

(3) 若信号线长于动作状态线，如能找到一个中间记忆信号 $K_{x_0}^{x_1}$ 作制约信号，能消除全部障碍段，保留执行段和全部自由段，则消除障碍后的信号线与动作状态线等长，例如图 16－23 中的 $a_1^{※}(B_0)=a_1K_{c_1}^{a_0}$。

(4) 任何双控主控阀的一对执行信号，均可作单控主控阀执行信号 $K_{x_0}^{x_1}$ 中的 x_1 和 x_0，则此记忆信号 $K_{x_0}^{x_1}$ 状态线与动作状态线等长。例如图 16－23 中的 $c_0^{※}(A_1)=K_{b_1c_1}^{q}$，$b_0^{※}(C_1)=K_{a_0}^{b_0}$。

行程		①	②	③	④	⑤	⑥	执行信号	
X-D 组	程序	A_1	B_0	C_1	B_1	A_0	C_0	双控	单控
1	$c_0(A_1)$ A_1							qc_0	1. $q(c_0+\bar{b}_1)$ 2. $K_{b_1\cdot c_1}^{q\cdot a_0}$
2	$a_1(B_0)$ B_0							$a_1\bar{c}_1$ 或 $a_1K_{c_1}^{a_0}$	1. $a_1\bar{c}_1$ 2. $c_1K_{c_1}^{a_0}$
3	$b_0(C_1)$ C_1							b_0	$K_{a_0}^{b_0}$
4	$c_1(B_1)$ B_1							c_1	
5	$b_1(A_0)$ A_0							b_1c_1	
6	$a_0(C_0)$ C_0							a_0	
备用格	$a_1\bar{c}_1$								
	$a_1K_{c_1}^{a_0}$								
	b_1c_1								
	$q(c_0+\bar{b}_1)$								
	$K_{b_1\cdot c_1}^{q\cdot a_0}$								
	$K_{a_0}^{b_0}$								

图 16－23　程序 $X-D$ 图

3. 绘制单控主控阀回路逻辑原理图

单控二位五通阀从逻辑上讲，相当于由一个“是门”和一个“非门”所组成，可用图 16－24 所示。

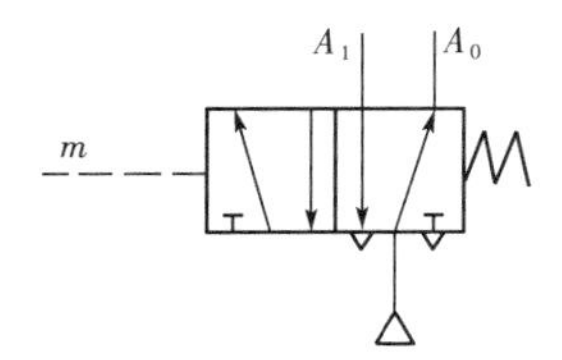

a)单控二位五通阀及其逻辑功能

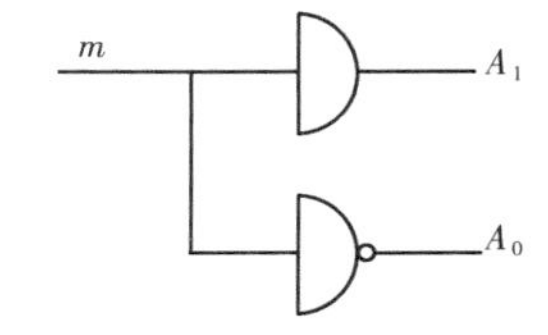

b)一个“是门”和一个“非门”组成的单控二位五通阀的逻辑原理图

图 16－24　单控二位阀的逻辑功能

从图 16－23 中选出一组单控执行信号，则程序 $A_1B_0C_1B_1A_0C_0$ 的逻辑原理图如图 16－25 所示。

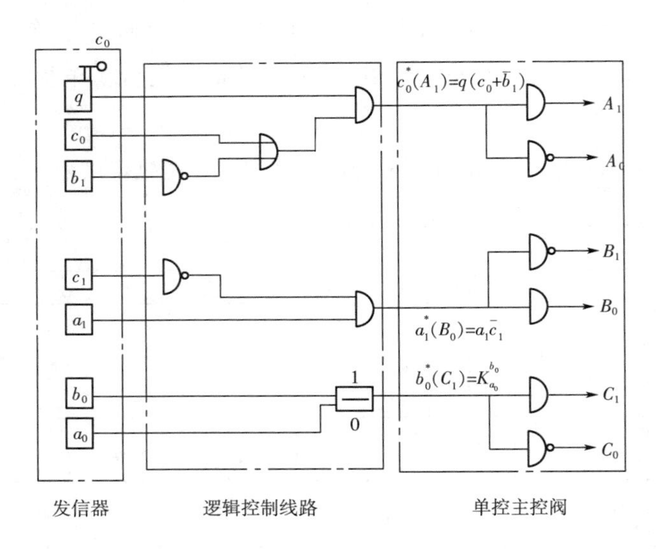

图 16－25　程序 $A_1B_0C_1B_1A_0C_0$ 单控主控阀的逻辑原理图

4．绘制单控阀的气控气动回路原理图

图 16－26 是根据图 16－25（也可直接根据图 16－23 的 $X-D$ 图）绘制的单控主控阀的气控气动回路原理图。图中 b_1、c_1 采用常通式二位三通（逻辑“非”）行程阀，可节省两个“非门”元件。a_1、a_0、b_0 和 c_0 依旧用常断式二位三通（逻辑“是”）行程阀。

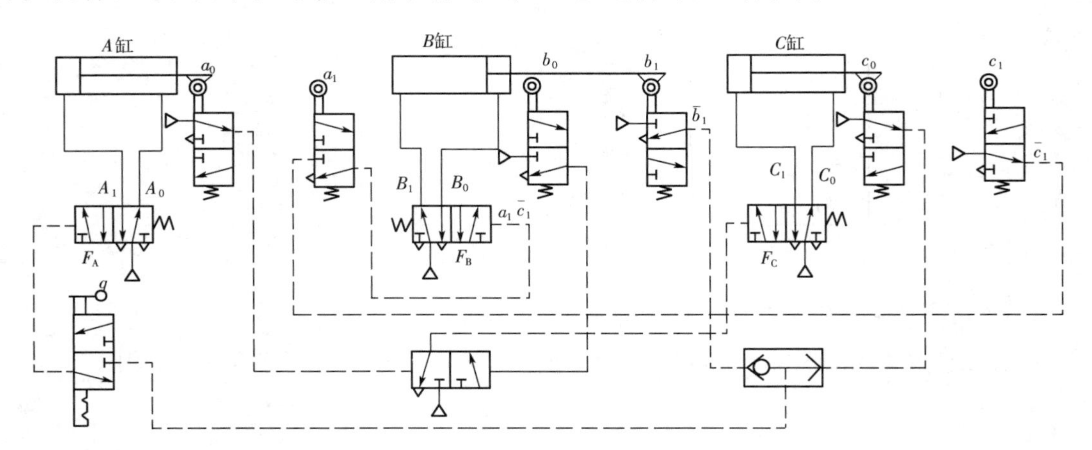

图 16－26　程序 $A_1B_0C_1B_1A_0C_0$ 采用单控主控阀气控气动回路原理图

16.2　气动系统的设计

选用气压传动与控制后，气动系统设计的任务是根据主机工作循环的需要，设计气动回路，选择适当的元件并用管道进行合理的连接，以组成整个系统。

16.2.1　设计程序

按图16－27所示气动系统设计程序设计。

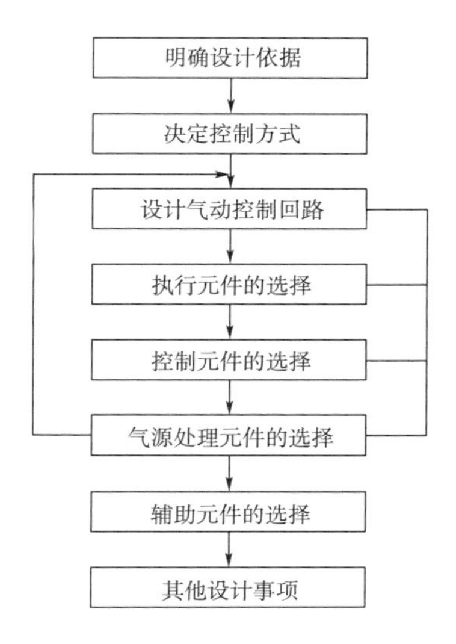

图16－27　气动系统设计程序

16.2.2　明确设计依据

(1) 了解主机结构、循环动作过程、执行元件的输出力、动作速度和调整范围、运动的平稳性、定位精度、传感元件安装位置、信号转换、联锁保护、紧急停车、操作距离、自动化程度等。

(2) 工作环境，如温度及其变化范围、湿度、振动、冲击、灰尘、腐蚀、防爆要求等。

(3) 如与电气、液压等系统配合时，需了解相应装置的要求。

(4) 其他要求，如对气控装置的外形尺寸、重量、价格的要求等。

16.2.3　决定控制方式

气动系统的控制部分由两类控制组成：一类是由气动控制元件组成的动力控制回路；另一类是由电气、电子或逻辑元件组成的传递信号的控制回路。

为得到最合理的气动控制回路，设计时应对气阀控制、逻辑元件控制、射流控制和电一气控制等几种方案进行比较。比较内容应包括：工作压力、响应时间、输出功率、流体通道尺寸、元件消耗功率、寿命、对环境适应能力、配管和配线、维护和调整、价格等。

传递信号控制回路的选择方法有如下几种：

(1) 电气程序控制：这是最普通的控制方式，它以继电器电气回路为主体控制电磁阀的换向。

(2) 程序控制：对程序很多的系统，采用*PC*(可编程序控制器)能使控制部分小型化，各种逻辑运算均在*PC*内部进行。同时，对信号处理、程序变更等都很方便，只需改变软件即可，故有很大的通用性。

(3) 连续控制：在位置和压力需要连续控制的时候，可采用电控变换器或电控比例阀，用模拟信号或数字信号来控制。一般情况下可用*PC*机开环控制，高精度要求时可用微机反馈控制。

(4) 全气动控制：在需要防爆、防磁、防水等任一特殊要求的场合，或对小规模控制系统，可采用气动逻辑元件组成的全气动逻辑控制回路。

16.2.4　设计气动控制回路

(1) 按照工作要求和循环动作过程，决定执行元件的类型和数目。绘制工作程序图，画出各执行元件(用字母表示)随时间动作(即以时间为横坐标)的工作循环图。根据工作速度要求确定每个气缸或其他执行元件在1分钟内动作的次数。

(2) 根据执行元件的工作程序，参照第15章各种气动基本回路，按本章第1节程序控制回路设计方法,设计气动控制回路,包括必要的辅助回路设计,如速度控制回路,起动、复位及急停回路,自动、手动转换回路,连锁保护回路等。

(3) 绘制气动控制回路图。图中每个元件必须有单独的名称或字母编号。气口、测试点、放气口和节流接头必须有标志,气源和机器间的管道两端必须有标志,回路的每根管道都应有编号。

16.2.5 执行元件的选择

根据执行机构的运动是直线运动、回转运动、摆动、吸引,分别选用气缸、气马达、摆动气缸、真空吸盘。

1. 气缸的选择

(1) 气缸类型的选择:根据运行要求来确定气缸的类型。例如:

① 要求气缸到达行程终端减速且无冲击,应选用缓冲气缸。

② 要求实现快进、慢进、快退进行切削加工时,应选用气－液阻尼缸。

③ 车床上使用气动卡盘,应选用回转气缸。

④ 要求中间停止,应选用锁紧气缸或二段串联气缸。

⑤ 要求保持位置精度或精密导向,应分别选用带锁定装置气缸,带导向柱气缸。

⑥ 要求限制回转或增力,应选用防回转副或椭圆活塞气缸、增力气缸等。

(2) 气缸缸径的确定。根据主机所需的操作力,确定各气缸的实际负载 F。图 16-28 是几个实例。

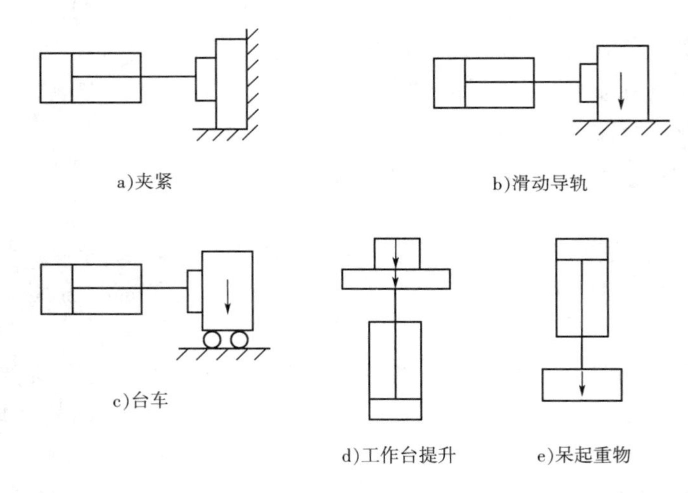

图 16－28　气缸的负载状况

根据负载性质及气缸的平均运动速度选择负载率 β。对国内大量使用的缓冲气缸和无缓冲气缸,推荐采用如下 β 值:

① 当系统对气缸无速度要求时,β 值取 0.8 ～ 0.9。

② 当气缸速度在 0.2m/s 左右,β 值取 0.6。

③ 当气缸速度在 0.5m/s 左右,β 值取 0.4。

根据气源供气条件,确定气缸的工作压力 p_s。一般工作压力 p_s 选为 0.5MPa。

对于单杆双作用气缸和单杆单作用气缸，按相关算式计算气缸缸径。计算结果按尺寸系列选取标准缸径。

(3) 气缸行程的确定。根据气缸的操作距离及传动机构的行程比来确定。为便于安装调试，对计算出的行程要加 10 ～ 20mm 的余量。

(4) 安装形式的确定。一般情况下，采用固定式气缸。若要求活塞杆作直接往复运动，又要求缸体作圆弧摆动时，则选用悬耳式或耳轴式气缸。

2. 气马达的选择

选择气马达的规格，应考虑下列特性：

(1) 根据转矩：按气马达“转矩 — 转速”曲线，适当留余量选定。对于工作要求动作时间短的气马达，因动作开始与停止时的惯性转矩较大，故查出的转矩应加上惯性转矩。

(2) 根据功率：由气马达“功率 — 转速”曲线图选定。

(3) 根据效率：由气马达“耗气量 — 转速”曲线图上计算几组同一转速下功率与耗气量之比值，按最大值选定。

3. 摆动气缸的选择

按摆动气缸所受负载性质，可分两类：

(1) 阻性负载。指单纯利用摆动气缸的作用力进行作业。计算公式为

$$\beta = \frac{T}{T_s} \tag{16.2-1}$$

式中：T—— 负载转短，N·m；

T_s—— 摆动气缸的理论输出转矩，N·m；

β—— 负载率。对阻性负载，一般选 $\beta = 0.5$。

(2) 惯性负载。指有惯性作用的负载，如回转运动等。计算公式为

$$\beta = \frac{I_a}{T_s} \tag{16.2-2}$$

$$I = mr^2 \tag{16.2-3}$$

$$\alpha = \frac{4\pi\theta}{360t^2} \tag{16.2-4}$$

式中：I—— 负载转动惯量，kg·m²；

m—— 负载质量，kg；

r—— 回转半径，m；

α—— 角加速度，rad/s²；

θ—— 摆动角度，°；

t—— 摆动时间，s；

β—— 负载率，一般取 0.5 ～ 0.3。

求出 T_s 后，根据工作压力 p_s，由摆动气缸的转矩图，查阅产品样本，选择摆动气缸的品种规格。注意负载的摆动角度必须在所选摆动缸的最大摆动角度范围内。负载的摆动时

间 $t(s)$ 应满足

$$t < \frac{1}{2f_{max}} \tag{16.2-5}$$

式中：f_{max}—— 摆动气缸的最高摆动频率，Hz。

当摆动气缸的转动动能大于负载的转动动能时，应设置缓冲机构。

4. 真空吸盘的选定

选择真空吸盘的规格，主要按真空吸盘的吸力 F(N) 选定，计算公式为

$$F = \frac{(760-p)}{760} \times \frac{A}{S} \times 9.8 \tag{16.2-6}$$

式中：p—— 膜片真空度，Torr，1Torr＝133.3Pa；

A—— 膜片有效截面积，cm^2；

S—— 安全因数。当吸盘受垂直载荷时，$S=4$；吸盘受水平载荷时，$S=8$。

16.2.6　控制元件的选择

根据系统或执行元件的工作压力和阀的额定流量，选用通用的阀类或设计专用的气动元件。

选择控制元件应考虑如下几点：

(1) 阀的功能应符合工作要求：如压力调节应使用减压阀；如需稳压精度高，应选精密减压阀；流量调节应使用节流阀；只允许气流沿一个方向流动应使用单向阀；工作需要记忆性，应使用双电(气) 二位换向阀，或具有定位性能的人控阀(锁式、钮子式、按拉式)。几位几通必须与工作要求一致。

(2) 阀的工作条件和性能应符合工作要求。主要有：工作压力，介质温度、环境温度、相对湿度，电源条件，换向时间，最低控制压力，最高允许换向频率，空气泄漏量，耐久性等。

(3) 阀的控制方式应符合工作要求：在易燃、易爆、潮湿、粉尘大的条件下，选气控比电控好。对复杂控制或远距离控制，则宜选用电控气动方式。阀的通径大，应选用先导式阀。

(4) 根据使用条件和要求，选择阀的结构形式：要求泄漏量小，应选用弹性密封。气源过滤条件较差，选用截止阀比选滑阀好。要求换向迅速，且气源质量好，可选间隙密封滑阀。

(5) 阀的通径选择：一种方法是根据公称使用流量选择。对于直接控制执行元件的主阀，必须根据执行元件的最大耗气量(有压状态) 不超过规定的额定流量来选择阀的通径。对信号阀(人控阀和机控阀)，应考虑到控制距离、被控制阀的数量和要求的动作时间等因素选定阀的通径。

另一种方法是综合选择法。执行元件的运动状况是靠控制执行元件的充排气流路来实现的。代表充排气流路的主要性能参数，是流路的总有效截面积 S 值。它是由组成该流路的各元件(包括有关控制元件和辅助元件) 的有效面积合成的。合成有效面积计算见第11 章式(11.4-6) ～ 式(11.4-8)。

根据对执行元件提出的要求，确定充排气流路的总有效面积，再寻求总有效面积是由哪些元件的最佳组合，即可选出最合理的控制元件和辅助元件。

(6) 连接方式：有管式、板式和集装式。

16.2.7　气源处理系统的选择

1. 空压机的选择

根据气动系统所需要的工作压力和流量两个参数来选取空压机。

(1) 空压机的输出压力为

$$p_c = p + \sum \Delta p \tag{16.2-7}$$

式中：p_c—— 空压机的输出压力，MPa；

p—— 气动执行元件使用的最高工作压力，MPa；

$\sum \Delta p$—— 气动系统的总压力损失，MPa，一般情况下，令 $\sum \Delta p = 0.2$MPa。

(2) 空压机的输出流量。应考虑气动设备的载荷变化及耗气规律，计算空压机供气量。

不设贮气罐时

$$q_b \geqslant q_{max} \tag{16.2-8}$$

$$q_{max} = \sum_{i=1}^{n} q_{i\,max} \tag{16.2-9}$$

设贮气罐时

$$q_b \geqslant q_a \tag{16.2-10}$$

$$q_a = \sum_{i=1}^{n} q_{ia} \tag{16.2-11}$$

式中：q_b—— 空压机理论输出流量，标准状态 m^3/min；

q_{max}—— 气动系统的最大耗气量，标准状态 m^3/min；

q_a—— 气动系统的平均耗气量，标准状态 m^3/min；

$q_{i\,max}$、q_{ia}—— 分别为第 i 个执行元件的最大耗气量和平均耗气量，标准状态 m^3/min；

n—— 气动系统中同一时间内同时动作的执行元件数。

空压机实际输出流量(标准状态下 m^3/min) 为

$$q_c = k_1 k_2 k_e q_b \tag{16.2-12}$$

式中：k_1—— 漏损因数。考虑气动元件、管接头等处的泄漏，一般令 $k_1 = 1.15 \sim 1.5$；

k_2—— 备用因数。考虑增添新设备的可能。系数大小视具体情况定；

k_3—— 利用因数。考虑到多台设备不一定同时使用的情况。若同时使用，$k_3 = 1$。

通常，可令 $k_1 k_2 k_3 = 1.3 \sim 1.5$。

求出 q_c 值后圆整成空压机的标准排量选择空压机的型号。

2. 后冷却器的选择

通过空压机的排气量时，能达到规定的降温要求。

3. 气罐的选择

确定气罐容积，应考虑下列因素：

(1) 空压机或外部管网突然停止供气，仅靠气罐贮存的压缩空气供气，以维持气动系统工作一定时间。按此因素确定气罐容积(V)，其计算公式为

$$V \geqslant \frac{p_a q_{max} t}{60(p_1 - p_2)} \quad (16.2-13)$$

式中：p_a—— 大气压力，MPa；

p_1—— 突然停电时气罐内的初始压力，MPa；

p_2—— 气动系统最低允许工作压力，MPa；

q_{max}—— 气动系统的最大耗气量，标准状态下 L/min；

t—— 停电后，气动系统应维持正常工作的时间，s。

(2) 气动系统用气量大于空压机的排气量时，按下式确定气罐容积(V)

$$V \geqslant \frac{q - q_Y}{p + 0.102} \times \frac{t}{600} \quad (16.2-14)$$

式中：q—— 气动系统的耗气量，标准状态下 L/min；

q_Y—— 空压机的排气量，标准状态下 L/min；

p—— 使用压力，MPa；

t—— 气动系统的工作时间，s。

若 q 是最大耗气量，则 t 是指系统处于最大耗气量时所需工作时间；若 q 是平均耗气量，则 t 是指系统的工作时间；若 q 是某段时间耗气量，则 t 是该段系统的工作时间。取上述三种情况的最大值计算。

气罐容积应是由式(16.2-13)和式(16.2-14)算出的最大容积。

4. 主管道过滤器的选择

将气动系统的最大耗气量折算成有压状态下的耗气量，此耗气量应小于主管道过滤器的输出流量，依此条件选定主管道过滤器的型号，即公称通径。

5. 空气过滤器的选择

(1) 选择通径。将通过空气过滤器的最大耗气量折算成该元件使用压力状态下的耗气量，此值应小于额定流量，依此确定通径。

(2) 功能选取。根据气动系统提出的要求，选定过滤精度等级，确定采用手动排水式还是自动排水式。

(3) 验算压力损失。已知空气过滤器的使用压力及最大耗气量，从该元件的流量特性曲线上，便可查到通过该流量时的压力降。要保证气源处理系统所有元件的总压力降不超过 0.05MPa，则选定的气源处理元件的通径是合理的。

6. 空气干燥器的选择

根据对空气质量希望干燥到什么程度(即大气压力下的露点温度大小)，选定干燥器的类型是冷冻式还是吸附式。型号选择是按干燥器的理论处理空气量(标准状态)不应超过干燥器的额定处理空气量(标准状态)。

7. 油雾器的选择

(1) 通径的选取。将通过油雾器的最大耗气量折算成油雾器使用压力下的耗气量，此值应小于额定流量值，依此确定通径。

(2) 类型的选取。根据对雾化颗粒大小的要求，选定油雾式还是微雾式。

(3) 功能的选取。根据是否需要不停气加油，最低起雾流量的大小来选择。

(4) 验算压力损失：见空气过滤器说明。

8. 空气处理组件

空气处理组件(二联件或三联件)的通径选取与空气过滤器和油雾器的选取原则相同。

若几个气缸的使用压力和耗气量都相同，且是同时供气，或虽不同时供气，但总气量变化不大的情况，可共用一个空气处理组件。

若几个气缸的使用压力相同，但耗气量差别较大，必须按各自耗气量要求，分别设置空气处理组件。

上述设置原则对空气过滤器和油雾器也是适用的。

9. 管路的选择

管道材料的选择取决于工作压力、环境和介质温度、弯曲和安装要求、管接头的形式等。管子有硬管和软管。主管道一般都采用金属硬管。

管道的计算按下列步骤：

(1) 根据通过管道的最大耗气量初定管道内径 d(m)，即

$$d=1.229\sqrt{\frac{q_{\max}}{\rho v}} \tag{16.2-15}$$

式中：$q_{\max}$—— 通过管道的最大耗气量，标准状态 m^3/s；

ρ—— 空气的密度，kg/m^3；

v—— 空气的流速，m/s。

根据经验，一般厂区主管道内流速取 10 ～ 15m/s，生产线上支管道内的流速取 20 ～ 40m/s。

(2) 根据算出的管径估算管路的总压力损失。主管路内的流动一般都是不可压缩流动；支管路内的流动，不可压缩流动和可压缩流动都可能。

主管路内的压力损失，一般不超过 0.05MPa；支管路内压力损失一般不超过 0.03 ～ 0.04MPa。若估算出压力损失超过允许值，除尽可能缩短管长，减少局部损失外，还要适当增大管道通径，直到使压力损失达到允许范围。

(3) 验算强度。管道强度，不仅要考虑工作压力大小，还要考虑管件的机械损伤可能性、弯曲情况和接头的耐压能力等。

气动工作压力低于 1.0MPa 时，金属管不必验算强度，塑料管要检查耐压能力。

16.2.8　辅助元件的选择

(1) 消声器：主要根据噪声频率范围选取品种。其通径应与连接处的通径相一致。

(2) 压力继电器：主要根据压力调节范围及电气特性选取。

16.2.9　其他设计事项

1. 绘制气源处理系统框图

图上应注明：空压机的排气压力和额定排气量；驱动空压机的电动机型号、功率和转速；气罐容积；冷却水流量，最高和最低压力以及冷却水源的最高温度；过滤器的型号和过滤精度；干燥器的最大空气处理量、压缩空气的最高和最低温度、最高和最低环境温度。

2. 绘制管道安装施工图

管道安装设计时，必须注意管道内残余水分的排除，如图 16－29 所示。

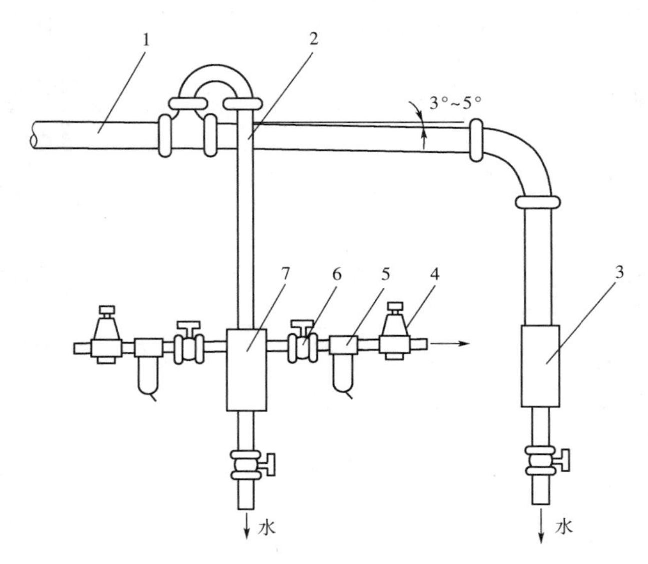

图 16－29　排除残余水分用的压缩空气管道安装

1－主管；2－支管；3、7－集水罐；

4－减压阀；5－过滤器；6－阀门

还应注意：

(1) 连接管道的材料选择应考虑强度和使用环境，如温度变化和腐蚀的影响。

(2) 各种管道内壁在安装时都应先行除尘、除锈等清理工作，以保证管道内空气洁净。

(3) 压缩空气管道要涂以标记颜色，一般涂灰色或浅蓝色，精滤管道涂天蓝色。

(4) 有气液联动的管道，要注意漏油问题，应严格密封和考虑回油装置。

(5) 各式管接件应严格密封，并注意连接方便。

3. 绘制控制柜及控制面板元件安装位置图

为操作和维修方便，常将各种元件等集装在控制柜内。设计控制柜应注意：

(1) 保证回路正常工作，管道阻力损失要小，布置应合理。

(2) 面板及结构安排，应考虑操作方便。

(3) 结构安排及安装空间，应便于维修，易于检查。

(4) 控制柜的门及盖应易开闭，能锁住，对人员无危险。

(5) 经济美观。

4. 环境保护

压缩空气从换向阀排到大气时，将排出油雾并发出噪声，污染环境。噪声的大小与阀上的压力差、阀开启的速度、排气量和阀前后空气通道的形状有关，故应在排气口装置合适的消声器，以降低噪声。把所有排气口用管道集中在一起，将油雾分离后排出，可以解决油雾污染问题。无油润滑的气动系统没有油雾污染问题，值得推广。

5. 特殊情况的处理

设计气动系统时，应考虑系统在停电、需要紧急停车以及重新开车而必须的联锁保护。

(1) 在停电情况下，应保证气罐内的压缩空气仍能供应一段时间，如5min，以便进行事故处理。

(2) 为保证气动装置的工作安全，在气罐上都装有安全阀，以保证压力过高时卸压。为防止气压降低到最低工作压力后发生事故，应在适当部位装设安全保护装置，如压力继电器。

(3) 使用单电控气阀，当停电时，气阀将返回原位，应注意执行元件的动作是否会使石油、化工生产过程产生爆炸等事故，或对机械设备造成损坏。

(4) 当采用行程程序控制，在异常情况下需要紧急停车时，可操纵"急停"开关，使机器停在该位置上或全部恢复至安全位置，以进行处理。

有关"急停"、"复位"、"手动"等回路设计可参看本章前节。

16.2.10　设计举例

设计将金属圆棒料切断成一定长度的气控半自动落料机床。

1. 明确设计要求

(1) 金属棒料落料过程。先将棒料放在有滚轮的导轨上，然后进行机械手抓紧、送料、夹紧、进刀、退刀等动作。

(2) 要求每分钟落7个工件。

(3) 对各气缸的要求见表16-2。

表16-2　各气缸的要求

名称	抓料缸A	送料缸B	夹紧缸C	进刀缸D
负载力/N	300	300	1200	1200
行程/mm	40	80	20	60
运动时间 t/s	0.4/0.4	0.5/0.5	0.2/0.2	6.5/0.5

注：分子为进刀运动时间；分母为退刀运动时间。

(4) 工作环境为室内加工，环境温度为20℃～30℃

(5) 要求进刀缸运动平稳。

(6) 系统工作可靠，造价低，易于操作。

2. 设计气动控制回路

(1) 绘制机床工作程序图(图 16-30)、工作循环图(图 16-31)。

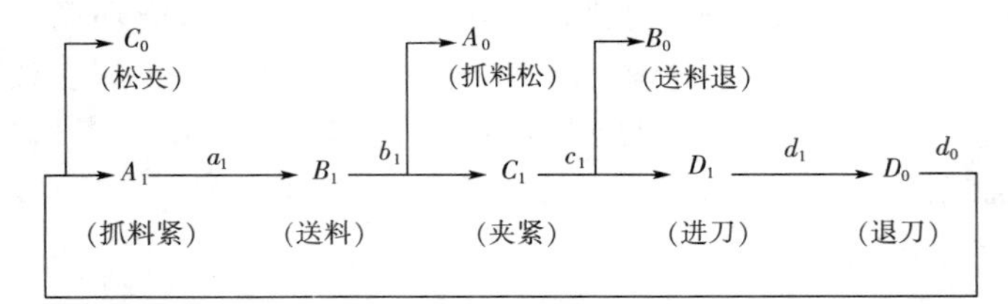

图 16-30　机床工作程序图

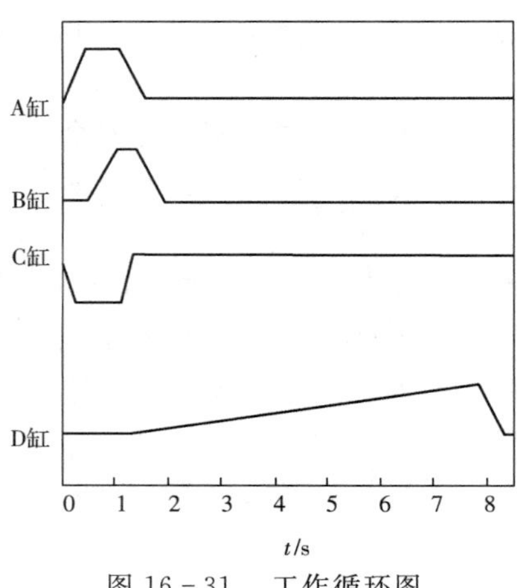

图 16-31　工作循环图

(2) 绘制信号—动作状态图(图 16-32)。

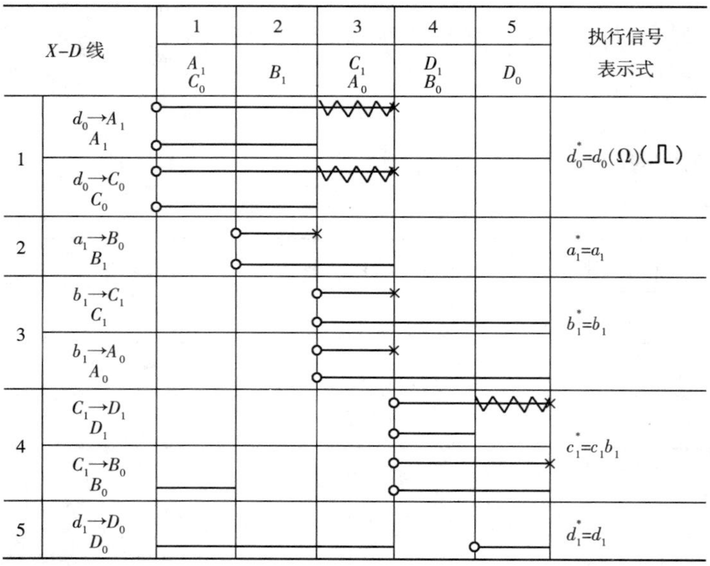

X-D线		1	2	3	4	5	执行信号表示式
		A_1 C_0	B_1	C_1 A_0	D_1 B_0	D_0	
1	$d_0 \to A_1$ A_1						$d_0^*=d_0(\Omega)$(⎍)
	$d_0 \to C_0$ C_0						
2	$a_1 \to B_0$ B_1						$a_1^*=a_1$
3	$b_1 \to C_1$ C_1						$b_1^*=b_1$
	$b_1 \to A_0$ A_0						
4	$C_1 \to D_1$ D_1						$c_1^*=c_1b_1$
	$C_1 \to B_0$ B_0						
5	$d_1 \to D_0$ D_0						$d_1^*=d_1$

图 16-32　信号—动作状态图

(3) 绘制气动控制回路图(图16-33)。由图16-31和图16-32可见,C缸和A缸在第1拍和第3拍动作时间相同,即A_1、C_0同时动作,A_0、C_1同时动作,故在设计时可用控制C缸的阀同时控制A缸。

(4) 绘制信号—动作状态图(图16-32)。

根据信号—动作状态图设计的气动控制回路图(见图16-33),除绘出依次动作的回路外,也考虑了机床的起动、半自动一次加工和紧急退刀的需要,设置了手动阀。

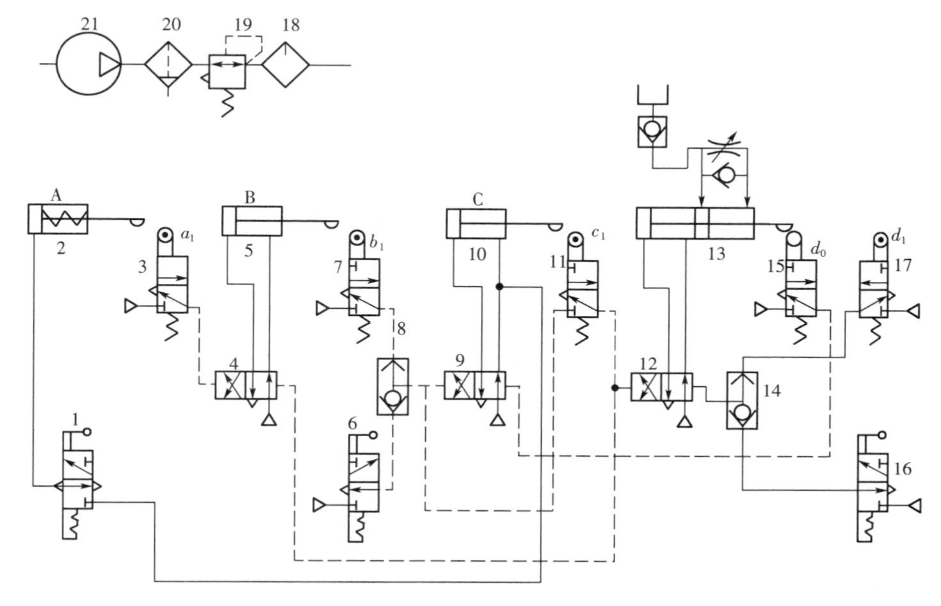

图16-33　气动控制回路

1、6、16—人控阀;2、5、10—气缸(分别为A缸、B缸、C缸);3、7、11、17—滚轮式机械控制阀
4、9、12—主控阀;8、14—梭阀;13—气液阻尼缸;15—通过式机械控制阀;
18—油雾器;19—减压阀;20—过滤器;21—压缩机

3. 元件的选择

(1) 执行元件的选择

根据工作要求,抓料缸选用单作用缸,靠弹簧返回。送料缸和夹紧缸选用双作用缸。进刀需要平稳,故进刀缸选用气液阻尼缸。

抓料缸、送料缸、夹紧缸、进刀缸的操作力均匀推力,故缸径计算为

$$D=\sqrt{4F/\pi p\beta\times10^6} \qquad (16.2-16)$$

式中工作压力p取0.4MPa,因各气缸运动速度都较低,负载率β均取70%,负载力F查表16-1,则可分别算出:

抓料缸径 $D_A=\sqrt{4\times300/\times0.4\times10^6\times0.7}=0.0369\text{m}$

送料缸缸径 $D_B=\sqrt{4\times300/\times0.4\times10^6\times0.7}=0.0369\text{m}$

夹紧缸缸径 $D_C=\sqrt{4\times1200/\times0.4\times10^6\times0.7}=0.0739\text{m}$

进刀缸缸径 $D_D = \sqrt{4 \times 1200 / \times 0.4 \times 10^6 \times 0.7} = 0.0739\text{m}$

查表选稍大于计算值的缸筒内径尺寸系列中的值。

活塞杆直径 d，一般按 $d = 0.3D$ 选取，并查表按活塞杆外径系列中的值选用。

各气缸的尺寸和输出力见表 16-3。

表 16-3　各气缸参数

名称	抓料缸 A	送料缸 B	夹紧缸 C	进刀缸 D
缸径 D/mm	40	40	80	80
杆径 d/mm	16	16	25	25
行程 L/mm	40	80	20	60
输出力 /N	345	345	1380	1380

(2) 耗气量计算

已知工作压力 $p = 0.4\text{MPa}$。频度 $N = 7$，从表 16-1 和表 16-2 可知各气缸每一行程的时间 t、缸径 D、行程 L，则各气缸标准状态的最大耗气量可按式 $q_{max} = 0.47D^2L(p + 0.102)/t$ 计算，有

$$q_{A\,max} = 0.47 \times 4^2 \times 4 \times (0.4 + 0.102)/0.4 = 37.75\text{L/min}$$

$$q_{B\,max} = 0.47 \times 4^2 \times 8 \times (0.4 + 0.102)/0.5 = 37.75\text{L/min}$$

$$q_{C\,max} = 0.47 \times 8^2 \times 2 \times (0.4 + 0.102)/0.2 = 151.0\text{L/min}$$

$$q_{D\,max} = 0.47 \times 8^2 \times 6 \times (0.4 + 0.102)/0.5 = 181.2\text{L/min}$$

一个循环内各气缸标准状态的平均耗气量可按式 $q_a = 0.0157ND^2L(p + 0.102)$ 计算，有

$$q_{Aa} = 0.0157 \times 7 \times 4^2 \times 4 \times (0.4 + 0.102) = 3.53\text{L/min}$$

$$q_{Ba} = 0.0157 \times 7 \times 4^2 \times 8 \times (0.4 + 0.102) = 7.06\text{L/min}$$

$$q_{Ca} = 0.0157 \times 7 \times 8^2 \times 2 \times (0.4 + 0.102) = 7.06\text{L/min}$$

$$q_{Da} = 0.0157 \times 7 \times 8^2 \times 6 \times (0.4 + 0.102) = 21.18\text{L/min}$$

为了合理选中气动元件，需将各气缸标准状态的最大耗气量按式 $q_{p\,max} = q_{max}Tp_a/T_ap$ 折算成有压状态下的最大耗气量。式中工作压力 p 分别按使用压力 0.4MPa 和最高压力 0.7MPa 计算，$T = 273℃ + 30℃ = 303℃$，$p_a = 0.1\text{MPa(abc)}$，$T_a = 273℃ + 20℃ = 293℃$，则有

$p = 0.4\text{MPa}$ 时

$$q_{Ap\,max} = 37.75 \times 0.06 \times 303 \times 0.1/[293 \times (0.4 + 0.1)] = 0.47\text{m}^3/\text{h}$$

$$q_{Bp\,max}=60.4\times0.06\times303\times0.1/[293\times(0.4+0.1)]=0.75m^3/h$$

$$q_{Cp\,max}=151\times0.06\times303\times0.1/[293\times(0.4+0.1)]=1.88m^3/h$$

$$q_{Dp\,max}=181.2\times0.06\times303\times0.1/[293\times(0.4+0.1)]=2.25m^3/h$$

$p=0.7$MPa 时

$$q_{Ap\,max}=37.75\times0.06\times303\times0.1/[293\times(0.7+0.1)]=0.29m^3/h$$

$$q_{Bp\,max}=60.4\times0.06\times303\times0.1/[293\times(0.7+0.1)]=0.47m^3/h$$

$$q_{Cp\,max}=151\times0.06\times303\times0.1/[293\times(0.7+0.1)]=1.17m^3/h$$

$$q_{Dp\,max}=181.2\times0.06\times303\times0.1/[293\times(0.7+0.1)]=1.4m^3/h$$

以上各项计算结果列于表16-4。

表16-4　计算结果

名称		抓料缸A	送料缸B	夹紧缸C	进刀缸D
最大耗气量 $q_{max}/L\cdot min^{-1}$		37.8	60.4	151.0	181.2
平均耗气量 $q_a/L\cdot min^{-1}$		3.6	7.0	7.0	21.2
折算成有压状态下的耗气量 $q_p/m^3\cdot h^{-1}$	$p=0.4$MPa	0.47	0.75	1.88	2.25
	$p=0.7$MPa	0.29	0.47	1.17	1.4

从图16-31上看出，该系统同时动作的只有A缸和C缸两个气缸充气，故本系统的最大标准状态耗气量即为A缸和C缸耗气量之和，为188.8L/min，本系统一个循环内标准状态的平均耗气量为38.8L/min。

(3) 气源系统的选择

① 选择空压机。本系统工作压力为0.4MPa，一般气动系统总压力不超过0.2MPa，则空压机的输出压力可定为0.7MPa。

本系统一个循环内标准状态的平均耗气量为38.8L/min，选漏损系数$k_1=1.2$，工厂有两台机床，备用系数为$k_2=2$，利用系数为$k_3=1$，则可得所需标准状态下供气量为

$$q_c\geqslant k_1k_2k_3q_a=1.2\times2\times1\times38.8=93.12L/min$$

按空压机标准排量选2V－0.3/7型空压机，其输出压力为0.7MPa，排气量为0.3m³/min。

② 选择气罐。按气动系统的最大耗气量大于空压机的排气量选择气罐容积V。

按前述$k_1=1.2$，$k_2=3$，$k_3=1$，则气动系统的最大标准状态耗气量$q_{max}=1.2\times2\times188.8$L/min=453.12L/min。已知空压机排气量$q_Y=300$L/min，工作压力$p=0.4$MPa，气动系统处于最大耗气量时的工作时间$t=0.5$s，由式(16.2-14)可求得气罐容积为

$$V=(q_{max}-q_Y)t/600(p+0.102)$$
$$=(453.12-300)\times 0.5/600(0.4+0.102)$$
$$=0.254\text{L}$$

按突然停电后，要求维持正常工作 5min 选择气罐容积 V。

已知 $t=5\text{min}=300\text{s}$，突然停电时气罐内的初始压力 $p_1=0.7\text{MPa}$，气动系统最低允许工作压力 $p_2=p=0.4\text{MPa}$，气动系统维持正常工作所必需的最大标准状态耗气量就是平均标准状态耗气量 $q_{max}=q_a\times 1.2\times 2=93.12\text{L/min}$，大气压力 $p_a=0.102\text{MPa}$，由式(16.2-13)，则气罐容积

$$V=p_a q_{max} t/60(p_1-p_2)$$
$$=0.102\times 93.12\times 300/60(0.7-0.4)$$
$$=158.3\text{L}$$

故本气动系统使用的气罐容积应选择大于或等于 158.3L。

(4) 气源处理元件的选择

① 选择主管道过滤器。主管道过滤器的进口压力为 0.7MPa 状态下，本系统最大耗气量是 A 缸和 C 缸耗气量之和为 $1.46\text{m}^3/\text{h}$，应选择额定空气处理为 $0.1\text{m}^3/\text{min}$ 的 KGL－0.1/8 型主管道过滤器。

② 选择自动排水器。在气罐、主管道过滤器及管道最低处，都应设置自动排水器或手动排水器，选择后者，应注意及时排放污水。

③ 选择三联件。在进气压力 $p=0.7\text{MPa}$ 状态下，通过过滤器和减压阀的最大流量 $1.46\text{m}^3/\text{h}$，不应超过该过滤器和减压阀的额定流量，查相关手册表得，过滤器和减压阀的公称通径应选 6mm。过滤器为普通型，过滤精度 $50\mu\text{m}$，减压阀为直动型。

油雾器应与过滤器、减压阀通径一致，为 6mm。

(5) 控制元件的选择

根据有压状态下的额定流量选择主控阀的通径。表 18－3 列出了 A 缸、B 缸、C 缸、D 缸在工作压力 $p=0.4\text{MPa}$ 状态下的最大流量分别是 $0.47\text{m}^3/\text{h}$、$0.75\text{m}^3/\text{h}$、$1.88\text{m}^3/\text{h}$、$2.25\text{m}^3/\text{h}$。从图 18－32 知，A 缸、C 缸由主控阀 9 控制，B 缸由主控阀 4 控制，D 缸由主控阀 12 控制，各气缸的最大流量都不应超过主控阀有压状态下的额定流量。查相关手册表，3 个主控阀都可选用通径为 6mm 的二位四通(或二位五通) 双气控换向阀。

行程阀选用 4 个二位三通滚轮式机控换向阀和 1 个二位三通滚轮通过式机控换向阀，通径均可选 3mm。

手控阀选用 3 个二位三通旋钮式手控换向阀，通径均选 3mm。

2 个梭阀的通径均选 3mm。

(6) 辅助元件的选择

管径：从气源处理三联件到主控阀再到气缸的管路通径应与元件通径一致，都选 6mm。各行程阀、手控阀、梭阀等信号管径选 3mm。

消声器:通径和接口螺纹应与相配套元件的排气口通径和接口螺纹一致。

管接头:通径和接口螺纹应与相应的元件和连接管配套选取。

思考与练习

16-1　什么是 Ⅰ 型障碍信号?常用的排障方法有哪些?

16-2　试绘制 $A_1B_1A_0B_0$ 的 $X-D$ 状态图和逻辑回路图,并绘制出脉冲排障法和辅助阀排障的气动控制回路图。

16-3　什么是 Ⅱ 型障碍信号?常用的排障方法有哪些?

16-4　试用 $X-D$ 状态图设计法设计程序式为 $A_1C_0B_1B_0A_0C_1$ 的逻辑原理图和气动控制回路。

16-5　试绘制 $A_1B_1C_1B_0A_0B_1C_0B_0$ 的 $X-D$ 状态图和逻辑原理图。

附录 1

常用液压图形符号(摘自 GB/T786.1－1993)

(1)液压泵、液压马达和液压缸

名称		符号	用途或符号解释	名称		符号	用途或符号解释
液压泵	液压泵		一般符号	液压马达	摆动马达		双向摆动,定角度
	单向定量液压泵		单向旋转,单向流动,定排量	泵马达	定量液压泵-马达		单向流动,单向旋转,定排量
	双向定量液压泵		双向旋转,双向流动,定排量		变量液压泵-马达		双向流动,双向旋转,变排量,外部泄油
	单向变量液压泵		单向旋转,单向流动,变排量		液压整体式传动装置		单向旋转,变排量泵,定排量马达
	双向变量液压泵		双向旋转,双向流动,变排量	单作用缸	单活塞杆缸	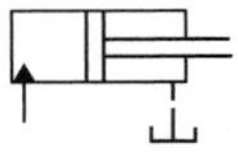	详细符号
液压马达	液压马达		一般符号			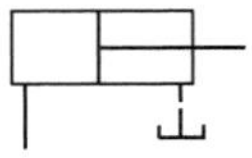	简化符号
	单向定量液压马达	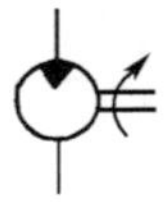	单向旋转,单向流动,定排量		单活塞杆缸(带弹簧复位)	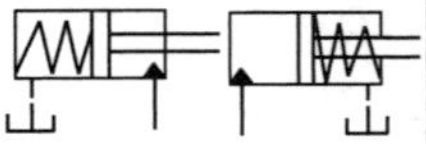	详细符号
	双向定量液压马达		双向旋转,双向流动,定排量			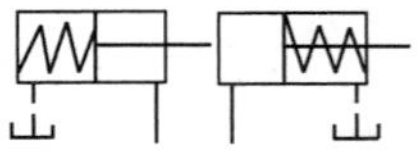	简化符号
	单向变量液压马达	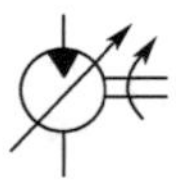	单向旋转,单向流动,变排量		柱塞缸	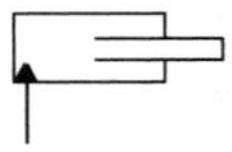	
	双向变量液压马达		双向旋转,双向流动,变排量		伸缩缸	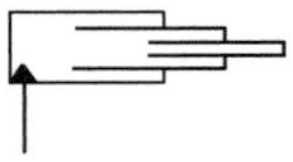	

（续表）

名称		符号	用途或符号解释	名称		符号	用途或符号解释
双作用缸	单活塞杆缸		详细符号	压力转换器	气-液转换器		单程作用
			简化符号				连续作用
	双活塞杆缸		详细符号		增压器		单程作用
			简化符号				连续作用
	不可调单向缓冲缸		详细符号	蓄能器	蓄能器		一般符号
			简化符号		气体隔离式		
	可调单向缓冲缸		详细符号		重锤式		
			简化符号		弹簧式		
	不可调双向缓冲缸		详细符号	辅助气瓶			
			简化符号	气罐			
	可调双向缓冲缸		详细符号	能量源	液压源		一般符号
			简化符号		气压源		一般符号
	伸缩缸				电动机	M	
					原动机	M	电动机除外

（续表）

(2)机械控制装置和控制方法

名称		符号	用途或符号解释
机械控制件	直线运动的轴		箭头可省略
	旋转运动的轴		箭头可省略
	定位装置		
	锁定装置		*为开锁的控制方法
	弹跳机构		
机械控制方法	顶杆式		
	可变行程控制		
	弹簧控制式		
	滚轮式		两个方向操作
	单向滚轮式		仅在一个方向上操作，箭头可省略
人力控制方法	人力控制		一般符号
	按钮式		
	拉钮式		
	按-拉式		
	手柄式		
	单向踏板式		
	双向踏板式		

名称		符号	用途或符号解释
直接压力控制方法	加压或卸压控制		
	差动控制		
	内部压力控制	45°	控制通路在元件内部
	外部压力控制		控制通路在元件外部
先导压力控制方法	液压先导加压控制		内部压力控制
	液压先导加压控制		外部压力控制
	液压二级先导加压控制		内部压力控制，内部泄油
	气-液先导加压控制		气压外部控制，液压内部控制，外部泄油
	电-液先导加压控制		气压外部控制，内部泄油
	液压先导卸压控制		内部压力控制，内部泄油
			外部压力控制(带遥控泄放口)
	电-液先导控制		电磁铁控制、外部压力控制、外部泄油
	先导型压力控制阀		带压力调节弹簧，外部泄油，带遥控泄放口

（续表）

名称		符号	用途或符号解释
先导压力控制方法	先导型比例电磁式压力控制阀	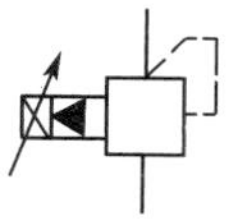	先导级由比例电磁铁控制，内部泄油
电气控制方法	单作用电磁铁	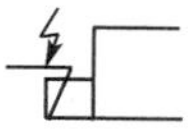	电气引线可省略，斜线也可向右下方
	双作用电磁铁	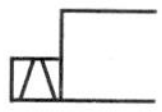	
	单作用可调电磁操作（比例电磁铁，力马达等）	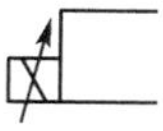	
电气控制方法	双作用可调电磁操作（力矩马达等）	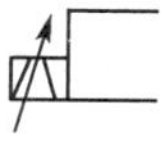	
	旋转运动电气控制装置	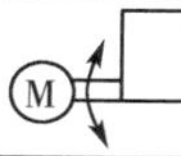	
反馈控制方法	反馈控制	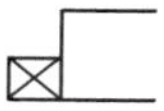	一般符号
	电反馈	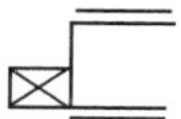	由电位器、差动变压器等检测位置
	内部机械反馈	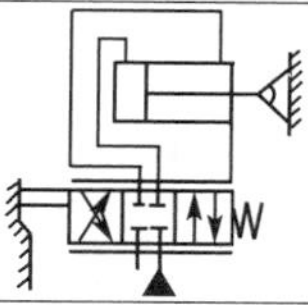	如随动阀仿形控制回路等

（3）压力控制阀

名称		符号	用途或符号解释
溢流阀	减压阀	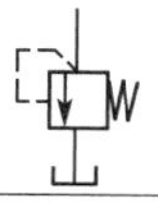	一般符号或直动型减压阀
	先导型溢流阀	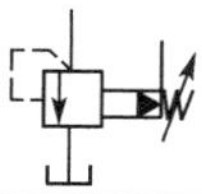	
	先导型电磁溢流阀	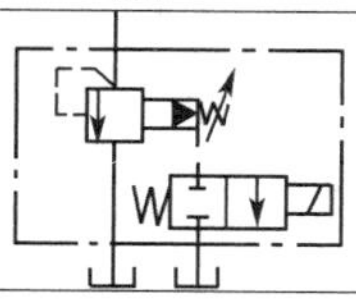	（常闭）
	直动式比例溢流阀	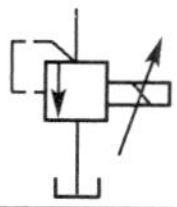	
	先导比例溢流阀	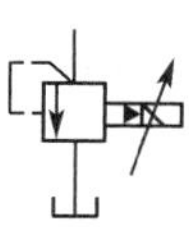	
	卸荷溢流阀	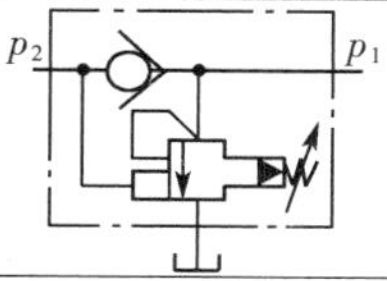	$p_2 > p_1$ 时卸荷
	双向溢流阀	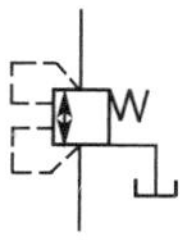	直动式，外部泄油
减压阀	减压阀	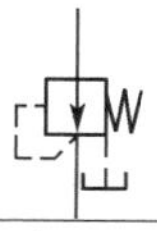	一般符号或直动型减压阀
	先导型减压阀	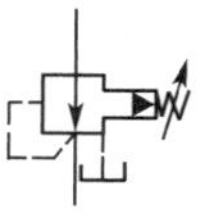	
	溢流减压阀	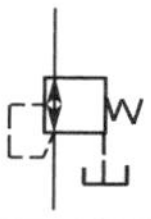	
	先导型比例电磁式溢流减压阀	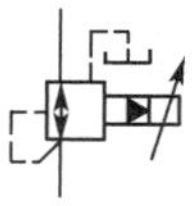	
	定比减压阀	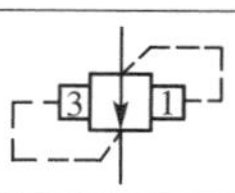	减压比 1/3
	定差减压阀	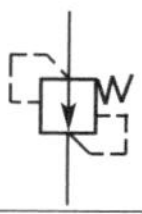	
顺序阀	顺序阀	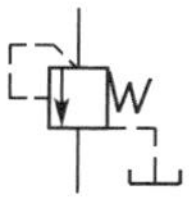	一般符号或直动型顺序阀
	先导型顺序阀	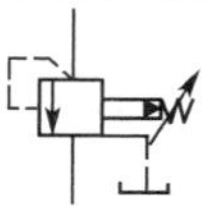	

（续表）

名称		符号	用途或符号解释	名称		符号	用途或符号解释
顺序阀	单向顺序阀（平衡阀）			制动阀	双溢流制动阀		
卸荷阀	卸荷阀		一般符号或直动型卸荷阀		溢流油桥制动阀		
	先导型电磁卸荷阀	p_1 p_2	$p_1>p_2$				

（4）方向控制阀

名称		符号	用途或符号解释	名称		符号	用途或符号解释
单向阀	单向阀		详细符号	换向阀	二位二通电磁阀		常断
			简化符号（弹簧可省略）				常通
液控单向阀	液控单向阀		详细符号（控制压力关闭阀）		二位三通电磁阀		
			简化符号		二位三通电磁球阀		
			详细符号（控制压力打开阀）		二位四通电磁阀		
			简化符号（弹簧可省略）		二位五通液动阀		
	双液控单向阀				二位四通机动阀		
梭阀	或门型		详细符号		三位四通电磁阀		
			简化符号		三位四通电液阀		简化符号（内控外泄）
					三位六通手动阀		

（续表）

名称		符号	用途或符号解释
换向阀	三位五通电磁阀		
	三位四通电液阀		外控内泄（带手动应急控制装置）
	三位四通比例阀	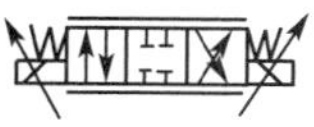	节流型，中位正遮盖
	三位四通比例阀	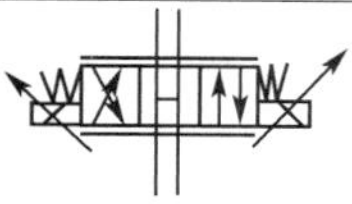	中位负遮盖
换向阀	二位四通比例阀	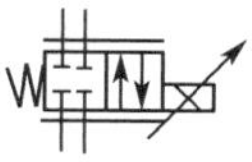	
	四通伺服阀		
	四通电液伺服阀	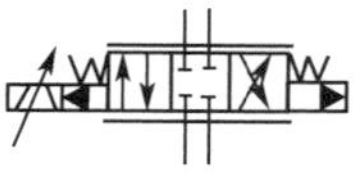	二级
		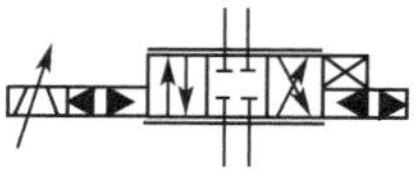	带电反馈三级

(5)流量控制阀

名称		符号	用途或符号解释
节流阀	可调节流阀	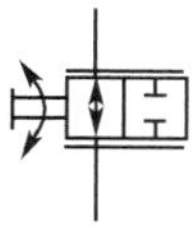	详细符号
			简化符号
	不可调节流阀		一般符号
	单向节流阀	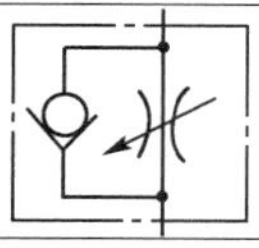	
	双单向节流阀	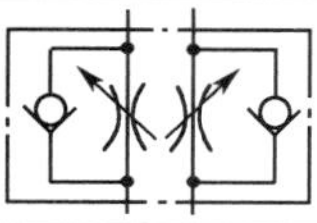	
	截止阀		
	滚轮控制节流阀（减速阀）	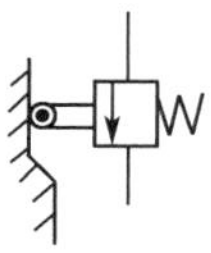	
调速阀	调速阀	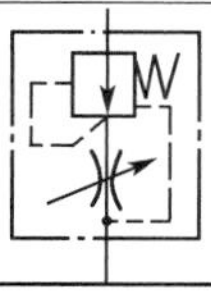	详细符号
	调速阀		简化符号
	旁通型调速阀	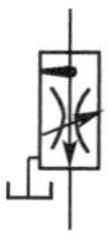	简化符号
	温度补偿型调速阀		简化符号
	单向调速阀	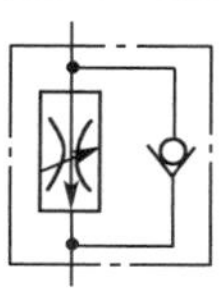	简化符号
同步阀	分流阀	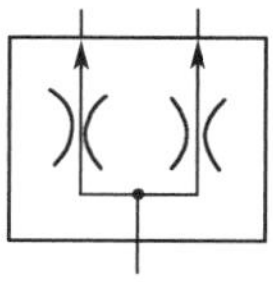	
	单向分流阀	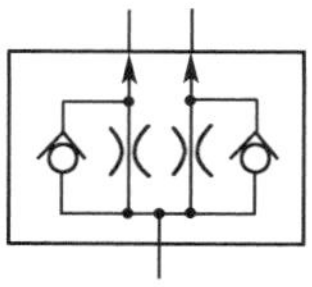	

（续表）

名　称		符　号	用途或符号解释	名　称		符　号	用途或符号解释
同步阀	集流阀	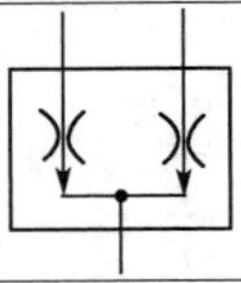		同步阀	分流集流阀	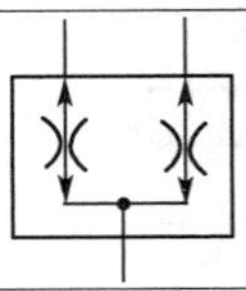	

（6）油　箱

名　称		符　号	用途或符号解释	名　称		符　号	用途或符号解释
通大气式	管端在液面上	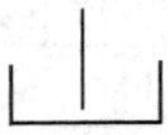		油箱	管端在油箱底部	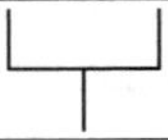	
					局部泄油或回油		
通大气式	管端在液面下	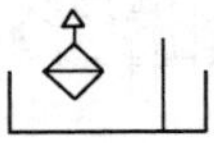	带空气过滤器	加压油箱或密闭油箱			三条油路

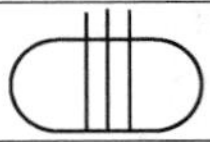

（7）液体调节器

名　称		符　号	用途或符号解释	名　称		符　号	用途或符号解释
过滤器	过滤器	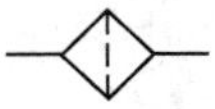	一般符号	空气过滤器			
过滤器	带污染指示器的过滤器	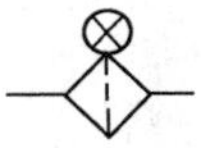		温度调节器			
过滤器	磁性过滤器	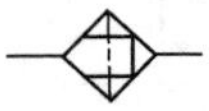		冷却器	冷却器		一般符号
过滤器	带旁通阀的过滤器	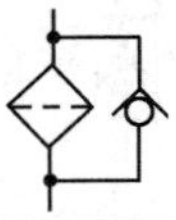		冷却器	带冷却剂管路的冷却器	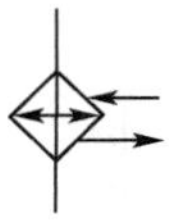	
过滤器	双筒过滤器	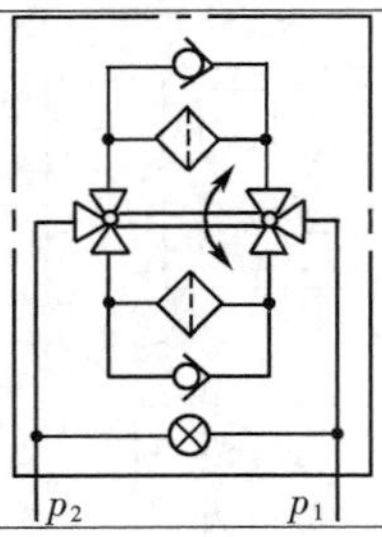 p_2　p_1	p_1：进油 p_2：回油	加热器			一般符号

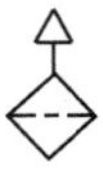

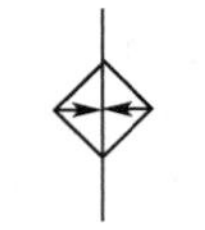

（8）检测器、指示器

名　称		符　号	用途或符号解释	名　称		符　号	用途或符号解释
压力检测器	压力指示器			压力检测器	压力表(计)		

附录 2

常用气动图形符号

类别	名称		符号
气路连接及接头	连接管路		
	交叉管路		
	柔性管路		
	连续放气装置		
	间断放气装置		
	单向放气装置		
	排气口	不带连接措施	
		带连接措施	
	快换接头	不带单向阀	
		带单向阀	
	旋转接头	单通路	
		三通路	
气源、电动机、气马达及气缸	气压源		
	电动机		M
	原动机(电动机除外)		M
	单向定量气马达		

类别	名称		符号	
气源、电动机、气马达及气缸	双向定量气马达			
	单向变量气马达			
	双向变量气马达			
	摆动气马达			
	单作用气缸	单活塞杆气缸	详细符号	简化符号
		伸缩缸		
	双作用气缸	单活塞杆气缸	详细符号	简化符号
		双活塞杆气缸	详细符号	简化符号
		不可调单向缓冲缸	详细符号	简化符号
		可调单向缓冲缸	详细符号	简化符号

（续表）

类别	名　称	符　号	类别	名　称	符　号
气源、电动机、气马达及气缸	不可调双向缓冲缸	详细符号　简化符号	电气控制 直线运动电气控制	单作用电磁铁	
	可调双向缓冲缸	详细符号　简化符号		双作用电磁铁	
	双作用伸缩缸			单作用可调电磁操纵（比例电磁铁等）	
	气-液转换器	简化符号　简化符号		双作用可调电磁操纵（力矩马达）	
	增压器	X Y　X Y	旋转运动电气控制	电动机操纵	M
人力控制	一般手控		压力控制阀 直接压力控制	加压或泄压控制	
	按钮式			差动控制	2　1
	拉钮式			内部压力控制	45°
	按-拉式			外部压力控制	
	手柄式		先导控制（间接压力控制）	气压先导控制	
	踏板式			气压-液压先导控制	
	双向踏板式			电磁气压先导控制	
机械控制	顶杆式		减压阀	直动型减压阀（不带溢流）	
	可变行程控制式				
	弹簧控制式				
	滚轮式			溢流减压阀	
	单向滚轮式				

（续表）

类别	名称			符号	
压力控制阀	顺序阀	内部压力控制			
		外部压力控制			
	溢流阀	内部压力控制			
		外部压力控制			
流量控制阀	不可调节流阀				
	可调节流阀			详细符号	简化符号
	可调单向节流阀				
	减速阀				
	带消声器的节流阀				
	截止阀				
方向控制阀	换向阀	二位二通阀	常闭式		
			常开式		

类别	名称			符号
方向控制阀	换向阀	二位三通换向阀		
				带中间过渡位置
		二位四通换向阀		
		三位三通换向阀		
		三位四通换向阀		
		二位五通换向阀	说明	
			二位，双气控	4 2 14 12 51 3
			二位，气控，内部气压复位	4 2 14 12 51 3
			二位，气控，外部气压复位	4 2 14 12 51 3
			二位，气控，弹簧复位	4 2 14 12 51 3
			二位，气控，弹簧复位和内部气压复位	4 2 14 12 51 3
		三位五通换向阀	三位，弹簧对中，双气控，中封式	4 2 14 12 513
			三位，弹簧对中，双气控，中压式	4 2 14 12 513
			三位，弹簧对中，双气控，中泄式	4 2 14 12 513
		二位五通换向阀	二位，气控，带定位装置	4 2 14 12 51 3

（续表）

类别	名称		说　明	符　号
方向控制阀	换向阀	二位五通换向阀	二位，人工控制，内部气压复位	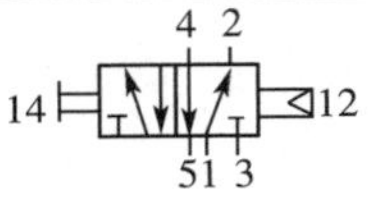
			二位，人工控制，弹簧复位	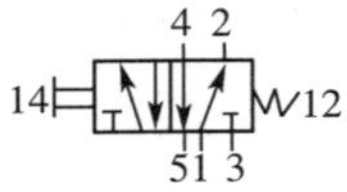
			二位，人工控制，弹簧和内部气压复位	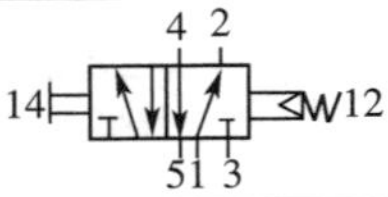
			二位，人工控制，人工复位，带定位销式装置	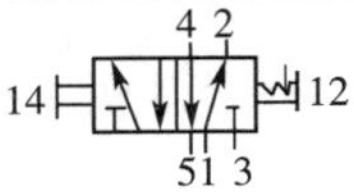
		三位五通换向阀	三位，两端人工控制，带定位装置，中封式	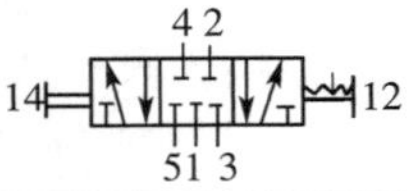
			三位，两端人工控制，弹簧对中，中封式	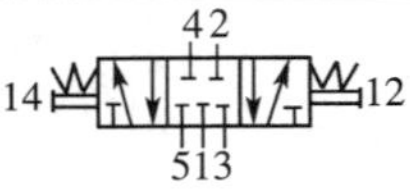
			三位，带定位装置，两端人工控制，中泄式	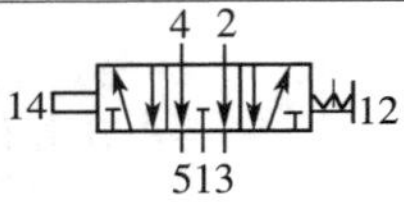
			三位，弹簧对中，两端人工控制，中泄式	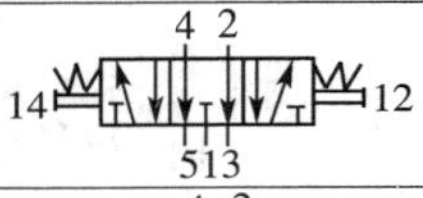
			三位，带定位装置，两端人工控制，中压式	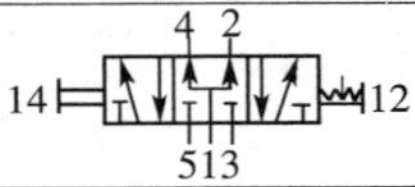
			三位，弹簧对中，两端人工控制，中压式	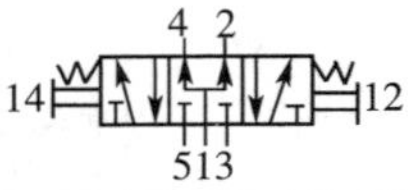
		二位五通换向阀	二位，人工控制，外部供气复位	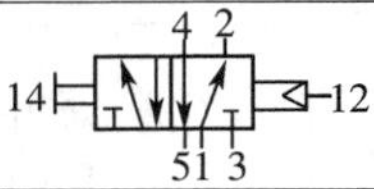
			二位，直动式电磁控制，内部供气复位	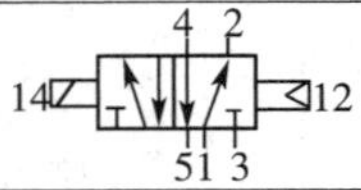
			二位，直动式电磁控制，弹簧复位	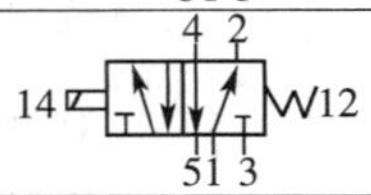
			二位，直动式电磁控制，弹簧加内部供气复位	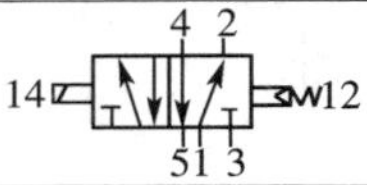
			二位，两端直动式电磁控制	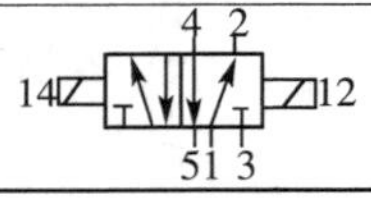
方向控制阀	换向阀	二位五通换向阀	二位，两端直动式电磁控制，带定位装置	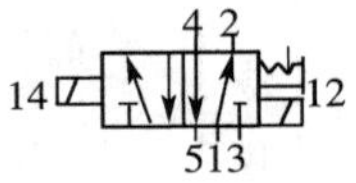
		三位五通换向阀	三位，弹簧对中，两端直动式电磁控制，中封式	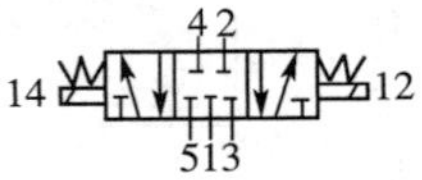
			三位，弹簧对中，两端直动式电磁控制，中泄式	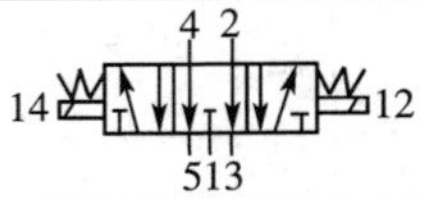
			三位，弹簧对中，两端直动式电磁控制，中压式	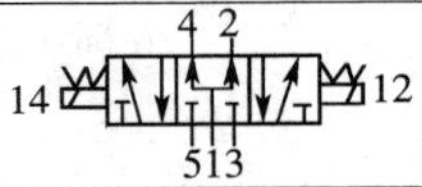
		二位五通换向阀	二位，直动式电磁控制，外部供气复位	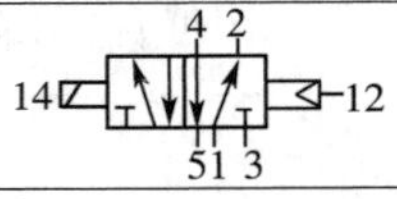
			二位，控制气由内部供给，电磁先导阀作先导控制，内部供气复位	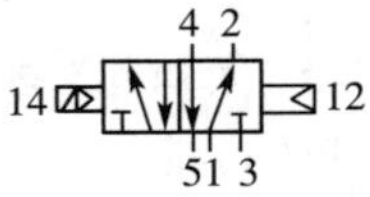
			二位，控制气由内部供给，电磁先导阀作先导控制，弹簧复位	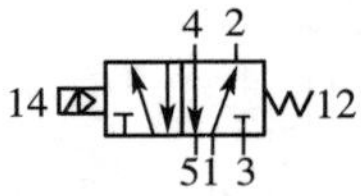
			二位，控制气由内部供给，电磁先导阀作先导控制，弹簧加内部供气复位	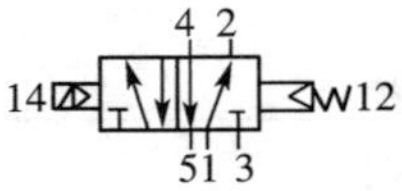
			二位，控制气由内部供给，电磁先导阀作先导控制，外部供气复位	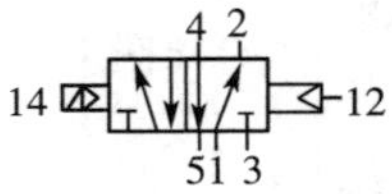
			二位，两端控制气由内部供给，两端电磁头作先导控制	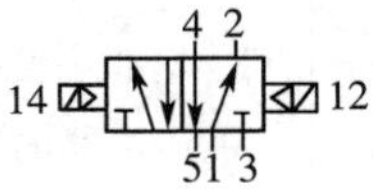
		三位五通换向阀	三位，弹簧对中，两端控制气由内部供给，两端电磁先导阀作先导控制，中封式	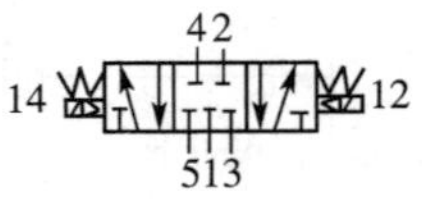
			三位，弹簧对中，两端控制气由内部供给，两端电磁先导阀作先导控制，中泄式	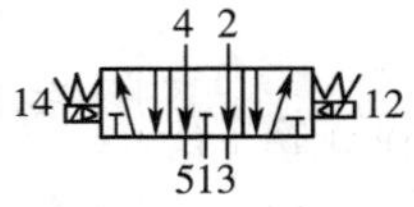
			三位，弹簧对中，两端控制气由内部供给，两端电磁先导阀作先导控制，中压式	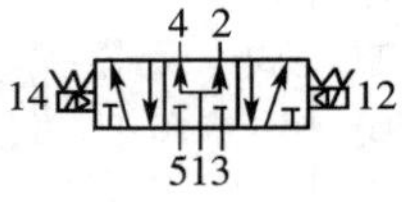

（续表）

类别	名称	说　　明	符　　号
方向控制阀	换向阀 / 二位五通换向阀	二位，两端控制气由内部供给，两端电磁先导阀作先导控制，带定位装置式	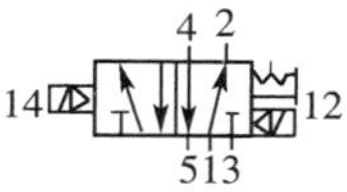 4 2 14 12 513
	换向阀 / 二位五通换向阀	二位，控制气由外部供给，电磁先导阀作先导控制，外部供气复位	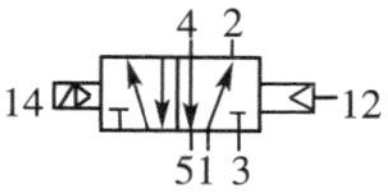 4 2 14 12 51 3
	换向阀 / 三位六通换向阀		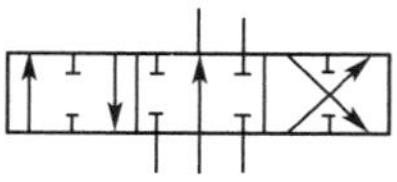
	单向型控制阀 / 单向阀	无弹簧	详细符号：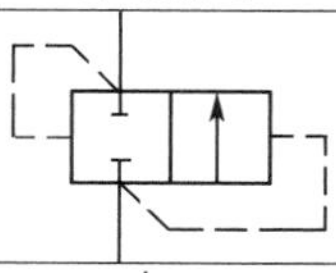 简化符号：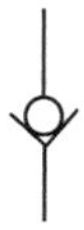
	单向型控制阀 / 单向阀	带弹簧	详细符号：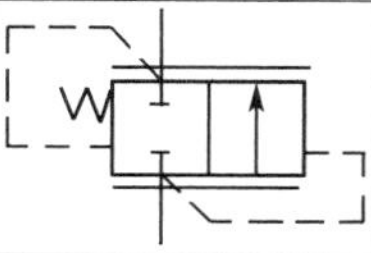 简化符号：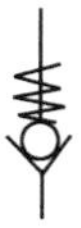
	单向型控制阀	气控单向阀（带弹簧）	详细符号：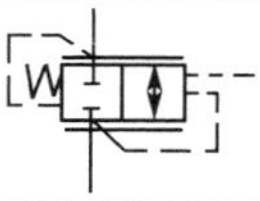 简化符号：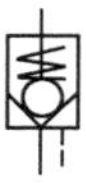
	单向型控制阀	或门型梭阀	详细符号：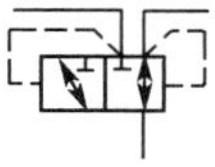 简化符号：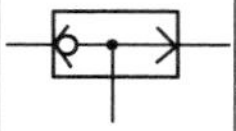
	单向型控制阀	与门型梭阀	详细符号：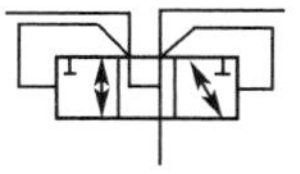 简化符号：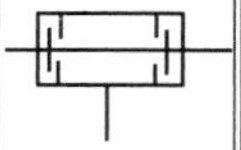
	单向型控制阀	快速排气阀	详细符号：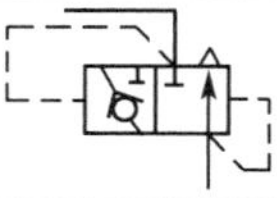 简化符号：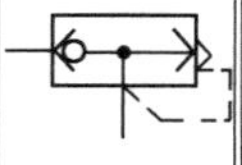
辅件及其他装置	分水排水器	人工排出	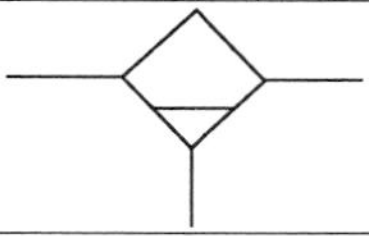
	分水排水器	自动排出	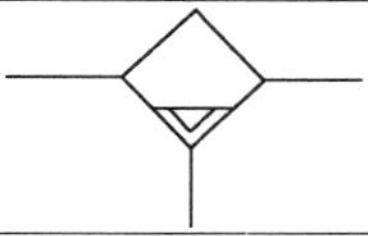
	空气过滤器	人工排出	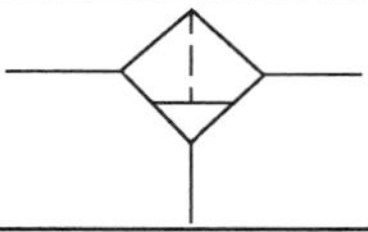

类别	名　　称	符　　号
辅件及其他装置	空气过滤器 自动排出	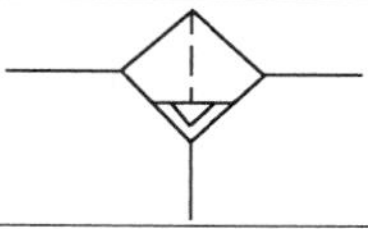
	除油器 人工排出	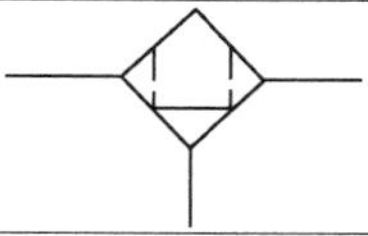
	除油器 自动排出	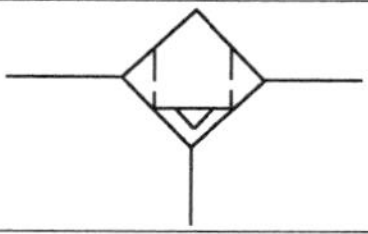
	空气干燥器	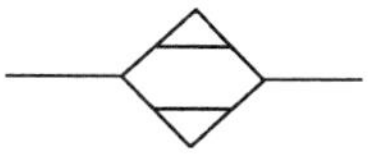
	油雾器	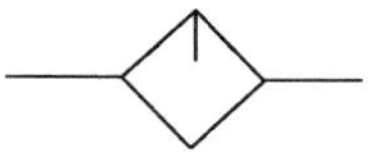
	辅助气瓶	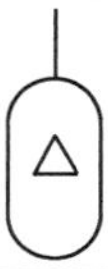
	气罐	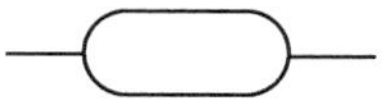
	气源调节装置	详细符号 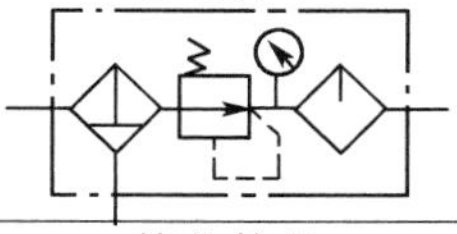 简化符号 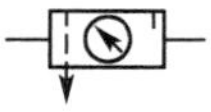
	压力检测器 压力指示器	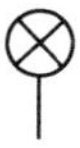
	压力检测器 压力计	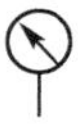
	压力检测器 压差计	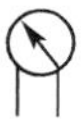
	压力检测器 脉冲计数器	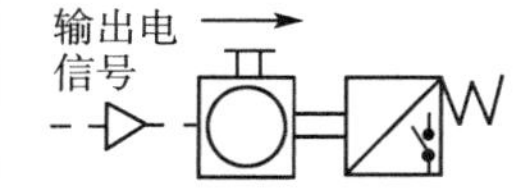 输出电信号 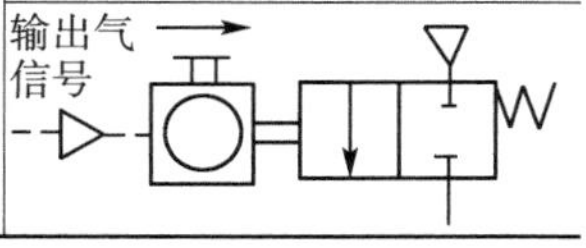 输出气信号

（续表）

类别	名称		符号		类别	名称	符号	
辅件及其他装置	流量检测器	流量计			辅件及其他装置	行程开关	详细符号	一般符号
		累计流量计						
	转速仪					模拟传感器		
	转矩仪					消声器		
	压力继电器		详细符号	一般符号		报警器		

参考文献

[1] 雷天觉．新编液压工程手册[M]．北京：北京理工大学出版社，1998.

[2] 徐灏．新编机械设计手册：下册[M]．北京：机械工业出版社，1996.

[3] 成大先．机械设计手册：第五版[M]．北京：化学工业出版社，2010.

[4] 宋学义．袖珍液压气动手册[M]．北京：机械工业出版社，1995.

[5] 现代实用机床设计手册编委会．现代实用机床设计手册[M]．北京：机械工业出版社，2006.

[6] 大连工学院机械制造教研室．金属切削机床液压传动—2版[M]．北京：科学出版社，1985.

[7] 何存兴．液压元件[M]．北京：机械工业出版社，1982.

[8] 杨培元，朱福元．液压系统设计简明手册[M]．北京：机械工业出版社，1994.

[9] 杨宝光．锻压机械液压传动—2版(修订本)[M]．北京：机械工业出版社，1987.

[10]《气动工程手册》编委会．气动工程手册[M]．北京：国防工业出版社，1995.

[11] 徐文灿．气动元件及系统设计[M]．北京：机械工业出版社，1995.

[12] 路甬祥．液压气动技术手册[M]．北京：机械工业出版社，2002.

[13] 周士昌．液压系统设计图集[M]．北京：机械工业出版社，2003.

[14] 王积伟，章宏甲，黄谊．液压传动—第2版[M]．北京：机械工业出版社，2007.

[15] 李洪人．液压控制系统(修订本)[M]．北京：国防工业出版社，1990.

[16] SMC(中国)有限公司．现代实用气动技术—第3版[M]．北京：机械工业出版社，2008.

[17] 许贤良，王传礼，张军，张立祥．液压传动[M]．北京：国防工业出版社，2006.

[18] 李异河，丁问司，孙海平．液压与气动技术[M]．北京：国防工业出版社，2006.

[19] 左健民．液压与气压传动．第4版[M]．北京：机械工业出版社，2007.

[20] 章宏甲．液压传动．北京：机械工业出版社[M]，2004.

[21] 陆鑫盛，周洪．气动自动化系统的优化设计[M]．上海：上海科学技术文献出版社，2000.

[22] 王春行．液压控制系统[M]．北京：机械工业出版社，2004.

[23] 许福玲，陈尧明．液压与气压传动[M]．北京：机械工业出版社，1997.

[24] 马先启．现代工程机械液压传动系统[M]. 北京:国防工业出版社,2011.

[25] 黎启柏．电液比例控制与数字控制系统[M]. 北京:机械工业出版社,1997.

[26] 日本液压气动协会．液压气动手册[M]. 北京:机械工业出版社,1984.

[27] Barber, Antony. Pneumatic handbook [M]. London: Trade & Technical Press,1989.

[28] Lambeck R P. Hydraulic pumps and motors : selection and application for hydraulic power control systems[M]. New York:Dekker,1983.

[29] Ivantysyn J,Ivantysynova M. Hydrostatische Pumpen und Motoren[M]. Vogel Business Media,1992.

[30] Ivantysn J,Ivantysn M,Hydrostatische. Pump and Motoren. Wuerzburg: Vogel Bachverlag,1983.

[31] Z. J. Lansky etc. Industrial Pneumatic Control . New York,1986.

[32] Vickers、Rexroth、Bush、YUKEN、FESTO、CKD、SMC、KONAN、Numatics 等国外产品样本．

[33] (德)Werner Deppere Kurt Stoll 著,李宝仁译．气动技术．北京:机械工业出版社,1999.

[32] 日本油空压协会．油空压便览[M]. 东京:オーム社,1989.